MATERIE ALS FELD

EINE EINFÜHRUNG

VON

FRIEDRICH HUND

DR. PHIL., O. PROFESSOR AN DER UNIVERSITÄT FRANKFURT/MAIN

MIT 40 ABBILDUNGEN

SPRINGER-VERLAG

BERLIN · GÖTTINGEN · HEIDELBERG

1954

ISBN 978-3-642-52870-5   ISBN 978-3-642-52869-9 (eBook)
DOI 10.1007/978-3-642-52869-9

Vorwort.

Wenn man das Wesen der Quantentheorie kurz kennzeichnen soll, so ist sie die Lehre von der Rolle, die das elementare Wirkungsquantum h in der Natur spielt, und diese besteht in der gegenseitigen Begrenzung des anschaulichen Teilchenbildes und des anschaulichen Wellen- oder Feldbildes bei Licht und bei Materie. Eine logisch abgeschlossene Theorie ist sie aber nur in begrenztem Sinne: die quantentheoretische Abänderung der nichtrelativistischen Punktmechanik einerseits und die quantentheoretische Abänderung einer anschaulichen Feldtheorie der Materie nicht zu rascher Strömungsgeschwindigkeit andererseits, haben den gleichen physikalischen Inhalt. Schon die Beschreibung des Elektronenspins und die Quantisierung von Feldern mit dem +-Zeichen weisen über diesen Rahmen hinaus.

Der Zugang zu einer solchen auf den Dualismus Teilchen—Feld zu gründenden Theorie von der Seite des Teilchenaspektes her ist vor allem dadurch begrenzt, daß es eine klassische Punktmechanik für relativistische Teilchengeschwindigkeiten nicht gibt wegen der endlichen Ausbreitungsgeschwindigkeit von Kraftwirkungen. Es schien darum zunächst aussichtsvoller, von der Seite des Feldaspektes her weiter vorzudringen. Die quantentheoretische Abänderung dieser anschaulichen Feldtheorie gelang mit verläßlichen Ergebnissen über den Fall nichtrelativistischer Strömungsgeschwindigkeiten hinaus und erschloß eine vertiefte Auffassung des Spins von Teilchen $(0, h/2, h)$, der chemischen Kraft und der Kernkraft und gab einen Zugang zu den Umwandlungen von Elementarteilchen. Sie stieß dann auch an Schwierigkeiten, ähnlich wie in einer klassischen Theorie, die die Vorstellung von Feld und punktförmigem Teilchen gleichzeitig benutzt; sie sind heute wohl noch nicht überwunden. Es deutete einiges darauf hin, daß diese Schwierigkeiten gerade dann auftraten, wenn eine relativistische Feldtheorie mit Wechselwirkung verschiedener Felder quantisiert wurde. Das sah zunächst so aus, als wäre der Weiterbildung des Feldaspektes ungefähr die gleiche Grenze gesetzt wie der Weiterbildung des Teilchenaspektes, indem jetzt zwar die Relativitätstheorie leicht eingebaut werden konnte, aber die Quantisierung schwierig wurde, während damals die Quantisierung gelang, aber die Relativitätstheorie nicht hineinpaßte. Die neuere, durch die Renomierung von Masse und Ladung bezeichnete Entwicklung läßt nun die angedeutete Grenze weniger ernst erscheinen. Sie führt zu verläßlichen Ergebnissen über die obengenannten hinaus. Dies alles läßt die Feldtheorie der Teilchentheorie überlegen erscheinen.

Wie diese Entwicklung auch weitergehen mag, man hat den Eindruck, daß sie das Feldbild von Materie und Licht benutzen wird und daß zu einer Teilhabe an dieser Entwicklung die Beherrschung dieses Feldbildes und seiner Quantisierung gehören wird (mag der Erfolg auch vielleicht gerade einem Forscher beschieden sein, der durch die bisherigen Denkformen dieses Feldbildes nicht zu eng gebunden ist).

Die gegenwärtigen Vorbereitungen zur Erzeugung sehr rascher Teilchen lassen erwarten, daß in wenigen Jahren experimentell entschieden sein wird, ob es ein „Antiproton" gibt. Dieses Antiproton wird gefordert von einer Theorie, die auf dem Dualismus Welle—Korpuskel ruht, während ein Proton ohne Antiproton bedeutete, daß wesentliche Teile der Theorie zu opfern wären.

Die folgende Darstellung will in systematischer Weise in das Feldbild der Materie einführen, in den Teil, der noch innerhalb der gewöhnlichen, d.h. logisch abgeschlossenen Quantentheorie liegt und in seine Weiterbildungen. Dabei ist Wert darauf gelegt, das anschauliche Feldbild der Materie (unter Absehung von den Elementarteilchen) darzulegen, zu dem schon Eigenzustände, Unbestimmtheitsbeziehung, chemische Kraft, Materieerzeugung, Spin, Kernkraft, Materieumwandlung gehören und die Punkte, die die Quantisierung hinzufügt, deutlich herauszuarbeiten. Die Darstellung schließt vor der Behandlung der oben angedeuteten Schwierigkeiten.

Über die Quantentheorie der Felder gibt es Darstellungen, wie das Buch von G. Wentzel und gelegentliche Zusammenfassungen von W. Pauli, die an Allgemeinheit über das im folgenden Gebotene hinausgehen. Zu ihnen eine einfachere Einführung zu geben, ist einer der Zwecke dieses Buches. Überhaupt möchte es den bedrohlichen Abstand vermindern helfen, der zwischen den Arbeiten der wenigen erfolgreichen Forscher in der Theorie der elementaren Materie und dem Auffassungsvermögen der übrigen experimentierenden und denkenden Physiker besteht.

Für wertvolle Hilfe bei der Korrektur habe ich meinem Kollegen Dr. B. Mrowka und meinen Mitarbeitern Dr. D. Pfirsch und H. Höhler wärmstens zu danken.

F r a n k f u r t / M., im Mai 1954.   **F. Hund.**

Inhaltsverzeichnis.

Grundlagen.

Erstes Kapitel.

Elektromagnetisches Feld als Vorbild.

Zweites Kapitel.

Vorrelativistisches anschauliches Wellenbild der Materie.

Drittes Kapitel.

Relativistisches anschauliches Feldbild der Materie.

Viertes Kapitel.

Einteilchensystem.

Fünftes Kapitel.

Quantentheorie der Mechanismen.

Sechstes Kapitel.

Feldquantelung.

Siebentes Kapitel.

Materie mit Spin 1.

Achtes Kapitel.

Materie mit Spin $^1/_2$.

Neuntes Kapitel.

Allgemeine Feldtheorie.

Zehntes Kapitel.

Verknüpfung von Materiearten.

Elftes Kapitel.

Elementarteilchen.

Grundlagen.

1. Wirkungsquantum.

Die grundlegenden Entdeckungen, auf denen die neueren Anschauungen vom Aufbau der Materie ruhen, sind die des *elementaren Wirkungsquantums*, die der *Lichtteilchen* und die der *Materiewellen* oder des *Materiefeldes*. Im fertigen System der begrifflichen Erfassung hängen sie eng zusammen, indem das Wirkungsquantum angibt, wie anschauliches Teilchenbild und anschauliches Feldbild bei Materie und bei Licht sich gegenseitig in ihrer Anwendbarkeit einschränken. Wir erinnern uns zunächst an einige Erfahrungen, die auf das Wirkungsquantum hindeuten, nachher an die Erfahrungen der Lichtteilchen und der Materiewellen.

Die *Konstante im W.Wienschen Verschiebungsgesetz* der Hohlraumstrahlung (1893) hängt eng mit dem Wirkungsquantum zusammen. Die in der Raumeinheit und in der Einheit des Frequenzintervalls enthaltene Energie der Strahlung hat ein Maximum bei einer Frequenz v_m, die der (absoluten) Temperatur der Hohlraumstrahlung proportional ist. Wählen wir als gemäße Fassung dieses Satzes

$$\bar{h}\, v_m = kT,$$

wo der Zusammenhang zwischen Temperatur und Energie je Freiheitsgrad eines statistischen Systems durch die Boltzmannsche Konstante k vermittelt wird, so ist der Proportionalitätsfaktor $\bar{h}$ eine Konstante der Dimension Energie mal Zeit (Impuls mal Länge) oder Wirkung. Da v_m bei einigen tausend Grad vom ultraroten ins sichtbare Spektralgebiet rückt, also einem kT von einigen 10^{-13} erg ($k \approx 10^{-16}$ erg/grad) eine Frequenz v_m von einigen 10^{14} sec^{-1} entspricht, schätzen wir für $\bar{h}$ die Größenordnung 10^{-27} erg sec. Das Vorhandensein einer solchen Konstanten der Dimension Energie mal Zeit ist aber ganz unverständlich, wenn man das Verschiebungsgesetz als eine Eigenschaft des in einem Hohlraum vorhandenen elektromagnetischen Feldes ansieht, das durch die Maxwellsche Theorie beschrieben wird; diese könnte nur eine Konstante der Dimension Geschwindigkeit beitragen. Das Auftreten dieser Konstante $\bar{h} \approx 10^{-27}$ erg sec zeigt somit an, daß die Eigenschaften eines

1 Hund, Materie als Feld

Strahlungsfeldes durch die Maxwellsche Theorie und die Thermodynamik nicht erschöpfend beschrieben sind.

M. PLANCK konnte (1900) ein mit der Erfahrung übereinstimmendes *Gesetz für die Verteilung der Energie auf die Frequenzen* eines Hohlraums im Temperaturgleichgewicht ableiten mit der Hypothese, daß ein harmonischer Oszillator der Frequenz ν oder der Kreisfrequenz ω ($= 2\pi\nu$) nur Energien haben kann, die Vielfache einer der Frequenz proportionalen Grundenergie $h\nu = \hbar\omega$ sind. Der Wert von $\hbar = h/2\pi$ ist $\hbar = 1{,}05\cdot10^{-27}$ erg sec. Die Größe $\bar{h}$ des Wienschen Verschiebungsgesetzes ist davon um einen Faktor der Größenordnung 1 verschieden.

Der *lichtelektrische Effekt* zeigt sehr sinnfällig das Auftreten des Wirkungsquantums. Bei Absorption von Licht der Frequenz ν erhalten Elektronen eine Energie eV für die (A. EINSTEIN 1905)

$$h\nu = \hbar\omega = eV$$

ist. Sichtbares Licht löst Elektronen aus, die gegen wenige Volt Gegenspannung anlaufen können, d.h. der Energie von wenigen 10^{-12} erg ($1\,e$ Volt $= 1{,}60\cdot10^{-12}$ erg) entspricht eine Frequenz ω von etwa 10^{15} sec^{-1}; so erkennen wir wieder $\hbar \approx 10^{-27}$ erg sec.

Beim *Atombau*, d.h. bei der Bewegung von Elektronen im Kraftfeld eines Atomkerns (dem Rutherfordschen Modell entsprechend), sind für die anschauliche Betrachtung, die das Wirkungsquantum nicht beachtet, völlig unverständlich die Existenz einer festen Ausdehnung des Atoms von wenigen 10^{-8} cm und die Existenz einer festen Ablösungsenergie von einigen eVolt für ein äußeres Elektron. Das Verhältnis beider Größen zueinander ist der Größenordnung nach verständlich (potentielle Energie $\approx e^2/r$). Aber eine Länge läßt sich aus den allgemeinen Konstanten Elektronenmasse m und Elementarladung e, die allein eingehen können, nicht ableiten (die Lichtgeschwindigkeit kann bei den in Frage kommenden Abmessungen keine Rolle spielen). Erst wenn man das „dritte Keplersche Gesetz" (für ein Elektron)

$$m\,\omega^2\,a^3 = e^2,$$

das den Abstand a noch nicht festlegt, durch eine anschaulich nicht verständliche Festlegung des Drehimpulses

$$m\,\omega\,a^2 = \hbar$$

ergänzt, ist

$$a = \frac{\hbar^2}{m\,e^2},$$

und mit $\hbar \approx 10^{-27}$ erg sec wird $a \approx 10^{-8}$ cm. Die für die Atomhülle wichtigen Maße sind durch e, m, $\hbar$ bestimmt.

Die Verallgemeinerung der Planckschen Hypothese der diskreten Energiestufen auf irgendwelche atomaren Systeme und die Verallgemei-

nerung der Einsteinschen Beziehung zwischen Strahlungsfrequenz und
Energiedifferenz auf irgendwelche mit Strahlung verbundenen Energieänderungen (N. Bohr 1913) wurde rasch durch die Elektronenstoßver-
suche bestätigt. Sie führte, vor allem in der Form des Korrespondenzprinzips von Bohr, zu einer allmählichen unanschaulichen Abänderung
der Begriffe der Mechanik im Atom bis hin zur Verschärfung des Korrespondenzprinzips durch W. Heisenberg (1925).

2. Lichtteilchen und Materiewellen.

Schon beim lichtelektrischen Effekt zeigte sich, daß bestimmte Vorgänge der Wechselwirkung von Licht und Materie sich in einfacher Weise
durch *Lichtteilchen* beschreiben lassen; die Teilchen haben die Energie
$h\,v = \hbar\,\omega$; man muß ihnen den Impuls $\hbar\omega/c$ zuschreiben, wenn eine Lichtstrahlung den der Maxwellschen Theorie entsprechenden Lichtdruck aus-
üben soll. Im Anschluß an Betrachtungen über Emission und Absorption
von Licht hat Einstein diese Vorstellung der Lichtteilchen entwickelt.

Beim *Comptoneffekt* (1923) zeigt sich Energie und Impuls der Lichtteilchen sehr deutlich. Die Änderung der Frequenz von (Röntgen-)Licht
bei Streuung an als frei zu achtenden Elektronen ergibt sich genau aus
den Stoßgesetzen für Elektronen und Lichtquanten. Das Wirkungsquantum
kommt nur deshalb in der Beziehung vor, weil die Veränderung des
Lichtes bei der Streuung durch Wellenlängenmessungen festgestellt wird.
Sieht man diese Änderungen als Energieänderungen an, so läßt sich der
ganze Vorgang mit der *anschaulichen Vorstellung von Lichtteilchen* beschreiben. Worte wie Wellenlänge, Phase, Interferenz kommen in der
Beschreibung nicht vor. Daß es daneben die Erscheinungen der Interferenz und Beugung gibt, zeigt die begrenzte Anwendbarkeit der anschaulichen Lichtteilchenvorstellung.

In Analogie zu dem Nebeneinander von Wellen und Teilchen beim
Licht und zum besseren Verständnis der Quantenerscheinungen im Atom
führte L. de Broglie (1924) die Vorstellung der *Materiewellen* ein.
Experimente, die das Vorhandensein von Materiewellen bewiesen, sind
kurz darauf angestellt worden.

Mit Kathodenstrahlen und anderen Materiestrahlen lassen sich Inter-
ferenzbilder herstellen. Die Interferenzversuche zeigen, daß *einem homogenen Materiestrahl einheitlicher Geschwindigkeit eine bestimmte Wellenlänge* zukommt. Achtet man auf den Vektor $\mathfrak{k}$ der Wellenzahl, der die
Richtung der Wellennormalen hat und dessen Betrag $k = |\mathfrak{k}|$ die Anzahl
der Wellenlängen auf $2\,\pi$ Längeneinheiten angibt, so ergeben die Versuche
Proportionalität zwischen dem Vektor $\mathfrak{v}$ der Geschwindigkeit des Materie-
strahls und dem Wellenvektor $\mathfrak{k}$ (solange $|\,\mathfrak{v}\,|$ noch wesentlich unter der
Lichtgeschwindigkeit c liegt)

$$\mathfrak{k} = \lambda\,\mathfrak{v}\,,$$

wo λ eine im Interferenzversuch meßbare Konstante bedeutet (hier nicht die Wellenlänge), die der Materieart eigentümlich ist. Beim Kathodenstrahl ist $\lambda \approx 0{,}9 \ \mathrm{sec/cm^2}$; beim Wasserstoffionenstrahl ist λ das 1800fache. DE BROGLIE gab $\hbar\lambda = m$ an, wo m die Masse der Teilchen ist, aus denen die Materie besteht. Das Wirkungsquantum kommt aber nur deshalb vor, weil hier die Ergebnisse ganz verschiedener Messungen verglichen werden; außer dem Interferenzversuch ist noch eine Bestimmung von Teilchenmassen (etwa eine e- und eine e/m-Bestimmung) vorausgesetzt. *Die Interferenz des Materiestrahls an geometrisch geordneten Gebilden* (Gittern, Molekeln) *kann für sich allein als anschaulicher Vorgang aufgefaßt werden,* λ *ist dann eine Materialkonstante in der anschaulichen Wellentheorie der Materie.* In diesem anschaulichen Wellenbild ist von Elektronen und anderen Teilchen nicht die Rede; das oben gebrauchte Wort Wasserstoffionenstrahl war nur mangels einer zutreffenden Bezeichnung gewählt.

Wie wir sahen, führte die Erfahrung beim Licht und bei der Materie zur Aufstellung eines Teilchenbildes und eines Wellenbildes. Die beiden Bilder lassen sich nicht in einer anschaulichen Beschreibung der Vorgänge vereinigen. Die physikalische Forschung hat daraus nicht die Folgerung gezogen, daß eines dieser Bilder zu verwerfen sei, vielmehr ist sie zur Erkenntnis gelangt, daß die Voraussetzung der anschaulichen Beschreibbarkeit der Vorgänge in allen Einzelheiten zu eng sei. Diese Überschreitung des Rahmens der anschaulich beschreibbaren Vorgänge nennen wir „Quantentheorie“.

Wir sind zunächst innerhalb des anschaulichen Teilchenbildes der Materie, wenn wir uns ein Atom so vorstellen, wie es das Rutherfordsche Atommodell angibt. Dieses anschauliche Teilchenbild versagt aber, wenn wir die Stabilität eines Atoms, seinen Radius, seine Strahlungsfrequenzen verstehen wollen. Die dabei von BOHR eingeführte Beziehung

$$E_1 - E_2 = h\nu = \hbar\omega$$

gehört nicht mehr einem anschaulichen Teilchenbilde an, sondern schränkt die anschauliche Bedeutung der mit E und ω bezeichneten Größen ein.

Wir sind im anschaulichen Wellenbild der Materie, wenn wir die Interferenzen eines an Molekeln oder einem Gitter gebeugten Kathodenstrahles mit Hilfe der Phasen der Materie beschreiben (Molekel oder Gitter als äußeres Hindernis betrachtet). Dieses anschauliche Wellenbild der Materie enthält aber die Möglichkeit beliebiger Wellenamplituden oder Intensitäten und versagt gegenüber den Erfahrungen, die uns etwas über die Elementarteilchen aussagen.

Das Bohrsche Korrespondenzprinzip: die klassische Beschreibung (wir fügen hinzu: im Teilchenbild der Materie) gerade so viel abzuändern, als es durch das Wirkungsquantum gefordert wird, war eine Anweisung, die allmählich zu einer Quantentheorie des Atoms führte. Angesichts des Versagens des anschaulichen Wellenbildes bei den Elementarteilchen möchte man im Wellenbild der Materie ein entsprechendes Korrespondenzprinzip aufstellen: die anschauliche Beschreibung im Wellenbild gerade so weit abzuändern, als es die Existenz der Elementarteilchen erfordert.

Beim Vergleich von Größen des Wellenbildes und Größen des Teilchenbildes treten dann Beziehungen

$$\hbar \lambda = m$$
$$\hbar \mathfrak{k} = m \mathfrak{v} ,$$

in relativistischer Form

$$\hbar \mathfrak{k} = \mathfrak{p}$$

($\mathfrak{p}$ Impulsvektor), und für die Energie im relativistischen Sinne

$$\hbar \omega = E$$

auf. Die beiden letzten Gleichungen hatten wir auch als Beziehung zwischen Wellenbild und Teilchenbild des Lichtes (dort speziell $E = c\,|\mathfrak{p}|$, $\omega = c\,|\mathfrak{k}|$).

3. Feldtheorie der Materie.

So wie die Lichtwelle ein besonderer Fall eines elektromagnetischen Feldes ist, wird man die Materiewelle als besonderen Fall eines *„Materiefeldes"* anzusehen haben. Schon die Erscheinung der Beugung (die Beugung an einer Kante ist ja experimentell gut bekannt) geht über den engen Begriff der Welle hinaus. Der „Feldtheorie der Materie" ist dieses Buch gewidmet. Diese Feldtheorie wird zunächst als anschauliche Feldtheorie mit den Begriffen der klassischen Physik aufgestellt; sie ist anwendbar, solange die Elementarteilchen nicht in Betracht kommen. Nachher wird durch eine „Quantisierung", also unanschauliche Abänderung der Theorie, die Existenz der Elementarteilchen einbezogen.

Die Quantentheorie, zu der man von der klassischen, vorrelativistischen Punktmechanik her durch Einführung des Wirkungsquantums bei unanschaulicher Abänderung der Begriffe kommt, und die Quantentheorie, zu der man von der anschaulichen Feldtheorie der Materie im vorrelativistischen Bereich her durch Einführung des Wirkungsquantums bei unanschaulicher Abänderung der Begriffe kommt, erweisen sich als dieselbe Quantentheorie. Im vorrelativistischen Bereich, d.h. im Falle langsam bewegter Materie, liefert daher die vom Feldbild ausgehende Quantentheorie kein neues vorteilhaftes Rechenverfahren. Der Weg über das Feldbild dient aber einem tieferen Verständnis der Quantenerscheinungen. Diese wegen ihrer Unanschaulichkeit so befremdenden Erscheinungen werden von einer anderen Seite her gesehen als beim Weg über das Teilchenbild. Manches von ihnen erscheint schon auf anschaulicher

Stufe, was beim Teilchenbild erst nach der Quantisierung auftritt (Komplementarität, diskrete Zustände, Kräfte, Spin).

Im relativistischen Bereich, also im Falle sehr rasch bewegter Materie, ist der Weg über die Feldtheorie anscheinend der einzige Zugang. Erscheinungen wie Materieerzeugung und Kernkräfte finden hier eine einfache Erklärung.

Der Anwendungsbereich einer anschaulichen Feldtheorie der Materie (vorrelativistisch wie relativistisch) ist eng begrenzt. Für die Materie spielt das anschauliche Feldbild allein nicht entfernt die Rolle, die die klassische Punktmechanik spielt (beim Licht ist umgekehrt die anschauliche Feldtheorie wichtiger als die Lichtteilchen). Die Beschreibung der wichtigeren Erfahrungstatsachen erfordert die Quantisierung des Feldes. In der folgenden Darstellung wird diese eine Weile hinausgeschoben, also zunächst eine *anschauliche, mit der gewohnten raum-zeitlichen und kausalen Beschreibung durchführbare Theorie* aufgestellt. Als Vorbild dient die Feldtheorie der elektromagnetischen Erscheinungen. An ihr studieren wir einige allgemeine Gesichtspunkte, die bei jeder Feldtheorie auftreten: die Lokalisierung von Energie und Impuls und die Invarianzeigenschaften, ferner das Variationsprinzip als formales Hilfsmittel der übersichtlichen Darstellung. Die nach diesem Vorbild aufgestellte anschauliche Feldtheorie der Materie, zunächst ohne Spin, faßt die Erfahrungstatsachen, soweit die Elementarteilchen außer Betracht bleiben können. Diesen wird durch die „*Quantelung der Wellen*" Rechnung getragen. Da die Quantentheorie der Mechanismen bekannter ist, wird sie als Vorbild benutzt, und die Felder werden als „Mechanismen" behandelt.

Der *Spin der Materie* tritt bei den Elektronen als „Spin $1/2$" auf. Wegen der ungewohnten formalen Hilfsmittel, die die Beschreibung des Spins $1/2$ erfordert, wollen wir zunächst den „Spin 1" behandeln, soweit es geht, als Eigenschaft eines anschaulichen Materiefeldes. So vorbereitet, ist uns dann die Diracsche Behandlung des Spins $1/2$ nicht mehr so fremdartig, wie sie zur Zeit ihrer Aufstellung durch DIRAC sein mußte. Spin 0, $1/2$, 1 sind besondere Fälle, durch deren Vergleich wir allgemeine Züge einer Theorie der Materie studieren können. Eine *Verknüpfung* verschiedener Arten von Materiefeldern dürfte den Kräften zugrunde liegen, die die Atomkerne zusammenhalten.

Da die Darstellung in diesem Buche sich nicht an den historischen Gang halten wird, seien die wesentlichen Schritte der historischen Entwicklung hier kurz angedeutet. Die Wellenauffassung der Materie wurde 1924 von DE BROGLIE begründet; die Erfahrung der Interferenz von Materiewellen wurde erst einige Jahre danach klar erkannt. Die Rolle des Planckschen Wirkungsquantums als maßgebend für die gegenseitige Begrenzung des Teilchenbildes und Wellenbildes wurde klar gesehen von BOHR und HEISENBERG (1927). Die Quantelung des Materiefeldes geht auf DIRAC, JORDAN, KLEIN und WIGNER (1927/28) zurück. Für den Ausbau einer allgemeinen Feldtheorie der Materie waren wichtig die Aufstellung der Gleichung, die den Elektronenspin erfaßt, durch DIRAC (1928), die Untersuchungen über die Quantentheorie der Wellenfelder von HEISENBERG und PAULI (1929), die Durchführung der „skalaren" Theorie durch PAULI und WEISSKOPF (1934) und die Verwendung eines Materiefeldes für die Beschreibung der Kernkräfte durch HEISENBERG (1932), FERMI (1934) und besonders durch YUKAWA (1935—38).

Erstes Kapitel.

Elektromagnetisches Feld als Vorbild.

4. Maxwellsche Theorie.

Die Lichtwelle ist ein besonderer Fall eines elektromagnetischen Feldes, und eine zutreffende Beschreibung der Lichtwelle gibt es erst, seit J. CLERK MAXWELL die Eigenschaften jenes Feldes theoretisch gefaßt hat, auf Untersuchungen nichtwellenartiger Fälle fußend. Bei der Materie möchten wir die Welle ebenfalls als besonderen Fall eines „Materiefeldes" ansehen; wir sehen aber zunächst keinen Weg, nichtwellenartige Formen dieses Feldes zu untersuchen. Wir müssen also (umgekehrt wie es beim Licht war) aus den besonderen Erscheinungen der Welle auf die allgemeinen des Feldes schließen.

Ehe wir uns in dieses fremde Gebiet begeben und der ungewohnten Vorstellung eines Materiefeldes nachgehen, wollen wir an dem sachlich völlig bekannten Fall des elektromagnetischen Feldes, wo also die Frage nach der sachlichen Richtigkeit nicht mehr gestellt zu werden braucht, *uns die wichtigsten Merkmale einer Feldtheorie vergegenwärtigen.*

Wenn wir so das elektromagnetische Feld als Vorbild einer Feldtheorie benutzen, erwarten wir keine ganz enge Übereinstimmung der Gesetze des Materiefeldes und des elektromagnetischen Feldes. So muß z. B. die Tatsache, daß (im Vakuum) das Licht eben die Lichtgeschwindigkeit c hat, während Materie sich auch langsamer bewegen oder ruhen kann, sich irgendwie in den Grundgesetzen ausdrücken. Ein weiterer Unterschied ist, daß Materiewellen elektrische Ladung übertragen können, elektromagnetische Wellen hingegen nicht. Das wird die Beschreibung eines Materiefeldes ein wenig verwickelter machen als die Beschreibung eines elektromagnetischen Feldes. Die Lichtwellen zeigen Polarisationserscheinungen. Bei der Materie sind die Erscheinungen, die man im Teilchenbilde mit dem Worte Spin bezeichnet, etwas Ähnliches, aber nicht genau das Entsprechende.

Erforscht man das elektromagnetische Feld durch die Kräfte, die es auf eine Probeladung e ausübt, so stellt man neben einer schon auf die ruhende Ladung wirkenden Kraft noch eine geschwindigkeitsabhängige, und zwar senkrecht auf dem Geschwindigkeitsvektor $\mathfrak{v}$ stehende Kraft fest. Eine Kraft wird auf ein „*Kraftfeld*" zurückgeführt, wenn man sie multiplikativ zusammensetzen kann aus einer Größe, die die Abhängigkeit von dem Körper angibt, auf den die Kraft wirkt, und aus einer Größe, die den Einfluß der Raumstelle angibt. Bei der Kraft $\mathfrak{K}$ auf die ruhende Ladung schreiben wir so

$$\mathfrak{K} = e\,\mathfrak{E}\,,$$

und haben damit $\mathfrak{E}$ als Feldstärke eingeführt; bei der geschwindigkeits‑abhängigen (und -proportionalen) Kraft haben wir den polaren Vektor der Kraft als vektorielles Produkt aus $\mathfrak{v}$ und einer Feldgröße zu schreiben, das geht nur mit einem axialen Feldvektor in der Form

$$\mathfrak{K} = e\,\frac{\mathfrak{v}}{c}\times\mathfrak{B}\,,$$

wo $1/c$ eingeführt ist, damit $\mathfrak{E}$ und $\mathfrak{B}$ dieselbe Dimension bekommen. *Wegen der besonderen Abhängigkeit der Kraft von der skalaren Eigenschaft e und der vektoriellen Eigenschaft $e\mathfrak{v}$ des Probekörpers wird das Kraftfeld durch einen polaren Feldvektor $\mathfrak{E}$ und einen axialen Feldvektor $\mathfrak{B}$ beschrieben.*

Die allgemeinen Eigenschaften des elektromagnetischen Feldes in ruhenden Körpern faßt man in den Grundgleichungen zusammen:

$$\left.\begin{aligned} \frac{1}{c}\,\dot{\mathfrak{B}} + \operatorname{rot}\mathfrak{E} &= 0\\ \operatorname{div}\mathfrak{B} &= 0\\ -\frac{1}{c}\,\dot{\mathfrak{D}} + \operatorname{rot}\mathfrak{H} &= \frac{\mathfrak{i}}{c}\\ \operatorname{div}\mathfrak{D} &= \eta\,. \end{aligned}\right\} \tag{1}$$

Dabei entsprechen die beiden Vektoren $\mathfrak{E}$ und $\mathfrak{D}$ des elektrischen Feldes den beiden Arten, ein solches Feld festzustellen oder zu messen: das Feld $\mathfrak{E}$ durch Krafteinwirkungen auf eine Probeladung, das Feld $\mathfrak{D}$ durch die elektrischen Ladungen, die es erzeugen. Ebenso entsprechen die beiden Vektoren $\mathfrak{B}$ und $\mathfrak{H}$ des magnetischen Feldes den beiden Arten, ein solches Feld zu messen: das Feld $\mathfrak{B}$ durch Kraftwirkungen auf einen Strom (Probespule), das Feld $\mathfrak{H}$ durch die Stärke des Stromes, der es erzeugt. Als Ladung und Strom ist dabei das verstanden, was man häufig auch als wahre Ladung und als Leitungsstrom bezeichnet. Bei geeigneter Wahl der Einheiten für die Feldgrößen ist c die Lichtgeschwindigkeit; $\mathfrak{E}$ und $\mathfrak{B}$ haben dann gleiche Dimension, ebenso $\mathfrak{D}$ und $\mathfrak{H}$. Die beiden ersten Gleichungen geben eine Eigenschaft des Feldes allein an (Induktionsgesetz und Quellenfreiheit von $\mathfrak{B}$); die beiden letzten Gleichungen geben an, wie das Feld an elektrischen Strömen und Ladungen hängt. Die aus den beiden letzten Gleichungen folgende Beziehung

$$\dot{\eta} + \operatorname{div} \mathfrak{j} = 0 \tag{2}$$

drückt die Erhaltung der elektrischen Ladung aus. Ein Erhaltungssatz der Energie folgt noch nicht vollständig aus den Grundgl. (1). Die aus der ersten und dritten der Gl. (1) folgende Beziehung

$$\dot{\mathfrak{E}}\,\mathfrak{D} + \mathfrak{H}\,\dot{\mathfrak{B}} + \operatorname{div}(c\,\mathfrak{E}\times\mathfrak{H}) + \mathfrak{j}\,\mathfrak{E} = 0 \tag{3}$$

wird zu einem solchen Erhaltungssatz, wenn man bestimmte Annahmen über die Zusammenhänge der Größen $\mathfrak{D}$, $\mathfrak{H}$, $\mathfrak{j}$ mit den Größen $\mathfrak{E}$, $\mathfrak{B}$ macht. Überhaupt reichen die Grundgl. (1) nicht aus zur Behandlung der Vorgänge in besonderen Körpern; es müssen noch Annahmen über die eben genannten Zusammenhänge gemacht werden $\Big($häufig etwa $\mathfrak{D} = \varepsilon\,\mathfrak{E}$, $\mathfrak{H} = \dfrac{1}{\mu}\,\mathfrak{B}, \mathfrak{j} = \sigma\,\mathfrak{E}\Big)$.

Für grundsätzliche Betrachtungen empfiehlt es sich, neben der mehr den Bedürfnissen der Elektrotechnik angepaßten Fassung (1) noch eine *andere Schreibweise* zu benutzen. Führt man mittels

$$\left.\begin{aligned} \mathfrak{D} &= \varepsilon_0\,\mathfrak{E} + \mathfrak{P} \\ \mathfrak{H} &= \varepsilon_0\,\mathfrak{B} - \mathfrak{M} \end{aligned}\right\} \tag{4}$$

die Polarisation und die Magnetisierung der Materie ein[1], so werden die Grundgleichungen:

$$\left.\begin{aligned} \frac{1}{c}\,\dot{\mathfrak{B}} + \operatorname{rot}\mathfrak{E} &= 0 \\ \operatorname{div}\mathfrak{B} &= 0 \\ \varepsilon_0\Big(-\frac{1}{c}\,\dot{\mathfrak{E}} + \operatorname{rot}\mathfrak{B}\Big) &= \frac{\mathfrak{s}}{c} \\ \varepsilon_0\operatorname{div}\mathfrak{E} &= \varrho \end{aligned}\right\} \tag{5}$$

mit den Zusammenhängen

$$\left.\begin{aligned} \mathfrak{s} &= \mathfrak{j} + \dot{\mathfrak{P}} + c\operatorname{rot}\mathfrak{M} \\ \varrho &= \eta - \operatorname{div}\mathfrak{P}, \end{aligned}\right\} \tag{6}$$

worin der „Gesamtstrom" aus Leitungsstrom, Polarisationsstrom und Magnetisierungsstrom, die „Gesamtladung" aus wahrer Ladung und einer Polarisationsladung zusammengesetzt sind. Es gilt auch der Erhaltungssatz

$$\dot{\varrho} + \operatorname{div}\mathfrak{s} = 0; \tag{7}$$

---

[1] Die Freiheit in der Wahl des Maßsystems haben wir durch die Wahl von $1/c$ als Faktor vor $\mathfrak{B}$, $\mathfrak{D}$, $\mathfrak{j}$ in Gl. (1) eingeengt. Dieser Faktor fordert $\varepsilon_0\,\mu_0 = 1$. Damit ist z. B. verträglich das Gaußsche Maßsystem mit $4\pi\,\varepsilon_0 = 1\,\mathrm{esL^2/erg\,cm}$ (esL ist die elektrostatische Ladungseinheit) oder $4\pi\,\varepsilon_0 = 1$ und das Lorentzsche Maßsystem mit $\varepsilon_0 = 1\,\mathrm{L^2/erg\,cm}$ (L Ladungseinheit) oder $\varepsilon_0 = 1$.

ja, die $\mathfrak{P}$ und $\mathfrak{M}$ entsprechenden Zusätze genügen sogar für sich je einem Erhaltungssatz (zu rot $\mathfrak{M}$ gibt es keine Ladungsdichte).

Man kann fragen, ob es außer im Vakuum wirklich stets die zwei Arten von Ladung und Strom, $(\varrho, \mathfrak{s})$ und $(\eta, \mathfrak{j})$, gibt, wie es die Maxwellsche Theorie angibt. Die entsprechende *Zerlegung des Stromes* scheint für normale Materie physikalisch stets sinnvoll und sogar eindeutig möglich zu sein, im atomistischen Modell häufig (aber nicht immer) von den freien und den gebundenen Ladungsträgern (Elektronen oder Ionen) herrührend. Wir werden (Abschnitt 64 u. 83) sehen, daß sie sogar noch für rein aus Elementarteilchen bestehende Materie einen Sinn hat.

Die aus der ersten und dritten der Gl. (5) folgende Beziehung

$$\frac{\partial}{\partial t}\,\frac{\varepsilon_0}{2}\,(\mathfrak{E}^2 + \mathfrak{B}^2) + \mathrm{div}\,(\varepsilon_0\,c\,\mathfrak{E} \times \mathfrak{B}) + \mathfrak{s}\,\mathfrak{E} = 0 \qquad (8)$$

wird erst dadurch zum Erhaltungssatz der Energie, daß man angibt, wie die Bestandteile von $\mathfrak{s}$ bestimmt sind (z. B. $\mathfrak{j} = \sigma\,\mathfrak{E}$, $\mathfrak{P} = \varkappa\,\mathfrak{E}$, $\mathfrak{M} = \chi\,\mathfrak{B}$). Es liegt nahe, $\varepsilon_0\,(\mathfrak{E}^2 + \mathfrak{B}^2)/2$ als Energiedichte des Feldes und $\varepsilon_0\,c\,\mathfrak{E} \times \mathfrak{B}$ als Dichte des Energiestromes anzusehen. Wir müssen uns aber genauer überlegen, welchen Sinn eine solche örtliche Verteilung der Energie hat (Abschnitt 6). Daß in Gl. (8) die Größe $\varepsilon_0\,c\,\mathfrak{E} \times \mathfrak{B}$, in Gl. (3) die Größe $c\,\mathfrak{E} \times \mathfrak{H}$ die Rolle der Energiestromdichte spielt, bedeutet, daß in beiden Fällen die Abgrenzung der Energie, die im Felde sitzt, von der Energie, die in der Materie sitzt, verschieden vorgenommen wurde.

Die Grundgl. (5) zeigen die *kausale Struktur* des Geschehens im elektromagnetischen Feld. Wenn $\mathfrak{s}$ als Funktion von Ort und Zeit und $\mathfrak{E}$ und $\mathfrak{B}$ an einem Zeitanfangspunkt gegeben sind, so folgen ϱ, $\mathfrak{E}$, $\mathfrak{B}$ für spätere (und frühere) Zeiten aus den Grundgleichungen. Die $\mathfrak{B}$-Werte am Anfangszeitpunkt müssen die Bedingung div $\mathfrak{B} = 0$ erfüllen; die Gültigkeit dieser Bedingung für spätere (und frühere) Zeiten ist dann gewährleistet, da aus der ersten der Gl. (5) div $\dot{\mathfrak{B}} = 0$ folgt.

Zur Berechnung von elektromagnetischen Feldern bei gegebenen ϱ und $\mathfrak{s}$ bedient man sich gern der „Potentiale" V, $\mathfrak{A}$. Die beiden ersten der Grundgl. (5) sind nämlich erfüllt, wenn man

$$\left.\begin{aligned} \mathfrak{E} &= -\frac{1}{c}\,\dot{\mathfrak{A}} - \mathrm{grad}\,V \\[4pt] \mathfrak{B} &= \mathrm{rot}\,\mathfrak{A} \end{aligned}\right\} \qquad (9)$$

setzt. Die Potentiale sind durch die Feldstärken $\mathfrak{E}$, $\mathfrak{B}$ nicht eindeutig bestimmt und können geändert werden, ohne daß die Feldstärken und damit der physikalische Sachverhalt sich ändern. Der Übergang

$$\left.\begin{aligned} V &\to V + v \\[4pt] \mathfrak{A} &\to \mathfrak{A} + \mathfrak{a} \end{aligned}\right\} \qquad (10)$$

ändert $\mathfrak{E}$ und $\mathfrak{B}$ dann und nur dann nicht, wenn

$$\frac{1}{c}\,\dot{\mathfrak{a}} + \operatorname{grab} v = 0$$
$$\operatorname{rot}\mathfrak{a} = 0$$

ist, wenn also v und $\mathfrak{a}$ sich als

$$v = -\frac{1}{c}\,\dot{\varPhi} \ \Big|$$
$$\mathfrak{a} = \operatorname{grab}\varPhi \ \Big|. \tag{11}$$

durch eine skalare Funktion $\varPhi$ ausdrücken lassen. Eine solche Transformation (10) mit (11) heißt *Eichtransformation* oder *Umeichung*. Den vorhandenen Spielraum in der Wahl von V, $\mathfrak{A}$ bei vorliegendem Sachverhalt $\mathfrak{E}$, $\mathfrak{B}$ kann man ausnutzen, um die für manche Rechnungen vorteilhafte Beziehung

$$\frac{1}{c}\,\dot{V} + \operatorname{div}\mathfrak{A} = 0 \tag{12}$$

zu erfüllen. Für eine Umeichung ist dann die Einschränkung

$$-\frac{1}{c^2}\,\ddot{\varPhi} + \Delta\varPhi = 0 \tag{13}$$

zu beachten. Während die ersten beiden der Grundgl. (5) aus Gl. (9) folgen, kann man die beiden letzten erfüllen, indem man

$$-\frac{1}{c^2}\,\ddot{V} + \Delta V = -\frac{\varrho}{\varepsilon_0} \ \Bigg\}$$
$$-\frac{1}{c^2}\,\ddot{\mathfrak{A}} + \Delta\mathfrak{A} = -\frac{\mathfrak{s}}{c\,\varepsilon_0} \ \Bigg\} \tag{14}$$

neben Gl. (12) fordert ($\Delta\,\mathfrak{A} = \operatorname{grab}\operatorname{div}\mathfrak{A} - \operatorname{rot}\operatorname{rot}\mathfrak{A}$).

Wegen Gl. (9) u. (4) können die Grundgleichungen noch in einer dritten Form geschrieben werden:

$$\mathfrak{D} + \varepsilon_0\left(\frac{1}{c}\,\dot{\mathfrak{A}} + \operatorname{grab}V\right) = \mathfrak{P} \ \Bigg\}$$
$$-\mathfrak{H} + \varepsilon_0\operatorname{rot}\mathfrak{A} = \mathfrak{M}$$
$$-\frac{1}{c}\,\dot{\mathfrak{D}} + \operatorname{rot}\mathfrak{H} = \frac{\mathfrak{i}}{c}$$
$$\operatorname{div}\mathfrak{D} = \eta; \ \Bigg\} \tag{15}$$

links stehen Feldgrößen, rechts steht die Einwirkung der „Materie" auf das Feld.

5. Elektromagnetische Wellen.

Bei der Abwesenheit einer Ladung und eines Stromes lassen die Grundgleichungen, die jetzt durch

$$-\frac{1}{c^2}\ddot{V} + \Delta V = 0 \left.\right\}$$
$$-\frac{1}{c^2}\ddot{\mathfrak{A}} + \Delta\mathfrak{A} = 0 \left.\right\}$$
$$\tag{1}$$

$$\frac{1}{c}\dot{V} + \operatorname{div}\mathfrak{A} = 0 \tag{2}$$

und

$$\mathfrak{E} = -\frac{1}{c}\dot{\mathfrak{A}} - \operatorname{grad} V \left.\right\}$$
$$\mathfrak{B} = \operatorname{rot}\mathfrak{A} \left.\right\}$$
$$\tag{3}$$

ersetzt werden können, einfache Lösungen zu, die man als ebene Wellen bezeichnet. Eine „Wellengleichung"

$$-\frac{1}{c^2}\ddot{\psi} + \Delta\psi = 0$$

wird nämlich durch jede Funktion erfüllt, die eindeutig von der Kombination $ct - \mathfrak{n}\mathfrak{r}$ abhängt, wo $\mathfrak{n}$ ein fester Einheitsvektor und $\mathfrak{r}$ der Ortsvektor (x, y, z) ist. Die „Phase" $ct - \mathfrak{n}\mathfrak{r}$ ist auf den Ebenen

$$\mathfrak{n}\mathfrak{r} = ct + \operatorname{const}$$

jeweils konstant und rückt mit der „Phasengeschwindigkeit" c in der $\mathfrak{n}$-Richtung weiter. Solche Funktionen V und $\mathfrak{A}$ stellen also ebene Wellen dar. Die Beziehung (2) wird erfüllt, wenn

$$V' - \mathfrak{n}\,\mathfrak{A}' = 0$$

ist, wo der Strich die Ableitung nach $ct - \mathfrak{n}\mathfrak{r}$ andeutet. Wir können also eine ebene Welle durch eine Vektorgröße $\mathfrak{A}$ darstellen, die nur von $ct - \mathfrak{n}\mathfrak{r}$ abhängt, und finden nach Gl. (3) über $V = \mathfrak{n}\mathfrak{A}$

$$\mathfrak{E} = -\mathfrak{A}' + (\mathfrak{A}'\mathfrak{n})\,\mathfrak{n} = (\mathfrak{A}' \times \mathfrak{n}) \times \mathfrak{n} \left.\right\}$$
$$\mathfrak{B} = \mathfrak{A}' \times \mathfrak{n}\,. \left.\right\}$$
$$\tag{4}$$

Man sieht, daß $|\mathfrak{B}| = |\mathfrak{E}|$ ist und daß $\mathfrak{n}$, $\mathfrak{E}$, $\mathfrak{B}$ ein rechtshändiges, rechtwinkliges Dreikant bilden. Da es nur auf $\mathfrak{A}' \times \mathfrak{n}$ ankommt, kann man von vornherein $V' = \mathfrak{n}\,\mathfrak{A}' = 0$ oder auch $V = \mathfrak{n}\,\mathfrak{A} = 0$ wählen.

Die allgemeinste ebene Welle gegebener Fortschreitrichtung $\mathfrak{n}$ kann durch Angabe zweier skalarer Funktionen $f_1(ct - \mathfrak{n}\mathfrak{r})$ und $f_2(ct - \mathfrak{n}\mathfrak{r})$, nämlich der Komponenten von $\mathfrak{A}' \times \mathfrak{n}$ in zwei senkrecht auf $\mathfrak{n}$ stehenden Richtungen beschrieben werden. Da diese Richtungen aber nur mit Hilfe von $\mathfrak{n}$ zu definieren sind, so ist die Darstellung der elektromagnetischen

Welle durch eine zweikomponentige Wellengröße bei allgemeineren als ebenen Wellen nicht mehr anwendbar.

Eine besondere ebene Welle wird durch

$$V = 0 \qquad \mathfrak{A} = \mathfrak{a} \cdot f(ct - \mathfrak{n}\,\mathfrak{r}) \qquad \mathfrak{a}\,\mathfrak{n} = 0$$

gegeben, wo $\mathfrak{a}$ ein fester Vektor ist; sie heißt *linear polarisierte Welle.* Eine andere besondere ebene Welle ist die *harmonische* (und elliptisch polarisierte) ebene Welle mit

$$V = 0 \qquad \mathfrak{A} = \mathfrak{a}_1 \cos(\omega t - \mathfrak{f}\,\mathfrak{r} + \alpha_1) + \mathfrak{a}_2 \cos(\omega t - \mathfrak{f}\,\mathfrak{r} + \alpha_2),$$

wo $\mathfrak{a}_1$ und $\mathfrak{a}_2$ zwei feste Vektoren senkrecht zu $\mathfrak{f}$ sind. Die Gl. (1) sind erfüllt, wenn

$$\frac{\omega^2}{c^2} - \mathfrak{f}^2 = 0$$

ist. Bei der einfachsten Welle, der *linear polarisierten, harmonischen, ebenen Welle,* schließlich ist

$$\mathfrak{A} = \mathfrak{a} \cos(\omega t - \mathfrak{f}\,\mathfrak{r} + \alpha),$$

daraus

$$\mathfrak{E} = \frac{\omega}{c}\,\mathfrak{a} \sin(\omega t - \mathfrak{f}\,\mathfrak{r} + \alpha)$$

$$\mathfrak{B} = \mathfrak{f} \times \mathfrak{a} \sin(\omega t - \mathfrak{f}\,\mathfrak{r} + \alpha).$$

6. Lokalisierung von Energie und Impuls. Kräfte.

Wir haben $\mathfrak{E}$ und $\mathfrak{B}$ eingeführt als die Größen, die die Kraft auf eine Probeladung bestimmen

$$\mathfrak{K} = e\left(\mathfrak{E} + \frac{\mathfrak{v}}{c} \times \mathfrak{B}\right); \tag{1}$$

wir haben andererseits, ohne uns um diese Bedeutung näher zu kümmern, Grundgleichungen für $\mathfrak{E}$ und $\mathfrak{B}$ aufgestellt und Folgerungen daraus gezogen. Wir haben also die Verknüpfung von Elektrodynamik und Mechanik noch nicht hergestellt.

Im strengen Sinne können wir aus den Grundgleichungen des elektromagnetischen Feldes noch nicht auf Kräfte schließen; wir können aber Folgerungen ziehen, die eine mechanische Deutung sehr nahelegen, und wir können dann diese Deutung als Verknüpfung von Elektrodynamik und Mechanik den Grundgleichungen zufügen. Begriffe, die die Mechanik mit anderen Gebieten der Physik verknüpfen, sind Energie und Impuls; sie werden auch hier die Verbindung herstellen.

Aus den Grundgleichungen folgte

$$\frac{\partial}{\partial t}\frac{\varepsilon_0}{2}(\mathfrak{E}^2 + \mathfrak{B}^2) + \operatorname{div}(\varepsilon_0 c\,\mathfrak{E} \times \mathfrak{B}) + \mathfrak{s}\,\mathfrak{E} = 0; \tag{2}$$

wir haben zu prüfen, ob die Deutung der vorkommenden Größen als Energiedichte, Dichte des Energiestromes und Leistungsdichte ($\mathfrak{s}\,\mathfrak{E}$ aus dem Felde weggehende Leistung) möglich ist. Da wir an der Möglichkeit zweifeln dürfen, die Energie, die doch zunächst Energie eines ganzen abgrenzbaren Systems ist, räumlich so verteilt zu denken, daß man von Energiedichte sprechen darf, integrieren wir die Gl. (2) über das ganze Feld, d. h. über ein Gebiet, an dessen Rand die Feldgrößen verschwinden (oder in dem sie rasch genug nach außen abnehmen, wenn das Gebiet ins Unendliche geht). Das Divergenzglied liefert keinen Beitrag, und es wird

$$\frac{\mathrm{d}}{\mathrm{d}t}\int \frac{\varepsilon_0}{2}\,(\mathfrak{E}^2 + \mathfrak{B}^2)\,\mathrm{d}\tau = -\int \mathfrak{s}\,\mathfrak{E}\,\mathrm{d}\tau. \tag{3}$$

Wenn kein elektrischer Strom fließt, bleibt das Integral der linken Seite zeitlich konstant; wenn ein Strom fließt, verhalten sich die in Gl. (3) vorkommenden Integrale wie *Energie und Leistung*. Daß sie es wirklich sind, läßt sich aus bloßen Gleichungen des Feldes nicht schließen.

Einen ähnlichen Zusammenhang können wir für das Integral der Größe $\mathfrak{E}\times\mathfrak{B}/c$ herstellen. Aus den Grundgleichungen folgt:

$$\frac{\partial}{\partial t}\frac{\varepsilon_0}{c}\,\mathfrak{E}\times\mathfrak{B} + \varepsilon_0\,\mathfrak{E}\times\operatorname{rot}\mathfrak{E} + \varepsilon_0\,\mathfrak{B}\times\operatorname{rot}\mathfrak{B} + \frac{\mathfrak{s}}{c}\times\mathfrak{B} = 0\,.$$

Mit der Umformung

$$\mathfrak{E}\times\operatorname{rot}\mathfrak{E} = \frac{1}{2}\operatorname{grad}\mathfrak{E}^2 - (\mathfrak{E}\,\nabla)\,\mathfrak{E}$$

und der Differentiationsregel

$$(\nabla\,\mathfrak{E})\,\mathfrak{E} = (\mathfrak{E}\,\nabla)\,\mathfrak{E} + \mathfrak{E}\,(\nabla\,\mathfrak{E}),$$

wo auf der linken Seite der ∇-Vektor mit dem ersten $\mathfrak{E}$ durch skalare Multiplikation verbunden sei, aber auf beide $\mathfrak{E}$ wirke, und der entsprechenden Behandlung der Ausdrücke mit $\mathfrak{B}$ folgt:

$$\frac{\partial}{\partial t}\frac{\varepsilon_0}{c}\,\mathfrak{E}\times\mathfrak{B} + \operatorname{grad}\frac{\varepsilon_0}{2}\,(\mathfrak{E}^2 + \mathfrak{B}^2) - \varepsilon_0\,(\nabla\,\mathfrak{E})\,\mathfrak{E} - \varepsilon_0\,(\nabla\,\mathfrak{B})\,\mathfrak{B} + \varepsilon_0\,\mathfrak{E}\operatorname{div}\mathfrak{E}$$
$$+ \varepsilon_0\,\mathfrak{B}\operatorname{div}\mathfrak{B} + \frac{\mathfrak{s}}{c}\times\mathfrak{B} = 0;$$

unter Benutzung der Grundgleichungen für $\operatorname{div}\mathfrak{E}$ und $\operatorname{div}\mathfrak{B}$ wird daraus:

$$\frac{\partial}{\partial t}\frac{\varepsilon_0}{c}\,\mathfrak{E}\times\mathfrak{B} + \operatorname{grad}\frac{\varepsilon_0}{2}\,(\mathfrak{E}^2 + \mathfrak{B}^2) - \varepsilon_0\,(\nabla\,\mathfrak{E})\,\mathfrak{E} - \varepsilon_0\,(\nabla\,\mathfrak{B})\,\mathfrak{B}$$
$$+ \left(\varrho\,\mathfrak{E} + \frac{\mathfrak{s}}{c}\times\mathfrak{B}\right) = 0\,. \tag{4}$$

Beim Integrieren über das ganze Feld fallen die Glieder weg, die örtliche Ableitungen sind:

$$\frac{\mathrm{d}}{\mathrm{d}t}\int \frac{\varepsilon_0}{c}\,\mathfrak{E}\times\mathfrak{B}\,\mathrm{d}\tau = -\int\left(\varrho\,\mathfrak{E} + \frac{\mathfrak{s}}{c}\times\mathfrak{B}\right)\mathrm{d}\tau. \tag{5}$$

Die vorkommenden Integrale verhalten sich also wie *Impuls und Kraft*.

Da das gesamte elektromagnetische Feld ein abgrenzbares System ist, können wir von Gesamtenergie und Gesamtimpuls des Systems sprechen und die Verknüpfung mit der Mechanik dadurch herstellen, daß wir

$$\int \frac{\varepsilon_0}{2}\,(\mathfrak{E}^2 + \mathfrak{B}^2)\,\mathrm{d}\tau \qquad\qquad \int \frac{\varepsilon_0}{c}\,\mathfrak{E}\times\mathfrak{B}\,\mathrm{d}\tau$$

als Energie und Impuls ansehen, die Integrale

$$-\int \mathfrak{s}\,\mathfrak{E}\,\mathrm{d}\tau \qquad\qquad -\int \left(\varrho\,\mathfrak{E} + \frac{\mathfrak{s}}{c}\times\mathfrak{B}\right)\mathrm{d}\tau$$

stellen dann (in das System hineingehende) Leistung und Kraft dar.

Damit ist noch nichts über die Verteilung dieser Größen im Raum ausgesagt. Wir können aber etwas über die Verteilung erfahren, indem wir Beziehungen für Größen aufstellen, die verdächtig sind, Drehimpuls und Drehmoment zu sein.

Aus Gl. (4) entsteht durch Multiplikation mit dem Ortsvektor $\mathfrak{r}$ und Integration:

$$\frac{\mathrm{d}}{\mathrm{d}t}\int \mathfrak{r}\times\left(\frac{\varepsilon_0}{c}\,\mathfrak{E}\times\mathfrak{B}\right)\mathrm{d}\tau$$

$$+\int\left[\mathfrak{r}\times\mathrm{grad}\,\frac{\varepsilon_0}{2}\,(\mathfrak{E}^2 + \mathfrak{B}^2) - \mathfrak{r}\times\varepsilon_0(\nabla\,\mathfrak{E})\,\mathfrak{E} - \mathfrak{r}\times\varepsilon_0(\nabla\,\mathfrak{B})\,\mathfrak{B}\right]\mathrm{d}\tau$$

$$=-\int\mathfrak{r}\times\left(\varrho\,\mathfrak{E} + \frac{\mathfrak{s}}{c}\times\mathfrak{B}\right)\mathrm{d}\tau.$$

Durch „Überwälzen" der Differentiation im zweiten Integral (über das ganze Feld) kommt dieses in Wegfall, und es wird:

$$\frac{\mathrm{d}}{\mathrm{d}t}\int\mathfrak{r}\times\left(\frac{\varepsilon_0}{c}\,\mathfrak{E}\times\mathfrak{B}\right)\mathrm{d}\tau = -\int\mathfrak{r}\times\left(\varrho\,\mathfrak{E} + \frac{\mathfrak{s}}{c}\times\mathfrak{B}\right)\mathrm{d}\tau. \tag{6}$$

Die Integrale verhalten sich in der Tat wie *Drehimpuls des Feldes und auf das Feld ausgeübtes Drehmoment*.

Es gibt eine zu Gl. (6) analoge Gleichung für die Energie, die Licht auf ihre räumliche Verteilung wirft. Wenn wir die räumliche Verteilung der Energie kennen und wissen, daß in einem Raumelement $\mathrm{d}\tau$ die Energie $u\,\mathrm{d}\tau$ enthalten ist, so können wir ein „Moment der Energie"

$$\int\mathfrak{r}\,u\,\mathrm{d}\tau$$

definieren. Wir betrachten jetzt die Größe, die im Verdacht steht, das Moment der Feldenergie zu sein. Die zeitliche Ableitung der noch durch c^2 dividierten Größe wird nach Gl. (2)

$$\frac{\mathrm{d}}{\mathrm{d}t}\int\mathfrak{r}\,\frac{\varepsilon_0}{2\,c^2}\,(\mathfrak{E}^2 + \mathfrak{B}^2)\,\mathrm{d}\tau = -\frac{1}{c^2}\int\mathfrak{r}\,(\mathfrak{s}\,\mathfrak{E})\,\mathrm{d}\tau - \int\mathfrak{r}\,\mathrm{div}\left(\frac{\varepsilon_0}{c}\,\mathfrak{E}\times\mathfrak{B}\right)\mathrm{d}\tau.$$

Integration über das ganze Feld und Überwälzen liefert:

$$\frac{\mathrm{d}}{\mathrm{d}t}\int \mathfrak{r}\,\frac{\varepsilon_0}{2\,c^2}\,(\mathfrak{E}^2+\mathfrak{B}^2)\,\mathrm{d}\tau=-\frac{1}{c^2}\int \mathfrak{r}\,(\mathfrak{s}\,\mathfrak{E})\,\mathrm{d}\tau+\int \frac{\varepsilon_0}{c}\,\mathfrak{E}\times\mathfrak{B}\,\mathrm{d}\tau. \qquad (7)$$

Bei Abwesenheit von Strömen verhalten sich die beiden übrigbleibenden Integrale wie *Moment der Masse und Impuls* $\mathfrak{p}$ gemäß einer Beziehung

$$\frac{\mathrm{d}}{\mathrm{d}t}\sum{}' \mathfrak{r}\,m=\mathfrak{p},$$

wobei der Energie eine Masse (E/c^2) zugeschrieben wird.

　　Die Gleichungen (3), (5), (6), (7) machen Aussagen über das Feld als Ganzes, Gl. (6) und (7) geben aber gegenüber Gl. (5) und (3) eine gewisse örtliche Verteilung der vorkommenden Integranden an. *Diese Verteilung ist vereinbar mit der Einführung einer Energiedichte u, einer Impulsdichte* $\mathfrak{g}$, *einer Kraftdichte* $\mathfrak{k}$ (vom Feld auf die Materie) *und einer Leistungsdichte l* gemäß:

$$\left.\begin{aligned}u&=\frac{\varepsilon_0}{2}\,(\mathfrak{E}^2+\mathfrak{B}^2)\\[2mm]\mathfrak{g}&=\frac{\varepsilon_0}{c}\,\mathfrak{E}\times\mathfrak{B}\end{aligned}\right\} \qquad (8)$$

$$\left.\begin{aligned}\mathfrak{k}&=\varrho\,\mathfrak{E}+\frac{\mathfrak{s}}{c}\times\mathfrak{B}\\[2mm]l&=\mathfrak{s}\,\mathfrak{E}.\end{aligned}\right\} \qquad (9)$$

Für das ganze Feld gelten die Beziehungen

$$\frac{\mathrm{d}}{\mathrm{d}t}\int u\,\mathrm{d}\tau=-\int l\,\mathrm{d}\tau \quad (3') \qquad \frac{\mathrm{d}}{\mathrm{d}t}\int \mathfrak{r}\,\frac{u}{c^2}\,\mathrm{d}\tau=-\int \mathfrak{r}\,\frac{l}{c^2}+\int \mathfrak{g}\,\mathrm{d}\tau \quad (7')$$

$$\frac{\mathrm{d}}{\mathrm{d}t}\int \mathfrak{g}\,\mathrm{d}\tau=-\int \mathfrak{k}\,\mathrm{d}\tau \quad (5') \qquad \frac{\mathrm{d}}{\mathrm{d}t}\int \mathfrak{r}\times\mathfrak{g}\,\mathrm{d}\tau=-\int \mathfrak{r}\times\mathfrak{k}\,\mathrm{d}\tau. \quad (6')$$

　　Fügen wir solche Festsetzungen von Energie- und Impulsdichten den Grundgleichungen hinzu, so haben wir die Elektrodynamik mit der Mechanik verknüpft. Wir müssen aber bedenken, daß die empirisch prüfbaren Gl. (3), (5), (6), (7) etwas weniger über die Lokalisierung von Energie, Impuls, Kraft und Leistung aussagen, als mit der Einführung der Dichten geschieht. Wir werden auch bei den Anwendungen den über die genannten Gleichungen hinausgehenden Inhalt der Vorstellung der Dichten nicht ausnutzen.

　　Daß die zeitliche Ableitung des Impulses die Verteilung der angreifenden Kräfte auf die Raumstellen nicht eindeutig angibt, liegt daran, daß im Inneren eines Systems Impuls ausgetauscht werden kann. So kann z.B. der einem starren Körper an einer Stelle zugeführte Impuls an eine andere Stelle gelangen, wenn im Körper „Spannungen" vorhanden sind. So können wir auch im elektromagnetischen Feld „*Spannungen*" annehmen, die Feldimpuls an andere Stellen übertragen. Schreiben wir die

Änderung der Impulsdichte nach Gl. (4) in ihrer x-Komponente auf, so wird

$$\frac{\partial}{\partial t}\frac{\varepsilon_0}{c}\,(\mathfrak{E}\times\mathfrak{B})_x = -\left(\frac{\partial S_{xx}}{\partial x}+\frac{\partial S_{xy}}{\partial y}+\frac{\partial S_{xz}}{\partial z}\right) - \left(\varrho\,\mathfrak{E}+\frac{\mathfrak{s}}{c}\times\mathfrak{B}\right)_x, \qquad (10)$$

wo S_{xx}, S_{xy}, S_{xz} dem Tensor

$$\frac{\varepsilon_0}{2}\left[\begin{array}{ccc}
-\mathfrak{E}_x{}^2+\mathfrak{E}_y{}^2+\mathfrak{E}_z{}^2-\mathfrak{B}_x{}^2+\mathfrak{B}_y{}^2+\mathfrak{B}_z{}^2 & -2(\mathfrak{E}_x\mathfrak{E}_y+\mathfrak{B}_x\mathfrak{B}_y) \\
-2(\mathfrak{E}_y\mathfrak{E}_x+\mathfrak{B}_y\mathfrak{B}_x) & \mathfrak{E}_x{}^2-\mathfrak{E}_y{}^2+\mathfrak{E}_z{}^2+\mathfrak{B}_x{}^2-\mathfrak{B}_y{}^2+\mathfrak{B}_z{}^2 \\
-2(\mathfrak{E}_z\mathfrak{E}_x+\mathfrak{B}_z\mathfrak{B}_x) & -2(\mathfrak{E}_z\mathfrak{E}_y+\mathfrak{B}_z\mathfrak{B}_y) \\
& -2(\mathfrak{E}_x\mathfrak{E}_z+\mathfrak{B}_x\mathfrak{B}_z) \\
& -2(\mathfrak{E}_y\mathfrak{E}_z+\mathfrak{B}_y\mathfrak{B}_z) \\
& \mathfrak{E}_x{}^2+\mathfrak{E}_y{}^2-\mathfrak{E}_z{}^2+\mathfrak{B}_x{}^2+\mathfrak{B}_y{}^2-\mathfrak{B}_z{}^2
\end{array}\right] \qquad (11)$$

angehören. Für die y- und z-Komponenten von Gl. (4) gelten entsprechende Beziehungen. Der divergenzartige Ausdruck auf der rechten Seite von Gl. (10) kann als vom Spannungstensor (11) herrührende Kraftdichte gedeutet werden. S_{xx}, S_{xy}, S_{xz} sind die in der x-Richtung durch Flächen senkrecht zu x, y, z wirkenden Spannungen. Den für das ganze Feld gültigen Beziehungen (3'), (5'), (7'), (6') können wir die an den einzelnen Raumstellen gültigen Beziehungen

$$\dot{u}+\operatorname{div} c^2\mathfrak{g} = -l, \qquad (2')$$

$$\dot{\mathfrak{g}}_x+\frac{\partial S_{xx}}{\partial x}+\frac{\partial S_{xy}}{\partial y}+\frac{\partial S_{xz}}{\partial z} = -\mathfrak{k}_x \qquad (10')$$

zufügen. Integrieren wir nicht über das ganze Feld, sondern über ein anderes begrenztes Raumgebiet, so erhalten wir für die Energie:

$$\frac{\mathrm{d}}{\mathrm{d}t}\int u\,\mathrm{d}\tau+\int c^2\mathfrak{g}\,\mathrm{d}\mathfrak{f} = -\int l\,\mathrm{d}\tau \qquad (2'')$$

($\mathrm{d}\mathfrak{f}$ ist Flächenelement) und für die x-Komponente des Impulses:

$$\frac{\mathrm{d}}{\mathrm{d}t}\int \mathfrak{g}_x\,\mathrm{d}\tau+\int S_{xx}\,\mathrm{d}y\,\mathrm{d}z+S_{xy}\,\mathrm{d}z\,\mathrm{d}x+S_{xz}\,\mathrm{d}x\,\mathrm{d}y = -\int\mathfrak{k}_x\,\mathrm{d}\tau, \qquad (10'')$$

wobei das Oberflächenintegral über die ganze Oberfläche des Gebietes zu erstrecken ist.

Für die ebene Welle des vorigen Abschnittes erhalten wir die Energiedichte

$$u = \varepsilon_0\,\mathfrak{E}^2 = \varepsilon_0\,\mathfrak{B}^2,$$

die Impulsdichte

$$\mathfrak{g} = \mathfrak{n}\,\frac{\varepsilon_0}{c}\,\mathfrak{E}^2 = \mathfrak{n}\,\frac{u}{c}$$

und die Dichte des Energiestromes

$$c^2\mathfrak{g} = \mathfrak{n}\cdot\varepsilon_0\,c\,\mathfrak{E}^2 = \mathfrak{n}\,c\,u.$$

7. Invarianzeigenschaften.

Da einige der in unsere Gleichungen eingeführten Größen, wie die Koordinaten, die Zeit, die Potentiale $V, \mathfrak{A}$, nicht unmittelbar physikalisch wirksame Größen sind, müssen die Grundgleichungen von der besonderen Wahl dieser Hilfsgrößen unabhängig sein; sie müssen gewisse Invarianzeigenschaften haben. Wir untersuchen jetzt die Invarianz gegen Änderung der Orts- und Zeitkoordinaten und werden dabei vor allem die „Lorentz-Invarianz" kennenlernen.

Zunächst sehen wir die Invarianzeigenschaften, die der Homogenität und Isotropie des Raumes entsprechen. Daß die Gleichungen bei *Verrückungen und Drehungen* des Bezugssystems ungeändert bleiben, ist durch die Vektorschreibweise gewährleistet. Für den vom Bezugssystem unabhängigen Sinn des Operators Δ ist wichtig, daß er sich durch Vektorableitungen div $\mathfrak{grad}$ oder $\mathfrak{grad}$ div $-$ $\mathfrak{rot}$ $\mathfrak{rot}$ ausdrücken läßt. Bei der Benutzung von (rechtwinkligen) Komponenten statt der Vektorsymbole ist zu beachten, daß die Komponenten bei einer Drehung genauso (d. h. mit dem gleichen System von Koeffizienten) transformiert werden wie die Koordinatendifferentiale $d\,x,\ d\,y,\ d\,z$ oder wie die Operatoren $\dfrac{\partial}{\partial\,x}, \dfrac{\partial}{\partial\,y}, \dfrac{\partial}{\partial\,z}$.

Die Invarianz gegen Spiegelung wird durch die Unterscheidung von „polaren" und „axialen" Vektoren und die Addition von nur gleichartigen Vektoren gewährleistet. Die polaren Vektoren, wie der Ortsvektor oder der Geschwindigkeitsvektor, kehren ihre Richtung um, wenn die Raumrichtungen durch die „Spiegelung am Nullpunkt" ($x, y, z \to -x, -y, -z$) umgekehrt werden. Ihre bildhafte Darstellung geschieht durch einen Pfeil. Die axialen Vektoren, wie das vektorielle Produkt aus zwei polaren Vektoren oder die Rotation eines polaren Vektors, kehren ihre Richtung nicht um bei einer Umkehrung der Raumrichtungen. Ihre bildhafte Darstellung geschieht durch eine Achse mit Drehsinn. Auch bei den Zahlen unterscheiden wir eigentliche Skalare, die bei Spiegelung sich nicht ändern, und Pseudoskalare, die bei Spiegelung ihr Vorzeichen wechseln. Die Divergenz eines eigentlichen Vektors ist ein eigentlicher Skalar, die Divergenz eines axialen Vektors ist ein Pseudoskalar.

Von den elektromagnetischen Größen sehen wir die Ladungsdichte als eigentlichen Skalar an, da das Vorzeichen der Ladung durch bestimmte Substanzen definiert ist (der mit dem Seidenlappen geriebene Glasstab wird positiv elektrisch, Atomkerne sind positiv geladen). Dann sind $\mathfrak{D}, \mathfrak{E}, \mathfrak{j}$ und $\mathfrak{s}$ polare, $\mathfrak{B}$ und $\mathfrak{H}$ axiale Vektoren. Die Invarianz gegen Spiegelung kommt dadurch zum Ausdruck, daß nur gleichartige Vektoren oder Skalare gleichgesetzt werden. Dabei erscheint es zweckmäßig, in Gleichungen wie

$$e = \int \varrho\, \mathrm{d}\,x\, \mathrm{d}\,y\, \mathrm{d}\,z$$

e und ϱ als gleichartige Größen anzusehen, also auch nach der Spiegelung die Volumina der Teilgebiete positiv zu rechnen. Ebenso wollen wir in

$$S = \oiint \mathfrak{s}\,\mathrm{d}\mathfrak{f}$$

(dem Strom, der aus einem Gebiet ausfließt) $\mathfrak{s}$ als polaren Vektor, S als eigentlichen Skalar ansehen, also auch nach der Spiegelung $\mathrm{d}\mathfrak{f}$ die Richtung der nach außen zeigenden Normalen auf der Oberfläche geben.

Die Invarianz gegen eine *zeitliche Verrückung* (Verlegung des Zeitnullpunktes) ist dadurch ausgedrückt, daß die Zeit nur als $\mathrm{d}t$ in den Gleichungen auftritt.

Die physikalischen Vorgänge, die nicht notwendig Wärmeentwicklung enthalten, zeichnen die Richtung des Zeitablaufes nicht aus. Ihre Gleichungen sind invariant gegen *Zeitumkehr*, Ersetzung von $\mathrm{d}t$ durch $-\mathrm{d}t$. Bei den Wellengl. (14, Abschnitt 4) sieht man es daran, daß nur $\mathrm{d}t^2$ vorkommt. Bei den Grundgleichungen erster Ordnung (1, 5, Abschnitt 4) hat man zu unterscheiden zwischen Größen, die bei Zeitumkehr sich nicht ändern, und solchen, die bei Zeitumkehr ihr Vorzeichen wechseln. Man möchte geneigt sein, etwa ϱ und $\mathfrak{E}$ als zeitrichtungsunabhängig, $\mathfrak{s}$ und $\mathfrak{B}$ als zeitrichtungsgebunden anzusehen. Wir werden aber gleich nachher einen Gesichtspunkt kennenlernen, der die umgekehrte Auffassung nahelegt. Die Invarianz gegen Zeitumkehr ist natürlich unabhängig von dieser Entscheidung, wichtig ist nur, daß ϱ, $\mathfrak{E}$ in die eine, $\mathfrak{s}$, $\mathfrak{B}$ in die andere Gruppe kommen. Eine Gleichung jedoch wie das Ohmsche Gesetz $\mathfrak{s} = \sigma\,\mathfrak{E}$ ist nicht invariant gegen Zeitumkehr und bedingt notwendig das Auftreten von Wärme. Die Energiegleichung ergibt dann

$$\frac{\mathrm{d}}{\mathrm{d}t}\int \frac{\varepsilon_0}{2}\,(\mathfrak{E}^2 + \mathfrak{B}^2)\,\mathrm{d}\tau < 0.$$

Die Gleichungen des elektromagnetischen Feldes in ruhenden Körpern zeigen noch eine weitergehende Invarianzeigenschaft, die „*Lorentz-Invarianz*" oder die *Invarianz der* (speziellen) *Relativitätstheorie*, auch kurz „relativistische Invarianz" genannt.

Die Grundgleichungen lassen im Vakuum den Vorgang der Welle mit der Phasengeschwindigkeit c zu. Die Frage, auf was für eines der geradlinig, gleichförmig, parallel zueinander bewegten Inertialsysteme (Bezugssysteme, in denen die Newtonsche Mechanik gilt) diese Geschwindigkeit zu beziehen sei, wurde experimentell beantwortet durch den Michelsonschen Versuch, der zeigte, daß in verschiedenen solchen Bezugssystemen doch die Lichtgeschwindigkeit gleich groß gemessen wird. Theoretisch wurde erkannt, daß die Grundgleichungen der Elektrodynamik wirklich die Auffassung einer vom Bezugssystem unabhängigen Lichtgeschwindigkeit c zulassen (LORENTZ, EINSTEIN). Dafür mußte darauf verzichtet werden, in einem vom Bezugssystem unabhängigen

Sinne von der Gleichzeitigkeit von Ereignissen zu sprechen, die an verschiedenen Stellen stattfinden.

Die „Lorentz-Transformation", die den Übergang von der raumzeitlichen Koordinatenbestimmung in einem Inertialsystem zu der in einem zweiten solchen System vermittelt, muß wegen der Homogenität des Raumes linear sein. Sie muß ferner in beiden Bezugssystemen symmetrisch sein. Sie muß drittens so beschaffen sein, daß die Lichtbewegung in beiden mit der Geschwindigkeit c erfolgt. Erfolgt die Bewegung des zweiten (gestrichenen) Bezugssystems mit der Geschwindigkeit v in der z-Richtung des ersten (ungestrichenen) und fallen im Augenblick $t = 0$ die Koordinatenachsen der beiden Systeme zusammen, so folgt aus der erstgenannten Bedingung

$$A x = \bar{x} \qquad A y = \bar{y} \qquad B z = \bar{z} - \bar{v}\bar{t} \qquad C \bar{z} = z - v t \, .$$

Die Bedingung der Symmetrie in beiden Systemen besagt

$$A = 1 \qquad \bar{v} = -v \qquad B = C \, ,$$

also

$$B z = \bar{z} + v \bar{t} \qquad B v t = (1 - B^2)\, \bar{z} + v \bar{t} \, .$$

Damit die Lichtbewegung $z = ct$ in die Lichtbewegung $\bar{z} = c\bar{t}$ übergeht, muß

$$\frac{v^2}{c^2} = 1 - B^2, \qquad B = \sqrt{1 - v^2/c^2}$$

sein. Wir erhalten so die „Lorentz-Transformation":

$$\left.\begin{aligned}
x &= \bar{x} & \bar{x} &= x \\[2pt]
y &= \bar{y} & \bar{y} &= y \\[2pt]
z &= \frac{\bar{z} + v\bar{t}}{\sqrt{1 - v^2/c^2}} & z &= \frac{z - v t}{\sqrt{1 - v^2/c^2}} \\[6pt]
t &= \frac{\dfrac{v}{c^2}\bar{z} + \bar{t}}{\sqrt{1 - v^2/c^2}} & \bar{t} &= \frac{-\dfrac{v}{c^2} z + t}{\sqrt{1 - v^2/c^2}}
\end{aligned}\right\} \qquad (1)$$

Aus dieser speziellen Lorentz-Transformation entsteht eine allgemeine Lorentz-Transformation, wenn man noch im ungestrichenen und im gestrichenen Bezugssystem eine räumliche Drehung ausführt. Auch für solche allgemeinen Lorentz-Transformationen gilt, wenn die Nullpunkte der Bezugssysteme für $t = 0, \bar{t} = 0$ zusammenfallen:

$$x^2 + y^2 + z^2 - c^2 t^2 = \bar{x}^2 + \bar{y}^2 + \bar{z}^2 - c^2 \bar{t}^2 \, .$$

Allgemein ist

$$(x_2 - x_1)^2 + (y_2 - y_1)^2 + (z_2 - z_1)^2 - c^2 (t_2 - t_1)^2 \qquad (2)$$

eine Invariante. Sie mißt das Quadrat des „Abstandes" zweier Raumzeitpunkte. Sie ist null, wenn die beiden durch ein Lichtsignal verbunden
werden können. Sie ist negativ, wenn es eine Bewegung mit einer Geschwindigkeit kleiner als c gibt, die von dem einen zum anderen Raum-
zeitpunkt führt; durch eine Lorentz-Transformation können die beiden
Raumzeitpunkte an denselben Ort (zu verschiedener Zeit) gebracht
werden. Ein Abstand mit negativem Wert der Invariante heißt darum
„zeitartig". Die Invariante ist positiv, wenn eine solche Lorentz-Transformation nicht existiert; es gibt dann eine Lorentz-Transformation, die die
beiden Raumzeitpunkte gleichzeitig (an verschiedenen Orten) macht;
ein solcher Abstand heißt „raumartig".

Für einen bewegten Punkt ist

$$\mathrm{d}\,x^2 + \mathrm{d}\,y^2 + \mathrm{d}\,z^2 - c^2\,\mathrm{d}\,t^2$$

vom Bezugssystem unabhängig. Schreiben wir

$$c^2\,\mathrm{d}\,s^2 = c^2\,\mathrm{d}\,t^2 - \mathrm{d}\,x^2 - \mathrm{d}\,y^2 - \mathrm{d}\,z^2, \tag{3}$$

so ist $\mathrm{d}s$ das Differential der Zeit für ein mitbewegtes Bezugssystem
(genauer ein Inertialsystem, das im Augenblick die gleiche Geschwindigkeit hat wie der bewegte Punkt). Wir nennen $\mathrm{d}s$ das Differential der
Eigenzeit; sein Zusammenhang mit $\mathrm{d}t$ wird durch die Gl. (3) oder kurz
durch

$$\mathrm{d}s = \mathrm{d}t\sqrt{1 - \frac{v^2}{c^2}} \tag{4}$$

angegeben.

Im folgenden ist nun zu zeigen, daß nicht nur die Beschreibung der
Lichtausbreitung, sondern die Grundgleichungen des elektromagnetischen
Feldes invariant sind gegen die Lorentz-Transformation, also in allen
Inertialsystemen die gleichen sind (Abschnitt 9).

Gelegentlich führt man neben den elektromagnetischen Feldstärken
und den Dichten von Ladung und Strom, die in den Grundgleichungen
auftreten, auch die Potentiale V, $\mathfrak{A}$ ein. Sie haben aber keine unmittelbare Bedeutung, vielmehr führt die Eichtransformation (Abschnitt 4)

$$V \to V - \frac{1}{c}\,\dot{\Phi} \qquad \mathfrak{A} \to \mathfrak{A} + \mathfrak{grad}\,\Phi$$

zur gleichen physikalischen Situation. Die „*Eichinvarianz*" der Elektrodynamik spricht sich darin aus, daß in den Grundgleichungen die Poten-
tiale V, $\mathfrak{A}$ nicht auftreten, sondern nur die Feldstärken $\mathfrak{E}$, $\mathfrak{B}$, die „eichinvariant" gebildet sind. Bei Theorien, in denen V, $\mathfrak{A}$ explizit auftreten,
haben wir besonders die Eichinvarianz zu prüfen.

8. Vierervektoren und Tensoren.

Die Lehre von den homogenen linearen Transformationen der Koordinaten x, y, z, t, die

$$x^2 + y^2 + z^2 - c^2 t^2$$

invariant lassen, ist eine Erweiterung der Lehre von den Drehungen (und Spiegelungen) des dreidimensionalen Raumes mit Cartesischem Koordinatensystem. Bei einer geeigneten Bezeichnung können wir die Sätze leicht übertragen. Wie in der dreidimensionalen Geometrie die Benutzung der umständlichen Transformationsformeln nicht nötig ist zur Feststellung der Invarianz, so kann auch hier die explizite Benutzung der Formeln für die Lorentz-Transformation vermieden werden. Es gibt *zwei einfache Bezeichnungsweisen* für solche Untersuchungen.

Wir führen die vier Koordinaten ein

$$(x, y, z, i c t) = (x_1, x_2, x_3, x_4).$$

Die Invariante ist dann

$$x_1{}^2 + x_2{}^2 + x_3{}^2 + x_4{}^2,$$

und Lorentz-Transformationen sind solche homogenen linearen Transformationen, die diese Größe invariant, $x_1, x_2, x_3, i x_4$ reell, sowie das Vorzeichen von $i x_4$ ungeändert lassen.

Wir führen die zweimal vier reellen Koordinaten ein

$$(c t, x, y, z) = (x^0, x^1, x^2, x^3)$$
$$(- c t, x, y, z) = (x_0, x_1, x_2, x_3),$$

also

$$x^0 = - x_0, \; x^1 = x_1, \; \ldots$$

Die Invariante ist dann

$$x_0 x^0 + x_1 x^1 + x_2 x^2 + x_3 x^3,$$

und Lorentz-Transformationen sind solche reellen homogenen linearen Transformationen, die diese Größe invariant und das Vorzeichen von x^0 ungeändert lassen.

Damit haben wir die räumlichen Spiegelungen mit einbezogen und die Zeitumkehr ausgeschlossen.

Der Vorteil dieser Schreibweise besteht darin, daß die Formeln des Cartesischen Koordinatensystems genau gelten.

Der Vorteil dieser Schreibweise besteht darin, daß die Koordinaten reell sind; dies wird für uns wichtig sein, wenn wir komplexe Feldgrößen einführen. Der Anwendungsbereich dieser Schreibweise reicht viel weiter als der der anderen; sie erlaubt, beliebige homogene lineare Transformationen zu betrachten. Solange wir aber bei den Koordinaten $c t, x, y, z$ bleiben, können wir die Regeln einfach mit $x^0 = - x_0 = - i x_4$ aus der anderen Schreibweise übertragen.

Eine „lorentzinvariante" Fassung der Naturgesetze kann dadurch gewährleistet werden, daß man die vorkommenden Größen als *Skalare*, „*Vierervektoren*" oder allgemeine *vierdimensionale Tensoren* behandelt. Ein Skalar ist invariant gegen eine Lorentz-Transformation.

Die Komponenten a_1, a_2, a_3, a_4 eines Vierervektors transformieren sich wie die Koordinaten x_1, x_2, x_3, x_4.

Die Komponenten a^0, a^1, a^2, a^3 eines Vierervektors transformieren sich wie x^0, x^1, x^2, x^3; ferner sei

$$(a^0,\, a^1,\, a^2,\, a^3) = (-a_0,\, a_1,\, a_2,\, a_3).$$

Zu einem Vierervektor gibt es die Invariante

$$a_1{}^2 + a_2{}^2 + a_3{}^2 + a_4{}^2 \qquad\qquad a_0 a^0 + a_1 a^1 + a_2 a^2 + a_3 a^3,$$

wofür wir kurz

$$a_\mu a_\mu \qquad\qquad\qquad\qquad a_\mu a^\mu$$

schreiben unter Weglassung des Summenzeichens bei Summationen über gleiche Indices, die von 1 bis 4 bzw. 0 bis 3 laufen. Zu zwei Vierervektoren gibt es die Invariante

$$a_\mu b_\mu \qquad\qquad\qquad a_\mu b^\mu = a^\mu b_\mu,$$

das „innere Produkt" der beiden Vektoren. Wenn h eine skalare Funktion der Koordinaten ist, so können wir den „*Gradienten*" bilden.

Es sind

$$f_\mu = \frac{\partial h}{\partial x_\mu}$$

die Komponenten eines Vierervektors.

Es transformieren sich

$$f^\mu = \frac{\partial h}{\partial x_\mu}$$

wie die Koordinaten x^μ und

$$f_\mu = \frac{\partial h}{\partial x^\mu}$$

wie die Koordinaten x_μ. Die Größen sind also Komponenten mit oberen bzw. unteren Indices eines Vierervektors.

Man kann dies auch symbolisch durch die Schreibweise

$$\frac{\partial}{\partial x_\mu} = \nabla_\mu \qquad\qquad \frac{\partial}{\partial x_\mu} = \nabla^\mu, \qquad \frac{\partial}{\partial x^\mu} = \nabla_\mu$$

ausdrücken. Sind f_μ bzw. f^μ Komponenten eines Vektors, die von den Koordinaten abhängen, so ist (Summenzeichen weglassen):

$$\frac{\partial f_\mu}{\partial x_\mu} \qquad\qquad\qquad \frac{\partial f^\mu}{\partial x^\mu} = \frac{\partial f_\mu}{\partial x_\mu}$$

eine Invariante, die „*Divergenz*" des Vektors.

Die Komponenten

$$t_{11}\, t_{12}\, t_{13}\, t_{14}$$
$$t_{21}\, t_{22}\, t_{23}\, t_{24}$$
$$t_{31}\, t_{32}\, t_{33}\, t_{34}$$
$$t_{41}\, t_{42}\, t_{43}\, t_{44}$$

allgemein $t_{\mu\nu}$ eines Tensors zweiter Stufe transformieren sich wie die Produkte $a_\mu\, b_\nu$ der Komponenten zweier Vierervektoren.

Die Komponenten $t^{\mu\nu}$ eines Tensors zweiter Stufe transformieren sich wie die Produkte $a^\mu\, b^\nu$ der Komponenten von Vierervektoren. Die Komponenten $t_{\mu\nu}$, $t_\mu{}^\nu$, $t^\mu{}_\nu$ transformieren sich wie die Produkte $a_\mu\, b_\nu$, $a_\mu\, b^\nu$, $a^\mu\, b_\nu$.

Es ist

$$-t_{44} = t_{00} = t^{00} = -t^0{}_0 = -t_0{}^0$$
$$i\,t_{4\mu} = t_{0\mu} = -t^{0\mu} = -t^0{}_\mu = t_0{}^\mu \qquad (\mu \neq 0,\ 4)$$
$$t_{\mu\nu} = t_{\mu\nu} = t^{\mu\nu} = t^\mu{}_\nu = t_\mu{}^\nu \qquad (\mu,\ \nu \neq 0,\ 4).$$

Tensoren sind z. B.

$$t_{\mu\nu} = a_\mu\, b_\nu \qquad\qquad\qquad t_{\mu\nu} = a_\mu\, b_\nu \qquad t^{\mu\nu} = a^\mu\, b^\nu$$
$$t_{\mu\nu} = \frac{\partial f_\nu}{\partial x_\mu} \qquad\qquad\qquad t_{\mu\nu} = \frac{\partial f_\nu}{\partial x^\mu} \qquad t^{\mu\nu} = \frac{\partial f^\nu}{\partial x_\mu}.$$

„Schiefsymmetrische" Tensoren $(t_{\mu\nu} = -t_{\nu\mu})$ sind z. B.

$$t_{\mu\nu} = a_\mu\, b_\nu - a_\nu\, b_\mu \qquad\qquad t_{\mu\nu} = a_\mu\, b_\nu - a_\nu\, b_\mu$$
$$t_{\mu\nu} = \frac{\partial f_\nu}{\partial x_\mu} - \frac{\partial f_\mu}{\partial x_\nu} \qquad\qquad t_{\mu\nu} = \frac{\partial f_\nu}{\partial x^\mu} - \frac{\partial f_\mu}{\partial x^\nu}.$$

Wir wollen jetzt die Schreibweise mit reellen Koordinaten (x^0, x^1, x^2, x^3) weiter verfolgen. Da wir öfter Beziehungen aus der vierdimensionalen Schreibweise in die Schreibweise der dreidimensionalen Skalare, Vektoren, Tensoren zu übertragen haben werden und umgekehrt, wollen wir uns daran gewöhnen, *in gewissen Ausdrücken der dreidimensionalen Vektorschreibweise Bildungen* zu erkennen, *die vom Standpunkt der Lorentz-Invarianz bemerkenswert sind.* In der dreidimensionalen Schreibweise, die wir in der rechten Spalte beifügen, sind die axialen Vektoren von den polaren Vektoren und die Pseudoskalare von den Skalaren durch einen Zirkumflex unterschieden.

Aus einem Vierervektor

$$a^\mu \qquad\qquad\qquad\qquad (a,\ \mathfrak{a}),$$

dessen Komponenten sich bei einer Lorentz-Transformation wie die Koordinaten

$$x^\mu \qquad\qquad\qquad\qquad (c\,t,\ \mathfrak{r})$$

transformieren, läßt sich die Invariante

$$a^\mu a_\mu \qquad\qquad\qquad -a^2 + \mathfrak{a}^2$$

und mit dem Skalar λ der weitere Vierervektor

$$\lambda\, a^\mu \qquad\qquad\qquad (\lambda\, a,\ \lambda\, \mathfrak{a})$$

bilden. Aus zwei Vierervektoren kann man die Invariante (inneres Produkt)

$$a^\mu b_\mu = a_\mu b^\mu \qquad\qquad -ab + \mathfrak{a}\,\mathfrak{b}$$

und den Tensor zweiter Stufe

$$a^\mu b^\nu \qquad\qquad \begin{pmatrix} ab & a\,\mathfrak{b} \\ \mathfrak{a}\,b & \mathfrak{a}_\mu\,\mathfrak{b}_\nu \end{pmatrix}$$

herstellen. So ist die invariante Phase $-\omega t + \mathfrak{k}\mathfrak{r}$ einer harmonischen ebenen Welle das innere Produkt aus den Vierervektoren $\left(\dfrac{\omega}{c},\ \mathfrak{k}\right)$ und $(ct,\ \mathfrak{r})$.

Aus einem Tensor zweiter Stufe $a^{\mu\nu}$ und einem Vierervektor b^ν kann man in „verjüngender" Multiplikation den Vierervektor

$$a^{\mu\nu}\, b_\nu = a^\mu{}_\nu\, b^\nu$$

und in „erweiternder" Multiplikation den Tensor dritter Stufe

$$a^{\mu\nu}\, b^\lambda$$

herstellen.

Von besonderem Interesse sind die schiefsymmetrischen und auch die symmetrischen Tensoren der verschiedenen Stufen. Im dreidimensionalen ist das bekannte vektorielle Produkt $a_\mu b_\nu - b_\nu a_\mu$, $\mathfrak{a} \times \mathfrak{b}$, das einem axialen Vektor entspricht, ein schiefsymmetrischer Tensor zweiter Stufe. Jeder dreidimensionale schiefsymmetrische Tensor zweiter Stufe transformiert sich ebenso und entspricht damit auch einem axialen Vektor. Ein vierdimensionaler schiefsymmetrischer Tensor zweiter Stufe wird in der dreidimensionalen Schreibweise durch einen polaren Vektor und durch einen axialen Vektor wiedergegeben

$$a^{\mu\nu} = -a^{\nu\mu} \qquad\qquad \begin{pmatrix} 0 & \mathfrak{a} \\ -\mathfrak{a} & \hat{\mathfrak{A}} \end{pmatrix},$$

wobei $a^{23} = \hat{\mathfrak{A}}_x$, $a^{31} = \hat{\mathfrak{A}}_y$, $a^{12} = \hat{\mathfrak{A}}_z$ gesetzt sei. Ein symmetrischer Tensor zweiter Stufe wird in der dreidimensionalen Schreibweise durch einen Skalar, einen polaren Vektor und einen symmetrischen Tensor wiedergegeben:

$$a^{\mu\nu} = a^{\nu\mu} \qquad\qquad \begin{pmatrix} a & \mathfrak{a} \\ \mathfrak{a} & A_{\mu\nu} \end{pmatrix}.$$

Einen Tensor dritter Stufe nennen wir schiefsymmetrisch, wenn er in jedem Indexpaar antisymmetrisch ist

$$a^{\lambda\mu\nu} = a^{\mu\nu\lambda} = a^{\nu\lambda\mu}$$
$$= -a^{\nu\mu\lambda} = -a^{\mu\lambda\nu} = -a^{\lambda\nu\mu}.$$

Ein dreidimensionaler schiefsymmetrischer Tensor dritter Stufe transformiert sich wie die Determinante

$$\begin{vmatrix} a_1 & a_2 & a_3 \\ b_1 & b_2 & b_3 \\ c_1 & c_2 & c_3 \end{vmatrix} \qquad\qquad (\mathfrak{a} \times \mathfrak{b})\,\mathfrak{c}$$

aus den Komponenten dreier Vektoren. Er ist also ein Pseudoskalar und gibt das Volumen des von den drei Vektoren aufgespannten Parallelepipeds an. Ein vierdimensionaler schiefsymmetrischer Tensor dritter Stufe hat vier (abgesehen vom Vorzeichen) verschiedene Komponenten. Aus ihm und dem Vierervektor b^μ kann man den schiefsymmetrischen Tensor vierter Stufe bilden

$$a^{123}b^0 - a^{023}b^1 + a^{013}b^2 - a^{012}b^3.$$

Er transformiert sich wie die Determinante aus den Komponenten von vier Vierervektoren und ist ein Pseudoskalar. Daran sieht man, daß sich

$$-a^{123},\ a^{023},\ a^{031},\ a^{012}$$

bei eigentlichen Lorentz-Transformationen ohne Spiegelung wie die Komponenten a_0, a_1, a_2, a_3 eines Vierervektors verhalten, bei Spiegelung sich von ihnen durch den Wegfall des Vorzeichenwechsels unterscheiden. Die vier angegebenen Komponenten bilden also einen Pseudo-Vierervektor. In dreidimensionaler Schreibweise werden sie durch einen Pseudoskalar und einen axialen Vektor wiedergegeben

$$a^{\lambda\mu\nu} \qquad\qquad (\hat{a},\ \hat{\mathfrak{a}}).$$

In diesen Bildungen kann statt eines Vierervektors, der vor einer Größe steht, auch der Operatorvektor

$$\nabla_\mu = \frac{\partial}{\partial x^\mu} \qquad\qquad \left(\frac{\partial}{c\,\partial t},\ \mathfrak{grad}\right)$$

$$\nabla^\mu = \frac{\partial}{\partial x_\mu} \qquad\qquad \left(-\frac{\partial}{c\,\partial t},\ \mathfrak{grad}\right)$$

stehen. Die „erweiternde" Bildung des „Vierergradienten" aus einem Skalar

$$f_\mu = \frac{\partial h}{\partial x^\mu}$$

$$= \frac{\partial h}{\partial x_\mu} \qquad\qquad (f,\ \mathfrak{f}) = \left(-\frac{\dot{h}}{c},\ \mathfrak{grad}\,h\right)$$

kam in Gl. (11), Abschnitt 4, bei der Umeichung der elektromagnetischen Potentiale vor; $(v, \mathfrak{a})$ bilden einen Vierervektor. Wir wollen auch $(V, \mathfrak{A})$ als Vierervektor behandeln und werden sehen, daß es durchführbar ist. Die aus einem Vierervektor „verjüngend" gebildete Divergenz

$$h = \frac{\partial f^{\mu}}{\partial x^{\mu}} \qquad\qquad h = \frac{\dot{f}}{c} + \operatorname{div} \mathfrak{f}$$

kam vor in der den Potentialen $V, \mathfrak{A}$ auferlegten Nebenbedingung [Gl. (12), Abschnitt 4] und in der Kontinuitätsgleichung des elektrischen Stromes. Häufig tritt die „erweiternde" Bildung des schiefsymmetrischen Tensors

$$t^{\mu\nu} = -t^{\nu\mu} = \frac{\partial f^{\nu}}{\partial x_{\mu}} - \frac{\partial f^{\mu}}{\partial x_{\nu}} \qquad \begin{pmatrix} 0 & t \\ -t & \hat{\mathfrak{T}} \end{pmatrix} = \begin{pmatrix} 0 & -\dfrac{\dot{\mathfrak{f}}}{c} - \operatorname{grad} f \\ \dfrac{\dot{\mathfrak{f}}}{c} + \operatorname{grad} f & \operatorname{rot} \mathfrak{f} \end{pmatrix}$$

auf, z.B. sind die elektromagnetischen Feldstärken $(\mathfrak{E}, \hat{\mathfrak{B}})$ so aus den Potentialen gebildet; $(\mathfrak{E}, \hat{\mathfrak{B}})$ bilden also einen schiefsymmetrischen Tensor zweiter Stufe.

Die verjüngende Ableitung eines schiefsymmetrischen Tensors zweiter Stufe

$$f^{\mu} = \frac{\partial t^{\mu\nu}}{\partial x^{\nu}} \qquad\qquad (f, \mathfrak{f}) = \left(\operatorname{div} \mathfrak{t}, \; -\frac{\dot{\mathfrak{t}}}{c} + \operatorname{rot} \hat{\mathfrak{T}}\right)$$

kam vor in der Verknüpfung [Gl. (1) und (5), Abschnitt 4] der Feldstärken mit der Dichte von Strom und Ladung. Es gibt eine erweiternde Ableitung, die aus einem schiefsymmetrischen Tensor zweiter Stufe einen solchen dritter Stufe (Pseudovektor) macht:

$$u^{\lambda\mu\nu} = u^{\mu\nu\lambda} = u^{\nu\lambda\mu}$$

$$= -u^{\nu\mu\lambda} = -u^{\lambda\nu\mu} = -u^{\mu\lambda\nu}$$

$$= \frac{\partial t^{\mu\nu}}{\partial x_{\lambda}} + \frac{\partial t^{\nu\lambda}}{\partial x_{\mu}} + \frac{\partial t^{\lambda\mu}}{\partial x_{\nu}} \qquad (\hat{u}, \hat{\mathfrak{u}}) = \left(\operatorname{div} \hat{\mathfrak{T}}, \; -\frac{1}{c}\dot{\hat{\mathfrak{T}}} - \operatorname{rot} \mathfrak{t}\right).$$

Dabei ist $u^{123} = \hat{u}$, $u^{023} = \hat{\mathfrak{u}}_x \ldots$ gesetzt. Die Bildung kam in den ersten beiden Grundgleichungen des elektromagnetischen Feldes vor. Aus einem schiefsymmetrischen Tensor dritter Stufe kann man durch verjüngende Ableitung einen solchen Tensor zweiter Stufe herstellen:

$$t^{\mu\nu} = \frac{\partial u^{\lambda\mu\nu}}{\partial x^{\lambda}} \qquad \begin{pmatrix} 0 & t \\ -t & \hat{\mathfrak{T}} \end{pmatrix} = \begin{pmatrix} 0 & \operatorname{rot} \hat{\mathfrak{u}} \\ -\operatorname{rot} \hat{\mathfrak{u}} & \dfrac{\dot{\hat{\mathfrak{u}}}}{c} + \operatorname{grad} \hat{u} \end{pmatrix}.$$

Aus einem schiefsymmetrischen Tensor dritter Stufe kann man den Pseudoskalar bilden:

$$g^{\varkappa\lambda\mu\nu} = \frac{\partial u^{\lambda\mu\nu}}{\partial x_\varkappa} - \frac{\partial u^{\mu\nu\varkappa}}{\partial x_\lambda} + \frac{\partial u^{\nu\varkappa\lambda}}{\partial x_\mu} - \frac{\partial u^{\varkappa\lambda\mu}}{\partial x_\nu} \qquad\qquad \hat{g} = -\frac{\dot{\hat{u}}}{c} - \operatorname{div}\hat{\mathfrak{u}}\,.$$

Ein solcher läßt schließlich die Ableitung zu

$$u^{\lambda\mu\nu} = \frac{\partial g^{\varkappa\lambda\mu\nu}}{\partial x^\varkappa} \qquad\qquad (\hat{u},\ \hat{\mathfrak{u}}) = \left(\frac{\dot{\hat{g}}}{c},\ -\operatorname{\mathfrak{grad}}\hat{g}\right).$$

Von den Ableitungen zweiter Ordnung haben wir schon benutzt

$$\frac{\partial^2 h}{\partial x_\mu\,\partial x^\mu} \qquad\qquad \left(-\frac{\partial^2}{c^2\,\partial t^2} + \Delta\right) h$$

und

$$\frac{\partial^2 f^\nu}{\partial x_\mu\,\partial x^\mu} \qquad\qquad \left(-\frac{\partial^2}{c^2\,\partial t^2} + \Delta\right)(f,\ \mathfrak{f});$$

sie kamen in den Wellengleichungen vor.

9. Viererschreibweise der Maxwellschen Theorie.

Wir haben bereits in den Ausdrücken, die in den Gleichungen der Maxwellschen Theorie vorkamen, Bildungen erkannt, die vom Standpunkt der Viererschreibweise, die der Lorentz-Invarianz entspricht, einfach und folgerichtig sind. Wir können daraufhin die Maxwellschen Gleichungen in der Viererschreibweise aufschreiben. Ihr sieht man dann an, daß die Theorie lorentzinvariant ist.

In den erwähnten Ausdrücken hatte der Teil, der den Raumkoordinaten entsprach (Indices 1, 2, 3), immer mit dem Magnetfeld zu tun $(\mathfrak{A},\ \hat{\mathfrak{B}},\ \mathfrak{s}/c)$. Streichen wir in den Maxwellschen Gleichungen die Zeit und die elektrischen Größen $V,\ \mathfrak{E},\ \varrho$, betrachten wir also die Magnetostatik, so ist sie in der Komponentenschreibweise ein dreidimensionales Abbild der Elektrodynamik. Wir wollen uns die Gleichungen der Elektrodynamik in Viererschreibweise auf dem Wege über die Komponentenschreibweise der Magnetostatik verschaffen.

Die Gleichungen der Magnetostatik sind

$$\left.\begin{aligned} \operatorname{div}\hat{\mathfrak{B}} &= 0 \\ \varepsilon_0\operatorname{\mathfrak{rot}}\hat{\mathfrak{B}} &= \frac{\mathfrak{s}}{c} = \frac{\mathfrak{j}}{c} + \operatorname{\mathfrak{rot}}\hat{\mathfrak{M}}, \end{aligned}\right\} \qquad (1)$$

aus der letzten folgt

$$\operatorname{div}\mathfrak{s} = 0 \quad \operatorname{div}\mathfrak{j} = 0,$$

die erste ist mit

$$\widehat{\mathfrak{B}} = \operatorname{rot} \mathfrak{A}$$

erfüllbar. Mit $\mathfrak{A}$ wird, wenn wir die Nebenbedingung

$$\operatorname{div} \mathfrak{A} = 0$$

stellen, die letzte Gleichung

$$\varepsilon_0 \, \Delta \mathfrak{A} = -\frac{\mathfrak{s}}{c}\,.$$

Mit Komponenten geschrieben (s^μ, j^μ bei $\mathfrak{s}/c$, $\mathfrak{j}/c$, B^{12} für $\mathfrak{B}_z$) lauten die Gl. (1):

$$\left.\begin{aligned}
\frac{\partial B_{\mu\nu}}{\partial x^\lambda} + \frac{\partial B_{\nu\lambda}}{\partial x^\mu} + \frac{\partial B_{\lambda\mu}}{\partial x^\nu} &= 0 \\[2mm]
\varepsilon_0 \, \frac{\partial B^{\mu\nu}}{\partial x^\nu} = s^\mu &= j^\mu + \frac{\partial M^{\mu\nu}}{\partial x^\nu}\,,
\end{aligned}\right\} \tag{2}$$

wo in der ersten Gleichung λ, μ, ν nun für 1, 2, 3 steht. Es folgt

$$\frac{\partial s^\mu}{\partial x^\mu} = 0 \qquad \frac{\partial j^\mu}{\partial x^\mu} = 0, \tag{3}$$

und für die Potentiale gilt:

$$\left.\begin{aligned}
B_{\mu\nu} &= \frac{\partial A_\nu}{\partial x^\mu} - \frac{\partial A_\mu}{\partial x^\nu} \\[2mm]
\frac{\partial A^\mu}{\partial x^\mu} &= 0 \\[2mm]
\varepsilon_0 \, \frac{\partial^2 A^\nu}{\partial x_\mu \, \partial x^\mu} &= - s^\nu.
\end{aligned}\right\} \tag{4}$$

Lassen wir nun für λ, μ, ν die Zahlen 0, 1, 2, 3 zu, so erhalten wir genau die Gleichungen der Elektrodynamik. Die Zuordnung zu den üblichen Bezeichnungen ist gegeben durch

$$
\begin{aligned}
A^\mu &= (V,\ \mathfrak{A}) & A_\mu &= (-V,\ \mathfrak{A}) \\[2mm]
s^\mu &= \left(\varrho,\ \frac{\mathfrak{s}}{c}\right) & s_\mu &= \left(-\varrho,\ \frac{\mathfrak{s}}{c}\right) \\[2mm]
j^\mu &= \left(\eta,\ \frac{\mathfrak{j}}{c}\right) & j_\mu &= \left(-\eta,\ \frac{\mathfrak{j}}{c}\right) \\[2mm]
B^{\mu\nu} &= \begin{pmatrix} 0 & \mathfrak{E} \\ -\mathfrak{E} & \widehat{\mathfrak{B}} \end{pmatrix} & B_{\mu\nu} &= \begin{pmatrix} 0 & -\mathfrak{E} \\ \mathfrak{E} & \widehat{\mathfrak{B}} \end{pmatrix} \\[3mm]
M^{\mu\nu} &= \begin{pmatrix} 0 & -\mathfrak{P} \\ \mathfrak{P} & \widehat{\mathfrak{M}} \end{pmatrix} & M_{\mu\nu} &= \begin{pmatrix} 0 & \mathfrak{P} \\ -\mathfrak{P} & \widehat{\mathfrak{M}} \end{pmatrix}.
\end{aligned}
$$

Die Elektrodynamik ist die vierdimensionale Übertragung der Magnetostatik.

Der Viererschreibweise der Elektrodynamik sieht man ohne weiteres die Lorentz-Invarianz an. Man erhält ferner einen tieferen Einblick in die geometrischen Eigenschaften der elektromagnetischen Vorgänge, die im formalen Bau der Grundgleichungen ausgedrückt sind. Diesen formalen Bau kann man kurz so aussprechen: Aus dem Vierervektor der Potentiale wird durch erweiternde Differentiation der schiefsymmetrische Tensor des Feldes gebildet. Durch verjüngende Differentiation entsteht daraus der Vierervektor der Stromdichte

$$\text{erw. Abl. } A = B \qquad \text{verj. Abl. } B = s.$$

Wenn wir die Potentiale weglassen, haben wir: Das Feld wird durch einen schiefsymmetrischen Tensor beschrieben, dessen erweiternde Ableitung null gibt; die verjüngende Ableitung gibt den Vierervektor der Stromdichte

$$\text{erw. Abl. } B = 0 \qquad \text{verj. Abl. } B = s.$$

Dem Satz von der Erhaltung der elektrischen Ladung Gl. (3) können wir nach dem „Gaußschen Satze", der in der gewöhnlichen Vektorrechnung

$$\iiint \operatorname{div} \mathfrak{s} \cdot d\tau = \oiint \mathfrak{s} \, d\mathfrak{f}$$

lautet, auch eine Integralform geben:

$$0 = \int\limits_{(G)} \frac{\partial s^\mu}{\partial x^\mu} \, dx^0 \, dx^1 \, dx^2 \, dx^3 = \int\limits_{(O)} s^0 \, dx^1 \, dx^2 \, dx^3 + s^1 \, dx^2 \, dx^3 \, dx^0 + \cdots,$$

wo G ein vierdimensionales Gebiet und O seine dreidimensionale Umrandung ist. Wählen wir G so, daß es durch ein Randstück $x^0 = \text{const}$ und ein Randstück $\overline{x^0} = \text{const}$ begrenzt wird, während die übrigen Grenzen so weit außen liegen, daß die s^μ null sind, so folgt aus dem vierdimensionalen Gaußschen Satze:

$$\int s^0 \, dx^1 \, dx^2 \, dx^3 = \int \overline{s^0} \, d\overline{x^1} \, d\overline{x^2} \, d\overline{x^3}, \tag{5}$$

wo $\overline{s^0}$ die auf der Fläche $\overline{x^0} = \text{const}$ senkrechte s-Komponente ist. *Die im gesamten Feld enthaltene elektrische Ladung ist* also *invariant gegen eine Lorentz-Transformation.*

Wir müssen noch dem Impuls- und Energiesatz der Elektrodynamik, den wir im Abschnitt **6** kennenlernten, eine lorentzinvariante Fassung geben und erreichen dies über den Impulssatz der Magnetostatik. Von der Impulsgl. (10) jenes Abschnittes bleibt in der Magnetostatik übrig

$$\frac{\partial S^\mu{}_\nu}{\partial x^\mu} + B_{\nu\lambda} s^\lambda = 0.$$

Die Nichtdiagonalglieder von $S^\mu_{\ \nu}$ sind $\varepsilon_0 B^{\mu\lambda} B_{\nu\lambda}$; die Diagonalglieder (an der Stelle $\mu = \nu$) sind $\varepsilon_0 (B^{\mu\lambda} B_{\nu\lambda} - 1/4\, B^{\varkappa\lambda} B_{\varkappa\lambda})$, so daß wir im ganzen

$$S^\mu_{\ \nu} = \varepsilon_0 \left(B^{\mu\lambda} B_{\nu\lambda} - \frac{1}{4}\, \delta^\mu_\nu B^{\varkappa\lambda} B_{\varkappa\lambda} \right)$$

schreiben können, wo δ^μ_ν für $\mu \neq \nu$ null ist und für $\mu = \nu$ den Wert 1 hat. Die entsprechend gebaute Gleichung

$$\frac{\partial T^\mu_{\ \nu}}{\partial x^\mu} + B_{\nu\lambda} s^\lambda = 0 \tag{6}$$

für den vierdimensionalen Tensor

$$T^\mu_{\ \nu} = \varepsilon_0 \left(B^{\mu\lambda} B_{\nu\lambda} - \frac{1}{4}\, \delta^\mu_\nu B^{\varkappa\lambda} B_{\varkappa\lambda} \right) \tag{7}$$

faßt nun, wie man leicht nachrechnet, die Energie und Impulsgleichungen des Abschnittes 6 zusammen. Der Tensor δ^μ_ν ist derjenige Tensor, der einen Vierervektor in sich selbst überführt:

$$\delta^\mu_\nu f^\nu = f^\mu$$

$$\delta^{\mu\nu} f_\nu = f^\mu$$

(man beachte $\delta^{\mu\nu} = 0$ für $\mu \neq \nu$; $\delta^{\mu\nu} = 1$ für $\mu = \nu = 1, 2, 3$; $\delta^{\mu\nu} = -1$ für $\mu = \nu = 0$). Die Gl. (6) läßt sich natürlich auch direkt aus den Feldgl. (2) ableiten.

$T^\mu_{\ \nu}$ heißt *Energie-Impuls-Tensor*; in der Form $T^{\mu\nu}$ (oder $T_{\mu\nu}$) geschrieben, ist er symmetrisch. Ausführlicher lautet er

$$T^{\mu\nu} = \begin{pmatrix} \frac{\varepsilon_0}{2} (\mathfrak{E}^2 + \mathfrak{B}^2) & \varepsilon_0\, \mathfrak{E} \times \mathfrak{B} \\ \varepsilon_0\, \mathfrak{E} \times \mathfrak{B} & S^{\mu\nu} \end{pmatrix} = \begin{pmatrix} u & c\mathfrak{g} \\ c\mathfrak{g} & S^{\mu\nu} \end{pmatrix}. \tag{7'}$$

Er gibt gemäß

$$\frac{\partial T^{\mu\nu}}{\partial x^\mu} = -k^\nu \tag{8}$$

die Dichten der auf die Träger von Ladung und Strom ausgeübten Kraft und Leistung an.

Die gesamte Energie und der gesamte (mit c multiplizierte) Impuls des Feldes sind durch

$$\int T^{00}\, dx^1\, dx^2\, dx^3 \qquad \int T^{0\mu}\, dx^1\, dx^2\, dx^3 \tag{9}$$

gegeben. In energetisch abgeschlossenen Systemen, wo

$$\frac{\partial T^{\mu\nu}}{\partial x^\mu} = 0$$

ist, verhalten sich die über das ganze Feld erstreckten Integrale (9) bei Lorentz-Transformation wie die Komponenten eines Vierervektors (zum Beweis verfahre man so, wie wir vorhin die Invarianz von

$$\int s^0 \, dx^1 \, dx^2 \, dx^3$$

aus der Kontinuitätsgleichung geschlossen haben). *Während die Dichten von Energie und Impuls einem Tensor angehören, bilden Energie (durch c dividiert) und Impuls selbst einen Vierervektor.*

Wegen der umfassenden Anwendbarkeit des Energie- und Impulsbegriffs hat man auch bei einem Massenpunkt Energie und Impuls als einen Vierervektor $(E/c, \mathfrak{p})$ anzusehen. Die Invariante

$$\left(\frac{E}{c}\right)^2 - \mathfrak{p}^2 = \left(\frac{E_0}{c}\right)^2$$

gibt die Energie E_0 für ein Bezugssystem an, in dem der Massenpunkt ruht. Mit $E_0 = mc^2$ wird für langsame Bewegung

$$E = c \sqrt{m^2 c^2 + \mathfrak{p}^2} = m c^2 + \frac{\mathfrak{p}^2}{2 m} + \cdots.$$

Auf E/c^2 in der Bedeutung einer Masse sind wir schon im Abschnitt **6** gestoßen.

Die Elektrodynamik vereinigte eine Anzahl wesentlich erscheinender Züge: die $3 + 1$ Dimensionen ($x^\mu = x_\mu$ bei drei, $- x^0 = x_0$ bei einer Dimension), die Vektornatur des Potentials, die Ableitung des Feldes aus dem Potential und seine Verknüpfung mit dem Strom. Legen wir einmal besonderen Nachdruck auf den in dem letztgenannten Merkmal angedeuteten formalen Bau und sehen wir Dimensionszahl und geometrische Natur des Potentials als Begleitumstand an, so können wir vereinfachte Modelle der Elektrodynamik entwerfen, die das Hauptmerkmal noch haben und in den Begleitumständen vereinfacht sind. Solche *Modelltheorien* sind lehrreich.

Wir wollen kurz ein Modell mit verringerter Dimensionszahl betrachten. Daß wir beim Weglassen der Zeitdimension einfach die Magnetostatik erhalten, haben wir gesehen. Bei der wesentlichen Verschiedenheit von Raum und Zeit gehen dabei aber wesentliche Züge der Wirklichkeit verloren. Ein Modell mit $2 + 1$ Dimensionen können wir leicht aus der wirklichen Elektrodynamik herstellen, indem wir alle Größen mit dem Index 3 null setzen. $\mathfrak{A}$, $\mathfrak{E}$, $\mathfrak{s}$ sind dann zweidimensionale Vektoren; vom Magnetfeld bleibt nur die Komponente $B_{12} = - B_{21}$ übrig (bei Zufügung der dritten Dimension ein Magnetfeld in der z-Richtung); das Magnetfeld wird durch einen Pseudoskalar $\hat{B}$ beschrieben. Die Feldgleichungen sind

$$\frac{\partial B_{12}}{\partial x^0} + \frac{\partial B_{20}}{\partial x^1} + \frac{\partial B_{01}}{\partial x^2} = 0 \qquad\qquad \frac{1}{c} \dot{\hat{B}} + \operatorname{rot} \mathfrak{E} = 0$$

$$\varepsilon_0 \left(- \frac{1}{c} \dot{\mathfrak{E}} + \widehat{\operatorname{grad}} \, \hat{B} \right) = \frac{\mathfrak{s}}{c}$$

$$\varepsilon_0 \frac{\partial B^{\mu\nu}}{\partial x^\nu} = s^\mu \qquad\qquad\qquad\qquad \varepsilon_0 \operatorname{div} \mathfrak{E} = \varrho$$

mit der Folgerung

$$\frac{\partial s^{\mu}}{\partial x^{\mu}} = 0 \qquad\qquad \dot{\varrho} + \operatorname{div} \mathfrak{s} = 0.$$

Die erste Gleichung läßt sich erfüllen mit

$$B_{\mu\nu} = \frac{\partial A_{\nu}}{\partial x^{\mu}} - \frac{\partial A_{\mu}}{\partial x^{\nu}} \qquad\qquad \mathfrak{E} = -\frac{1}{c}\dot{\mathfrak{A}} - \operatorname{grad} V$$

$$\hat{B} = \operatorname{rot} \mathfrak{A},$$

wobei noch

$$\frac{\partial A^{\mu}}{\partial x^{\mu}} = 0 \qquad\qquad \frac{1}{c}\dot{V} + \operatorname{div} \mathfrak{A} = 0$$

möglich ist. Die hier eingeführten Symbole rot, grad sind durch die Angaben in der linken Spalte erklärt.

Wir sehen wesentliche Züge der wirklichen Elektrodynamik noch erhalten: Existenz eines elektrischen und eines magnetischen Feldes, Existenz von Ladung und Strom, Induktionsgesetz, elektrisches Feld um eine Ladung, Magnetfeld beiderseits eines Stromes. Verloren gegangen ist die oberflächliche Analogie zwischen elektrischem und magnetischem Feld, die die wirkliche Elektrodynamik zeigt.

Im Hinblick auf spätere Aufgaben betrachten wir ein „skalares" Modell der Elektrodynamik, bei dem ein vektorielles Feld aus einem skalaren Potential abgeleitet wird und die Divergenz des Feldes mit einer skalaren Ladung verknüpft wird

$$F_{\mu} = -\frac{\partial \psi}{\partial x^{\mu}} \qquad\qquad \mathfrak{F} = -\operatorname{grad} \psi$$

$$f = \frac{1}{c}\dot{\psi}$$

$$\frac{\partial F^{\mu}}{\partial x^{\mu}} = \varrho \qquad\qquad \frac{1}{c}\dot{f} + \operatorname{div} \mathfrak{F} = \varrho.$$

Dafür können wir auch die „Feldgleichungen" schreiben

$$\frac{\partial F_{\nu}}{\partial x^{\mu}} - \frac{\partial F_{\mu}}{\partial x^{\nu}} = 0 \qquad\qquad \operatorname{rot} \mathfrak{F} = 0$$

$$\frac{1}{c}\dot{\mathfrak{F}} + \operatorname{grad} f = 0$$

$$\frac{\partial F^{\mu}}{\partial x^{\mu}} = \varrho \qquad\qquad \frac{1}{c}\dot{f} + \operatorname{div} \mathfrak{F} = \varrho.$$

Lassen wir hier die nullte Koordinate weg, so stehen die wohlbekannten Gleichungen der Elektrostatik da. Unsere Modelltheorie ist die vierdimensionale Übertragung der Elektrostatik (wie die wirkliche Elektrodynamik die vierdimensionale Übertragung der Magnetostatik war). In unserer Modelltheorie sind aber wesentliche Züge der wirklichen Elektrodynamik verloren gegangen. Es bleibt die Möglichkeit einer Welle auf Grund der Wellengleichung

$$\frac{\partial^2 \psi}{\partial x_{\mu}\, \partial x^{\mu}} = -\varrho \qquad\qquad -\frac{1}{c^2}\ddot{\psi} + \Delta\psi = -\varrho.$$

Für $\varrho = 0$ hat unser Gleichungssystem Beziehung zu einer Druckwelle. Druck f und Dichte $\mathfrak{F}$ der Strömung hängen in geeigneten Einheiten und ohne Reibung mit

$$\frac{1}{c}\,\dot{\mathfrak{F}} + \mathfrak{grad}\,f = 0$$

zusammen; zwischen Druckänderung und Strömung gilt in erster Näherung die Beziehung

$$\frac{1}{c}\,\dot{f} + \mathrm{div}\,\mathfrak{F} = 0\,,$$

so daß wir nur noch die Beziehung der Wirbelfreiheit

$$\mathfrak{rot}\,\mathfrak{F} = 0$$

als Anfangsbedingung hinzuzufügen brauchen, um das Gleichungssystem der Modelltheorie zu erhalten.

10. Variationsprinzip.

Die relativistische Invarianz der Elektrodynamik wiesen wir dadurch nach, daß wir alle ihre Grundgleichungen als Gleichungen zwischen vierdimensionalen Skalaren, Vektoren und Tensoren aufschrieben. Die Feststellung, ob ein Gleichungssystem relativistisch invariant sei, wird später auch bei der Betrachtung anderer Feldtheorien wichtig sein. Es besteht darum das Bedürfnis nach einem Schema, das in einfacher Weise auf Feldgleichungen führt und in das man die Invarianzeigenschaften gleich am Anfang in übersichtlicher Weise hineinstecken kann. Ein solches Schema ist die Ableitung einer Theorie aus einem Variationsprinzip; es wird uns vor allem später bei der Betrachtung anderer Feldtheorien Dienste tun. Zunächst wollen wir die *Ableitung der Maxwellschen Theorie aus einem Variationsprinzip* in der gewöhnlichen Vektorschreibweise vornehmen. Dann sehen wir zwar noch nicht die relativistische Invarianz; die Rechnung ist auch nicht ganz kurz, aber sie besteht aus gewohnten Vektorumformungen. Nachher wiederholen wir die Ableitung in der Tensorschreibweise.

Die Maxwellsche Theorie läßt sich ableiten aus der Forderung, daß das Integral über ein vierdimensionales Raumzeitgebiet

$$\int L\,\mathrm{d}\tau\,\mathrm{d}t = \text{Extr} \tag{1}$$

ein Extremum werden soll mit

$$L = \frac{\varepsilon_0}{2}\,(\mathfrak{E}^2 - \mathfrak{B}^2) - \varrho\,V + \frac{\mathfrak{s}}{c}\,\mathfrak{A}, \tag{2}$$

wobei $\mathfrak{E}$ und $\mathfrak{B}$ mittels der Gleichungen

$$\left.\begin{aligned}
\mathfrak{E} &= -\frac{1}{c}\,\dot{\mathfrak{A}} - \mathfrak{grad}\,V \\
\mathfrak{B} &= \mathfrak{rot}\,\mathfrak{A}
\end{aligned}\right\} \tag{3}$$

durch V und $\mathfrak{A}$ definiert und ϱ und $\mathfrak{s}$ als Funktionen des Ortes und der Zeit fest vorgegeben seien. Die feste Vorgabe von ϱ und $\mathfrak{s}$ entspricht dem Umstand, daß wir über die Vorgänge in der Materie noch nichts Näheres voraussetzen. Es sind also die Funktionen V und $\mathfrak{A}$ gesucht, die das Integral zum Extremum machen; auf dem Rand des vierdimensionalen Integrationsgebietes seien die Werte von V und $\mathfrak{A}$ fest gegeben; wenn das Gebiet ins Unendliche reicht, soll der feste Grenzwert hinreichend rasch erreicht werden. Durch die Funktion L und die Angaben über den Rand sind, wie wir sehen werden, die physikalischen Eigenschaften des Systems definiert, eines Systems, das aus elektromagnetischem Feld und Strömen und Ladungen zusammengesetzt ist, bei dem die Ströme und Ladungen vorgegeben sind und das elektromagnetische Feld sich nach diesen Größen richtet. Wir werden aber sehen, daß ϱ und $\mathfrak{s}$ noch eine Bedingung erfüllen müssen.

Der Integrand L ist nicht eichinvariant. Vielmehr wird er bei der Umeichung

$$V \to V - \frac{1}{c}\,\dot{\varPhi} \qquad \mathfrak{A} \to \mathfrak{A} + \mathfrak{grad}\,\varPhi$$

um

$$\frac{1}{c}\,(\varrho\,\dot{\varPhi} + \mathfrak{s}\,\mathfrak{grad}\,\varPhi)$$

verändert. Beim Integrieren wird aber bis auf ein Oberflächenintegral:

$$\frac{1}{c}\int(\varrho\,\dot{\varPhi} + \mathfrak{s}\,\mathfrak{grad}\,\varPhi)\,\mathrm{d}\tau\,\mathrm{d}t = -\frac{1}{c}\int(\dot{\varrho} + \operatorname{div}\mathfrak{s})\,\varPhi\,\mathrm{d}\tau\,\mathrm{d}t.$$

Das Variationsintegral ist also eichinvariant, wenn überall

$$\dot{\varrho} + \operatorname{div}\mathfrak{s} = 0$$

ist und auf der Oberfläche des vierdimensionalen Integrationsgebietes $\varPhi$ als vorgegeben angesehen wird oder ϱ und $\mathfrak{s}$ verschwinden.

Wir denken uns nun die Größen V, $\mathfrak{A}$ etwas variiert. Bei Variation um δV und $\delta\mathfrak{A}$ ändert sich der Integrand L um

$$\delta L = \varepsilon_0(\mathfrak{E}\,\delta\mathfrak{E} - \mathfrak{B}\,\delta\mathfrak{B}) - \varrho\,\delta V + \frac{1}{c}\,\mathfrak{s}\,\delta\mathfrak{A}$$

$$= \varepsilon_0\left(-\frac{1}{c}\,\mathfrak{E}\,\delta\dot{\mathfrak{A}} - \mathfrak{E}\,\delta\,\mathfrak{grad}\,V - \mathfrak{B}\,\delta\,\mathfrak{rot}\,\mathfrak{A}\right) - \varrho\,\delta V + \frac{1}{c}\,\mathfrak{s}\,\delta\mathfrak{A}.$$

Wegen der Beziehungen

$$\frac{\partial}{\partial t}\,\mathfrak{E}\,\delta\mathfrak{A} = \dot{\mathfrak{E}}\,\delta\mathfrak{A} + \mathfrak{E}\,\delta\dot{\mathfrak{A}}$$

$$\operatorname{div}(\mathfrak{E}\,\delta V) = \operatorname{div}\mathfrak{E}\cdot\delta V + \mathfrak{E}\cdot\delta\,\mathfrak{grad}\,V$$

$$\operatorname{div}(\mathfrak{B}\times\delta\mathfrak{A}) = \mathfrak{rot}\,\mathfrak{B}\cdot\delta\mathfrak{A} - \mathfrak{B}\cdot\delta\,\mathfrak{rot}\,\mathfrak{A}$$

und der Festlegung von V und $\mathfrak{A}$ auf dem Rand des Integrationsgebietes können wir im Integranden in jedem Glied δV oder $\delta\mathfrak{A}$ einführen. Wir erhalten als Änderung des Integrals durch Teilintegration

$$\int\left[(\varepsilon_0\,\mathrm{div}\,\mathfrak{E}-\varrho)\,\delta V+\left(\frac{\varepsilon_0}{c}\,\dot{\mathfrak{E}}-\varepsilon_0\,\mathrm{rot}\,\mathfrak{B}+\frac{\mathfrak{s}}{c}\right)\delta\mathfrak{A}\right]\mathrm{d}\tau\,\mathrm{d}t.$$

Sollen die Funktionen V und $\mathfrak{A}$ das Variationsintegral (1) zum Extremum machen, so müssen notwendig die beiden Ausdrücke in den runden Klammern null sein. Wir erhalten so die beiden letzten Gleichungen des Systems der Maxwellschen Gleichungen, während die beiden ersten aus den Definitionen von $\mathfrak{E}$ und $\mathfrak{B}$ folgen.

Da aus den Feldgleichungen, auf die das Variationsprinzip führt, die Beziehung folgt

$$\dot{\varrho}+\mathrm{div}\,\mathfrak{s}=0,$$

so ist die angegebene Überlegung nur durchführbar, wenn für die fest vorgegebenen Werte von ϱ und $\mathfrak{s}$ diese Beziehung erfüllt ist. Im anderen Falle hat das Variationsprinzip keine Lösung (den Zusammenhang mit der Eichinvarianz haben wir oben gezeigt).

Mit Hilfe der vier Koordinaten x^μ ($\mu=0,1,2,3$) und unter Zusammenfassung von V und $\mathfrak{A}$ zum Vierervektor A^μ, von ϱ und $\mathfrak{s}/c$ zum Vierervektor s^μ können wir

$$L=-\frac{\varepsilon_0}{4}\,B^{\mu\nu}B_{\mu\nu}+s^\mu A_\mu \tag{4}$$

mit

$$B_{\mu\nu}=\frac{\partial A_\nu}{\partial x^\mu}-\frac{\partial A_\mu}{\partial x^\nu} \tag{5}$$

schreiben. Mit der relativistischen Invarianz von L ist diese auch für die Folgerungen gewährleistet. Die Variation ergibt:

$$\delta L=-\frac{\varepsilon_0}{2}\,B^{\mu\nu}\,\delta B_{\mu\nu}+s^\mu\,\delta A_\mu=\varepsilon^0\,B^{\mu\nu}\,\delta\frac{\partial A_\mu}{\partial x^\nu}+s^\mu\,\delta A_\mu$$

und durch Teilintegration ($\mathrm{d}\Omega=\mathrm{d}\tau\,\mathrm{d}t$):

$$\delta\int L\,\mathrm{d}\Omega=\int\left(-\varepsilon_0\,\frac{\partial B^{\mu\nu}}{\partial x^\nu}+s^\mu\right)\delta A_\mu\,\mathrm{d}\Omega,$$

also die Feldgleichungen

$$\varepsilon_0\,\frac{\partial B^{\mu\nu}}{\partial x^\nu}=s^\mu$$

und die Folgerung

$$\frac{\partial s^\mu}{\partial x^\mu}=0.$$

Die Weglassung des Gliedes mit s^μ in Gl. (4) führt auf die Elektrodynamik im ladungs- und stromfreien leeren Raum.

Die Invariante L faßt in gedrängter Form die Eigenschaften des elektromagnetischen Feldes zusammen: die Lorentz-Invarianz (ausgedrückt durch die Invarianz von L selbst), die geometrische Natur der Feldgrößen (Polarisation des Lichtes — ausgedrückt dadurch, daß die Feldgröße ein Vierervektor ist), die Eigenschaften des Feldes ohne Verknüpfung mit Materie (z. B. Wellengleichung — ausgedrückt durch das Glied $-\varepsilon_0 B^{\mu\nu} B_{\mu\nu}/4$), schließlich die Verknüpfung mit Strom und Ladung der Materie (in $s^\mu A_\mu$).

Mit dieser Zusammenstellung haben wir die wesentlichen Eigenschaften des elektromagnetischen Feldes angegeben. Durch Vereinfachung eines oder des anderen dieser Merkmale können wir *vereinfachte Modelle der Elektrodynamik* herstellen, an denen wir bestimmte Züge des formalen Zusammenhanges leichter studieren können. So erhalten wir die am Ende des vorigen Abschnittes genannte skalare Modelltheorie mit einer Feldgröße ψ aus

$$L = -\frac{1}{2}\, \frac{\partial\,\psi}{\partial\,x_\mu}\, \frac{\partial\,\psi}{\partial\,x^\mu} + \varrho\,\psi,$$

wo das letzte Glied eine Verknüpfung des Feldes mit einer fremden Größe ϱ angeben soll. Die Variation führt auf:

$$\delta L = -\frac{\partial\,\psi}{\partial\,x_\mu}\, \delta\,\frac{\partial\,\psi}{\partial\,x^\mu} + \varrho\,\delta\,\psi$$

$$\delta\int L\,\mathrm{d}\Omega = \int\left(\frac{\partial^2\,\psi}{\partial\,x_\mu\,\partial\,x^\mu} + \varrho\right)\delta\,\psi\,\mathrm{d}\,\Omega,$$

und wir erhalten als „Wellengleichung‘‘

$$\frac{\partial^2\psi}{\partial\,x_\mu\,\partial\,x^\mu} = -\,\varrho.$$

Der formale Zusammenhang zwischen Variationsprinzip und Feldgleichungen (wie wir später sehen werden, auch mit anderen Merkmalen der Feldtheorie) wird in folgender Form vielleicht noch deutlicher. Wir schreiben

$$L\left(\frac{\partial\,\psi}{\partial\,x^\mu},\; \psi,\; x^\mu\right)$$

um anzudeuten, von welchen Größen L explizit abhängt. Wenn, wie im Falle des elektromagnetischen Feldes, mehrere unabhängig zu variierende Feldgrößen (dort A^μ) vorkommen, schreiben wir

$$L\left(\frac{\partial\,\psi^r}{\partial\,x^\mu},\; \psi^r,\; x^\mu\right).$$

Die Variation der ψ^r führt auf

$$\delta L = \frac{\partial L}{\partial\,\dfrac{\partial\,\psi^r}{\partial\,x^\mu}}\, \delta\,\frac{\partial\,\psi^r}{\partial\,x^\mu} + \frac{\partial L}{\partial\,\psi^r}\, \delta\,\psi^r$$

und die Teilintegration auf

$$\delta \int L\,\mathrm{d}\Omega = \int \left(-\frac{\partial}{\partial x^{\mu}}\,\frac{\partial L}{\partial \frac{\partial \psi^{r}}{\partial x^{\mu}}} + \frac{\partial L}{\partial \psi^{r}} \right) \delta \psi^{r}\,\mathrm{d}\Omega.$$

Damit haben wir die Feldgleichungen

$$\frac{\partial}{\partial x^{\mu}}\,\frac{\partial L}{\partial \frac{\partial \psi^{r}}{\partial x^{\mu}}} - \frac{\partial L}{\partial \psi^{r}} = 0.$$

11. Lagrange-Funktion und potentielle Energie.

Solange wir das Variationsprinzip nur benutzen, um die Feldgleichungen abzuleiten, enthält natürlich der Integrand L einen unbestimmten und gleichgültigen Faktor. Das Variationsprinzip

$$\int L\,\mathrm{d}\tau\,\mathrm{d}t = \text{Extr} \tag{1}$$

entspricht aber auch dem Hamiltonschen Prinzip der Punktmechanik

$$\int \bar{L}\,\mathrm{d}t = \text{Extr}, \tag{2}$$

wo der Faktor der „Lagrange-Funktion" $\bar{L}$ in bestimmter Weise festgelegt wird. So ist für einen Massenpunkt mit der potentiellen Energie $U(\mathfrak{r})$:

$$\bar{L} = \frac{m}{2}\,\mathfrak{v}^{2} - U(\mathfrak{r}),$$

so daß die „Lagrangeschen Bewegungsgleichungen"

$$\frac{\mathrm{d}}{\mathrm{d}t}\,\frac{\partial \bar{L}}{\partial \dot{x}} - \frac{\partial \bar{L}}{\partial x} = m\,\ddot{x} + \frac{\partial U}{\partial x} = 0 \ldots$$

liefern.

Man kann nun ein Hamiltonsches Prinzip Gl. (2) aufstellen für ein System, das aus Massenpunkten, nämlich den Trägern von elektrischen Ladungen und Strömen, und aus dem elektromagnetischen Feld besteht. Es sind dann die Koordinaten der Massenpunkte als Funktionen der Zeit und die Feldgrößen als Funktionen von Ort und Zeit so zu bestimmen, daß das Integral ein Extremum wird; dabei sind die üblichen Festlegungen der Größen am Rand des Integrationsgebietes getroffen. Wir schreiben

$$\bar{L} = \sum_{k} \frac{mk}{2}\,\mathfrak{v}_{k}{}^{2} + \int L\,\mathrm{d}\tau, \tag{3}$$

wo die Summe über alle Massenpunkte zu erstrecken ist und L der Integrand aus dem Variationsprinzip des Feldes ist. Dabei muß jetzt natürlich der bisher unbestimmte Faktor festgelegt werden. Wir können zeigen, daß

$$L = \frac{\varepsilon_{0}}{2}\,(\mathfrak{E}^{2} - \mathfrak{B}^{2}) - \varrho V + \frac{\mathfrak{s}}{c}\,\mathfrak{A} \tag{4}$$

schon den richtigen Faktor hat. Wenn wir im Integral der Gl. (3) nun die Feldgrößen variieren, so erhalten wir die Maxwellschen Gleichungen. Wenn wir aber die Koordinaten der Massenpunkte variieren, so erhalten wir die Lagrangeschen Bewegungsgleichungen

$$\frac{\mathrm{d}}{\mathrm{d}\,t}\frac{\partial\,\bar{L}}{\partial\,\dot{x}_k} - \frac{\partial\,\bar{L}}{\partial\,x_k} = m_k\,\ddot{x}_k - \frac{\partial}{\partial\,x_k}\int L\,\mathrm{d}\tau = 0$$

unter der Voraussetzung, daß das letztgenannte Integral nicht von der Geschwindigkeit abhängt. Da bewegte Ladungen und Ströme nur im Verhältnis v/c beitragen, sehen wir [Gl. (3) ist ja nichtrelativistische Näherung] von der Geschwindigkeitsabhängigkeit ab. Wir sehen so, daß

$$U = -\int L\,\mathrm{d}\tau \tag{5}$$

in seiner Abhängigkeit von der Anordnung der Massenpunkte die Rolle der *potentiellen Energie für die Massenpunkte* spielt.

Wir berechnen jetzt diese potentielle Energie

$$U = \frac{\varepsilon_0}{2}\int(\mathfrak{B}^2 - \mathfrak{E}^2)\,\mathrm{d}\tau + \int\left(\varrho V - \frac{\mathfrak{s}}{c}\,\mathfrak{A}\right)\mathrm{d}\tau \tag{6}$$

für zeitunabhängige Felder. Mit Hilfe von Integralumformungen können wir ihr verschiedene einfache Gestalten geben. So folgen mit

$$\frac{\varepsilon_0}{2}\int\mathfrak{E}^2\,\mathrm{d}\tau = -\frac{\varepsilon_0}{2}\int\mathfrak{E}\,\mathfrak{grad}\,V\,\mathrm{d}\tau = \frac{\varepsilon_0}{2}\int V\,\mathrm{div}\,\mathfrak{E}\,\mathrm{d}\tau = \frac{1}{2}\int\varrho V\,\mathrm{d}\tau$$

$$\frac{\varepsilon_0}{2}\int\mathfrak{B}^2\,\mathrm{d}\tau = \frac{\varepsilon_0}{2}\int\mathfrak{B}\,\mathfrak{rot}\,\mathfrak{A}\,\mathrm{d}\tau = \frac{\varepsilon_0}{2}\int\mathfrak{A}\,\mathfrak{rot}\,\mathfrak{B}\,\mathrm{d}\tau = \frac{1}{2}\int\frac{\mathfrak{s}}{c}\,\mathfrak{A}\,\mathrm{d}\tau$$

die Formen

$$U = \frac{\varepsilon_0}{2}\int(\mathfrak{B}^2 + \mathfrak{E}^2)\,\mathrm{d}\tau - \int\frac{\mathfrak{s}}{c}\,\mathfrak{A}\,\mathrm{d}\tau \tag{7}$$

$$U = \frac{\varepsilon_0}{2}\int(\mathfrak{E}^2 - \mathfrak{B}^2)\,\mathrm{d}\tau \tag{8}$$

$$U = \frac{1}{2}\int\varrho V\,\mathrm{d}\tau - \frac{1}{2}\int\frac{\mathfrak{s}}{c}\,\mathfrak{A}\,\mathrm{d}\tau. \tag{9}$$

Die Formen (7) und (8) zeigen, daß die elektrische Feldenergie zugleich potentielle Energie der Ladungsträger ist, Gl. (8) zeigt, daß die magnetische Feldenergie negative potentielle Energie der Stromträger ist. Da für zeitunabhängige Felder

$$V(\mathfrak{r}) = \frac{1}{4\,\pi\,\varepsilon_0}\int\frac{\varrho(\mathfrak{r}')\,\mathrm{d}\tau'}{|\mathfrak{r} - \mathfrak{r}'|}$$

$$\mathfrak{A}(\mathfrak{r}) = \frac{1}{4\,\pi\,\varepsilon_0\,c}\int\frac{\mathfrak{s}(\mathfrak{r}')\,\mathrm{d}\tau'}{|\mathfrak{r} - \mathfrak{r}'|}$$

ist, können wir nach Gl. (9) als potentielle Energie der Ladungen

$$U = \frac{1}{8\pi\,\varepsilon_0} \int \frac{\varrho\,(\mathfrak{r})\,\varrho\,(\mathfrak{r}')}{|\,\mathfrak{r} - \mathfrak{r}'\,|}\,d\tau\,d\tau' \tag{10}$$

und als potentielle Energie der Ströme

$$U = -\frac{1}{8\pi\,\varepsilon_0\,c^2} \int \frac{\mathfrak{s}\,(\mathfrak{r})\,\mathfrak{s}\,(\mathfrak{r}')}{|\,\mathfrak{r} - \mathfrak{r}'\,|}\,d\tau\,d\tau' \tag{11}$$

schreiben. Für zwei Punktladungen e_1 und e_2 folgt

$$U = \frac{e_1\,e_2}{4\pi\,\varepsilon_0\,r} \tag{12}$$

— gleichnamige Ladungen stoßen einander ab —; für zwei Stromelemente der Stärke I und der Länge $\mathfrak{l}$ folgt

$$U = -\frac{I_1\,I_2\,\mathfrak{l}_1\,\mathfrak{l}_2}{4\pi\,\varepsilon_0\,c^2\,r} \tag{13}$$

— gleichgerichtete Ströme ziehen einander an.

Damit ist Faktor und Vorzeichen in Gl. (4) gerechtfertigt. Das mit Gl. (4) gebildete Integral

$$\int L\,d\tau$$

nennen wir jetzt die *Lagrange-Funktion des elektromagnetischen Feldes* und L seine *Lagrange-Dichte*.

Aus den Ausdrücken Gl. (10) und (11) der potentiellen Energie können wir auch die potentielle Energie zweier elektrischer oder zweier magnetischer Dipole ausrechnen, und zwar vollziehen wir den Grenzübergang von einer ausgedehnten Polarisation oder Magnetisierung zu punktförmigen Dipolen. Wahre Ladungen und Ströme lassen wir jetzt weg, schreiben also

$$\operatorname{div}\mathfrak{D} = \operatorname{div}(\varepsilon_0\,\mathfrak{E} + \mathfrak{P}) = 0 \qquad \varrho = -\operatorname{div}\mathfrak{P}$$

$$\operatorname{rot}\mathfrak{H} = \operatorname{rot}(\varepsilon_0\,\mathfrak{B} - \mathfrak{M}) = 0 \qquad \frac{\mathfrak{s}}{c} = \operatorname{rot}\mathfrak{M}$$

und bekommen für die potentielle Energie der Polarisation

$$U = \frac{1}{8\pi\,\varepsilon_0} \int \frac{\operatorname{div}\mathfrak{P}\,(\mathfrak{r})\,\operatorname{div}\mathfrak{P}\,(\mathfrak{r}')}{|\,\mathfrak{r} - \mathfrak{r}'\,|}\,d\tau\,d\tau' \tag{14}$$

und für die potentielle Energie der Magnetisierung

$$U = -\frac{1}{8\pi\,\varepsilon_0} \int \frac{\operatorname{rot}\mathfrak{M}\,(\mathfrak{r})\,\operatorname{rot}\mathfrak{M}\,(\mathfrak{r}')}{|\,\mathfrak{r} - \mathfrak{r}'\,|}\,d\tau\,d\tau'. \tag{15}$$

Durch Integralumformung gewinnen wir aus Gl. (14)

$$U = \frac{1}{8\pi\,\varepsilon_0} \int \left[d\tau\,\mathfrak{P}\,(\mathfrak{r})\,\operatorname{grad}_{\mathfrak{r}} \int d\tau'\,\mathfrak{P}\,(\mathfrak{r}')\,\operatorname{grad}_{\mathfrak{r}'} \frac{1}{|\,\mathfrak{r} - \mathfrak{r}'\,|} \right].$$

Nehmen wir an, daß $\mathfrak{P}$ nur in zwei kleinen Gebieten von null verschieden ist, und schreiben wir nur die potentielle Energie zwischen den Gebieten auf, so können wir $\mathfrak{grad}\; 1/r$ bei der Integration als fest ansehen. Mit

$$\int\limits_{(1)} \mathfrak{P}\,(\mathfrak{r})\,\mathrm{d}\,\tau = \mathfrak{p}_1 \qquad \int\limits_{(2)} \mathfrak{P}\,(\mathfrak{r})\,\mathrm{d}\,\tau = \mathfrak{p}_2$$

erhalten wir so als potentielle Energie zweier Dipole

$$U = -\frac{1}{4\,\pi\,\varepsilon_0}\,\mathfrak{p}_1\,\mathfrak{grad}\left(\mathfrak{p}_2\,\mathfrak{grad}\,\frac{1}{|\mathfrak{r}\,|}\right) \tag{16}$$

(beide Gradienten jetzt mit derselben Variabeln $\mathfrak{r}$ gebildet, daher ein Vorzeichenwechsel). Aus Gl. (15) gewinnen wir durch entsprechende Integralumformung als potentielle Energie zweier magnetischer Dipole

$$U = \frac{1}{4\,\pi\,\varepsilon_0}\,\mathfrak{m}_1\,\mathfrak{rot}\left(\mathfrak{m}_2\times\mathfrak{grad}\,\frac{1}{|\mathfrak{r}\,|}\right). \tag{17}$$

Die Ausrechnung von Gl. (16) ergibt:

$$U = \frac{1}{4\,\pi\,\varepsilon_0}\left[\frac{\mathfrak{p}_1\,\mathfrak{p}_2}{r^3} - 3\,\frac{(\mathfrak{p}_1\,\mathfrak{r})\,(\mathfrak{p}_2\,\mathfrak{r})}{r^5}\right] \tag{18}$$

und die Ausrechnung von Gl. (17):

$$U = \frac{1}{4\,\pi\,\varepsilon_0}\left[\frac{\mathfrak{m}_1\,\mathfrak{m}_2}{r^3} - 3\,\frac{(\mathfrak{m}_1\,\mathfrak{r})\,(\mathfrak{m}_2\,\mathfrak{r})}{r^5}\right]; \tag{19}$$

gleichgerichtete Dipole, die in Richtung der Verbindungslinie stehen, ziehen einander an; gleichgerichtete Dipole, die senkrecht zur Verbindungslinie stehen, stoßen einander ab.

Wenn wir aus den Ausdrücken Gl. (10) und (11) herauslesen, daß die potentielle Energie aus den Beiträgen von Paaren von Ladungen oder Stromelementen zusammengesetzt ist, so können wir für die potentielle Energie eines kleinen Raumgebietes, dessen Einfluß auf die jetzt äußeren Potentiale V, $\mathfrak{A}$ vernachlässigt werden kann,

$$U = \int\left(\varrho V - \frac{\mathfrak{s}}{c}\,\mathfrak{A}\right)\mathrm{d}\,\tau \tag{20}$$

(ohne den Faktor 1/2) setzen, im Grenzfall

$$U = eV - \frac{I\,l}{c}\,\mathfrak{A}\,.$$

Trennen wir jetzt in ϱ und $\mathfrak{s}$ noch Leitungsanteil, Polarisations- und Magnetisierungsanteil

$$\varrho = \eta - \operatorname{div}\mathfrak{P}$$

$$\frac{\mathfrak{s}}{c} = \frac{\mathfrak{i}}{c} + \mathfrak{rot}\,\mathfrak{M}\,,$$

so erhalten wir für die *potentielle elektrische Energie*

$$U = \int \eta\, V \,\mathrm{d}\tau - \int V \operatorname{div} \mathfrak{P}\,\mathrm{d}\tau = \int \eta\, V \,\mathrm{d}\tau - \int \mathfrak{P}\, \mathfrak{E}\,\mathrm{d}\tau,$$

für die *potentielle magnetische Energie*

$$U = -\frac{1}{c}\int \mathfrak{j}\,\mathfrak{A}\,\mathrm{d}\tau - \int \mathfrak{A}\operatorname{rot}\mathfrak{M}\,d\tau = -\frac{1}{c}\int \mathfrak{j}\,\mathfrak{A}\,\mathrm{d}\tau - \int \mathfrak{M}\,\mathfrak{B}\,\mathrm{d}\tau.$$

Zweites Kapitel.

Vorrelativistisches anschauliches Wellenbild der Materie.

12. Materiewellen.

DE BROGLIE faßte den Gedanken eines Wellenbildes der Materie, bevor durch Interferenzerscheinungen experimentelle Hinweise auf eine Wellennatur der Materie vorlagen. Bald darauf wurden solche Interferenzen gefunden, zunächst bei homogenen Kathodenstrahlen; es wurde also experimentell bewiesen, daß solcher strömenden Materie eine Wellenzahl zukommt. Diese und weitere Erfahrungen zeigten: *Gleichmäßig zusammengesetzte und gleichmäßig bewegte Materie hat eine bestimmte Wellenzahl, die von der Art der Materie* (Kathodenstrahl, Ionenstrahl oder dergleichen) *und von der Bewegungsgeschwindigkeit abhängt.* Die genannten Interferenzerscheinungen lassen sich auf völlig anschauliche Weise beschreiben. Auch andere Erscheinungen an der Materie, auf die wir noch zu sprechen kommen werden, lassen sich weitgehend auf anschauliche Weise in einem Wellenbild beschreiben. Andere Erscheinungen, wie schon die Erfahrung, daß in einem Kathodenstrahl Teilchen ganz bestimmter Masse m enthalten sind, widersprechen einem anschaulichen Wellenbild. Das Wort anschaulich benutzen wir dabei in dem gleichen Sinne, in dem wir die Theorie des Elektromagnetismus des zweiten Kapitels anschaulich nennen. Die Vorgänge werden auch im Kleinen in Raum und Zeit beschreibbar angenommen; den benutzten Größen können bestimmte Werte zugeordnet gedacht werden.

Da bei einfachen Fällen von strömender Materie eine Wellenzahl $\mathfrak{k}$ gemessen werden kann, stellen wir solche Materie als Funktion von Zeit und Ort durch eine Wellengröße

$$\psi = a \cos(\omega t - \mathfrak{k}\,\mathfrak{r} + \alpha) \tag{1}$$

oder

$$\psi = A\, e^{-i\omega t + i\mathfrak{k}\,\mathfrak{r}} \tag{2}$$

dar. ω wird in diesem Kapitel stets positiv angenommen, es ist die Zahl der Schwingungen in 2π Zeiteinheiten und $|\mathfrak{k}|$ die Zahl der Wellen auf

2π Längeneinheiten. Die „Phase" $\omega t - \mathfrak{k}\,\mathfrak{r} + \alpha$ läuft mit der „Phasengeschwindigkeit" $\omega/|\mathfrak{k}|$ in der $\mathfrak{k}$-Richtung weiter. Dabei müssen wir natürlich darauf gefaßt sein, daß ein solcher Ansatz sich später für manche Erscheinungen, die noch zum anschaulichen Wellenbild gehören, als zu einfach erweist und daß wir mit dem Ansatz Gl. (1) die Natur in ähnlicher Weise vereinfachen, wie wenn man Optik mit einer skalaren (statt einer vektoriellen) Wellengröße treibt. Ferner machen wir uns zunächst keine Gedanken, was ψ (oder a) „eigentlich" (wenn dies überhaupt einen Sinn hat) bedeutet, wie man auch in der Optik für viele Erscheinungen nicht zu wissen braucht, daß die Wellengröße ein elektromagnetisches Feld ist.

Wir müssen zunächst einen sofort in die Augen fallenden groben Unterschied zwischen Lichtwelle und Materiewelle beachten: *Licht hat im Vakuum stets die Geschwindigkeit c; Materie kann jede Geschwindigkeit v* (bei späterer relativistischer Betrachtung $< c$) *haben,* insbesondere auch ruhen.

Die Geschwindigkeit v eines Materiestroms kann nur gemessen werden, wenn die Intensität dieses Stroms wechselt, am besten, wenn der Strom einen Anfang und ein Ende hat (etwa mittels rotierender Blenden oder entsprechender elektromagnetischer Vorrichtungen). Wellen wechselnder Intensität oder gar begrenzte Wellenzüge können aber nicht in der Form Gl. (1) oder (2) dargestellt werden; man kann sie aber durch Übereinanderlagerung einfacher Wellen in der Form

$$\psi = \sum_{\mathfrak{k}} a_{\mathfrak{k}} \cos(\omega_{\mathfrak{k}} t - \mathfrak{k}\,\mathfrak{r} + \alpha_{\mathfrak{k}}) \qquad \psi = \sum_{\mathfrak{k}} A_{\mathfrak{k}} e^{-i\omega_{\mathfrak{k}} t + i\mathfrak{k}\,\mathfrak{r}} \qquad (3)$$

fassen. Soll die Ausdehnung einer solchen Wellengruppe sehr groß sein gegen die Wellenlänge (das ist ein wichtiger Fall), so genügt es, $\mathfrak{k}$-Werte zu nehmen, deren Unterschied sehr klein ist gegen $|\mathfrak{k}|$ selbst. Wir wollen dies an Vorgängen erläutern, die im Raume nur von der x-Koordinate abhängen, also an

$$\psi = \sum_{k} a_{k} \cos(\omega_{k} t - k x + \alpha_{k}). \qquad (4)$$

Wir wollen ψ außerhalb eines Gebietes $(-\Delta x < x < \Delta x)$ zum Verschwinden bringen, indem wir die k-Werte nur in dem Bereich $k_1 - \Delta k < k < k_1 + \Delta k$ wählen. Durch Übereinanderlagerung von Wellen mit den äußersten k-Werten erhält man im Augenblick $t = 0$ wegen

$$\cos(k_1 + \Delta k)\, x + \cos(k_1 - \Delta k)\, x = 2 \cos k_1 x \cos \Delta k\, x$$

die Auslöschung bei $x = \pm\, \pi/2\Delta k$, und durch Übereinanderlagerung der übrigen Teilwellen kann man die Auslöschung weiter außen erreichen. Es muß also $\Delta k \Delta x$ von der Größenordnung $\pi/2$, sagen wir kürzer von der Größenordnung 1 werden:

$$\Delta k\, \Delta x \approx 1. \qquad (5)$$

Dies besagt: *Ort und Wellenzahl einer Wellengruppe sind einander komplementär* (im Sinne von Bohr), indem die Wellenzahl um so genauer bestimmt werden kann, als der Ort (wegen der Ausdehnung der Wellengruppe) unbestimmt ist. *Diese Komplementarität ist eine Eigenschaft des anschaulichen Wellenbildes.*

Ein Wellenvorgang Gl. (3) wird, wenn nicht gerade wie beim Licht im Vakuum $\omega \sim |\mathfrak{k}|$ ist und so alle Teilwellen die gleiche Phasengeschwindigkeit $\omega/|\mathfrak{k}|$ haben, im Laufe der Zeit sein Aussehen verändern. In bestimmten Fällen läßt sich aber doch eine von der Phasengeschwindigkeit u verschiedene Geschwindigkeit v feststellen, mit der die Wellengruppe oder hervorstechende Intensitätsmaxima wandern. Diese „Gruppengeschwindigkeit" entspricht dann der Strömungsgeschwindigkeit der Materie.

Wenn in einer Wellentheorie ein eindeutiger Zusammenhang von ω und $|\mathfrak{k}|$ gegeben ist, so läßt sich (nach Lord Rayleigh) ein einfacher Ausdruck für die Gruppengeschwindigkeit einer Welle angeben. Ein in der x-Richtung laufender aus zwei Wellen mit benachbarten k-Werten zusammengesetzter Vorgang

$$\psi = a_1 \cos(\omega_1 t - k_1 x) + a_2 \cos(\omega_2 t - k_2 x) ,$$

in dem wir ohne Einschränkung der Allgemeinheit die Phasenkonstanten weggelassen haben, läßt sich als „Schwebung" auffassen

$$\psi = (a_1 + a_2) \cos\left(\frac{\omega_1 + \omega_2}{2} t - \frac{k_1 + k_2}{2} x\right) \cos\left(\frac{\omega_1 - \omega_2}{2} t - \frac{k_1 - k_2}{2} x\right)$$
$$- (a_1 - a_2) \sin\left(\frac{\omega_1 + \omega_2}{2} t - \frac{k_1 + k_2}{2} x\right) \sin\left(\frac{\omega_1 - \omega_2}{2} t - \frac{k_1 - k_2}{2} x\right) .$$

Der erste Faktor der beiden Glieder beschreibt einen in Zeit und Ort rasch veränderlichen Vorgang, eine Welle mit der Phasengeschwindigkeit

$$u = \frac{\omega_1 + \omega_2}{k_1 + k_2} \approx \frac{\omega}{k} ;$$

der zweite Faktor zeigt eine in Zeit und Ort langsam verlaufende Änderung der Amplitude des rasch veränderlichen Vorganges; die Amplitudenänderung schiebt sich mit der Geschwindigkeit

$$v = \frac{\omega_1 - \omega_2}{k_1 - k_2} \approx \frac{d\omega}{dk}$$

weiter. Diese Größe definiert uns die Gruppengeschwindigkeit. Ist der Wellenzug aus vielen Wellen zusammengesetzt und liegen deren k-Werte in einem engen Bereich, so führt jedes Paar der Teilwellen auf die gleiche Größe v, so daß auch für diesen Wellenzug

$$u = \frac{\omega}{k} \qquad v = \frac{d\omega}{dk} \tag{6}$$

in der Grenze verschwindender k-Unterschiede gilt. *Phasengeschwindigkeit und Gruppengeschwindigkeit eines Wellenzuges sind in dem Maße bestimmt, in dem ω/k und $d\omega/dk$ für den Wellenzug einheitlich sind.* Für Licht im Vakuum ist stets $\omega = ck$, also $u = v = c$; alle Wellengruppen haben die ·Geschwindigkeit c und deformieren sich nicht.

Wir haben bisher keinen bestimmten Zusammenhang von Wellenzahl und Strömungsgeschwindigkeit vorausgesetzt. Bei den Materiewellen kann aber der Erfahrung ein bestimmter Zusammenhang entnommen werden, da man die Strömungsgeschwindigkeit $\mathfrak{v}$ und die Wellenzahl $\mathfrak{k}$ (durch Interferenzen) messen kann. Für nicht zu hohe Geschwindigkeiten (wegen gewisser Störungen auch nicht für zu kleine Geschwindigkeiten) mißt man

$$\mathfrak{v} = \frac{\mathfrak{k}}{\lambda}, \tag{7}$$

wo λ ein der Materieart eigentümlicher Faktor ist, beim Kathodenstrahl ungefähr 1 sec/cm². Beim Licht dagegen ist $|\,\mathfrak{v}\,| = c$ für alle $\mathfrak{k}$. Die aus $v = d\omega/dk$ jetzt folgende Beziehung

$$\frac{d\omega}{dk} = \frac{k}{\lambda}$$

läßt sich integrieren und gibt

$$\omega - \omega_0 = \frac{\mathfrak{k}^2}{2\lambda}, \tag{8}$$

wo ω_0 noch offen ist, als Zusammenhang von Wellenzahl und Frequenz. (Beim Licht gilt $d\omega/dk = \omega/k = c$.)

Jetzt, wo wir den Zusammenhang von $\mathfrak{k}$ und ω kennen, können wir feststellen, wie stark sich ein Wellenzug im Laufe der Zeit deformiert. Beschränken wir uns wieder auf eine Dimension und betrachten wir eine Wellengruppe Gl. (4), bei der die k-Werte um null herum streuen, die also genähert in Ruhe ist, so wird die Breite $\Delta\omega$ des Frequenzbereiches nach Gl. (8) durch

$$\Delta\omega = \frac{(\Delta k)^2}{2\lambda} \tag{9}$$

gegeben. Nach Ablauf einer gewissen Zeit, nämlich wenn $t\Delta\omega$ von der Größenordnung 1 geworden ist, gemäß Gl. (5) und (9) also nach der Zeit $\lambda(\Delta x)^2$, sind die Teilwellen ganz außer Phase gekommen und der Wellenzug völlig deformiert.

Ein Wellenzug, der sich deformiert, hat eine nicht genau bestimmte Gruppengeschwindigkeit. Die Unbestimmtheit von v hängt gemäß

$$\Delta v = \Delta\frac{d\omega}{dk} = \frac{1}{\lambda}\Delta k$$

von der Unbestimmtheit der Wellenzahl ab, so daß nach Gl. (5) die *Unbestimmtheiten von Ort und Geschwindigkeit* einer Wellengruppe *gemäß*

$$\lambda \, \Delta x \, \Delta v \approx 1 \tag{10}$$

miteinander verbunden sind.

Die Beziehung Gl. (7) zwischen Strömungsgeschwindigkeit und Wellenzahl einer Materiewelle haben wir eben auf direkte Messung dieser Größen gegründet. Man kann auch eine andere Erfahrung zu Hilfe nehmen, nämlich daß eine Materiewelle beim Übergang von einem feldfreien Raum (mit konstantem elektrischem Potential) in einen anderen feldfreien Raum (mit anderem konstanten elektrischen Potential) durch ein schmales Übergangsgebiet hindurch sich so verhält, wie es der Masse und elektrischen Ladung der Materie entspricht. Im Übergangsgebiet, das wir als Grenzfläche zwischen den feldfreien Gebieten idealisieren wollen, findet eine Brechung statt. Da die elektrische Kraft senkrecht auf der Grenzfläche steht, wird nur die senkrechte Komponente der Geschwindigkeit geändert. So folgt für Einfalls- und Brechungswinkel (Abb. 1)

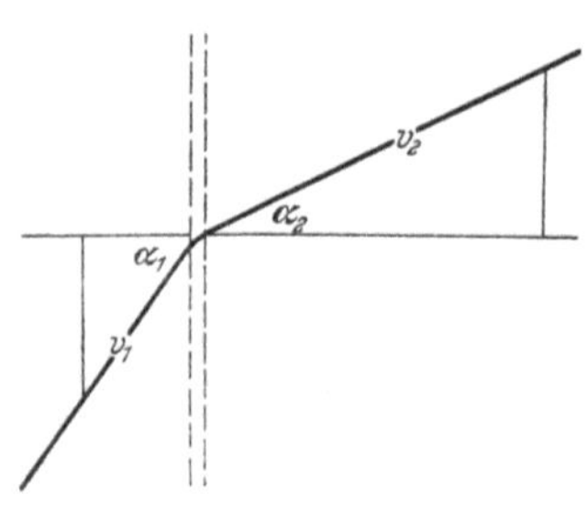

Abb. 1.
Beziehung der Gruppengeschwindigkeiten.

$$\frac{\sin \alpha_1}{\sin \alpha_2} = \frac{v_2}{v_1} .$$

Ferner ist aus allgemeinen wellengeometrischen Gründen das Brechungsgesetz

$$\frac{\sin \alpha_1}{\sin \alpha_2} = \frac{u_1}{u_2}$$

für die Phasengeschwindigkeiten erfüllt. Da die Frequenz beim Durchgang durch die Grenzfläche erhalten bleibt, heißt das $(u = \omega/k)$:

$$\frac{\sin \alpha_1}{\sin \alpha_2} = \frac{k_2}{k_1} .$$

Da wir aus einer Welle mit bestimmtem v auf diese Weise eine Welle mit jedem anderen v herstellen können, folgt zunächst $\mathfrak{v} \sim \mathfrak{k}$ für festes ω. Da wir aber unabhängig von ω auch das anfängliche v beliebig wählen können (etwa durch weitere vorgeschaltete Grenzflächen), folgt unabhängig von ω die Proportionalität von $\mathfrak{k}$ und $\mathfrak{v}$. Die Beziehung (8) gilt auf beiden Seiten der Grenzfläche mit verschiedenem ω_0.

13. Wellengleichung.

Der bisher benutzte Ansatz für die Materiewelle stellt eine ebene Welle dar. Um allgemeinere Vorgänge, wie sie etwa bei der Beugung auftreten, fassen zu können, stellen wir eine „Wellengleichung" auf, von der unser bisheriger Ansatz eine einfache Lösung ist.

Während beim Licht die ebene Welle

$$\psi = a \cos(\omega t - \mathfrak{k} \mathfrak{r}) \qquad \psi = a\, e^{-i\omega t + i\mathfrak{k}\mathfrak{r}}$$

mit der Beziehung zwischen Frequenz und Wellenzahlvektor

$$\frac{\omega^2}{c^2} - \mathfrak{k}^2 = 0$$

eine Lösung der Wellengleichung

$$-\frac{1}{c^2}\ddot{\psi} + \Delta\psi = 0$$

ist, erfordert bei der Materie die andere Beziehung

$$\omega - \omega_0 - \frac{\mathfrak{k}^2}{2\lambda} = 0$$

eine anders lautende Wellengleichung. Da ω linear vorkommt, kann nur der exponentielle Ausdruck der Welle:

$$\psi = a\, e^{-i\omega t + i\mathfrak{k}\mathfrak{r}} \tag{1}$$

Lösung einer einfachen Gleichung sein, und zwar leistet dies die Gleichung

$$i\dot{\psi} + \frac{1}{2\lambda}\Delta\psi - \omega_0\psi = 0\,.$$

Wir versuchen vorläufig mit $\omega_0 = 0$ auszukommen, setzen also

$$i\dot{\psi} + \frac{1}{2\lambda}\Delta\psi = 0 \tag{2}$$

als *Wellengleichung* an. Die tiefere Bedeutung der komplexen Natur der Wellengröße ψ wird uns später aufgehen.

Die Wellengröße ψ muß einen Zusammenhang mit der Dichte der Materie haben, und es liegt nahe, die reelle Größe $\psi^*\psi$ für ein Maß der Dichte zu halten. Wir untersuchen darum die zeitliche Änderung dieser Größe und erhalten gemäß Gl. (2)

$$\frac{\partial}{\partial t}\psi^*\psi = \dot{\psi}^*\psi + \psi^*\dot{\psi} = -\frac{1}{2i\lambda}(\psi^*\Delta\psi - \psi\Delta\psi^*)$$

$$= -\operatorname{div}\frac{1}{2i\lambda}(\psi^*\operatorname{grad}\psi - \psi\operatorname{grad}\psi^*).$$

Diese Beziehung

$$\frac{\partial}{\partial t}\psi^*\psi + \operatorname{div}\frac{1}{2i\lambda}(\psi^*\operatorname{grad}\psi - \psi\operatorname{grad}\psi^*) = 0 \tag{3}$$

können wir als *Satz von der Erhaltung der Materie*

$$\dot{\varrho} + \operatorname{div} \mathfrak{s} = 0$$

deuten, wenn wir

$$\left.\begin{aligned}\varrho &\sim \psi^* \psi \\ \mathfrak{s} &\sim \frac{1}{2\,i\,\lambda}\left(\psi^* \operatorname{grad} \psi - \psi \operatorname{grad} \psi^*\right)\end{aligned}\right\} \tag{4}$$

als Dichte der Materie und Dichte des Materiestromes ansehen. Die Zufügung eines Gliedes $\omega_0\,\psi$ in der Wellengleichung würde diese Möglichkeit nicht verderben. Integrieren wir Gl. (3) über den ganzen Raum unter der Annahme, daß ψ nach außen rasch genug abnimmt, so erhalten wir

$$\frac{\mathrm{d}}{\mathrm{d}t}\int \psi^* \psi\, \mathrm{d}\tau = 0$$

als Ausdruck der Erhaltung der Materiemenge. Ein solcher Erhaltungssatz Gl. (3) bestärkt uns in der Annahme der Richtigkeit der Wellengl. (2).

Bei der ebenen Welle Gl. (1) wird Dichte und Stromdichte

$$\varrho \sim a^* a$$
$$\mathfrak{s} \sim \frac{\mathfrak{k}}{\lambda}\, a^* a;$$

es ist $\mathfrak{s}/\varrho = \mathfrak{k}/\lambda$, also (wie es sein muß) $\mathfrak{s} = \varrho\,\mathfrak{v}$.

Aus Gl. (2) folgt noch ein zweiter Erhaltungssatz

$$\dot{u} + \operatorname{div} \mathfrak{S} = 0$$

mit
$$u \sim \operatorname{grad} \psi^* \operatorname{grad} \psi$$
$$\mathfrak{S} \sim -\left(\dot{\psi}^* \operatorname{grad} \psi + \dot{\psi} \operatorname{grad} \psi^*\right),$$

dessen Zusammenhang mit der Energie erst später klarwerden wird.

Die nichtrelativistische Mechanik des Teilchenbildes ist invariant gegen die Transformation

$$\bar{x} = x - v t \qquad \bar{t} = t,$$

die den Übergang zu einem bewegten Bezugssystem vermittelt. Man könnte danach zunächst erwarten, daß unsere Wellengl. (2) bei dieser Transformation und Beibehaltung von ψ (als Invariante) ungeändert bliebe. Das ist aber nicht der Fall. Formal können wir die Schwierigkeit so lösen, daß wir beim Übergang zum bewegten Bezugssystem auch ψ ändern. Es muß so geschehen, daß die meßbare Größe $\varrho \sim \psi^* \psi$ ungeändert bleibt. Man rechnet nach, daß die *Transformation*

$$\bar{x} = x - v t \qquad \bar{\psi} = \psi\, e^{-i\lambda v x + i\frac{\lambda}{2} v^2 t}$$

oder allgemeiner

$$\overline{\mathfrak{r}} = \mathfrak{r} - \mathfrak{v}\,t \qquad \overline{\psi} = \psi\,e^{-i\lambda\mathfrak{v}\mathfrak{r}+i\frac{\lambda}{2}\mathfrak{v}^2 t} \tag{5}$$

die *Wellengleichung* (und $\psi^*\psi$) *ungeändert läßt.* Es ist nämlich unter Weglassung des Exponentialfaktors:

$$\dot{\overline{\psi}} = \dot{\psi} - i\frac{\lambda}{2}\mathfrak{v}^2\psi + \mathfrak{v}\,\mathrm{grab}\,\psi$$

$$\left(\frac{\partial^2}{\partial\overline{x}^2} + \frac{\partial^2}{\partial\overline{y}^2} + \frac{\partial^2}{\partial\overline{z}^2}\right)\overline{\psi} = \left(\frac{\partial^2}{\partial x^2} + \frac{\partial^2}{\partial y^2} + \frac{\partial^2}{\partial z^2}\right)\psi - \lambda^2\mathfrak{v}^2\psi - 2\,i\,\lambda\,\mathfrak{v}\,\mathrm{grab}\,\psi,$$

und daraus folgt die Invarianz der Wellengleichung. Ein tieferes Verständnis der Transformation Gl. (5) werden wir bei der relativistischen Wellengleichung erlangen.

14. Einfache Wellengruppen.

Eine räumlich begrenzte Wellengruppe hat eine nicht genau bestimmte Wellenzahl und nicht genau bestimmte Gruppengeschwindigkeit. Sie deformiert sich im Laufe der Zeit und läuft dabei auseinander; sie verhält sich nur genähert wie ein Materieteilchen.

Dieses Verhalten können wir an Hand der Wellengleichung des vorigen Abschnittes an einem einfachen Beispiel studieren. Die Wellengleichung

$$i\dot{\psi} + \frac{1}{2\lambda}\Delta\psi = 0 \tag{1}$$

hat Lösungen, die nur von t und x abhängen. Es gibt Lösungen, die einer Gaußschen Fehlerverteilung entsprechen,

$$\psi = \frac{1}{\sqrt{f(t)}}\,e^{-\frac{x^2}{f(t)}};$$

da mit diesem Ansatz

$$\dot{\psi} = \left(\frac{x^2}{f^2} - \frac{1}{2f}\right)f'\,\psi$$

$$\frac{\partial^2\psi}{\partial x^2} = 4\left(\frac{x^2}{f^2} - \frac{1}{2f}\right)\psi$$

wird, muß

$$f' = \frac{2\,i}{\lambda} \qquad f = \frac{2\,i\,t}{\lambda} + \mathrm{const}$$

sein. Wir wählen insbesondere die Lösung

$$\psi = \frac{1}{\sqrt{1 + \dfrac{it}{2\lambda a^2}}}\,e^{-\dfrac{x^2}{4a^2\left(1 + \dfrac{i}{2\lambda a^2}t\right)}}. \tag{2}$$

Für sie ist die Materiedichte

$$\psi^*\psi = \frac{1}{\sqrt{1+\dfrac{t^2}{4\,\lambda^2 a^4}}}\; e^{-\dfrac{x^2}{2\,a^2\left(1+\dfrac{t^2}{4\,\lambda^2 a^4}\right)}}. \tag{3}$$

Der örtliche Verlauf der Dichte hat also *dauernd die Form einer Fehlerverteilung* um $x = 0$; sie ist bei $t = 0$ am schmalsten mit der Breite a; zur Zeit t ist die Breite

$$b(t) = a\sqrt{1+\frac{t^2}{4\,\lambda^2 a^4}}\,,$$

für größere t

$$b(t) = \frac{t}{2\,\lambda\,a}\,.$$

Die Wellengruppe (2) *verbreitert sich also im Laufe der Zeit,* und zwar läuft die Stelle starken Abfalls der Dichte mit der Geschwindigkeit $\pm\, 1/2\lambda a$ auseinander. Die Materieanhäufung Gl. (2) ist also ein Gebilde mit der Ortsunbestimmtheit $\Delta x \approx a$ und der Geschwindigkeitsunbestimmtheit $\Delta v \approx 1/2\lambda a$, so daß zwischen beiden die Beziehung

$$\lambda\,\Delta x\,\Delta v \approx {}^1\!/_2 \tag{4}$$

gilt.

Für die Materie des Kathodenstrahls war λ ungefähr 1 sec/cm². Eine Anhäufung solcher Materie von einigen cm Ausdehnung wäre also in einigen Sekunden auseinandergelaufen. Eine Wellengruppe von atomarer Ausdehnung (10^{-8} cm) wird in etwa 10^{-16} sec, einer „atomaren" Zeitdauer, auseinandergelaufen sein.

Makroskopische Körper können erfahrungsgemäß von viel längerer Dauer sein, als es dem Auseinanderlaufen von Wellenpaketen ihrer Ausdehnung entspricht. Dies allein widerspricht noch nicht unserem bisherigen theoretischen Standpunkt, da ja bei diesen Körpern Kräfte zwischen verschiedenen Materiearten (im Teilchenbild Kernen und Elektronen) wirksam sind, die sie zusammenhalten. Das ganze anschauliche Wellenbild findet aber natürlich seine Grenze an der Existenz von Elementarteilchen fester Masse und unmeßbar geringer Ausdehnung, so wie das Wellenbild des Lichtes seine Grenze an der Existenz der Energien $\hbar\omega$ und der Impulse $\hbar\omega/c$ findet.

Eine kugelsymmetrische Lösung der Wellengl. (1), die wir dann in der Form

$$i\,\dot\psi + \frac{1}{2\,\lambda}\left(\frac{\partial^2\psi}{\partial r^2} + \frac{2}{r}\frac{\partial\psi}{\partial r}\right) = 0$$

schreiben können, ist

$$\psi = \frac{1}{\sqrt{f(t)}^{\,3}}\; e^{-\dfrac{r^2}{f(t)}}$$

mit $f = 2it/\lambda + \text{const}$, insbesondere

$$\psi = \frac{1}{\sqrt{1 + \dfrac{it}{2\,\lambda\,a^2}}^{\,3}}\, e^{-\dfrac{r^2}{4\,a^2\left(1 + \dfrac{i}{2\,\lambda\,a^2}t\right)}} \tag{5}$$

mit der Materiedichte

$$\psi^*\psi = \frac{1}{\sqrt{1 + \dfrac{t^2}{4\,\lambda^2 a^4}}^{\,3}}\, e^{-\dfrac{r^2}{2\,a^2\left(1 + \dfrac{t^2}{4\,\lambda^2 a^4}\right)}}. \tag{6}$$

Die Wellengruppen Gl. (2) und (5) stellen Materieanhäufungen dar, deren „Schwerpunkt" ruht. Mit Hilfe der Transformation

$$\bar{\mathfrak{r}} = \mathfrak{r} - \mathfrak{v}\,t \qquad \psi = \overline{\psi}\, e^{\,i\,\lambda\,\mathfrak{v}\,\mathfrak{r} - i\frac{\lambda}{2}\,\mathfrak{v}^2 t},$$

die die Wellengleichung ungeändert läßt, können wir Darstellungen bewegter Materie erhalten. Im eindimensionalen Falle erhalten wir aus Gl. (2):

$$\psi = \frac{1}{\sqrt{1 + \dfrac{i}{2\,\lambda\,a^2}t}}\, e^{-\dfrac{(x - vt)^2}{4\,a^2\left(1 + \dfrac{i}{2\,\lambda\,a^2}t\right)} + i\,\lambda\left(v\,x - \frac{1}{2}v^2 t\right)}$$

$$\psi^*\psi = \frac{1}{\sqrt{1 + \dfrac{t^2}{4\,\lambda^2 a^4}}}\, e^{-\dfrac{(x - vt)^2}{2\,a^2\left(1 + \dfrac{t^2}{4\,\lambda^2 a^4}\right)}};$$

im kugelsymmetrischen Falle erhalten wir aus Gl. (5):

$$\psi = \frac{1}{\sqrt{1 + \dfrac{i}{2\,\lambda\,a^2}t}^{\,3}}\, e^{-\dfrac{(\mathfrak{r} - \mathfrak{v}\,t)^2}{4\,a^2\left(1 + \dfrac{i}{2\,\lambda\,a^2}t\right)} + i\lambda\left(\mathfrak{v}\,\mathfrak{r} - \frac{1}{2}\mathfrak{v}^2 t\right)} \tag{7}$$

$$\psi^*\psi = \frac{1}{\sqrt{1 + \dfrac{t^2}{4\,\lambda^2 a^4}}^{\,3}}\, e^{-\dfrac{(\mathfrak{r} - \mathfrak{v}\,t)^2}{2\,a^2\left(1 + \dfrac{t^2}{4\,\lambda^2 a^4}\right)}}.$$

Durch Einführung der Wellenzahl $\mathfrak{k} = \lambda\mathfrak{v}$, der „mittleren" Wellenzahl der Gruppe und der entsprechenden Frequenz $\omega = \mathfrak{k}^2/2\lambda = \lambda\mathfrak{v}^2/2$ erhalten wir:

$$\psi = \frac{1}{\sqrt{1 + \dfrac{i}{2\,\lambda\,a^2}t}^{\,3}}\, e^{-\dfrac{(\mathfrak{r} - \mathfrak{v}\,t)^2}{4\,a^2\left(1 + \dfrac{i}{2\,\lambda\,a^2}t\right)}} \cdot e^{-\,i\,\omega\,t + i\,\mathfrak{k}\,\mathfrak{r}}. \tag{8}$$

4*

In Gl. (7) oder (8) haben wir eine Wellengruppe, die sich mit der Geschwindigkeit $\mathfrak{v}$ bewegt und dabei kugelsymmetrisch auseinanderläuft.

15. Elektrisch geladene Materie.

Eine Materiewelle unterscheidet sich von einer Lichtwelle auch dadurch, daß sie elektrische Ladung übertragen kann. Die davon herrührende Ablenkung bewegter Materie in einem elektromagnetischen Feld haben wir in der Feldgleichung noch nicht zum Ausdruck gebracht. Diese Feldgleichung gilt also nur bei Abwesenheit elektromagnetischer Felder.

Um zu sehen, wie die elektromagnetischen Größen in die Feldgleichung der Materie eingehen, betrachten wir zunächst eine ebene Welle fester Frequenz, die aus einem von elektromagnetischem Feld freien Gebiet in ein anderes von elektromagnetischem Feld freies Gebiet von anderem Potential V übergeht. Legen wir das Teilchenbild der Materie zugrunde, so bleibt dabei

$$\frac{m}{2}\,\mathfrak{v}^2 + eV = E \tag{1}$$

konstant. Unser Wellenbild bleibt mit der Erfahrung nur dann im Einklang, wenn wir (wegen $\mathfrak{v} = \mathfrak{k}/\lambda$) eine entsprechende Veränderung der Wellenzahl $\mathfrak{k}$ annehmen, so daß für unsere Welle

$$\frac{\mathfrak{k}^2}{2\lambda} + \zeta V = \mathrm{const}$$

wird, statt $\mathfrak{k}^2/2\lambda = \omega = \mathrm{const}$. Die *Beziehung zwischen Frequenz und Wellenzahl* muß also zu

$$\omega = \zeta V + \frac{\mathfrak{k}^2}{2\lambda} \tag{2}$$

erweitert werden. Für positiv geladene Materie ist $\zeta > 0$, für negativ geladene Materie $\zeta < 0$. Da erfahrungsgemäß die Konstante λ des Wellenbildes der Masse m der Elementarteilchen im Teilchenbild gemäß $m = \hbar\lambda$ entspricht, folgt durch Vergleich von Gl. (1) und (2) als Beziehung zwischen der Konstante ζ des Wellenbildes und der Konstante e des Teilchenbildes $(e/\zeta = m/\lambda)$ $e = \hbar\zeta$. Bis aufs Vorzeichen ist also ζ erfahrungsgemäß für alle elementaren geladenen Materiearten die gleiche Konstante (im Gegensatz zu λ).

Da V selbst keine physikalische Bedeutung hat, kann auch die Frequenz keine beobachtbare Größe sein. Nicht alles, was in ψ ausgedrückt ist, ist objektive Wirklichkeit. V und ω enthalten eine bedeutungslose additive Konstante. In dem Zusammenhange $\omega = \omega_0 + \mathfrak{k}^2/2\lambda$ des Abschnittes 12 ist ω_0 willkürliche und gleichgültige Konstante.

Wir suchen jetzt eine Wellengleichung, die der Beziehung (2) gerecht wird. Eine solche (und die dazu konjugierte) ist

$$i\dot\psi + \frac{1}{2\lambda}\Delta\psi - \zeta V\psi = 0 \left.\begin{array}{c}\\\\\end{array}\right\}$$
$$-i\dot\psi^* + \frac{1}{2\lambda}\Delta\psi^* - \zeta V\psi^* = 0; \tag{3}$$

wir nehmen sie auch bei beliebig veränderlichem V als gültig an. Auch aus Gl. (3) können wir den Erhaltungssatz

$$\frac{\partial}{\partial t}\psi^*\psi + \operatorname{div}\frac{1}{2i\lambda}(\psi^*\operatorname{grad}\psi - \psi\operatorname{grad}\psi^*) = 0$$

schließen, den wir schon für $V = 0$ kennengelernt haben. Wir wollen ihn als Erhaltungssatz für elektrische Ladung und elektrischen Strom ansehen.

Wir sehen die Gl. (3) als Grundgleichung des Materiefeldes an (bei Abwesenheit von Magnetismus); für $\zeta > 0$ entspricht sie positiv geladener, für $\zeta < 0$ negativ geladener Materie; wir deuten entsprechend

$$\varrho \sim \zeta\psi^*\psi \left.\begin{array}{c}\\\\\end{array}\right\}$$
$$\mathfrak{s} \sim \frac{\zeta}{2i\lambda}(\psi^*\operatorname{grad}\psi - \psi\operatorname{grad}\psi^*) \tag{4}$$

als Dichten der elektrischen Ladung und des elektrischen Stromes, wobei ein gemeinsamer positiver Faktor noch offen ist.

Der angegebene Ausdruck für die Dichte des elektrischen Stromes legt es nahe,

$$\mathfrak{g} \sim \frac{1}{2i}(\psi^*\operatorname{grad}\psi - \psi\operatorname{grad}\psi^*) \tag{5}$$

mit dem gleichen offengelassenen Faktor (ζ/λ war das Verhältnis Ladung zu Masse) als *Impulsdichte* anzusehen. Wir können das bestätigen, indem wir die zeitliche Ableitung des über das ganze Feld erstreckten Integrals

$$\int \mathfrak{g}\, d\tau$$

betrachten. Es wird

$$\frac{d}{dt}\int \mathfrak{g}\, d\tau \sim \frac{1}{2i}\int(\dot\psi^*\operatorname{grad}\psi - \dot\psi\operatorname{grad}\psi^* + \psi^*\operatorname{grad}\dot\psi - \psi\operatorname{grad}\dot\psi^*)\, d\tau$$
$$= \frac{1}{i}\int(\dot\psi^*\operatorname{grad}\psi - \dot\psi\operatorname{grad}\psi^*)\, d\tau,$$

wobei wir eine Teilintegration ausgeführt haben (am Rande $\psi = 0$). Aus den Feldgl. (3) folgt dann

$$\frac{d}{dt}\int \mathfrak{g}\, d\tau \sim -\frac{1}{2\lambda}\int(\Delta\psi^*\cdot\operatorname{grad}\psi + \Delta\psi\cdot\operatorname{grad}\psi^*)\, d\tau$$
$$+ \zeta\int V(\psi^*\operatorname{grad}\psi + \psi\operatorname{grad}\psi^*)\, d\tau,$$

mit Teilintegration

$$\frac{\mathrm{d}}{\mathrm{d}t}\int \mathfrak{g}\,\mathrm{d}\tau \sim -\zeta \int \psi^*\psi\cdot \mathfrak{grad}\,V\,\mathrm{d}\tau$$

$$\frac{\mathrm{d}}{\mathrm{d}t}\int \mathfrak{g}\,\mathrm{d}\tau =\int \varrho\,\mathfrak{E}\,\mathrm{d}\tau,$$

also *gleich der vom elektrischen Feld auf das Materiefeld ausgeübten Kraft.*

Aus den Gl. (3) folgt für $\dot V = 0$ ein weiterer Erhaltungssatz, nämlich

$$\dot u + \mathrm{div}\,\mathfrak{S} = 0 \tag{6}$$

mit

$$\left.\begin{aligned}
u &\sim \frac{1}{2\lambda}\,\mathfrak{grad}\,\psi^*\,\mathfrak{grad}\,\psi + \zeta V\,\psi^*\psi\\[2mm]
\mathfrak{S} &\sim -\frac{1}{2\lambda}\,(\dot\psi^*\,\mathfrak{grad}\,\psi + \dot\psi\,\mathfrak{grad}\,\psi^*).
\end{aligned}\right\} \tag{7}$$

Das Glied ϱV legt nahe, u als Energiedichte zu deuten, $\mathfrak{S}$ als Dichte des Energiestromes. Die gesamte Feldenergie wird dann:

$$E = \int u\,\mathrm{d}\tau \sim \int \psi^*\left(-\frac{1}{2\lambda}\,\Delta\psi + \zeta V\right)\psi\,\mathrm{d}\tau.$$

Wählen wir den Faktor so, daß $\varrho = \sigma\zeta\,\psi^*\psi$ wird:

$$E = \sigma\int \psi^*\left(-\frac{1}{2\lambda}\,\Delta\psi + \zeta V\right)\psi\,\mathrm{d}\tau = \int \psi^* H\,\psi\,\mathrm{d}\tau, \tag{8}$$

so lassen sich die Gl. (3) mit dem Operator H in der Form schreiben:

$$\left.\begin{aligned}
H\,\psi - i\,\sigma\,\dot\psi &= 0\\
H\,\psi^* + i\,\sigma\,\dot\psi^* &= 0.
\end{aligned}\right\} \tag{9}$$

16. Reflexion und Brechung. Tunneleffekt.

Der Übergang einer Materiewelle aus einem Gebiet konstanten elektrischen Potentials in ein anderes Gebiet konstanten Potentials hat Ähnlichkeit mit dem Übergang einer Lichtwelle aus einem homogenen Medium in ein homogenes Medium mit anderem Brechungsindex. Wenn auch der Potentialsprung technisch nicht so einfach herzustellen ist wie die ihm entsprechende Grenzfläche der Optik, so sind die Verhältnisse am Potentialsprung wegen ihrer Einfachheit von Interesse. Die elektronenoptischen Geräte nähern solche Potentialsprünge auch einigermaßen an.

An einem Potentialsprung gibt es, wie an einer Grenzfläche in der Optik, die Erscheinungen der *Reflexion*, der *Brechung* und der *Totalreflexion*. Zunächst betrachten wir (Abb. 2) den eindimensionalen Fall, Potential 0 für negative x, Potential $V(\geqq 0)$ für positive x, und nehmen positiv geladene Materie an ($\zeta > 0$). Für eine Welle fester Frequenz

$$\psi = e^{-i\omega t}\,u(x) \tag{1}$$

wird aus der Wellengleichung

$$i\,\dot\psi + \frac{1}{2\lambda}\,\Delta\psi - \zeta\begin{pmatrix}0\\V\end{pmatrix}\psi = 0 \tag{2}$$

die Amplitudengleichung

$$\frac{\mathrm{d}^2 u}{\mathrm{d}\,x^2} + \begin{pmatrix}k^2\\l^2\end{pmatrix} u = 0 \tag{3}$$

mit

$$k^2 = 2\lambda\omega \qquad\qquad l^2 = 2\lambda\,(\omega - \zeta V)\,.$$

Sie ist zu lösen, und die Lösungen sind bei $x = 0$ stetig und mit stetiger Ableitung zusammenzufügen [erst die zweite Ableitung von u macht gemäß Gl. (3) einen Sprung]. Man sieht leicht, daß eine einfallende und eine durchgehende Welle allein (es sei $\omega > \zeta V$) keine Lösung darstellt, aber aus einer

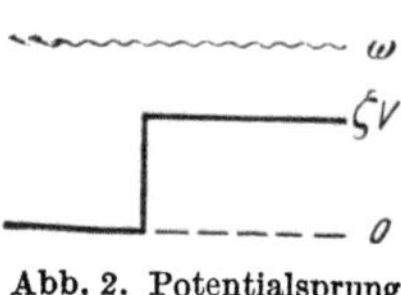

Abb. 2. Potentialsprung.

einfallenden, einer reflektierten und einer durchgehenden Welle kann man eine Lösung herstellen:

$$u = A\,e^{ikx} + B\,e^{-ikx} \qquad\qquad u = C\,e^{ilx}. \tag{4}$$

Die Übergangsbedingungen bei $x = 0$:

$$A + B = C$$
$$k\,(A - B) = lC$$

gestatten, die reflektierte und die durchgehende Welle durch die einfallende auszudrücken

$$B = \frac{k - l}{k + l}\,A \qquad\qquad C = \frac{2\,k}{k + l}\,A\,. \tag{5}$$

Die einfallende Welle bringt bis auf einen Faktor den Strom kA^*A mit, die reflektierte Welle führt den Strom kB^*B wieder zurück, während der Strom lC^*C durchgeht. Mit Gl. (5) ist die Erhaltung der Ladung

$$kA^*A = kB^*B + lC^*C$$

leicht nachgerechnet.

Im räumlichen Fall legen wir die x-Richtung in die Richtung des Einfallslotes, die (x, y)-Ebene in die Richtung der Einfallsebene, dann stellt die Lösung

$$u = e^{imy}(A\,e^{ikx} + B\,e^{-ikx}) \qquad\qquad u = e^{imy}\,C\,e^{ilx}$$
$$k^2 + m^2 = 2\lambda\omega \qquad\qquad l^2 + m^2 = 2\lambda\,(\omega - \zeta V)\,,$$

also $l^2 = k^2 - 2\lambda\zeta V$, wie beim eindimensionalen Fall, den *Vorgang der Reflexion und der Brechung* dar.

Bei allmählichem Potentialanstieg von 0 bis V läßt sich der eindimensionale Fall wenigstens bis auf einen numerischen Faktor und die Phasen leicht übersehen. Aus der Linearität der Wellengleichung folgt

$$B = \alpha\, A$$

und aus der Erhaltung der Ladung

$$C^* C = \frac{k}{l}\,(1 - \alpha^*\,\alpha)\,A^* A\,.$$

Die Berechnung von α oder des Reflexionskoeffizienten $\alpha^*\alpha$ würde allerdings einige Mühe machen.

Wenn (bei $V > 0$) ω so niedrig ist, daß $\omega - \zeta V$ negativ wird, so kann keine fortschreitende Welle in den Halbraum $x > 0$ übergehen. Es findet *Totalreflexion* statt, und die Rechnung ergibt eine exponentielle Abnahme von u für $x > 0$. Der Totalreflexion des Wellenbildes entspricht im Teilchenbild der Fall, daß die Energie der ankommenden Teilchen nicht ausreicht, die Energiestufe eV zu ersteigen. Während aber im Teilchenbild das Vorkommen der Materie genau an der Ebene $x = 0$ aufhört, greift im Wellenbild die Funktion ψ etwas über in das Gebiet $x > 0$ hinein. Dieses *Übergreifen der Wellenfunktion über die Bewegungsgrenze des Teilchenbildes hinaus* wird im folgenden Beispiel wichtig.

Aus der Optik ist bekannt: wenn ein Medium niederer Brechzahl in sehr schmaler Schicht zwischen zwei Medien höherer Brechzahl liegt, so geht Licht hindurch auch bei Winkeln, die bei räumlich ausgedehnterem Zwischenmedium zur Totalreflexion führten. Analog geht eine Materiewelle durch eine dünne Potentialschwelle hindurch, auch wenn sie so hoch ist, daß sie bei größerer Dicke die Materiewelle nicht hineinließe ($\zeta V > \omega$). Der Grund ist der gleiche wie in der Optik, nämlich das Übergreifen der Wellenfunktion über die Stellen $\omega - \zeta V = 0$ hinaus, also hier durch die Schwelle hindurch. Den Durchgang von Materie durch eine solche Schwelle nennt man häufig den *Tunneleffekt*; er unterscheidet das Wellenbild vom Teilchenbild.

Verhältnismäßig leicht durchrechnen können wir den Tunneleffekt für abschnittsweise konstantes Potential (Abb. 3), null für $x < -a/2$ und $x > a/2$, V für $-a/2 < x < a/2$. Wir beschränken uns auf den eindimensionalen Fall. Im Gebiete $x < -a/2$ setzen wir eine einfallende und eine reflektierte Welle, im Gebiete $x > a/2$ eine nach rechts gehende Welle an:

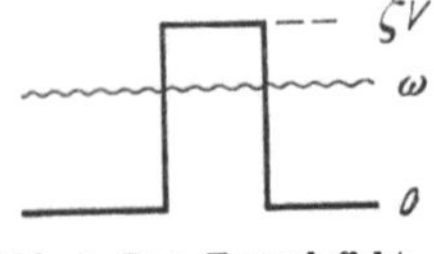

Abb. 3. Zum Tunneleffekt.

$$u = A\,e^{ik\left(x+\frac{a}{2}\right)} + B\,e^{-ik\left(x+\frac{a}{2}\right)} \qquad\qquad u = C\,e^{ik\left(x-\frac{a}{2}\right)}$$

mit $k^2 = 2\lambda\omega$. In der Schwelle muß

$$\frac{d^2 u}{d x^2} - l^2 u = 0$$

$$l^2 = 2\lambda\,(\zeta V - \omega)$$

erfüllt werden; wir machen den Ansatz

$$u = E\,e^{lx} + F\,e^{-lx}.$$

Die Übergangsbedingungen bei $a/2$ lauten mit der Abkürzung $e^{la} = \gamma$

$$\sqrt{\gamma}\,E + \frac{1}{\sqrt{\gamma}}\,F = C$$

$$\sqrt{\gamma}\,E - \frac{1}{\sqrt{\gamma}}\,F = \frac{ik}{l}\,C,$$

während bei $x = -\,a/2$ folgt

$$A + B = \frac{1}{\sqrt{\gamma}}\,E + \sqrt{\gamma}\,F$$

$$A - B = \frac{l}{ik}\left(\frac{1}{\sqrt{\gamma}}\,E - \sqrt{\gamma}\,F\right).$$

Die Ausrechnung liefert

$$C = \frac{4\,i\,k\,l}{\dfrac{1}{\gamma}\,(l + ik)^2 - \gamma\,(l - ik)^2}\,A\,.$$

Bei nicht zu kleiner Schwelle wird $\gamma \gg 1$, und man kann sich auf

$$C = \frac{4\,i\,k\,l}{-\,\gamma\,(l - ik)^2}\,A\,,$$

$$C^*C = \left(\frac{4\,k\,l}{l^2 + k^2}\right)^2 e^{-2la}\,A^*A$$

beschränken. Der wesentliche Faktor ist

$$e^{-2la} = e^{-2a\sqrt{2\lambda(\zeta V - \omega)}}\,.$$

17. Eigenschwingungen in Potentialmulden.

Eine Materiewellengruppe, auf die kein elektromagnetisches Feld wirkt, läuft im Laufe der Zeit auseinander. In einem geeigneten elektrischen Potential jedoch kann Materie dauernd zusammengehalten werden. Der Vorgang ähnelt dann den Schwingungen eines begrenzten Systems (Saite, Membran, Hohlraum); häufig sind nur diskrete Frequenzen möglich, die *Eigenfrequenzen*; die zugehörigen Vorgänge sind dann die *Eigenschwingungen*. DE BROGLIE hoffte ursprünglich, die diskreten Zustände der atomaren Systeme als diskrete Eigenschwingungen des Materiefeldes oder „stehende Materiewellen" anschaulich verstehen zu können. Auch die Aufstellung der Wellengleichung durch SCHRÖDINGER gab Anlaß zu der Hoffnung, die diskreten Zustände der Atome anschaulich zu verstehen. Diese Hoffnung konnte sich nun nicht ganz erfüllen, da das Wellenbild der Materie keine Rechenschaft von der Existenz von Elektronen als Elementarteilchen geben kann; die Ergebnisse der Schrödinger-Gleichung mußten darum unanschaulich als statistische Angaben gedeutet werden. Aber auch in der anschaulichen Deutung, die wir jetzt zunächst allein betrachten, können sie als Vorstufe zur Behandlung der Wirklichkeit dienen.

Wir betrachten ein als Funktion des Ortes gegebenes zeitunabhängiges elektrisches Potential V und haben die Gleichung

$$i\,\dot{\psi} + \frac{1}{2\,\lambda}\,\Delta\,\psi - \zeta V \psi = 0 \tag{1}$$

zu lösen. Wir nehmen $\zeta > 0$, die elektrische Ladung also positiv an. Wir suchen „Schwingungen", d.h. zeitlich periodische Lösungen, mit dem Ansatz

$$\psi = e^{-i\omega t}\, u\,, \tag{2}$$

wo u nur vom Ort abhängen soll. Für u gilt dann die „zeitfreie" Wellengleichung:

$$\frac{1}{2\,\lambda}\,\Delta\,u + (\omega - \zeta V)\,u = 0\,. \tag{3}$$

Für das Verhalten der Lösungen u ist das Vorzeichen von $\omega - \zeta V$ wesentlich. Wenn das Potential V eine „Potentialmulde" beschreibt, also von einer Stelle aus nach allen Seiten monoton zunimmt, so ist für bestimmte ω-Werte die angegebene Größe in der Nähe des Minimums positiv und wird, wenn man nach außen geht, negativ. In dem äußeren Gebiet ist $\Delta u/u$ positiv; d.h. $|u|$ muß entweder nach außen hin gegen null abnehmen oder immer größere Werte annehmen. Nur der erste Fall wird physikalischen Sinn haben.

Im Falle einer Potentialmulde haben wir für gewisse ω-Bereiche ein Randwertproblem. Es ist nur für diskrete „Eigenwerte" von ω lösbar; die zugehörigen u sind Eigenfunktionen. Lösungen der Wellengleichung, die Eigenschwingungen darstellen, sind aus der „gewöhnlichen Quantenmechanik" der Einteilchensysteme bekannt (Oszillator, Wasserstoffatom).

Es sei an das einfachste, mit ganz elementaren Mitteln lösbare Beispiel erinnert, an den *eindimensionalen „Potentialtopf"* mit unendlich hohen Wänden, $V = 0$ für $0 < x < a$, $V = \infty$ an den übrigen Stellen. Die Lösungen der Gleichung

$$\frac{\mathrm{d}^2 u}{\mathrm{d}x^2} + k^2 u = 0$$
$$k^2 = 2\,\lambda\,\omega$$

mit den Randwerten $u(0) = u(a) = 0$ lauten bis auf einen Faktor:

$$u = \sin n\pi \frac{x}{a} \tag{4}$$

($n = 1, 2, 3\ldots$) und gehören zu den Eigenwerten

$$k^2 = \frac{\pi^2}{a^2} n^2$$

$$\omega = \frac{\pi^2}{2\lambda a^2} n^2. \tag{5}$$

Für den Fall eines Teilchens in dem hier benutzten Potentialtopf liefert das Korrespondenzprinzip (etwa mit $\oint p\, dx = nh$) und ebenso die Schrödinger-Gleichung die diskreten Energiewerte

$$E = \frac{\pi^2 \hbar^2}{2\, m\, a^2} n^2. \tag{6}$$

Mit der „Übersetzung"

$$E \leftarrow \hbar\omega \qquad m \leftarrow \hbar\lambda$$

entsprechen sich die Frequenzen Gl. (5) der Eigenschwingungen des anschaulichen Feldes und die Energien Gl. (6) des quantentheoretischen Einteilchensystems. Die Übereinstimmung wird enger, wenn wir beachten, daß ja die Größe ψ und damit die Frequenzen Gl. (5) nicht direkt beobachtbar sind. Für die beobachtbare Dichte $\psi^*\psi$ ergibt der Eigenschwingungsvorgang Gl. (2) eine zeitunabhängige Größe

$$\psi^*\psi = u^* u \sim \sin^2 n\pi \frac{x}{a};$$

der allgemeine Schwingungsvorgang

$$\psi = \sum_n a_n e^{-i\omega_n t} u_n(x), \tag{7}$$

wo u_n und ω_n durch Gl. (4) und Gl. (5) gegeben sind, hat jedoch die zeitabhängige Dichte

$$\psi^*\psi = \sum_{n,\, m} a_n^* a_m e^{i(\omega_n - \omega_m) t} u_n^* u_m, \tag{8}$$

enthält also die Frequenzen $\omega_n - \omega_m$. *Diese Frequenzen des anschaulichen Feldvorganges stimmen nun genau überein mit den quantentheoretischen Frequenzen*

$$\omega = \frac{\Delta E}{\hbar}$$

des Einteilchensystems im gleichen Potentialtopf. Bei der Bewertung dieser Analogie ist zu beachten, daß wir im Wellenbild die Menge der Materie beliebig wählen können; da wir nur mit einem fest gegebenen Potential gerechnet haben, haben wir aber die elektrische Wirkung der kontinuierlich verteilten Materie auf sich selbst vernachlässigt, also ein *nur im Grenzfall geringer Materiemenge richtiges Ergebnis* erhalten. Im quantisierten Teilchenbild bei der Ableitung von Gl. (6) ist *mit genau einem Elementarteilchen* gerechnet, das als Elementarteilchen keine elektrische Wirkung auf sich selbst hat.

Im *allgemeinen eindimensionalen Fall* $V(x)$ kann man sich ein qualitatives Bild der Lösungen auf Grund des „*Knotensatzes*" verschaffen, der von anderen eindimensionalen Schwingungserscheinungen her bekannt ist: Zum tiefsten Eigenwert ω gehört eine Eigenfunktion ohne Nullstellen (Schwingungsknoten) im Inneren des Gebietes, zum nächsten Eigenwert eine solche mit einer Nullstelle; dann kommt eine mit zwei Nullstellen usf.

Im *mehrdimensionalen Fall* [etwa $V(x, y, z)$] haben wir im allgemeinen ein schwieriges mathematisches Problem vor uns, wenn nicht gerade die Wellengleichung in bestimmten Koordinaten separierbar ist. Für eine qualitative Übersicht kann man sich manchmal so helfen, daß man in einem Gebiet V konstant annimmt und außerhalb des Gebietes V wieder konstant und höher oder gleich unendlich annimmt. Die Wellengleichung ist dann im Inneren

$$\Delta u + k^2 u = 0,$$

und wenn V am Rand unendlich wird, haben wir dort die Randbedingung $u = 0$, also den Fall, der von der Behandlung der schwingenden Membran oder des schwingenden Hohlraumes her einigermaßen bekannt ist.

Die Frequenz ω ist keine beobachtbare Größe, aber die ω-Differenzen der verschiedenen Eigenschwingungen können es sein. Der Vorgang

$$\psi = \sum a_n e^{-i\omega_n t} u_n(x, y, z), \tag{9}$$

der eine Lösung der zeitabhängigen Wellengl. (1) ist, wenn ω_k, u_k die zeitfreie Gl. (3) erfüllen, gibt für die Materiedichte den Ausdruck Gl. (8). *In der anschaulichen Wellentheorie der Materie treten die Differenzen der Eigenfrequenzen als beobachtbare Größen auf.*

Die gerechneten Frequenzen stimmen mit den wirklichen Spektralfrequenzen der Einteilchensysteme überein. Die Deutung als Einteilchensysteme überschreitet jedoch die Grenzen des anschaulichen Wellenbildes. Die Behandlung des Atoms gehört in jedem Falle der Quantentheorie an, ob man vom Teilchenbild ausgeht oder ob man vom Wellenbild ausgeht.

18. „Übergreifen" der Wellenfunktion.

Ein charakteristisches Merkmal des Wellenbildes der Materie ist das Übergreifen der Wellenfunktion über das Gebiet $\omega - \zeta V > 0$ hinaus. Im Teilchenbild ist die Bewegung einer Partikel auf das Gebiet $E - eV > 0$

beschränkt. Das Teilchenbild kennt im Falle eines Potentials mit zwei Mulden (Abb. 4) drei Bewegungstypen: Bewegungen in der einen Mulde, Bewegungen in der anderen Mulde (beide mit $E < eV_0$) und Bewegungen, die durch beide Mulden gehen ($E > eV_0$). Im Wellenbild sind auch für $\omega < \zeta V_0$ die Wellenfunktionen nicht auf eine Mulde beschränkt. Die Folgen davon sind besonders beim symmetrischen Zweimuldensystem $[V(x) = V(-x)]$ leicht zu studieren. Auf dieses ziemlich bekannte Beispiel sei hier eingegangen, da es charakteristische Züge des Wellenbildes besonders auffallend zeigt.

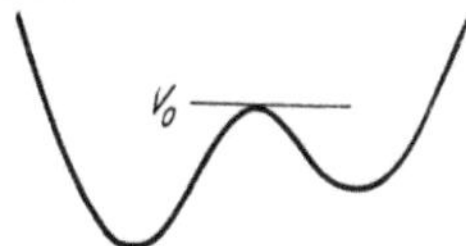

Abb. 4. Zweimuldensystem.

Nach dem Knotensatz hat die „tiefste" Eigenfunktion keine Nullstelle im Inneren. Aus Symmetriegründen ist sie symmetrisch $[u(x) = u(-x)]$. Die nächste Eigenfunktion hat eine Nullstelle in der Mitte und ist antimetrisch $[u(x) = -u(-x)]$. Weiter steigt die Zahl der Nullstellen jedesmal um eins, und es wechseln symmetrische mit antimetrischen Eigenfunktionen. Ist die Schwelle nicht zu klein, so werden die Eigenfunktionen in dem Gebiet $\Delta u/u > 0$ stark gedrückt, und die tiefste Eigenfunktion unterscheidet sich (abgesehen von einem willkürlichen Faktor) außerhalb der Schwelle kaum von der nächsten; ebenso unterscheidet sich die dritte Funktion kaum von der vierten usw. Die Eigenwerte rücken dann paarweise einander nahe; zu jedem Paar gehört eine (tiefere) symmetrische und eine (höhere) antimetrische Wellenfunktion.

Betrachten wir nun einen aus zwei so zusammengehörigen Eigenschwingungen zusammengesetzten Vorgang

$$\psi = u_1 e^{-i\omega_1 t} + u_2 e^{-i\omega_2 t},$$

so können wir bei geeigneter Wahl der noch beliebigen Faktoren in der einen Mulde u_1 und u_2, in der anderen Mulde u_1 und $-u_2$ kaum unterscheiden. Wir erhalten in der einen Mulde

$$\psi = u e^{-i\frac{\omega_1 + \omega_2}{2}t} \cdot 2\cos\frac{\omega_1 - \omega_2}{2}t$$

$$\psi^*\psi = u^*u \cdot 2\left[1 + \cos(\omega_1 - \omega_2)t\right],$$

in der anderen Mulde

$$\psi = u e^{-i\frac{\omega_1 + \omega_2}{2}t} \cdot 2\sin\frac{\omega_1 - \omega_2}{2}t$$

$$\psi^*\psi = u^*u \cdot 2\left[1 - \cos(\omega_1 - \omega_2)t\right].$$

Die Materie pendelt also mit der kleinen Frequenz $(\omega_1 - \omega_2)$ zwischen den Mulden hin und her. Im Teilchenbild bliebe die Partikel in einer der beiden Mulden.

Wir können die Verhältnisse mit elementaren Mitteln vorrechnen im Falle des abschnittsweise konstanten Potentials der Abb. 5. Wir haben

für $-b < x < b$

$$\Delta u - l^2 u = 0$$

$$l^2 = 2\lambda(\zeta V - \omega)$$

für $b < x < a + b$

$$\Delta u + k^2 u = 0$$

$$k^2 = 2\lambda\omega.$$

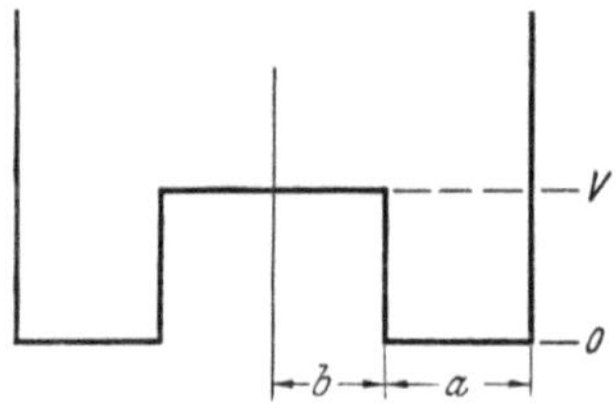

Abb. 5. Spezielle Doppelmulde.

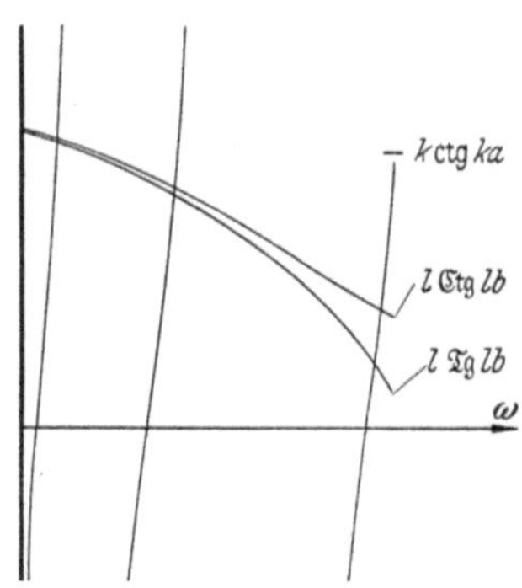

Abb. 6. Zur Doppelmulde.

Mit den Ansätzen

$$u = A \, \frac{\mathfrak{Cof}}{\mathfrak{Sin}} \, l x$$

$$u = B \sin k(a + b - x)$$

lauten die Übergangsbedingungen

$$A \cdot \frac{\mathfrak{Cof}}{\mathfrak{Sin}} \, l b = B \sin k a$$

$$l A \cdot \frac{\mathfrak{Sin}}{\mathfrak{Cof}} \, l b = - k B \cos k a,$$

so daß die Eigenwerte durch

$$l \, \frac{\mathfrak{Tg}}{\mathfrak{Ctg}} \, l b = - k \operatorname{ctg} k a$$

bestimmt sind. Abb. 6 gibt die Größen $- k \operatorname{ctg} k a$, $l \, \mathfrak{Tg} \, l b$ und $l \, \mathfrak{Ctg} \, l b$ als Funktionen von ω (für $a = b$ und $2\lambda\zeta V a^2 \approx 70$) an. Sie zeigt die Paare benachbarter Eigenwerte und das Größerwerden des Abstandes der beiden Frequenzen eines Paares mit zunehmender Frequenz. Für große Werte von $l b$ werden die Paare sehr eng. In erster Näherung können wir

$$\mathfrak{Tg} \, l b = \mathfrak{Ctg} \, l b = 1$$

setzen, die ω-Werte fallen dann zusammen und sind durch

$$l = - k \operatorname{ctg} k a$$

bestimmt. In nächster Näherung setzen wir

$$\frac{\mathfrak{Tg}}{\mathfrak{Ctg}} \, l b = 1 \mp 2 e^{-2 l b}$$

und (für die antisymmetrische Lösung):

$$(l + \Delta l)(1 + 2 e^{-2 l b}) = - (k + \Delta k) \operatorname{ctg}(k + \Delta k) a$$

$$\Delta l + 2 l e^{-2 l b} = \Delta k \left(\frac{k a}{\sin^2 k a} - \operatorname{ctg} k a \right) = \Delta k \left[k a \left(\frac{l^2}{k^2} + 1 \right) + \frac{l}{k} \right].$$

Mit $k\Delta k = \lambda\Delta\omega$, $l\Delta l = -\lambda\Delta\omega$ wird daraus

$$\frac{\Delta\omega}{\omega} = \frac{4\,l^2 e^{-2\,l\,b}}{(l^2 + k^2)(1 + a\,l)}\,.$$

Wenn ω nicht nahe an ζV rückt, ist der Faktor $4\,l^2/(l^2 + k^2)$ von der Größenordnung 1. Der wesentliche Faktor ist

$$e^{-2\,l\,b} = e^{-2\,b\,\sqrt{2\,\lambda\,(\zeta V - \omega)}} = e^{-\frac{2b}{\hbar}\sqrt{2\,m\,(eV - \hbar\,\omega)}}$$

Als Zahlenbeispiel wählen wir für λ den Wert, der der Elektronenmasse entspricht, für a und b ungefähr 10^{-8} cm und für eV die atomare Einheit der Energie; a und b sind dann von der Größenordnung 1, und $\Delta\omega$ wird nicht viel kleiner als ω selbst. Die Schwelle ist also „klein“. Das Zahlenbeispiel mag zur Erläuterung der Verhältnisse in einer zweiatomigen Molekel mit zwei gleichen Kernen dienen, wo die „Schwebungsfrequenz“ von der gleichen Größenordnung ist wie die „Schwingungsfrequenzen“.

Ganz anders werden die Verhältnisse, wenn wir das gleiche Potential nehmen, aber λ einige 1000mal so groß wählen, der Kernmasse entsprechend. l^2/k^2 erhält dann für die tiefen Eigenschwingungen auch den Faktor 1000 und $\Delta\omega/\omega$ erhält im Exponenten der e-Funktion etwa 100. Die Schwebungszeit wird also länger als das Alter der Welt. *Materie, der im Teilchenbild Atomkerne entsprechen, kann Schwellen atomaren Ausmaßes* (in Breite und Höhe) *nicht durchdringen.*

Die organische Chemie kennt „optische Antipoden“, etwa C-Verbindungen $CR_1R_2R_3R_4$ in spiegelbildlicher Anordnung, die sich auch in sehr langen Zeiten nicht ineinander umwandeln. Die Umwandlung bedeutete Überschreiten einer Potentialschwelle von atomarer Größenordnung (wohl etwas weniger) durch einen Kern. Unsere Abschätzung läßt uns verstehen, weshalb die optischen Antipoden stabil sind. Bei den N-Verbindungen $NR_1R_2R_3$ hat man nie optische Antipoden gefunden und ist doch sicher, daß die Molekel nicht eben ist. Bei den stumpfen Winkeln beim N-Atom ist aber die Potentialschwelle, die beim Umwandeln der optischen Antipoden überschritten werden muß, sehr viel geringer. Die Schwebungszeit ist anscheinend viel kleiner als die zum Untersuchen der Substanzen nötige Zeit. Bei der NH_3-Molekel ist die Schwebungsfrequenz im Spektrum aufgefunden worden.

19. Streuung von Materiewellen.

Die Gleichung des Materiefeldes, die das elektrische Potential V enthält, drückt eine Verknüpfung des Materiefeldes mit einem elektrischen Feld aus, wobei die Verknüpfung so weit beschrieben ist, als sie das Materiefeld angeht. Die Beschreibung der Verknüpfung für das elektrische Feld wird (solange es statisch ist) durch

$$\Delta V = -\varrho$$

gegeben, wo ϱ durch die Materiegrößen ($\sim \zeta \, \psi^* \psi$) auszudrücken ist. Die Verknüpfung eines elektromagnetischen Feldes würde durch

$$-\frac{1}{c^2}\ddot{V} + \Delta V = -\varrho$$

$$-\frac{1}{c^2}\ddot{\mathfrak{A}} + \Delta \mathfrak{A} = -\mathfrak{s}/c$$

$$\frac{1}{c}\dot{V} + \operatorname{div}\mathfrak{A} = 0$$

angegeben, soweit sie dieses Feld betrifft. Die Gleichung des Materiefeldes mit V und $\mathfrak{A}$ haben wir noch nicht angegeben.

Eine Folge des Vorkommens von ϱ und $\mathfrak{s}$ in den elektromagnetischen Gleichungen ist die Streuung elektromagnetischer Wellen an den elektrischen Ladungen und Strömen, eine zweite Folge ist das Auftreten von Kräften, die an den Trägern von Ladungen und Strömen angreifen. Für das Materiefeld hat nun die Verknüpfung ganz entsprechende Folgen: *eine Streuung von Materiewellen an elektrischen Potentialmulden und das Auftreten von Kräften, die an den Trägern von elektrischen Potentialen angreifen* (Vektorpotentiale lassen wir weg).

Wir betrachten jetzt die Streuung von Materiewellen an Hand der Gleichung

$$i\dot{\psi} + \frac{1}{2\lambda}\Delta\psi = \zeta V\psi, \tag{1}$$

die für periodische Lösungen $\psi = e^{-i\omega t}u$ auf

$$\Delta u + k^2 u = 2\lambda\zeta V u \qquad k^2 = 2\lambda\omega \tag{2}$$

führt; die rechte Seite der Gleichung gibt die Verknüpfung an. Zweckmäßig wird man V so wählen, daß es außerhalb der Gebiete der elektrischen Felder auf null absinkt. Die Größe $-2\lambda\zeta V u$ spielt hier eine ähnliche Rolle wie die Ladungsdichte beim elektrischen Feld; wir können sie Dichte der „Quellen" des Materiefeldes nennen. Das Wort Quelle wird dann in etwas erweitertem Sinne gebraucht, indem die Quellendichte hier nicht durch $-\Delta u$, sondern durch $-(\Delta + k^2)u$ definiert ist.

Das Wort Quelle bedeutet nicht, daß von der betrachteten Stelle Materie wegströmt; wir werden sehen, daß es Quellen dieser Art gibt — aber auch Quellen, von denen die Materie nicht ausströmt, sondern nur die Feldgrößen in bestimmter Weise ausgehen. Daß in den Quelldichten der Gl. (1) und (2) die Materiefeldgröße selbst als Faktor auftritt, ist ein beachtenswerter Unterschied gegen die entsprechenden Größen beim elektrischen Feld.

Das Feld einer „Punktquelle" erhalten wir, wenn wir für $r \neq 0$ eine kugelsymmetrische Lösung $u\,(r)$ von

$$\Delta u + k^2 u = 0$$

suchen; eine solche ist

$$u = \frac{1}{r}\, e^{\pm\, i k r},$$

insbesondere ist

$$\psi = \frac{1}{r}\, e^{-i\omega t + i k r},$$

eine aus $r = 0$ auslaufende Kugelwelle. Im Punkte $r = 0$ kann Δu nicht gebildet werden; die entsprechende Größe

$$\int \operatorname{grad} u\, \mathrm{d}\mathfrak{f}$$

integriert über eine $r = 0$ umschließende Fläche mit dem Flächenelement $\mathrm{d}\mathfrak{f}$ (nach außen gerichteter Vektor) wird für eine kleine Kugel

$$\left(-\frac{1}{r^2} + \frac{i k}{r}\right) e^{i k r} \cdot 4\,\pi\, r^2 \;\to\; -\,4\,\pi.$$

Wegen der Analogie zur Gleichung $\Delta u = -\gamma$ liegt es nahe, die Gleichung

$$\Delta u + k^2 u = -\gamma \tag{3}$$

durch das Integral

$$u(\mathfrak{r}) = \frac{1}{4\,\pi} \int \frac{\gamma(\mathfrak{r}')\, e^{i k\,|\mathfrak{r}-\mathfrak{r}'|}}{|\mathfrak{r}-\mathfrak{r}'|}\, \mathrm{d}\tau',$$

abgekürzt

$$u = \frac{1}{4\,\pi} \int \frac{\gamma(\mathfrak{r}')\, e^{i k r}}{r}\, \mathrm{d}\tau' \tag{4}$$

zu erfüllen. Der Beweis für die Richtigkeit kann in ähnlicher Weise wie bei $\Delta u = -\gamma$ geführt werden. *Das Materiefeld kann* also *in der Form* Gl. (4) *durch seine Quellen dargestellt werden.*

Nach Gl. (1) hängen die Quellen des Materiefeldes von ψ selbst ab; auslaufende Kugelwellen entstehen also, wenn von vornherein schon eine Welle da ist. Nehmen wir den einfachen Fall einer ankommenden ebenen Welle einheitlicher Frequenz ω an, so haben wir das Feld

$$\psi = a\, e^{-i\omega t + i\mathfrak{k}\mathfrak{r}} - \frac{\lambda\,\zeta}{2\,\pi} \int V(\mathfrak{r}')\, \psi(\mathfrak{r}')\, \frac{e^{i k r}}{r}\, \mathrm{d}\tau',$$

wofür wir auch

$$\psi = a\, e^{-i\omega t + i\mathfrak{k}\mathfrak{r}} + \int S(\mathfrak{r}')\, \psi(\mathfrak{r}')\, \frac{e^{i k r}}{r}\, \mathrm{d}\tau' \tag{5}$$

mit

$$S = -\frac{\lambda\,\zeta}{2\,\pi}\, V \tag{6}$$

schreiben können. Die Gl. (5) besagt: *eine von einer Materiewelle getroffene Stelle mit $V \neq 0$ ist Ausgangspunkt einer Kugelwelle, deren Amplitude durch das ,,Streuvermögen'' S angegeben wird.*

Auch bei der Streuung von Lichtwellen arbeitet man gern mit einem solchen Streuvermögen. Wegen der Transversalität des Lichtes gehen dort aber keine kugelsymmetrischen Streuwellen von den Stellen $\mathfrak{r}'$ aus; man kann dem durch ein richtungsabhängiges S Rechnung tragen.

Die Beziehung Gl. (5) ist eine mathematisch recht verwickelte Integralgleichung. Wir erhalten eine einfache Näherung, wenn wir annehmen können, daß die Streuwellen insgesamt schwach sind gegen die einfallende Welle ψ_e; dann ist genähert

$$\psi = \psi_e + \int S\,(\mathfrak{r}')\,\psi_e\,(\mathfrak{r}')\,\frac{e^{ikr}}{r}\,d\tau'. \tag{7}$$

Wir können das Streufeld leicht aus der einfallenden Welle und der Kenntnis von S bestimmen. Diese Näherung heißt auch die *wellenkinematische Behandlung* der Materiestreuung.

Sie liefert eine Deutung der Interferenzversuche mit Materiewellen, wenn wenig streuendes Potential (das selbst wieder an anderer Materie hängt) vorhanden ist.

Bei Streuung von Materiewellen an Kristallen kann man eine gewisse Verbesserung der wellenkinematischen Behandlung erreichen, wenn man für ψ_e in Gl. (7) nicht die auf den Kristall einfallende Welle einsetzt, sondern die ebene Welle, die daraus in einem Gebiet konstanten Potentials $\overline{V}$ entsteht, das die Verhältnisse im Kristall annähert, und $V - \overline{V}$ als streuendes Potential betrachtet. Das bedeutet *Berücksichtigung eines Brechungsindex* für den Übergang Vakuum—Kristall. Der Brechungsindex ist das Verhältnis der Phasengeschwindigkeiten außen und innen, also das Verhältnis der k-Werte innen und außen:

$$n = \sqrt{\frac{\omega - \zeta\overline{V}}{\omega}}\,.$$

Bei einfallenden Materiewellen hoher Frequenz, also „schnellen Materiestrahlen", kann deshalb n unberücksichtigt bleiben; für sehr schnelle ist dann aber unsere nichtrelativistische Gleichung nicht ausreichend.

Während bei Wellen der Form

$$\psi \sim e^{-i\omega t + i\mathfrak{k}\mathfrak{r}} \tag{8}$$

der Vektor $\mathfrak{k}$ nicht direkt beobachtbar ist, tritt bei den Interferenzen, die eine solche Welle hervorruft, $\mathfrak{k}$ in der Abhängigkeit der Intensitäten von der Richtung zutage und kann so gemessen werden. Diese Möglichkeit, $\mathfrak{k}$ zu messen, ist der direkteste experimentelle Beweis für die Wellennatur der Materie.

Die wellenkinematische Behandlung ist nur eine erste Näherung des Streuvorgangs. Die volle „dynamische" Theorie der Streuung ist aber sehr viel verwickelter.

20. Variationsprinzip.

Die Gleichungen des elektromagnetischen Feldes konnten wir (Abschnitt 10) aus einem Variationsprinzip

$$\int L\,d\tau\,dt = \text{Extr} \qquad \delta\int L\,d\tau\,dt = 0 \tag{1}$$

ableiten. Wir versuchen das Entsprechende für die Gleichungen

$$\left.\begin{aligned} i\,\dot{\psi} + \frac{1}{2\lambda}\,\Delta\,\psi - \zeta V\psi = 0 \\ -i\,\dot{\psi}^{*} + \frac{1}{2\lambda}\,\Delta\,\psi^{*} - \zeta V\,\psi^{*} = 0 \end{aligned}\right\} \tag{2}$$

des Materiefeldes; *wir suchen* also *die Lagrange-Dichte L dieses Feldes auf.*
Die Funktion

$$L = \sigma\,\psi^{*}\left(i\,\dot{\psi} + \frac{1}{2\lambda}\,\Delta\,\psi - \zeta V\psi\right) \tag{3}$$

gäbe beim Variieren der Feldgröße ψ^{*} allein

$$\delta L = \sigma\,\delta\,\psi^{*}\left(i\,\dot{\psi} + \frac{1}{2\lambda}\,\Delta\,\psi - \zeta V\,\psi\right),$$

und man könnte aus dem Variationsprinzip Gl. (1) die erste der Feldgleichungen schließen, wenn man ψ^{*} unabhängig variieren könnte. Da aber ψ mit variiert wird, entsteht

$$\delta L = \sigma\left[\delta\,\psi^{*}\left(i\,\dot{\psi} + \frac{1}{2\lambda}\,\Delta\,\psi - \zeta V\,\psi\right) + i\,\psi^{*}\,\delta\dot{\psi} + \frac{1}{2\lambda}\,\psi^{*}\,\delta\,\Delta\,\psi - \zeta V\,\psi^{*}\,\delta\psi\right].$$

Wenn die Werte von ψ (und ψ^{*}) am Rande des Integrationsgebietes als gegeben angenommen werden, können wir im Integral Gl. (1) die Ableitungen $\partial/\partial t$ und Δ von $\delta\psi$ auf ψ^{*} überwälzen; wir erhalten:

$$\delta\int L\,d\tau\,dt = \sigma\int\left[\delta\,\psi^{*}\left(i\,\dot{\psi} + \frac{1}{2\lambda}\,\Delta\,\psi - \zeta V\,\psi\right)\right.$$
$$\left. + \left(-i\,\dot{\psi}^{*} + \frac{1}{2\lambda}\,\Delta\,\psi^{*} - \zeta V\,\psi^{*}\right)\delta\,\psi\right]d\tau\,dt = 0.$$

Könnten wir ψ und ψ^{*} unabhängig variieren, so könnten wir schließen, daß dieses Integral nur dann null sein kann, wenn die Gl. (2) gelten. Nun können wir zwar ψ und ψ^{*} nicht unabhängig variieren, aber ihre Summe und ihre Differenz; wir können daraus schließen, daß die Summe und die Differenz der beiden runden Klammern verschwinden muß, und daraus folgen auch die Gl. (2).

Wir können also Gl. (3) als Lagrange-Dichte wählen. Wir hätten auch

$$L = \sigma\left(-i\,\dot{\psi}^{*} + \frac{1}{2\lambda}\,\Delta\,\psi^{*} - \zeta V\,\psi^{*}\right)\psi$$

5*

wählen können oder die reelle Lagrange-Dichte

$$L = \sigma\left[\frac{i}{2}\left(\psi^*\,\dot\psi - \psi\,\dot\psi^*\right) + \frac{1}{4\,\lambda}\left(\psi^*\,\Delta\psi + \psi\,\Delta\psi^*\right) - \zeta V\,\psi^*\psi\right].$$

Das Integral Gl. (1) ist in allen drei Formen dasselbe. Wenn wir in L außer den Feldgrößen ψ und ψ^* nur deren erste Ableitungen haben wollen (so war es in der Elektrodynamik), können wir auch (ohne den Wert des Variationsintegrals zu ändern)

$$L = \sigma\left[\frac{i}{2}\left(\psi^*\,\dot\psi - \psi\,\dot\psi^*\right) - \frac{1}{2\,\lambda}\,\mathfrak{grad}\,\psi^*\,\mathfrak{grad}\,\psi - \zeta V\,\psi^*\psi\right] \qquad (4)$$

wählen.

Wir können das Materiefeld und das elektrische Feld durch Addition der Lagrange-Dichten kombinieren

$$L = \frac{\varepsilon_0}{2}\,\mathfrak{E}^2 + \sigma\left[\frac{i}{2}\left(\psi^*\,\dot\psi - \psi\,\dot\psi^*\right) - \frac{1}{2\,\lambda}\,\mathfrak{grad}\,\psi^*\,\mathfrak{grad}\,\psi - \zeta V\,\psi^*\psi\right]. \qquad (5)$$

Durch Variation des elektrischen Potentials V wird

$$\delta L = -\,\varepsilon_0\,\mathfrak{E}\,\delta\,\mathfrak{grad}\,V - \sigma\zeta\,\psi^*\psi\,\delta V,$$

im Integral

$$\delta\!\int\! L\,\mathrm{d}\tau\,\mathrm{d}t = \int(\operatorname{div}\varepsilon_0\,\mathfrak{E} - \sigma\zeta\,\psi^*\psi)\,\delta V\,\mathrm{d}\tau\,\mathrm{d}t,$$

wir erhalten also die Gleichung des elektrischen Feldes mit der Ladungsdichte

$$\varrho = \sigma\zeta\,\psi^*\psi. \qquad (6)$$

Da in der Lagrange-Dichte des elektrischen Feldes (Abschnitt 11) Vorzeichen und Faktor festgelegt sind, erweist sich beim Materiefeld σ als positiv. Durch Variation der Materiefeldgrößen ψ und ψ^* ergeben sich die Gl. (2). *Die Lagrange-Dichte* Gl. (5) *faßt also elektrisches Feld, Materiefeld und ihre Wechselwirkung zusammen.* Die Wechselwirkung ist in dem Gliede $-\,\sigma\zeta V\psi^*\psi = -\,\varrho V$ ausgedrückt.

21. Kräfte des Materiefeldes.

Unser Ansatz für das Materiefeld im Beisein eines elektrischen Feldes stellt eine Verknüpfung zweier physikalischer Felder dar. Für das elektrische Feld wird die Verknüpfung mit der Materie durch das Vorkommen von ϱ in der Feldgleichung $\operatorname{div}\mathfrak{D} = \varrho$ beschrieben, für das Materiefeld durch das Vorkommen von V in der Feldgleichung

$$i\,\dot\psi + \frac{1}{2\,\lambda}\,\Delta\psi = \zeta V\psi. \qquad (1)$$

Wir haben im vorigen Abschnitt die Verknüpfung durch eine gemeinsame Lagrange-Dichte ausgedrückt.

Die rechte Seite von Gl. (1) haben wir früher (Abschnitt 19) als Beschreibung von „Quellen" des Materiefeldes angesehen. Wir wollen jetzt allgemein ein Materiefeld mit Quellen irgendwelcher Herkunft betrachten, also

$$\left.\begin{aligned} i\,\dot\psi + \frac{1}{2\,\lambda}\,\Delta\psi &= -\frac{\gamma}{2\,\lambda} \\ -i\,\dot\psi^* + \frac{1}{2\,\lambda}\,\Delta\psi^* &= -\frac{\gamma^*}{2\,\lambda} \end{aligned}\right\} \qquad (2)$$

schreiben. Für manche Merkmale wird es wichtig sein, ob γ von ψ selbst abhängt [wie es in Gl. (1) der Fall ist], für manche wird es gleichgültig sein. Wir lassen es zunächst offen.

Die γ können zeitlich unveränderlich sein, dann gibt es auch zeitlich unveränderliche Lösungen für ψ. Da bei der Kopplung der Materie mit dem elektrischen Feld $\gamma = -2\,\lambda\,\zeta V\psi$ ist, liegt es nahe, auch periodisch schwingende Quellen

$$\gamma = \varrho\,e^{-i\omega t}$$

und Lösungen

$$\psi = \varphi\,e^{-i\omega t}$$

der Gl. (2) zu betrachten. Für $\omega > 0$ sind dies auslaufende Wellen. Für $\omega < 0$ gibt es für

$$2\,\lambda\,\omega\,\varphi + \Delta\varphi = -\varrho$$

die Lösung

$$\varphi(\mathfrak{r}) = \frac{1}{4\pi}\int \frac{\varrho(\mathfrak{r}')\,e^{-\alpha\,|\mathfrak{r}-\mathfrak{r}'|}}{|\mathfrak{r}-\mathfrak{r}'|}\,d\tau' \qquad \alpha = \sqrt{2\,\lambda\,|\omega|}$$

$$\psi(\mathfrak{r}) = \frac{1}{4\pi}\int \frac{\gamma(\mathfrak{r}')\,e^{-\alpha\,|\mathfrak{r}-\mathfrak{r}'|}}{|\mathfrak{r}-\mathfrak{r}'|}\,d\tau'. \qquad (3)$$

Das Materiefeld übt Kräfte auf die Träger der Quellen aus, so wie ein elektrisches Feld Kräfte auf die Träger seiner Quellen, nämlich der Ladungen, ausübt. Wir haben diese Kräfte früher aus dem Energie-Impuls-Tensor abgeleitet (Abschnitt 9), ihre potentielle Energie auch aus dem Hamiltonschen Prinzip der Mechanik, wobei die Lagrange-Funktion der Ladungsträger durch die Lagrange-Funktion des elektrischen Feldes ergänzt wurde.

Einen Energie-Impuls-Tensor des Materiefeldes haben wir noch nicht; wir mußten uns (Abschn. 15) auf die Betrachtung des Gesamtimpulses beschränken. Die Überlegungen mit der Lagrange-Funktion können wir vollständig ausführen. Wir beginnen mit ihr.

Eine Lagrange-Dichte zu Gl. (2) lautet, wenn wir die Quellen als vorgegeben ansehen,

$$L = \sigma\left[\frac{i}{2}\big(\psi^*\,\dot\psi - \psi\,\dot\psi^*\big) - \frac{1}{2\,\lambda}\,\mathfrak{grad}\,\psi^*\,\mathfrak{grad}\,\psi + \frac{1}{2\,\lambda}\big(\psi^*\gamma + \psi\gamma^*\big)\right] \quad (4)$$

und die Lagrange-Funktion des Systems aus Feld und Träger der Quellen:

$$\bar{L} = \sum_k \frac{m_k}{2}\, v_k{}^2 + \int L\, \mathrm{d}\tau\,.$$

Daraus folgen die Bewegungsgleichungen

$$\frac{\mathrm{d}}{\mathrm{d}t}\frac{\partial \bar{L}}{\partial \dot{x}_k} - \frac{\partial \bar{L}}{\partial x_k} = m_k\,\ddot{x}_k + \frac{\partial U}{\partial x_k} = 0$$

mit der potentiellen Energie

$$U = -\int L\,\mathrm{d}\tau\,, \tag{5}$$

soweit dieses Integral nicht von den Geschwindigkeiten abhängt. Wir haben so

$$U = \sigma\int\left[-\frac{i}{2}\left(\psi^*\dot\psi - \psi\dot\psi^*\right) + \frac{1}{2\lambda}\,\mathfrak{grad}\,\psi^*\,\mathfrak{grad}\,\psi - \frac{1}{2\lambda}\left(\psi^*\gamma + \psi\gamma^*\right)\right]\mathrm{d}\tau\,;$$

durch Teilintegration folgt

$$U = \frac{\sigma}{2}\int\Big[\psi^*\Big(-i\dot\psi - \frac{1}{2\lambda}\Delta\psi - \frac{\gamma}{2\lambda}\Big)$$
$$+ \psi\Big(i\dot\psi^* - \frac{1}{2\lambda}\Delta\psi^* - \frac{\gamma^*}{2\lambda}\Big) - \frac{1}{2\lambda}\left(\psi^*\gamma + \psi\gamma^*\right)\Big]\mathrm{d}\tau\,.$$

Unter Berücksichtigung der Feldgl. (2) ergibt sich die *potentielle Energie der Träger der Quellen* zu

$$U = -\frac{\sigma}{4\lambda}\int(\psi^*\gamma + \psi\gamma^*)\,\mathrm{d}\tau \tag{6}$$

in Analogie zum Ausdruck

$$U = \frac{1}{2}\int V\varrho\,\mathrm{d}\tau$$

der Elektrostatik.

Für periodisch schwingende Quellen (alle mit gleicher Frequenz $\omega < 0$) können wir für ψ den Ausdruck Gl. (3), für ψ^* den entsprechenden einsetzen und erhalten

$$U = -\frac{\sigma}{16\pi\lambda}\int\frac{\gamma^*(\mathfrak{r})\gamma(\mathfrak{r}') + \gamma^*(\mathfrak{r}')\gamma(\mathfrak{r})\,e^{-\varkappa|\mathfrak{r}-\mathfrak{r}'|}}{|\mathfrak{r}-\mathfrak{r}'|}\,\mathrm{d}\tau\,\mathrm{d}\tau' \tag{7}$$

analog zu einem Ausdruck der Elektrostatik. Es ist wichtig, daß das Vorzeichen das entgegengesetzte ist ($\sigma > 0$ ist im vorigen Abschnitt festgestellt worden). Sind die Quellen auf enge Raumgebiete begrenzt, so kann die potentielle Energie aus den gegenseitigen potentiellen Energien zweier Quellpunkte zusammengesetzt werden:

$$U = -\frac{\lambda\,(g_1{}^*g_2 + g_2{}^*g_1)\,e^{-\varkappa r}}{8\pi\sigma r} \tag{8}$$

$(g = \sigma \int \gamma \, d\tau / \lambda)$ in Analogie zur potentiellen Energie

$$U = \frac{e_1 e_2}{4\pi\varepsilon_0 r} \tag{9}$$

der Elektrostatik.

Das Minuszeichen in Gl. (8) ist zwangsläufig, da nur $\sigma > 0$ die richtige Verknüpfung des Materiefeldes mit dem elektrischen Felde liefert. Während der Ausdruck Gl. (9) für das elektrische Feld nur die beiden Fälle: Abstoßung gleichnamiger Ladungen, Anziehung ungleichnamiger Ladungen, kennt, sind die Möglichkeiten beim Materiefeld (auch bei festen Beträgen $|g_1|$ und $|g_2|$) reichhaltiger. Schwingen die beiden Quellen speziell in gleicher Phase, so ist $g_1{}^*g_2 + g_2{}^*g_1$ positiv; bei entgegengesetzter Phase ist diese Größe negativ. *Gleichschwingende Quellen ziehen sich an, entgegengesetzt schwingende Quellen stoßen sich ab.*

Wenn wir eine Quelle im „äußeren" Felde ψ anderer Quellen betrachten, so wird aus Gl. (6)

$$U = -\frac{1}{2}\left(g^*\psi + g\psi^*\right) \tag{10}$$

analog

$$U = eV$$

in der Elektrostatik; und die Kraft auf eine Probeladung kann

$$\mathfrak{K} = -\frac{1}{2}\left(g^*\mathfrak{F} + g\mathfrak{F}^*\right) \tag{11}$$

mit

$$\mathfrak{F} = -\operatorname{grad}\psi$$

geschrieben werden.

Ein *anderer Weg* zu den Kräften des Materiefeldes führt *über den Impuls*

$$\mathfrak{G} = \frac{\sigma}{2i}\int\left(\psi^*\operatorname{grad}\psi - \psi\operatorname{grad}\psi^*\right)d\tau \tag{12}$$

des Materiefeldes (wir haben noch nicht gezeigt, daß σ dieselbe Bedeutung hat wie in Gl. (4), das wird sich vielmehr am Ergebnis zeigen). Die gesamte auf das Materiefeld ausgeübte Kraft wird durch

$$\dot{\mathfrak{G}} = \frac{\sigma}{i}\int\left(\dot{\psi}^*\operatorname{grad}\psi - \dot{\psi}\operatorname{grad}\psi^*\right)d\tau$$

angegeben. Drücken wir $\dot{\psi}$ und $\dot{\psi}^*$ durch die Feldgl. (2) unter Einführung der Quellen aus, so wird

$$\dot{\mathfrak{G}} = -\frac{\sigma}{2\lambda}\int\left(\gamma^*\operatorname{grad}\psi + \gamma\operatorname{grad}\psi^*\right)d\tau .$$

Die gesamte Kraft, die das Materiefeld auf die Träger der Quellen ausübt, ist die entgegengesetzte:

$$\mathfrak{K} = \frac{\sigma}{2\lambda}\int\left(\gamma^*\operatorname{grad}\psi + \gamma\operatorname{grad}\psi^*\right)d\tau .$$

Bei räumlich engen Quellen lautet sie

$$\mathfrak{K} = \sum -\frac{1}{2}\left(g^*\,\mathfrak{F} + g\,\mathfrak{F}^*\right),$$

erstreckt über alle Quellen. Der Schluß auf Gl. (11) für die einzelne Quelle kann aus dem Gesamtimpuls nicht gezogen werden; die jetzige Überlegung liefert also etwas weniger als die Benutzung der Lagrange-Funktion.

Die Gl. (11) entspricht der Kraft $\mathfrak{K} = e\,\mathfrak{E}$ der Elektrostatik oder der Kraft $\mathfrak{K} = e\,\mathfrak{E} + I\,\mathfrak{l} \times \mathfrak{B}/c$ der Elektrodynamik. Wie mit der Beschreibung der Quellen durch skalare Größen e in der Elektrostatik die Beschreibung des Feldes durch den Vektor $\mathfrak{E}$ zusammenhängt und mit der Beschreibung der Quellen durch e und $I\,\mathfrak{l}$ in der Elektrodynamik die Beschreibung des Feldes durch einen polaren Vektor, der die Kraft auf e angibt, und einen axialen Vektor, der die Kraft auf $I\,\mathfrak{l}$ angibt, so *hängt beim Materiefeld mit dem Auftreten komplexer Quellstärken die Beschreibung durch einen komplexen Feldvektor $\mathfrak{F}$ zusammen.*

Außer den kugelsymmetrischen Lösungen

$$\psi = \frac{g}{4\pi}\,\frac{e^{-\alpha r}}{r}$$

um die Punktquellen kann man auch Lösungen betrachten, die von der Richtung abhängen und den Feldern von Dipolen, Quadrupolen usw. der Elektrostatik entsprechen. Die Gleichung

$$\Delta u - \alpha^2 u = 0$$

kann durch den Ansatz

$$u = f(r)\,Y_l(\vartheta, \varphi)$$

erfüllt werden, wo $Y_l(\vartheta, \varphi)$ eine Kugelflächenfunktion l-ter Ordnung, also

$$\Delta\left[r^l Y_l(\vartheta, \varphi)\right] = 0$$

ist. Aus der Schreibweise

$$\Delta v = \frac{1}{r}\,\frac{\partial^2}{\partial r^2}\,(rv) + \frac{1}{r^2}\,\Lambda v,$$

wo Λ ein Differentialoperator ist, der nur Ableitungen nach ϑ, φ enthält, und aus

$$\Delta\left(r^l Y_l\right) = 0$$

folgt leicht

$$\Lambda Y_l = -l(l+1)\,Y_l.$$

Der Ansatz führt dann auf die Gleichung

$$\frac{1}{r}\,(rf)'' - \frac{1}{r^2}\,l(l+1)\,f - \alpha^2 f = 0\,.$$

$l = 0$ ergibt die schon behandelte Punktquelle, die wir jetzt s-Punktquelle nennen wollen. Entsprechend nennen wir die Fälle $l = 1, 2\ldots$ jetzt p-, d-$\ldots$ Punktquellen, da die Symmetrie den s-, p-, d-$\ldots$ Eigenfunktionen der kugelsymmetrischen Potentialmulden entspricht.

Die Kraftverhältnisse im elektrischen Feld lassen sich anschaulich an einer Darstellung des $\mathfrak{E}$-Vektors ablesen; es besteht ein Längszug und ein Querdruck der elektrischen Feldlinien. Beim Materiefeld liegen die

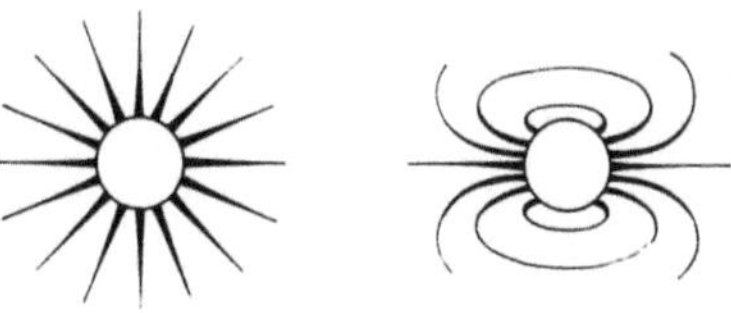

Abb. 7. s- und p-Quelle.

Verhältnisse nicht so einfach, schon weil wir die komplexen Feldvektoren haben. Bei gleich oder entgegengesetzt schwingenden Quellen aber kann man unter Weglassung des Faktors $e^{-i\omega t}$ mit reellen $\mathfrak{F}$-Feldern auskommen. Zeichnungen des $\mathfrak{F}$-Verlaufes haben dann einen gewissen Wert zur Verdeutlichung der Kraftverhältnisse. In der Abb. 7 ist der $\mathfrak{F}$-Verlauf für eine s- und eine p-Punktquelle gezeichnet, in der Abb. 8 der $\mathfrak{F}$-Verlauf zwischen zwei s-Punktquellen gleicher Frequenz und gleicher sowie entgegengesetzter Phase.

Eine besondere Eigenschaft der Materiefelder besteht darin, daß sie elektrische Ladung übertragen können. Das Feld einer Punktquelle

$$\psi \sim \frac{1}{r}\, e^{-\alpha r} \qquad (\alpha \ \text{reell}, \quad \omega^2/c^2 < \varkappa^2)$$

trägt keine Ladung fort; die Stromdichte [Gl. (4), Abschn. 15, u. Gl. (6), Abschn. 20]

$$\mathfrak{S} = \frac{\sigma\,\zeta}{2\,i\,\lambda}\,(\psi^* \mathfrak{grad}\,\psi - \psi\,\mathfrak{grad}\,\psi^*)$$

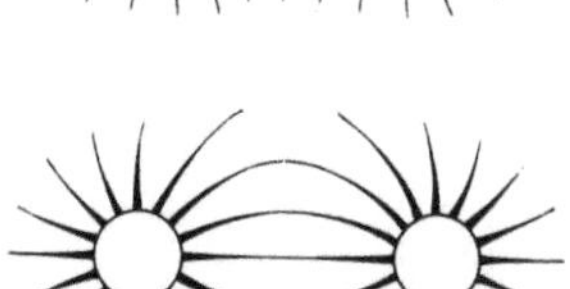

Abb. 8. Zwei s-Quellen (oben in gleicher, unten in entgegengesetzter Phase).

ist null; das gleiche gilt für Punktquellen mit $l > 0$. Das Feld

$$\psi = \psi_0 + \frac{g}{4\,\pi\,r}\,e^{-\alpha r}$$

jedoch bedeutet im allgemeinen, daß aus der Punktquelle dauernd Ladung herausfließt; der elektrische Strom durch eine um $r = 0$ gelegte kleine Kugel wird nämlich

$$\sim \frac{1}{8\,\pi\,i} \int \left[\psi_0^* \mathfrak{grad}\left(\frac{g}{r}\,e^{-\alpha r}\right) - \psi_0\,\mathfrak{grad}\left(\frac{g^*}{r}\,e^{-\alpha r}\right)\right] d\mathfrak{f} = \frac{1}{2\,i}\,(g^*\,\psi_0 - g\,\psi_0^*).$$

Ein „äußeres" Feld ψ_0 zieht also aus einer Punktquelle im allgemeinen Ladung heraus. Insbesondere findet bei zwei Punktquellen

$$\psi = \frac{1}{4\,\pi}\left(\frac{g_1}{r_1}\,e^{-\alpha r_1} + \frac{g_2}{r_2}\,e^{-\alpha r_2}\right)$$

ein Ladungsübergang statt. Aus der Quelle 1 heraus und in die Quelle 2 hinein fließt der Strom:

$$S \sim \frac{g_1{}^* g_2 - g_2{}^* g_1}{2\,i}\; \frac{e^{-\alpha r}}{r}\,.$$

Man nennt Kräfte, die in solcher Weise mit einem Ladungsübergang verknüpft sind, „*Austauschkräfte*".

Wenn zwei gleichartige Punktquellen in gleicher oder entgegengesetzter Phase schwingen ($g_1 = \pm\, g_2$), so ist der Ladungsübergang null.

22. Chemische Kraft.

Wir haben eben allgemein die Kräfte untersucht, die an den Trägern der Quellen eines Materiefeldes angreifen. Wir fragen uns nun, wo solche Kräfte in der Natur vorkommen.

Mulden des elektrischen Potentials V, die Materie enthalten, können als Quellgebiete des Materiefeldes angesehen werden. Die Wellengleichung kann ja in der Form

$$i\,\dot\psi + \frac{1}{2\,\lambda}\,\Delta\,\psi = \zeta\,V\psi$$

geschrieben werden. Weiter kann ein Atom idealisiert werden als eine Potentialmulde, die Materie enthält. In dieser Idealisierung vertritt die „Materie" das, was sonst als „äußere Elektronen" bezeichnet wird, die „Potentialmulde" stellt den Atomkern samt den inneren Elektronen dar. Das Atom wird also idealisiert durch ein Materiefeld, das an einem Quellgebiet, eben der Potentialmulde, haftet (sehr starke Idealisierung). Wir betrachten zwei solche Atome. Nach früheren Überlegungen (Abschnitt 18) über das Zweimuldensystem gibt es Eigenschwingungen, also Felder einheitlicher Frequenz des Systems. In der Eigenschwingung tiefster Frequenz schwingt die Materie in beiden Mulden in gleicher Phase. In der benachbarten Eigenschwingung mit der etwas höheren Frequenz ist die Phase in beiden Mulden entgegengesetzt. Bei der tieferen Frequenz kommt in das Gebiet zwischen den Atomen etwas mehr elektrische Ladung als bei der höheren Frequenz; dies gibt bei der tieferen Frequenz eine zusätzliche Anziehung.

Der Anteil der Energie, der in beiden Eigenschwingungen verschiedenes Vorzeichen hat, erscheint als potentielle Energie zwischen den beiden Mulden (im Sinne des Abschnitts 21), wenn wir dort vorgegebene Quellen des Materiefeldes annehmen. Wenn sie gleich sind und in gleicher Phase schwingen, so findet eine Anziehung statt; wenn sie gleich sind und in entgegengesetzter Phase schwingen, findet eine Abstoßung statt.

Zwei gleiche Potentialmulden, in denen die Materie mit der tiefsten Eigenfrequenz schwingt, ziehen sich infolge des Materiefeldes an.

Unsere beiden Betrachtungsweisen ergeben quantitativ genähert dasselbe. Die Wellenamplitude in den beiden betrachteten Eigenschwingungen des Zweimuldensystems läßt sich als $a \pm b$ aus den Wellenamplituden a und b der Grundschwingungen in den einzelnen Mulden zusammensetzen. Gemäß Abschnitt 15 ist

$$\int (a \pm b)\, H\, (a \pm b)\, \mathrm{d}\tau$$

die Feldenergie, und der Anteil, der in den beiden Eigenschwingungen mit verschiedenem Vorzeichen auftritt, ist genähert

$$\pm 2\,\sigma\,\zeta \int a\,b\, V\, \mathrm{d}\tau,$$

wo V das Potential einer Mulde ist ($\zeta\, V$ negativ). Dasselbe erhalten wir mit

$$U = -\,\frac{1}{2}\,(g\,\psi^{*} + g^{*}\,\psi),$$

wo

$$g = \frac{\sigma}{\lambda} \int \gamma\, \mathrm{d}\tau = -\,2\,\sigma\,\zeta\, V a$$

(ohne die Zeitabhängigkeit) die Stärke der einen Quelle und $\psi = b$ das von der anderen Quelle kommende Feld ist.

Bei ungleichen Mulden ist das Materiefeld nicht so einfach zu beschreiben. In der tiefsten Eigenschwingung bleibt aber die gleiche Phase der Materie in beiden Mulden und damit die Anziehung zwischen den Mulden.

Wir erkennen also die chemische Kraft zwischen zwei Atomen als die Kraftwirkung des Materiefeldes. Eine Kraftwirkung des Materiefeldes, einschließlich des charakteristischen Merkmales der raschen Abnahme mit der Entfernung, ist also empirisch schon lange bekannt.

Von den chemischen Kräften, die die Atome in einer homöopolaren Molekel oder in einem Valenzgitter oder in einem Metallgitter zusammenhalten, sagt man häufig, sie seien eine Folge der zwischen den Bausteinen der Materie wirkenden elektrischen Kräfte und der Quantenmechanik. Dabei sind nun gerade die Züge der Quantenmechanik wichtig, die mit der Wellennatur der Materie zusammenhängen. Diese Auffassung der chemischen Kräfte geht davon aus, die Materie durch Begriffe wie Kerne und Elektronen, also durch Teilchen zu beschreiben; die Begrenzung des anschaulichen Sinnes dieser Begriffe geschieht durch die Quantenmechanik. Erst diese Begrenzung schafft den Platz für die chemischen Kräfte. Vom Teilchenbild der Materie ausgehend, kann man also die chemischen Kräfte anschaulich nicht verstehen. Der Weg, den wir dagegen hier zur Verdeutlichung der chemischen Kräfte gegangen sind, faßt die Materie als ein Feld im anschaulichen Sinne auf. Hierbei treten ohne Verlassen des anschaulichen Bereiches Kräfte auf zwischen den mit Materie gefüllten Potentialmulden, als die wir die Atome idealisierten. *Die chemische Kraft ist einem anschaulichen Verständnis zugänglich.*

Feinere Züge der chemischen Kraft, wie sie auf der Grundlage der Erfahrung in den Valenzregeln der Chemiker gefaßt sind, sind auch auf dem Standpunkt des Feldbildes Quantenerscheinungen, was man schon daran sieht, daß die Zahl der äußeren Elektronen eine Rolle spielt.

Drittes Kapitel.

Relativistisches anschauliches Feldbild der Materie[1].

23. De Broglie-Wellen.

Viele Merkmale der Feldtheorie der Materie werden durchsichtiger, wenn wir diese Theorie relativistisch invariant formulieren. Auch brauchen wir diese invariante Formulierung zur Behandlung rasch bewegter Materie, und schließlich werden sich ganz neuartige Erscheinungen ergeben, die der nichtrelativistischen Fassung fremd sind (Materieerzeugung, Modell der Kernkräfte). Wir gehen jetzt zu einer solchen relativistisch invarianten Fassung über.

Den einfachsten Wellenvorgang schreiben wir auch hier in der Form

$$\psi = a\,e^{-i\omega t + i\mathfrak{k}\mathfrak{r}} \tag{1}$$

oder

$$\psi = a\cos(\omega t - \mathfrak{k}\mathfrak{r} + \alpha) \tag{2}$$

und betrachten ψ als eine Invariante gegen Lorentz-Transformationen. Da die Phase $\omega t - \mathfrak{k}\mathfrak{r}$ eine Invariante und $(ct, \mathfrak{r})$ ein Vierervektor ist, erkennen wir in dem anderen Faktor $(\omega/c, \mathfrak{k})$ des inneren Produktes $\omega t - \mathfrak{k}\mathfrak{r}$ ebenfalls einen Vierervektor (wie in der Optik). Er hat eine Invariante

$$\frac{\omega^2}{c^2} - \mathfrak{k}^2 = \varkappa^2, \tag{3}$$

wobei statt $\varkappa^2$ zunächst auch etwas Negatives stehen könnte (in der Optik ist $\varkappa^2 = 0$). In Gl. (3) haben wir eine vom Bezugssystem unabhängige „Dispersionsbeziehung" zwischen ω und $\mathfrak{k}$.

Aus Materie bestimmter Strömungsgeschwindigkeit können wir mittels Lorentz-Transformation Materie beliebiger anderer Strömungsgeschwindigkeit $(< c)$ herstellen. Die Beziehung Gl. (3) gibt also auch die Beziehung zwischen ω und $\mathfrak{k}$ für Materie verschiedener Strömungsgeschwindigkeit, aber sonst gleicher Art wieder. Damit können wir die Gruppengeschwindigkeit $v = d\omega/dk$ berechnen (sie kann nur beobachtet werden,

---

[1] DE BROGLIE, L.: Ann. Physique 3, 22, 1925. — SCHRÖDINGER, E.: Ann. Physik 81, 109, 1926. — KLEIN, O.: Z. Physik 37, 895, 1926; 41, 407, 1927. — FOCK, V.: Z. Physik 38, 242; 39, 226, 1926. — GORDON, W.: Z. Physik 40, 117, 1926.

wenn statt der einfachen Welle Gl. (1) oder (2) eine Wellengruppe vorliegt, innerhalb der $d\omega/dk$ einigermaßen einheitlich ist). Aus Gl. (3) folgt:

$$\omega\,d\omega = c^2 k\,dk$$

$$v = \frac{d\omega}{dk} = c^2\,\frac{k}{\omega}\,, \tag{4}$$

unter Beachtung der Phasengeschwindigkeit $u = \omega/k$ auch

$$u\,v = c^2. \tag{5}$$

Da $v < c$ sein muß (für u ist das nicht nötig), folgt $\omega^2/c^2 > k^2$, also eine positive Invariante in Gl. (3). Das Auftreten von $\varkappa^2 > 0$ in Gl. (3) gegenüber $\varkappa^2 = 0$ beim Licht deutet einen tiefgehenden Unterschied von Materie und Licht an. Die Lichtgeschwindigkeit (im Vakuum) ist stets c, während Materie sich mit beliebiger Unterlichtgeschwindigkeit bewegen, insbesondere auch ruhen kann.

Für langsam bewegte Materie wird $\mathfrak{f}^2 \ll \omega^2/c^2 \approx \varkappa^2$, also

$$v = \frac{d\omega}{dk} = c\,\frac{k}{\varkappa}\,,$$

allgemein

$$\mathfrak{v} = c\,\frac{\mathfrak{f}}{\varkappa}\,; \tag{6}$$

unser früher in der nichtrelativistischen Theorie eingeführtes λ ist also $\varkappa/c$. Dort hatten wir allerdings die Beziehung $\mathfrak{v} = \mathfrak{f}/\lambda$ der Erfahrung entnommen, während wir jetzt die der Beziehung Gl. (6) zugrunde liegende Beziehung Gl. (3) aus der Lorentz-Invarianz rein theoretisch geschlossen haben. Empirisch hängt $\varkappa$ (wie λ) von der Materieart ab; mit $\lambda \approx 0,9\,\mathrm{sec/cm}^2$ für die Materie eines Kathodenstrahles wird $\varkappa = 2,6 \cdot 10^{10}\,\mathrm{cm}^{-1}$, die Länge $1/\varkappa$ wird $1/\varkappa = 3,9 \cdot 10^{-11}\,\mathrm{cm}$; bei einer Materie, die im Teilchenbild Protonenstrahl heißt, wird $1/\varkappa$ ungefähr $2 \cdot 10^{-14}\,\mathrm{cm}$.

Der Ausdruck Gl. (4) der Gruppengeschwindigkeit erlaubt, mit Hilfe der Dispersionsbeziehung Gl. (3) Frequenz und Wellenzahl durch die Gruppengeschwindigkeit oder Strömungsgeschwindigkeit $\mathfrak{v}$ der Materie auszudrücken. Es folgt:

$$\left(\frac{\omega}{c}\,,\ \mathfrak{f}\right) = \left(\frac{\varkappa}{\sqrt{1-\dfrac{\mathfrak{v}^2}{c^2}}}\,,\ \frac{\varkappa\,\dfrac{\mathfrak{v}}{c}}{\sqrt{1-\dfrac{\mathfrak{v}^2}{c^2}}}\right). \tag{7}$$

Dieses und die dann daraus folgende Beziehung Gl. (3) kann man auch folgendermaßen ableiten. Ruhende Materie zeigt keine Ortsabhängigkeit und wird durch den rein zeitabhängigen Vorgang

$$\psi = a\cos\overline{\omega}\,t$$

wiedergegeben. Betrachten wir diese Materie von einem anderen Bezugssystem aus, in dem sie die Geschwindigkeit $\mathfrak{v}$ hat, so haben wir mittels der Lorentz-Transformation (Abschnitt 7)

$$c\bar{t} = \frac{ct - \dfrac{\mathfrak{v}\mathfrak{r}}{c}}{\sqrt{1 - \dfrac{\mathfrak{v}^2}{c^2}}}$$

neue Koordinaten t, $\mathfrak{r}$ einzuführen und erhalten:

$$\psi = a \cos \overline{\omega}\,\bar{t} = a \cos (\omega t - \mathfrak{k}\mathfrak{r})$$

mit

$$\omega = \frac{\overline{\omega}}{\sqrt{1 - \dfrac{\mathfrak{v}^2}{c^2}}} \qquad \mathfrak{k} = \frac{\overline{\omega}\mathfrak{v}}{c^2\sqrt{1 - \dfrac{\mathfrak{v}^2}{c^2}}},$$

$\overline{\omega}/c$ ist also die Größe, die wir vorher $\varkappa$ nannten.

Die Ausdrücke (mit $\beta = v/c$):

$$\frac{\omega}{c} = \frac{\varkappa}{\sqrt{1 - \beta^2}} \qquad \mathfrak{k} = \frac{\varkappa\,\mathfrak{v}/c}{\sqrt{1 - \beta^2}} \qquad \frac{\omega^2}{c^2} - \mathfrak{k}^2 = \varkappa^2$$

für Frequenz und Wellenzahl einer Wellengruppe (schmaler $\mathfrak{k}$-Bereich angenommen) zeigen eine enge Beziehung zu den Ausdrücken

$$\frac{E}{c} = \frac{mc}{\sqrt{1 - \beta^2}} \qquad \mathfrak{p} = \frac{mc \cdot \mathfrak{v}/c}{\sqrt{1 - \beta^2}} \qquad \frac{E^2}{c^2} - \mathfrak{p}^2 = m^2 c^2$$

für Energie und Impuls eines Teilchens mit der Ruhemasse m (Abschnitt 9). Sehen wir die Wellengruppe als Darstellung eines Teilchens an (solange ihr Auseinanderlaufen geringfügig bleibt), so gilt für alle Bezugssysteme mit dem gleichen Faktor

$$E \sim \omega \qquad \mathfrak{p} \sim \mathfrak{k} \qquad mc \sim \varkappa. \tag{8}$$

Bei einer anderen Wellengruppe auch der gleichen Materieart ist der Faktor im allgemeinen ein anderer; wir haben eben eine andere Materiemenge. Elementarteilchen haben im anschaulichen Wellenbild der Materie keinen Platz. Die empirische Beziehung

$$E = \hbar\omega \qquad \mathfrak{p} = \hbar k \qquad mc = \hbar\varkappa$$

zwischen den Eigenschaften (E, $\mathfrak{p}$, mc) der Elementarteilchen und den Eigenschaften (ω, $\mathfrak{k}$, $\varkappa$) der entsprechenden Materiewellen kann jetzt nur als unverständliche Beziehung festgestellt werden.

Um von der relativistischen Beziehung zwischen Energie und Impuls eines Teilchens zur nichtrelativistischen Näherung überzugehen, schreiben wir sie am besten in der Form

$$\left(\frac{E}{c} + m\,c\right)\left(\frac{E}{c} - m\,c\right) - \mathfrak{p}^2 = 0.$$

Beachten wir, daß für langsame Bewegungen $E/c \approx m\,c$ ist, so können wir

$$2\,m\,c\left(\frac{E}{c} - m\,c\right) - \mathfrak{p}^2 = 0$$

und, wenn wir von E die Ruheenergie mc^2 abziehen,

$$2\,m\,E - \mathfrak{p}^2 = 0$$

schreiben. Ganz entsprechend gehen wir von der relativistischen Dispersionsbeziehung Gl. (3) zur nichtrelativistischen über. Aus

$$\left(\frac{\omega}{c} + \varkappa\right)\left(\frac{\omega}{c} - \varkappa\right) - \mathfrak{k}^2 = 0$$

erhalten wir eine in ω lineare Beziehung, wenn wir

$$\omega \approx c\,\varkappa$$

oder

$$\omega \approx -\,c\,\varkappa$$

annehmen. Im ersten Falle wird

$$2\,\varkappa\left(\frac{\omega}{c} - \varkappa\right) - \mathfrak{k}^2 = 0$$

$$\omega - c\,\varkappa = \frac{c\,\mathfrak{k}^2}{2\,\varkappa}$$

in Übereinstimmung mit der früheren Beziehung

$$\omega - \omega_0 = \frac{\mathfrak{k}^2}{2\,\lambda}.$$

Im zweiten Falle wird

$$-2\,\varkappa\left(\frac{\omega}{c} + \varkappa\right) - \mathfrak{k}^2 = 0$$

$$|\omega| - c\,\varkappa = \frac{c\,\mathfrak{k}^2}{2\,\varkappa}.$$

Eine Unterscheidung zwischen positiver und negativer Frequenz hat nur bei der Form

$$\psi \sim e^{-\,i\,\omega\,t\,+\,i\,\mathfrak{k}\,\mathfrak{r}}$$

der ebenen Welle, nicht bei der cos-Form einen Sinn; in der nichtrelativistischen Näherung wird ja, wie wir sahen, auch nur die exponentielle Form gebraucht. Die Bedeutung einer Unterscheidung von positiven und negativen Frequenzen wird uns später aufgehen (Abschnitt 25).

24. Wellengleichung. Energie- und Impulsdichte.

Die ebene Welle

$$\psi = a \cos(\omega t - \mathfrak{k}\mathfrak{r} + \alpha) \qquad \psi = a e^{-i\omega t + i\mathfrak{k}\mathfrak{r}} \tag{1}$$

oder die Wellengruppe

$$\psi = \sum_{\mathfrak{k}} a_{\mathfrak{k}} \cos(\omega_{\mathfrak{k}} t - \mathfrak{k}\mathfrak{r} + \alpha_{\mathfrak{k}}) \qquad \psi = \sum_{\mathfrak{k}} a_{\mathfrak{k}} e^{-i\omega_{\mathfrak{k}} t + i\mathfrak{k}\mathfrak{r}} \tag{2}$$

mit

$$\frac{\omega_{\mathfrak{k}}^{2}}{c^{2}} - \mathfrak{k}^{2} = \varkappa^{2} \tag{3}$$

sehen wir jetzt als besondere Fälle eines Materiefeldes an und suchen eine „Wellengleichung“ oder „Feldgleichung“, die Gl. (1) und (2) bei Gültigkeit von Gl. (3) als Lösung hat. Die Beziehung beim Licht

$$\frac{\omega^{2}}{c^{2}} - \mathfrak{k}^{2} = 0$$

wird durch die Wellengleichung

$$-\frac{1}{c^{2}} \ddot{\psi} + \Delta\psi = 0 \tag{4}$$

gewährleistet. Die Beziehung Gl. (3) der Materie ergibt sich mit

$$-\frac{1}{c^{2}} \ddot{\psi} + \Delta\psi - \varkappa^{2}\psi = 0; \tag{5}$$

die Gleichung ist relativistisch invariant gebaut. Das gegenüber dem Licht neue Glied mit $\varkappa^{2}$ sorgt dafür, daß Anhäufungen von Materie sich mit beliebiger Unterlichtgeschwindigkeit bewegen können. *Wir sehen die Gl. (5) als Grundlage einer Wellentheorie der Materie im leeren Raume an;* dabei ist $\varkappa$ eine der Materieart eigentümliche Konstante, die, wie wir sahen, aus Interferenzbeobachtungen experimentell ermittelt werden kann. Unter Benutzung von Größen des Teilchenbildes ist $\varkappa = mc/\hbar$, wo m die Teilchenmasse ist. $1/\varkappa$ ist eine Länge.

Die Gl. (4) der Optik hat auch Lösungen, die man nicht als Wellen anspricht, z. B. $\psi = \text{const}$ (konstantes Potential, wenn ψ das Potential ist; homogenes Feld, wenn ψ eine Komponente der Feldstärke ist) oder etwa $\psi \sim 1/r$ (Feld einer Punktladung, wenn ψ das Potential ist). Diese Lösungen sind sogar einfachere physikalische Vorgänge als die Welle und sind als elektromagnetische Vorgänge auch früher verstanden worden als die Welle.

Man kann fragen, ob es einfache Lösungen der Gl. (5) der Materie gibt, die physikalisch Einfaches bedeuten. Ein homogenes Feld $\psi = \text{const}$

gibt es nicht. Lösungen, die im Raume nur von einer Koordinate, etwa x, abhängen, müssen

$$-\frac{1}{c^2}\ddot{\psi} + \frac{\partial^2\psi}{\partial x^2} - \varkappa^2\,\psi = 0$$

erfüllen; sind sie periodisch in der Zeit, so können wir sie aus

$$\psi = u(x)\,e^{-i\omega t}$$

mit zwei entgegengesetzt gleichen ω-Werten zusammensetzen, wobei für u

$$u'' + \left(\frac{\omega^2}{c^2} - \varkappa^2\right)u = 0$$

gilt. Die allgemeine Lösung dieser Gleichung läßt sich aus

$$u = e^{\pm i\sqrt{\frac{\omega^2}{c^2} - \varkappa^2}\,x}$$

linear zusammensetzen. Für den Fall $\omega^2/c^2 > \varkappa^2$ gibt das eine nach rechts und eine nach links laufende ebene Welle, für deren Wellenzahl k

$$\frac{\omega^2}{c^2} - k^2 = \varkappa^2$$

gilt. Für den Fall $\omega^2/c^2 = \varkappa^2$ erhalten wir die reellen Lösungen

$$\psi = A\,x\cos(\omega t + \alpha) + B\cos(\omega t + \beta).$$

Für den Fall $\omega^2/c^2 < \varkappa^2$ lassen sich die Lösungen aus

$$u = e^{\pm\sqrt{\varkappa^2 - \frac{\omega^2}{c^2}}\,x}$$

mit reellem Exponenten zusammensetzen; das gibt einen Vorgang, dessen Amplitude rasch nach der einen Seite hin abnimmt. Im statischen Fall $\omega = 0$ schließlich nimmt die Feldgröße auf der kurzen Strecke $1/\varkappa$ auf den e-ten Teil ab.

Wir wollen uns auch noch die kugelsymmetrischen Lösungen

$$\psi = u(r)\,e^{-i\omega t}$$

ansehen. Wegen

$$\Delta u = \frac{1}{r}\frac{d^2}{dr^2}(r\,u)$$

muß

$$\frac{d^2}{dr^2}(r\,u) + \left(\frac{\omega^2}{c^2} - \varkappa^2\right)r\,u = 0$$

gelten, so daß die allgemeine kugelsymmetrische Lösung aus

$$u = \frac{1}{r}\,e^{\pm i\sqrt{\frac{\omega^2}{c^2} - \varkappa^2}\,r} \tag{6}$$

linear zusammengesetzt werden kann. Für $\omega^2/c^2 > \varkappa^2$ gibt dies eine auslaufende und eine einlaufende Kugelwelle mit dem singulären Punkt $r = 0$. Für $\omega^2/c^2 < \varkappa^2$ haben wir die Lösungen

$$\psi \sim \frac{1}{r}\, e^{\pm \sqrt{\varkappa^2 - \frac{\omega^2}{c^2}}\, r}\, \cos(\omega t + \alpha)\,, \tag{7}$$

wo das $-$-Zeichen einen Vorgang ergibt, der sich in der Nachbarschaft der Singularität $r = 0$ abspielt. Die statische Lösung ist

$$\psi \sim \frac{1}{r}\, e^{\pm \varkappa r}\,, \tag{8}$$

mit dem $-$-Zeichen ein Zustand, der auf eine Umgebung der Größenordnung $1/\varkappa$ um den Punkt $r = 0$ beschränkt bleibt.

Solche „Materiefelder" können sich natürlich nur dann herstellen lassen, wenn die Randbedingungen für die Lösungen sich herstellen lassen. Insbesondere kann es das einfache statische Materiefeld

$$\psi \sim \frac{1}{r}\, e^{-\varkappa r}$$

nur dann geben, wenn die richtigen Singularitäten möglich sind. Wir werden später sehen, daß es in einem gewissen Sinne so etwas in der Natur gibt (Kernkräfte). Fürs erste zeigt uns aber diese Überlegung über die Folgen der Einführung des Gliedes mit $\varkappa^2$ in die Wellengleichung einen neuen Unterschied zwischen elektromagnetischem Feld und Materiefeld.

Während die Materie zum Unterschied vom Licht die für die experimentelle Erforschung angenehme Eigenschaft hat, daß sie sich langsam bewegen und auch ruhen kann, hat das Materiefeld weiterhin die für das Experimentieren ungünstige Eigenschaft, daß die statischen Felder (wenn sie überhaupt vorkommen) äußerst kurze Reichweiten haben zum Unterschied von den großen Reichweiten der statischen elektrischen und magnetischen Felder.

Wir verstehen so die geschichtliche Reihenfolge des Verständnisses; beim Elektromagnetismus:

elektrische Kraft → elektrisches Feld → elektrische Welle → Lichtteilchen,

bei der Materie:

(Kernkraft) ← Materiefeld ← Materiewelle ← Materieteilchen.

Wir sehen auch, daß unser Bild von der Materie in erster Linie ein Teilchenbild sein muß, während das Wellen- oder Feldbild eine Ergänzung darstellt, allerdings eine zum Verständnis der Quantenerscheinungen notwendige Ergänzung.

Gruppengeschwindigkeiten, die erheblich kleiner sind als c und mit einer Gl. (5) analogen Gleichung verstanden werden können, sind auch bei den elektromagnetischen Wellen bekannt. An Echoerscheinungen

die durch Reflexion solcher Wellen an hohen Atmosphärenschichten
zustande kommen, hat man sehr lange Laufzeiten, also kleine Gruppengeschwindigkeiten, beobachtet. Man erklärt die Herabsetzung der
Gruppengeschwindigkeit durch die Leitfähigkeit ionisierter Atmosphärenschichten. Die Berücksichtigung dieser (genähert reibungsfrei angenommenen) Leitung liefert eine Gl. (5) analoge Gleichung für die elektromagnetischen Größen.

Die „Wellengleichung" (5) läßt sich auch durch das System von
„*Feldgleichungen*" ersetzen

$$\left.\begin{array}{c} \mathfrak{grad}\,\psi + \varkappa\,\mathfrak{F} = 0 \\ -\dfrac{1}{c}\,\dot\psi + \varkappa f = 0 \\ \dfrac{1}{c}\,\dot f + \operatorname{div}\mathfrak{F} + \varkappa\,\psi = 0 \end{array}\right\} \tag{9}$$

oder unter Benutzung der Koordinaten $x^0 = ct,\; x^1\,x^2\,x^3$:

$$\left.\begin{array}{c} \dfrac{\partial\,\psi}{\partial\,x^\mu} + \varkappa\,F_\mu = 0 \\ \dfrac{\partial\,F^\mu}{\partial\,x^\mu} + \varkappa\,\psi = 0 \end{array}\right\} \tag{10}$$

(über gleiche Indices wird summiert).

$$F^\mu = (f,\,\mathfrak{F})$$

bilden die kontravarianten Komponenten eines Vierervektors, der aus
einem Skalar ψ abgeleitet ist. Man könnte ψ mit einem Potential, F^μ mit
einer Feldgröße vergleichen; das Auftreten von ψ in der zweiten Gleichung von (10) zeigt jedoch, daß es richtiger ist, F^μ und ψ als gleichgeordnete Feldgrößen anzusehen. In Gl. (9) und (10) haben wir die Stellung
der Faktoren $\varkappa$ auch so vorgenommen, daß $\psi, f, \mathfrak{F}$ gleiche Dimension
bekommen. Die Gl. (9) und (10) unterscheiden sich von dem vereinfachten Modell der Elektrodynamik in Abschnitt 9 und 10 für $\varrho = 0$
durch das Vorkommen des Gliedes $\varkappa\,\psi$.

Aus den Grundgleichungen der Elektrodynamik folgt ein Satz über
die Energie, in dem die Energiedichte und die Dichte des Energiestromes
vorkommen. In der erwähnten Modelltheorie ist die Energiedichte (bis
auf einen Faktor) $(f^2 + \mathfrak{F}^2)/2$ und die Dichte des Energiestromes $cf\mathfrak{F}$.
Aus den Grundgl. (9) folgt

$$\frac{\partial}{c\,\partial t}\,\frac{1}{2}\,(f^2 + \mathfrak{F}^2 + \psi^2) + \operatorname{div} f\mathfrak{F} = 0;$$

wir vermuten danach als *Energiedichte und Energiestromdichte*

$$\left.\begin{array}{c} u \sim \dfrac{1}{2}\,(f^2 + \mathfrak{F}^2 + \psi^2) \\ c\mathfrak{g} \sim f\mathfrak{F}\,. \end{array}\right\} \tag{11}$$

In bezug auf das Verhalten bei Lorentz-Transformation sind u und $\mathfrak{g}$ Bestandteile eines symmetrischen Tensors

$$T^{\mu\nu} \sim \frac{1}{2} F^{\mu} F^{\nu} - \frac{1}{4} \delta^{\mu\nu} (F_{\lambda} F^{\lambda} + \psi^2) ,$$

der nach Gl. (10) die Beziehung

$$\frac{\partial T^{\mu\nu}}{\partial x^{\nu}} \sim \frac{1}{2} F^{\mu} \frac{\partial F^{\nu}}{\partial x^{\nu}} + \frac{1}{2} \frac{\partial F^{\mu}}{\partial x^{\nu}} F^{\nu} - \frac{1}{4} \frac{\partial}{\partial x_{\mu}} (F_{\nu} F^{\nu} + \psi^2)$$

$$= - \frac{\varkappa}{2} F^{\mu} \psi + \frac{1}{2} F^{\nu} \left(\frac{\partial F^{\mu}}{\partial x^{\nu}} - \frac{\partial F_{\nu}}{\partial x_{\mu}} \right) + \frac{\varkappa}{2} \psi F^{\mu} = 0$$

erfüllt.

Die Deutung von u als Energiedichte und von $c\,\mathfrak{g}$ als Energiestromdichte ist nur möglich, wenn ψ reell ist. Unsere Feldtheorie ist aber auch möglich für komplexe ψ, wo dann die Gl. (9) und (10) durch die Gleichungen für ψ^*, f^*, $\mathfrak{F}^*$ zu ergänzen sind. Man rechnet leicht nach, daß

$$\left. \begin{aligned} u &\sim \frac{1}{2} (f^* f + \mathfrak{F}^* \mathfrak{F} + \psi^* \psi) \\[2mm] c\,\mathfrak{g} &\sim \frac{1}{2} (f^* \mathfrak{F} + f \mathfrak{F}^*) \end{aligned} \right\} \tag{12}$$

sich wie Energiedichte und Energiestromdichte verhalten. Bemerkenswert ist, daß die *Energiedichte u* in Gl. (11) und (12) *stets positiv* ist. Die Ausdrücke Gl. (12) sind Bestandteile des symmetrischen Tensors

$$T^{\mu\nu} \sim \frac{1}{2} [F^{\mu}{}^* F^{\nu} + F^{\mu} F^{\nu}{}^* - \delta^{\mu\nu} (F_{\lambda}{}^* F^{\lambda} + \psi^* \psi)] .$$

25. Elektrisch geladene Materie.

Eine Materiewelle unterscheidet sich von einer Lichtwelle auch dadurch, daß sie elektrische Ladung übertragen kann. Die davon herrührende Ablenkung bewegter Materie im elektromagnetischen Feld kann natürlich aus unserem Ansatz noch nicht folgen, da wir noch gar keine elektromagnetischen Größen eingeführt haben. Es ist aber auch geladene Materie in einem feldfreien Raume denkbar, wenn die Materie selbst so dünn ist, daß das von ihr erzeugte elektromagnetische Feld vernachlässigt werden kann. Wir wollen sehen, ob unser Ansatz diese Möglichkeit enthält.

Es muß sich aus der Feldgröße ψ ein *Vierervektor* $(\varrho, \mathfrak{s}/c)$ bilden lassen, für den der Erhaltungssatz der elektrischen Ladung

$$\dot{\varrho} + \operatorname{div} \mathfrak{s} = 0 \tag{1}$$

aus der für ψ gültigen Wellengleichung folgt. Wegen der Beziehung zwischen elektrischer Ladung und elektrischem Strom einerseits und Energie und Energiestrom andererseits muß man (vgl. Abschnitt 24) eine quadratische Abhängigkeit der Größen ϱ, $\mathfrak{s}/c$ von ψ annehmen. Der Vierervektor $(-\dot{\psi}/c,\ \operatorname{grad} \psi)$ ist also ungeeignet; er erfüllt auch nicht den Erhaltungssatz. Der quadratisch abhängende Vierervektor $(-\,\psi\,\dot\psi/c,\ \psi\,\mathfrak{grad}\,\psi)$ erfüllt auch nicht den Erhaltungssatz; vielmehr ist

$$\frac{1}{c^2}\frac{\partial}{\partial t}(-\,\psi\,\dot\psi) + \operatorname{div}(\psi\,\mathfrak{grad}\,\psi) = \psi\left(-\frac{1}{c^2}\,\ddot\psi + \Delta\psi\right) - \frac{1}{c^2}\,\dot\psi\,\dot\psi + \mathfrak{grad}\,\psi\,\mathfrak{grad}\,\psi$$

$$= -\frac{1}{c^2}\,\dot\psi^2 + (\mathfrak{grad}\,\psi)^2 + \varkappa^2\,\psi^2.$$

Daß rechts nur Quadrate auftreten, gibt uns einen Fingerzeig. Der Vierervektor $(-\,\psi^*\dot\psi/c,\ \psi^*\mathfrak{grad}\,\psi)$, wo ψ^* die zu ψ konjugiert komplexe Größe ist, gibt

$$\frac{1}{c^2}\frac{\partial}{\partial t}(-\,\psi^*\dot\psi) + \operatorname{div}(\psi^*\,\mathfrak{grad}\,\psi) = -\frac{1}{c^2}\,\dot\psi^*\dot\psi + \mathfrak{grad}\,\psi^*\,\mathfrak{grad}\,\psi + \varkappa^2\,\psi^*\,\psi,$$

und der reelle Vierervektor

$$\left.\begin{aligned}
\varrho &\sim \frac{i}{2c}(\psi^*\dot\psi - \psi\dot\psi^*) & = \frac{i\varkappa}{2}(\psi^*f - \psi f^*)\\[2mm]
\frac{1}{c}\,\mathfrak{s} &\sim \frac{1}{2i}(\psi^*\,\mathfrak{grad}\,\psi - \psi\,\mathfrak{grad}\,\psi^*) = \frac{i\varkappa}{2}(\psi^*\mathfrak{F} - \psi\mathfrak{F}^*)
\end{aligned}\right\} \tag{2}$$

gibt null. In vierdimensionaler Schreibweise lautet der Vierervektor

$$s^\mu \sim \frac{1}{2i}\left(\psi^*\frac{\partial\psi}{\partial x_\mu} - \psi\frac{\partial\psi^*}{\partial x_\mu}\right) = \frac{i\varkappa}{2}(\psi^*F^\mu - \psi F^{\mu*}). \tag{3}$$

Andere einfache Vierervektoren, die für Ladungs- und Stromdichte in Betracht kommen, gibt es nicht.

Die Tatsache, daß Materie elektrisch geladen sein kann, führt dazu, das Materiefeld durch eine komplexe Feldgröße oder durch zwei reelle Feldgrößen zu beschreiben.

Hier ist die Wurzel für die Benutzung komplexer Wellengrößen. Diese werden also in tieferer Weise durch die Grundlagen der Theorie gefordert als etwa die Benutzung komplexer Funktionen $(e^{-i\omega t})$ bei gewöhnlichen Schwingungen oder Wellen.

Die Wellen- und Feldgl. (5) und (9) des vorigen Abschnittes behalten ihre Form bei; entsprechende Gleichungen gelten für ψ^*, $\mathfrak{F}^*$, f^*. Energiedichte und Dichte des Energiestromes werden

$$\left.\begin{aligned}
u &\sim \frac{1}{2}(f^*f + \mathfrak{F}^*\mathfrak{F} + \psi^*\,\psi)\\[2mm]
c\,\mathfrak{g} &\sim \frac{1}{2}(f^*\mathfrak{F} + f\mathfrak{F}^*).
\end{aligned}\right\} \tag{4}$$

Aus den Feldgleichungen folgen also zwei verschiedene Erhaltungssätze, für die elektrische Ladung

$$\dot\varrho + \operatorname{div}\mathfrak{s} = 0 \tag{1}$$

und für die Energie

$$\dot u + \operatorname{div}c\,\mathfrak{g} = 0. \tag{5}$$

Wer sich scheut, komplexe Größen ψ für physikalische Felder einzuführen, kann natürlich dafür zwei reelle Feldgrößen setzen und mit

$$\psi = \psi_1 + i\,\psi_2$$

die bisherigen Gleichungen umformen. Die Feldgleichungen lauten

$$\operatorname{grad}\psi_1 + \varkappa\,\mathfrak{F}_1 = 0 \qquad\qquad \operatorname{grad}\psi_2 + \varkappa\,\mathfrak{F}_2 = 0$$
$$-\frac{1}{c}\,\dot\psi_1 + \varkappa f_1 = 0 \qquad\qquad -\frac{1}{c}\,\dot\psi_2 + \varkappa f_2 = 0$$
$$\frac{1}{c}\,\dot f_1 + \operatorname{div}\mathfrak{F}_1 + \varkappa\,\psi_1 = 0 \qquad \frac{1}{c}\,\dot f_2 + \operatorname{div}\mathfrak{F}_2 + \varkappa\,\psi_2 = 0.$$

Ladungsdichte und Stromdichte sind

$$\varrho \sim \varkappa\,(\psi_2 f_1 - \psi_1 f_2)$$
$$\frac{1}{c}\,\mathfrak{s} \sim \varkappa\,(\psi_2\,\mathfrak{F}_1 - \psi_1\,\mathfrak{F}_2).$$

Dichte der Energie und des Energiestromes sind

$$u \sim \frac{1}{2}\,(f_1{}^2 + f_2{}^2 + \mathfrak{F}_1{}^2 + \mathfrak{F}_2{}^2 + \psi_1{}^2 + \psi_2{}^2)$$
$$c\,\mathfrak{g} \sim f_1\,\mathfrak{F}_1 + f_2\,\mathfrak{F}_2.$$

Wir werden von dieser Schreibweise vorläufig keinen Gebrauch machen. Der reelle Ansatz

$$\psi = a\cos(\omega t - \mathfrak{k}\,\mathfrak{r})$$

führt auf keine elektrische Ladung. Wir versuchen statt dessen die allgemeinele ebene Wollo

$$\psi = a\,e^{-i\omega t + i\mathfrak{k}\mathfrak{r}} + b\,e^{i\omega t - i\mathfrak{k}\mathfrak{r}}, \tag{6}$$

wo a und b komplexe Zahlen seien. Die Wellengleichung ist erfüllt, wenn

$$\frac{\omega^2}{c^2} - \mathfrak{k}^2 = \varkappa^2$$

ist. Für Ladungs- und Stromdichte erhalten wir aus Gl. (2) Ausdrücke, die aus konstanten Gliedern und aus (zeitlich und örtlich) rasch veränderlichen Gliedern zusammengesetzt sind. Die konstanten Glieder allein, die also Mittelwerte sind, lauten

$$\left.\begin{aligned} \bar\varrho &\sim \frac{\omega}{2c}\,(a^*a - b^*b) \\ \frac{1}{c}\,\bar{\mathfrak{s}} &\sim \frac{\mathfrak{k}}{2}\,(a^*a - b^*b). \end{aligned}\right\} \tag{7}$$

Da zur Welle Gl. (6) die Gruppengeschwindigkeit $\mathfrak{v} = c^2\dfrac{\mathfrak{k}}{\omega}$ gehört, ist

$$\bar{\mathfrak{s}} = \mathfrak{v}\,\bar\varrho,$$

wie es auch sein muß, wenn der Strom durch Bewegung der Ladungsdichte ϱ entsteht. Die Mittelwerte von Energiedichte und Energiestromdichte werden

$$
\left.
\begin{aligned}
\bar{u} &\sim \frac{1}{2\,\varkappa^2}\left(\frac{\omega^2}{c^2} + \mathfrak{k}^2 + \varkappa^2\right)(a^*a + b^*b) = \frac{\omega^2}{\varkappa^2 c^2}(a^*a + b^*b) \\
\bar{\mathfrak{g}} &\sim \frac{\omega\,\mathfrak{k}}{c\,\varkappa^2}(a^*a + b^*b)
\end{aligned}
\right\}
\tag{8}
$$

mit

$$
c\,\bar{\mathfrak{g}} = \mathfrak{v}\,\bar{u}.
$$

Besonders einfach verhält sich die ebene Welle

$$
\psi = a\,e^{-i\omega t + i\mathfrak{k}\mathfrak{r}};
\tag{9}
$$

für sie ist Ladungs- und Stromdichte konstant und

$$
\left.
\begin{aligned}
\varrho &\sim \frac{\omega}{2\,c}\,a^*a \\
\frac{1}{c}\,\mathfrak{s} &\sim \frac{\mathfrak{k}}{2}\,a^*a.
\end{aligned}
\right\}
\tag{10}
$$

Den noch unbestimmt gelassenen Faktor wollen wir (willkürlich) als
positiv annehmen. Dann stellt Gl. (9) *für positives ω* eine Welle dar, die
positive Raumladung hat und einen positiven Strom in der $\mathfrak{k}$-Richtung
überträgt; die Materie strömt auch in der $\mathfrak{k}$-Richtung. *Mit negativem ω*
stellt Gl. (9) eine Welle dar, die *negative Ladung* hat und einen negativen
Strom in der $-\mathfrak{k}$-Richtung überträgt. Die Energiedichte ist in jedem
Falle positiv. Für die allgemeine Welle Gl. (6) geben die Ausdrücke
Gl. (7) für Ladungs- und Stromdichte eine Zerlegung der Ladung in
einen positiven und einen negativen Teil an. Im reellen Ansatz $a = b^*$,
der ungeladene Materie bedeutet, erscheinen Ladungen, die sich gegenseitig aufheben. Welche physikalische Bedeutung diese Zerlegung der
Ladung des Vorganges Gl. (6) hat, werden wir im nächsten Abschnitt
sehen.

Wir wollen von jetzt ab, wenn wir von der Frequenz ω sprechen, stets
das ω in der komplexen Schreibweise Gl. (9) verstehen.

26. Materie im elektromagnetischen Feld.

Elektrisch geladene Materie wird im elektromagnetischen Feld be-
schleunigt bzw. abgelenkt. Das Verhalten kann also nicht mehr durch
unsere bisherigen Grundgleichungen wiedergegeben werden, die ja das
elektromagnetische Feld nicht enthalten und nur gleichförmig weiter-
laufende ebene Wellen erlauben. Einen Hinweis auf die Art der Abänderung erhalten wir durch Betrachtung von Wellengruppen. Wenn das
Auseinanderlaufen dieser Wellengruppen außer Betracht bleiben kann

(der $\mathfrak{k}$-Bereich hinreichend schmal ist), so sollen sie sich wie Teilchen verhalten.

Betrachten wir eine in der x-Richtung bewegte Wellengruppe und ein in der x-Richtung von einem konstanten Wert 0 auf einen anderen konstanten Wert V ansteigendes elektrisches Potential. Ein positiv geladenes Teilchen wird in dem Potentialanstieg verlangsamt. Ist E seine ursprüngliche Energie, so ist seine kinetische Energie nachher $E - eV$; Geschwindigkeit und Impuls sind also nicht durch E, sondern durch $E - eV$ bestimmt:

$$\frac{1}{c^2}(E - eV)^2 - \mathfrak{p}^2 = m^2 c^2.$$

Die Teilwellen $a e^{-i\omega t + ikx}$ positiver Ladung ($\omega > 0$) werden ihr ω behalten, im Potentialanstieg wird sich die x-Abhängigkeit verändern, und nachher wird k kleiner geworden sein. Wir erwarten in den feldfreien Gebieten für die Wellengruppe

$$E \sim \omega \qquad \mathfrak{p} \sim \mathfrak{k};$$

da $\mathfrak{p}$ durch $E - eV$ bestimmt ist, ist jetzt $\mathfrak{k}$ durch $\omega/c - \eta V$ (statt ω/c) bestimmt. Wir erwarten im Gebiet des konstanten Potentials V also

$$\left(\frac{\omega}{c} - \eta V\right)^2 - \mathfrak{k}^2 = \varkappa^2 \tag{1}$$

statt des bisherigen Zusammenhanges.

Betrachten wir ein negativ geladenes Teilchen und eine negativ geladene Wellengruppe in dem gleichen Potentialanstieg, so wird die Teilchengeschwindigkeit und die Wellenzahl vermehrt. $E \sim \omega$, $\mathfrak{p} \sim \mathfrak{k}$ gilt mit negativem Faktor, und wir erhalten Gl. (1) mit demselben positiven η wie oben.

Mit dem gleichen Faktor gilt

$$\varkappa \sim mc \qquad \eta \sim \frac{|e|}{c},$$

es ist also

$$\eta = \frac{|e|\varkappa}{m c^2}.$$

In der Beziehung zwischen Wellenbild und Teilchenbild gilt für Elementarteilchen $\varkappa = mc/\hbar$, also $\eta = e/\hbar c$, wo e die Elementarladung ist. *Materie, der im Teilchenbild Elektronen entsprechen, und Materie, der im Teilchenbild Protonen entsprechen, wird mit dem gleichen η beschrieben.* Es ist

$$\eta = e/\hbar c = 1{,}5 \cdot 10^7 \text{ esE} = 5{,}1 \cdot 10^4 \text{ cm}^{-1} \text{Volt}^{-1}.$$

Wenn für die ankommende positive Materie der Potentialanstieg zu hoch ist $eV > E - mc^2$, $\eta V > \omega/c - \varkappa$, so gelangt das Teilchen gar nicht in das Gebiet des Potentials V, und eine ebene Materiewelle mit dem gegebenen ω ist dort nicht möglich (für ganz hohen Potentialanstieg vgl. Abschnitt 32).

Eine aus positiver und negativer Materie zusammengesetzte Welle

$$\psi = a\,e^{-i\omega t + ikx} + b\,e^{i\omega t - ikx} \tag{2}$$

($\omega > 0$, $k > 0$) wird im Potentialanstieg zerlegt, im Gebiete des Potentials V haben wir (wenn die positive Welle überhaupt soweit kommt) zwei Wellen mit verschiedenen Wellenzahlen. Beim Übergang vom Potential 0 zum Potential V erleidet die Materiewelle Gl. (2) eine „Doppelbrechung". Eine Ablenkung wird allerdings nur bei schiefem Eintreten in das Grenzgebiet sichtbar. Wir sehen jetzt, was die Zerlegung der Ladungsdichte (Abschnitt 25 für $V = 0$)

$$\varrho \sim \frac{\omega}{c}\,(a^* a - b^* b)$$

in einen positiven und einen negativen Anteil bedeutet. Neutrale Materie ($b = a^*$) wird beim Eintritt in ein Potential V zerlegt in einen positiven und einen negativen Bestandteil. *Solange Gl. (1) besteht, ist neutrale Materie stets aus positiver und negativer Materie zusammengesetzt.*

$$\psi = a\,e^{-i\omega t + ikx}$$

ist einheitlich geladene Materie, positiv geladen mit $\omega > 0$, negativ geladen mit $\omega < 0$ (im Potential null).

In nichtrelativistischer Näherung können wir in der mit Gl. (1) gleichbedeutenden Beziehung

$$\left(\frac{\omega}{c} - \eta V + \varkappa\right)\left(\frac{\omega}{c} - \eta V - \varkappa\right) = \mathfrak{k}^2$$

entweder den ersten Faktor genähert durch $2\varkappa$ oder den zweiten Faktor genähert durch $-2\varkappa$ ersetzen; wir erhalten

$$\omega - c\,\eta V - c\,\varkappa = \frac{c}{2\varkappa}\,\mathfrak{k}^2$$

oder

$$|\omega| + c\,\eta V - c\,\varkappa = \frac{c}{2\varkappa}\,\mathfrak{k}^2,$$

also bis auf eine additive Konstante dasselbe wie im Abschnitt 15 (dort war stets $\omega > 0$ gewählt), nämlich

$$\omega - \zeta V = \frac{1}{2\lambda}\,\mathfrak{k}^2 \qquad \zeta \gtrless 0.$$

Wir haben jetzt die Grundgleichungen der Theorie so abzuändern, daß für ebene Wellen in Gebieten mit konstantem V die Gl. (1) folgt. Dies ist der Fall, wenn wir

$$\left.\begin{array}{l} -\left(\dfrac{\partial}{c\,\partial t}+i\eta V\right)^2\psi\;+\Delta\psi\;-\varkappa^2\psi\;=0 \\[3mm] -\left(\dfrac{\partial}{c\,\partial t}-i\eta V\right)^2\psi^*+\Delta\psi^*-\varkappa^2\psi^*=0 \end{array}\right\} \tag{3}$$

schreiben. Diese Gleichungen geben auch Auskunft über das Verhalten in Gebieten mit veränderlichem Potential. Unter Beachtung der Lorentz-Invarianz können wir jetzt auch Wellengleichungen aufschreiben, die neben V das Vektorpotential $\mathfrak{A}$ haben:

$$\left(\frac{\partial}{c\,\partial t}+i\eta V\right)^2\psi+\left(\frac{\partial}{\partial x}-i\eta\,\mathfrak{A}_x\right)^2\psi+\left(\frac{\partial}{\partial y}-i\eta\,\mathfrak{A}_y\right)^2\psi+\left(\frac{\partial}{\partial z}-i\eta\,\mathfrak{A}_z\right)^2\psi-\varkappa^2\psi=0$$

oder kürzer

$$\left\{-\left(\frac{\partial}{c\,\partial t}+i\eta V\right)^2+(\operatorname{div}-i\eta\,\mathfrak{A})(\operatorname{grad}-i\eta\,\mathfrak{A})-\varkappa^2\right\}\psi\;=0 \tag{4}$$

und entsprechend

$$\left\{-\left(\frac{\partial}{c\,\partial t}-i\eta V\right)^2+(\operatorname{div}+i\eta\,\mathfrak{A})(\operatorname{grad}+i\eta\,\mathfrak{A})-\varkappa^2\right\}\psi^*=0. \tag{4*}$$

Diese Gl. (4) und (4) sehen wir jetzt als Grundlage der Theorie an.* Sie enthalten die allgemeinen Konstanten c und η und die von der Materieart abhängige Konstante $\varkappa$. Sie können ersetzt werden durch die Feldgleichungen:

$$\left.\begin{array}{l} (\operatorname{grad}-i\eta\,\mathfrak{A})\,\psi+\varkappa\,\mathfrak{F}=0 \\[2mm] \left(-\dfrac{\partial}{c\,\partial t}-i\eta V\right)\psi+\varkappa f=0 \\[2mm] \left(\dfrac{\partial}{c\,\partial t}+i\eta V\right)f+(\operatorname{div}-i\eta\,\mathfrak{A})\,\mathfrak{F}+\varkappa\,\psi=0 \\[2mm] (\operatorname{grad}+i\eta\,\mathfrak{A})\,\psi^*+\varkappa\,\mathfrak{F}^*=0 \\[2mm] \left(-\dfrac{\partial}{c\,\partial t}+i\eta V\right)\psi^*+\varkappa f^*=0 \\[2mm] \left(\dfrac{\partial}{c\,\partial t}-i\eta V\right)f^*+(\operatorname{div}+i\eta\,\mathfrak{A})\,\mathfrak{F}^*+\varkappa\,\psi^*=0. \end{array}\right\} \tag{5}$$

In Viererschreibweise lauten die Feldgleichungen:

$$\left.\begin{array}{ll} \left(\dfrac{\partial}{\partial x^\mu}-i\eta A_\mu\right)\psi+\varkappa F_\mu=0 & \left(\dfrac{\partial}{\partial x^\mu}+i\eta A_\mu\right)\psi^*+\varkappa F_\mu^*=0 \\[3mm] \left(\dfrac{\partial}{\partial x^\mu}-i\eta A_\mu\right)F^\mu+\varkappa\,\psi=0 & \left(\dfrac{\partial}{\partial x^\mu}+i\eta A_\mu\right)F^{\mu*}+\varkappa\,\psi^*=0 \end{array}\right\} \tag{6}$$

und die Wellengleichung:

$$\left\{\left(\frac{\partial}{\partial x_\mu} - i\,\eta\, A^\mu\right)\left(\frac{\partial}{\partial x^\mu} - i\,\eta\, A_\mu\right) - \varkappa^2\right\}\psi\ = 0 \ \Bigg\}$$
$$\left\{\left(\frac{\partial}{\partial x_\mu} + i\,\eta\, A^\mu\right)\left(\frac{\partial}{\partial x^\mu} + i\,\eta\, A_\mu\right) - \varkappa^2\right\}\psi^*= 0. \ \Bigg\} \tag{7}$$

Mit reellen Feldgrößen $\psi_1, \psi_2, f_1, f_2, \mathfrak{F}_1, \mathfrak{F}_2\,(\psi = \psi_1 + i\psi_2)$ geschrieben, drücken die Gleichungen jetzt eine Kopplung der Größen mit dem Index 1 und der Größen mit dem Index 2 durch das elektromagnetische Feld aus.

Da die Grundgleichungen gegen früher verändert sind, müssen wir von neuem einen Vierervektor $(\varrho,\ \mathfrak{s}/c)$ suchen, für den

$$\dot\varrho + \mathrm{div}\,\mathfrak{s} = 0$$

aus den Grundgleichungen folgt. Dies gilt, wie man leicht nachrechnet, für

$$\varrho \sim \frac{i\varkappa}{2}\,(\psi^* f - \psi f^*) \ \Bigg\}$$
$$\frac{1}{c}\,\mathfrak{s} \sim \frac{i\varkappa}{2}\,(\psi^* \mathfrak{F} - \psi \mathfrak{F}^*). \ \Bigg\} \tag{8}$$

Mit ψ, f, $\mathfrak{F}$ geschrieben, sind also die Ausdrücke die gleichen wie früher ohne elektromagnetisches Potential; mit ψ und seinen Ableitungen geschrieben, sind sie verändert.

Die ebene Welle

$$\psi = a\,e^{-i\omega t + i\mathfrak{k}\mathfrak{r}}$$

ist jetzt nur dann eine Lösung, wenn V und $\mathfrak{A}$ konstant sind, also im feldfreien Fall. Für sie wird

$$\varrho \sim \left(\frac{\omega}{c} - \eta V\right) a^* a$$
$$\frac{1}{c}\,\mathfrak{s} \sim (\mathfrak{k} - \eta\,\mathfrak{A})\,a^* a$$

mit der Beziehung

$$\left(\frac{\omega}{c} - \eta V\right)^2 - (\mathfrak{k} - \eta\,\mathfrak{A})^2 = \varkappa^2.$$

Es ist also

$$\left|\frac{\omega}{c} - \eta V\right| \geqq \varkappa,$$

$(\omega\,c) - \eta V \geqq \varkappa$ *bedeutet positiv geladene Materie*, $(\omega/c) - \eta V \leqq - \varkappa$ *bedeutet negativ geladene Materie.*

Man kann, ohne den physikalischen Sachverhalt zu ändern, die Größen V, $\mathfrak{A}$ durch andere ersetzen, wenn nur die Ableitungen $\mathfrak{E}$ und $\mathfrak{B}$ ungeändert bleiben. Im einfachsten Fall, wo zu V eine Konstante v addiert wird, muß man in der Beschreibung der Materiewelle ω um $c\eta v$ erhöhen, um den gleichen physikalischen Sachverhalt zu erhalten. *Die*

Frequenz ω kann also keine physikalisch beobachtbare Größe sein. Allgemein bedeutet der Übergang von einer Wahl V, $\mathfrak{A}$ zu einer anderen Wahl mit gleicher physikalischer Bedeutung — man nennt das eine Umeichung der Potentiale oder eine Eichtransformation — den Übergang von einer Funktion ψ zu einer anderen. Diese Eichtransformation wollen wir jetzt betrachten.

Wir erledigen zunächst den einfachen Fall, wo V und $\mathfrak{A}$ durch $V + v$ und $\mathfrak{A} + \mathfrak{a}$ mit konstantem v und $\mathfrak{a}$ ersetzt werden. Dies geschieht mit der Hilfsformel

$$\left(\frac{\partial}{\partial x} - i\,\eta\,\mathfrak{a}_x\right)\psi\,e^{-i\eta(cvt-\mathfrak{a}\mathfrak{r})} = e^{-i\eta(cvt-\mathfrak{a}\mathfrak{r})}\frac{\partial}{\partial x}\,\psi$$

und entsprechenden Formeln für y, z und t. Setzen wir nun in unseren Grundgleichungen $V + v$, $\mathfrak{A} + \mathfrak{a}$ für die Potentiale und $\psi e^{-i\eta(cvt-\mathfrak{a}\mathfrak{r})}$ für die Wellenfunktion ψ ein, so können wir sie nach den Hilfsformeln umformen in die entsprechenden Gleichungen mit V, $\mathfrak{A}$ und ψ. Entsprechend wird aus der Wellenfunktion $\psi^* e^{i\eta(cvt-\mathfrak{a}\mathfrak{r})}$ mit $V + v$, $\mathfrak{A} + \mathfrak{a}$ die Wellenfunktion ψ^* mit V, $\mathfrak{A}$.

Bei konstantem v und $\mathfrak{a}$ lautet also die Eichtransformation

$$V \to V + v \qquad \mathfrak{A} \to \mathfrak{A} + \mathfrak{a} \qquad \psi \to \psi\,e^{-i\eta(cvt-\mathfrak{a}\mathfrak{r})} \qquad \psi^* \to \psi^*\,e^{i\eta(cvt-\mathfrak{a}\mathfrak{r})}.$$

Für den allgemeinen Fall nehmen wir v und $\mathfrak{a}$ so an, daß die Feldgrößen $\mathfrak{B}$ und $\mathfrak{E}$ nicht geändert werden, also

$$v = -\frac{1}{c}\,\dot{\Phi}$$

$$\mathfrak{a} = \mathfrak{grad}\,\Phi$$

(vgl. Abschnitt 4). Wir benutzen die Hilfsformel

$$\left(\frac{\partial}{\partial x} - i\,\eta\,\frac{\partial\Phi}{\partial x}\right)\psi\,e^{i\eta\Phi} = e^{i\eta\Phi}\frac{\partial}{\partial x}\,\psi$$

und entsprechende für y, z, t. Wir erhalten so die *Eichtransformation*

$$V \to V - \frac{1}{c}\,\dot{\Phi} \qquad \mathfrak{A} \to \mathfrak{A} + \mathfrak{grad}\,\Phi \qquad \psi \to \psi\,e^{i\eta\Phi} \qquad \psi^* \to \psi^*\,e^{-i\eta\Phi}. \tag{9}$$

Man rechnet leicht nach, daß ϱ und $\mathfrak{s}$ bei der Eichtransformation nicht verändert werden.

Die Eigenschaft unserer Ansätze, bei der Eichtransformation Gl. (9) keine Änderung der physikalischen Bedeutung zu ergeben, heißt ,,Eichinvarianz". *Die Eichinvarianz wird dadurch gewährleistet, daß die elektromagnetischen Potentiale A_μ stets in der Verbindung $\dfrac{\partial}{\partial x^\mu} - i\eta A_\mu$ vorkommen, wenn sie vor ψ, F^μ stehen, in der Verbindung $\dfrac{\partial}{\partial x^\mu} + i\eta A_\mu$, wenn sie vor*

ψ^*, $F^{\mu *}$ stehen. Die Eichinvarianz ist ein Ausdruck dafür, daß die Potentiale A_μ nur Hilfsgrößen sind und daß nur ihre Ableitungen $B^{\mu\nu}$, die elektromagnetischen Feldstärken, physikalische Bedeutung haben.

27. Variationsprinzip.

Die Grundgleichungen der Elektrodynamik haben wir früher aus einem Variationsprinzip

$$\int \frac{\varepsilon_0}{2}\,(\mathfrak{E}^2 - \mathfrak{B}^2)\,\mathrm{d}\tau\,\mathrm{d}t = \mathrm{Extr}$$

(ohne Strom und Ladung) abgeleitet. Wir wollen jetzt versuchen, die Grundgleichungen des Materiefeldes aus einem ähnlichen Variationsprinzip

$$\int L\,\mathrm{d}\tau\,\mathrm{d}t = \mathrm{Extr} \tag{1}$$

abzuleiten. Das Feld wird durch ψ und ψ^* beschrieben; L soll (damit wir die Überlegungen der Elektrodynamik hier nachmachen können) von den ersten Ableitungen von ψ und ψ^* abhängen; es kann auch von ψ und ψ^* selbst und auch explizit von Ort und Zeit abhängen. Im letzteren Fall haben wir natürlich nicht nur ein Materiefeld im leeren Raum. L soll ferner lorentzinvariant und reell sein. Ein Ausdruck, der diese Forderungen erfüllt, ist z. B.

$$-\frac{\partial \psi^*}{\partial x^\mu}\frac{\partial \psi}{\partial x_\mu} = \frac{1}{c^2}\,\dot\psi^*\,\dot\psi - \mathfrak{grad}\,\psi^*\,\mathfrak{grad}\,\psi;$$

auch

$$-\frac{\partial \psi^*}{\partial x^\mu}\frac{\partial \psi}{\partial x_\mu} - \varkappa^2\,\psi^*\psi = \frac{1}{c^2}\,\dot\psi^*\,\dot\psi - \mathfrak{grad}\,\psi^*\,\mathfrak{grad}\,\psi - \varkappa^2\,\psi^*\psi$$

erfüllt die Forderungen. Wir werden sehen, daß diese letztere Wahl von L die *Gleichungen des Materiefeldes ohne V, $\mathfrak{A}$* liefert.

Wir schreiben also

$$L = \frac{\sigma\varkappa}{2}\,(f^*f - \mathfrak{F}^*\mathfrak{F} - \psi^*\psi), \tag{2}$$

worin

$$\varkappa f = \frac{1}{c}\,\dot\psi \qquad\qquad \varkappa f^* = \frac{1}{c}\,\dot\psi^* \\[2mm] \varkappa\mathfrak{F} = -\,\mathfrak{grad}\,\psi \qquad \varkappa\mathfrak{F}^* = -\,\mathfrak{grad}\,\psi^* \tag{3}$$

sei. Der Faktor σ sei so gewählt, daß L die Dimension einer Energiedichte hat (da wir bisher über die Dimension von ψ nichts verabredet haben, ist dieser Faktor noch ganz beliebig). Durch Variation von ψ und ψ^* erhalten wir:

$$\delta L = \frac{\sigma}{2}\left[\frac{1}{c}\,f^*\delta\dot\psi + \mathfrak{F}^*\delta\,\mathfrak{grad}\,\psi - \varkappa\,\psi^*\delta\psi + \frac{1}{c}\,f\,\delta\dot\psi^* + \mathfrak{F}\,\delta\,\mathfrak{grad}\,\psi^* - \varkappa\psi\,\delta\psi^*\right]$$

und durch Teilintegration (ψ und ψ^* sollen auf dem Gebietsrand vorgegeben sein):

$$\delta \int L\, d\tau\, dt = -\frac{\sigma}{2} \int \left[\left(\frac{1}{c}\dot{f}^* + \operatorname{div}\mathfrak{F}^* + \varkappa\,\psi^* \right) \delta\psi + \left(\frac{1}{c}\dot{f} + \operatorname{div}\mathfrak{F} + \varkappa\,\psi \right) \delta\psi^* \right] d\tau\, dt.$$

Im Falle des Extremums wird dieses null für beliebige Variationen $\delta\psi$. Es folgt also

$$\left. \begin{aligned} \frac{1}{c}\dot{f} + \operatorname{div}\mathfrak{F} + \varkappa\,\psi &= 0 \\ \frac{1}{c}\dot{f}^* + \operatorname{div}\mathfrak{F}^* + \varkappa\,\psi^* &= 0. \end{aligned} \right\} \tag{4}$$

Mit

$$L = \frac{\sigma\varkappa}{2}\,(f^* f - \mathfrak{F}^* \mathfrak{F} - \psi^* \psi), \tag{2}$$

worin aber jetzt

$$\left. \begin{aligned} \varkappa f &= \left(\frac{1}{c}\frac{\partial}{\partial t} + i\eta V \right)\psi & \varkappa f^* &= \left(\frac{1}{c}\frac{\partial}{\partial t} - i\eta V \right)\psi^* \\ \varkappa \mathfrak{F} &= -(\operatorname{grad} - i\eta\,\mathfrak{A})\,\psi & \varkappa \mathfrak{F}^* &= -(\operatorname{grad} + i\eta\,\mathfrak{A})\,\psi^* \end{aligned} \right\} \tag{5}$$

sei, können wir die *Gleichungen des Materiefeldes bei gegebenem elektromagnetischem Feld* ableiten. V und $\mathfrak{A}$ betrachten wir als gegeben, L hängt also explizit von Ort und Zeit ab. Variation von ψ und ψ^* führt zu den Feldgleichungen

$$\left. \begin{aligned} \left(\frac{1}{c}\frac{\partial}{\partial t} + i\eta V \right)f + (\operatorname{div} - i\eta\,\mathfrak{A})\mathfrak{F} + \varkappa\,\psi &= 0 \\ \left(\frac{1}{c}\frac{\partial}{\partial t} - i\eta V \right)f^* + (\operatorname{div} + i\eta\,\mathfrak{A})\mathfrak{F}^* + \varkappa\,\psi^* &= 0. \end{aligned} \right\} \tag{6}$$

Um drittens aus einem einheitlichen Variationsprinzip *die Gleichungen des Materiefeldes und die Gleichungen des elektromagnetischen Feldes mit den durch die Materiefeldgrößen ausgedrückten Ladungs- und Stromdichten* zu erhalten, gehen wir von einer Lagrange-Dichte L aus, die aus Beiträgen des elektromagnetischen Feldes und des Materiefeldes additiv zusammengesetzt ist. Wir schreiben

$$L = \frac{\varepsilon_0}{2}\,(\mathfrak{E}^2 - \mathfrak{B}^2) + \frac{\sigma\varkappa}{2}\,(f^* f - \mathfrak{F}^* \mathfrak{F} - \psi^* \psi), \tag{7}$$

wo $f, f^*, \mathfrak{F}, \mathfrak{F}^*$ durch die Gl. (7) und $\mathfrak{E}, \mathfrak{B}$ durch

$$\mathfrak{E} = -\frac{1}{c}\dot{\mathfrak{A}} - \operatorname{grad} V$$

$$\mathfrak{B} = \operatorname{rot}\mathfrak{A}$$

definiert seien. Variiert werden jetzt nicht nur ψ und ψ^*, sondern auch

V und $\mathfrak{A}$. Variation von ψ und ψ^* liefert das gleiche wie eben, also die Gleichungen des Materiefeldes. Variation von V und $\mathfrak{A}$ gibt:

$$\delta L = \varepsilon_0\left(-\frac{1}{c}\,\mathfrak{E}\,\delta\dot{\mathfrak{A}} - \mathfrak{E}\,\delta\,\mathfrak{grad}\,V - \mathfrak{B}\,\delta\,\mathfrak{rot}\,\mathfrak{A}\right)$$
$$+\frac{i\,\sigma\,\eta}{2}\,(f^*\,\psi - f\,\psi^*)\,\delta V - \frac{i\,\sigma\,\eta}{2}\,(\mathfrak{F}^*\,\psi - \mathfrak{F}\,\psi^*)\,\delta\mathfrak{A};$$

die übliche Teilintegration liefert:

$$\delta\int L\,d\tau\,dt = \int\left\{\left[\varepsilon_0\left(\frac{1}{c}\,\dot{\mathfrak{E}} - \mathfrak{rot}\,\mathfrak{B}\right) - \frac{i\,\sigma\,\eta}{2}\,(\mathfrak{F}^*\,\psi - \mathfrak{F}\,\psi^*)\right]\delta\mathfrak{A}\right.$$
$$\left. + \left[\varepsilon_0\,\mathrm{div}\,\mathfrak{E} + \frac{i\,\sigma\,\eta}{2}\,(f^*\,\psi - f\,\psi^*)\right]\delta V\right\}d\tau\,dt = 0.$$

Damit dies für jede Wahl von V und $\mathfrak{A}$ verschwindet, muß

$$\varepsilon_0\left(-\frac{1}{c}\,\dot{\mathfrak{E}} + \mathfrak{rot}\,\mathfrak{B}\right) = \frac{\mathfrak{s}}{c} = \frac{i\,\sigma\,\eta}{2}\,(\psi^*\,\mathfrak{F} - \psi\,\mathfrak{F}^*)\ \left.\vphantom{\frac{1}{c}}\right\}$$
$$\varepsilon_0\,\mathrm{div}\,\mathfrak{E} = \varrho = \frac{i\,\sigma\,\eta}{2}\,(\psi^*\,f - \psi\,f^*)\ \left.\vphantom{\frac{1}{c}}\right\} \tag{8}$$

sein. Wir erhalten also die Maxwellschen Gleichungen und die Ausdrücke für Ladungs- und Stromdichte. Durch den Faktor σ im Variationsprinzip ist auch der Faktor in ϱ und $\mathfrak{s}/c$ festgelegt. Nach früherem haben wir positives σ zu nehmen.

28. Langsam bewegte Materie.

Wir wollen jetzt die im vorigen Kapitel behandelte *vorrelativistische Feldtheorie* der Materie *als Grenzfall* der hier behandelten relativistischen Theorie betrachten.

Lassen wir zunächst das hier unwesentliche Vektorpotential $\mathfrak{A}$ weg, so können wir die Wellengleichung

$$\left(\frac{\partial}{ic\,\partial t} + \eta\,V\right)^2\psi + \Delta\,\psi - \varkappa^2\,\psi = 0$$

auch in der Form schreiben:

$$\left(\frac{\partial}{ic\,\partial t} + \eta\,V + \varkappa\right)\left(\frac{\partial}{ic\,\partial} + \eta\,V - \varkappa\right)\psi + \Delta\,\psi = 0. \tag{1}$$

Für langsam bewegte Materie einheitlich positiver Ladung und bei hinreichend kleinem $|\,\eta\,V\,|$ enthält die Materiewelle nur Frequenzen in der Nähe von $c\varkappa$; es ist also

$$\frac{\partial\,\psi}{ic\,\partial t} \approx -\varkappa\,\psi;$$

Kleinheit der Änderungen von $|\,\eta\,V\,|$ müssen wir voraussetzen, damit nicht aus langsam bewegter Materie rasch bewegte entsteht. Für langsam bewegte Materie einheitlich negativer Ladung gilt entsprechend

$$\frac{\partial \psi}{i c \partial t} \approx \varkappa \psi .$$

Es kann also jeweils einer der Klammerausdrücke in Gl. (1) durch einen konstanten Faktor $-2\varkappa$ bzw. $2\varkappa$ ersetzt werden, während der andere Faktor nahezu null ist, aber die Abweichung von null natürlich nicht vernachlässigt werden kann. Wir erhalten für positiv geladene Materie

$$-2\varkappa \left(\frac{\partial}{i c \partial t} + \eta V + \varkappa\right) \psi + \Delta \psi = 0 , \tag{2}$$

für negativ geladene Materie

$$2\varkappa \left(\frac{\partial}{i c \partial t} + \eta V - \varkappa\right) \psi + \Delta \psi = 0 . \tag{3}$$

Wir erhalten „*nichtrelativistische*" *Wellengleichungen*, Differentialgleichungen, die *in der Zeit von erster Ordnung* sind. Die Gleichungen sind verschieden für einheitlich positiv geladene und für einheitlich negativ geladene Materie. Für uneinheitlich geladene Materie haben wir keine einfache nichtrelativistische Gleichung.

Wenn wir bei einheitlich positiver Ladung die Funktion ψ durch die Funktion $e^{-ic\varkappa t} \psi$ ersetzen, also bei allen Frequenzen die feste Größe $c\varkappa$ abziehen, wird ψ eine nur langsam veränderliche Größe. Aus Gl. (2) erhalten wir dann unsere frühere nichtrelativistische Gleichung

$$i \dot{\psi} + \frac{c}{2\varkappa} \Delta \psi - c\eta V \psi = 0 \tag{4}$$

($\varkappa/c$ hieß λ, $c\eta$ hieß ζ). Bei einheitlich negativer Ladung ersetzen wir ψ durch $e^{ic\varkappa t} \psi$, um ein langsam veränderliches ψ zu erhalten, und die Gl. (3) geht über in

$$-i \dot{\psi} + \frac{c}{2\varkappa} \Delta \psi + c\eta V \psi = 0 . \tag{5}$$

Die frühere Gleichung

$$i \dot{\psi} + \frac{1}{2\lambda} \Delta \psi - \zeta V \psi = 0$$

mit negativem ζ erhalten wir aus Gl. (5), wenn wir ψ durch ψ^* ersetzen.

Wenn noch ein Vektorpotential $\mathfrak{A}$ vorhanden ist, so lautet die nichtrelativistische Wellengleichung für einheitlich positiv geladene Materie

$$i \dot{\psi} + \frac{1}{2\lambda} \left(\operatorname{div} - i\frac{\zeta}{c} \mathfrak{A}\right) \left(\operatorname{grad} - i\frac{\zeta}{c} \mathfrak{A}\right) \psi - \zeta V \psi = 0 . \tag{6}$$

Die beim *Übergang zu einem bewegten Bezugssystem* in der nichtrelativistischen Theorie vorzunehmende Transformation

$$\overline{\mathfrak{r}} = \mathfrak{r} - \mathfrak{v}\,t \qquad \overline{\psi} = \psi\, e^{-i\lambda\mathfrak{v}\mathfrak{r} + i\frac{\lambda}{2}\mathfrak{v}^2 t}$$

können wir jetzt verstehen. In der relativistischen Theorie setzen wir

$$c\,\overline{t} = \frac{ct - \dfrac{1}{c}\mathfrak{v}\mathfrak{r}}{\sqrt{1 - \dfrac{\mathfrak{v}^2}{c^2}}} \qquad \overline{\psi} = \psi\,;$$

die nach Abspalten des Faktors $e^{-ic\varkappa\overline{t}}$ aus $\overline{\psi}$ entstehende Funktion ist aber nicht gleich der nach Abspalten von $e^{-ic\varkappa t}$ aus ψ entstehenden. Aus

$$\overline{\psi} = e^{-ic\varkappa\overline{t}}\,\overline{\varphi}$$

wird vielmehr (bis zu Gliedern mit $\mathfrak{v}^2$):

$$\overline{\psi} = e^{-ic\varkappa t - \frac{i\varkappa}{2c}\mathfrak{v}^2 t + i\frac{\varkappa}{c}\mathfrak{v}\mathfrak{r}}\,\overline{\varphi},$$

so daß wir

$$\overline{\varphi} = e^{-i\frac{\varkappa}{c}\mathfrak{v}\mathfrak{r} + \frac{i\varkappa}{2c}\mathfrak{v}^2 t}\,\varphi$$

zu setzen haben und jetzt wieder $\overline{\psi}$ und ψ statt $\overline{\varphi}$ und φ schreiben.

Wir haben jetzt die für langsam bewegte Materie gültigen Ausdrücke der Dichten von elektrischer Ladung und elektrischem Strom aus den relativistischen Ausdrücken abzuleiten. Aus

$$\varrho = \frac{i\,\sigma\,\eta}{2}\,(\psi^* f - \psi f^*)$$

mit

$$\varkappa f = \left(\frac{\partial}{c\,\partial t} + i\eta V\right)\psi$$

wird bei einheitlich positiv geladener Materie ($\dot{\psi} \approx -ic\varkappa\,\psi$) in erster Näherung:

$$\varrho = \sigma\,\eta\,\psi^*\,\psi,$$

während wir an

$$\mathfrak{s} = \frac{ic\,\sigma\,\eta}{2}\,(\psi^*\mathfrak{F} - \psi\mathfrak{F}^*)$$

nichts zu ändern brauchen.

Man wählt, insbesondere nach Einführung der Elementarteilchen durch die Quantisierung, die Einheit für die Feldgröße ψ so, daß $\psi^*\psi$ die Anzahl der Elementarladungen e in der Raumeinheit ist. Für diese Festsetzung wird also $\sigma\eta = e$ und damit $\sigma = \hbar c$, für positiv geladene Materie mithin:

$$\varrho = e\,\psi^*\,\psi$$
$$\mathfrak{s} = \frac{e}{2\,m}\left[\psi^*\cdot\left(\frac{\hbar}{i}\operatorname{grad} - \frac{e}{c}\,\mathfrak{A}\right)\psi - \psi\cdot\left(\frac{\hbar}{i}\operatorname{grad} + \frac{e}{c}\,\mathfrak{A}\right)\psi^*\right]. \qquad \left.\right\}\quad (7)$$

Aus der Lagrange-Dichte

$$L = \frac{\sigma\varkappa}{2}\,(f^*f - \mathfrak{F}^*\mathfrak{F} - \psi^*\,\psi)$$

wird in nichtrelativistischer Näherung mit

$$\psi = e^{-ic\varkappa t}\varphi$$
$$\varkappa f = e^{-ic\varkappa t}\left(-i\varkappa\varphi + i\eta V\varphi + \frac{1}{c}\,\dot{\varphi}\right),$$

wenn wir statt φ wieder ψ schreiben:

$$L = \sigma\left[\frac{i}{2c}\,(\psi^*\,\dot{\psi} - \psi\,\dot{\psi}^*) - \eta V\psi^*\,\psi - \frac{1}{2\varkappa}\,(\operatorname{grad} + i\eta\,\mathfrak{A})\,\psi^*\,(\operatorname{grad} - i\eta\,\mathfrak{A})\,\psi\right] \tag{8}$$

und mit der speziellen Festlegung $\sigma = \hbar c$:

$$L = \frac{i\hbar}{2}\,(\psi^*\,\dot{\psi} - \psi\,\dot{\psi}^*) - eV\psi^*\,\psi + \frac{1}{2\,m}\left(\frac{\hbar}{i}\operatorname{grad} + \frac{e}{c}\,\mathfrak{A}\right)\psi^*\cdot\left(\frac{\hbar}{i}\operatorname{grad} - \frac{e}{c}\,\mathfrak{A}\right)\psi. \tag{9}$$

Das Integral

$$\int L\,d\tau\,dt$$

ändert sich nicht, wenn man den Integranden durch

$$L = \sigma\,\psi^*\left[\frac{i}{c}\,\dot{\psi} - \eta V\psi + \frac{1}{2\varkappa}\,(\operatorname{div} - i\eta\,\mathfrak{A})\,(\operatorname{grad} - i\eta\,\mathfrak{A})\,\psi\right] \tag{10}$$

$$L = \psi^*\left[i\hbar\dot{\psi} - eV\psi - \frac{1}{2\,m}\left(\frac{\hbar}{i}\operatorname{div} - \frac{e}{c}\,\mathfrak{A}\right)\left(\frac{\hbar}{i}\operatorname{grad} - \frac{e}{c}\,\mathfrak{A}\right)\psi\right] \tag{11}$$

oder auch durch

$$L = \sigma\,\psi\left[-\frac{i}{c}\,\dot{\psi}^* - \eta V\psi^* + \frac{1}{2\varkappa}\,(\operatorname{div} + i\eta\,\mathfrak{A})\,(\operatorname{grad} + i\eta\,\mathfrak{A})\,\psi^*\right] \tag{12}$$

$$L = \psi\left[-i\hbar\dot{\psi}^* - eV\psi^* - \frac{1}{2\,m}\left(\frac{\hbar}{i}\operatorname{div} + \frac{e}{c}\,\mathfrak{A}\right)\left(\frac{\hbar}{i}\operatorname{grad} + \frac{e}{c}\,\mathfrak{A}\right)\psi^*\right] \tag{13}$$

ersetzt. Aus diesen beiden Formen lassen sich durch Variation von ψ und ψ^* die Feldgleichungen besonders einfach ableiten. Unter Benutzung eines abkürzenden Operators H lauten die beiden Ausdrücke für L:

$$L = \psi^*\,[i\hbar\dot{\psi} - H\psi] \tag{14}$$

und

$$L = \psi\,[-i\hbar\dot{\psi}^* - (H\psi)^*] \tag{15}$$

und die Feldgleichungen entsprechend

$$\left.\begin{aligned} H\psi - i\hbar\dot\psi &= 0 \\ (H\psi)^* + i\hbar\dot\psi^* &= 0. \end{aligned}\right\} \tag{16}$$

Für $\mathfrak{A} = 0$ haben wir das schon im Abschnitt 20 (mit etwas anderer Bedeutung von σ) untersucht.

Beim Übergang zur nichtrelativistischen Wellengleichung (von erster Ordnung in der Zeit) für langsam bewegte Materie mußten wir annehmen, daß sie einheitlich geladen war. Wenn die Materie nicht einheitlich geladen ist, können wir sie nicht durch eine einzige nichtrelativistische Wellengleichung für ψ beschreiben. Wir können aber von einem Gemisch von zwei Materiearten sprechen, deren Feldgrößen die Gl. (6) einmal mit $\zeta > 0$, das andere Mal mit $\zeta < 0$ erfüllen oder, jetzt mit $\zeta > 0$, die beiden Gleichungen:

$$i\dot\psi_+ + \frac{1}{2\lambda}\left(\operatorname{div} - \frac{i\zeta}{c}\mathfrak{A}\right)\left(\operatorname{grad} - \frac{i\zeta}{c}\mathfrak{A}\right)\psi_+ - \zeta V\psi_+ = 0$$

$$i\dot\psi_- + \frac{1}{2\lambda}\left(\operatorname{div} + \frac{i\zeta}{c}\mathfrak{A}\right)\left(\operatorname{grad} + \frac{i\zeta}{c}\mathfrak{A}\right)\psi_- + \zeta V\psi_- = 0.$$

Wir können die Feldgrößen der beiden Materiearten zu einer zweikomponentigen Größe zusammenfassen, die wir als Spalte schreiben

$$\psi = \begin{pmatrix} \psi_+ \\ \psi_- \end{pmatrix}.$$

Für dieses zweikomponentige Materiefeld gilt die Feldgleichung

$$i\dot\psi + \frac{1}{2\lambda}\left[\operatorname{div} - \frac{i\zeta}{c}\mathfrak{A}\begin{pmatrix}1 & 0 \\ 0 & -1\end{pmatrix}\right]\left[\operatorname{grad} - \frac{i\zeta}{c}\mathfrak{A}\begin{pmatrix}1 & 0 \\ 0 & -1\end{pmatrix}\right]\psi - \zeta V\begin{pmatrix}1 & 0 \\ 0 & -1\end{pmatrix}\psi = 0, \quad (17)$$

wobei für die Multiplikation der „Matrix" $\begin{pmatrix}1 & 0 \\ 0 & -1\end{pmatrix}$ mit $\begin{pmatrix}\psi_+ \\ \psi_-\end{pmatrix}$ die Regeln der Matrizenmultiplikation gelten sollen. Damit $\psi^*\psi$ eine Zahl wird, schreiben wir ψ^* als Zeile

$$\psi^* = (\psi_+{}^*, \ \psi_-{}^*)$$

und die zu (17) konjugiert komplexe Gleichung

$$\left.\begin{aligned} -i\dot\psi^* + \frac{1}{2\lambda}&\left\{\operatorname{div}\left[\operatorname{grad}\psi^* + \frac{i\zeta}{c}\mathfrak{A}\psi^*\begin{pmatrix}1 & 0 \\ 0 & -1\end{pmatrix}\right]\right. \\ + \frac{i\zeta}{c}\mathfrak{A}&\left[\operatorname{grad}\psi^* + \frac{i\zeta}{c}\mathfrak{A}\psi^*\begin{pmatrix}1 & 0 \\ 0 & -1\end{pmatrix}\right]\begin{pmatrix}1 & 0 \\ 0 & -1\end{pmatrix}\right\} + \zeta V\psi^*\begin{pmatrix}1 & 0 \\ 0 & -1\end{pmatrix} = 0. \end{aligned}\right\} \ (17^*)$$

Die Eichtransformation lautet

$$V \to V + \frac{1}{c}\dot\Phi, \quad \mathfrak{A} \to \mathfrak{A} + \operatorname{grad}\Phi,$$

$$\psi \to \begin{pmatrix} e^{i\frac{\zeta}{c}\Phi} & 0 \\ 0 & e^{-i\frac{\zeta}{c}\Phi} \end{pmatrix}\psi, \quad \psi^* \to \psi^*\begin{pmatrix} e^{-i\frac{\zeta}{c}\Phi} & 0 \\ 0 & e^{i\frac{\zeta}{c}\Phi} \end{pmatrix}.$$

7*

29. Energie-Impuls-Tensor.

Im Abschnitt 24 fanden wir im Falle $V = 0$, $\mathfrak{A} = 0$ für die Größen

$$u \sim \frac{1}{2}\,(f^* f + \mathfrak{F}^* \mathfrak{F} + \psi^* \psi)$$

$$c\,\mathfrak{g} \sim \frac{1}{2}\,(f^* \mathfrak{F} + \mathfrak{F}^* f)$$

einen Erhaltungssatz

$$\frac{1}{c}\,\dot{u} + \operatorname{div} \mathfrak{g} = 0\,,$$

so daß wir u als Energiedichte, $c\mathfrak{g}$ als Dichte des Energiestroms ansehen konnten. Auch bei Anwesenheit elektromagnetischer Felder kann diese Deutung aufrechterhalten werden. Der Ausdruck $\dot{u} + \operatorname{div} c\mathfrak{g}$ wird aber jetzt nicht null, sondern gibt die vom elektromagnetischen Feld in das Materiefeld übergegangene Energie an.

Die Rechnung ist etwas umständlich. Man übersieht sie besser, wenn man in Viererschreibweise gleich mit dem symmetrischen Tensor

$$T^{\mu}{}_{\nu} = \frac{\sigma \varkappa}{2}\,[F^{\mu *} F_{\nu} + F_{\nu}{}^* F^{\mu} - \delta^{\mu}_{\nu}(F_{\lambda}{}^* F^{\lambda} + \psi^* \psi)] \tag{1}$$

rechnet, dem u und $c\mathfrak{g}$ angehören. Wir haben den früher offengelassenen Faktor $\sigma \varkappa$ genannt; nach unserer Verabredung über σ hat $T^{\mu \nu}$ dann die Dimension einer Energie. Der Tensor $T^{\mu \nu}$ zeigt in seinem Bau eine gewisse Analogie zum Energie-Impuls-Tensor des elektromagnetischen Feldes (Abschnitt 9); wir werden jetzt zeigen, daß er die Eigenschaften eines Energie-Impuls-Tensors des Materiefeldes hat.

Bei der Rechnung bedienen wir uns mit Vorteil zweier Hilfssätze, erstens der (leicht nachzurechnenden) „Produktregel" für die Differentiation:

$$\frac{\partial}{\partial x^{\mu}}\,(F^* G) = F^* \cdot \left(\frac{\partial}{\partial x^{\mu}} - i\,\eta\,A_{\mu}\right) G + \left(\frac{\partial}{\partial x^{\mu}} + i\,\eta\,A_{\mu}\right) F^* \cdot G\,,$$

abgekürzt:

$$\frac{\partial}{\partial x^{\mu}}\,(F^* G) = F^* \cdot D_{\mu} G + (D_{\mu} F)^* \cdot G\,, \tag{2}$$

für beliebige Funktionen F und G, zweitens der „Vertauschungsregel" für die Operatoren D_{μ}:

$$D_{\mu} D_{\nu} - D_{\nu} D_{\mu} = \left(\frac{\partial}{\partial x^{\mu}} - i\,\eta\,A_{\mu}\right)\left(\frac{\partial}{\partial x^{\nu}} - i\,\eta\,A_{\nu}\right)$$

$$- \left(\frac{\partial}{\partial x^{\nu}} - i\,\eta\,A_{\nu}\right)\left(\frac{\partial}{\partial x^{\mu}} - i\,\eta\,A_{\mu}\right) = -i\,\eta\left(\frac{\partial A_{\nu}}{\partial x^{\mu}} - \frac{\partial A_{\mu}}{\partial x^{\nu}}\right),$$

also

$$D_{\mu} D_{\nu} - D_{\nu} D_{\mu} = -i\,\eta\,B_{\mu \nu}\,. \tag{3}$$

Wir berechnen jetzt nach Gl. (1) und (2):

$$\frac{\partial T^\mu{}_\nu}{\partial x^\mu} = \frac{\sigma\varkappa}{2}\left[F^\mu{}^* D_\mu F_\nu + F_\nu{}^* D_\mu F^\mu + (D_\mu F^\mu)^* F_\nu + (D_\mu F_\nu)^* F^\mu\right.$$

$$\left. - F_\lambda{}^* D_\nu F^\lambda - (D_\nu F_\lambda)^* F^\lambda - \psi^* D_\nu \psi - (D_\nu \psi)^* \psi\right].$$

Mit den Feldgleichungen

$$D_\mu \psi + \varkappa F_\mu = 0$$

$$D_\mu F^\mu + \varkappa \psi = 0$$

bringen wir einen Teil der Glieder zum Fortfall; es bleibt:

$$\frac{\partial T^\mu{}_\nu}{\partial x^\mu} = \frac{\sigma\varkappa}{2}\left[F^\lambda{}^*(D_\lambda F_\nu - D_\nu F_\lambda) + (D_\lambda F_\nu - D_\nu F_\lambda)^* F^\lambda\right]$$

$$= \frac{\sigma}{2}\left[F^\lambda{}^*(D_\nu D_\lambda - D_\lambda D_\nu)\psi + \left((D_\nu D_\lambda - D_\lambda D_\nu)\psi\right)^* F^\lambda\right],$$

also nach Gl. (3)

$$\frac{\partial T^\mu{}_\nu}{\partial x^\mu} = B_{\nu\lambda} \cdot \frac{i\,\sigma\,\eta}{2}\left(\psi^* F^\lambda - F^\lambda{}^* \psi\right).$$

Wir erhalten so das wichtige Ergebnis

$$\frac{\partial T^\mu{}_\nu}{\partial x^\mu} = B_{\nu\lambda}\, s^\lambda. \tag{4}$$

Für den Energie-Impuls-Tensor $(T^\mu{}_\nu)_\text{el}$ des elektromagnetischen Feldes fanden wir im Abschnitt 9:

$$\frac{\partial (T^\mu{}_\nu)_\text{el}}{\partial x^\mu} = -- B_{\nu\lambda}\, s^\lambda,$$

so daß für elektromagnetisches Feld und Materiefeld zusammen

$$\frac{\partial}{\partial x^\mu}\left[T^\mu{}_\nu + (T^\mu{}_\nu)_\text{el}\right] = 0 \tag{5}$$

ist. Wir deuten darauf hin $T^\mu{}_\nu$ als *Energie-Impuls-Tensor des Materie-feldes* und sehen Gl. (5) als Ausdruck dafür an, daß elektromagnetisches Feld und Materiefeld zusammen ein energetisch abgeschlossenes System bilden. Dabei ist die gedankliche Trennung des Gesamtsystems so vorgenommen, daß in $(T^\mu{}_\nu)_\text{el}$ nur das reine elektromagnetische Feld ($\mathfrak{E}$, $\mathfrak{B}$) erfaßt wird, während in $T^\mu{}_\nu$ die unter Berücksichtigung der Potentiale V, $\mathfrak{A}$ gebildeten Materiefeldgrößen eingehen. Die Kopplung zwischen Materiefeld und elektromagnetischem Feld ist also im Anteil $T^\mu{}_\nu$ enthalten.

Die aus dem Tensor Gl. (1) abgeleitete Energiedichte ist

$$u = \frac{\sigma\varkappa}{2}\left(f^* f + \mathfrak{F}^* \mathfrak{F} + \psi^* \psi\right);$$

sie ist (σ positiv gewählt) stets positiv. Sie erfüllt mit

$$c\,\mathfrak{g} = \frac{\sigma\varkappa}{2}\,(f^*\,\mathfrak{F} + \mathfrak{F}^*\,f)$$

zusammen die Beziehung

$$\dot{u} + \operatorname{div} c\,\mathfrak{g} = \frac{i\sigma\eta c}{2}\,\mathfrak{E}\,(\psi^*\,\mathfrak{F} - \psi\,\mathfrak{F}^*) = \mathfrak{E}\,\mathfrak{s}\,.$$

Die Energiedichte des Materiefeldes ändert sich nicht nur gemäß dem Energiestrom, vielmehr kommt die vom elektromagnetischen Feld abgegebene Leistung $\mathfrak{E}\,\mathfrak{s}$ dazu.

In nichtrelativistischer Näherung wird unter Beschränkung auf die großen Glieder

$$u = \sigma\varkappa\,\psi^*\,\psi$$

$$c\,\mathfrak{g} = \frac{i\sigma\varkappa}{2}\,(\psi^*\,\mathfrak{F} - \psi\,\mathfrak{F}^*)\,.$$

Legen wir wieder die Einheit für ψ so fest, daß $\psi^*\,\psi$ die Zahl der Elementarladungen in der Raumeinheit wird, so ist $\sigma = \hbar c$ und

$$u = m\,c^2\,\psi^*\,\psi$$

$$\mathfrak{g} = \psi^* \cdot \left(\frac{\hbar}{i}\,\mathfrak{grad} - \frac{e}{c}\,\mathfrak{A}\right)\psi - \psi \cdot \left(\frac{\hbar}{i}\,\mathfrak{grad} + \frac{e}{c}\,\mathfrak{A}\right)\psi^*\,.$$

30. Kräfte des Materiefeldes.

Die Überlegungen, die wir im Abschnitt 21 über die Kräfte des Materiefeldes anstellten, wollen wir jetzt auf das relativistische Materiefeld ausdehnen. Wir wollen dabei an die Verknüpfung des Materiefeldes mit den elektromagnetischen Größen denken; wir wollen aber auch auf ganz andere Verknüpfungen gefaßt sein. Die Ankopplung des elektromagnetischen Feldes an das Materiefeld, die wir bisher mit Hilfe der Bildungen $(\partial/\partial x^{\mu}) - i\eta A_{\mu}$ ausgedrückt haben, wollen wir jetzt, ohne sachlich etwas zu ändern, anders ausdrücken. Während für ungekoppeltes Materiefeld

$$-\frac{1}{c^2}\,\ddot{\psi} + \Delta\,\psi - \varkappa^2\,\psi = 0$$

gilt, gilt für das gekoppelte Materiefeld

$$-\frac{1}{c^2}\,\ddot{\psi} + \Delta\,\psi - \varkappa^2\,\psi = -\gamma, \tag{1}$$

wo in γ alle Glieder zusammengefaßt sind, die V und $\mathfrak{A}$ enthalten. γ beschreibt also die ,,Quellen des Materiefeldes‘‘ (vgl. Abschnitt 19). Wenn V allein auftritt, ist

$$-\gamma = 2\,i\,\frac{\eta}{c}\,V\dot{\psi} + i\,\frac{\eta}{c}\,\dot{V}\psi - \eta^2 V^2\,\psi.$$

Die allgemeine Schreibweise mit γ hat aber den Vorteil, daß sie außer der Verknüpfung des Materiefeldes mit dem elektromagnetischen Feld auch andere Verknüpfungen des Materiefeldes beschreiben kann, die wir später brauchen werden.

Wir betrachten also jetzt allgemein ein Materiefeld mit Quellen irgendwelcher Herkunft, beschrieben durch die Gl. (1). Ob die Quellendichte γ die Feldgröße ψ enthält oder nicht, ist für das zunächst zu Betrachtende nicht wichtig.

Das Materiefeld übt Kräfte auf die Träger der Quellen aus. Wir können sie *aus dem Energie-Impuls-Tensor* des Materiefeldes berechnen. Für das ungekoppelte Materiefeld ist dieser

$$T^{\mu}{}_{\nu} = \frac{\sigma \varkappa}{2}\left[F^{\mu}{}^{*}F_{\nu} + F_{\nu}{}^{*}F^{\mu} - \delta^{\mu}_{\nu}(F_{\lambda}{}^{*}F^{\lambda} + \psi^{*}\psi)\right] \tag{2}$$

mit

$$\varkappa F_{\mu} = -\frac{\partial \psi}{\partial x^{\mu}}.$$

Bei einem Materiefeld ohne Quellen würde aus der Feldgleichung die Beziehung

$$\frac{\partial T^{\mu}{}_{\nu}}{\partial x^{\mu}} = 0$$

folgen; sie deutete an, daß ein energetisch abgeschlossenes System vorläge. Aus der Feldgl. (1) mit Quellen oder aus

$$\left.\begin{aligned} \frac{\partial \psi}{\partial x^{\mu}} + \varkappa F_{\mu} &= 0 \\ \frac{\partial F^{\mu}}{\partial x^{\mu}} + \varkappa \psi &= \frac{1}{\varkappa} \gamma \end{aligned}\right\} \tag{1'}$$

folgt zunächst (mit der ersten dieser Gleichungen)

$$\frac{\partial T^{\mu}{}_{\nu}}{\partial x^{\mu}} = \frac{\sigma \varkappa}{2}\left[\left(\frac{\partial F^{\mu*}}{\partial x^{\mu}} + \varkappa \psi^{*}\right)F_{\nu} + \left(\frac{\partial F^{\mu}}{\partial x^{\mu}} + \varkappa \psi\right)F_{\nu}{}^{*}\right]$$

und dann (mit der zweiten Gleichung)

$$\frac{\partial T^{\mu}{}_{\nu}}{\partial x^{\mu}} = \frac{\sigma}{2}(\gamma^{*}F_{\nu} + \gamma F_{\nu}{}^{*}). \tag{3}$$

Die Gleichung besagt, daß Energie und Impuls zwischen Materiefeld und Quellen ausgetauscht werden kann. Die Null-Komponente (nach Hinaufziehen von $\nu = 0$)

$$\frac{\sigma}{2}(\gamma^{*}f + \gamma f^{*})$$

gibt den c-ten Teil der Arbeit, die die Quellen am Materiefeld in der Zeit- und Raumeinheit leisten, an; die räumlichen Komponenten

$$\frac{\sigma}{2}(\gamma^{*}\mathfrak{F} + \gamma \mathfrak{F}^{*})$$

geben die Impulsabgabe an das Materiefeld an. Die Dichte der Kraft, die das Materiefeld auf die Träger der Quellen ausübt, ist also

$$-\frac{\sigma}{2}\,(\gamma^*\,\mathfrak{F} + \gamma\,\mathfrak{F}^*).$$

Die Kraft auf einen „Probekörper" $\left(\text{mit } \dfrac{\sigma}{\varkappa}\displaystyle\int\gamma\,\mathrm{d}\tau = g\right)$ *wird*

$$\mathfrak{K} = -\frac{\varkappa}{2}\,(g^*\,\mathfrak{F} + g\,\mathfrak{F}^*). \tag{4}$$

Der Energie-Impuls-Tensor, aus dem wir oben die Kräfte ableiteten, die das Materiefeld auf die Träger der Quellen dieses Feldes ausübt, war der Energie-Impuls-Tensor des reinen Materiefeldes. Der Energie-Impuls-Tensor, den wir am Ende des Abschnittes 29 betrachteten und mit dem wir dort die Gl. (4) und (5) ableiteten, betraf das Materiefeld einschließlich der Wechselwirkung mit V, $\mathfrak{A}$. Wir können uns diesen Tensor zerlegt denken in den Tensor des reinen Materiefeldes [Gl. (2) mit der Definition von F^μ, die dem reinen Materiefeld entspricht] und den Rest. Der Energie-Impuls-Tensor des energetisch abgeschlossenen Systems Materie + Elektromagnetismus ist dann in drei Teile zerlegt

$$T^\mu{}_\nu = (T^\mu{}_\nu)_{\text{mat}} + (T^\mu{}_\nu)_{\text{el}} + (T^\mu{}_\nu)_{\text{kpl}}\,, \tag{5}$$

den Tensor der Materie, des Elektromagnetismus und einen Kopplungsanteil. Der Materietensor zeigt die Kräfte an, die das Materiefeld auf die Stellen der Wechselwirkung ausübt:

$$\frac{\partial\,(T^\mu{}_\nu)_{\text{mat}}}{\partial\,x^\mu} = \frac{\sigma}{2}\,(\gamma^*\,F_\nu + \gamma\,F_\nu{}^*) = -\,(k_\nu)_{\text{mat}}; \tag{6}$$

der elektromagnetische Tensor zeigt die Kräfte an, die das elektromagnetische Feld auf die Stellen der Wechselwirkung ausübt:

$$\frac{\partial\,(T^\mu{}_\nu)_{\text{el}}}{\partial\,x^\mu} = -\,B_{\nu\lambda}s^\lambda = -\,(k_\nu)_{\text{el}}\,. \tag{7}$$

Die Kräfte sind verschieden, da es ja einen Energie-Impuls-Tensor der Wechselwirkung gibt. Erst für alle drei Glieder zusammen gilt:

$$\frac{\partial T^\mu{}_\nu}{\partial\,x^\mu} = 0. \tag{8}$$

Die Kraft Gl. (4) auf einen Probekörper können wir in manchen Fällen aus einem Potential

$$U = -\frac{1}{2}\,(g^*\,\psi + g\,\psi^*) \tag{9}$$

ableiten. Es geht dies sicher, wenn g und g^* konstant sind. Wenn g und g^* irgendwie von der Zeit abhängen, so ist das Integral der Arbeit $\int\mathfrak{K}\,\mathrm{d}\mathfrak{r}$ im allgemeinen überhaupt keine Ortsfunktion, und es existiert kein Potential. Wenn, wie es bei der Kopplung des Materiefeldes mit dem Elektromagnetismus sein kann, g und ψ rasch periodisch so von der Zeit abhängen, daß $g^*\psi$ zeitunabhängig wird, und wenn dann g praktisch nicht vom Ort abhängt, so gibt es auch das Potential Gl. (9). Es entspricht der Größe

$$U = eV$$

der Elektrostatik.

Aus Gl. (9) können wir (innerhalb des Gültigkeitsbereiches dieser Formel) wie im Abschnitt 21 die *potentielle Energie zweier mit der gleichen Frequenz ω schwingender Punktquellen*

$$U = -\frac{\varkappa}{4\pi\sigma} \frac{g_1^* g_2 + g_2^* g_1}{2} \frac{e^{-\alpha r}}{r} \qquad \alpha = \sqrt{\varkappa^2 - \frac{\omega^2}{c^2}} \tag{10}$$

ausrechnen. *Bei statischen Feldern, d.h. zwischen zeitunabhängigen Quellen, ist $U \sim e^{-\varkappa r}/r$, d.h., die Reichweite der Kräfte ist von der Größenordnung $1/\varkappa$.*

Das Minuszeichen in den Ausdrücken der potentiellen Energie ist zwangsläufig, da das Vorzeichen des Energie-Impuls-Tensors durch die Forderung einer positiven Energiedichte des Materiefeldes $[(\sigma\varkappa/2)\,(f^*f + \mathfrak{F}^*\mathfrak{F} + \psi^*\psi)]$ festgelegt ist. Wir finden also *Anziehung gleichschwingender Quellen, Abstoßung von in entgegengesetzter Phase schwingenden Quellen.*

Die Kräfte zwischen den Trägern von Quellen eines Materiefeldes können wir auch *aus der Lagrange-Funktion des aus den Trägern der Quellen und dem Felde bestehenden Systems* herleiten. Die Feldgl. (1) und die entsprechende für ψ^* folgen aus einem Variationsprinzip mit der Lagrange-Dichte

$$L = \frac{\sigma\varkappa}{2}\,(f^*f - \mathfrak{F}^*\mathfrak{F} - \psi^*\psi) + \frac{\sigma}{2\varkappa}\,(\psi^*\gamma + \gamma^*\psi).$$

Aus der Lagrange-Funktion des Gesamtsystems

$$\overline{L} = \sum{}' \frac{m}{2}\,\mathfrak{v}^2 + \int L\,d\tau$$

folgt

$$U = -\int L\,d\tau$$

als potentielle Energie, solange dieses Integral nicht von den Geschwindigkeiten abhängt (vgl. Abschnitte 11 und 21). Für

$$U = \frac{\sigma\varkappa}{2}\int(-f^*f + \mathfrak{F}^*\mathfrak{F} + \psi^*\psi)\,d\tau - \frac{\sigma}{2\varkappa}\int(\psi^*\gamma + \gamma^*\psi)\,d\tau$$

können wir

$$U = \frac{\sigma}{4}\int\Big[-\frac{1}{c}\,(f^*\dot\psi + \dot\psi^*f) - \mathfrak{F}^*\,\mathfrak{grad}\,\psi - \mathfrak{F}\,\mathfrak{grad}\,\psi^*$$
$$+ \psi^*\Big(\varkappa\psi - \frac{2\gamma}{\varkappa}\Big) + \psi\Big(\varkappa\psi^* - \frac{2\gamma^*}{\varkappa}\Big)\Big]\,d\tau$$

und mit Teilintegration

$$U = \frac{\sigma}{4} \int \Big[- \frac{1}{c} \left(f^* \dot\psi + \dot\psi^* f \right) + \psi^* \left(\operatorname{div} \mathfrak{F} + \varkappa\,\psi - \frac{2\,\gamma}{\varkappa} \right) + \psi \left(\operatorname{div} \mathfrak{F}^* + \varkappa\,\psi^* - \frac{2\,\gamma^*}{\varkappa} \right) \Big] \, d\tau$$

setzen. Wegen der Feldgleichung wird dies:

$$U = - \frac{\sigma}{4\,c} \int \left(f^* \dot\psi + \dot\psi^* f + \psi^* \dot f + \dot f^* \psi \right) d\tau - \frac{\sigma}{4\,\varkappa} \int \left(\psi^* \gamma + \gamma^* \psi \right) d\tau .$$

Für zeitunabhängige ruhende Quellen fällt das erste Integral fort; die potentielle Energie wird also

$$U = - \frac{\sigma}{4\,\varkappa} \int \left(\psi^* \gamma + \gamma^* \psi \right) d\tau . \tag{11}$$

Für periodisch schwingende und ruhende Quellen, $\gamma \sim e^{-i\omega t}$, wird auch das Feld $\psi \sim e^{-i\omega t}$, und das erste Integral wird null; die potentielle Energie wird also ebenfalls durch Gl. (11) angegeben. Drücken wir ψ durch die Quellen aus,

$$\psi = \frac{1}{4\pi} \int \frac{\gamma\,(\mathfrak{r}')\, e^{-\alpha\,|\mathfrak{r}-\mathfrak{r}'|}}{|\mathfrak{r}-\mathfrak{r}'|} \, d\tau' \qquad \alpha = \sqrt{\varkappa^2 - \frac{\omega^2}{c^2}},$$

so wird

$$U = - \frac{\sigma}{16\,\pi\,\varkappa} \int \frac{\left[\gamma^*\,(\mathfrak{r})\, \gamma\,(\mathfrak{r}') + \gamma^*\,(\mathfrak{r}')\, \gamma\,(\mathfrak{r}) \right] e^{-\alpha\,|\mathfrak{r}-\mathfrak{r}'|}}{|\mathfrak{r}-\mathfrak{r}'|} \, d\tau\, d\tau' ; \tag{12}$$

für die potentielle Energie zweier schwingender, aber im übrigen fester Punktquellen erhalten wir wieder den Ausdruck Gl. (10).

Die Berechnung der potentiellen Energie aus der Energie

$$\frac{\sigma\,\varkappa}{2} \int \left(f^* f + \mathfrak{F}^* \mathfrak{F} + \psi^* \psi \right) d\tau$$

des Materiefeldes (deren Analogon in der Elektrostatik möglich ist) würde hier zu einem falschen Ergebnis führen. Für zeitunabhängige ruhende Quellen ergäbe sich Gl. (11) mit umgekehrtem Vorzeichen. Erst die Zufügung einer Kopplungsenergie

$$- \frac{\sigma}{2\,\varkappa} \int \left(\psi^* \gamma + \gamma^* \psi \right) d\tau$$

machte die Energiebilanz vollständig. Bei zeitabhängigen Quellen ist der Zusammenhang nicht so einfach.

31. Kernkraft[1].

Die Kraft eines Materiefeldes scheint auch in der *Kraft* vorzuliegen, *die die Bausteine eines Atomkernes zusammenhält*, im einfachsten Fall das

---

[1] HEISENBERG, W.: Z. Physik **77**, 1, 1932. — FERMI, E.: Z. Physik **88**, 161, 1934. — YUKAWA, H.: Proc. phys. math. Soc. Japan **17**, 48, 1935.

Proton und Neutron im Deuteron (Kern des schweren H-Isotops). Auf die Erkenntnis, daß ein Atomkern aus Protonen und Neutronen besteht, zwischen denen irgendwelche Kräfte wirken, folgte die Anschauung (HEISENBERG 1932), daß diese „Kernkraft" sich zu den gelegentlich aus Kernen beim β-Zerfall austretenden Elektronen oder Positronen so ähnlich verhielte, wie in der Atomhülle die elektromagnetischen Kräfte zu den gelegentlich austretenden Photonen. Danach wäre die Kernkraft mit einem Materiefeld verknüpft, dem im Teilchenbild Elektronen und Positronen entsprächen, das Ladung übertragen und so die Umwandlung eines Protons in ein Neutron und umgekehrt bewirken könnte. Eine quantitative Durchführung führte nicht zu befriedigendem Ergebnis.

In der *Yukawaschen Theorie der Kernkräfte* (1935) werden Proton und Neutron als Quellen eines in erster Näherung statischen Materiefeldes angesehen. Beschreiben wir dieses Materiefeld, wie wir es hier taten, und sehen wir vom Unterschied des Protons und Neutrons ab, so erhalten wir eine Anziehungskraft von Proton und Neutron, die wie $e^{-\varkappa r}/r$ vom Abstand abhängt. Da die Reichweite der Kernkräfte experimentell etwa 10^{-13} cm beträgt, fordert diese Theorie eine Materie, deren $\varkappa$-Wert gut 100mal so groß ist wie bei der Materie, die im Teilchenbild Elektronen genannt wird. Die Yukawasche Theorie gewann an Wahrscheinlichkeit, als man in der kosmischen Strahlung Teilchen fand, deren Masse etwa 100 Elektronenmassen betrug, die *Mesonen*. Nach YUKAWA sind also die *Kernkräfte* die *Kräfte eines in erster Näherung statischen Mesonfeldes, dessen Quellen die „Nukleonen"* (Protonen und Neutronen) *sind*; dieses Mesonfeld hat eine charakteristische Konstante $1/\varkappa \approx 10^{-13}$ cm.

Wir sind auch heute noch nicht sicher, ob der Grundgedanke YUKAWAS, die Reichweite der Kräfte mit der Masse der Teilchen zu verknüpfen, die dem Felde im Kern zugeordnet sind, das Wesentliche trifft. Jene Reichweite von 10^{-13} cm stimmt ungefähr überein mit dem Abstand, unterhalb dessen man (Abschnitt 32) Abänderungen der bisherigen Theorien zu erwarten hat; es liegt also auch nahe, die Reichweite der Kernkräfte mit dieser Begrenzung der bisherigen Theorien zu verknüpfen und nicht mit der Konstante $1/\varkappa$. In der kosmischen Strahlung hat man inzwischen mehrere Mesonenarten festgestellt, von denen aber mindestens eine Art engere Beziehungen zu den Kernkräften zu haben scheint, wodurch YUKAWAS Gedanke wieder an Wahrscheinlichkeit gewinnt.

In der ersten einfachen Form konnte YUKAWAS Theorie die beobachteten Erscheinungen bei Kernen nicht ganz wiedergeben. Er und andere mußten darum noch Verfeinerungen anbringen, insbesondere erwies sich die Darstellung des Feldes durch die Skalare ψ, ψ^* als zu eng.

Wir wollen die Yukawasche Theorie zunächst in einfachster Form aufstellen, und zwar, soweit sie dem anschaulichen Feldbild angehört. Unterdrücken wir den Unterschied von Protonen und Neutronen, nehmen **wir**

also nur eine Art Nukleonenmaterie (Feldgröße Φ an), so gibt diese die
Quellen des Mesonenfeldes ψ an:

$$-\frac{1}{c^2}\ddot{\psi} + \Delta\psi - \varkappa^2\psi \sim -\Phi^*\Phi\,.\tag{1}$$

Damit sind statische reelle ψ-Felder möglich, die an Anhäufungen der
Nukleonenmaterie hängen, an punktförmigen Anhäufungen gemäß

$$\psi \sim \frac{1}{r}\,e^{-\varkappa r}\,.$$

Es gibt also *Anziehungskräfte mit dem Potential*

$$U = -\frac{\varkappa g^2}{4\pi\sigma r}\,e^{-\varkappa r}$$

zwischen Nukleonen. In dieser einfachen Form als reelles Feld kann das
ψ-Feld keine Ladung übertragen, also nichts mit der Umwandlung eines
Protons in ein Neutron zu tun haben. Das ist nur bei einem komplexen
ψ-Feld möglich. Wir können ein solches erhalten, wenn wir zwei Arten
Nukleonenmaterie Φ und Ψ einführen und etwa $\Phi^*\Psi$ als Quelle für ψ,
$\Phi\Psi^*$ als Quelle für ψ^* einführen:

$$-\frac{1}{c^2}\ddot{\psi} + \Delta\psi - \varkappa^2\psi \sim -\Phi^*\Psi\,.\tag{2}$$

Jetzt sind die Kräfte im allgemeinen mit einem Übergang von elektrischer
Ladung zwischen den Quellen verbunden. Lassen wir Φ der Neutron-, Ψ
der Protonmaterie entsprechen, so hätten wir das anschauliche Analogon
der Umwandlung eines Protons in ein Neutron oder umgekehrt; unsere
Theorie kann natürlich nur eine allmähliche Änderung der Nukleonenmaterie wiedergeben, nicht die Umwandlung eines Elementarteilchens
in ein anderes. Bei dem Ladungsübergang ändern sich die Quellen, und
die Felder sind nicht mehr in strengem Sinne statisch; bei schwacher
Kopplung der Mesonmaterie mit der Nukleonmaterie können sie aber genähert noch als statisch angesehen werden.

Die Yukawasche Theorie gibt bis jetzt zwar die Umwandlung der
Nukleonen (im anschaulichen Analogon) wieder, aber noch nicht den
β-Zerfall, d.h. das Herauskommen von Elektron und Neutrino aus dem
Kern. Dazu mußte YUKAWA noch die Annahme einer weiteren Kopplung
des Mesonfeldes mit dem Leptonfeld machen (Lepton sei als gemeinsamer
Name für Elektron, Positron und Neutrino gebraucht).

Auch die empirisch bekannte Abhängigkeit der Kernkräfte von der
Stellung der Spins der Nukleonen ist in der bisherigen einfachen Theorie

nicht enthalten. Nun könnte man die Kopplung des Materiefeldes an Quellen etwas erweitern, indem man

$$\mathfrak{grad}\,\psi + \varkappa\,\mathfrak{F} = \frac{\mathfrak{P}}{\varkappa}$$

$$-\frac{1}{c}\,\dot\psi + \varkappa f = \frac{P}{\varkappa}$$

$$\frac{1}{c}\,\dot f + \operatorname{div}\mathfrak{F} + \varkappa\,\psi = \frac{\gamma}{\varkappa}$$

schriebe. Das wäre aber nur eine Umbenennung von

$$\left.\begin{aligned}\mathfrak{grad}\,\psi + \varkappa\,\mathfrak{F} &= 0\\[4pt]-\frac{1}{c}\,\dot\psi + \varkappa f &= 0\\[4pt]\frac{1}{c}\,\dot f + \operatorname{div}\mathfrak{F} + \varkappa\,\psi &= \frac{1}{\varkappa}\left(\gamma - \frac{1}{c}\,\dot P - \operatorname{div}\mathfrak{P}\right).\end{aligned}\right\} \tag{3}$$

In Gl. (3) könnte eine vektorielle Eigenschaft der Quellen untergebracht werden. Der Spin ist aber ein Drehvektor; einen solchen könnte man unterbringen, wenn man unter ψ einen Pseudoskalar verstünde, dann würde nämlich $\mathfrak{F}$ ein Drehvektor. Das Vorkommen eines Pseudoskalars als Feldgröße wäre unbedenklich, da die Größe $i\,(\psi^*\dot\psi - \psi\,\dot\psi^*)/2$ wieder ein Skalar (im Dreidimensionalen) wäre. Es gibt aber noch andere Möglichkeiten, auf die wir im zehnten Kapitel eingehen wollen.

32. Materieerzeugung im elektrischen Feld.

Experimentell hat man eine Entstehung von positiven und negativen Elektronen aus Licht an Atomkernen gefunden. Der Satz von der Erhaltung der elektrischen Ladung wird dadurch erfüllt, daß gleichviel positive und negative Elektronen entstehen. Die Energie der Elektronen, das ist Ruhenergie $2\,mc^2$ und kinetische Energie, wird dem Licht entnommen; die „Paarerzeugung" tritt nur ein, wenn die Energie der Lichtquanten $(h\nu)$ größer als $2\,mc^2$ ist. Die Anwesenheit des Atomkernes ermöglicht die Erfüllung des Impulssatzes.

Die Erscheinung ist sowohl vom Teilchenbild wie vom Wellenbild der Materie her nur als Quantenerscheinung zu verstehen. Ein Stück davon ist aber im Wellenbild schon auf der anschaulichen Stufe verständlich. In der einfachsten Form ist es folgende Eigenschaft des Wellenbildes: *Strömt Materie von einer Seite her auf ein Gebiet hinreichend hoher Differenz des elektrischen Potentials an, so strömt aus diesem Gebiet eine größere Menge Materie wieder ab.* Erzeugung von Materie, ohne daß etwas zuströmt, tritt erst auf der Stufe des gequantelten Wellenbildes auf.

Um den Teil des Sachverhaltes einzusehen, der dem anschaulichen Wellenbild angehört, betrachten wir zunächst ein elektrisches Potential, das nur von x abhängt und von dem konstanten Wert 0 auf den konstanten Wert $V > 2\varkappa/\eta$ ansteigt. Ebene Wellen im Gebiet des Potentials 0 haben Frequenzen, für die

$$\frac{\omega^2}{c^2} > \varkappa^2$$

ist; für ebene Wellen im Gebiet des Potentials V gilt

$$\left(\frac{\omega}{c} - \eta V\right)^2 > \varkappa^2.$$

Wenn nun $V > 2\varkappa/\eta$ ist, so gibt es Frequenzen, zu denen ebene Wellen in beiden Gebieten möglich sind, nämlich die Frequenzen:

$$\varkappa < \frac{\omega}{c} < \eta V - \varkappa.$$

Ein Vorgang mit solcher Frequenz hat die Möglichkeit, in beiden Bereichen als ebene Welle aufzutreten. Wenn das Gebiet des Potentialanstieges schmal genug ist, werden die Wellen in beiden Gebieten nicht unabhängig voneinander sein. Wenn im Gebiet des Potentials 0 eine ebene Welle mit $\omega/c > \varkappa$, also mit positiver Ladung, auf den Potentialanstieg zuläuft, so wird hinter dem Anstieg eine Welle gleicher Frequenz, wegen

$$\frac{\omega}{c} - \eta V < 0$$

jetzt mit negativer Ladung, weiterlaufen. Wegen der Erhaltung der Ladung muß im Gebiet des Potentials 0 eine Welle positiver Ladung zurücklaufen, die einmal die einfallende positive Ladung zurückführt und dazu so viel positive Ladung mehr, als auf der anderen Seite negative Ladung wegläuft.

Im Potentialanstieg entsteht also dauernd positiv und negativ geladene Materie. Der Energiesatz wird dadurch gewahrt, daß die positiv geladene Materie im Gebiete tiefen Potentials, die negativ geladene Materie im Gebiete hohen Potentials entsteht. Abb. 9 gibt schematisch die Verhältnisse wieder.

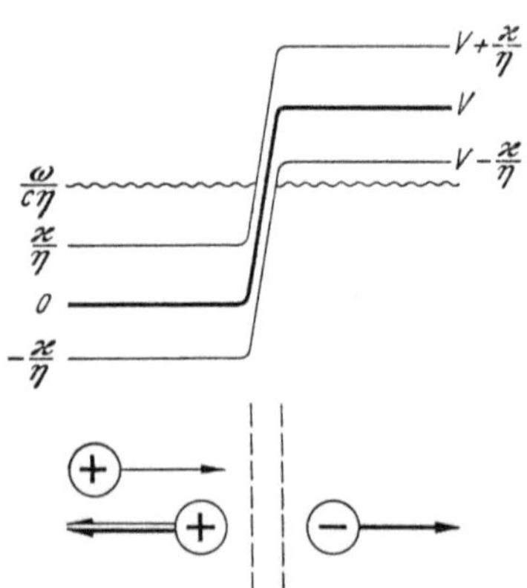

Abb. 9. Schema der Materieerzeugung.

Für das Zustandekommen der Materieerzeugung ist es wichtig, daß unsere Theorie positiv und negativ geladene Materie gleichzeitig umfaßt.

Es handelt sich also um *eine der relativistischen Wellentheorie angehörende Erscheinung.*

Für den Grenzfall eines unstetigen Potentialsprunges von 0 ($x < 0$) auf V ($x > 0$) können wir die Materieerzeugung leicht rechnerisch verfolgen. Wir machen (mit $\varkappa < \omega/c < \eta V - \varkappa$) den Ansatz:

$$x < 0:$$
$$\psi = e^{-i\omega t}(A\,e^{ikx} + B\,e^{-ikx})$$
$$k^2 = \frac{\omega^2}{c^2} - \varkappa^2 \quad (k > 0)$$

$$x > 0:$$
$$\psi = e^{-i\omega t}(C\,e^{ilx} + D\,e^{-ilx})$$
$$l^2 = \left(\eta V - \frac{\omega}{c}\right)^2 - \varkappa^2 \quad (l > 0).$$

Im linken Teilgebiet ist die Ladungsdichte bis auf einen Faktor durch $(\omega/c)\,(A^*A + B^*B)$, die Stromdichte durch $k\,(A^*A - B^*B)$ gegeben; das Glied mit A stellt die einfallende, das Glied mit B die rücklaufende Welle dar. Im rechten Teilgebiet ist die Ladungsdichte durch $-(\eta V - \omega/c)\,(C^*C + D^*D)$, die Stromdichte durch $l\,(C^*C - D^*D)$ gegeben; das Glied mit C stellt eine auf den Potentialsprung zulaufende, das Glied mit D eine vom Potentialsprung weglaufende Welle dar. Das Glied mit C hätten wir auch weglassen können.

Die Bedingungen des stetigen Überganges von ψ und $\frac{\partial \psi}{\partial x}$ bei $x = 0$:

$$A + B = C + D$$
$$k\,(A - B) = l\,(C - D)$$

ergeben:

$$B = \frac{k + l}{k - l}\,A - \frac{2\,l}{k - l}\,C$$
$$D = \frac{2\,k}{k - l}\,A - \frac{k + l}{k - l}\,C,$$

wofür wir mit

$$\alpha = \frac{k + l}{k - l}$$

auch

$$B = \alpha\,A - (\alpha - 1)\,C$$
$$D = (\alpha + 1)\,A - \alpha\,C$$

schreiben können. Für $k = l$ treten unendliche Größen auf.

Betrachten wir zunächst den Fall, wo von rechts her keine Materie einströmt, also $C = 0$, so wird

$$\frac{B^*B}{A^*A} = \alpha^2 > 1; \quad \frac{B^*B - A^*A}{A^*A} = \alpha^2 - 1,$$

d.h., es strömt mehr (positiv geladene) Materie in das linke Gebiet zurück als auftrifft. Das Verhältnis des Stromes, der in das rechte Gebiet fließt, zu dem links einfließenden ist (abgesehen vom Vorzeichen)

$$\frac{l\,D^*D}{k\,A^*A} = \frac{l}{k}\,(\alpha + 1)^2 = \alpha^2 - 1;$$

wie es sein muß, entsteht rechts so viel negative Ladung wie links positive Ladung.

Wenn von beiden Seiten Materie einströmt, so wird

$$B^* B = \alpha^2 A^* A + (\alpha - 1)^2 C^* C - \alpha (\alpha - 1)(A^* C + C^* A);$$

das Ergebnis hängt also von den Phasen der beiden einlaufenden Wellen ab. Wenn wir über alle Phasen der einlaufenden Wellen mitteln, wird

$$\overline{B^* B} = \alpha^2 A^* A + (\alpha - 1)^2 C^* C .$$

Dies bedeutet, daß mehr Materie zurückläuft als einläuft. *Im Phasenmittel gibt es keine Materievernichtung.* Es könnte so aussehen, als stünde die im Mittel auftretende Materieerzeugung im Widerspruch zu der Tatsache, daß die Gesetze der Materiewelle invariant sind gegen Umkehr der Zeitrichtung. Es ist aber zu bedenken, daß der hier behandelte Vorgang der Materieerzeugung zu einer ganz speziellen Phasenbeziehung zwischen den beiden auslaufenden Wellen führt. Der umgekehrte Vorgang ist dann eine Materievernichtung bei einlaufenden Wellen mit spezieller Phasenbeziehung. Bei statistisch verteilten Phasen gibt es auch hier im Mittel Materieerzeugung.

Ersetzen wir den unendlich steilen Anstieg des Potentials durch einen allmählichen, so bleiben B und D homogen lineare Funktionen von A und C, insbesondere wird für $C = 0$

$$B = \alpha A$$

$$\frac{B^* B - A^* A}{A^* A} = \alpha^* \alpha - 1 .$$

Wenn überhaupt eine D-Welle auftritt, ist $\alpha^* \alpha > 1$, da sich sonst der Satz von der Erhaltung der elektrischen Ladung nicht erfüllen ließe.

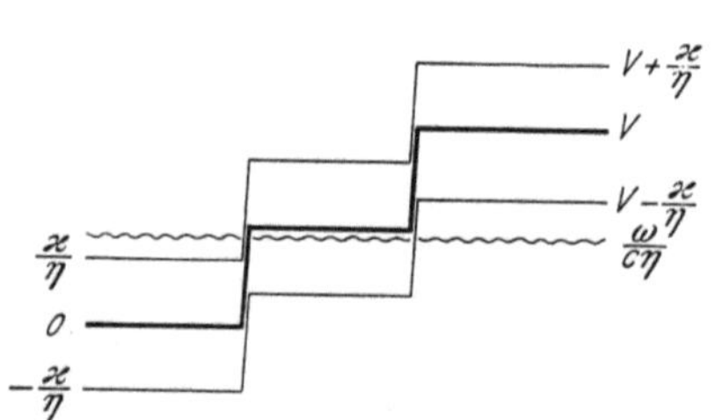

Abb. 10. Potentialanstieg in Stufen.

Auch hier entsteht proportional der einströmenden Materiemenge positiv geladene Materie, die nach der einen Seite läuft, und negativ geladene Materie, die nach der anderen Seite läuft.

Die Berechnung von α bei allmählichem Anstieg wäre verwickelt. Eine elementare Rechnung, die aber das Wesentliche zeigt, gelingt bei einem Anstieg in zwei Stufen: Das Potential sei null für $x < 0$, es sei $V/2$ für $0 < x < a$ und V für $a < x$; weiter sei:

$\varkappa < \omega/c < \eta V - \varkappa$, $\eta V/2 - \varkappa < \omega/c < \eta V/2 + \varkappa$ (Abb. 10). Im Falle, daß nur von links her Materie einläuft, haben wir:

$$x < 0 \qquad\qquad\qquad 0 < x < a$$

$$\psi = e^{-i\omega t}(A\,e^{ikx} + B\,e^{-ikx}) \qquad \psi = e^{-i\omega t}(E\,e^{mx} + F\,e^{-mx})$$

$$k^2 = \frac{\omega^2}{c^2} - \varkappa^2 \qquad\qquad m^2 = \varkappa^2 - \left(\frac{\omega}{c} - \frac{\eta V}{2}\right)^2$$

$$a < x$$

$$\psi = e^{-i\omega t}\,D\,e^{-ilx}$$

$$l^2 = \left(\eta V - \frac{\omega}{c}\right)^2 - \varkappa^2.$$

Die Übergangsbedingungen ergeben, wenn $e^{ma} \gg e^{-ma}$ ist:

$$\frac{B^*B - A^*A}{A^*A} = \frac{16\,k\,l\,m^2\,e^{-2ma}}{(k^2 + m^2)\,(l^2 + m^2)}.$$

Die Materieerzeugung tritt also nur auf, wenn der Potentialanstieg auf einer kurzen Strecke (a nicht viel größer als $1/m$) erfolgt.

Schräg auf die Sprungebene einlaufende Materie führt ebenfalls zu Materieerzeugung, wie mit dem Ansatz

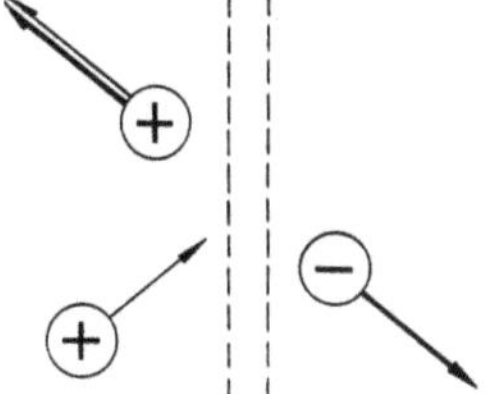

Abb. 11. Materieerzeugung bei schrägem Einfall.

$$\psi = e^{-i\omega t + ipy}(A\,e^{ikx} + B\,e^{-ikx}) \qquad \psi = e^{-i\omega t + ipy}\cdot D\,e^{-ilx}$$

$$p^2 + k^2 = \frac{\omega^2}{c^2} - \varkappa^2 \qquad\qquad p^2 + l^2 = \left(\eta V - \frac{\omega}{c}\right)^2 - \varkappa^2$$

leicht nachzurechnen ist. Die Richtungsverhältnisse lassen sich aus der Erhaltung von Ladung und Impuls erschließen. Abb. 11 gibt sie wieder.

Viertes Kapitel.

Einteilchensystem.

33. Schrödinger-Gleichung für ein Teilchen.

Die anschauliche Wellen- und Feldtheorie der Materie, die wir bisher behandelten, konnte nur eine Vorstufe sein, da sie der *Erfahrungstatsache der Elementarteilchen* nicht gerecht wurde, der Tatsache, daß beim Feststellen einer elektrischen Ladung stets ein ganzzahliges Vielfaches der Elementarladung e erscheint und beim Feststellen einer Ruhmasse stets ein ganzzahliges Vielfaches der Teilchenmasse m.

In der nichtrelativistischen Wellentheorie positiver Ladung könnte
man *im Falle eines einzigen Elementarteilchens* versuchen, diesem Sachverhalt einfach dadurch Rechnung zu tragen, daß man die Ladung des
gesamten Feldes gleich e setzt,

$$\sigma \eta \int \psi^* \psi \, d\tau = e,$$

in der jetzt naheliegenden Festsetzung der Dimension und Einheit für ψ
durch $\sigma = c\,\hbar$:

$$\int \psi^* \psi \, d\tau = 1. \tag{1}$$

Die Energie des Feldes wird dann in erster Näherung

$$\sigma \varkappa \int \psi^* \psi \, d\tau = m\,c^2.$$

Bei einer solchen Festsetzung könnte man zwar eine Beobachtung, die
ein Teilchen an einer mit einer gewissen Genauigkeit bestimmten Stelle
zeigt, durch eine örtlich schmale Wellenfunktion ψ, die die Gl. (1) erfüllt,
darstellen. Aber das Verhalten dieser Materie im Laufe der Zeit stellt die
klassische Wellentheorie nicht richtig dar. Im kräftefreien Fall z. B. läuft
die Wellenfunktion im Laufe der Zeit auseinander, während die Erfahrung
wieder ein an einer bestimmten Stelle vorhandenes Teilchen zeigen kann.

Zur Vorstellung der kontinuierlich verteilten Materie im anschaulichen Wellenbild gehört ein Einfluß der elektrischen Ladung dieser Materie auf das Potential, unter dessen Wirkung die Materie selbst steht.
Wir könnten das ausdrücken durch die Wellengleichung für die Materie
und durch die Poissonsche Gleichung für das elektrische Feld:

$$\left.\begin{aligned}
i\,\psi + \frac{1}{2\,\lambda}\,\Delta\psi - \zeta\,V\psi &= 0 \\[2mm]
\varepsilon_0\,\Delta V + \varrho_a + \frac{\sigma\,\zeta}{c}\,\psi^*\psi &= 0,
\end{aligned}\right\} \tag{2}$$

worin ϱ_a die einem gegebenen äußeren Felde entsprechende Ladungsdichte ist. Bei Vorhandensein von nur ganz wenig Materie kann ihr Einfluß in der zweiten Gleichung vernachlässigt werden und V als das gegebene äußere Potential angesehen werden. Dann haben wir nur eine
lineare Gleichung für ψ. Diesen Grenzfall haben wir bisher in den Beispielen betrachtet. Bei geeignetem Verlaufe von V (Potentialmulden) gibt
es periodische Lösungen mit diskreten Frequenzen, die unabhängig von
der Amplitude sind. Bei größerer Menge von Materie gilt das nicht mehr;
das Gleichungssystem (2) ist nicht linear, und die diskreten Frequenzen
werden von der Amplitude abhängig.

In Wirklichkeit ist es nun so, daß gerade bei Vorhandensein eines
einzigen Teilchens die elektrische Ladung des Teilchens nichts beiträgt
zum elektrischen Felde, unter dessen Wirkung es steht. Man könnte ver-

suchen, dem dadurch Rechnung zu tragen, daß man im Falle des Einteilchensystems für V nur das äußere Potential nimmt, also nur die jetzt lineare Wellengleichung für ψ ansetzt. Dies ist aber eine *völlige Abkehr von einer anschaulichen Auffassung* der Feldgröße ψ, bei deren kontinuierlicher Verteilung stets eine elektrische Wirkung der Materie auf sich selbst angenommen werden müßte. Vollzieht man diesen Bruch mit der Anschauung, so erhält man für das Einteilchensystem neben der Normierungsbedingung Gl.(1) noch die Gleichung ($\lambda = m/\hbar$, $\zeta = e/\hbar$ gesetzt):

$$- i\,\hbar\,\dot{\psi} - \frac{\hbar^2}{2\,m}\,\Delta\psi + eV\psi = 0\,, \tag{3}$$

die wir auch

$$- i\,\hbar\,\dot{\psi} + H\psi = 0$$

abkürzen. Es ist die *Schrödinger-Gleichung des Einteilchensystems*.

Für die Anwendung dieser Gleichung ist zu beachten, daß man zwar durch ein geeignetes ψ eine Beobachtung darstellen kann, die den Ort des Teilchens und, wenn man gemäß $\hbar\,\mathfrak{k} = \mathfrak{p}$ der Wellenzahl einen Impuls zuordnet, auch den Impuls des Teilchens mit einer gewissen Genauigkeit (die der Komplementarität von Ort und Wellenzahl entspricht) angibt. Die Komplementarität ist jetzt auch eine von Ort und Impuls; denn $\Delta x\,\Delta k \approx 1$ wird mit $\hbar\,\mathfrak{k} = \mathfrak{p}$ zu

$$\Delta x\,\Delta p_x \approx \hbar\,.$$

Die Lösung der Schrödinger-Gleichung läßt sich jedoch nicht in anschaulicher Weise auf zeitlich spätere Vorgänge anwenden.

Diesem Sachverhalt kann man so Rechnung tragen, daß man die Lösung ψ nicht in anschaulicher Weise deutet, sondern (nach BORN) $\psi^*\,\psi\,\Delta\tau$ als Wahrscheinlichkeit dafür auffaßt, das Teilchen im Raumgebiet $\Delta\tau$ zu finden, und daß man auch die anderen Größen der Wellentheorie als Wahrscheinlichkeiten deutet.

Was wir hier getan haben, kann man als eine *korrespondenzmäßige Quantelung des anschaulichen Wellenbildes für den Fall des Einteilchensystems* ansehen. Entsprechend der Anwendung des Korrespondenzprinzipes auf die Quantentheorie des Atoms und der Spektren durch BOHR änderten wir am anschaulichen Wellenbild gerade soviel ab, als nötig war, der Tatsache der Elementarteilchen gerecht zu werden. Das war erstens die Einführung der „Normierung" Gl. (1), zweitens die Weglassung der elektrischen Wirkung der Materie auf sich selbst. Damit erhielten wir aus der Wellentheorie der Materie die Schrödinger-Gleichung (3) des Einteilchensystems. Mit dieser korrespondenzmäßigen Quantelung verzichten wir weitgehend auf anschauliche Deutung von ψ, insbesondere müssen wir die Wahrscheinlichkeitsdeutung in Kauf nehmen.

8*

34. Analyse eines Feldes.

Die Beziehung

$$\Delta x \, \Delta k \approx 1 \tag{1}$$

zwischen der Unbestimmtheit Δx des Ortes und der Unbestimmtheit Δk der Wellenzahl einer Wellengruppe drückt etwas aus, was in der anschaulichen Vorstellung einer Wellengruppe enthalten ist. Die Beziehung Gl. (1) gehört darum der anschaulichen Feld- oder Wellentheorie an. Die Beziehung

$$\Delta x \, \Delta p \approx \hbar \tag{2}$$

zwischen der Unbestimmtheit einer Ortskoordinate und der Unbestimmtheit der zugehörigen Impulskomponente eines Teilchens ist keine anschauliche Beziehung und gehört der Quantentheorie an. Ihr genauerer Sinn wird nur mit der Wahrscheinlichkeitsdeutung verständlich. Zur Vorbereitung dieser Wahrscheinlichkeitsdeutung wollen wir zunächst noch einige Merkmale der anschaulichen Beschreibung eines Feldes betrachten, diese auch ohne Rücksicht auf den zeitlichen Ablauf. Wir treiben also noch *anschauliche Feldtheorie ohne Beachtung einer besonderen Feldgleichung*.

Die Beziehung Gl. (1) handelt von zwei „Aspekten" eines durch eine Funktion $\psi\,(x)$ beschriebenen Zustandes; der Zustand wird mit dem „x-Auge" und dem „k-Auge" angesehen; das Ergebnis dieses Ansehens kann eine ziemlich genaue Bestimmung von x sein, dann liefert das k-Auge eine ziemlich ungenaue Bestimmung von k.

In der Schreibweise $\psi\,(x)$ ist die „Analyse des Zustandes in bezug auf den Ort x" bereits ausgedrückt. Die „*Analyse in bezug auf die Wellenzahl k*" geschieht mit *Hilfe der Darstellung als* Fourier-Reihe oder *Fourier-Integral*. Wenn x und $x + L$ denselben Ort bedeutet oder wenn allgemein $\psi\,(x) = \psi\,(x + L)$ ist, so wird ψ durch die Fourier-Reihe

$$\psi = \frac{1}{\sqrt{L}} \sum c_k \, e^{i k x}$$

dargestellt, in der $k L / 2\,\pi$ die Reihe der ganzen Zahlen durchläuft. Wegen der Beziehungen der Orthogonalität und der Normierung des Funktionssystems der $e^{i k x}/\sqrt{L}$

$$\frac{1}{L} \int e^{i (k' - k)\, x} \, \mathrm{d}\,x = \delta_{k' k} \quad (0 \text{ oder } 1)$$

für das Integrationsgebiet der Länge L folgt für die Entwicklungskoeffizienten

$$c_k = \frac{1}{\sqrt{L}} \int \psi\,(x)\, e^{-i k x} \, \mathrm{d}\,x;$$

weiter ist

$$\int \psi^* \, \psi \, \mathrm{d}\,x = \sum c_k^* \, c_k \,.$$

Beim Grenzübergang von der Fourier-Reihe zum Fourier-Integral, $L \to \infty$, wird:

$$\frac{1}{\sqrt{L}} \sum c_k e^{ikx} \to \frac{1}{\sqrt{L}} \int c(k) e^{ikx} \, \mathrm{d}\frac{kL}{2\pi} = \frac{1}{\sqrt{2\pi}} \int \frac{c(k)\sqrt{L}}{\sqrt{2\pi}} e^{ikx} \, \mathrm{d}k,$$

so daß wir

$$\psi(x) = \frac{1}{\sqrt{2\pi}} \int \varphi(k) e^{ikx} \, \mathrm{d}k \qquad \varphi(k) = \frac{1}{\sqrt{2\pi}} \int \psi(x) e^{-ikx} \, \mathrm{d}x \qquad (3)$$

schreiben können. Beim Grenzübergang wird aus

$$\sum c_k^* c_k \to \int c^*(k) c(k) \, \mathrm{d}\frac{kL}{2\pi} = \int \varphi^*(k) \varphi(k) \, \mathrm{d}k,$$

also

$$\int \psi^* \psi \, \mathrm{d}x = \int \varphi^* \varphi \, \mathrm{d}k. \qquad (4)$$

Wenn man $\psi^* \psi$ als Dichte deuten kann (wie in der nichtrelativistischen Feldtheorie), so kann man $\varphi^* \varphi$ als Dichte auf der k-Skala deuten und „Mittelwerte" für x, x^2, k, k^2 einführen:

$$\bar{x} = \frac{\int \psi^* x \psi \, \mathrm{d}x}{\int \psi^* \psi \, \mathrm{d}x} \qquad \overline{x^2} = \frac{\int \psi^* x^2 \psi \, \mathrm{d}x}{\int \psi^* \psi \, \mathrm{d}x}$$

$$\bar{k} = \frac{\int \varphi^* k \varphi \, \mathrm{d}k}{\int \varphi^* \varphi \, \mathrm{d}k} \qquad \overline{k^2} = \frac{\int \varphi^* k^2 \varphi \, \mathrm{d}k}{\int \varphi^* \varphi \, \mathrm{d}k}.$$

Wie man durch Grenzübergang von der Fourier-Reihe her leicht sieht, kann man auch

$$\bar{k} = \frac{\int \psi^* \frac{\partial}{i\, \partial x} \psi \, \mathrm{d}x}{\int \psi^* \psi \, \mathrm{d}x} \qquad \overline{k^2} = \frac{\int \psi^* \left(-\frac{\partial^2}{\partial x^2} \psi\right) \mathrm{d}x}{\int \psi^* \psi \, \mathrm{d}x}$$

schreiben und so der Größe k einen „Operator" $\partial/i\,\partial x$ zuordnen. Ein Zustand ψ hat einen *festen Wert* der Wellenzahl k, wenn

$$\frac{\partial}{i\, \partial x} \psi = k \psi,$$

also „ψ *eine Eigenfunktion des Operators* $\partial/i\,\partial x$ zum Eigenwert k" ist. Im anderen Falle entspricht dem Zustand ψ eine „*Verteilung*" $\varphi(k)$ von k-Werten, die durch Gl.(3) wiedergegeben wird. Den einfachen Faktor x können wir auch unter die Operatoren einreihen, dem Ort x entspricht also der Operator x.

Die beiden Operatoren zu k und x erfüllen eine *Vertauschungsregel*:

$$i\left(\frac{\partial}{i\, \partial x} x - x \frac{\partial}{i\, \partial x}\right) \psi = \psi,$$

kurz (k als Operatorsymbol benutzt):

$$i(k\,x - x\,k) = 1. \qquad (5)$$

Aus dieser Vertauschungsregel für die Operatoren folgt ein wichtiger *Satz über die Eigenwerte einer bestimmten Kombination dieser Operatoren*, ein Satz, von dem wir in Zukunft sehr viel Gebrauch machen werden. Er lautet: Wenn k und x die Vertauschungsregel Gl.(5) erfüllen, so hat der Operator

$$\frac{k^2}{\lambda^2} + \lambda^2 x^2 \tag{6}$$

für beliebige Zahl λ die Eigenwerte 1, 3, 5, 7 … Von den verschiedenen Beweisen sei an den erinnert, der die endlichen Lösungen der Differentialgleichung

$$-\frac{1}{\lambda^2}\frac{\mathrm{d}^2\psi}{\mathrm{d}x^2} + \lambda^2 x^2\psi - E\psi = 0 \tag{7}$$

aufsucht, die aus der Quantentheorie des Oszillators bekannt ist. Die Lösungen gehören zu $E = 1, 3, 5 \dots$

Mit diesem Satz über die Eigenwerte wollen wir jetzt die Unbestimmtheitsbeziehung für die Größen x und k aus der Vertauschungsregel ableiten. Wir betrachten dazu den Mittelwert

$$\frac{\overline{k^2}}{\lambda^2} + \lambda^2 \overline{x^2} = \frac{\int \psi^*\left(\frac{k^2}{\lambda^2} + \lambda^2 x^2\right)\psi\,\mathrm{d}x}{\int \psi^*\psi\,\mathrm{d}x}$$

und entwickeln darin ψ nach den Eigenfunktionen des Operators (6), also den normierten Lösungen der Differentialgl. (7),

$$\psi = \sum c_l v_l.$$

Unter Berücksichtigung der Eigenwerte 1, 3, 5 … von (6) wird dann für alle λ:

$$\frac{\overline{k^2}}{\lambda^2} + \lambda^2 \overline{x^2} = \frac{c_1{}^* c_1 + 3 c_2{}^* c_2 + 5 c_3{}^* c_3 + \cdots}{c_1{}^* c_1 + c_2{}^* c_2 + c_3{}^* c_3 + \cdots} \geqq 1.$$

Das Gleichheitszeichen wird nur erreicht, wenn

$$\psi \sim e^{-\frac{\lambda^2 x^2}{2}}$$

ist. Um aus der Ungleichung

$$\overline{x^2} \geqq \frac{1}{\lambda^2}\left(1 - \frac{\overline{k^2}}{\lambda^2}\right)$$

möglichst viel herauszuholen, wählen wir bei gegebenem $\overline{k^2}$ die Zahl λ so, daß die rechte Seite möglichst groß wird, also $\overline{k^2}/\lambda^2 = 1/2$, dann folgt

$$\overline{k^2}\cdot\overline{x^2} \geqq \frac{1}{4}.$$

Das ist eine Unbestimmtheitsbeziehung für k und x, wenn die Mittelwerte $\bar{k}$ und $\bar{x}$ bei null liegen. Im Falle beliebiger Werte von $\bar{k}$ und $\bar{x}$ schließen wir aus der aus Gl.(5) folgenden Vertauschungsregel

$$i\left[(\boldsymbol{k}-\bar{k})(\boldsymbol{x}-\bar{x})-(\boldsymbol{x}-\bar{x})(\boldsymbol{k}-\bar{k})\right]=1$$

auf dem gleichen Wege die Unbestimmtheitsbeziehung

$$\overline{(k-\bar{k})^2}\cdot\overline{(x-\bar{x})^2}\geq\frac{1}{4}$$

$$\Delta k\cdot\Delta x\geq\frac{1}{2}. \tag{8}$$

Aus der Vertauschungsregel Gl.(5) zweier Operatoren folgt also die Unbestimmtheitsbeziehung Gl.(8) der entsprechenden Größen.

Die Verallgemeinerung auf Funktionen $\psi(x,y,z)$ im Raume liegt auf der Hand. Die Analyse in bezug auf den Wellenvektor $\mathfrak{k}$ geschieht mit der Fourier-Reihe

$$\psi=\frac{1}{\sqrt{L^3}}\sum{}'c_{k_1k_2k_3}\,e^{i(k_1x+k_2y+k_3z)}$$

oder mit dem Fourier-Integral

$$\psi=\frac{1}{\sqrt{2\pi}^3}\int\varphi(k_1,k_2,k_3)\,e^{i(k_1x+k_2y+k_3z)}\,\mathrm{d}k_1\,\mathrm{d}k_2\,\mathrm{d}k_3.$$

Den Komponenten des Wellenvektors entsprechen die Operatoren $\partial/i\,\partial x$, $\partial/i\,\partial y$, $\partial/i\,\partial z$, und aus den Vertauschungsregeln (jetzt x^1, x^2, x^3 statt x,y,z geschrieben)

$$i\left(\boldsymbol{k}_l x^m-\boldsymbol{x}^m\boldsymbol{k}_l\right)=\delta_l^{\,m} \tag{9}$$

folgen die Unbestimmtheitsbeziehungen zwischen Ortskoordinaten und zugehörigen $\mathfrak{k}$-Komponenten, während für $l \neq m$ keine gegenseitige Beschränkung der Genauigkeit eintritt.

Eine tiefergehende Verallgemeinerung ist die folgende. Ein Zustand ψ kann unter verschiedenen Aspekten betrachtet werden, die bestimmten „Observabeln" entsprechen. Das mathematische Hilfsmittel der Analyse von ψ in bezug auf eine Observable p ist die Entwicklung

$$\psi=\sum a_k u_k \tag{10}$$

nach einem Orthogonalsystem u_k, dessen Funktionen u_k festen Werten der Observabeln entsprechen, für die mit dem zugehörigen Operator $\boldsymbol{p}$

$$\boldsymbol{p}\,u_k=p_k u_k$$

ist. Damit sind wir im „Hilbertschen Raum" der Funktionen. Der Übergang zu einem anderen Aspekt, der den Observabeln q entsprechen mag, geschieht durch Wahl eines anderen Orthogonalsystems v_k

$$\psi=\sum b_k v_k,$$

für das

$$\boldsymbol{q}\,v_k=q_k v_k$$

ist. Im allgemeinen sind die Operatoren $\boldsymbol{p}$ und $\boldsymbol{q}$ nicht in der Reihenfolge vertauschbar; dann können die Observabeln p und q nicht beide scharf bestimmt sein. Bei scharfer Bestimmung $\Delta p\,\Delta q = 0$ könnte man nämlich, die obige Überlegung rückwärtsgehend, auf $\boldsymbol{p}\boldsymbol{q} - \boldsymbol{q}\boldsymbol{p} = 0$ schließen.

Der Mittelwert einer Observabeln p

$$\bar{p} = \int \psi^* \boldsymbol{p}\, \psi\, \mathrm{d}\tau$$

wird mit der Entwicklung Gl.(10)

$$\bar{p} = \sum_{k,l} a_k^* a_l \int u_k^* \boldsymbol{p}\, u_l\, \mathrm{d}\tau .$$

Wenn das Funktionssystem der u_k gerade zum Operator $\boldsymbol{p}$ gehört, ist

$$\bar{p} = \sum_k a_k^* a_k\, p_k$$

gerade aus den Beiträgen p_k gemäß den Anteilen $a_k^* a_k$ zusammengesetzt. Wenn das Funktionssystem ein allgemeines ist, können wir den Mittelwert

$$\bar{p} = \sum_{k,l} a_k^* a_l\, p_{kl}$$

schreiben; er wird mit Hilfe der Matrix

$$p_{kl} = \int u_k^* \boldsymbol{p}\, u_l\, \mathrm{d}\tau$$

ausgedrückt.

Wir haben uns ganz im Bereich der anschaulichen Felder bewegt. Die hier aufgetretene Zuordnung:

Aspekt — Orthogonalsystem

Observable — Operator

fester Wert — Eigenwert

unscharfer Wert — Verteilung

und der Zusammenhang von Vertauschungsregel und Unbestimmtheit wird aber auch in der Quantentheorie eine große Rolle spielen.

35. Wahrscheinlichkeitsdeutung.

Wir haben uns nun im einzelnen zu überlegen, wie man in der Quantentheorie des Einteilchensystems das Ergebnis von Messungen an Observabeln durch eine Wellenfunktion ψ erfaßt und wie man aus einer durch Rechnung erhaltenen Funktion ψ Schlüsse auf den Ausfall von Messungen ziehen kann. Diese Vorschriften müssen Bestandteile einer vollständigen Quantentheorie sein; bei einer abstrakten Fassung dieser Theorie sind sie natürlich unabhängig davon, ob man diese Theorie sich als Quantelung des Wellenbildes oder als Quantelung des Teilchenbildes verständlich gemacht hat. Bei der Aufstellung und Verständlichmachung der Vorschriften jedoch wird man sich vom klassischen Wellenbild oder vom klassischen Teilchenbild leiten lassen. Wir wollen hier dabei dem Wellenbild den Vorzug geben.

Der Bruch mit der Anschauung mag beim Wellenbild vielleicht weniger einschneidend aussehen als beim Teilchenbild. Das klassische Teilchenbild wird weder der Tatsache der Interferenzfähigkeit der Materie gerecht noch der Komplementarität gewisser Größen wie Koordinate und Impuls. Beides geschieht erst bei der Quantelung durch die Vertauschungsregeln. Das klassische Wellenbild wird der Tatsache der Elementarteilchen nicht gerecht; die Tatsache der Komplementarität gewisser Größen enthält es aber. Daher kommt es, daß das Ergebnis von Messungen die Eigenschaften des Einteilchensystems zu einer bestimmten Zeit feststellen, durch eine Wellenfunktion ψ richtig wiedergegeben werden können. Erst bei Voraussagen künftiger Meßergebnisse versagt das anschauliche Wellenbild; erst dann braucht man an die Quantelung zu denken (Weglassen der elektrischen Wechselwirkung der Materie mit sich selbst, statistische Deutung von ψ). Diese größere Nähe des klassischen Wellenbildes zur Wirklichkeit verliert sich aber beim Mehrteilchensystem.

Wir gehen nun zu der Frage über, wie Ergebnisse von Messungen durch eine ψ-Funktion wiedergegeben werden.

Die Feststellung eines bestimmten *Ortes* für das Teilchen wird durch eine schmale Funktion ψ dargestellt; ihre örtliche Ausdehnung mag der Ungenauigkeit der Ortsbestimmung entsprechen. Durch Ort und Ungenauigkeit ist ψ nicht eindeutig bestimmt; es läßt sich ja auch mit der ungenauen Ortsbestimmung eine ungenaue Impulsbestimmung vereinigen.

Der Feststellung eines bestimmten Wertes der Geschwindigkeit $\mathfrak{v}$ oder des Impulses $\mathfrak{p} = m\,\mathfrak{v}$ wird man im kräftefreien Fall eine ebene Welle

$$\psi \sim e^{-i\omega t + i\mathfrak{k}\mathfrak{r}}$$

mit $\mathfrak{k} = \lambda\,\mathfrak{v}$, $\hbar\,\mathfrak{k} = \mathfrak{p}$ (es war ja bei Elementarteilchen $\hbar\,\lambda = m$) entsprechen lassen. Auch im nichtkräftefreien Fall wird das Augenblicksbild

$$\psi \sim e^{i\mathfrak{k}\mathfrak{r}}$$

sein, da dieser Zustand bei kräftefreier Fortsetzung die Gruppengeschwindigkeit $\mathfrak{k}/\lambda$ ergäbe, die dem Impuls $\mathfrak{p} = \hbar\,\mathfrak{k}$ eines Elementarteilchens entspräche. Der Observabeln $\mathfrak{p}$ entspricht der Operator $(\hbar/i) \cdot \mathfrak{grad}$, auf $\psi \sim e^{i\mathfrak{k}\mathfrak{r}}$ angewandt, gibt er $\hbar\,\mathfrak{k}$.

Einen Zustand mit *festem Drehimpuls* um eine Achse kann man durch

$$\psi \sim e^{i\,m\,\varphi}$$

wiedergeben, wo φ das Azimut um die Achse und m eine ganze Zahl ist. Denn bei kräftefreier Fortsetzung ist an jeder Stelle die Gruppengeschwindigkeit senkrecht auf dem Abstand von der Achse und vom Betrag $m/\lambda r$. Der Observabeln Drehimpuls um eine Achse entspricht der Operator $(\hbar/i)\,\partial/\partial\varphi$; auf $\psi \sim e^{im\varphi}$ angewandt, gibt er $\hbar m$.

Folgende allgemeine Festsetzung liegt nahe: Wenn eine Observable G, die einem Teilchen zukommen kann, einen bestimmten Wert g hat, so entspricht dem eine Wellenfunktion ψ, die bei Anwendung des zu G gehörigen Operators $\boldsymbol{G}$ den Faktor g vor ψ liefert

$$\boldsymbol{G}\,\psi = g\,\psi. \tag{1}$$

Dieser Festsetzung entspricht auch der Fall eines bestimmten Ortes, denn für eine ganz schmale ψ-Funktion bei $\mathfrak{r}_1$ ist

$$\mathfrak{r}\,\psi = \mathfrak{r}_1\,\psi.$$

Der Observabeln Energie entspricht der Operator

$$\boldsymbol{H} = -\frac{\hbar^2}{2\,m}\,\Delta + eV,$$

denn wenn

$$\boldsymbol{H}\,\psi = E\,\psi$$

ist, folgt aus der Schrödinger-Gleichung

$$\boldsymbol{H}\,\psi - i\,\hbar\,\dot{\psi} = 0,$$

daß

$$\psi \sim e^{-i\frac{E}{\hbar}t}$$

ist.

Bei nicht genau bestimmtem Wert der Observabeln G wird man den Zustand ψ mittels der Entwicklung

$$\psi = \sum a_k u_k \tag{2}$$

in bezug auf G analysieren, wo die einzelnen u_k Zustände mit bestimmten Werten g_k von G bezeichnen:

$$\boldsymbol{G}\,u_k = g_k u_k. \tag{3}$$

Wir haben bisher nur Messungen zu einer bestimmten Zeit dargestellt. Wir müssen jetzt die Schlüsse betrachten, die man aus einer errechneten Größe ψ ziehen kann. Damit kommen wir zur Wahrscheinlichkeitsdeutung von ψ. Um festzustellen, ob ψ einen Zustand mit bestimmtem Wert der Größe G darstellt, wird man $\boldsymbol{G}\,\psi$ bilden. Ist es $g\psi$, so hat die Größe G den bestimmten Wert g. Im anderen Fall wird man versuchen, ψ in der Form Gl. (2), (3) darzustellen. Aus der Schrödinger-Gleichung ergibt sich dabei eine Zeitabhängigkeit der a_k. Wenn die Darstellung gelingt, hat man den Mittelwert

$$\int \psi^* \, \boldsymbol{G}\, \psi \, \mathrm{d}\tau = \sum_k a_k^* a_k g_k.$$

Während nun im anschaulichen Wellenbilde die Größen $a_k^* a_k$ die Anteile der Werte g_k am Gesamtwert von G sind, wird man *in der Quantentheorie die Größen $a_k^* a_k$ als Wahrscheinlichkeiten dafür* ansehen, *daß die Observable G den bestimmten Wert g_k hat*. Wegen $\int \psi^* \psi \, \mathrm{d}\tau = 1$ gilt $\sum a_k^* a_k = 1$.

Diese Anweisung setzt voraus, daß man die Funktion ψ in der Form Gl. (2) schreiben kann. Es gibt in der Tat den mathematischen Satz, daß man eine willkürliche Funktion des Ortes nach den Eigenfunktionen u_k eines Operators, wie er hier vorkommt (Hermiteischen Operators), entwickeln kann, daß also diese Funktionen u_k ein „vollständiges Orthogonalsystem" bilden.

Die genaue Bestimmung einer Größe G ist mit der genauen Bestimmung einer anderen Größe F nur verträglich, wenn für die zugeordneten Operatoren $\boldsymbol{GF} = \boldsymbol{FG}$ ist. So bedeuten die Vertauschungsregeln

$$i \left(\frac{\partial}{i\,\partial x^k}\, x^l - x^l\, \frac{\partial}{i\,\partial x^k} \right) = \delta_k^{\;l}$$

$$i\,(\boldsymbol{p}_k\, x^l - x^l\, \boldsymbol{p}_k) = \hbar\, \delta_k^{\;l},$$

daß p_k und x^l für $k \neq l$ beide genau bestimmt werden können.

Die ungenaue Bestimmung einer Größe F ist im allgemeinen mit der ungenauen Bestimmung einer Größe G verträglich. Die Aufgabe, das Ergebnis einer solchen Bestimmung darzustellen, heißt, eine Funktion ψ zu finden, für die die Werte $a_k^* a_k$ und $b_k^* b_k$ zweier Entwicklungen

$$\psi = \sum_k a_k u_k = \sum_k b_k v_k$$

gegeben sind.

Zur Erläuterung, wie eine ungenaue Ortsmessung und eine ungenaue Impulsmessung verträglich sind, betrachten wir im eindimensionalen Fall einen Zustand, bei dem der Ort $x = 0$ mit dem mittleren Fehler a und der Impuls $\hbar k_1$ mit dem mittleren Fehler $\hbar b$ festgestellt ist. Es muß dann $ab \geqq 1/2$ sein. Wir suchen also eine Funktion $\psi\,(x)$, für die

$$\psi^*\,(x)\, \psi\,(x) = \frac{1}{a\sqrt{2\,\pi}}\, e^{-\frac{x^2}{2\,a^2}} \tag{4}$$

und in der die Wellenzahlen k mit einer Wahrscheinlichkeit

$$\varphi^*\,(k)\, \varphi\,(k) = \frac{1}{b\sqrt{2\,\pi}}\, e^{-\frac{(k-k_1)^2}{2\,b^2}} \tag{5}$$

vorkommen. Die Faktoren sind so eingerichtet, daß

$$\int \psi^* \psi \, \mathrm{d}x = \int \varphi^* \varphi \, \mathrm{d}k = 1$$

ist. Die Beziehung zwischen ψ und φ muß den Gleichungen

$$\psi\,(x) = \frac{1}{\sqrt{2\,\pi}} \int \varphi\,(k)\, e^{i\,k\,x}\, \mathrm{d}k \qquad\qquad \varphi\,(k) = \frac{1}{\sqrt{2\,\pi}} \int \psi\,(x)\, e^{-i\,k\,x}\, \mathrm{d}x$$

entsprechen. Der früher einmal (Abschnitt 14) betrachtete Wellenzustand

$$\psi(x) = \frac{1}{\sqrt{a}\ \sqrt[4]{2\pi}}\, e^{-\frac{x^2}{4a^2} + ik_1 x} \tag{6}$$

hat gerade die gewünschten Eigenschaften. Man rechnet Gl. (4) nach; weiter wird

$$\varphi(k) = \frac{1}{\sqrt{2\pi a}\ \sqrt[4]{2\pi}} \int e^{-\frac{x^2}{4a^2} + i(k_1-k)x}\, \mathrm{d}x = \sqrt{a}\ \sqrt[4]{\frac{2}{\pi}}\, e^{-a^2(k-k_1)^2}$$

und

$$\varphi^* \varphi = a\ \sqrt{\frac{2}{\pi}}\, e^{-2a^2(k-k_1)^2}.$$

Die Funktion Gl. (6) stellt also gerade den durch Messung festgestellten Zustand dar, wenn $ab = 1/2$ ist. Das entspricht der größten mit der Komplementarität verträglichen Genauigkeit. Ungenauere Messungen würden ψ nicht völlig bestimmen.

Um eine Aussage für spätere Zeiten zu gewinnen, muß man $\psi(x, t)$ aus der Wellengleichung berechnen, so daß es für $t = 0$ die obige Form Gl. (6) hat. Für den kräftefreien Fall haben wir das früher getan. $\psi^*(x,t)\,\psi(x,t)\,\mathrm{d}x$ gibt dann die Wahrscheinlichkeit dafür, daß das Teilchen im Gebiet $\mathrm{d}x$ bei x gefunden wird. Die Anteile der Wellenzahlen ändern sich beim kräftefreien Fall im Laufe der Zeit nicht, so daß Gl. (5) die Wahrscheinlichkeit für die einzelnen Impulswerte auch für spätere Zeiten angibt. Für diese Funktion $\psi(x, t)$ ist für $t > 0$ das Produkt der Unbestimmtheiten von Ort und Impuls größer, als es für $t = 0$ ist, und größer, als es der Unbestimmtheitsbeziehung entspricht.

36. Mehrere ungekoppelte Teilchen. Fermi- und Bose-Statistik.

Hat man mehrere (N) gleiche oder ungleiche Teilchen, die keine Kräfte aufeinander ausüben, so kann man jedes für sich als Einteilchensystem behandeln, also seinen Zustand durch eine Funktion $\psi_k(\mathfrak{r}_k, t)$ beschreiben, die den Gleichungen

$$\left. \begin{aligned} -i\hbar\,\dot\psi_k + H^k \psi_k &= 0 \qquad k = 1, 2, \ldots N \\ \int \psi_k^*\,\psi_k\,\mathrm{d}\tau &= 1 \end{aligned} \right\} \tag{1}$$

genügen soll. Die Wahrscheinlichkeit, das erste Teilchen bei $\mathfrak{r}_1$, das zweite bei $\mathfrak{r}_2$ usw. aufzufinden, ist dann durch

$$\psi_1^*(\mathfrak{r}_1)\,\psi_2^*(\mathfrak{r}_2)\ldots\psi_N^*(\mathfrak{r}_N)\,\psi_1(\mathfrak{r}_1)\,\psi_2(\mathfrak{r}_2)\ldots\psi_N(\mathfrak{r}_N)\,\mathrm{d}\tau_1\,\mathrm{d}\tau_2\ldots\mathrm{d}\tau_N \tag{2}$$

gegeben. Die Wahrscheinlichkeit dafür, daß das erste Teilchen den Wert $g_{l_1}^1$ einer Größe G^1, das zweite den Wert $g_{l_2}^2$ der Größe G^2 usw. hat, erhalten wir mit den Entwicklungen

$$\psi_k = \sum_l a_{kl}\,u_l^k \tag{3}$$

nach den zu G^k gehörigen Eigenfunktionen u_l^k zu

$$a_{1\,l_1}^* \, a_{2\,l_2}^* \ldots a_{N\,l_N}^* \, a_{1\,l_1} a_{2\,l_2} \ldots a_{N\,l_N}. \tag{4}$$

Diese Ergebnisse können wir auch so erhalten, daß wir den Zustand dieses N-Teilchen-Systems durch

$$\psi(\mathfrak{r}_1 \mathfrak{r}_2 \ldots \mathfrak{r}_N, t) = \psi_1(\mathfrak{r}_1, t) \cdot \psi_2(\mathfrak{r}_2, t) \ldots \psi_N(\mathfrak{r}_N, t) \tag{5}$$

beschreiben. Aus den Gl.(1) folgt dann

$$\left. \begin{array}{c} -i\,\hbar\,\dot\psi + \sum_k H^k \cdot \psi = 0 \\[2mm] \int \psi^* \psi \, d\tau = 1, \end{array} \right\} \tag{6}$$

das Integral über den Raum aller Koordinaten erstreckt. Die Wahrscheinlichkeit Gl. (2) wird

$$\psi^* \psi \, d\tau,$$

und die Wahrscheinlichkeit Gl.(4) wird $a_{l_1 l_2 \ldots l_N}^* \cdot a_{l_1 l_2 \ldots l_N}$, wo die a durch

$$\psi = \sum_{l_1 l_2 \ldots} a_{l_1 l_2 \ldots l_N} \cdot u_{l_1}^1(\mathfrak{r}_1) u_{l_2}^2(\mathfrak{r}_2) \ldots u_{l_N}^N(\mathfrak{r}_N) \tag{7}$$

gegeben sind.

Im Falle *gleicher Teilchen* werden die H^k in Gl.(1) und (6) gleich und die $u_l^k(\mathfrak{r})$ bilden nur ein Funktionssystem. Die Entwicklung Gl.(7) lautet

$$\psi = \sum_{l_1 l_2 \ldots} a_{l_1 l_2 \ldots l_N} u_{l_1}(\mathfrak{r}_1) u_{l_2}(\mathfrak{r}_2) \ldots u_{l_N}(\mathfrak{r}_N). \tag{8}$$

Bei der Frage nach der Wahrscheinlichkeit haben wir die Voraussetzung gemacht, daß man vom ersten, zweiten usw. Teilchen sprechen kann, daß man also die Teilchen unterscheiden kann. Bei gleichen Teilchen ist das nicht der Fall, und die Gl.(6) gibt in der Tat Lösungen, die nicht der Erfahrung entsprechen.

So kann (bei zwei gleichen Teilchen) die der Lösung

$$\psi = \psi_1(\mathfrak{r}_1, t) \, \psi_2(\mathfrak{r}_2, t)$$

entsprechende Wahrscheinlichkeit

$$\psi^* \psi = \psi_1^*(\mathfrak{r}_1, t) \, \psi_1(\mathfrak{r}_1, t) \cdot \psi_2^*(\mathfrak{r}_2, t) \, \psi_2(\mathfrak{r}_2, t)$$

keine prüfbare Aussage geben, da das erste und zweite Teilchen nicht unterscheidbar sind. Dasselbe gilt für die der Lösung

$$\psi = \psi_2(\mathfrak{r}_1, t) \, \psi_1(\mathfrak{r}_2, t)$$

entsprechende Wahrscheinlichkeit. Die Lösungen

$$\psi = \psi_1(\mathfrak{r}_1, t) \, \psi_2(\mathfrak{r}_2, t) \pm \psi_2(\mathfrak{r}_1, t) \, \psi_1(\mathfrak{r}_2, t)$$

können prüfbaren Zuständen entsprechen.

Bei Systemen aus Elektronen (Spektren der Atomhülle) hat sich gezeigt, daß nur solche Gesamtzustände vorkommen, bei denen im Grenzfall vernachlässigter Wechselwirkung der Elektronen untereinander nie zwei Elektronen im gleichen Zustand l_k sind. Allerdings gilt dies nur, wenn wir den Spin der Elektronen bei der Beschreibung der Zustände mitberücksichtigen. Lassen wir ihn, wie hier, weg, so haben wir ein vereinfachtes Bild der Wirklichkeit. Die Statistik mit Elektronen gibt auch nur dann Ergebnisse, die mit der Erfahrung übereinstimmen, wenn man Gesamtzustände, die durch Permutationen der Nummern der Elektronen ineinander übergehen, nicht als verschiedene Zustände zählt. Man nennt diese Statistik die *Fermi-Statistik.* Sie gilt auch für Protonen (Molekelbau, Kernbau) und für Neutronen.

Das Auftreten zweier gleicher Zahlen l_k in der Entwicklung Gl.(8) kann verhindert werden durch die Forderung, daß $a_{l_1 l_2}\ldots$ in jedem der Indices $l_1\, l_2 \ldots$ antisymmetrisch ist. Dann ist ψ in den Koordinaten je zweier Teilchen antisymmetrisch, und die Antisymmetrie der $a_{l_1 l_2}\ldots$ ist jetzt für jede Entwicklung nach einem Funktionssystem $u_{l_1}(\mathfrak{r}_1)\, u_{l_2}(\mathfrak{r}_2)\ldots u_{l_N}(\mathfrak{r}_N)$ gewährleistet. Die Forderung, *nur solche ψ ($\mathfrak{r}_1\, \mathfrak{r}_2 \ldots$) zuzulassen, die in den Koordinaten je zweier Teilchen antisymmetrisch sind*, führt (bei Mitberücksichtigung des Spins) bei Teilchen mit Fermi-Statistik zu Ergebnissen, die der Erfahrung entsprechen.

Für zusammengesetzte Teilchen, die aus gleich viel Teilchen zweier Arten bestehen, für deren jede die Fermi-Statistik gilt (H-Atome, He-Kerne), folgt dann, daß die *ψ-Funktion in je zweien der zusammengesetzten Teilchen symmetrisch* ist. Es können in einem Einzelzustand l_k mehrere Teilchen sein; Gesamtzustände, die durch Permutieren der Teilchennummern ineinander übergehen, werden nicht als verschieden gezählt. Wir sprechen hier von *Bose-Statistik.*

Geht man vom Teilchenbild aus und gewinnt die Quantentheorie durch Einführung der Vertauschungsregeln für kanonisch konjugierte Größen, so sieht man keinen Grund, weshalb die Gleichung

$$\left\{ H\left(\frac{\hbar}{i}\,\frac{\partial}{\partial q^1},\ \frac{\hbar}{i}\,\frac{\partial}{\partial q^2}\ldots q^1, q^2 \ldots, t \right) - i\,\hbar\,\frac{\partial}{\partial t} \right\}\, \psi\,(q^1 q^2 \ldots t) = 0$$

auf den Fall ohne Koppelung der Teilchen beschränkt sein soll. Sie ist es auch nicht und gibt richtige Ergebnisse, wenn man nur solche Lösungen ψ zuläßt, die in den Koordinaten je zweier gleicher Teilchen mit Fermi-Statistik antisymmetrisch und in den Koordinaten je zweier gleicher Teilchen mit Bose-Statistik symmetrisch sind.

37. Relativistisches Einteilchensystem.

Einer Erweiterung der „gewöhnlichen", d.h. nichtrelativistischen Quantenmechanik auf den allgemeinen Fall, bei dem hohe Teilchengeschwindigkeiten auftreten, also einer Erweiterung zu einer relativistischen Quantenmechanik, stehen Schwierigkeiten entgegen. Zunächst gibt es im Falle mehrerer Massenpunkte ja gar keine klassische relativistische Punktmechanik, d.h. keine Beschreibung mit den Begriffen Bewegung und Fernkraft. Die Kraftwirkung zwischen zwei Körpern an verschiedenen Orten kann schon wegen der endlichen Ausbreitungsgeschwindigkeit von Wechselwirkungen nur mit Hilfe eines Feldes, das diese Wechselwirkung vermittelt, beschrieben werden. Nur im Falle eines Teilchens in einem vorgegebenen Kraftfeld oder im Falle mehrerer Teilchen ohne Wechselwirkung in einem vorgegebenen Kraftfeld gibt es eine relativistische Punktmechanik. Aber auch hier läßt sich eine Übertragung in die Quantentheorie, die das leistet, was wir von der gewöhnlichen Quantenmechanik her gewohnt sind, nicht allgemein durchführen. Das hängt mit der Möglichkeit der Materieerzeugung zusammen. Wir wissen ja (Abschnitt 32), daß es im anschaulichen Wellenbild der Materie eine Materieerzeugung gibt; also muß auch die relativistische Quantentheorie, von der die anschauliche Materiewelle einen Grenzfall darstellt, die Möglichkeit einer Erzeugung von Materie enthalten, d.h. aber hier eine Erzeugung von Teilchen. Das hat zur Folge, daß *es kein Einteilchensystem gibt* in dem Sinne wie in der gewöhnlichen Quantentheorie. Größen, die dem $\psi^*\psi\,d\tau$ der gewöhnlichen Quantenmechanik entsprechen, können darum nicht allgemein als Wahrscheinlichkeiten für das Vorhandensein eines Teilchens gedeutet werden.

Betrachten wir etwa ein positiv geladenes Teilchen, das zunächst in einem Gebiet konstanten elektrischen Potentials läuft und dann gegen einen Anstieg des Potentials stößt, in dem Materieerzeugung stattfinden kann. Es dürfte dann (nach Abschnitt 32) wohl möglich sein, daß mehr als ein positiv geladenes Teilchen in das Herkunftsgebiet zurückkehrt und daß entsprechend ein oder mehr negativ geladene Teilchen in das Gebiet hohen Potentials laufen. Dem Zustand zu Beginn könnte man dadurch Rechnung tragen, daß man ψ so normierte, daß am Anfang die Gesamtladung im Raume e wäre. Die Wellengleichung

$$-\left(\frac{\partial}{c\,\partial t} + i\eta V\right)^2 \psi + (\operatorname{div} - i\eta\,\mathfrak{A})(\operatorname{grad} - i\eta\,\mathfrak{A})\,\psi - \varkappa^2\psi = 0 \qquad (1)$$

lieferte dann für später in den verschiedenen Gebieten des Raumes bestimmte Werte der elektrischen Ladung, so für das Herkunftsgebiet einen Wert größer als e und für das Gebiet hohen Potentials einen negativen Wert. Aus diesen Werten müßten dann Wahrscheinlichkeiten dafür abgelesen werden, daß null, eins, zwei usw. positive oder null, eins, zwei usw. negative Teilchen vorhanden wären. *Eine Wahrscheinlichkeitsdeutung der Größe ψ, die das leistet, ist nicht zu sehen.* Die gestellte Frage wird auch später auf ganz anderem Wege beantwortet werden (Abschnitt 53).

Wir können also höchstens hoffen, in Systemen, die Vorgänge der Materieerzeugung ausschließen, und bei Vorhandensein eines einzigen Teilchens die Wellengleichung (1) in die Quantentheorie übernehmen zu können, indem wir unter V, $\mathfrak{A}$
nur das äußere Feld verstehen. Natürlich kann dann nicht $\psi^*\psi\,d\tau$ als Aufenthalts-
wahrscheinlichkeit des Teilchens in $d\tau$ gedeutet werden (da das Integral davon nicht
konstant ist); für ein positives Teilchen hat $(i\,\hbar/2\,mc)[\psi^*\,D_0\,\psi - (D_0\,\psi)^*\,\psi]$ an die
Stelle zu treten. Aber auch dann haben wir keine exakte Theorie; denn es ist nicht
anzunehmen, daß die Abweichung der Wirklichkeit von diesem Ansatz sich erst
plötzlich beim Eintreten der Materieerzeugung zeigt.

Wenn also das Folgende nur Näherungscharakter hat, so können wir daran doch
gewisse Abweichungen der relativistischen Theorie von der nichtrelativistischen
studieren. Aus dem Unterschied der Wellengleichungen folgen quantitative Abweichungen in den Beziehungen zwischen Frequenz, Wellenzahl und elektrischem
Feld. Schließt man durch ein geeignetes elektrisches Feld die Materie in ein endliches Gebiet ein, so gibt es im anschaulichen Wellenbild Eigenfrequenzen. Sie sind
bei Zugrundelegung der relativistischen Gleichung gegenüber der nichtrelativistischen etwas verändert (außerdem sind beide Vorzeichen von ω möglich).

Mit dem Ansatz

$$\psi = e^{-i\omega t}\,u(x,\,y,\,z)$$

führt die nichtrelativistische Gleichung (mit $\mathfrak{A} = 0$) auf

$$\Delta u + 2\varkappa\left(\frac{\omega}{c} + \eta V\right)u = 0\,,$$

die relativistische auf

$$\Delta u + \left[\left(\frac{\omega}{c} + \eta V\right)^2 - \varkappa^2\right]u = 0\,.$$

Schreiben wir zum besseren Vergleich im letzteren Fall

$$\omega = c\varkappa + \tilde{\omega}\,,$$

so wird relativistisch

$$\Delta u + 2\varkappa\left(\frac{\tilde{\omega}}{c} + \eta V\right)u + \left(\frac{\tilde{\omega}}{c} + \eta V\right)^2 u = 0\,,$$

während nichtrelativistisch das letzte Glied fehlt. Bei nicht zu großem $(\tilde{\omega}/c) + \eta V$
(Nähe des nichtrelativistischen Falles) werden die Eigenfrequenzen wenig verändert
durch das relativistische Zusatzglied, und zwar wird $\tilde{\omega}$ nach unten gedrückt, da
$\Delta u/u$ durch das Zusatzglied nach unten gedrückt wird.

Die Relativitätskorrektion erniedrigt die Eigenfrequenzen. Um die Größenordnung
der Erniedrigung abzuschätzen, setzen wir V konstant und führen die Randbedingung $u = 0$ ein. Die Wellengleichung hat dann im nichtrelativistischen wie im
relativistischen Falle die Form

$$\Delta u + k^2 u = 0\,,$$

und die Eigenwerte von k^2 sind alle positiv. Im nichtrelativistischen Fall ist

$$\frac{\tilde{\omega}}{c} + \eta V = \frac{k^2}{2\,\varkappa}\,,$$

im relativistischen ist

$$\left(\frac{\omega}{c} + \eta V\right)^2 = \varkappa^2 + k^2$$

$$\frac{\tilde{\omega}}{c} + \eta V = \sqrt{\varkappa^2 + k^2} - \varkappa \approx \frac{k^2}{2\,\varkappa} - \frac{k^4}{8\,\varkappa^3} - \cdots$$

Mit $V = 0$, was keine Einschränkung ist, können wir daraus die Frequenzerniedrigung zu

$$\frac{\Delta\bar{\omega}}{\bar{\omega}} \approx -\frac{1}{2}\frac{\bar{\omega}}{c\varkappa}$$

ablesen.

Im gequantelten Einteilchensystem bedeutet dies eine *Relativitätskorrektur für die Energien der stationären Zustände*. Das bekannteste Beispiel ist die Relativitätskorrektur der Terme des Wasserstoffatoms. Unsere bisherige Wellengleichung liefert aber nicht die beobachtete Abweichung von der nichtrelativistischen Termformel, da sie den Elektronenspin nicht enthält. Wegen der grundsätzlichen Wichtigkeit der Relativitätskorrektur sei hier auf die allgemeinen Züge ihrer Berechnung im Wasserstoffatom mit spinfreiem Elektron eingegangen (Einzelheiten der Rechnung entnehme man etwa aus SOMMERFELD, Atombau und Spektrallinien II, S.215—17 und Anhang 2).

Mit $\varkappa = mc/\hbar$, $\eta = e/\hbar c$, $\hbar\bar{\omega} = W$ und dem elektrischen Potential

$$V = \frac{Ze}{r}$$

des Coulomb-Feldes lautet die nichtrelativistische Gleichung

$$\frac{\hbar^2}{2m}\Delta u + \left(W + \frac{Ze^2}{r}\right)u = 0,$$

die relativistische

$$\frac{\hbar^2}{2m}\Delta u + \left(W + \frac{Ze^2}{r}\right)u + \frac{1}{2mc^2}\left(W + \frac{Ze^2}{r}\right)^2 u = 0.$$

Um nicht soviel schreiben zu müssen, benutzen wir die atomaren Einheiten $\hbar$, m, e und die Abkürzung

$$\alpha = \frac{e^2}{\hbar c}$$

für die „Feinstrukturkonstante". Die relativistische Gleichung lautet dann

$$\Delta u + 2\left(W + \frac{Z}{r}\right)u + \alpha^2\left(W + \frac{Z}{r}\right)^2 u = 0,$$

während in der nichtrelativistischen Gleichung das Glied mit α^2 fehlt.

Wir führen (in üblicher Weise) räumliche Polarkoordinaten ein und setzen

$$u = f(r)Y_l(\vartheta, \varphi),$$

wo $r^l Y_l$ ganze rationale Funktionen von x, y, z sind, die die Gleichung

$$\Delta(r^l Y_l) = 0$$

erfüllen (Kugelfunktionen). Unter Beachtung von

$$\Delta(fY) = Y\Delta f + 2\,\mathrm{grad}\,f\,\mathrm{grad}\,Y + f\Delta Y = \frac{1}{r}(fr)'' Y + f\Delta Y$$

und

$$0 = \Delta(r^l Y_l) = l(l+1)r^{l-2}Y_l + r^l \Delta Y_l$$

erhalten wir

$$\Delta(fY) = \left[\frac{1}{r}(fr)'' - l(l+1)\frac{f}{r^2}\right]Y$$

9 Hund, Materie als Feld

und nach Abspaltung des Faktors Y die Differentialgleichung

$$(f\,r)'' + \left[W(2 + \alpha^2 W) + \frac{2Z(1 + \alpha^2 W)}{r} + \frac{\alpha^2 Z^2 - l(l+1)}{r^2} \right] f\,r = 0$$

für den relativistischen Fall, während im nichtrelativistischen Fall α^2 durch 0 zu ersetzen ist. Abgekürzt schreiben wir

$$(f\,r)'' + \left[-A + \frac{2B}{r} + \frac{C - l(l+1)}{r^2} \right] f\,r = 0\,.$$

Die nähere Untersuchung zeigt, daß die Randbedingungen bei $r = 0$ und $r = \infty$ dann und nur dann erfüllbar sind, wenn

$$\frac{B}{\sqrt{A}} = \frac{Z(1 + \alpha^2 W)}{\sqrt{-W(2 + \alpha^2 W)}} = n - \left(l + \frac{1}{2}\right) + \sqrt{\left(l + \frac{1}{2}\right)^2 - \alpha^2 Z^2}$$

mit ganzzahligem n ist. Das Quadrat dieses Ausdruckes gibt uns

$$\frac{\alpha^2 Z^2}{\dfrac{1}{(1 + \alpha^2 W)^2} - 1}\,,$$

woraus wir

$$1 + \alpha^2 W = \frac{1}{\sqrt{1 + \dfrac{\alpha^2 Z^2}{\left[n - \left(l + \frac{1}{2}\right) + \sqrt{\left(l + \frac{1}{2}\right)^2 - \alpha^2 Z^2} \right]^2}}}$$

ausrechnen. Ersetzen wir die atomaren Einheiten wieder durch beliebige Einheiten, so wird dieser Ausdruck

$$1 + \frac{W}{m\,c^2}$$

oder

$$\frac{E}{m\,c^2}\,,$$

wo E die Energie im relativistischen Sinne ist. Entwickeln wir nach α^2 und nehmen nur die ersten Glieder mit, so erhalten wir in atomaren Einheiten

$$W = -\frac{1}{2}\,\frac{Z^2}{\left[n - \dfrac{\alpha^2 Z^2}{2l + 1} \right]^2}\,,$$

während der nichtrelativistische Fall

$$W = -\frac{1}{2}\,\frac{Z^2}{n^2}$$

ergibt.

Wir haben früher gesehen, daß wir mit Materieerzeugung rechnen müssen, wenn Potentialdifferenzen größer als $2\,\varkappa/\eta$ auf Strecken der Größenordnung $1/\varkappa$ auftreten. Das ist in der Nähe der punktförmigen Singularität des Potentials $V = Z\,e/r$ der Fall. Soll unsere Betrachtung ihren Sinn behalten, so müssen wir für ganz kleine r das Potential V abändern. Wollen wir überhaupt Potentialdifferenzen größer als $2\,\varkappa/\eta = 2\,mc^2/e$ vermeiden, so dürfen wir das *Coulomb-Potential nur für*

$$r > \frac{Z}{2}\,\frac{e^2}{m\,c^2}$$

annehmen. Setzen wir für kleinere r das Potential konstant, so werden durch diese Abänderung die Terme nur unmerklich verändert. Auch bei anderen Ansätzen für das Potential, die die Materieerzeugung vermeiden, wird das Ergebnis nicht merklich verändert (für $Z = 1$ oder 2).

Die Randbedingung bei $r = 0$ wird bei der oben angegebenen Rechnung so erfüllt, daß für kleine r sich f wie r^γ verhält mit

$$\gamma = \sqrt{\left(l + \frac{1}{2}\right)^2 - \alpha^2 Z^2} - \frac{1}{2};$$

für $l = 0$ bleibt dann f nicht endlich, da

$$\gamma \approx - \alpha^2 Z^2$$

wird. Hier ist also nicht die sonst meist verwandte Randbedingung des Endlichbleibens der Wellenfunktion erfüllt. Da aber in der Nähe von $r = 0$ das Potential doch abgeändert werden muß, ist diese Frage der Randbedingung nur eine Angelegenheit unserer Näherung, nicht des wirklichen physikalischen Sachverhaltes. Nach Abschneiden der Singularität des Potentials bei $r = 0$ gibt es endlich bleibende Wellenfunktionen, die unserer Annäherung sehr benachbart sind.

Fünftes Kapitel.

Quantentheorie der Mechanismen.

38. Gesichtspunkte.

Das anschauliche Feld- oder Wellenbild der Materie muß in unanschaulicher Weise abgeändert werden, um die Tatsache der Elementarteilchen mit umfassen zu können. Im Falle eines einzigen Elementarteilchens ist uns eine solche Abänderung gelungen. Die benutzten Gesichtspunkte sind aber zu sehr dem besonderen Fall eines einzigen Elementarteilchens angepaßt, als daß wir sie unmittelbar zu einer allgemeinen Quantentheorie der Felder benutzen können.

Die unanschauliche Abänderung des Feldbildes oder (was dasselbe ist) die Quantentheorie der Felder muß sich auf gewisse Erfahrungstatsachen der Ganzzahligkeit, z.B. von Teilchenzahlen und von elektrischen Ladungen, stützen. Auch die unanschauliche Abänderung des Teilchenbildes oder die Quantentheorie der Teilchen wurde durch Erfahrungen der Ganzzahligkeit, z.B. von Nummern von Energiestufen, von Drehimpulsen, veranlaßt. Wir können darum hoffen, aus den Grundgedanken dieser Quantentheorie der Teilchen Anregung zu einer Quantentheorie der Felder zu gewinnen. Es wird sich im folgenden zeigen, daß die Quantentheorie der Teilchen eng mit dem verknüpft ist, was man den mechanischen Charakter der Systeme von Teilchen nennen könnte; sie

9*

ist eigentlich eine *Quantentheorie der Mechanismen*. Weiter wird sich zeigen, daß man auch Felder wie Mechanismen behandeln und die Vorschriften der Quantentheorie der Mechanismen ziemlich einfach übertragen kann.

Die Quantentheorie der Mechanismen, die wir in ihren Grundzügen in diesem Kapitel betrachten wollen, haben wir an bestimmte allgemeine Erfahrungen anzuknüpfen. Je nachdem, welche besondere Fassung dieser Erfahrungen wir zugrunde legen, bekommen wir einen etwas verschiedenen logischen Aufbau; in der Sache wird es auf dasselbe hinauskommen.

Man kann die *spektroskopische Erfahrung* zugrunde legen, daß die an einem atomaren System beobachteten Amplituden und Frequenzen, also das, was man von der Bewegung des Systems feststellt, nicht zu einem Zustand des Systems gehört, sondern zu einem Übergang zwischen zwei diskreten Zuständen. Die Gesamtheit der Bewegungsmöglichkeiten kann also in einem (unendlichen) quadratischen Schema dargestellt werden, einer Matrix, deren Zeilen und Spalten den diskreten Zuständen und deren Elemente den Übergängen entsprechen. Die Benutzung solcher Matrizen zur Lösung der Bewegungsgleichungen eines Mechanismus führt zur Matrizenmechanik oder zum *Heisenberg-Schema* der Quantentheorie. Die Matrizen erfüllen gewisse Vertauschungsregeln, für die Matrix q einer Koordinate und die Matrix p der entsprechenden Impulskomponente gilt $i\,(pq - qp) = \hbar$. In leichter Verallgemeinerung des Schemas kann man dann statt der Matrizen andere Gebilde zulassen, z.B. Operatoren, wenn sie nur die Vertauschungsregeln erfüllen. Wenn man bei Benutzung solcher Gebilde von Bewegungsgleichungen ausgeht, wollen wir auch noch vom Heisenberg-Schema sprechen.

Man kann auch die aus dem *Dualismus Welle — Teilchen* folgende quantentheoretische Unbestimmtheit zugrunde legen. Die Komplementarität zwischen zwei Observabeln, etwa einer Koordinate q und der entsprechenden Impulskomponente p, die in der Unbestimmtheitsbeziehung $\Delta q\,\Delta p \geqq \hbar/2$ ausgedrückt ist, läßt sich fassen, indem man p und q als Operatoren ansieht, für die die Vertauschungsregel $i\,(pq - qp) = \hbar$ gilt (Abschnitt 34). Die Observabeln werden durch Operatoren ausgedrückt, der Zustand durch eine Funktion Φ, auf die die Operatoren wirken. Die Schrödinger-Gleichung für ein einziges Teilchen läßt sich in dieses Schema einordnen und zu einer Quantentheorie für ein System aus mehr Teilchen verallgemeinern. Die Durchführung liefert das *Schrödinger-Schema* der Quantentheorie.

Das Schrödinger-Schema ist im allgemeinen leichter zu handhaben als das Heisenberg-Schema. Eine auffallende Tatsache aber, die bei den als Mechanismen behandelten Feldern auftritt, läßt sich im Heisenberg-Schema natürlicher ausdrücken (die Oszillatoren mit nur zwei Zuständen). Aus diesem Grunde wollen wir beide Schemata behandeln.

39. Komplementarität und Vertauschungsregeln.

Wir beginnen mit dem an die Tatsache der Komplementarität anschließenden Schrödinger-Schema.

Die Komplementaritätsbeziehung $\Delta x \, \Delta k \geq 1/2$ zwischen der Unbestimmtheit des Ortes und der Unbestimmtheit der Wellenzahl *in der anschaulichen Wellenvorstellung* bei einer Analyse des Wellenfeldes $\psi(x)$ nach Ort und Wellenzahl haben wir im Abschnitt 34 als Folge einer Vertauschungsregel $i(kx - xk) = 1$ für die bei der Analyse benutzten Operatoren k und x erkannt. Aus der Vertauschungsregel der Operatoren folgte die Unbestimmtheitsbeziehung $(\overline{k^2}/\lambda^2) + \lambda^2 \, \overline{x^2} \geq 1$ der Mittelwerte für alle λ, und diese war mit $\overline{k^2} \, \overline{x^2} \geq 1/4$ äquivalent.

Die Komplementaritätsbeziehung $\Delta x \Delta p \geq \hbar/2$ zwischen den Unbestimmtheiten von Ort und Impulskomponente eines Teilchens *in der Quantentheorie* konnten wir im Abschnitt 35 in unanschaulicher Weise für den Fall eines einzigen Teilchens dadurch fassen, daß wir den Zustand durch eine Funktion $\psi(x,y,z)$ beschrieben und die beobachtbaren Eigenschaften dieses Zustandes durch Integrale

$$\int \psi^* G \psi \, d\tau,$$

die den der Observablen entsprechenden Operator G enthielten. Die Operatoren für Ortskoordinate und Impulskomponente hatten dabei die Vertauschungsregel

$$i(px - xp) = \hbar$$

zu erfüllen. Für die drei Ortskoordinaten und die drei Impulskomponenten galt

$$i(p_k x^l - x^l p_k) = \hbar \, \delta_k{}^l. \tag{1}$$

Die Funktion ψ hatte dabei keine unmittelbare physikalische Bedeutung, sie diente dazu, Wahrscheinlichkeitsaussagen für die Werte von Observabeln zu machen.

Bei einem aus mehreren Teilchen bestehenden mechanischen System müssen wir annehmen, daß die genaue Bestimmung einer Ortskoordinate x^l eines Teilchens mit der genauen Bestimmung einer Impulskomponente p_k eines anderen Teilchens verträglich ist wie auch mit der genauen Bestimmung einer Impulskomponente p_k des gleichen Teilchens, die nicht zu x^l gehört. Zählen wir also die rechtwinkligen Koordinaten der Teilchen des Systems als x^1, x^2, x^3, x^4... auf und die zugehörigen Impulskomponenten als p_1, p_2, p_3, p_4 ..., so können wir die *Komplementarität durch die Vertauschungsregel* Gl. (1) für die entsprechenden Operatoren erfassen. Erfüllen können wir Gl. (1), indem wir x^l als gewöhnliche Faktoren ansehen und $p_k = (\hbar/i) \, \partial/\partial x^k$ setzen. Wir können Gl. (1) aber auch dadurch erfüllen, daß wir p_k als gewöhnliche Faktoren ansehen und $x^l = i\hbar \, \partial/\partial p_l$ setzen.

Der Zustand des Systems wird beschrieben durch eine Funktion, die wir jetzt Φ nennen wollen, die so beschaffen ist, daß die benutzten Operatoren auf sie angewandt werden können. Wählen wir x^l und $(\hbar/i)\,\partial/\partial x^k$, so muß Φ von den Variabeln x^l abhängen; wählen wir p_k und $i\,\hbar\,\partial/\partial p_l$, so muß Φ von den Variabeln p_k abhängen. Bei der Beschreibung der Veränderung des Zustandes in der Zeit muß Φ noch von t abhängen.

Bei der Rechnung wird man sich häufig der Entwicklung von Φ nach einem Orthogonalsystem u_k und damit auch der Matrizen G_{kl} bedienen. Für die Matrizen gelten die gleichen Vertauschungsregeln wie für die Operatoren. Die zum Produkt FG zweier Operatoren gehörige Matrix ist nämlich das Produkt der einzelnen Matrizen:

$$(FG)_{kl} = \int u_k{}^* F G u_l \, \mathrm{d}\tau = \int u_k{}^* F \left(\sum_j u_j G_{jl}\right) \mathrm{d}\tau = \sum_j F_{kj} G_{jl}.$$

Die Komplementarität zweier Observabler q und p, die in der Unbestimmtheitsbeziehung $\Delta q\,\Delta p \geq \hbar/2$ sich ausdrückt, haben wir eben auf die Vertauschungsregel $i(pq - qp) = \hbar$ zurückgeführt. Es ist das nicht die einzige Möglichkeit. Eine andere, jetzt etwas gewalttätig erscheinende Möglichkeit drücken wir am besten aus, indem wir statt der reellen Variabeln q, p eine komplexe Variable

$$\xi = \frac{\lambda q}{\sqrt{2\hbar}} + i\,\frac{p}{\lambda\sqrt{2\hbar}} \qquad q = \frac{1}{\lambda}\sqrt{\frac{\hbar}{2}}\,(\xi + \xi^*)$$

$$\xi^* = \frac{\lambda q}{\sqrt{2\hbar}} - i\,\frac{p}{\lambda\sqrt{2\hbar}} \qquad p = \frac{\lambda}{i}\sqrt{\frac{\hbar}{2}}\,(\xi - \xi^*)$$

mit beliebigem λ betrachten. Seien q und p jetzt zunächst die Abweichungen vom Mittelwert, so lautet die Unbestimmtheitsbeziehung

$$\overline{p^2}\,\overline{q^2} \geq \frac{\hbar^2}{4},$$

und das ist äquivalent

$$\frac{\overline{p^2}}{\lambda^2} + \lambda^2\overline{q^2} \geq \hbar$$

für alle λ. Sie wird gewährleistet, wenn der tiefste Eigenwert des Operators $(p^2/\lambda^2) + \lambda^2 q^2$ gerade $\hbar$ ist, und das geht mit der Vertauschungsregel $i(pq - qp) = \hbar$. Durch Einführung von ξ und ξ^* wird

$$\frac{1}{\hbar}\left(\frac{p^2}{\lambda^2} + \lambda^2 q^2\right) = \xi\,\xi^* + \xi^*\,\xi;$$

die Komplementarität wird also gewährleistet, wenn kein Eigenwert dieses Operators kleiner als 1 ist; das geht mit

$$\frac{i}{\hbar}(pq - qp) = \xi\,\xi^* - \xi^*\,\xi = 1.$$

Wählt man aber statt dieser Vertauschungsregel die Forderung

$$\xi\,\xi^* + \xi^*\,\xi = 1,$$

so ist ebenfalls die Komplementarität gesichert. Daß dies keine Spielerei ist, sondern Bedeutung in der Beschreibung der Wirklichkeit hat, werden wir im Abschnitt 41 u. 42 erfahren.

40. Schrödinger-Gleichung.

Wir haben bisher nur auf die Observabeln zu einem bestimmten Zeitpunkt geachtet und die bestehenden Komplementaritäten dadurch gefaßt, daß wir die Observabeln durch Operatoren mit Vertauschungsregeln ersetzten und den Zustand des Mechanismus durch eine Funktion Φ beschrieben, auf die sich die Operatoren anwenden lassen. Die Veränderungen, die der Mechanismus im Laufe der Zeit erfährt, werden in der klassischen Mechanik durch die Bewegungsgleichungen angegeben. In der jetzigen Fassung der Quantentheorie, dem Schrödinger-Schema, können sie durch eine Gleichung angegeben werden, die die zeitliche Ableitung $\dot\Phi$ durch Φ ausdrückt.

Die Schrödinger-Gleichung des Einteilchensystems (Abschnitt 33)

$$- i\,\hbar\,\dot\psi + H\,\psi = 0 \tag{1}$$

war so beschaffen. Der Operator H entstand aus dem Energieausdruck $(\mathfrak{p}^2/2m) + eV$ durch Einführung des Operators $(\hbar/i)\,\mathfrak{grad}$ für $\mathfrak{p}$. Ordnen wir den Operator $i\,\hbar\,\partial/\partial t$ der Energievariabeln E zu, so ist Gl. (1) die Umformung der klassischen Gleichung

$$- E + H(\mathfrak{p}, \mathfrak{r}) = 0 .$$

Die Einführung des Operators $i\,\hbar\,\partial/\partial t$ für E kann als Ausdruck der Komplementarität von Energie und Zeit angesehen werden.

Die naheliegende Verallgemeinerung auf beliebige Mechanismen ist folgende: Die Veränderungen, die im Laufe der Zeit erfolgen, werden durch die Schrödinger-Gleichung

$$- i\,\hbar\,\dot\Phi + H\,\Phi = 0$$

angegeben, worin der Operator H den speziellen Mechanismus beschreibt; wir nehmen zunächst an, daß für H der klassische Energieausdruck

$$\sum_k \frac{\mathfrak{p}_k^2}{2\,m_k} + U(\mathfrak{r}_1, \mathfrak{r}_2 \ldots t)$$

zu wählen ist, wo $\mathfrak{p}_k$ und $\mathfrak{r}_k$ durch Operatoren so ersetzt sind, daß die

Vertauschungsregeln gelten. Mit $p_k = (\hbar/i)\, \partial/\partial x^k$ lautet also die Schrödinger-Gleichung:

$$\left\{ -i\hbar \frac{\partial}{\partial t} + H\left(x^1, x^2 \dots \frac{\hbar}{i}\frac{\partial}{\partial x^1}, \frac{\hbar}{i}\frac{\partial}{\partial x^2} \dots t\right) \right\} \Phi(x^1, x^2 \dots t) = 0;$$

mit $x^k = i\hbar\, \partial/\partial p_k$ lautet sie:

$$\left\{ -i\hbar \frac{\partial}{\partial t} + H\left(i\hbar \frac{\partial}{\partial p_1}, i\hbar \frac{\partial}{\partial p_2} \dots p_1, p_2 \dots t\right) \right\} \Phi(p_1, p_2 \dots t) = 0.$$

Es wird sich später herausstellen, daß wir noch andere Vertauschungsregeln als $i(p_k x^l - x^l p_k) = \hbar \delta_k{}^l$ zu berücksichtigen haben. Wir wollen darum das Schrödinger-Schema der Quantentheorie der Mechanismen so aussprechen: *Die bestehenden Komplementaritäten werden* unabhängig vom speziellen Mechanismus *dadurch gefaßt, daß die Observabeln durch Operatoren mit geeigneten Vertauschungsregeln wiedergegeben werden. Der augenblickliche Zustand des Mechanismus wird durch eine gewöhnliche Funktion Φ beschrieben*, deren unabhängige Variable so zu wählen sind, daß die genannten Operatoren auf Φ angewandt werden können. *Das allgemeine Verhalten eines speziellen Mechanismus wird durch einen Operator H angegeben, der aus den genannten Operatoren gebildet ist* und (bei nichtabgeschlossenen Mechanismen) explizit von der Zeit abhängen darf. *Die Schrödinger-Gleichung*

$$-i\hbar \dot{\Phi} + H\Phi = 0$$

gibt dann die zeitliche Veränderung des Zustandes des Mechanismus an.

41. Anderer Ausgangspunkt. Zwei Arten harmonischer Oszillatoren.

Die Abänderung der Begriffe der klassischen Punktmechanik haben wir eben an die Komplementarität gewisser Observabeln angeknüpft, die wiederum auf dem Vorhandensein von Teilcheneigenschaften und Welleneigenschaften beruht. Historisch gelang aber diese Abänderung (Bohr, Sommerfeld, Heisenberg u. a.) schon ohne Kenntnis der Welleneigenschaften der Materie. Natürlich mußte dafür eine andere sehr allgemeine Erfahrung benutzt werden. Es war die aus der Erforschung der Atomspektren stammende Erkenntnis, daß die an einem atomaren System beobachteten Frequenzen und Amplituden nicht zu einem Zustand, sondern zu einem Übergang zwischen zwei Zuständen gehören und daß die Frequenzen gemäß

$$\hbar \omega = E_1 - E_2$$

mit den Energien der beteiligten Zustände zusammenhängen. Das Verhalten einer Koordinate $q(t)$ wird darum nicht durch eine Fourier-Reihe

$$q = \sum_\tau a_\tau e^{-i\tau\omega t} \qquad a_\tau = a_{-\tau}{}^*$$

dargestellt, sondern durch eine Gesamtheit

$$q_{nm} = a_{nm}\, e^{-i\,\omega_{nm} t} \qquad a_{nm} = a_{mn}{}^{*},$$

eine „Matrix", bei der jedes Element (n, m) zu zwei mit n und m gekennzeichneten Zuständen gehört; $\hbar\,\omega_{nm}$ ist dabei die Differenz $E_m - E_n$ der Energien der Zustände m und n. Die Gesamtheit ersetzt dabei nicht eine einzelne Fourier-Reihe, sondern die zu allen Energien (und Phasen) gehörigen Fourier-Reihen, sie stellt also die möglichen Bewegungen eines Mechanismus dar.

Die Physiker haben die unanschauliche Änderung des Verhaltens eines Mechanismus zuerst am harmonischen Oszillator gelernt. Sie haben sie dann nicht nur auf einen materiellen Oszillator, sondern bald auch auf die Eigenschwingungen eines Feldes angewandt. Das Plancksche Strahlungsgesetz sahen sie an einmal als eine Folge der diskreten Energiestufen materieller Oszillatoren, die die Emission und Absorption der Strahlung besorgen, zum anderen als eine Folge der diskreten Energiestufen der Eigenschwingungen des elektrischen Feldes in einem Hohlraum. Die Eigenschwingungen des Feldes wurden dabei wie Oszillatoren behandelt. Das war eigentlich schon Quantentheorie der Felder. Wir wollen zunächst Quantentheorie der Mechanismen treiben und den jetzigen Gedankengang mit dem *harmonischen Oszillator* beginnen; wir wollen aber schon daran denken, daß wir später *Eigenschwingungen eines Feldes* als Oszillatoren behandeln werden.

Wenn wir ein Feld aus Eigenschwingungen zusammensetzen und diese wie Oszillatoren der Quantisierung unterwerfen, so werden die Intensitäten dieser Eigenschwingungen nur gewisser diskreter Werte fähig. Das ermöglicht den Übergang in die Sprache der Teilchen; die diskreten Werte der Intensitäten entsprechen den möglichen Anzahlen von Teilchen in bestimmten Zuständen. Nun gibt es Teilchen, für die die Bose-Statistik gilt, die also in einem bestimmten Zustand in beliebiger Anzahl 0, 1, 2, 3… vorkommen können (Wasserstoffatome, α-Teilchen, vielleicht gewisse Mesonen, Lichtquanten). Die Eigenschwingungen der diesen Teilchen entsprechenden Felder haben also je eine *unendliche diskrete Folge von Schwingungsmöglichkeiten*. Es gibt aber auch Teilchen, für die die Fermi-Statistik gilt, von denen in einem bestimmten, vollständig beschriebenen Zustand entweder kein oder ein Teilchen vorhanden ist (Elektronen beider Ladungsvorzeichen, Protonen und Neutronen). Die Eigenschwingungen der ihnen entsprechenden Felder haben also nur je *zwei Schwingungsmöglichkeiten*.

Ein harmonischer Oszillator sei nun ein Mechanismus mit nur einer einzigen Frequenz ω. Sein zeitlicher Ablauf wird darum durch eine Bewegungsgleichung

$$\ddot{q} = -\,\omega^2 q \tag{1}$$

für die Koordinate q bestimmt. Die Bewegungsgl. (1) können wir auch durch zwei Gleichungen erster Ordnung

$$\left.\begin{aligned} \dot{q} &= \frac{p}{m} \\ \dot{p} &= -m\,\omega^2 q \end{aligned}\right\} \qquad (2)$$

für die beiden Variabeln q und p ersetzen. Ordnen wir die Zustände in der Reihenfolge ihrer Energien, so kommen nur Übergänge zwischen benachbarten Zuständen (n, m) vor, und die Gl. (2) werden durch die Matrizen

$$\left.\begin{aligned} q &= \begin{pmatrix} 0 & a_{01}e^{-i\omega t} & 0 & 0 & 0 & \dots \\ a_{01}{}^{*}e^{i\omega t} & 0 & a_{12}e^{-i\omega t} & 0 & 0 & \dots \\ 0 & a_{12}{}^{*}e^{i\omega t} & 0 & a_{23}e^{-i\omega t} & 0 & \dots \\ \cdot & & \cdot & & \cdot & \dots \end{pmatrix} \\[2ex] p &= m\,\omega \begin{pmatrix} 0 & -i\,a_{01}e^{-i\omega t} & 0 & 0 & 0 & \dots \\ i\,a_{01}{}^{*}e^{i\omega t} & 0 & -i\,a_{12}e^{-i\omega t} & 0 & 0 & \dots \\ 0 & i\,a_{12}{}^{*}e^{i\omega t} & 0 & -i\,a_{23}e^{-i\omega t} & 0 & \dots \\ \cdot & & \cdot & & \cdot & \dots \end{pmatrix} \end{aligned}\right\} \quad (3)$$

gelöst. Von null verschieden sind nur die der Diagonale benachbarten Matrixelemente. Um uns in die Eigenschaften der Matrizen Gl. (3) zu vertiefen, führen wir einige Rechnungen mit ihnen aus. Mit den Definitionen von Summe $[(A + B)_{nm} = A_{nm} + B_{nm}]$ und Produkt $[(A\,B)_{nm} = \sum_l A_{nl} B_{lm}]$ von Matrizen gelten die Rechenregeln $A + B = B + A$, $A(BC) = (A\,B)C$, $A(B + C) = A\,B + A\,C$, $(A + B)C = A\,C + B\,C$. Wenn A und B „Hermiteische" oder „reelle" Matrizen sind, $A_{nm} = A_{mn}^{*}$, so ist $A\,B$ im allgemeinen keine reelle Matrix, aber $A\,B + B\,A$ und $i(A\,B - B\,A)$ sind reelle Matrizen.

Mit den Matrizen Gl. (3) bilden wir nun die vier Größen $p\,q$, $q\,p$, p^2 und q^2 und finden für $i(p\,q - q\,p)$ und $(p^2/2\,m) + (m\,\omega^2 q^2/2)$ „Diagonalmatrizen":

$$i(p\,q - q\,p) = 2\,m\,\omega \begin{pmatrix} a_{01}{}^{*}a_{01} & \cdot & \cdot & \dots \\ \cdot & a_{12}{}^{*}a_{12} - a_{01}{}^{*}a_{01} & \cdot & \dots \\ \cdot & \cdot & a_{23}{}^{*}a_{23} - a_{12}{}^{*}a_{12}\dots \\ \cdot & \cdot & \cdot & \dots \end{pmatrix} \quad (4)$$

$$\frac{p^2}{2\,m} + \frac{m\,\omega^2 q^2}{2} = m\,\omega^2 \begin{pmatrix} a_{01}{}^{*}a_{01} & \cdot & \cdot & \dots \\ \cdot & a_{12}{}^{*}a_{12} + a_{01}{}^{*}a_{01} & \cdot & \dots \\ \cdot & \cdot & a_{23}{}^{*}a_{23} + a_{12}{}^{*}a_{12}\dots \\ \cdot & \cdot & \cdot & \dots \end{pmatrix} \quad (5)$$

Bei der Übertragung des Ausdruckes $(p^2/2m) + (m\,\omega^2\,q^2/2)$ für die Energie des Oszillators aus der klassischen Mechanik in die Quantentheorie haben wir zu beachten, daß wegen der Nichtvertauschbarkeit von Faktoren in Produkten diese Übertragung nicht eindeutig ist. Der Ausdruck

$$E = \frac{p^2}{2\,m} + \frac{m\,\omega^2\,q^2}{2} + i\,\lambda\,(p\,q - q\,p) \tag{6}$$

ist der allgemeinste Ausdruck zweiten Grades in p und q, der für vertauschbare p und q in den klassischen Energieausdruck übergeht. Daß es eine Diagonalmatrix ist, drückt uns aus, daß die Energiewerte zu den Zuständen, nicht zu den Übergängen gehören. Weiter bilden wir noch

$$p\,q + q\,p$$

$$= 2\,m\,\omega \begin{pmatrix} 0 & 0 & -i\,a_{01}\,a_{12}\,e^{-2\,i\,\omega\,t} & 0 & 0 & \cdots \\ 0 & 0 & 0 & -i\,a_{12}\,a_{23}\,e^{-2\,i\,\omega\,t} & 0 & \cdots \\ i\,a_{01}^{*}\,a_{12}^{*}\,e^{2\,i\,\omega\,t} & 0 & 0 & 0 & -i\,a_{23}\,a_{34}\,e^{-2\,i\,\omega\,t} & \cdots \\ & \cdot & \cdot & & \cdot & \cdots \end{pmatrix}$$

$$\tag{7}$$

und

$$\frac{p^2}{2\,m} - \frac{m\,\omega^2\,q^2}{2}$$

$$= m\,\omega^2 \begin{pmatrix} 0 & 0 & -a_{01}\,a_{12}\,e^{-2\,i\,\omega\,t} & 0 & 0 & \cdots \\ 0 & 0 & 0 & -a_{12}\,a_{23}\,e^{-2\,i\,\omega\,t} & 0 & \cdots \\ -a_{01}^{*}\,a_{12}^{*}\,e^{2\,i\,\omega\,t} & 0 & 0 & 0 & -a_{23}\,a_{34}\,e^{-2\,i\,\omega\,t} & \cdots \\ & \cdot & \cdot & \cdot & & \cdot & \cdots \end{pmatrix}.$$

$$\tag{8}$$

Nach diesen Vorbereitungen besinnen wir uns darauf, daß die Natur *zwei Arten von harmonischen Oszillatoren* kennt. Es gibt den „gewöhnlichen" harmonischen Oszillator mit unendlich vielen äquidistanten Energiestufen, der seit 50 Jahren den Physikern auch in der Quantentheorie vertraut geworden ist. Es gibt aber noch — eben bei den Eigenschwingungen der Felder, denen Teilchen mit Fermi-Statistik entsprechen — einen anderen, weniger vertrauten Oszillator, der nur zwei Energiezustände hat.

Die äquidistanten Energien des *gewöhnlichen Oszillators* erhalten wir nach Gl. (5), wenn wir die Differenzen aufeinanderfolgender Amplitudenquadrate $(a_{n,\,n+1}{}^{*}a_{n,\,n+1} - a_{n-1,\,n}{}^{*}a_{n-1,\,n})$ gleich groß machen. D.h., wir können gemäß Gl. (4) den gewöhnlichen Oszillator dadurch kennzeichnen, daß wir die Vertauschungsgröße $i\,(p\,q - q\,p)$ gleich einer Diagonalmatrix mit lauter gleichen Elementen — wir nennen sie $\hbar$ — setzen:

$$i\,(p\,q - q\,p) = \hbar. \tag{9}$$

Der Ausdruck Gl. (5) wird dann

$$\frac{p^2}{2m} + \frac{m\,\omega^2\,q^2}{2} = \hbar\omega \cdot \begin{pmatrix} 1/2 & 0 & 0 & \ldots \\ 0 & 3/2 & 0 & \ldots \\ 0 & 0 & 5/2 & \ldots \\ \cdot & \cdot & \cdot & \ldots \end{pmatrix}, \tag{10}$$

und die Diagonalmatrix Gl. (6) der Energie unterscheidet sich davon höchstens um eine belanglose additive Konstante. Die besondere Wahl

$$E = \frac{p^2}{2m} + \frac{m\,\omega^2}{2}\,q^2 - \frac{i}{2}\,\omega\,(p\,q - q\,p)$$

gäbe $E = 0$ für den tiefsten Zustand. Die Matrix Gl. (3) der Koordinate wird

$$q = \sqrt{\frac{\hbar}{2m\omega}} \begin{pmatrix} 0 & \sqrt{1}\,e^{-i(\alpha_1 + \omega t)} & 0 & 0 & 0 & \ldots \\ \sqrt{1}\,e^{i(\alpha_1 + \omega t)} & 0 & \sqrt{2}\,e^{-i(\alpha_2 + \omega t)} & 0 & 0 & \ldots \\ 0 & \sqrt{2}\,e^{i(\alpha_2 + \omega t)} & 0 & \sqrt{3}\,e^{-i(\alpha_3 + \omega t)} & 0 & \ldots \\ \cdot & \cdot & \cdot & \cdot & \cdot & \ldots \end{pmatrix}. \tag{11}$$

Da der *andere Oszillator* nur zwei Zustände hat, brechen wir bei ihm die Matrizen Gl. (3) und damit alle Matrizen nach der zweiten Zeile und Spalte ab. Gemäß Gl. (7) und (8) bedeutet das

$$\left.\begin{aligned} p\,q + q\,p &= 0 \\ \frac{p^2}{2m} = \frac{m\,\omega^2\,q^2}{2} &= \frac{\hbar\omega}{4} \end{aligned}\right\} \tag{12}$$

mit zunächst unbestimmtem Faktor $\hbar/4$. Für die Diagonalmatrizen Gl. (4) und (5) folgt dann

$$i\,(p\,q - q\,p) = \hbar \begin{pmatrix} 1 & 0 \\ 0 & -1 \end{pmatrix} \tag{13}$$

$$\frac{p^2}{2m} + \frac{m\,\omega^2\,q^2}{2} = \frac{\hbar\omega}{2}. \tag{14}$$

Der Ausdruck

$$\frac{p^2}{2m} + \frac{m\,\omega^2\,q^2}{2} - \frac{i\,\omega}{2}\,(p\,q - q\,p)$$

gäbe also die Energiewerte 0 und $\hbar\omega$. Die Matrix Gl. (3) der Koordinate wird

$$q = \sqrt{\frac{\hbar}{2m\omega}} \begin{pmatrix} 0 & e^{-i(\alpha + \omega t)} \\ e^{i(\alpha + \omega t)} & 0 \end{pmatrix}.$$

Der gewöhnliche Oszillator geht beim Grenzübergang $\hbar \to 0$ in den Oszillator der klassischen Mechanik über. Der andere Oszillator hat keinen klassischen Grenzfall. Die durch Gl. (12) ausgedrückte Abänderung der Begriffe ist viel einschneidender als die durch Gl. (9) ausgedrückte.

42. Harmonischer Oszillator mit komplexen Variabeln.

Die beiden Arten von harmonischen Oszillatoren haben wir eben durch bestimmte Vertauschungsregeln für die Variabeln q und p gekennzeichnet. Sie lassen sich mit komplexen Variabeln einfacher schreiben und kürzer ableiten. Die Bewegungsgleichungen

$$\left. \begin{aligned} \dot{q} &= \frac{p}{m} \\ \dot{p} &= -m\,\omega^2 q \end{aligned} \right\} \tag{1}$$

sind nämlich mit

$$\frac{d}{dt}\left(\sqrt{\frac{m\,\omega}{2}}\,q + i\,\frac{p}{\sqrt{2\,m\,\omega}}\right) = -i\,\omega\left(\sqrt{\frac{m\,\omega}{2}}\,q + i\,\frac{p}{\sqrt{2\,m\,\omega}}\right)$$

$$\frac{d}{dt}\left(\sqrt{\frac{m\,\omega}{2}}\,q - i\,\frac{p}{\sqrt{2\,m\,\omega}}\right) = i\,\omega\left(\sqrt{\frac{m\,\omega}{2}}\,q - i\,\frac{p}{\sqrt{2\,m\,\omega}}\right)$$

gleichbedeutend. Wir setzen darum mit zunächst unbestimmtem $\hbar$

$$\left. \begin{aligned} \sqrt{\frac{m\,\omega}{2\hbar}}\,q + i\,\frac{p}{\sqrt{2\hbar m\omega}} &= \xi \qquad & q &= \sqrt{\frac{\hbar}{2m\omega}}\,(\xi + \xi^*) \\ \sqrt{\frac{m\,\omega}{2\hbar}}\,q - i\,\frac{p}{\sqrt{2\hbar m\omega}} &= \xi^* \qquad & p &= \frac{1}{i}\sqrt{\frac{\hbar m\omega}{2}}\,(\xi - \xi^*) \end{aligned} \right\} \tag{2}$$

und definieren den harmonischen Oszillator durch die Bewegungsgleichungen

$$\left. \begin{aligned} \dot{\xi} &= -i\,\omega\,\xi \\ \dot{\xi}^* &= i\,\omega\,\xi^*. \end{aligned} \right\} \tag{3}$$

Wenn wir neben $a + ib = \xi$ mit Hermiteischen Matrizen auch $a - ib = \xi^*$ setzen und ξ^* die zu ξ konjugiert komplexe Matrix nennen, so definieren wir diesen Begriff in bestimmter Weise. Für die einzelnen Matrixelemente folgt $(\xi^*)_{nm} = \xi_{mn}{}^*$. Statt konjugiert komplexer Matrix ξ^* wird manchmal auch adjungierte Matrix $\xi^\dagger$ gesagt, $(\xi^\dagger)_{nm} = \xi_{mn}{}^*$.

Die Bewegungsgl. (3) werden durch die Ansätze $\xi \sim e^{-i\omega t}$, $\xi^* \sim e^{i\omega t}$ gelöst, genauer gesagt durch Matrizen

$$\left. \begin{aligned} \xi &= \begin{pmatrix} 0 & b_{01}e^{-i\omega t} & 0 & 0 & 0 & \cdots \\ 0 & 0 & b_{12}e^{-i\omega t} & 0 & 0 & \cdots \\ 0 & 0 & 0 & b_{23}e^{-i\omega t} & 0 & \cdots \\ \cdot & \cdot & \cdot & \cdot & \cdot & \cdots \end{pmatrix} \\[2ex] \xi^* &= \begin{pmatrix} 0 & 0 & 0 & \cdots \\ b_{01}{}^*e^{i\omega t} & 0 & 0 & \cdots \\ 0 & b_{12}{}^*e^{i\omega t} & 0 & \cdots \\ \cdot & \cdot & \cdot & \cdots \end{pmatrix}, \end{aligned} \right\} \tag{4}$$

wo nur in je einer Reihe parallel zur Diagonale von null verschiedene Elemente stehen. Mit diesen Matrizen werden

$$\xi\xi^* = \begin{pmatrix} b_{01}{}^*b_{01} & 0 & 0 & 0 & \ldots \\ 0 & b_{12}{}^*b_{12} & 0 & 0 & \ldots \\ 0 & 0 & b_{23}{}^*b_{23} & 0 & \ldots \\ \cdot & \cdot & \cdot & \cdot & \ldots \end{pmatrix}$$

$$\xi^*\xi = \begin{pmatrix} 0 & 0 & 0 & 0 & \ldots \\ 0 & b_{01}{}^*b_{01} & 0 & 0 & \ldots \\ 0 & 0 & b_{12}{}^*b_{12} & 0 & \ldots \\ \cdot & \cdot & \cdot & \cdot & \ldots \end{pmatrix} \tag{5}$$

Diagonalmatrizen und:

$$\xi^2 = \begin{pmatrix} 0 & 0 & b_{01}b_{12}e^{-2i\omega t} & 0 & 0 & \ldots \\ 0 & 0 & 0 & b_{12}b_{23}e^{-2i\omega t} & 0 & \ldots \\ 0 & 0 & 0 & 0 & b_{23}b_{34}e^{-2i\omega t} & \ldots \\ \cdot & \cdot & \cdot & \cdot & \cdot & \ldots \end{pmatrix}. \tag{6}$$

Wir unterscheiden jetzt wieder die beiden Arten von harmonischen Oszillatoren.

Beim *gewöhnlichen harmonischen Oszillator* gibt es eine unendliche Folge von Zuständen, und das Amplitudenquadrat nimmt in gleichen Schritten zu. Das bedeutet, daß

$$\xi\xi^* - \xi^*\xi = 1 \tag{7}$$

ist (wir haben in die Definition Gl. (2) von ξ den unbestimmten Faktor $1/\sqrt{\hbar}$ aufgenommen). Im einzelnen wird $b_{01}{}^*b_{01} = 1$, $b_{12}{}^*b_{12} = 2$, $b_{23}{}^*b_{23} = 3\ldots$, also gemäß Gl. (5)

$$\xi\xi^* + \xi^*\xi = \begin{pmatrix} 1 & 0 & 0 & \ldots \\ 0 & 3 & 0 & \ldots \\ 0 & 0 & 5 & \ldots \\ \cdot & \cdot & \cdot & \ldots \end{pmatrix}. \tag{8}$$

Beachten wir, daß nach Gl. (2)

$$\left.\begin{aligned} \frac{p^2}{2m} + \frac{m\omega^2 q^2}{2} &= \frac{\hbar\omega}{2}(\xi\xi^* + \xi^*\xi) \\ i(pq - qp) &= \hbar(\xi\xi^* - \xi^*\xi) = \hbar \end{aligned}\right\} \tag{9}$$

ist, so folgen für die Energie bis auf eine additive Konstante Werte, die das $1/2$-, $3/2$-, $5/2$-... fache von $\hbar\omega$ sind, und die Kennzeichnung Gl. (7) des gewöhnlichen harmonischen Oszillators stimmt mit der im vorangehenden Abschnitt gegebenen Kennzeichnung überein.

Der andere *harmonische Oszillator* hat nur zwei Zustände. Wir können ihn deshalb gemäß Gl. (5) und (6) durch

$$\left.\begin{aligned} \xi^2 = \xi^{*2} = 0 \\ \xi\xi^* + \xi^*\xi = 1 \end{aligned}\right\} \tag{10}$$

kennzeichnen. Wir erhalten damit (b_{12} tritt nicht auf)

$$\xi^*\xi = \begin{pmatrix} 0 & 0 \\ 0 & 1 \end{pmatrix} \qquad \xi\xi^* = \begin{pmatrix} 1 & 0 \\ 0 & 0 \end{pmatrix} \tag{11}$$

und

$$\xi\xi^* - \xi^*\xi = \begin{pmatrix} 1 & 0 \\ 0 & -1 \end{pmatrix}. \tag{12}$$

Wir können bis auf eine additive Konstante [vgl. Gl. (9)]

$$E = -\frac{\hbar\omega}{2}(\xi\xi^* - \xi^*\xi) = \frac{\hbar\omega}{2}\begin{pmatrix} -1 & 0 \\ 0 & +1 \end{pmatrix} \tag{13}$$

oder

$$E = \hbar\omega\,\xi^*\xi = \hbar\omega\begin{pmatrix} 0 & 0 \\ 0 & 1 \end{pmatrix} \tag{14}$$

als Energie ansehen.

Die Vertauschungsregeln Gl. (7) bzw. (10) dieses Abschnittes hätten wir auch durch Umrechnen der Vertauschungsregeln des vorigen Abschnittes mittels Gl. (2) gewinnen können.

Die hier gefundenen Zusammenhänge zwischen Vertauschungsregeln [Gl. (7) bzw. (10)] und den Diagonalwerten einer Matrix [Gl. (8) bzw. (11)] gelten unabhängig vom Oszillator.

Um dies einzusehen, setzen wir zunächst voraus, daß gewisse Matrizen ξ, ξ^* die Vertauschungsregel Gl. (7) erfüllen. Durch rechtsseitige Multiplikation mit ξ folgt

$$\xi(\xi^*\xi) - (\xi^*\xi + 1)\xi = 0.$$

Wenn $\xi^*\xi$ eine Diagonalmatrix ist, folgt weiter für das Element ξ_{nm} der Matrix ξ:

$$\xi_{nm}[(\xi^*\xi)_m - (\xi^*\xi)_n - 1] = 0,$$

d.h., das Element ξ_{nm} ist nur dann von null verschieden, wenn die zu n und m gehörigen Diagonalelemente von $\xi^*\xi$ sich um 1 unterscheiden. Bei geeigneter Ordnung der Reihen der Matrizen erhält also ξ die Form

$$\xi = \begin{pmatrix} \cdot & \cdot & \cdot & \cdot & \cdot & \cdot & \cdots \\ \cdot & 0 & \xi_{-10} & 0 & 0 & 0 & \cdots \\ \cdot & 0 & 0 & \xi_{01} & 0 & 0 & \cdots \\ \cdot & 0 & 0 & 0 & \xi_{12} & 0 & \cdots \\ \cdot & 0 & 0 & 0 & 0 & \xi_{23} & \cdots \\ \cdot & \cdot & \cdot & \cdot & \cdot & \cdot & \cdots \end{pmatrix},$$

und $\xi^*\xi$ wird

$$\xi^*\xi = \begin{pmatrix} \cdot & \xi_{-10}{}^*\xi_{-10} & 0 & 0 & 0 & \cdots \\ \cdot & 0 & \xi_{01}{}^*\xi_{01} & 0 & 0 & \cdots \\ \cdot & 0 & 0 & \xi_{12}{}^*\xi_{12} & 0 & \cdots \\ \cdot & 0 & 0 & 0 & \xi_{23}{}^*\xi_{23} & \cdots \end{pmatrix}$$

(beim vollständigen Beweis[1] ist allerdings noch die Möglichkeit zu beachten, daß zu mehreren Reihen dasselbe Diagonalelement von $\xi^*\xi$ gehören kann). Nach Gl. (7) wird

$$\xi_{n,\,n+1}{}^*\xi_{n,\,n+1} - \xi_{n-1,\,n}{}^*\xi_{n-1,\,n} = 1.$$

Da die Größen $\xi_{n,\,n+1}{}^*\xi_{n,\,n+1}$ nicht negativ sein können, muß deren Folge einen Anfang haben; wir können die Zeilen und Spalten von ξ bei $n = 0$, $m = 0$ beginnen lassen und finden so:

$$\xi^*\xi = \begin{pmatrix} 0 & 0 & 0 & 0 & \ldots \\ 0 & 1 & 0 & 0 & \ldots \\ 0 & 0 & 2 & 0 & \ldots \\ & & & & \end{pmatrix}.$$

ξ selbst wird:

$$\xi = \begin{pmatrix} 0 & \sqrt{1}\,e^{-i\theta_1} & 0 & 0 & \ldots \\ 0 & 0 & \sqrt{2}\,e^{-i\theta_2} & 0 & \ldots \\ 0 & 0 & 0 & \sqrt{3}\,e^{-i\theta_3} & \ldots \\ \cdot & \cdot & \cdot & \cdot & \ldots \end{pmatrix}.$$

Wenn die Matrizen ξ und ξ^* die Vertauschungsregel

$$\xi\xi^* - \xi^*\xi = 1$$

erfüllen und wenn $\xi^*\xi$ eine Diagonalmatrix ist, so stehen in der Diagonale die Zahlen 0, 1, 2, 3... *(bei $\xi\xi^*$ stehen in der Diagonale* 1, 2, 3...*).*

Mit

$$\xi = \frac{\lambda q}{\sqrt{2\hbar}} + \frac{ip}{\lambda\sqrt{2\hbar}}$$

$$\xi^* = \frac{\lambda q}{\sqrt{2\hbar}} - \frac{ip}{\lambda\sqrt{2\hbar}}$$

können wir daraus einen Satz für Hermiteische Matrizen q und p herstellen: Wenn Hermiteische Matrizen q, p die Vertauschungsregel

$$i(pq - qp) = \hbar$$

---

[1] Ein genauer Beweis bei BORN u. JORDAN: Elementare Quantenmechanik, Berlin 1930.

erfüllen und wenn

$$\frac{\lambda^2 q^2}{2} + \frac{p^2}{2\,\lambda^2}$$

eine Diagonalmatrix ist, so stehen in der Diagonale die Zahlen $\hbar/2$, $3\hbar/2$, $5\,\hbar/2\ldots$ Dieser Satz entspricht dem in Abschnitt 34 genannten Satz für Operatoren. In seiner einfachsten Form lautet er: Wenn die Hermiteischen Matrizen x, y die Vertauschungsregel

$$i\,(y\,x - x\,y) = 1$$

erfüllen und wenn

$$\frac{1}{2}\,(x^2 + y^2 - 1)$$

eine Diagonalmatrix ist, so stehen in der Diagonale die natürlichen Zahlen $0, 1, 2\ldots$ Für Operatoren gilt entsprechend, daß $(x^2 + y^2 - 1)/2$ die Eigenwerte $0, 1, 2\ldots$ hat.

Wir setzen jetzt voraus, daß die Matrizen ξ, ξ^* die Vertauschungsregeln Gl. (10) erfüllen. Durch rechtsseitige Multiplikation der letzten dieser Gleichungen mit ξ folgt

$$\xi\,(\xi^*\xi) + (\xi^*\xi - 1)\,\xi = 0$$

und, wenn $\xi^*\xi$ eine Diagonalmatrix ist,

$$\xi_{nm}[(\xi^*\xi)_m + (\xi^*\xi)_n - 1] = 0\,,$$

d.h. das Element ξ_{nm} ist nur dann nicht null, wenn die zu n und m gehörigen Diagonalelemente von $\xi^*\xi$ sich zu 1 ergänzen. Dies läßt sich schon mit der zweireihigen Matrix

$$\xi = \begin{pmatrix} 0 & e^{i\beta}\cos\alpha \\ e^{i\gamma}\sin\alpha & 0 \end{pmatrix} \qquad \xi^*\xi = \begin{pmatrix} \sin^2\alpha & 0 \\ 0 & \cos^2\alpha \end{pmatrix}$$

erreichen. Verlangen wir noch $\xi^2 = \xi^{*2} = 0$, so folgt $\sin\alpha = 0$ oder $\cos\alpha = 0$, so daß wir in der Diagonale von $\xi^*\xi$ die Zahlen 0 und 1 haben (daß mehrreihige Matrizen nichts wesentlich anderes ergeben, wäre noch zu zeigen). *Wenn ξ, ξ^* die Vertauschungsregeln*

$$\xi\,\xi^* + \xi^*\xi = 1 \qquad \xi^2 = \xi^{*\,2} = 0$$

erfüllen und wenn $\xi^*\,\xi$ eine Diagonalmatrix ist, so stehen in der Diagonale die Zahlen 0 und 1 (bei $\xi\,\xi^*$ die Zahlen 1 und 0).

Der entsprechende Satz für Hermiteische Matrizen lautet: Wenn Hermiteische Matrizen p, q die Vertauschungsregeln

$$p\,q + q\,p = 0 \qquad p^2 = \alpha^2\,\hbar \qquad q^2 = \beta^2\,\hbar$$

erfüllen und wenn $i(p\,q - q\,p)$ eine Diagonalmatrix ist, so stehen in der Diagonale die Zahlen $\pm\,2\,\alpha\,\beta\,\hbar$.

43. Kanonische Variable in der klassischen Mechanik.

Bei der Behandlung des harmonischen Oszillators hatten wir Variable q, p eingeführt, die eine Verallgemeinerung auf beliebige Mechanismen erlauben und kanonische Variable heißen.

Wir betrachten einen Mechanismus von f Freiheitsgraden, der sich im Bereiche der f Koordinaten $q^1, q^2 \dots q^f$ bewegt und dessen Dynamik durch eine Lagrange-Funktion $L(q^1, q^2 \dots \dot{q}^1, \dot{q}^2 \dots t)$ beschrieben wird. Der Ablauf der Bewegung geschieht so, daß das Integral

$$\int L \, dt$$

zwischen Grenzen mit festen Werten von $q^1 \, q^2 \dots t$ ein Extremum ist. Die Lagrangeschen Bewegungsgleichungen

$$p_k = \frac{\partial L}{\partial \dot{q}^k} \qquad \dot{p}_k = \frac{\partial L}{\partial q^k}$$

(von denen das erste System gestattet, die $\dot{q}^k$ durch die p_k, die q^k und t auszudrücken) lassen sich mittels der Hamilton-Funktion

$$H = \sum_k p_k \dot{q}^k - L$$

(die als Funktion der q^k, p_k, t geschrieben sei) in die symmetrische Form überführen:

$$\left.\begin{aligned} \dot{q}^k &= \frac{\partial H}{\partial p_k} \\[2mm] \dot{p}_k &= -\frac{\partial H}{\partial q^k} \\[2mm] \dot{H} &= \frac{\partial H}{\partial t}. \end{aligned}\right\} \tag{1}$$

Die Ableitung aus dem Variationsprinzip gewährleistet von vornherein die Existenz einer Größe H, die, wenn L die Zeit nicht explizit enthält, während der Bewegung konstant bleibt. Wenn wir ruhende Koordinaten benutzen, können wir die Aussage, L enthalte die Zeit nicht explizit, ersetzen durch die Aussage, die Beschreibung des Mechanismus sei invariant gegen eine Verschiebung des Zeitnullpunktes.

In dem besonderen Falle, in dem L die Form hat

$$L = T - U = a_{kl} \, \dot{q}^k \, \dot{q}^l - U$$

und die a_{kl} sowie U nicht von den $\dot{q}^k$ abhängen, wird

$$H = T + U.$$

Wenn allgemein

$$L = L^{(0)} + L^{(1)} + L^{(2)}$$

ist, wo $L^{(n)}$ homogen vom n-ten Grade in den $\dot{q}^k$ ist, berechnet man

$$H = -\, L^{(0)} + L^{(2)}$$

(der Fall magnetischer Kräfte gehört hierzu).

Statt einen Mechanismus durch Angabe einer Lagrange-Funktion $L\,(q^1, q^2 \ldots \dot{q}^1, \dot{q}^2 \ldots t)$ zu beschreiben, können wir ihn auch durch eine Hamilton-Funktion $H\,(q^1, q^2 \ldots p_1, p_2 \ldots t)$ beschreiben; die Bewegung wird dann durch die „kanonischen Bewegungsgleichungen" (1) angegeben; die Variabeln $q^1, q^2 \ldots p_1, p_2 \ldots$ heißen *kanonische Variable*.

Im Raume der $2f$ Variabeln $q^1, q^2 \ldots p_1, p_2 \ldots$ wollen wir jetzt eine infinitesimale *Transformation* ausführen. Sie soll die Werte q^k, p_k der Variabeln in

$$\left.\begin{aligned}
q^k + \delta q^k &= q^k + \frac{\partial W\,(q^1, q^2 \ldots p_1, p_2 \ldots)}{\partial p_k}\,\delta\alpha \\[2mm]
p_k + \delta p_k &= p_k - \frac{\partial W\,(q^1, q^2 \ldots p_1, p_2 \ldots)}{\partial q^k}\,\delta\alpha
\end{aligned}\right\} \tag{2}$$

überführen, wo W eine beliebige Funktion der kanonischen Variabeln sei (eine Abhängigkeit von der Zeit wollen wir jetzt nicht betrachten). Für einen Freiheitsgrad sind $\partial W/\partial q$ und $\partial W/\partial p$ die Komponenten des Gradienten von W bezogen auf die rechtwinkligen Koordinaten q, p, und die Gl. (2) bedeuten ein flächentreues Weiterrücken aller Punkte q, p in Richtung der Kurvenschar $W = \text{const}$. $W = aq + bp$ gibt eine gleichmäßige Verrückung, $W = apq$ eine affine Deformation parallel den q- und p-Achsen, $W = a\,(p^2 + q^2)$ eine Drehung um den Nullpunkt; allgemein liefert eine Funktion $W\,(q, p)$ vom zweiten Grade eine affine, flächentreue Transformation.

Durch Wiederholung der infinitesimalen Transformation Gl. (2) läßt sich eine endliche Transformation herstellen:

$$\begin{aligned}
Q^k &= Q^k\,(q^1, q^2 \ldots p_1, p_2 \ldots) \\
P_k &= P_k\,(q^1, q^2 \ldots p_1, p_2 \ldots).
\end{aligned}$$

Auch sie ist für $f = 1$ flächentreu. Allgemein gilt (über r summiert)

$$\left.\begin{aligned}
\frac{\partial P_k}{\partial p_r}\frac{\partial Q^l}{\partial q^r} - \frac{\partial P_k}{\partial q^r}\frac{\partial Q^l}{\partial p_r} &= \delta_k^l \\[2mm]
\frac{\partial P_k}{\partial p_r}\frac{\partial P_l}{\partial q^r} - \frac{\partial P_k}{\partial q^r}\frac{\partial P_l}{\partial p_r} &= 0 \\[2mm]
\frac{\partial Q^k}{\partial p_r}\frac{\partial Q^l}{\partial q^r} - \frac{\partial Q^k}{\partial q^r}\frac{\partial Q^l}{\partial p_r} &= 0\,.
\end{aligned}\right\} \tag{3}$$

Für die infinitesimale Transformation Gl. (2) kann man nämlich durch Einsetzen und Ausrechnen diese Beziehungen bis auf Glieder mit $\delta\alpha^2$ bestätigen. Die Ausdrücke sind also für die infinitesimale Transformation

10*

Gl.(2) invariant; dann sind sie es aber auch für die endliche Transformation, die daraus durch Fortsetzung entsteht.

Die Bewegungsgleichungen

$$\dot{q}^k = \frac{\partial H}{\partial p_k} \qquad \dot{p}_k = - \frac{\partial H}{\partial q^k} \tag{4}$$

besagen, daß an die Stelle der Werte q^k, p_k der Variabeln nach Ablauf der infinitesimalen Zeit δt die Werte

$$\left. \begin{aligned} \overline{q^k} &= q^k + \frac{\partial H (q^1, q^2 \ldots p^1, p_2 \ldots)}{\partial p_k} \delta t \\ \overline{p_k} &= p_k - \frac{\partial H (q^1, q^2 \ldots p_1, p_2 \ldots)}{\partial q^k} \delta t \end{aligned} \right\} \tag{5}$$

getreten sind. Das ist eine Variabelntransformation vom Typus Gl. (2). Wir betrachten nun neben dieser im Laufe der Zeit δt eingetretenen Veränderung der Werte der Variabeln noch eine Variabelntransformation Gl. (2) mit willkürlicher Funktion W. Sie führt die Werte q^k, p_k zu Anfang des Zeitintervalls in

$$\left. \begin{aligned} Q^k &= q^k + \frac{\partial W (q^1, q^2 \ldots p_1, p_2 \ldots)}{\partial p_k} \delta \alpha \\ P_k &= p_k - \frac{\partial W (q^1, q^2 \ldots p_1, p_2 \ldots)}{\partial q^k} \delta \alpha \end{aligned} \right\} \tag{6}$$

und die Werte $\overline{q^k}$, $\overline{p_k}$ zu Ende des Zeitintervalls in

$$\overline{Q^k} = \overline{q^k} + \frac{\partial W (\overline{q^1}, \overline{q^2} \ldots \overline{p_1}\, \overline{p_2} \ldots)}{\partial \overline{p_k}} \delta \alpha$$

$$\overline{P_k} = \overline{p_k} - \frac{\partial W (\overline{q^1}, \overline{q^2} \ldots \overline{p_1}\, \overline{p_2} \ldots)}{\partial \overline{q^k}} \delta \alpha$$

über. Wenn wir hierin die $\overline{q^k}$, $\overline{p_k}$ durch die q^k, p_k gemäß Gl.(5) ausdrücken, so bekommen wir (über l summiert):

$$\overline{Q^k} = q^k + \frac{\partial H}{\partial p_k} \delta t + \frac{\partial W}{\partial p_k} \delta \alpha + \left(\frac{\partial^2 W}{\partial p_k \partial q^l} \frac{\partial H}{\partial p_l} - \frac{\partial^2 W}{\partial p_k \partial p_l} \frac{\partial H}{\partial q^l} \right) \delta t \, \delta \alpha$$

$$= Q^k + \left[- \frac{\partial H}{\partial q^l} \frac{\partial^2 W}{\partial p_k \partial p_l} \delta \alpha + \frac{\partial H}{\partial p_l} \left(\delta_{kl} + \frac{\partial^2 W}{\partial p_k \partial q^l} \delta \alpha \right) \right] \delta t;$$

diese Größe kann auch [vgl. Gl.(6)]

$$Q^k + \left(\frac{\partial H}{\partial q^l} \frac{\partial q^l}{\partial P_k} + \frac{\partial H}{\partial p_l} \frac{\partial p_l}{\partial P_k} \right) \delta t = Q^k + \frac{\partial H}{\partial P_k} \delta t$$

geschrieben werden, wenn $H (Q^1, Q^2 \ldots P_1 P_2 \ldots) = H (q^1, q^2 \ldots p_1, p_2 \ldots)$ ist. Entsprechend errechnet man

$$\overline{P_k} = P_k - \frac{\partial H}{\partial Q^k} \delta t.$$

Die infinitesimale Transformation Gl.(2), (6) führt also die kanonischen Bewegungsgl. (4) in die Bewegungsgleichungen

$$\dot{Q}^k = \frac{\partial H}{\partial P_k} \qquad \dot{P}_k = -\frac{\partial H}{\partial Q^k}$$

über. Wir nennen darum die Transformation Gl.(2) und die durch Fortsetzung entstehenden endlichen Transformationen *kanonische Transformationen. Sie sind* (durch eine „Erzeugende" W definiert) *unabhängig von einem besonderen* (durch H definierten) *Mechanismus.*

Man kann noch auf einem anderen Wege zu kanonischen Transformationen kommen. Man kann nämlich von kanonischen Variabeln q^k, p_k und von der Hamilton-Funktion, die wir jetzt vorübergehend h nennen wollen, zu neuen kanonischen Variabeln Q^k, P_k und der Hamilton-Funktion H übergehen, wenn man dafür sorgt, daß die Integrale

$$\int \left[p_k \dot{q}^k - h(q^1 \ldots p_1 \ldots t) \right] dt$$

und

$$\int \left[P_k \dot{Q}^k - H(Q^1 \ldots P_1 \ldots t) \right] dt$$

(über gleiche Indices wird summiert) sich nur um eine Größe unterscheiden, die vom Integrationsweg unabhängig ist. Die Integranden können sich dann um eine totale Ableitung nach der Zeit unterscheiden. Eine der möglichen Formen der kanonischen Transformationen erhalten wir, wenn wir eine Funktion $V(q^1, q^2 \ldots P_1, P_2 \ldots t)$ einführen und

$$p_k \dot{q}^k - h(q^1 \ldots p_1 \ldots t) = P_k \dot{Q}^k - H(Q^1 \ldots P_1 \ldots t) + \frac{d}{dt}(V - P_k Q^k)$$

$$= \dot{P}_k \left(\frac{\partial V}{\partial P_k} - Q^k \right) + \frac{\partial V}{\partial q^k} \dot{q}^k - H + \frac{\partial V}{\partial t}$$

setzen. Durch Vergleich der Koeffizienten von $\dot{q}^k$ und $\dot{P}_k$, sowie der davon freien Glieder folgen die Gleichungen einer kanonischen Transformation:

$$\left. \begin{array}{l} p_k = \dfrac{\partial}{\partial q^k} V(q^1 \ldots P_1 \ldots t) \\[2ex] Q^k = \dfrac{\partial}{\partial P_k} V(q^1 \ldots P_1 \ldots t) \\[2ex] h = H - \dfrac{\partial}{\partial t} V(q^1 \ldots P_1 \ldots t). \end{array} \right\} \qquad (7)$$

Die identische Transformation wird durch

$$V = q^k P_k$$

erzeugt, die infinitesimale kanonische Transformation Gl. (2) durch

$$V = q^k P_k + W \delta \alpha.$$

Als Beispiel für einen Freiheitsgrad betrachten wir eine kanonische Transformation, die dem Übergang von rechtwinkligen zu Polarkoordinaten entspricht. Die Variabeln q, p sollen in A, φ übergehen, wo φ nur modulo 2π definiert sei. Um die Flächentreue

$$dp \, dq = dA \, d\varphi$$

zu erfüllen, setzen wir [vgl. $r\,d r\,d\varphi = \mathrm{d}(r^2/2)d\varphi$]

$$q = \sqrt{2\,A}\,\cos\varphi \qquad\qquad p = \sqrt{2\,A}\,\sin\varphi\,.$$

Dann ist auch

$$q = \sqrt{\frac{2\,A}{m\,\omega}}\,\cos\varphi \qquad\qquad p = \sqrt{2\,m\,\omega\,A}\,\sin\varphi$$

eine kanonische Transformation. Sie liefert die Hamilton-Funktion des harmonischen Oszillators in der einfachen Form

$$H = \frac{p^2}{2\,m} + \frac{m\,\omega^2\,q^2}{2} = \omega A,$$

die kanonischen Gleichungen ergeben also $A = $ const und $\varphi = \omega t + \alpha$. Als zweites Beispiel für einen Freiheitsgrad betrachten wir die kanonische Transformation, die q, p in τ, E überführt, wo

$$E = \frac{p^2}{2\,m} + U(q)$$

für zunächst irgendeine Funktion $U(q)$ sei. Die Transformation folgt gemäß Gl. (7) aus der Erzeugenden

$$V = \int \sqrt{2m[E-U(q)]}\,\mathrm{d}q\,,$$

es wird damit nämlich

$$p = \frac{\partial V}{\partial q} = \sqrt{2m[E-U(q)]}\,,$$

weiter wird

$$\tau = \frac{\partial V}{\partial E} = \int \frac{\mathrm{d}q}{\sqrt{\dfrac{2}{m}[E-U(q)]}}\,.$$

Für einen Mechanismus, für den die Hamilton-Funktion gleich E ist, folgt aus den kanonischen Gleichungen $E = $ const und $\dot\tau = 1$, also $\tau = t - t_0$; unsere Rechnung ist dann ein bekanntes Lösungsverfahren für Systeme mit einem Freiheitsgrad.

Man kann den Bereich der kanonischen Transformationen über den Bereich der reellen Transformationen hinaus ausdehnen. So führt die im Abschnitt 42 gebrauchte Transformation

$$\frac{\lambda}{\sqrt{2\,\hbar}}\,q + i\,\frac{p}{\lambda\,\sqrt{2\,\hbar}} = \xi$$

$$\frac{\lambda}{\sqrt{2\,\hbar}}\,q - i\,\frac{p}{\lambda\,\sqrt{2\,\hbar}} = \xi^{*}$$

zu kanonischen Variabeln ξ, $i\,\hbar\,\xi^{*}$ [lineare Transformation mit der Determinante 1; Erzeugende $V = (\lambda^2 q^2 - 2\,\lambda\,\sqrt{2\,\hbar}\,q\,\xi^{*} + \hbar\,\xi^{*2})/2\,i]$.

44. Die Zeit neben den Ortskoordinaten.

Das eben aufgestellte kanonische Schema der Punktmechanik zeichnete die Zeit t vor den Ortskoordinaten q^{k} aus. Diese Auszeichnung ist nicht wesentlich, und wir wollen sie jetzt beseitigen. Diese Gleichstellung der Zeit mit den Ortskoordinaten soll aber vorläufig nichts zu tun haben mit der Gleichstellung in der Lorentz-Transformation. Wir lassen es ganz offen, ob eine Transformation der Ortskoordinaten die Zeit mit beeinflußt; wir ziehen also auch bei q^k und p_k keine Indices herunter oder herauf.

Wir schreiben q^0 statt t und $-p_0$ statt der Energie E. Die Kennzeichnung eines Mechanismus durch seine Hamilton-Funktion $H(q^0, q^1, q^2 \ldots p_1, p_2 \ldots) = E$ bedeutet also, daß der Mechanismus durch eine Beziehung zwischen den „kanonischen Variabeln"

$$F(q^0, q^1, q^2 \ldots p_0, p_1, p_2 \ldots) = H(q^0, q^1, q^2 \ldots p_1, p_2 \ldots) + p_0 = 0 \quad (1)$$

definiert ist; dabei wird H als Funktionssymbol und p_0 als Variable betrachtet. Ergänzen wir die Bewegungsgleichungen

$$\dot{q}^k = \frac{\partial H}{\partial p_k} \quad (k \neq 0)$$

durch

$$\dot{q}^0 = 1 ,$$

so können wir sie in

$$\dot{q}^k = \frac{\partial F}{\partial p_k} \quad (k = 0, 1, 2 \ldots) \quad (2)$$

zusammenfassen; die Gleichungen

$$\dot{p}_k = -\frac{\partial H}{\partial q^k} \quad (k \neq 0)$$

$$\dot{p}_0 = -\frac{\partial H}{\partial q^0}$$

fassen wir in

$$\dot{p}_k = -\frac{\partial F}{\partial q^k} \quad (k = 0, 1, 2 \ldots) \quad (3)$$

zusammen. Bei Gleichstellung von q^0 mit den übrigen q^k wird eine bestimmte Bewegung des Mechanismus durch eine Linie im „kanonischen Raum" angegeben. Die Bewegungsgleichungen haben dann nicht die Frage nach den zeitlichen Ableitungen der Variabeln zu beantworten, sondern nach der Richtung, die diese Linie in einem bestimmten Punkte des kanonischen Raumes hat. *Die angemessene Schreibweise der Bewegungsgl.* (2) *und* (3) *ist dann*

$$\mathrm{d}q^0 : \mathrm{d}q^1 \ldots : \mathrm{d}p_0 : \mathrm{d}p_1 \ldots = \frac{\partial F}{\partial p_0} : \frac{\partial F}{\partial p_1} \ldots : \left(-\frac{\partial F}{\partial q^0}\right) : \left(-\frac{\partial F}{\partial q^1}\right) \ldots \quad (4)$$

Die Funktion F kann man durch eine äquivalente Funktion $K(q^0, q^1 \ldots p_0, p_1 \ldots) \cdot F$ ersetzen, ohne daß sich die Bewegungsgl. (4) ändern, da $\mathrm{d}(KF) = K\,\mathrm{d}F$ (wegen $F = 0$) ist. Man braucht also nicht die spezielle Form $F = H + p_0$ zu wählen; insbesondere kann man die Gleichung $F = 0$ z.B. nach p_1 auflösen und $H_1 + p_1 = 0$ schreiben. („Auflösen" im Falle analytischer Funktionen heißt ja Abspalten eines Linearfaktors.)

Auch der Zusammenhang der „homogenen" Bewegungsgleichungen mit dem Variationsprinzip

$$\int L_0(q^0, q^1 \ldots \mathrm{d}\,q^0, \mathrm{d}\,q^1 \ldots) \mathrm{d}\,q^0 = \int L_1(q^0, q^1 \ldots \mathrm{d}\,q^0, \mathrm{d}\,q^1 \ldots) \mathrm{d}\,q^1 = \cdots = \int L_r\,\mathrm{d}\,q^r = \mathrm{Extr}$$

läßt sich dartun. Bei Ableitung der zu q^k konjungierten Impulse auf dem üblichen Wege

$$p_k = \frac{\partial L_r}{\partial \dot q_k} \qquad k \neq r$$

$$p_r = L_r - p_k\,\dot q^k$$

erhält man (wie man etwa durch elementare Umrechnung der Differentialquotienten oder direkt durch Ausführung der Variation zeigen kann) die p_k unabhängig davon, welches q^r man auszeichnet. Aus der Fassung

$$\int p_k\,\mathrm{d}\,q^k = \mathrm{Extr}$$

des Variationsprinzips mit der Nebenbedingung $F = 0$ lassen sich auch direkt die kanonischen Bewegungsgleichungen (4) ableiten.

Als Beispiel geben wir die Gleichungen für einen in der x-Richtung bewegten Massenpunkt nach der nichtrelativistischen Mechanik

$$F = p_0 + \frac{p_1^2}{2\,m} + U(q^1) = 0 \qquad F = p_1 - \sqrt{-2\,m(p_0 + U)} = 0. \qquad (5)$$

Aus der ersten Hälfte von Gl. (4)

$$\mathrm{d}\,q^0 \sim 1 \qquad\qquad\qquad \mathrm{d}\,q^0 \sim \sqrt{\frac{m}{-2\,(p_0 + U)}}$$

$$\mathrm{d}\,q^1 \sim \frac{p_1}{m} \qquad\qquad\qquad \mathrm{d}\,q^1 \sim 1$$

folgt

$$p_1 = m\,\frac{\mathrm{d}\,q^1}{\mathrm{d}\,q^0} \qquad\qquad -p_0 = \frac{m}{2}\left(\frac{\mathrm{d}\,q^1}{\mathrm{d}\,q^0}\right)^2 + U$$

und mit Gl. (5)

$$-p_0 = \frac{m}{2}\left(\frac{\mathrm{d}\,q^1}{\mathrm{d}\,q^0}\right)^2 + U \qquad\qquad p_1 = m\,\frac{\mathrm{d}\,q^1}{\mathrm{d}\,q^0}.$$

Mit der zweiten Hälfte von Gl. (4)

$$\mathrm{d}\,p_0 \sim 0 \qquad\qquad\qquad \mathrm{d}\,p_0 \sim 0$$

$$\mathrm{d}\,p_1 \sim -\frac{\mathrm{d}\,U}{\mathrm{d}\,q^1} \qquad\qquad \mathrm{d}\,p_1 \sim -\sqrt{\frac{m}{-2\,(p_0 + U)}}\,\frac{\mathrm{d}\,U}{\mathrm{d}\,q^1}$$

gewinnt man

$$\frac{\mathrm{d}\,p_1}{\mathrm{d}\,q^0} = -\frac{\mathrm{d}\,U}{\mathrm{d}\,q^1} \qquad\qquad \frac{\mathrm{d}\,p_1}{\mathrm{d}\,q^0} = -\frac{\mathrm{d}\,U}{\mathrm{d}\,q^1}.$$

Bei der formalen Gleichstellung der Zeit mit den Ortskoordinaten darf man den *ganz tiefgehenden Unterschied* nicht vergessen, *der im natürlichen Geschehen zwischen Zeit und Ortskoordinaten besteht.* Ein durch bestimmte Werte $q^0, q^1 \ldots p_0, p_1 \ldots$ bestimmter Zustandspunkt eines Mechanismus trennt die Vergangenheit und die Zukunft des Systems voneinander. Zu einem bestimmten Wert q^0 der Zeit gehört genau ein Punkt der Linie im kanonischen Raum, die die zusammengehörigen Zustände eines Mechanismus umfaßt, während zu einem Wert q^1 keiner oder mehrere Punkte gehören können; an einer Stelle q^1 kann die genannte Linie umkehren, etwa auf der Seite $< q^1$ bleiben; sie kann aber nicht auf einer Seite $< q^0$ bleiben. Aus den Gl. (4) darf also niemals $\mathrm{d}\,q^0 \sim 0$ bei Endlichbleiben der übrigen $\mathrm{d}q^k$ folgen. Dieses in der Natur unmögliche Ergebnis wird vermieden, wenn F in p_0 linear ist und von den übrigen Variabeln analytisch regulär abhängt, also z.B. keine Wurzelausdrücke enthält. *So ist doch die Form*

$$F = p_0 + H\,(q^0,\, q^1,\, q^2 \ldots p_1,\, p_2 \ldots) = 0$$

vor den anderen möglichen Kennzeichnungen des Mechanismus hervorgehoben.

Wir wollen ein Beispiel hinzufügen, wo eine in p_0 nicht lineare Form der Funktion $F\,(q^0,\, q^1 \ldots p_0,\, p_1)$ natürlich erscheint: die relativistische Mechanik eines Massenpunktes in einem gegebenen elektromagnetischen Feld. Wir haben also jetzt einen Mechanismus mit den acht kanonischen Variabeln x^0, x^1, x^2, x^3, p_0, p_1, p_2, p_3. Da wir die Lorentz-Transformation hinzuziehen, können wir jetzt Indices herauf- und herunterziehen.

Bei Abwesenheit von Kräften bilden (Abschnitt 9) Impuls

$$\mathfrak{p} = \frac{m\,\mathfrak{v}}{\sqrt{1 - v^2/c^2}}$$

und Energie

$$\frac{E}{c} = \frac{m\,c}{\sqrt{1 - v^2/c^2}}$$

(m ist die konstante Ruhmasse) einen Vierervektor mit der Invarianten

$$-\frac{E^2}{c^2} + \mathfrak{p}^2 = -\,m^2\,c^2\,.$$

Die elektromagnetischen Potentiale V, $\mathfrak{A}$ können wir lorentzinvariant einfügen, indem wir

$$-\left(\frac{E - eV}{c}\right)^2 + \left(\mathfrak{p} - \frac{e}{c}\,\mathfrak{A}\right)^2 + m^2\,c^2 = 0$$

schreiben. Damit haben wir den Mechanismus: einzelnes Teilchen im gegebenen elektromagnetischen Feld (zunächst versuchsweise) durch eine Beziehung

$$F\,(x^\mu,\, p_\mu) = \left(p_\mu - \frac{e}{c}\,A_\mu\right)\left(p^\mu - \frac{e}{c}\,A^\mu\right) + m^2\,c^2 = 0 \tag{1}$$

gefaßt. Die erste Hälfte der kanonischen Bewegungsgleichungen

$$\mathrm{d}\,x^0 : \mathrm{d}\,x^1 \ldots : \mathrm{d}\,p_0 : \mathrm{d}\,p_1 \ldots = \frac{\partial F}{\partial p_0} : \frac{\partial F}{\partial p_1} \cdots : \left(-\frac{\partial F}{\partial x^0}\right) : \left(-\frac{\partial F}{\partial x^1}\right) \cdots \tag{2}$$

liefert, wenn wir den Proportionalitätsfaktor $\lambda\,\mathrm{d}s/2$ nennen:

$$\mathrm{d}\,x^{\mu} = \lambda\,\mathrm{d}s\left(p^{\mu} - \frac{e}{c}A^{\mu}\right),$$

mit Gl. (1) also

$$\mathrm{d}\,x_{\mu}\,\mathrm{d}\,x^{\mu} + \lambda^2\,m^2\,c^2\,\mathrm{d}s^2 = 0,$$

$\mathrm{d}s$ wird also gerade die Eigenzeit, wenn wir $\lambda = 1/m$ setzen. Wir erhalten so

$$\frac{\mathrm{d}\,x^{\mu}}{\mathrm{d}s} = \frac{1}{m}\left(p^{\mu} - \frac{e}{c}A^{\mu}\right). \tag{3}$$

Aus der zweiten Hälfte der Bewegungsgleichungen folgt

$$\frac{\mathrm{d}\,p_{\mu}}{\mathrm{d}s} = \frac{1}{m}\left(p^{\lambda} - \frac{e}{c}A^{\lambda}\right)\frac{e}{c}\cdot\frac{\partial A_{\lambda}}{\partial x^{\mu}} = \frac{e}{c}\frac{\mathrm{d}\,x^{\lambda}}{\mathrm{d}s}\frac{\partial A_{\lambda}}{\partial x^{\mu}}\cdot$$

Diese Form der Bewegungsgleichungen ist nicht eichinvariant; wir bilden darum lieber die Ableitung von $p_{\mu} - (e/c)\,A_{\mu}$:

$$\frac{\mathrm{d}}{\mathrm{d}s}\left(p_{\mu} - \frac{e}{c}A_{\mu}\right) = \frac{e}{c}\left(\frac{\mathrm{d}\,x^{\lambda}}{\mathrm{d}s}\frac{\partial A_{\lambda}}{\partial x^{\mu}} - \frac{\mathrm{d}\,x^{\lambda}}{\mathrm{d}s}\frac{\partial A_{\mu}}{\partial x^{\lambda}}\right) = \frac{e}{c}\frac{\mathrm{d}\,x^{\lambda}}{\mathrm{d}s}B_{\mu\lambda}$$

oder

$$\frac{\mathrm{d}}{\mathrm{d}t}\left(p_{\mu} - \frac{e}{c}A_{\mu}\right) = \frac{e}{c}\frac{\mathrm{d}\,x^{\lambda}}{\mathrm{d}t}B_{\mu\lambda} = e\left(\mathfrak{E} + \frac{\mathfrak{v}}{c}\times\mathfrak{B}\right).$$

Wir erhalten den bekannten Ausdruck für die Kraft, die ein elektromagnetisches Feld auf eine Ladung e ausübt.

45. Vertauschungsregeln für kanonische Variable.

Die beim gewöhnlichen harmonischen Oszillator aufgestellte Vertauschungsregel

$$i\,(p\,q - q\,p) = \hbar$$

läßt eine naheliegende Verallgemeinerung für allgemeine Mechanismen zu. Für kanonische Variable q^k, p_k sollen die *Vertauschungsregeln* gelten:

$$\left.\begin{aligned} i\,(p_k\,q^l - q^l\,p_k) &= \hbar\,\delta_k^l \\ p_k\,p_l - p_l\,p_k &= 0 \\ q^k\,q^l - q^l\,q^k &= 0. \end{aligned}\right\} \tag{1}$$

Dabei können wir zunächst offen lassen, ob $k, l = 0$ mit vorkommen soll oder nicht. Unter den p_k, q^k brauchen wir uns nicht notwendig Matrizen vorzustellen, sondern mathematische Gebilde, die das kommutative und assoziative Gesetz der Addition und das assoziative und distributive Gesetz der Multiplikation erfüllen. Weiter sei $(ab)^* = b^*a^*$; mit reellem q und p sind also $i\,(pq - qp)$ und $pq + qp$ auch reell.

Die Vertauschungsregeln Gl. (1) erlauben, *partielle Ableitungen von Funktionen* $F(q^1, q^2 \ldots p_1, p_2 \ldots)$ *durch Vertauschungsgrößen zu ersetzen;* die partielle Ableitung $\partial F/\partial q^k$ sei dabei definiert durch

$$\mathrm{d}F = \frac{\partial F}{\partial q^k}\,\mathrm{d}q^k,$$

wo $\mathrm{d}q^k$ eine Zahlengröße (also mit allen Größen vertauschbar) sei und alle übrigen q^l und alle p_k festgehalten seien. Man errechnet z.B.

$$\frac{\partial (q^2)}{\partial q} = 2\,q = \frac{i}{\hbar}\,(p \cdot q^2 - q^2\,p)$$

$$\frac{\partial (q\,p)}{\partial q} = p = \frac{i}{\hbar}\,(p \cdot q\,p - q\,p \cdot p)$$

$$\frac{\partial (p^2)}{\partial p} = 2\,p = \frac{i}{\hbar}\,(p^2 \cdot q - q \cdot p^2)\,.$$

Allgemein gilt für eine Funktion $G\,(q^1, q^2 \ldots p_1, p_2 \ldots)$

$$\frac{\partial G}{\partial q^k} = \frac{i}{\hbar}\,(p_k\,G - G\,p_k) \qquad \frac{\partial G}{\partial p_k} = \frac{i}{\hbar}\,(G\,q^k - q^k\,G)\,. \tag{2}$$

Zum Beweis zeige man, daß diese Beziehungen für $G_1 + G_2$ und für $G_1 G_2$ gelten, wenn sie für G_1 und G_2 einzeln gelten; da sie für p_l und q^l gelten, gelten sie dann allgemein.

Die *Transformation* $\delta q^k = (\partial W/\partial p_k)\,\delta\alpha$, $\delta p_k = -(\partial W/\partial q^k)\,\delta\alpha$, die in der klassischen Mechanik eine kanonische Transformation war, können wir jetzt

$$\delta q^k = \frac{i}{\hbar}\,(W\,q^k - q^k\,W)\,\delta\alpha \qquad \delta p_k = \frac{i}{\hbar}\,(W\,p_k - p_k\,W)\,\delta\alpha \tag{3}$$

schreiben. Sie ändert eine Funktion $G\,(q^1, q^2 \ldots p_1, p_2 \ldots)$ um

$$\delta G = \frac{i}{\hbar}\,(W\,G - G\,W)\,\delta\alpha\,. \tag{4}$$

Zum Beweise zeige man, daß dies für $G_1 + G_2$ und $G_1 G_2$ gilt, wenn es für G_1 und G_2 einzeln gilt:

$$\delta\,(G_1 G_2) = \delta G_1 \cdot G_2 + G_1 \cdot \delta G_2 = \frac{i}{\hbar}\,(W\,G_1\,G_2 - G_1\,W\,G_2 + G_1\,W\,G_2 - G_1\,G_2\,W)\,.$$

Die Gl. (4) besagt insbesondere, daß die Transformation Gl. (3) diejenigen Funktionen G nicht verändert, die gleich Zahlen sind, also die Vertauschungsregeln bestehen läßt. *Die Transformation* Gl. (3) *ist eine kanonische Transformation,* wenn man kanonische Variable durch Gl. (1) definiert. Wenn W reell ist, führt sie reelle Größen in reelle Größen über.

Statt Gl. (3) und (4) können wir auch schreiben:

$$G + \delta G = \left(1 + \frac{i}{\hbar}\,W\,\delta\alpha\right) G \left(1 - \frac{i}{\hbar}\,W\,\delta\alpha\right)$$

($\delta\alpha^2$ vernachlässigt); d.h. das transformierte G wird

$$\overline{G} = U^{-1} G U$$

mit der Matrix

$$U = 1 - \frac{i}{\hbar} W \delta\alpha .$$

Wenn W reell ist, gilt:

$$U^{-1} = U^*, \qquad U^* U = 1$$

(die Transformation heißt dann unitär). Durch Fortsetzung entsteht eine endliche Transformation

$$\overline{G} = U^{-1} G U \qquad U = e^{-\frac{i}{\hbar} W\alpha} . \tag{5}$$

Man kann auch direkt einsehen, daß Gl. (5) die Vertauschungsregeln invariant läßt:

$$\overline{x}\,\overline{y} - \overline{y}\,\overline{x} = U^{-1} x U U^{-1} y U - U^{-1} y U U^{-1} x U = U^{-1} (x\,y - y\,x) U .$$

Wir haben jetzt den Ablauf der Bewegung zu betrachten. Dabei wollen wir von den klassischen Bewegungsgleichungen $\dot{q}^k = \partial H/\partial p_k$, $\dot{p}_k = - \partial H/\partial q^k$ ausgehen. Übernehmen wir sie in die Quantentheorie, so können wir sie in die Form bringen:

$$\dot{q}^k = \frac{i}{\hbar} (H q^k - q^k H) \qquad \dot{p}_k = \frac{i}{\hbar} (H p_k - p_k H) . \tag{6}$$

Aus diesen Gleichungen kann man für jede Funktion $G(q^1, q^2 \ldots p_1, p_2 \ldots)$ schließen:

$$\dot{G} = \frac{i}{\hbar} (H G - G H) . \tag{7}$$

Wenn die Beziehung nämlich für G_1 und G_2 gilt, so gilt sie auch für die Summe und wegen

$$\frac{d}{dt} G_1 G_2 = \dot{G}_1 G_2 + G_1 \dot{G}_2 = \frac{i}{\hbar} (H G_1 G_2 - G_1 H G_2 + G_1 H G_2 - G_1 G_2 H)$$

auch für das Produkt. Die Werte von q^k, p_k, G im späteren Zeitpunkt gehen aus den Werten im früheren Zeitpunkt durch eine kanonische Transformation Gl. (4) hervor. Wir können sie auch schreiben

$$G + \delta G = \left(1 + \frac{i}{\hbar} H \delta t\right) G \left(1 - \frac{i}{\hbar} H \delta t\right),$$

kurz

$$G + \delta G = S^{-1} G S .$$

Wenn H nicht explizit von t abhängt, ist

$$G(t) = e^{\frac{i}{\hbar} H t} \cdot G(0) e^{-\frac{i}{\hbar} H t} .$$

Daß eine Transformation Gl. (4) mit beliebigem W die Bewegungsgleichungen (6) in gleichlautende für die neuen Variabeln überführt, zeigen wir durch Nachrechnen. Kürzen wir $(i/\hbar)\,(xy - yx)$ durch $[x, y]$ ab, so wird infolge der Bewegungsgleichungen eine Größe g nach Ablauf von δt in

$$\bar{g} = g + [H, g]\,\delta t$$

übergeführt. Die Transformation Gl. (4) führt den Anfangswert g in

$$G = g + [W, g]\,\delta \alpha,$$

den Endwert $\bar{g}$ in

$$\overline{G} = \bar{g} + [\,W(\bar{q}, \bar{p}), \bar{g}]\,\delta \alpha$$

über. Es ist aber

$$W(\bar{g}, \bar{p}) = W(q, p) + [H, W(q, p)]\,\delta t,$$

also

$$\overline{G} = g + [H, g]\,\delta t + \big[\,W + [H, W]\,\delta t, g + [H, g]\,\delta t\big]\,\delta \alpha$$
$$= g + [H, g]\,\delta t + [W, g]\,\delta \alpha + \big\{[W, [H, g]] + [[H, W], g]\big\}\,\delta t\,\delta \alpha.$$

Vergleichen wir damit

$$G + [H, G]\,\delta t = g + [W, g]\,\delta \alpha + \big[H, g + [W, g]\,\delta \alpha\big]\,\delta t,$$

so ergibt sich durch Ausführung der Vertauschungen das gleiche; es ist also

$$\overline{G} = G + [H, G]\,\delta t.$$

Die Transformation Gl. (4) ist auch dann eine kanonische Transformation, wenn wir kanonische Variable solche nennen, für die die kanonischen Bewegungsgl. (6) gelten.

Den eben geführten Beweis können wir auch kurz folgendermaßen zusammenfassen:

$$\bar{g} = S^{-1} g\, S$$
$$G = U^{-1} g\, U$$
$$\overline{G} = \overline{U}^{-1} \bar{g}\, \overline{U}$$
$$= S^{-1} U^{-1} S\, S^{-1} g\, S\, S^{-1} U\, S$$
$$= S^{-1} G\, S.$$

46. Allgemeine Quantentheorie.

Die Transformation

$$\delta G = \frac{i}{\hbar}\,(WG - GW)\,\delta \alpha \tag{1}$$

einer Funktion $G(q^1, q^2 \ldots p_1, p_2 \ldots)$ der kanonischen Variabeln läßt jede Funktion dieser Variabeln ungeändert, die gleich einer Zahl ist. Sie führt kanonische Variable in kanonische Variable über, wenn solche kanonischen Variabeln durch irgendwelche Beziehungen

$$f(q^1, q^2 \ldots p_1, p_2 \ldots) = 0 \tag{2}$$

definiert sind. Dies bleibt also bestehen, wenn die gewöhnlichen Vertauschungsregeln Gl. (1) des vorigen Abschnittes durch andere Vertauschungsregeln ersetzt werden, etwa durch Verallgemeinerungen der für die zweite Art des harmonischen Oszillators (Abschnitt 41 u. 42) gültigen. Ebenso bleibt die Verträglichkeit der Transformation Gl. (1) mit den Bewegungsgleichungen bestehen, wenn man diese in der Form

$$\dot{G} = \frac{i}{\hbar}(HG - GH) \tag{3}$$

schreibt. Die Verträglichkeit mit der Form $\dot{q}^k = \partial H / \partial p_k, \; \dot{p}_k = -\partial H / \partial q^k$ ist aber bisher an die besonderen Vertauschungsregeln geknüpft.

In den Mittelpunkt der Quantentheorie möchten wir darum versuchsweise die Kennzeichnung eines Mechanismus durch eine Hamilton-Funktion H stellen. Die Änderungen der Variabeln des Mechanismus während des Ablaufes der Bewegung werden dann durch die Bewegungsgleichung

$$\dot{G} = \frac{i}{\hbar}(HG - GH) \tag{3}$$

angegeben. Dieselbe Bewegungsgleichung gilt, wenn man mittels der infinitesimalen Transformation

$$\delta G = \frac{i}{\hbar}(WG - GW)\,\delta\alpha \tag{1}$$

alle Variabeln durch neue ersetzt. In dieser Form ist aber die Quantentheorie noch ganz unbestimmt. Mit den Gl. (1) und (3) kann man erst rechnen, wenn man Vertauschungsregeln für die Variabeln kennt. *Ein Mechanismus ist* also schließlich *definiert durch eine Hamilton-Funktion H und durch Vertauschungsregeln für die Variabeln, von denen H abhängt.*

Die Bewegungsgleichung (3) hängt eng mit der spektroskopischen Erfahrung zusammen. Schreiben wir, dieser entsprechend, eine Größe G als Matrix mit den Elementen $G_{nm} \sim e^{(i/\hbar)(E_n - E_m)t}$, so folgt $(i/\hbar)(E_n - E_m)\,G_{nm}$ für die Elemente von $\dot{G}$, also $\dot{G} = (i/\hbar)(EG - GE)$.

Dieser Rahmen ist aber anscheinend noch zu weit. So hatten wir früher für einen harmonischen Oszillator, also einen Mechanismus mit

$$H = \frac{p^2}{2m} + \frac{m\,\omega^2\,q^2}{2} + i\lambda(pq - qp),$$

als sinnvoll die Vertauschungsregeln

$$i(pq - qp) = \hbar$$

und die Vertauschungsregeln

$$p\,q + q\,p = 0 \qquad \frac{p^2}{2\,m} = \frac{m\,\omega^2\,q^2}{2} = \frac{\hbar\,\omega}{4}$$

gefunden. Mit komplexen Variabeln hatten wir für

$$H = \frac{\hbar\,\omega}{2}\,(\xi\,\xi^* + \xi^*\xi) + \lambda\,\hbar\,(\xi\,\xi^* - \xi^*\xi)$$

oder spezieller

$$H = \hbar\,\omega\,\xi^*\xi$$

als sinnvoll die Vertauschungsregeln

$$\xi\,\xi^* - \xi^*\xi = 1$$

und die Vertauschungsregeln

$$\xi\,\xi^* + \xi^*\xi = 1 \qquad \xi^2 = \xi^{*\,2} = 0$$

gefunden. Diese sinnvollen Vertauschungsregeln waren durch Anknüpfung an die Bewegungsgleichungen $\ddot{q} = -\omega^2 q$ und $\dot{\xi} = -i\omega\xi$ gewonnen worden.

Um den Rahmen einzuengen, fordern wir, daß die Bewegungsgl. (3) in enger Beziehung zur Bewegungsgleichung eines klassischen Mechanismus stehe. Wir tun das vor allem in Hinblick auf die Quantentheorie der Felder, bei der wir an klassisch-anschauliche Feldgleichungen anknüpfen möchten. Eine recht scharfe Forderung ist die folgende. *Für jeden Mechanismus $H\,(q^1, q^2\ldots, p_1, p_2\ldots)$ sind solche Vertauschungsregeln für q^k, p_k aufzusuchen, für die die Bewegungsgleichungen*

$$\left.\begin{aligned}
\dot{q}^k &= \frac{i}{\hbar}\,(H\,q^k - q^k H) \\[2mm]
\dot{p}_k &= \frac{i}{\hbar}\,(H\,p_k - p_k H)
\end{aligned}\right\} \tag{4}$$

mit den Bewegungsgleichungen

$$\left.\begin{aligned}
\dot{q}^k &= \frac{\partial H}{\partial p_k} \\[2mm]
\dot{p}_k &= -\frac{\partial H}{\partial q^k}
\end{aligned}\right\} \tag{5}$$

des entsprechenden klassischen Mechanismus übereinstimmen.

Bei den Vertauschungsregeln

$$\frac{i}{\hbar}\,(p_k q^l - q^l p_k) = \delta_k^{\,l} \qquad p_k p_l - p_l p_k = 0 \qquad q^k q^l - q^l q^k = 0 \tag{6}$$

gilt die Übereinstimmung unabhängig von der Wahl von H; die Vertauschungsregeln Gl. (6) erfüllen also immer unsere Forderung. Umgekehrt folgen, wenn die Übereinstimmung von Gl. (4) mit (5) unabhängig von H gelten soll, (mittels $H = p_k$ und $H = q^k$) die Vertauschungsregeln Gl. (6).

Wir untersuchen jetzt, ob für spezielle $H(q^1, q^2 \ldots p_1, p_2 \ldots)$ noch andere Vertauschungsregeln die Übereinstimmung von Gl. (4) und (5) gewährleisten.

Für $H = p\,q$ z.B. finden wir

$$\frac{i}{\hbar}(Hq - qH) = \frac{i}{\hbar}(pq - qp)q \qquad \frac{i}{\hbar}(Hp - pH) = -\frac{i}{\hbar}p(pq - qp)$$

und klassisch

$$\frac{\partial H}{\partial p} = q \qquad\qquad -\frac{\partial H}{\partial q} = -p,$$

also Übereinstimmung außer mit $(i/\hbar)(pq - qp) = 1$ auch mit

$$\frac{i}{\hbar}(pq + qp) = -1 \qquad p^2 = q^2 = 0.$$

Für $H = qp$ finden wir Übereinstimmung mit

$$\frac{i}{\hbar}(pq + qp) = 1 \qquad p^2 = q^2 = 0.$$

p und q können hierbei keine Hermiteischen Matrizen sein (für solche wäre $p\,\dot q + qp$ reell). Der Oszillator zweiter Art mit $H = \hbar\,\omega\,\xi^*\xi$ und $\xi\xi^* + \xi^*\xi = 1$ gehört hierher (ξ und $i\hbar\,\xi^*$ sind kanonische Variable).

Für

$$H = \frac{p^2}{2m} + \frac{m\,\omega^2\,q^2}{2} + i\,\lambda\,(p\,q - q\,p)$$

finden wir

$$\frac{i}{\hbar}(Hq - qH) = \frac{i}{2\hbar m}(p^2 q - q p^2) - \frac{\lambda}{\hbar}(p q^2 - 2qpq + q^2 p)$$

$$\frac{i}{\hbar}(Hp - pH) = \frac{i\,m\,\omega^2}{2\hbar}(q^2 p - p q^2) + \frac{\lambda}{\hbar}(q p^2 - 2pqp + p^2 q)$$

und klassisch

$$\frac{\partial H}{\partial p} = \frac{p}{m} \qquad\qquad -\frac{\partial H}{\partial q} = -m\,\omega^2 q,$$

also Übereinstimmung mit

$$p\,q + q\,p = 0 \qquad q^2 = -\frac{\hbar}{4\,\lambda\,m} \qquad p^2 = -\frac{\hbar\,m\,\omega^2}{4\,\lambda}.$$

Für

$$H = A_l^k\,p_k\,q^l \tag{7}$$

(über gleiche Indices summiert) finden wir Übereinstimmung

$$A_l^k\,q^l = \frac{i}{\hbar}A_l^j(p_j q^l q^k - q^k p_j q^l) \qquad A_l^k\,p_k = \frac{i}{\hbar}A_j^k(p_l p_k q^j - p_k q^j p_l),$$

wenn

$$\frac{i}{\hbar}\,(p_j q^l q^k - q^k p_j q^l) = q^l \delta_j^k \qquad \frac{i}{\hbar}\,(p_l p_k q^j - p_k q^j p_l) = p_k \delta_l^j,$$

also sicher wenn

$$\frac{i}{\hbar}\,(p_k q^l + q^l p_k) = -\,\delta_k^l \qquad p_k p_l + p_l p_k = 0 \qquad q^k q^l + q^l q^k = 0 \tag{8}$$

ist. Gl. (7) ist auch *die einzige Funktion zweiten Grades, für die die Vertauschungsregeln* Gl. (8) *zur Übereinstimmung führen.* p_k und q^k können keine Hermiteischen Matrizen sein.

Mechanismen mit der Hamilton-Funktion Gl. (7) werden uns in der Feldtheorie begegnen. Sie *können* zunächst *der gewöhnlichen Quantelung* mit den Vertauschungsregeln Gl. (6) *unterworfen werden*, dann *aber auch einer* anderen Quantelung, der *Quantelung mit dem +-Zeichen*.

Auch bei der Hamilton-Funktion

$$H = A^{kl}{}_{mn}\, p_k p_l q^m q^n \tag{9}$$

finden wir Übereinstimmung mit den Vertauschungsregeln Gl. (8). Die klassischen Bewegungsgleichungen werden:

$$\dot{q}^i = \frac{\partial H}{\partial p_i} = (A^{il}{}_{mn} + A^{li}{}_{mn})\, p_l q^m q^n = (A^{il}{}_{mn} + A^{li}{}_{nm})\, p_l q^m q^n$$

$$\dot{p}_i = -\frac{\partial H}{\partial q^i} = -(A^{kl}{}_{im} + A^{kl}{}_{mi})\, p_k p_l q^m = -(A^{lk}{}_{im} + A^{kl}{}_{mi})\, p_k p_l q^m.$$

Die quantentheoretischen Bewegungsgleichungen errechnen sich zu:

$$\dot{q}^i = \frac{i}{\hbar}\,(Hq^i - q^i H) = (A^{il}{}_{mn} - A^{li}{}_{mn})\, p_l q^m q^n = (A^{il}{}_{mn} + A^{li}{}_{nm})\, p_l q^m q^n$$

$$\dot{p}_i = \frac{i}{\hbar}\,(H p_i - p_i H) = (A^{kl}{}_{im} - A^{kl}{}_{mi})\, p_k p_l q^m = -(A^{lk}{}_{im} + A^{kl}{}_{mi})\, p_k p_l q^m.$$

Auch Gl. (9) wird uns als Bestandteil einer Hamilton-Funktion in der Feldtheorie begegnen (Abschnitt 58).

47. Übergang zum Schrödinger-Schema.

Die während der Bewegung eines durch $H(q^1, q^2 \ldots p_1, p_2 \ldots)$ gekennzeichneten Mechanismus eintretende Änderung der Größe $G(q^1, q^2 \ldots p_1, p_2 \ldots)$ wird durch Lösung der Bewegungsgleichung

$$\dot{G} = \frac{i}{\hbar}\,(HF - FH) \tag{1}$$

$$G + \delta G = \left(1 + \frac{i}{\hbar}\,H\,\delta t\right) G \left(1 - \frac{i}{\hbar}\,H\,\delta t\right) \tag{2}$$

gefunden. Wenn H nicht explizit von der Zeit abhängt, kann aus der infinitesimalen kanonischen Transformation Gl. (1) die endliche Transformation

$$G(t) = e^{\frac{i}{\hbar}Ht} \cdot G(0) \cdot e^{-\frac{i}{\hbar}Ht} \qquad (3)$$

hergestellt werden. Wenn H gerade eine Diagonalmatrix ist, so ist es auch $e^{-(i/\hbar)Ht}$, und es wird

$$G(t)_{nm} = e^{\frac{i}{\hbar}E_n t} G(0)_{nm} e^{-\frac{i}{\hbar}E_m t} = G(0)_{nm} e^{-i\omega_{nm}t}$$

mit $\hbar\omega_{nm} = E_m - E_n$.

Im allgemeinen Fall können wir nur

$$G(t) = S^{-1} G(0) S$$

schreiben und für S eine Differentialgleichung aufstellen. Wegen

$$\dot{G} = \dot{S}^{-1} G(0) S + S^{-1} G(0) \dot{S},$$

das nach Gl. (1) gleich

$$\dot{G} = \frac{i}{\hbar} \left[H S^{-1} G(0) S - S^{-1} G(0) S H \right]$$

sein muß, genügt es,

$$HS^{-1} + i\hbar\dot{S}^{-1} = 0$$
$$SH \quad - i\hbar\dot{S} \quad = 0$$

zu erfüllen.

Diese Überlegungen bringen uns der praktischen Lösung nicht näher. Zu einer solchen kommt man erst, wenn man die Vertauschungsregeln durch handliche Operatoren erfüllt. So befriedigt man (wie wir schon sahen) die Vertauschungsregeln

$$\frac{i}{\hbar}\left(p_k q^l - q^l p_k\right) = \delta_k^l \qquad p_k p_l - p_l p_k = q^k q^l - q^l q^k = 0$$

mit $p_k = (\hbar/i)\,\partial/\partial q^k$ neben den Faktoren q^k oder mit $q^k = i\hbar\,\partial/\partial p_k$ neben den Faktoren p_k. Die Vertauschungsregel

$$\xi\xi^* - \xi^*\xi = 1$$

läßt sich mit

$$\xi = \sqrt{N+1}\,\Delta^+ = \Delta^+\sqrt{N} \qquad \xi^* = \sqrt{N}\,\Delta^- = \Delta^-\sqrt{N+1}$$

erfüllen, wo Δ^+ und Δ^- Operatoren sind, die aus einer Funktion $f(N)$ die Funktion $f(N+1)$ und $f(N-1)$ machen (es ist also $\Delta^+\Delta^- = 1$). Allgemein lassen sich

$$\xi_k \xi_l^* - \xi_l^* \xi_k = \delta_{kl} \qquad \xi_k \xi_l - \xi_l \xi_k = \xi_k^* \xi_l^* - \xi_l^* \xi_k^* = 0$$

mit

$$\xi_k = \sqrt{N_k + 1}\,\Delta_k^{+} = \Delta_k^{+}\sqrt{N_k} \qquad \xi_k^{*} = \sqrt{N_k}\,\Delta_k^{-} = \Delta_k^{-}\sqrt{N_k + 1}$$

erfüllen, wo

$$\Delta_k^{+} f(N_1, N_2 \ldots N_k \ldots) = f(N_1, N_2 \ldots N_k + 1 \ldots)$$
$$\Delta_k^{-} f(N_1, N_2 \ldots N_k \ldots) = f(N_1, N_2 \ldots N_k - 1 \ldots)$$

ist.

Diese speziellen Operatoren sind aber zeitunabhängig. Sie lassen sich also nicht zur Darstellung von Operatoren $q(t)$, $\xi(t)$ verwenden, die die Bewegungsgl. (1) lösen. Man kann sie nur verwenden, wenn man Gl. (1) durch eine andere Differentialgleichung mit zeitunabhängigen Operatoren ersetzt.

Dies ist in der Tat möglich und beruht auf folgendem aus der Transformation der Vektoren bekannten Zusammenhang: Die Vektoren $\mathfrak{x}$ können durch eine homogen lineare Transformation mit der Matrix T in neue Vektoren $\mathfrak{y}$ affin übergeführt werden

$$\mathfrak{y} = T\mathfrak{x}.$$

Wenn wir nun auf die Vektoren $\mathfrak{x}$ statt einer Transformation T die Transformation $U^{-1}TU$ anwenden

$$\mathfrak{y} = U^{-1}TU\mathfrak{x},$$

so wird

$$U\mathfrak{y} = T \cdot U\mathfrak{x};$$

d.h., *statt die Matrix T gemäß $U^{-1}TU$ zu transformieren, kann man auch die Vektoren gemäß $U\mathfrak{x}$ transformieren*. Wichtig sind dabei die „unitären" Transformationen:

$$\overline{\mathfrak{x}} = U\mathfrak{x} \qquad\qquad U^{-1}\overline{\mathfrak{x}} = \mathfrak{x}$$
$$\overline{\mathfrak{x}}^{*} = \mathfrak{x}^{*}U^{*} \qquad\qquad \overline{\mathfrak{x}}^{*}U^{*-1} = \mathfrak{x}^{*},$$

für die

$$\overline{\mathfrak{x}}^{*}\overline{\mathfrak{x}} = \mathfrak{x}^{*}\mathfrak{x}$$

und $U^{*}U = 1$ ist.

Der Zusammenhang gilt auch für Operatoren T, wobei an Stelle der Vektoren die Funktionen Φ treten, auf die sie angewandt werden. *Statt die Operatoren T gemäß $U^{-1}TU$ zu transformieren, kann man die Funktionen Φ, auf die sie wirken, gemäß $U\Phi$ transformieren.* Die infinitesimale Transformation eines Operators G

$$G + \delta G = \left(1 + \frac{i}{\hbar}W\delta\alpha\right)G\left(1 - \frac{i}{\hbar}W\delta\alpha\right)$$
$$\delta G = \frac{i}{\hbar}(WG - GW)\delta\alpha$$

kann ersetzt werden durch die infinitesimale Abänderung der Funktion Φ:

$$\Phi + \delta\Phi = \left(1 - \frac{i}{\hbar}W\delta\alpha\right)\Phi$$

$$\delta\Phi = -\frac{i}{\hbar}W\Phi\cdot\delta\alpha. \tag{4}$$

Den Bewegungsablauf konnten wir durch Ausführung einer unitären Transformation $S^{-1}GS$ eines Operators G beschreiben; G enthielt die Zeit nicht, S war zeitabhängig. Die Beziehungen galten für beliebige Funktionen Φ, auf die die Operatoren angewandt werden; Φ konnte als zeitunabhängig angesehen werden. Unser Äquivalenzsatz zwischen Transformationen der Operatoren G und Abänderungen der Funktion Φ erlaubt uns, die Zeitabhängigkeit, die in S, damit auch in $G(t)$ stak, auf die Funktion Φ umzulegen, indem wir alle Operatoren G bestehen lassen und Φ durch $S\Phi$ ersetzen. Statt mit G die infinitesimale Transformation Gl. (2) auszuführen, können wir Φ um

$$\delta\Phi = -\frac{i}{\hbar}H\Phi\cdot\delta t$$

ändern, also Φ der Differentialgleichung

$$H\Phi - i\hbar\dot\Phi = 0 \tag{5}$$

unterwerfen. Wir erhalten die Schrödinger-Gleichung des Mechanismus (Abschnitt 40) und haben den *Übergang vom Heisenberg-Schema zum Schrödinger-Schema* vollzogen.

Die Äquivalenz von Heisenberg-Schema und Schrödinger-Schema zeigt im bisherigen Rahmen der durch eine Hamilton-Funktion H beschriebenen Mechanismen die Gleichwertigkeit zweier recht verschieden aussehender Übertragungen klassischer Beziehungen. Im einen Fall geht man von den klassischen Bewegungsgleichungen aus und behandelt die Variabeln q^k und $p_k\,(k \neq 0)$ als nicht vertauschbare Größen. Die Zeit t wird als gewöhnliche, vertauschbare Zahl angesehen. Bei der anderen Übertragung geht man von der klassischen Beziehung $H(t, q^1, q^2 \ldots p_1, p_2 \ldots) - E = 0$ aus und ersetzt nicht nur $p_1, p_2\ldots$, sondern auch E durch Differentialoperatoren, die die Vertauschungsregeln für q^k, p_k und für t, E gewährleisten.

Die Frage einer relativistischen Quantentheorie, die an die klassische Punktmechanik anschließt, wurde schon im Abschnitt 37 angeschnitten. Eine relativistische Mechanik für Massenpunkte, zwischen denen Kraftwirkungen bestehen, ist mindestens in einer der nichtrelativistischen Mechanik vergleichbaren Form nicht möglich, und eine relativische Mechanik für einen Massenpunkt scheint an der Möglichkeit der Materieerzeugung zu scheitern.

Versuchsweise könnte man das homogene kanonische Schema benutzen und die Beziehung

$$F(q^0, q^1 \ldots p_0, p_1 \ldots) = 0$$

mittels der unveränderlichen Operatoren $p_k = -i\,\hbar\,\partial/\partial q^k$ in die Quantentheorie übertragen. Man erhielte dann die Gleichung

$$F\,\Phi = 0 \tag{6}$$

für eine Zustandsfunktion, die von q^0, $q^1\ldots$ abhinge. $F = 0$ wäre also nicht etwa eine Identität zwischen Operatoren, sondern eine einschränkende Bedingung für Φ; sie hebt die für den Mechanismus möglichen Zustandsfunktionen Φ aus der Schar aller Zustandsfunktionen heraus. In dem besonderen Falle $F = H\,(q^0, q^1 \ldots p_1 \ldots) + p_0$ ist Gl. (6) die Schrödinger-Gleichung

$$\left(H - i\,\hbar\,\frac{\partial}{\partial q^0}\right)\Phi = 0\,.$$

Mit der für ein klassisches relativistisches Einteilchensystem gültigen Gleichung

$$F = \left(p_\mu - \frac{e}{c}\,A_\mu\right)\left(p^\mu - \frac{e}{c}\,A^\mu\right) + m^2\,c^2 = 0$$

erhielte man die im Abschnitt 37 erwogene Gleichung des quantentheoretischen relativistischen Einteilchensystems.

Dabei ist zu beachten, daß in der **Quantentheorie** die Beziehung $X - Y = 0$ nicht notwendig $X^2 - Y^2 = 0$ zur Folge hat. Der durch

$$p_0 + \frac{p_1{}^2}{2\,m} + U\,(q^1) = 0$$

beschriebene Mechanismus ist von dem durch

$$p_1 - \sqrt{-\,2\,m\,(p_0 + U)} = 0$$

beschriebenen Mechanismus verschieden. Der erste führt zur richtigen Schrödinger-Gleichung für einen Massenpunkt, der sich in der x-Richtung bewegen kann, der zweite nicht.

Der Weg von den Bewegungsgleichungen her scheint nicht gangbar zu sein. Faßte man die Gleichung $F\,(q^0, q^1 \ldots p_0, p_1 \ldots) = 0$ so auf, daß sie durch Einsetzen der Matrizen oder Operatoren des Mechanismus erfüllt wäre (so ist es beim Heisenbergschen Matrixschema mit $-E + H = 0$), stünde sie mit den Vertauschungsregeln in Widerspruch. In der Form $p_0 + H\,(q^0, q^1 \ldots p_1 \ldots) = 0$ wären alle Variabeln in H mit q^0 vertauschbar, also auch H selbst, und p_0 sollte es nicht sein. Faßte man $F = 0$ als Bedingung für etwas auf, worauf der Operator F wirkte, so könnte man zusammengehörige Fälle des Mechanismus durch kanonische Transformationen

$$\delta q^k = \frac{i}{\hbar}\,\delta\,\alpha\,(F q^k - q^k F) \qquad \delta p_k = \frac{i}{\hbar}\,\delta\,\alpha\,(F p_k - p_k F)$$

verknüpfen. Bei Übergang zu festen Operatoren bekäme man dann aber eine Differentialgleichung für die Zustandsfunktion Φ, die jedesmal von erster Ordnung wäre in der Variabeln, die dem Parameter α konjungiert ist.

Wegen der Materieerzeugung erwarten wir eigentlich keinen Erfolg bei diesen Bemühungen um eine relativistische Quantenmechanik. Daß es in gewissem Sinne DIRAC doch gelungen ist, eine weitgehend in diesem Rahmen bleibende Quantenmechanik für ein Elektron aufzustellen, liegt, wie wir im Abschnitt 85 sehen werden, an einer ganz besonderen Beschreibung, die dabei die Materieerzeugung erfährt und die den Rahmen des Einteilchensystems nicht sprengt.

Sechstes Kapitel.

Feldquantelung[1].

48. Gesichtspunkte.

Das anschauliche Feld- oder Wellenbild der Materie wird der Erfahrungstatsache nicht gerecht, daß die Materie aus Elementarteilchen besteht, genauer gesagt der Tatsache, daß gewisse „Mengen", wenn man sie mißt, als ganzzahlige Vielfache von elementaren Mengen festgestellt werden. Ein anschauliches Teilchenbild der Materie wird andererseits der Erfahrungstatsache der Interferenz und den spektroskopischen Grunderfahrungen (diskrete Zustände der Atome) nicht gerecht. Beide Bilder der Materie sind anschaulich nicht vereinbar; es besteht eine *Komplementarität zwischen Feldbild und Teilchenbild.*

Eine Komplementarität zwischen zwei Größen ist nicht notwendig Ausdruck eines unanschaulichen Sachverhaltes. So war (Abschnitt 34) die Komplementarität zwischen Ort und Wellenzahl einer Wellengruppe Bestandteil einer anschaulichen Wellentheorie. Wir haben dabei Operatoren und Vertauschungsregeln eingeführt; aber diese waren mathematische Hilfsmittel zur Beschreibung eines anschaulichen Sachverhaltes.

Anders war es in der Quantentheorie der Mechanismen. Die Komplementarität zwischen Ort und Impuls eines Teilchens besagte, daß der Ort für sich und der Impuls für sich genau meßbar wären, daß aber für eine gleichzeitige Messung beider Größen eine Unbestimmtheitsbeziehung bestünde. Dies war ein unanschaulicher Sachverhalt; er nötigte dazu, das Axiom der klassischen Physik aufzugeben, daß die eingeführten Größen Ort und Impuls alle beide jeweils einen festen Wert hätten, und er nötigte zu der Unterscheidung zwischen einer physikalischen Größe, einer Observabeln, und ihrem Meßwert. Die Zuordnung der Observabeln zu Matrizen oder Operatoren war ein Hilfsmittel zur Beschreibung eines unanschaulichen Sachverhalts.

Wenn wir weiterhin an einer Feldtheorie der Materie festhalten wollen, so haben wir diese in unanschaulicher Weise abzuändern. Es liegt nahe, die *Feldgrößen durch Matrizen oder Operatoren auszudrücken* und die Eigenwerte dieser mathematischen Gebilde als mögliche Meßwerte zu deuten. Die Feldgrößen sind dann nicht mit allen anderen Größen vertauschbar, und wir haben zunächst die *Aufgabe, die richtigen Vertau-*

---

[1] DIRAC, P. A. M.: Proc. Roy. Soc. (A) **112**, 661 (1926); **114**, 243 (1927) (Quantentheorie der Strahlung). — JORDAN, P., u. O. KLEIN: Z. Physik **45**, 751 (1927). JORDAN, P.: Z. Physik **45**, 766 (1927) (Feldquantelung f. Bose-Statistik). — JORDAN, P., u. E. WIGNER: Z. Physik **47**, 631 (1928) (f. Fermi-Statistik). — HEISENBERG, W., u. W. PAULI: Z. Physik **56**, 1; **59**, 168 (1929) (Allgemeines). — PAULI, W., u. V. WEISSKOPF: Helv. physica Acta **7**, 709 (1934) (relativist. skalares Feld).

schungsbeziehungen aufzufinden. Verschiedene Wege führen zu gleichen Ergebnissen.

Wir haben dafür zu sorgen, daß die Eigenwerte von gewissen Mengen ganzzahlige Vielfache von elementaren Mengen werden. Eine solche Menge ist die elektrische Ladung, deren Eigenwerte ganzzahlige Vielfache der Elementarladung werden müssen. Ein *erster Weg* besteht darin, dies durch geeignete Vertauschungsregeln zu erreichen. Eine solche Ganzzahligkeit der elektrischen Ladung garantiert noch nicht ganz die Existenz von Anzahlen von Elementarteilchen. Einmal gibt es Feldtheorien ohne elektrische Ladung. Weiter kann aber eine bestimmte Zahl von Elementarladungen noch in verschiedener Weise aus positiven und negativen Ladungen zusammengesetzt sein. Eine Quantisierung der Feldtheorie, die ganzzahlige Ladungen schafft, muß also sicher noch ergänzt werden, um auch die Elementarteilchen zu garantieren. Der genannte erste Weg wird aber doch schon sehr weit führen, und da er verhältnismäßig einfach ist, werden wir ihn zunächst gehen.

In der nichtrelativistischen Feldtheorie müssen die Eigenwerte von

$$\sigma \eta \int \psi^* \psi \, \mathrm{d}\tau$$

für jedes Raumgebiet die ganzzahligen, nicht negativen Vielfache von e sein; in der relativistischen Theorie müssen die Eigenwerte von

$$\frac{i}{2} \sigma \eta \int (\psi^* f - \psi f^*) \mathrm{d}\tau = \frac{i \sigma \eta}{2 \varkappa} \int \left[\psi^* \cdot \left(\frac{\partial}{c \, \partial t} + i \eta V \right) \psi - \psi \cdot \left(\frac{\partial}{c \, \partial t} - i \eta V \right) \psi^* \right] \mathrm{d}\tau$$

die ganzzahligen Vielfache ($\gtreqless 0$) von e sein. Damit wird zu den anschaulichen Größen $\varkappa$ und η (und der unwesentlichen, nur die Einheit von ψ bestimmenden Größe σ) die Quantengröße e wirklich eingeführt. Wir wollen jetzt, wo wir von Vielfachen der Elementarladung sprechen können, ψ so festlegen, daß $\psi^* \psi \mathrm{d}\tau$ die Dimension einer Zahl bekommt, und die Einheit so wählen, daß $\sigma \eta = e$ wird. Da erfahrungsgemäß $\hbar c \eta = e$ ist (Abschnitt 26), heißt das $\sigma = \hbar c$. Wir fordern also in der nichtrelativistischen Feldtheorie der Materie *ganzzahlige nicht negative Eigenwerte für die Größe*

$$\int \psi^* \psi \, \mathrm{d}\tau; \tag{1}$$

diese Eigenwerte entsprechen hier auch Anzahlen von Teilchen. In der relativistischen Feldtheorie fordern wir *ganzzahlige* (positive oder negative) *Eigenwerte für die Größe*:

$$\frac{i}{2} \int (\psi^* f - \psi f^*) \, \mathrm{d}\tau. \tag{2}$$

Dabei kann das Integral über ein beliebiges Raumgebiet erstreckt sein; es kann der ganze Raum, es kann aber auch ein beliebig kleines Gebiet gemeint sein. Wegen der letztgenannten Möglichkeit bekommen die Größen ψ einen singulären Charakter.

Ein *zweiter Weg*, Vertauschungsregeln aufzufinden, besteht darin, die Feldgröße ψ aus *Eigenschwingungen* zusammenzusetzen und die Amplituden dieser Eigenschwingungen so zu behandeln wie die Amplituden von harmonischen Oszillatoren in der gewöhnlichen Quantenmechanik. So ist ja schon in frühen Zeiten der Quantentheorie die (elektromagnetische) Strahlung behandelt worden. Dieser Weg führt das Feld auf einen Mechanismus zurück. Man kann dabei das *Feld* direkt *als Mechanismus behandeln* und dann die Quantentheorie der Mechanismen in Form der Vertauschungsregeln für kanonisch konjugierte Größen q^k, p_k anwenden. Für die Zurückführung eines Feldes auf einen Mechanismus zeigen sich zwei Möglichkeiten. Bei der einen sieht man die Feldgröße ψ an einer bestimmten Raumstelle $\mathfrak{r}_k$, also $\psi(\mathfrak{r}_k)$, als Koordinate des Mechanismus an, hat also zunächst so viel Freiheitsgrade, als man Raumstellen unterscheidet; das Feld, das so ein Mechanismus von eigentlich unendlich vielen Freiheitsgraden wird, wird dabei als Grenzfall eines Mechanismus von endlich vielen Freiheitsgraden angesehen. Man hat diesen Mechanismus durch eine Lagrange-Funktion zu beschreiben, zu den Koordinaten $\psi(\mathfrak{r}_k)$ die kanonisch konjugierten Variabeln aufzusuchen und von der Lagrange-Funktion zur Hamilton-Funktion überzugehen. Eine andere Möglichkeit, Koordinaten eines Mechanismus einzuführen, besteht darin, die Feldgröße $\psi(\mathfrak{r})$ nach einem vollständigen Orthogonalsystem zu entwickeln

$$\psi(\mathfrak{r}) = \sum_k a_k u_k(\mathfrak{r})$$

und die Koeffizienten als Koordinaten anzusehen. Auch hier hat man dann Lagrange-Funktion, kanonisch konjugierte Variable und Hamilton-Funktion aufzustellen, um das Schema der Quantentheorie der Mechanismen anwenden zu können.

Im nichtrelativistischen Falle gibt es noch den Weg der Quantelung des Teilchenbildes. Auch er führt, wo er durchführbar ist, zum gleichen Ergebnis wie die Quantelung des Feldbildes (Abschnitt 57).

Bei der Übernahme von Beziehungen des anschaulichen Feldbildes haben wir jetzt zu beachten, daß ψ nicht mit allen Größen vertauschbar ist. Insbesondere sind wir bei Ausdrücken wie Gl. (1) und (2) für die Ladung noch nicht sicher, daß wir die richtige Reihenfolge der Faktoren haben. Wir müssen darauf gefaßt sein, in einigen Fällen die Reihenfolge erst prüfen zu müssen.

49. Vertauschungsregeln und Eigenwerte.

Wir haben die Aufgabe, Vertauschungsregeln für $\psi(\mathfrak{r})$ und $\psi^*(\mathfrak{r})$ aufzustellen, die zu bestimmten Eigenwerten gewisser Ausdrücke (für die elektrische Ladung) führen. Aus der gewöhnlichen Quantentheorie sind solche *Zusammenhänge zwischen Vertauschungsregeln und Eigenwerten* bekannt. So folgt (Abschnitt 42) aus der Vertauschungsregel

$$\xi\,\xi^* - \xi^*\xi = 1\,, \tag{1}$$

daß die Größe $\xi^*\xi$ die Eigenwerte $0, 1, 2 \ldots$ hat; weiter folgt aus der Vertauschungsregel

$$i\,(x\,y - y\,x) = 1\,,$$

daß die Größe

$$\frac{1}{2}\,(x^2 + y^2 - 1)$$

die Eigenwerte $0, 1, 2\ldots$ hat. Und zwar folgt dies aus den Vertauschungsregeln allein, wenn es auch seine wichtige Verwendung beim harmonischen Oszillator mit seiner speziellen Hamilton-Funktion hat.

Ein zweiter in der gewöhnlichen Quantentheorie benutzter Zusammenhang ist der, daß aus den Vertauschungsregeln Hermiteischer Gebilde

$$i\,(p_1\,q^1 - q^1\,p_1) = i\,(p_2\,q^2 - q^2\,p_2) = 1 \tag{2}$$

bei Vertauschbarkeit der anderen Produkte

$$\left.\begin{aligned}
p_1\,q^2 - q^2\,p_1 &= p_2\,q^1 - q^1\,p_2 = 0 \\
p_1\,p_2 - p_2\,p_1 &= q^1\,q^2 - q^2\,q^1 = 0
\end{aligned}\right\} \tag{3}$$

ganzzahlige Eigenwerte für die (im Drehimpuls vorkommende) Größe

$$q^1\,p_2 - q^2\,p_1 \tag{4}$$

folgen. Durch Übergang zu komplexen Gebilden

$$\frac{p_1 + i\,p_2}{\sqrt{2}} = a \qquad \frac{p_1 - i\,p_2}{\sqrt{2}} = a^*$$

$$\frac{q_1 + i\,q_2}{\sqrt{2}} = b \qquad \frac{q_1 - i\,q_2}{\sqrt{2}} = b^*$$

können wir dem Zusammenhang noch eine andere Fassung geben. Die Vertauschungsregeln Gl. (2) (3) besagen:

$$\left.\begin{aligned}
i\,(a^*b - b\,a^*) &= i\,(a\,b^* - b^*a) = 1 \\
a^*a - a\,a^* &= b^*b - b\,b^* = 0 \\
a^*b^* - b^*a^* &= a\,b - b\,a = 0\,,
\end{aligned}\right\} \tag{5}$$

und es wird

$$i\,(a^*b - a\,b^*) = i\,(b\,a^* - b^*a) = q^1\,p_2 - q^2\,p_1 \tag{6}$$

mit ganzzahligen Eigenwerten.

Soll eine physikalische Größe ganzzahlige, nicht negative Eigenwerte haben, so versuche man, sie in der Form $\xi^*\xi$ zu schreiben und fordere die Vertauschungsregeln

$$\xi\,\xi^* - \xi^*\xi = 1\,.$$

Soll eine physikalische Größe ganzzahlige (positive und negative) Eigenwerte haben, so versuche man, sie in die Form $i(a*b - ab*)$ zu bringen und fordere

$$i(a*b - ba*) = i(ab* - b*a) = 1$$

bei Vertauschbarkeit von a mit a und b und von b mit b* und a.*

$i(a*b - b*a)$ und $i(ba* - ab*)$ haben dann ebenfalls ganzzahlige Eigenwerte [1 höher und 1 tiefer als $i(a*b - ab*)$].

Die Übertragung des oben an zweiter Stelle genannten Zusammenhangs auf nichthermiteische Gebilde läßt sich noch etwas verallgemeinern. Aus den Vertauschungsregeln

$$i(p_k q^l - q^l p_k) = \delta_k^l \tag{7}$$

bei Vertauschbarkeit der anderen Produkte folgen ganzzahlige Eigenwerte für die Größen

$$q^k p_l - q^l p_k. \tag{8}$$

Unter Beschränkung auf 4 Indices k, l setzen wir

$$\frac{p_1 + i p_2}{\sqrt{2}} = a_{\mathrm{I}} \qquad \frac{p_1 - i p_2}{\sqrt{2}} = a_{\mathrm{I}}*$$

$$\frac{q^1 + i q^2}{\sqrt{2}} = b_{\mathrm{I}} \qquad \frac{q^1 - i q^2}{\sqrt{2}} = b_{\mathrm{I}}*$$

$$\frac{p_3 + i p_4}{\sqrt{2}} = a_{\mathrm{II}} \qquad \frac{p_3 - i p_4}{\sqrt{2}} = a_{\mathrm{II}}*$$

$$\frac{q^3 + i q^4}{\sqrt{2}} = b_{\mathrm{II}} \qquad \frac{q^3 - i q^4}{\sqrt{2}} = b_{\mathrm{II}}*.$$

Die Vertauschungsregeln gehen dann über in

$$i(a_{\mathrm{I}} b_{\mathrm{I}}* - b_{\mathrm{I}}* a_{\mathrm{I}}) = i(a_{\mathrm{I}}* b_{\mathrm{I}} - b_{\mathrm{I}} a_{\mathrm{I}}*) = 1$$
$$i(a_{\mathrm{II}} b_{\mathrm{II}}* - b_{\mathrm{II}}* a_{\mathrm{II}}) = i(a_{\mathrm{II}}* b_{\mathrm{II}} - b_{\mathrm{II}} a_{\mathrm{II}}*) = 1$$

bei Vertauschbarkeit der übrigen Produkte. Weiter wird

$$(q^1 p_3 - q^3 p_1) + (q^2 p_4 - q^4 p_2) = (b_{\mathrm{I}} a_{\mathrm{II}}* - b_{\mathrm{II}} a_{\mathrm{I}}*) + (b_{\mathrm{I}}* a_{\mathrm{II}} - b_{\mathrm{II}}* a_{\mathrm{I}});$$

dieser Ausdruck hat also ganzzahlige Eigenwerte. *Aus den Vertauschungsregeln*

$$i(a_k b_l* - b_l* a_k) = i(a_k* b_l - b_l a_k*) = \delta_{kl} \tag{9}$$

bei Vertauschbarkeit der übrigen Produkte folgt, daß

$$i(a_k* b_k - a_k b_k*) \quad \text{(nicht über } k \text{ summiert!)} \tag{10}$$

und

$$(a_k* b_l - a_l* b_k) + (a_k b_l* - a_l b_k*) \tag{11}$$

ganzzahlige Eigenwerte haben.

Die verschiedenen Beweisverfahren der Sätze über den Zusammenhang von Vertauschungsregeln und Eigenwerten bedienen sich der
Matrizen oder der Operatoren. Der Übergang von den Operatoren G
zu den Matrizen kann durch Einführung eines Orthogonalsystems u_n
mittels

$$G\,u_m = u_n\,G_{nm} \qquad\qquad G_{nm} = \int u_n{}^* G\,u_m\,\mathrm{d}\tau$$

geschehen. Die zu G_{nm} konjugierte Matrix war $(G^*)_{nm} = G_{mn}{}^*$. Ihr entspricht der „adjungierte" Operator G^*, der durch

$$\int \psi^* G^* \varphi\,\mathrm{d}\tau = \int (G\,\psi)^* \varphi\,\mathrm{d}\tau$$

definiert ist. Hieraus folgt nämlich

$$\int u_n{}^* G^* u_m\,\mathrm{d}\tau = \int (G\,u_n)^* u_m\,\mathrm{d}\tau = \int (u_m{}^* G\,u_n\,\mathrm{d}\tau)^*.$$

Einen Beweis des Satzes für die Vertauschungsregel Gl. (1), zunächst
für Matrizen ξ, deuteten wir im Abschnitt 42 an; er schloß sich an die aus
Gl. (1) folgende Beziehung

$$\xi\,(\xi^*\,\xi - 1) = (\xi^*\,\xi)\,\xi \tag{12}$$

an. In Operatoreneinkleidung sieht der Beweis so aus: Für Eigenfunk-
tionen Φ_α des Operators $\xi^*\xi$ $(\xi^*\xi\,\Phi_\alpha = \alpha\,\Phi_\alpha)$ besagt Gl. (12)

$$(\alpha - 1)\,(\xi\,\Phi_\alpha) = \xi^*\,\xi\,(\xi\,\Phi_\alpha)\,,$$

d. h., entweder ist $\xi\,\Phi_\alpha$ gleich null oder eine Eigenfunktion von $\xi^*\xi$ zum
Eigenwert $\alpha - 1$. Entsprechend zeigt sich $\xi^*\,\Phi_\alpha$ als Eigenfunktion von
$\xi^*\xi$ zum Eigenwert $\alpha + 1$. Da ξ und ξ^* adjungierte Operatoren sind, ist

$$\int (\xi\,\Phi_\alpha)^* \xi\,\Phi_\alpha\,\mathrm{d}\tau = \int (\xi^*\xi\,\Phi_\alpha)^* \Phi_\alpha\,\mathrm{d}\tau = \alpha\int \Phi_\alpha{}^* \Phi_\alpha\,\mathrm{d}\tau;$$

die normierten Eigenfunktion gehen also mittels

$$\xi\,\Phi_\alpha = \sqrt{\alpha}\ \Phi_{\alpha-1}$$
$$\xi^*\,\Phi_\alpha = \sqrt{\alpha + 1}\ \Phi_{\alpha+1}$$

auseinander hervor. Da es keine negativen Eigenwerte gibt, muß für die
Eigenfunktion Φ_0 zum tiefsten Eigenwert α_0 die Größe $\xi\,\Phi_0$ verschwinden, daraus folgt mit ganzzahligem n

$$\left.\begin{aligned}
\xi\,\Phi_n &= \sqrt{n}\ \Phi_{n-1}\\
\xi^*\,\Phi_n &= \sqrt{n + 1}\ \Phi_{n+1}
\end{aligned}\right\} \tag{13}$$

und die Eigenwerte $0, 1, 2\ldots$ von $\xi^*\xi$.

Bei den Anwendungen werden die n Teilchenzahlen sein. Der Operator ξ führt also einen Zustand mit bestimmter Teilchenzahl in einen

Zustand über, der ein Teilchen weniger hat; der Operator ξ^* dagegen erhöht die Teilchenzahl um 1. ξ und ξ^* heißen darum auch *Vernichtungs- und Erzeugungsoperatoren*.

Wir haben eben die Operatoren ξ und ξ^* in ihrer Wirkung auf Eigenfunktionen von $\xi^*\xi$ kennengelernt. Die Vertauschungsregel Gl. (1) läßt sich nun auch mit

$$\left.\begin{aligned}\xi &= \Delta^+ \sqrt{N} = \sqrt{N+1}\,\Delta^+ \qquad && \Delta^+ f(N) = f(N+1)\,\Delta^+ \\ \xi^* &= \Delta^- \sqrt{N+1} = \sqrt{N}\,\Delta^- \qquad && \Delta^- f(N+1) = f(N)\,\Delta^-\end{aligned}\right\} \tag{14}$$

verwirklichen, wo $\Delta^+ \Delta^- = 1$ ist. Es folgt $\xi^*\xi = N$, und N ist ein Hermiteischer Operator. Aus Gl. (12) und der Tatsache, daß die Eigenwerte von N nicht negativ sein können, folgt ähnlich wie oben, daß N die Eigenwerte 0, 1, 2... hat.

Die Operatoren Δ^+ und Δ^- können gemäß

$$\Delta^+ f(N) = f(N+1)$$
$$\Delta^- f(N) = f(N-1)$$

auf Funktionen $f(N)$ angewandt werden. Die Eigenfunktionen von $\xi^*\xi$ sind die Funktionen $f(N) = \delta_N^n$, und es ist

$$\left.\begin{aligned}\xi\,\delta_N^n &= \sqrt{N+1}\,\delta_{N+1}^n = \sqrt{n}\,\delta_N^{n-1} \\ \xi^*\,\delta_N^n &= \sqrt{N}\,\delta_{N-1}^n = \sqrt{n+1}\,\delta_N^{n+1}.\end{aligned}\right\} \tag{15}$$

Dies sind wieder die Gl. (13).

Zur Ableitung der ganzzahligen Eigenwerte des Ausdruckes (4) erfüllen wir die Regeln Gl. (2) und (3) mittels $p_k = \partial/i\,\partial q^k$; Ausdruck (4) ist dann

$$\frac{1}{i}\left(q^k \frac{\partial}{\partial q^l} - q^l \frac{\partial}{\partial q^k}\right) = \frac{1}{i}\frac{\partial}{\partial \varphi},$$

wo φ das Azimut um eine Achse ist, die auf den senkrecht zueinander gedachten q^k- und q^l-Richtungen senkrecht steht. Die Gleichung

$$\frac{1}{i}\frac{\partial u}{\partial \varphi} = \varepsilon\,u$$

wird durch die Eigenwerte $\varepsilon = N$ und die eindeutigen Eigenfunktionen $u = e^{iN\varphi}$ gelöst. Natürlich ist das keine strenge Schlußweise; die Darstellung durch die Operatoren $\partial/i\,\partial q^k$ könnte zu speziell sein und nicht alle Eigenwerte liefern; überhaupt haben wir den Begriff des Operators oder des Hermiteischen Operators viel zuwenig kritisch untersucht, als daß wir strenge Schlüsse ziehen könnten. Auch der Schluß von den Matrizen auf die Operatoren läßt an Strenge zu wünschen übrig. Wegen der Einfachheit solcher Schlußweisen wollen wir aber doch von ihnen Gebrauch machen; in den einfachen Fällen, die uns interessieren, erhalten wir brauchbare Ergebnisse.

Es gibt weiter einen Eigenwertsatz bei Größen, die die Beziehungen

$$\xi\xi^* + \xi^*\xi = 1 \qquad \xi^2 = \xi^{*2} = 0 \tag{16}$$

erfüllen; für Matrizen haben wir ihn im Abschnitt 42 kennengelernt. Allgemein besagt er, daß $\xi^*\xi$ die Eigenwerte 0 und 1 (und keine anderen) hat. *Soll eine physikalische Größe die Eigenwerte 0 und 1 haben, so schreibe man sie in der Form $\xi^*\xi$ und fordere die Beziehungen Gl. (16).* Eine Darstellung der Beziehungen Gl. (16) mit Operatoren ist

$$\xi = \Delta N = (1 - N)\Delta \qquad \xi^* = \Delta(1 - N) = N\Delta,$$

wo N ein Hermiteischer Operator mit den Eigenwerten 0 und 1 und

$$\Delta f(N) = f(1 - N)\Delta$$

ist ($\Delta\Delta = 1$). Für die Eigenfunktionen von $\xi^*\xi$ folgt

$$\xi\,\Phi_0 = 0 \qquad\qquad \xi\,\Phi_1 = \Phi_0$$
$$\xi^*\Phi_0 = \Phi_1 \qquad\qquad \xi^*\Phi_1 = 0,$$

so daß auch hier ξ und ξ^* Vernichtungs- und Erzeugungs-Operatoren genannt werden können.

50. Ladung als ganzzahliges Vielfaches der Elementarladung.

Unter Benutzung der Ergebnisse des vorigen Abschnittes können wir jetzt leicht Vertauschungsregeln für die Wellengrößen einführen, die uns garantieren, daß die elektrische Ladung stets ein ganzzahliges Vielfaches der Elementarladung ist.

Im *nichtrelativistischen Fall* muß (für beide Ladungsvorzeichen)

$$\int \psi^*\psi\,d\tau$$

ganzzahlige, nicht negative Eigenwerte bekommen, und zwar für ein beliebiges Integrationsgebiet. Die Beziehungen, die wir aufstellen müssen, schreiben sich verhältnismäßig einfach, wenn wir den Raum in endlich große Gebiete $\Delta\tau$ einteilen. Wir können uns dabei noch vorbehalten, diese Gebiete $\Delta\tau$ beliebig klein wählen zu dürfen oder bei einer unteren Grenze stehenzubleiben. Diese letztere Wahl würde allerdings eine der bisherigen Quantentheorie völlig fremde Vorschrift einführen. Wir suchen also Vertauschungsregeln, die dafür sorgen, daß

$$\psi^*(\mathfrak{r})\,\psi(\mathfrak{r})\,\Delta\tau$$

die Eigenwerte 0, 1, 2, 3... bekommt. Wir erreichen dies mit

$$[\psi(\mathfrak{r})\,\psi^*(\mathfrak{r}) - \psi^*(\mathfrak{r})\,\psi(\mathfrak{r})]\,\Delta\tau = 1.$$

Die Beziehung sagt nur etwas über ψ und ψ^* im gleichen Raumgebiet $\Delta\tau$ aus. Größen, die zu verschiedenen Raumgebieten $\Delta\tau$ gehören, können wir vertauschbar annehmen und wollen das auch tun. *Wir postulieren also als Grundlage der nichtrelativistischen Quantentheorie der Wellen die Vertauschungsregeln*

$$\left.\begin{aligned}
[\psi(\mathfrak{r}_1)\,\psi^*(\mathfrak{r}_2) - \psi^*(\mathfrak{r}_2)\,\psi(\mathfrak{r}_1)]\,\Delta\tau &= \delta_{12} \\
\psi(\mathfrak{r}_1)\,\psi(\mathfrak{r}_2) - \psi(\mathfrak{r}_2)\,\psi(\mathfrak{r}_1) &= 0 \\
\psi^*(\mathfrak{r}_1)\,\psi^*(\mathfrak{r}_2) - \psi^*(\mathfrak{r}_2)\,\psi^*(\mathfrak{r}_1) &= 0\,.
\end{aligned}\right\} \tag{1}$$

In der *relativistischen Theorie* muß

$$\frac{i}{2}\int(\psi^*f - \psi f^*)\,\mathrm{d}\tau$$

ganzzahlige Eigenwerte beider Vorzeichen bekommen. Mit der Gebietseinteilung in die Zellen $\Delta\tau$ gilt dies für

$$\frac{i}{2}\,[\psi^*(\mathfrak{r})\,f(\mathfrak{r}) - \psi(\mathfrak{r})\,f^*(\mathfrak{r})]\,\Delta\tau.$$

Erinnern wir uns, daß wir ganzzahlige Eigenwerte von $i\,(a^*b - ab^*)$ mit den Vertauschungsregeln $i\,(a^*b - ba^*) = 1$ usw. erreichen konnten, so kommen wir zu den Vertauschungsregeln

$$\pm\frac{i}{2}\,[\psi(\mathfrak{r}_1)\,f^*(\mathfrak{r}_2) - f^*(\mathfrak{r}_2)\,\psi(\mathfrak{r}_1)]\,\Delta\tau = \delta_{12}$$

$$\pm\frac{i}{2}\,[\psi^*(\mathfrak{r}_1)\,f(\mathfrak{r}_2) - f(\mathfrak{r}_2)\,\psi^*(\mathfrak{r}_1)]\,\Delta\tau = \delta_{12},$$

wobei entweder beide Male das $+$-Zeichen oder beide Male das $-$-Zeichen gilt. Damit wir in nichtrelativistischer Näherung ($\psi \to e^{-ic\varkappa t}\psi$ bei positiver Ladung, $\psi \to e^{ic\varkappa t}\psi^*$ bei negativer Ladung, vgl. Abschnitt 28) die Vertauschungsregel $(\psi\psi^* - \psi^*\psi)\Delta\tau = \delta_{12}$ erhalten, wählen wir das untere Vorzeichen. *Als Grundlage einer relativistischen Quantentheorie der Wellen wählen wir die Vertauschungsregeln*

$$\left.\begin{aligned}
\frac{1}{2i}\,[\psi(\mathfrak{r}_1)\,f^*(\mathfrak{r}_2) - f^*(\mathfrak{r}_2)\,\psi(\mathfrak{r}_1)]\,\Delta\tau &= \delta_{12} \\
\frac{1}{2i}\,[\psi^*(\mathfrak{r}_1)\,f(\mathfrak{r}_2) - f(\mathfrak{r}_2)\,\psi^*(\mathfrak{r}_1)]\,\Delta\tau &= \delta_{12}
\end{aligned}\right\} \tag{2}$$

bei Vertauschbarkeit von ψ mit ψ, ψ^*, f, von ψ^* mit ψ^* f^*, von f mit f und f^* und von f^* mit f^*.

Hätten wir statt dieser Regeln die entsprechenden für $\dot\psi/c\varkappa$ statt f und $\dot\psi^*/c\varkappa$ statt f^* gewählt, so würde zwar die obige Vertauschungsregel für ψ und $f^* = (1/\varkappa)\,[(\dot\psi^*/c) - i\eta V\psi^*]$ und für ψ^* und $f = (1/\varkappa)\,[(\dot\psi/c) + i\eta V\psi]$ daraus folgen, aber (bei $V \neq 0$) nicht die Vertauschbarkeit von f mit f^*, die für die Eigenwerte der Ladung wichtig ist.

Die Funktion

$$\frac{\delta_{12}}{\Delta\tau} = \delta(\mathfrak{r}_1 - \mathfrak{r}_2)$$

ist eine Funktion des Vektors $\mathfrak{r}_1 - \mathfrak{r}_2$, die überall null ist, außer wenn $\mathfrak{r}_1$ und $\mathfrak{r}_2$ in derselben Raumzelle liegen; dann ist vielmehr $\delta(0)\Delta\tau = 1$. Im Grenzfall beliebig kleiner $\Delta\tau$ ist sie eine singuläre Funktion — die „*Diracsche δ-Funktion*". Für sie gilt

$$\int \delta(\mathfrak{r})\,\mathrm{d}\tau = \begin{Bmatrix} 0 \\ 1 \end{Bmatrix},$$

0, wenn $\mathfrak{r} = 0$ außerhalb, 1, wenn $\mathfrak{r} = 0$ innerhalb des Integrationsgebietes liegt. Mit ihrer Hilfe können die Vertauschungsregeln Gl. (2) in der Form geschrieben werden:

$$\left.\begin{aligned} \frac{1}{2\,i}\left[\psi(\mathfrak{r}_1)f^*(\mathfrak{r}_2) - f^*(\mathfrak{r}_2)\psi(\mathfrak{r}_1)\right] &= \delta(\mathfrak{r}_1 - \mathfrak{r}_2) \\ \frac{1}{2\,i}\left[\psi^*(\mathfrak{r}_1)f(\mathfrak{r}_2) - f(\mathfrak{r}_2)\psi^*(\mathfrak{r}_1)\right] &= \delta(\mathfrak{r}_1 - \mathfrak{r}_2). \end{aligned}\right\} \tag{2}$$

Wir haben noch die Reihenfolge der Faktoren in den Ausdrücken für Ladungsdichte und Stromdichte zu beachten. Die Ausdrücke folgen (Abschnitt 27) aus einer Lagrange-Dichte

$$L = \frac{\sigma\varkappa}{2}\,(f^*f - \mathfrak{F}^*\mathfrak{F} - \psi^*\psi) \tag{3}$$

durch Variation der elektrischen Potentiale. In L kann man die Faktoren umstellen, ohne daß sich der Wert ändert; f ist mit f^*, ψ mit ψ^* vertauschbar, das gilt auch für die örtlichen Ableitungen von ψ und ψ^*. Nach Umstellung liefert die Variation aber andere Ausdrücke für Ladung und Strom. Aus der Anordnung Gl. (3) folgt

$$\delta L = -\frac{i\sigma\eta}{2}\,(\psi^*f - f^*\psi)\delta V - \frac{\sigma\eta}{2\,i}\,(\psi^*\mathfrak{F} - \mathfrak{F}^*\psi)\,\delta\mathfrak{A};$$

mit der Anordnung

$$L = \frac{\sigma\varkappa}{2}\,(ff^* - \mathfrak{F}\mathfrak{F}^* - \psi\psi^*) \tag{4}$$

erhält man

$$\delta L = -\frac{i\sigma\eta}{2}\,(f\psi^* - \psi f^*)\delta V - \frac{\sigma\eta}{2\,i}\,(\mathfrak{F}\psi^* - \psi\mathfrak{F}^*)\,\delta\mathfrak{A}.$$

Beide Ausdrücke für ϱ: $(i\sigma\eta/2)\,(\psi^*f - f^*\psi)$ und $(i\sigma\eta/2)\,(f\psi^* - \psi f^*)$ führen zu ganzzahligen Eigenwerten der Anzahl $\varrho\Delta\tau/e$ von Elementarladungen; bei der zweiten Wahl ist diese Anzahl um 2 kleiner als bei der ersten Wahl. Setzt man für L schließlich noch die halbe Summe der Ausdrücke Gl. (3) und (4), so erhält man

$$\varrho = \frac{i\,e}{2}\,(\psi^*f - \psi f^*). \tag{5}$$

Nur der letzte Ausdruck hat unter den dreien die Eigenschaft, daß der *Übergang von ψ zu ψ^** den *Wechsel des Ladungsvorzeichens* bedeutet. Darum wählen wir diese letztgenannte Möglichkeit Gl. (5).

Im Ausdruck für die Stromdichte ist die Reihenfolge gleichgültig, da nur örtliche Ableitungen vorkommen.

Das Auftreten einer Vertauschungsregel bedeutet, daß die vorkommenden Größen nicht gleichzeitig genau meßbar sind; dies wiederum läßt sich durch eine *Unbestimmtheitsbeziehung* fassen. Den Zusammenhang einer Vertauschungsregel mit einer Unbestimmtheitsbeziehung haben wir schon im Abschnitt 34 gesehen. Wir wollen den entsprechenden Zusammenhang für die nichtrelativistische Feldtheorie aufdecken, indem wir reelle Feldgrößen φ, χ durch

$$\psi = \frac{1}{\sqrt{2}}\,(\varphi + i\,\chi) \qquad \psi^* = \frac{1}{\sqrt{2}}\,(\varphi - i\,\chi)$$

einführen. Die Vertauschungsregeln

$$[\psi(1)\,\psi^*(2) - \psi^*(2)\,\psi(1)]\,\Delta\tau = \delta_{12}$$
$$\psi(1)\,\psi(2) - \psi(2)\,\psi(1) = 0$$
$$\psi^*(1)\,\psi^*(2) - \psi^*(2)\,\psi^*(1) = 0$$

erweisen sich dann als gleichbedeutend mit

$$i\,[\chi(1)\,\varphi(2) - \varphi(2)\,\chi(1)]\,\Delta\tau = \delta_{12}$$
$$\varphi(1)\,\varphi(2) - \varphi(2)\,\varphi(1) = 0$$
$$\chi(1)\,\chi(2) - \chi(2)\,\chi(1) = 0\;.$$

Sie besagen, daß φ und χ am gleichen Ort nicht zugleich genau meßbar sind. Vielmehr folgt (Abschnitt 34) die Unbestimmtheitsbeziehung

$$\Delta\chi\cdot\Delta\varphi\cdot\Delta\tau \geqq 1/2\;.$$

Je genauer φ gemessen wird und je feiner die Gebietseinteilung ist, desto ungenauer wird notwendigerweise die Bestimmung von χ.

51. Kräftefreier Fall.

Die klassische Wellengleichung konnten wir im kräftefreien Fall, d.h. bei Abwesenheit elektromagnetischer Felder (also auch Vernachlässigung der von der Materie selbst herrührenden) mit ebenen Wellen lösen. Wir wollen den entsprechenden Fall auch bei der Quantelung der Wellen untersuchen, zunächst *für die nichtrelativistische Gleichung* (positives Ladungsvorzeichen). Wir suchen also Lösungen von

$$\frac{\hbar^2}{2\,m}\,\Delta\psi + i\,\hbar\,\dot{\psi} = 0, \tag{1}$$

die die Vertauschungsregeln

$$[\psi(\mathfrak{r}_1)\,\psi^*(\mathfrak{r}_2) - \psi^*(\mathfrak{r}_2)\,\psi(\mathfrak{r}_1)]\,\Delta\tau = \delta_{12} \tag{2}$$

erfüllen.

In der klassischen Theorie gibt es die Lösung $\psi = 0$; hier widerspricht sie der Vertauschungsregel. *Der Fall: ,,es ist garnichts da", ist in der Quantentheorie kein mögliches Materiefeld.* In der klassischen Theorie gibt es die Lösung

$$\psi = A\,e^{-i\omega t + i\mathfrak{k}\mathfrak{r}} \qquad \omega = \frac{\hbar}{2m}\,\mathfrak{k}^2;$$

machen wir in der Quantentheorie diesen Ansatz, wobei wir A als nicht mit allem vertauschbar ansehen müssen, so wird

$$[\psi(\mathfrak{r}_1)\,\psi^*(\mathfrak{r}_2) - \psi^*(\mathfrak{r}_2)\cdot\psi(\mathfrak{r}_1)]\,\Delta\tau = (AA^* - A^*A)\,e^{i\mathfrak{k}(\mathfrak{r}_1 - \mathfrak{r}_2)}\,\Delta\tau;$$

dies kann nicht gleich δ_{12} sein. *Die einzelne ebene Welle ist in der Quantentheorie kein mögliches Materiefeld.* Es geht aber mit dem Ansatz

$$\psi = \sum_{\mathfrak{k}} A_{\mathfrak{k}}\,e^{-i\omega_{\mathfrak{k}}t + i\mathfrak{k}\mathfrak{r}} \qquad \omega_{\mathfrak{k}} = \frac{\hbar}{2m}\,\mathfrak{k}^2. \tag{3}$$

Wir haben zu bilden:

$$[\psi(\mathfrak{r}_1)\,\psi^*(\mathfrak{r}_2) - \psi^*(\mathfrak{r}_2)\,\psi(\mathfrak{r}_1)]\,\Delta\tau = \sum_{\mathfrak{k},\,\mathfrak{l}} (A_{\mathfrak{k}}A_{\mathfrak{l}}^* - A_{\mathfrak{l}}^*A_{\mathfrak{k}})\,e^{-i(\omega_{\mathfrak{k}} - \omega_{\mathfrak{l}})t + i(\mathfrak{k}\mathfrak{r}_1 - \mathfrak{l}\mathfrak{r}_2)}\,\Delta\tau$$

und dies gleich der Funktion δ_{12} zu machen. Dies geht, da

$$\delta_{12} \sim \sum_{\mathfrak{k}} e^{i\mathfrak{k}(\mathfrak{r}_1 - \mathfrak{r}_2)}$$

ist mit einem Faktor, der von der Art der Einteilung des Ortsraumes und des $\mathfrak{k}$-Raumes abhängt. Die Einteilung des Raumes in endliche Teile $\Delta\tau$, innerhalb derer wir keine Örter unterscheiden, hat zur Folge, daß wir auch gewisse $\mathfrak{k}$-Werte nicht unterscheiden können. Ist etwa $\Delta\tau$ ein Quader mit der Kante Δx in der x-Richtung, so sind

$$e^{i\left(k + \frac{2\pi}{\Delta x}\right)x}$$

und

$$e^{ikx}$$

ununterscheidbar, d.h., die Wellenfunktion ist periodisch in k mit der Periode $2\pi/\Delta x$; im ganzen ist die Wellenfunktion periodisch im $\mathfrak{k}$-Raum mit einem Periodizitätsbereich vom Volumen $(2\pi)^3/\Delta\tau$. Wir können weiter (vgl. Abschnitt 34) $\mathfrak{k}$ diskret machen, indem wir einen großen Periodizitätsbereich Ω für die Abhängigkeit der Funktion ψ vom Ort $\mathfrak{r}$ einführen; die $\mathfrak{k}$-Werte bilden dann ein Punktgitter im $\mathfrak{k}$-Raum; auf jeden Gitterpunkt kommt ein Bereich $\Delta k = (2\pi)^3/\Omega$. Es gibt also $\Omega/\Delta\tau$ verschiedene $\mathfrak{k}$-Gitterpunkte, und wir erhalten:

$$\sum_{\mathfrak{k}} e^{i\mathfrak{k}(\mathfrak{r}_1-\mathfrak{r}_2)} = \frac{\Omega}{\Delta\tau} \quad (\mathfrak{r}_1 = \mathfrak{r}_2)\,.$$

Im entsprechenden Ausdruck für $\mathfrak{r}_1 \neq \mathfrak{r}_2$ werden komplexe Zahlen vom Betrag 1 und allen möglichen Richtungen addiert; die Richtungen sind gleich verteilt, also:

$$\sum_{\mathfrak{k}} e^{i\mathfrak{k}(\mathfrak{r}_1-\mathfrak{r}_2)} = 0 \quad (\mathfrak{r}_1 \neq \mathfrak{r}_2)\,.$$

Es ist also im ganzen:

$$\sum_{\mathfrak{k}} e^{i\mathfrak{k}(\mathfrak{r}_1-\mathfrak{r}_2)}\frac{\Delta\tau}{\Omega} = \delta_{12}\,. \tag{4}$$

Wir erfüllen in einer Summe ebener Wellen [Gl. (3)] die Vertauschungsregeln, indem wir

$$(A_{\mathfrak{k}}A_{\mathfrak{l}}{}^* - A_{\mathfrak{l}}{}^*A_{\mathfrak{k}})\,\Omega = (A_{\mathfrak{k}}A_{\mathfrak{l}}{}^* - A_{\mathfrak{l}}{}^*A_{\mathfrak{k}})\frac{(2\pi)^3}{\Delta k} = \delta_{\mathfrak{k}\mathfrak{l}} \tag{5}$$

setzen. *Für den Ansatz*

$$\psi = \frac{1}{\sqrt{\Omega}}\sum_{\mathfrak{k}} a_{\mathfrak{k}} e^{-i\omega_{\mathfrak{k}}t + i\mathfrak{k}\mathfrak{r}} = \sqrt{\frac{\Delta k}{(2\pi)^3}}\sum_{\mathfrak{k}} a_{\mathfrak{k}} e^{-i\omega_{\mathfrak{k}}t + i\mathfrak{k}\mathfrak{r}} \tag{6}$$

lauten die Vertauschungsregeln einfach

$$a_{\mathfrak{k}} a_{\mathfrak{l}}{}^* - a_{\mathfrak{l}}{}^* a_{\mathfrak{k}} = \delta_{\mathfrak{k}\mathfrak{l}}; \tag{7}$$

sie lassen sich durch den Ansatz

$$a_{\mathfrak{k}} = \Delta_{\mathfrak{k}}{}^+ \sqrt{N_{\mathfrak{k}}} = \sqrt{N_{\mathfrak{k}}+1}\,\Delta_{\mathfrak{k}}{}^+$$

$$a_{\mathfrak{k}}{}^* = \Delta_{\mathfrak{k}}{}^- \sqrt{N_{\mathfrak{k}}+1} = \sqrt{N_{\mathfrak{k}}}\,\Delta_{\mathfrak{k}}{}^-$$

verwirklichen, wobei Operatoren mit verschiedenen Indices $\mathfrak{k}$ vertauschbar sind.

Die Größen $a_{\mathfrak{k}}{}^*a_{\mathfrak{k}}$ haben die Eigenwerte $0, 1, 2, 3\ldots$; es sind die Beiträge der einzelnen Teilwellen

$$\frac{1}{\sqrt{\Omega}}\,a_{\mathfrak{k}} e^{-i\omega_{\mathfrak{k}}t + i\mathfrak{k}\mathfrak{r}}$$

zur Anzahl der elektrischen Elementarquanten. Die Eigenwerte von $a_{\mathfrak{k}}{}^*a_{\mathfrak{k}}$ können also als Anzahlen von Elementarteilchen angesehen werden. Ein Feld, in dem nur eine Teilwelle einen Beitrag zur Ladung gibt — gleichmäßig strömende Materie — wird also durch den Ansatz Gl. (6) wiedergegeben, wobei jetzt alle Eigenwerte $a_{\mathfrak{k}}{}^*a_{\mathfrak{k}}$ null sind bis auf einen.

Man kann Gl. (4) als Fourier-Entwicklung der Funktion $\delta = \delta_{12}/\Delta\tau$ ansehen. Da

$$\frac{1}{\sqrt{\Omega}}\, e^{i\,\mathfrak{k}\,\mathfrak{r}}$$

die normierten Orthogonalfunktionen sind, liefert die übliche Vorschrift für die Koeffizienten der Entwicklung

$$\delta(\mathfrak{r}) = \sum_{\mathfrak{k}} a_{\mathfrak{k}} \frac{1}{\sqrt{\Omega}}\, e^{i\,\mathfrak{k}\,\mathfrak{r}}$$

den Ausdruck

$$a_{\mathfrak{k}} = \int \delta(\mathfrak{r}) \frac{1}{\sqrt{\Omega}}\, e^{-i\,\mathfrak{k}\,\mathfrak{r}} \mathrm{d}\tau = \frac{1}{\sqrt{\Omega}}$$

also

$$\delta(\mathfrak{r}) = \frac{1}{\Omega} \sum_{\mathfrak{k}} e^{i\,\mathfrak{k}\,\mathfrak{r}} . \tag{8}$$

Wir wollen auch die *relativistische Wellengleichung* im kräftefreien Fall durch ebene Wellen lösen. Eine ebene Welle der Wellenzahl $\mathfrak{k}$ ist jetzt $\left(\omega = + c\sqrt{\varkappa^2 + \mathfrak{k}^2}\right)$:

$$\psi = P\, e^{-i\omega t + i\mathfrak{k}\mathfrak{r}} + Q\, e^{i\omega t - i\mathfrak{k}\mathfrak{r}};$$

sie enthält beide Ladungsvorzeichen. In der Quantentheorie ist sie kein mögliches Feld. Wir setzen darum an:

$$\left.\begin{aligned}
\psi &= \sum_{\mathfrak{k}} \left(P_{\mathfrak{k}}\, e^{-i\omega_{\mathfrak{k}} t} + Q_{\mathfrak{k}}{}^{*}\, e^{i\omega_{\mathfrak{k}} t}\right) e^{i\mathfrak{k}\mathfrak{r}} \\
&= \sum_{\mathfrak{k}} \left(P_{\mathfrak{k}}\, e^{-i\omega_{\mathfrak{k}} t + i\mathfrak{k}\mathfrak{r}} + Q_{-\mathfrak{k}}{}^{*}\, e^{i\omega_{\mathfrak{k}} t - i\mathfrak{k}\mathfrak{r}}\right),
\end{aligned}\right\} \tag{9}$$

wobei die Vorteile der Schreibung Q^* (statt Q) sich noch zeigen werden, und versuchen, die Vertauschungsregeln für ψ, ψ^*, f, f^* zu erfüllen. Man sieht leicht, daß zu verschiedenen $\mathfrak{k}$ gehörige Größen $P_{\mathfrak{k}}, P_{\mathfrak{k}}{}^*, Q_{\mathfrak{k}}, Q_{\mathfrak{k}}{}^*$ immer vertauschbar sind; weiter wird am gleichen Ort (für $t = 0$):

$$\psi\,\psi^* - \psi^*\,\psi$$
$$= \sum_{\mathfrak{k}} \left[(PP^* - P^*P) - (QQ^* - Q^*Q) + (PQ - QP) - (P^*Q^* - Q^*P^*)\right]$$

$$ff^* - f^*f$$
$$= \sum_{\mathfrak{k}} -\left(\frac{\omega}{c\,\varkappa}\right)^2 \left[-(PP^* - P^*P) + (QQ^* - Q^*Q) + (PQ - QP) - (P^*Q^* - Q^*P^*)\right]$$

$$\frac{1}{2i}(\psi f^* - f^*\psi)$$
$$= \sum_{\mathfrak{k}} \frac{\omega}{2c\,\varkappa} \left[(PP^* - P^*P) + (QQ^* - Q^*Q) - (PQ - QP) - (P^*Q^* - Q^*P^*)\right]$$

$$\frac{1}{2i}(\psi^* f - f\psi^*)$$
$$= \sum_{\mathfrak{k}} \frac{\omega}{2c\,\varkappa} \left[(PP^* - P^*P) + (QQ^* - Q^*Q) + (PQ - QP) + (P^*Q^* - Q^*P^*)\right],$$

12*

wo wir die Indices $\mathfrak{k}$ weggelassen haben. Die ersten beiden Ausdrücke müssen 0, die anderen beiden $1/\Delta\tau$ werden. Unter Berücksichtigung der Zahl $\Omega/\Delta\tau$ der $\mathfrak{k}$-Gitterpunkte geht dies mit den Vertauschungsregeln

$$\left.\begin{aligned}\frac{\omega_{\mathfrak{k}}}{c\,\varkappa}\,\Omega\,(P_{\mathfrak{k}}P_{\mathfrak{l}}^* - P_{\mathfrak{l}}^*P_{\mathfrak{k}}) &= \delta_{\mathfrak{k}\mathfrak{l}} \\[2mm] \frac{\omega_{\mathfrak{k}}}{c\,\varkappa}\,\Omega\,(Q_{\mathfrak{k}}Q_{\mathfrak{l}}^* - Q_{\mathfrak{l}}^*Q_{\mathfrak{k}}) &= \delta_{\mathfrak{k}\mathfrak{l}},\end{aligned}\right\}\tag{10}$$

während $P_{\mathfrak{k}}$ mit $P_{\mathfrak{l}}$, $Q_{\mathfrak{l}}$, $Q_{\mathfrak{l}}^*$, weiter $P_{\mathfrak{k}}^*$ mit $P_{\mathfrak{l}}^*$, $Q_{\mathfrak{l}}Q_{\mathfrak{l}}^*$, weiter $Q_{\mathfrak{k}}$ mit $Q_{\mathfrak{l}}$ und schließlich $Q_{\mathfrak{k}}^*$ mit $Q_{\mathfrak{l}}^*$ vertauschbar sein müssen. In Gl. (9) haben wir $Q_{\mathfrak{k}}^*$ neben $P_{\mathfrak{k}}$ geschrieben, um in Gl. (10) dieselbe Regel für P und Q zu erhalten. $(\omega_{\mathfrak{k}}/c\,\varkappa)\,\Omega\,P_{\mathfrak{k}}^*P_{\mathfrak{k}}$ hat die Eigenwerte $0, 1, 2, 3\ldots$, ebenso $(\omega_{\mathfrak{k}}/c\,\varkappa)\,\Omega\,Q_{\mathfrak{k}}^*Q_{\mathfrak{k}}$. Für Ladung und Strom des ψ-Feldes erhalten wir, wenn wir die Reihenfolge der Faktoren gemäß unserer Verabredung am Ende des Abschnittes 50 wählen:

$$\int \varrho\,d\tau = \frac{ie}{2}\int(\psi^*f - \psi f^*)\,d\tau = \frac{ie}{2\,c\,\varkappa}\int(\psi^*\dot\psi - \psi\dot\psi^*)\,d\tau$$

$$= \frac{e}{2}\sum_{\mathfrak{k}}\frac{\omega_{\mathfrak{k}}\,\Omega}{c\,\varkappa}(P_{\mathfrak{k}}^*P_{\mathfrak{k}} + P_{\mathfrak{k}}P_{\mathfrak{k}}^* - Q_{\mathfrak{k}}Q_{\mathfrak{k}}^* - Q_{\mathfrak{k}}^*Q_{\mathfrak{k}}) = e\sum_{\mathfrak{k}}\frac{\omega_{\mathfrak{k}}\,\Omega}{c\,\varkappa}(P_{\mathfrak{k}}^*P_{\mathfrak{k}} - Q_{\mathfrak{k}}^*Q_{\mathfrak{k}})$$

$$\int\frac{\mathfrak{s}}{c}\,d\tau = \frac{e}{2\,i\,\varkappa}\int(\psi^*\,\mathrm{grad}\,\psi - \psi\,\mathrm{grad}\,\psi^*)\,d\tau$$

$$= \frac{e}{2}\sum_{\mathfrak{k}}\frac{\mathfrak{k}\Omega}{\varkappa}(P_{\mathfrak{k}}^*P_{\mathfrak{k}} + P_{\mathfrak{k}}P_{\mathfrak{k}}^* + Q_{\mathfrak{k}}Q_{\mathfrak{k}}^* + Q_{\mathfrak{k}}^*Q_{\mathfrak{k}}) = e\sum_{\mathfrak{k}}\frac{\mathfrak{k}\Omega}{\varkappa}(P_{\mathfrak{k}}^*P_{\mathfrak{k}} + Q_{\mathfrak{k}}Q_{\mathfrak{k}}^*).$$

Wir können also die Eigenwerte

$$\left.\begin{aligned}\frac{\omega_{\mathfrak{k}}}{c\,\varkappa}\,\Omega\,P_{\mathfrak{k}}^*P_{\mathfrak{k}} &= N_{\mathfrak{k}}^+ \\[2mm] \frac{\omega_{\mathfrak{k}}}{c\,\varkappa}\,\Omega\,Q_{\mathfrak{k}}^*Q_{\mathfrak{k}} &= N_{\mathfrak{k}}^-\end{aligned}\right\}\tag{11}$$

als Zahl der positiven und als Zahl der negativen Elementarquanten ansehen. Die Ladung wird dann

$$e\sum_{\mathfrak{k}}(N_{\mathfrak{k}}^+ - N_{\mathfrak{k}}^-) = e\sum_{\mathfrak{k}}(N_{\mathfrak{k}}^+ - N_{-\mathfrak{k}}^-),\tag{12}$$

der Strom

$$ce\sum_{\mathfrak{k}}\frac{\mathfrak{k}}{\omega_{\mathfrak{k}}}(N_{\mathfrak{k}}^+ + N_{\mathfrak{k}}^-) = ce\sum_{\mathfrak{k}}\frac{\mathfrak{k}}{\omega_{\mathfrak{k}}}(N_{\mathfrak{k}}^+ - N_{-\mathfrak{k}}^-).\tag{13}$$

In der Klammer des Ausdrucks für den Strom ist ein Summand 1 weggelassen, der (allerdings nur im Sinne bedingter Konvergenz) wegen des

Faktors $\mathfrak{k}$ sich weghebt. Die $N_{\mathfrak{k}}^-$ zu $\mathfrak{k}$ gehörigen negativ geladenen Teilchen laufen in der Richtung $-\mathfrak{k}$ und führen einen Strom in der Richtung $\mathfrak{k}$.

Im kräftefreien Fall der relativistischen Theorie hat es Sinn, von der Zahl der positiven Elementarteilchen und der Zahl der negativen Elementarteilchen zu sprechen.

Für dieses Ergebnis ist die Reihenfolge der Faktoren im Ausdruck für ϱ wesentlich. Mit

$$\varrho = \frac{i\,e}{2\,c\,\varkappa}\,(\psi^*\,\dot\psi - \dot\psi^*\,\psi)$$

bekämen wir als Ladung

$$e \sum_{\mathfrak{k}} (N_{\mathfrak{k}}^+ - N_{\mathfrak{k}}^- - 1);$$

mit

$$\varrho = \frac{i\,e}{2\,c\,\varkappa}\,(\dot\psi\,\psi^* - \psi\,\dot\psi^*)$$

bekämen wir

$$e \sum_{\mathfrak{k}} (N_{\mathfrak{k}}^+ - N_{\mathfrak{k}}^- + 1).$$

In den Dichten ϱ und $\mathfrak{s}/c$ treten auch zeitabhängige Glieder auf; sie zeigen, daß ein Feld, das dauernd überall die Ladungsdichte null hat, nicht möglich ist.

Wir berechnen noch Energie und Impuls des Vorganges Gl. (9). Es wird

$$E = \frac{m\,c^2}{2}\int (f^*\,f + \mathfrak{F}^*\,\mathfrak{F} + \psi^*\,\psi)\,\mathrm{d}\tau;$$

wegen der Vertauschbarkeit von f mit f^*, $\mathfrak{F}$ mit $\mathfrak{F}^*$, ψ mit ψ^* brauchen wir die Reihenfolge nicht zu ändern. Mit Gl. (9) folgt

$$E = \frac{m\,c^2\,\Omega}{2} \sum_{\mathfrak{k}} \left(\frac{\omega_{\mathfrak{k}}^2}{c^2\,\varkappa^2} + \frac{\mathfrak{k}^2}{\varkappa^2} + 1 \right)(P_{\mathfrak{k}}^*\,P_{\mathfrak{k}} + Q_{\mathfrak{k}}Q_{\mathfrak{k}}^*)$$

$$= \hbar \sum_{\mathfrak{k}} \omega_{\mathfrak{k}}\,\frac{\omega_{\mathfrak{k}}\,\Omega}{c\,\varkappa}\,(P_{\mathfrak{k}}^*\,P_{\mathfrak{k}} + Q_{\mathfrak{k}}Q_{\mathfrak{k}}^*) = \hbar \sum_{\mathfrak{k}} \omega_{\mathfrak{k}}\,(N_{\mathfrak{k}}^+ + N_{\mathfrak{k}}^- + 1) \qquad (14)$$

($m\,c = \hbar\varkappa$ benutzt). Die einzelnen Wellenzahlen geben die Beiträge

$$\hbar\,\omega_{\mathfrak{k}}\,(N_{\mathfrak{k}}^+ + N_{\mathfrak{k}}^- + 1),$$

darin ist eine „Nullpunktsenergie" $\hbar\,\omega_{\mathfrak{k}}$ enthalten.

Den Impuls müssen wir entsprechend unserer Verabredung, daß $\psi \to \psi^*$ die Ladungsumkehr bedeuten soll, als

$$\mathfrak{p} = \frac{m\,c}{4}\int (f^*\,\mathfrak{F} + \mathfrak{F}f^* + \mathfrak{F}^*f + f\,\mathfrak{F}^*)\,\mathrm{d}\tau$$

schreiben. Mit Gl. (9) wird dies

$$\mathfrak{p} = \hbar \sum_{\mathfrak{k}}' \mathfrak{k}\, \frac{\omega_{\mathfrak{k}} \Omega}{2\,c\,\varkappa}\, (P_{\mathfrak{k}}{}^* P_{\mathfrak{k}} + P_{\mathfrak{k}} P_{\mathfrak{k}}{}^* - Q_{\mathfrak{k}} Q_{\mathfrak{k}}{}^* - Q_{\mathfrak{k}}{}^* Q_{\mathfrak{k}})$$

$$= \hbar \sum_{\mathfrak{k}}' \mathfrak{k}\, \frac{\omega_{\mathfrak{k}} \Omega}{c\,\varkappa}\, (P_{\mathfrak{k}}{}^* P_{\mathfrak{k}} - Q_{\mathfrak{k}}{}^* Q_{\mathfrak{k}}),$$

$$\left. \begin{aligned} \mathfrak{p} &= \hbar \sum_{\mathfrak{k}} \mathfrak{k}\,(N_{\mathfrak{k}}{}^+ - N_{\mathfrak{k}}{}^-) \\ &= \hbar \sum_{\mathfrak{k}} \mathfrak{k}\,(N_{\mathfrak{k}}{}^+ + N_{-\mathfrak{k}}{}^-). \end{aligned} \right\} \tag{15}$$

52. Einfache Übungsaufgabe zur Wellenquantelung.

Zur Einübung der Wellenquantelung wollen wir zunächst eine Aufgabe behandeln, deren Lösung aus der Theorie des Einteilchensystems bekannt ist: *Durchgang und Reflexion von Materie an einer Potentialstufe,* die so niedrig sei, daß wir mit nichtrelativistischer Näherung auskommen. Das Wesentliche zeigt sich schon bei senkrechtem Einfall der Welle; wir beschränken uns darauf und führen von den Ortskoordinaten nur x mit. Das Ladungsvorzeichen nehmen wir positiv an.

Im klassischen Teilchenbild wird eine Partikel an einer Potentialstufe der Höhe V reflektiert, solange die kinetische Energie der Partikel (der Ladung e) kleiner als eV ist; sie geht über die Stufe hinüber, wenn die kinetische Energie größer als eV ist. Im anschaulichen Wellenbild findet Totalreflexion der auf die Stufe einfallenden Welle statt, solange $\omega < \zeta V$ ist; für größere ω entsteht eine reflektierte und eine durchlaufende Welle; es ist ein von ω abhängiger Reflexionskoeffizient α^2 und entsprechend ein Durchlaßkoeffizient $\beta^2 = 1 - \alpha^2$ vorhanden. Im gequantelten Einteilchensystem haben wir dann eine Wahrscheinlichkeit α^2 für Reflexion des Teilchens und eine Wahrscheinlichkeit $\beta^2 = 1 - \alpha^2$ für den Durchgang. Das Verhalten des gequantelten Mehrteilchensystems können wir auf das Einteilchensystem zurückführen, wenn die Teilchen als voneinander unabhängig angenommen werden. Bei zwei von der gleichen Seite einfallenden Teilchen erhalten wir die Wahrscheinlichkeit α^4 dafür, daß beide reflektiert werden, $2\alpha^2\beta^2$ dafür, daß eines reflektiert wird, und β^4 dafür, daß beide durchgehen ($\alpha^4 + 2\alpha^2\beta^2 + \beta^4 = 1$).

Wir behandeln jetzt den Vorgang im gequantelten Wellenbild bei senkrechter Stufe. Es sei (wie im Abschnitt 16) im Gebiete $x < 0$ das Potential konstant null, im Gebiete $x > 0$ konstant gleich V ($\gtreqless 0$). Der Ansatz (der die Vertauschungsregeln noch nicht erfüllt)

$$\left. \begin{array}{ll} \psi = e^{-i\omega t}(A\,e^{ikx} + B\,e^{-ikx}) & \psi = e^{-i\omega t}(C\,e^{-ilx} + D\,e^{ilx}) \\ k^2 = 2\lambda\omega; \quad x < 0 & l^2 = 2\lambda(\omega - \zeta V); \quad x > 0 \end{array} \right\} \tag{1}$$

erfüllt die Übergangsbedingungen, wenn

$$\left.\begin{aligned} B &= \frac{k-l}{k+l}\,A + \frac{2\,l}{k+l}\,C\\[2mm] D &= \frac{2\,k}{k+l}\,A - \frac{k-l}{k+l}\,C \end{aligned}\right\} \tag{2}$$

ist; so folgt für die nach links zurücklaufende Welle und die nach rechts auslaufende Welle:

$$\left.\begin{aligned} B^*B &= \left(\frac{k-l}{k+l}\right)^2 A^*A + \left(\frac{2\,l}{k+l}\right)^2 C^*C + \frac{(k-l)\cdot 2\,l}{(k+l)^2}\,(A^*C + C^*A)\\[2mm] D^*D &= \left(\frac{2\,k}{k+l}\right)^2 A^*A + \left(\frac{k-l}{k+l}\right)^2 C^*C - \frac{(k-l)\cdot 2\,k}{(k+l)^2}\,(A^*C + C^*A), \end{aligned}\right\} \tag{3}$$

also auch

$$k\,B^*B + l\,D^*D = k\,A^*A + l\,C^*C,$$

die Gleichheit des auslaufenden elektrischen Stromes mit dem einlaufenden Strome anzeigend. Solange wir keine Faktoren umstellen, sind die Ergebnisse die gleichen wie im anschaulichen Wellenbild; nur haben wir jetzt auf die Reihenfolge der Faktoren zu achten. Im anschaulichen Wellenbild könnten wir $C = 0$ annehmen und erhielten

$$B^*B = \alpha^2\,A^*A \qquad \alpha = \frac{k-l}{k+l}$$

$$l\,D^*D = \beta^2\,k\,A^*A \qquad \beta = \frac{2\,\sqrt{k\,l}}{k+l} \qquad \alpha^2 + \beta^2 = 1,$$

so daß α^2 und β^2 der Reflexionskoeffizient und der Durchlaßkoeffizient wären. In der Quantentheorie ist $C = 0$ kein möglicher Fall.

Bei der *Quantelung der Wellen* ist zu beachten, daß im Ansatz alle Teilwellen vorkommen müssen; da aber die Vertauschungsregeln sich für jede Teilwelle gesondert erfüllen lassen, können wir die Rechnung für jede Teilwelle gesondert durchführen. Die Vertauschungsregeln

$$(A_k\,A_l^* - A_l^*\,A_k)\,\Omega = (A_k\,A_l^* - A_l^*\,A_k)\,\frac{2\,\pi}{\Delta\,k} = \delta_{k\,l}$$

(wegen des eindimensionalen Charakters steht 2π nur in erster Potenz da) erfüllen wir, indem wir die Amplituden in der Form

$$A = \Delta_A{}^+\sqrt{\frac{N_A}{\Omega}} = \Delta_A{}^+\sqrt{\frac{\Delta\,k}{2\,\pi}\,N_A}$$

usw. schreiben. Mit dem großen Periodizitätsbereich Ω haben wir die k-Werte und damit die ω-Werte diskret gemacht. Wir müssen aber beiderseits der Stufe bei $x = 0$ die Bereiche Ω verschieden wählen, nämlich so, daß die ω-Werte zueinander passen. Wegen

$$2\,\lambda\,\omega = k^2 \qquad\qquad\qquad 2\,\lambda\,(\omega - \zeta V) = l^2$$

muß

$$k\,\Delta k = l\,\Delta l \tag{4}$$

gewählt werden. Mit dieser Festsetzung erfüllen wir jetzt die Vertauschungsregeln mittels

$$
\begin{aligned}
A &= \Delta_A{}^+\sqrt{\tfrac{\Delta k}{2\pi}\,N_A} & \quad C &= \Delta_C{}^+\sqrt{\tfrac{\Delta l}{2\pi}\,N_C} \\
B &= \Delta_B{}^+\sqrt{\tfrac{\Delta k}{2\pi}\,N_B} & \quad D &= \Delta_D{}^+\sqrt{\tfrac{\Delta l}{2\pi}\,N_D}
\end{aligned}
\tag{5}
$$

Die Eigenwerte von A^*A, B^*B, C^*C, D^*D sind dann $(\Delta k/2\pi)\,N_A$, $(\Delta k/2\pi)\,N_B$, $(\Delta l/2\pi)N_C$, $(\Delta l/2\pi)\,N_D$. Die zugehörigen Ströme verhalten sich wie $N_A:(-N_B):(-N_C):N_D$.

Die Vertauschungsregel für B und B^* muß von selbst erfüllt sein, wenn die Vertauschungsregeln

$$(AA^* - A^*A)\frac{2\pi}{\Delta k} = 1$$

$$(CC^* - C^*C)\frac{2\pi}{\Delta l} = 1$$

$$\cdots = 0$$

für A, A^*, C, C^* erfüllt sind. In der Tat ist nach Gl. (3) und (4)

$$(BB^*-B^*B)\frac{2\pi}{\Delta k} = \left(\frac{k-l}{k+l}\right)^2 (AA^*-A^*A)\frac{2\pi}{\Delta k} + \frac{4\,kl}{(k+l)^2}(CC^*-C^*C)\frac{2\pi}{\Delta l} = 1.$$

Wir fragen nach den Anzahlen N_B (und N_D) der im Bereich $2\pi/\Delta k$ (und $2\pi/\Delta l$) nach links zurücklaufenden (und nach rechts auslaufenden) Teilchen, wenn die Anzahlen N_A und N_C der einlaufenden Teilchen bekannt sind. Aus Gl. (3) folgen mit der Darstellung Gl. (5):

$$N_B = \alpha^2 N_A + \beta^2 N_C + \alpha\beta\left[\sqrt{N_A(N_C+1)}\,\Delta_A{}^-\Delta_C{}^+ + \sqrt{(N_A+1)N_C}\,\Delta_A{}^+\Delta_C{}^-\right]$$

$$N_D = \beta^2 N_A + \alpha^2 N_C - \alpha\beta\left[\sqrt{N_A(N_C+1)}\,\Delta_A{}^-\Delta_C{}^+ + \sqrt{N_A(N_C+1)}\,\Delta_A{}^+\Delta_C{}^-\right] \tag{6}$$

und

$$N_B + N_D = N_A + N_C. \tag{7}$$

Wegen der Glieder mit den Δ-Operatoren sind N_B und N_D im allgemeinen nicht mit N_A und N_C vertauschbar, d.h., wenn die Anzahlen N_A und N_C festliegen, liegen die Zahlenwerte von N_B und N_D im allgemeinen nicht fest. *Die Anzahlen der einlaufenden Teilchen bestimmen die Anzahlen der nach links und nach rechts auslaufenden Teilchen nicht fest;* nur deren Gesamtzahl ist wieder fest bestimmt, was besagt, daß in der Schwelle keine Materieerzeugung stattfindet.

Bei Mittelung über die Phasen der einlaufenden Wellen fallen die Glieder mit A^*C und C^*A weg, wenn die Phasen der A- und C-Welle als unabhängig angesehen werden. A kann nämlich (Abschnitt 42) bis auf einen Faktor als Matrix

$$\begin{pmatrix} 0 & \sqrt{1}\,e^{-i\vartheta_1} & 0 & 0 & \cdots \\ 0 & 0 & \sqrt{2}\,e^{-i\vartheta_2} & 0 & \cdots \\ 0 & 0 & 0 & \sqrt{3}\,e^{-i\vartheta_3} & \cdots \\ \cdot & \cdot & \cdot & \cdot & \cdots \end{pmatrix}$$

angesehen werden, wo die ϑ_m den Phasen entsprechen. Der Mittelwert von N_B wird so

$$\overline{N}_B = \alpha^2 N_A + \beta^2 N_C, \tag{8}$$

wie in der anschaulichen Wellentheorie der Materie. Zum Unterschied von dieser gibt es aber Schwankungen um den Mittelwert, die (wie vielfach in der Physik) hier die quantenhafte Struktur andeuten. Wir rechnen das Schwankungsquadrat aus:

$$\left(N_B - \overline{N}_B\right)^2 = \alpha^2\beta^2\Big[\sqrt{N_A\,(N_C+1)}\,\Delta_A{}^-\,\Delta_C{}^+\,\sqrt{(N_A+1)\,N_C}\,\Delta_A{}^+\,\Delta_C{}^-$$
$$+ \sqrt{(N_A+1)\,N_C}\,\Delta_A{}^+\,\Delta_C{}^-\,\sqrt{N_A\,(N_C+1)}\,\Delta_A{}^-\,\Delta_C{}^+ + \cdots\Big].$$

Weggelassen sind dabei Glieder, die $\Delta_A{}^-\ldots$ doppelt enthalten. Mit Durchschieben der Δ-Operatoren nach rechts wird

$$\left(N_B - \overline{N}_B\right)^2 = \alpha^2\beta^2\left[N_A\,(N_C+1) + (N_A+1)\,N_C + \cdots\right].$$

Beim Mitteln über die Phasen fallen die nicht mitgeschriebenen Glieder weg; wir erhalten also als *Mittelwert des Schwankungsquadrates*

$$\overline{\left(N_B - \overline{N}_B\right)^2} = \alpha^2\beta^2\left[N_A\,(N_C+1) + (N_A+1)\,N_C\right], \tag{9}$$

insbesondere mit $N_C = 0$

$$\overline{\left(N_B - \overline{N}_B\right)^2} = \alpha^2\beta^2\,N_A.$$

Um *Wahrscheinlichkeiten* für bestimmte Werte der Teilchenzahlen zu berechnen, kann man die Beziehungen zwischen N_A, N_B, N_C, N_D als Operatorgleichungen auffassen; die Operatoren wirken dabei auf Funktionen derjenigen Variabeln N_A, N_B, N_C, N_D, die keine festgelegten Werte haben. Wenn wir also jetzt die Wahrscheinlichkeiten für bestimmte Werte N_B und N_D der auslaufenden Teilchen bei gegebenen Anzahlen N_A und N_C der einlaufenden Teilchen berechnen wollen, so brauchen wir eine Gleichung, deren Operatoren auf eine Funktion $f(N_B, N_D)$ wirken. Ähnlich wie die Gl. (6) folgt die geeignete Gleichung:

$$N_A = \alpha^2 N_B + \beta^2 N_D + \alpha\beta\Big[\sqrt{N_B\,(N_D+1)}\,\Delta_B{}^-\,\Delta_{D+} + \sqrt{(N_B+1)\,N_D}\,\Delta_B{}^+\,\Delta_D{}^-\Big].$$

Durch Anwendung auf $f(N_B, N_D)$ folgt:

$$\left.\begin{aligned}
(-N_A + \alpha^2 N_B + \beta^2 N_D)\, f(N_B, N_D) \\
+ \alpha\beta\,\big[\sqrt{N_B(N_D+1)}\, f(N_B-1, N_D+1) \\
+ \sqrt{(N_B+1)N_D}\, f(N_B+1, N_D-1)\big] = 0\,.
\end{aligned}\right\} \qquad (10)$$

Es werden darin nur solche Stellen N_B, N_D der Funktion f verknüpft, für die $N_B + N_D$ den gleichen Wert hat. Mit N_A und N_C ist ja nach Gl. (7) dieser Wert gegeben.

Wir rechnen jetzt für bestimmte gegebene Anzahlen N_A und N_C. Mit $N_A = 1$, $N_C = 0$ (ein von links kommendes Teilchen) ist $N_B + N_D = 1$, die Funktion f ist also für die Stellen $1, 0$ und $0, 1$ zu untersuchen. Die beiden dafür aus Gl. (10) folgenden Gleichungen

$$-\beta^2 f(1, 0) + \alpha\beta f(0, 1) = 0$$
$$-\alpha^2 f(0, 1) + \alpha\beta f(1, 0) = 0$$

besagen übereinstimmend

$$\frac{f(1, 0)}{f(0, 1)} = \frac{\alpha}{\beta}\,.$$

Mit der Normierung

$$|f(1, 0)|^2 + |f(0, 1)|^2 = 1$$

bedeutet dies

$$|f(1, 0)|^2 = \alpha^2 \qquad |f(0, 1)|^2 = \beta^2\,. \qquad (11)$$

Die Gl. (10) ist analog einer zeitfreien Schrödinger-Gleichung; dort gibt $\psi^* \psi\, d\tau$ die Wahrscheinlichkeit, daß die Konfiguration in $\Delta\tau$ liegt. Hier haben wir entsprechend $|f(1, 0)|^2$ und $|f(0, 1)|^2$ als Wahrscheinlichkeiten für $N_B = 1$, $N_D = 0$ und $N_B = 0$, $N_D = 1$ anzusehen. Für $N_B = 1$, $N_D = 0$ erhalten wir die Wahrscheinlichkeit α^2, für $N_B = 0$, $N_D = 1$ die Wahrscheinlichkeit $\beta^2 = 1 - \alpha^2$. Mit $N_A = 2$, $N = 0_C$ interessiert f an den Stellen $2, 0$; $1, 1$; $0, 2$. Wir erhalten aus Gl. (10) ($\alpha^2 + \beta^2 = 1$ beachtend):

$$-2\beta^2 f(2, 0) + \alpha\beta \sqrt{2}\, f(1, 1) = 0$$
$$-f(1, 1) + \alpha\beta \sqrt{2}\, [f(0, 2) + f(2, 0)] = 0$$
$$-2\alpha^2 f(0, 2) + \alpha\beta \sqrt{2}\, f(1, 1) = 0$$

mit den Lösungen

$$f(2, 0) \sim \alpha^2 \qquad f(1, 1) \sim \sqrt{2}\,\alpha\beta \qquad f(0, 2) \sim \beta^2,$$

so daß wir nach der Normierung

$$|f(2, 0)|^2 + |f(1, 1)|^2 + |f(0, 2)|^2 = 1$$

die Wahrscheinlichkeiten α^4 für $N_B = 2$, $2\alpha^2\beta^2$ für $N_B = 1$, β^4 für $N_B = 0$ erhalten. Mit $N_A = 1$, $N_C = 1$ wird nach Gl. (10):

$$(\alpha^2 - \beta^2)\, f\,(2,\,0) + \alpha\beta\,\sqrt{2}\,f\,(1,\,1) = 0$$
$$\alpha\beta\,\sqrt{2}\,[f\,(0,\,2) + f\,(2,\,0)] = 0$$
$$(\beta^2 - \alpha^2)\, f\,(0,\,2) + \alpha\beta\,\sqrt{2}\,f\,(1,\,1) = 0$$

mit den Lösungen

$$f\,(2,\,0) \sim \alpha\beta\,\sqrt{2} \qquad f\,(1,\,1) \sim \beta^2 - \alpha^2 \qquad f\,(0,\,2) \sim -\,\alpha\beta\,\sqrt{2}$$

und den Wahrscheinlichkeiten

$$|f\,(2,\,0)|^2 = |f\,(0,\,2)|^2 = 2\,\alpha^2\beta^2 \qquad |f\,(1,\,1)|^2 = (\alpha^2 - \beta^2)^2. \qquad (12)$$

Die Ergebnisse können wir (unter Zufügung von $N_A = 0$, $N_C = 1$ und $N_A = 0$, $N_C = 2$) in einer Matrix zusammenfassen. Die Zeilen entsprechen den Anfangswerten N_A und N_C, die Spalten den Endwerten N_B und N_D; in den Feldern steht jedesmal f bis auf einen für die Zeile oder Spalte gemeinsamen Faktor vom Betrage 1.

	00	10	01	20	11	02
00	1					
10		α	β			
01		β	$-\alpha$			
20				α^2	$\alpha\beta\sqrt{2}$	β^2
11				$\alpha\beta\sqrt{2}$	$\beta^2 - \alpha^2$	$-\alpha\beta\sqrt{2}$
02				β^2	$-\alpha\beta\sqrt{2}$	α^2

In den Fällen $(N_A, N_C) = (0, 0)$, $(1, 0)$, $(0, 1)$, $(2, 0)$, $(0, 2)$ sind die Wahrscheinlichkeiten die gleichen wie die mit Reflexions- und Durchlaßkoeffizienten α^2 und β^2 der Teilchen berechneten. Im Falle $(1, 1)$ gibt es einen Unterschied, der mit der Bose-Statistik der Teilchen zusammenhängt.

53. Materieerzeugung.

Wir kehren nochmal zu der Aufgabe zurück, bei der Materie auf eine hohe Potentialstufe zuläuft ($\eta V > 2\varkappa$, $eV > 2mc^2$); im anschaulichen Wellenbild wird in der Stufe positiv und negativ geladene Materie erzeugt, die erzeugte Menge ist proportional der Menge der einlaufenden Materie. Solange wir keine Faktoren umstellen, können wir die früheren Rechnungen übernehmen (Abschnitt 32). Mit dem Ansatz:

$$\psi = e^{-i\omega t}(A\,e^{ikx} + B\,e^{-ikx}) \qquad \psi = e^{-i\omega t}(C\,e^{ilx} + D\,e^{-ilx}) \left.\vphantom{\begin{array}{c}1\\1\end{array}}\right\}$$
$$k^2 = \frac{\omega^2}{c^2} - \varkappa^2 \qquad\qquad l^2 = \left(\eta V - \frac{\omega}{c}\right)^2 - \varkappa^2, \qquad\qquad (1)$$

wo A und C den einlaufenden, B und D den auslaufenden Wellen entsprechen, erhalten wir

$$k\,B^*B = \alpha^2\,k\,A^*A + \beta^2\,l\,C^*C - \alpha\beta\,\sqrt{kl}\,(A^*C + C^*A) \left.\right\}$$
$$l\,D^*D = \beta^2\,k\,A^*A + \alpha^2\,l\,C^*C - \alpha\beta\,\sqrt{kl}\,(A^*C + C^*A) \left.\right\} \tag{2}$$

mit

$$\alpha = \frac{k+l}{k-l} \qquad \beta = \frac{2\,\sqrt{kl}}{k-l} \qquad \alpha^2 - \beta^2 = 1\,.$$

Gegenüber der niedrigen Schwelle ist wesentlich, daß der Reflexionskoeffizient jetzt $\alpha^2 > 1$ ist; $\alpha^2 - 1 = \beta^2$ ist der Koeffizient der Materieerzeugung.

Bei der Quantelung des relativistischen Materiefeldes haben wir in ψ die Wellen positiver und negativer elektrischer Ladung gesondert aufgeschrieben. Für $V = 0$ entsprechen in

$$\psi = \sum_{\mathfrak{k}} \left(P_{\mathfrak{k}}\,e^{-i\,\omega_{\mathfrak{k}}\,t} + Q_{\mathfrak{k}}^*\,e^{i\,\omega_{\mathfrak{k}}\,t}\right) e^{i\,\mathfrak{k}\,\mathfrak{r}}$$

die P der positiven, die Q^* der negativen Ladung $\left(\omega_{\mathfrak{k}} = +\,c\,\sqrt{\varkappa^2 + \mathfrak{k}^2}\right)$. Für konstantes $V \neq 0$ und $\psi \sim e^{-i\,\omega\,t}$ gibt das Vorzeichen von $\omega - c\,\eta\,V$ die elektrische Ladung an, wir schreiben daher

$$\psi = e^{-i\,c\,\eta\,Vt} \cdot \sum_{\mathfrak{k}} \left(P_{\mathfrak{k}}\,e^{-i\,o_{\mathfrak{k}}\,t} + Q_{\mathfrak{k}}^*\,e^{i\,o_{\mathfrak{k}}\,t}\right) e^{i\,\mathfrak{k}\,\mathfrak{r}} \tag{3}$$

mit

$$o = |\,\omega - c\,\eta\,V\,|\,.$$

Damit lauten die Vertauschungsregeln:

$$\frac{o_{\mathfrak{k}}\,\Omega}{c\,\varkappa}\,(P_{\mathfrak{k}}\,P_{\mathfrak{l}}^* - P_{\mathfrak{l}}^*\,P_{\mathfrak{k}}) = \delta_{\mathfrak{k}\mathfrak{l}} \left.\right\}$$
$$\frac{o_{\mathfrak{k}}\,\Omega}{c\,\varkappa}\,(Q_{\mathfrak{k}}\,Q_{\mathfrak{l}}^* - Q_{\mathfrak{l}}^*\,Q_{\mathfrak{k}}) = \delta_{\mathfrak{k}\mathfrak{l}}\,, \left.\right\} \tag{4}$$

bei Vertauschbarkeit der übrigen Größen. Wir erfüllen sie mit

$$\sqrt{\frac{o\,\Omega}{c\,\varkappa}}\,P = \Delta_P^+\,\sqrt{N_P} \qquad \sqrt{\frac{o\,\Omega}{c\,\varkappa}}\,Q = \Delta_Q^+\,\sqrt{N_Q}\,. \tag{5}$$

Bei der quantentheoretischen Behandlung unserer Aufgabe mit der hohen Potentialstufe haben wir zu beachten, daß der einfache Ansatz Gl. (1) keine Lösung darstellt; wir haben statt seiner immer Summen über alle $\mathfrak{k}$-Werte zu denken. Da die Vertauschungsregeln Gl. (4) aber für die einzelnen $\mathfrak{k}$ zu erfüllen sind und zu verschiedenen $\mathfrak{k}$ gehörige Größen stets vertauschbar sind, können wir jedes $\mathfrak{k}$ für sich behandeln. Die uns interessierenden Wellen im Gebiete $x > 0$ tragen negative elektrische Ladung; die Koeffizienten müssen also gemäß der Verabredung Gl. (3) einen Stern tragen. Wir ersetzen darum den Ansatz Gl. (1) durch

$$\psi = e^{-i\omega t}(A\,e^{ikx} + B\,e^{-ikx}) \qquad \psi = e^{-i\omega t}(C^*\,e^{ilx} + D^*\,e^{-ilx}) \qquad (6)$$

und erhalten für die auslaufenden Wellen

$$\left.\begin{aligned}
k\,B^*B &= \alpha^2\,k\,A^*A + \beta^2\,l\,CC^* - \alpha\beta\,\sqrt{kl}\,(A^*C^* + CA)\\
l\,D^*D &= \beta^2\,k\,AA^* + \alpha^2\,l\,C^*C - \alpha\beta\,\sqrt{kl}\,(AC + C^*A^*).
\end{aligned}\right\} \qquad (7)$$

Bei der Anwendung von Gl. (5) beachten wir, daß $o\,\Omega$ links und rechts verschieden sind. Wir haben beiderseits dieselben Frequenzabstände $\Delta\omega = \Delta o$ zu wählen. Wegen

$$o^2 = c^2\,(\varkappa^2 + k^2)$$
$$o\,\Delta o = c^2\,k\,\Delta k$$

heißt das, daß

$$\frac{o\,(x<0)\,k}{\Delta k} = \frac{o\,(x>0)\,l}{\Delta l}$$
$$k\,o\,\Omega\,(x<0) = l\,o\,\Omega\,(x>0)$$

zu setzen ist. So wird:

$$\left.\begin{aligned}
N_B &= \alpha^2\,N_A + \beta^2\,(N_C + 1)\\
&\quad - \alpha\beta\left[\sqrt{N_A N_C}\,\Delta_A^-\Delta_C^- + \sqrt{(N_A+1)(N_C+1)}\,\Delta_A^+\Delta_C^+\right]\\
N_D &= \beta^2\,(N_A + 1) + \alpha^2\,N_C\\
&\quad - \alpha\beta\left[\sqrt{(N_A+1)(N_C+1)}\,\Delta_A^+\Delta_C^+ + \sqrt{N_A N_C}\,\Delta_A^-\Delta_C^-\right]
\end{aligned}\right\} \qquad (8)$$

und

$$N_B - N_D = N_A - N_C$$
$$N_B - N_A = N_D - N_C\,;$$

auf beiden Seiten werden gleichviel Teilchen erzeugt.

Wenn N_A und N_C als feste Zahlen gegeben sind, sind N_B und N_D nicht völlig bestimmt; aber ihre Mittelwerte über alle Phasen der einlaufenden Wellen sind es:

$$\overline{N_B} = \alpha^2\,N_A + \beta^2\,(N_C + 1)$$
$$\overline{N_D} = \beta^2\,(N_A + 1) + \alpha^2\,N_C\,.$$

Auch im Falle, daß keine Materie auf die Potentialstufe zuläuft, also $N_A = N_C = 0$ ist, sind $\overline{N_B}$ und $\overline{N_D}$ von null verschieden (und gleich). Dies rührt von der Faktorenstellung $C\,C^*$ in der Gl. (7) für B^*B und von der Faktorenstellung $A\,A^*$ in der Gleichung für D^*D her. Die Quantelung der Wellen ändert also das Ergebnis der früheren Überlegung mit anschaulichen Wellen gerade so ab, daß *auch ohne einströmende Materie Materieerzeugung in der hohen Potentialstufe* stattfindet. Das Ergebnis gilt für alle Teilwellen; da für $k = l$ der Koeffizient α^2 unendlich wird, würde die gesamte Materieerzeugung unendlich werden; diese Divergenz tritt bei nicht senkrecht ansteigender Stufe nicht auf.

Bei allmählich ansteigender Stufe ($e \Delta V > 2\, mc^2$ angenommen) bleibt der homogen lineare Zusammenhang der Koeffizienten A, $B \ldots$ bestehen. Wir schreiben

$$B = \alpha A + \sqrt{\frac{l}{k}}\, \beta\, C^*$$

und erhalten:

$$k\, B^*\, B = \alpha^*\, \alpha\, k\, A^*\, A + \beta^*\, \beta\, l C\, C^* + \cdots$$

$$\overline{N}_B = \alpha^*\, \alpha\, N_A + \beta^*\, \beta\, (N_C + 1)\,.$$

Auch hier tritt ohne einströmende Materie Materieerzeugung auf. Wenn der Anstieg aber nicht auf ganz kurzer Strecke erfolgt, so wird $\alpha^*\, \alpha$ ein sehr kleiner Faktor, wie etwa das im Abschnitt 32 gerechnete Beispiel der zwei halben Stufen zeigt.

Die Tatsache der Materieerzeugung in einem Potentialanstieg, der größer als $2\, mc^2/e$ ist, bedeutet, daß solche großen Potentialunterschiede nicht längere Zeit bestehen können. So kann das statische Feld einer elektrischen Elementarladung, etwa eines Protons, nicht das Potential e/r für beliebig kleine r haben. Der Verlauf e/r kann höchstens für $r > r_0$ gelten, wo $e/r_0 = 2\, mc^2/e$, also

$$r_0 = \frac{e^2}{2\, m c^2}$$

ist. Wir haben also damit zu rechnen, daß das *Coulombsche Gesetz bei Abständen von der Größenordnung r_0 ungültig* wird. Dieses r_0 ist der Radius einer Kugel, die mit e geladen die elektrische Energie mc^2 hat ("klassischer Elektronenradius").

54. Teilchenzahlen.

Mit unseren Vertauschungsregeln für die Feldgrößen haben wir zweierlei erreicht: Der Ausdruck der elektrischen Ladung in Einheiten der Elementarladung für irgendein Raumgebiet erhielt ganzzahlige Eigenwerte; weiter konnten wir im kräftefreien Fall sinnvoll von Teilchenzahlen in den einzelnen ebenen Teilwellen sprechen, in der nichtrelativistischen Feldtheorie von der Anzahl positiv oder negativ geladener Teilchen (je nachdem für welches Vorzeichen die Theorie aufgestellt war), in der relativistischen Feldtheorie (die beide Ladungsvorzeichen umfaßte) von der Anzahl positiv geladener Teilchen in den Teilwellen mit positivem ω (bzw. $\omega - c\,\eta V$) und von der Anzahl negativ geladener Teilchen in den Teilwellen mit negativem ω (bzw. $\omega - c\,\eta V$).

Die Forderung, daß die elektrische Ladung immer nur als Vielfaches der Elementarladung auftreten solle, läßt sich noch in allgemeinerer Weise stellen. Wir lassen den zeitlichen Ablauf jetzt zunächst ganz außer Betracht, wir brauchen also die Feld- oder Wellengleichung nicht heranzuziehen; es ist gleichgültig, ob kräftefreier Fall vorliegt oder nicht. Durch Entwicklung der Feldgröße ψ nach einem Orthogonalsystem

$$\psi = \sum_k a_k u_k(\mathfrak{r}) \qquad \int u_k{}^*(\mathfrak{r}) u_l(\mathfrak{r})\, d\tau = \delta_{kl} \tag{1}$$

analysieren wir das Feld ψ unter einem bestimmten Aspekt (Abschnitt 34), wir setzen es aus Anteilen einzelner Zustände (die u_k entsprechen) zusammen. Dabei seien auch jetzt die u_k gewöhnliche Funktionen, also mit allem vertauschbar; aber die a_k seien allgemeinere, nicht mit allem vertauschbare Größen. Wir können jetzt die *Forderung* erheben, *daß in jedem Zustand die Zahl der Elementarladungen*, wenn man sie genau bestimme, *eine ganze Zahl sei.*

Wir führen den Gedanken zunächst *für den nichtrelativistischen Fall* durch. Die Anzahl der Elementarladungen im ganzen Felde erscheint nach Gl. (1) in der Form

$$\int \psi^* \psi\, d\tau = \sum_{k,\,l} a_k{}^* a_l \int u_k{}^* u_l\, d\tau = \sum_k a_k{}^* a_k$$

zusammengesetzt aus den Beiträgen $a_k{}^* a_k$ der einzelnen Zustände. Die Forderung ist befriedigt, wenn $a_k{}^* a_k$ die Eigenwerte $0, 1, 2\ldots$ hat, und dies läßt sich mit den Vertauschungsregeln

$$a_k a_k{}^* - a_k{}^* a_k = 1$$

erreichen. Hinreichend sind auch die bestimmteren *Vertauschungsregeln*

$$a_k a_l{}^* - a_l{}^* a_k = \delta_{kl} \tag{2}$$

bei Vertauschbarkeit von a_k mit a_l und von $a_k{}^*$ mit $a_l{}^*$. Diese Vertauschungsregeln folgen nun gerade aus unseren früheren Vertauschungsregeln für ψ und ψ^*. Mit der Entwicklung Gl. (1) wird nämlich:

$$[\psi(\mathfrak{r}_1)\,\psi^*(\mathfrak{r}_2) - \psi^*(\mathfrak{r}_2)\,\psi(\mathfrak{r}_1)]\,\Delta\tau = \sum_{kl} (a_k a_l{}^* - a_l{}^* a_k)\, u_k(\mathfrak{r}_1)\, u_l{}^*(\mathfrak{r}_2)\,\Delta\tau\,. \tag{3}$$

Die Funktion δ_{12} der beiden Örter $\mathfrak{r}_1$ und $\mathfrak{r}_2$, der dies gleich sein soll, können wir auch nach dem Orthogonalsystem u_k entwickeln. Schreiben wir vorübergehend ausführlicher $\delta_{12} = \delta(\mathfrak{r}_1, \mathfrak{r}_2)$, so ist

$$\delta(\mathfrak{r}, 0) = \sum_k c_k u_k(\mathfrak{r})$$

mit

$$c_k = \int \delta(\mathfrak{r}, 0)\, u_k{}^*(\mathfrak{r})\, d\tau = u_k{}^*(0)\,\Delta\tau,$$

also

$$\delta(\mathfrak{r}, 0) = \sum_k u_k(\mathfrak{r})\, u_k{}^*(0)\, \Delta\tau$$

$$\delta_{12} = \delta(\mathfrak{r}_1, \mathfrak{r}_2) = \sum_k u_k(\mathfrak{r}_1)\, u_k{}^*(\mathfrak{r}_2)\, \Delta\tau. \tag{4}$$

Dies ist die Verallgemeinerung der in Abschnitt 51 benutzten Beziehung

$$\delta(\mathfrak{r}_1, \mathfrak{r}_2) = \frac{1}{\Omega} \sum_{\mathfrak{k}} e^{i\,\mathfrak{k}\,(\mathfrak{r}_1 - \mathfrak{r}_2)}\, \Delta\tau.$$

Durch Gleichsetzen von Gl. (3) und (4) und Koeffizientenvergleich folgen die Vertauschungsregeln Gl. (2), während die Vertauschbarkeit von a_k mit a_l und von $a_k{}^*$ mit $a_l{}^*$ aus der von $\psi(\mathfrak{r}_1)$ mit $\psi(\mathfrak{r}_2)$ und von $\psi^*(\mathfrak{r}_1)$ mit $\psi^*(\mathfrak{r}_2)$ folgt.

Die Eigenwerte 0, 1, 2 ... *von* $a_k{}^* a_k$ *entsprechen jetzt den möglichen Teilchenzahlen in den Zuständen* u_k.

Wir haben bisher den zeitlichen Ablauf noch nicht beachtet. Wenn in der Feldgleichung

$$H\psi - i\hbar\dot{\psi} = 0$$

der Operator H nicht explizit von der Zeit abhängt, definiert er ein Orthogonalsystem u_k, für das

$$H u_k - \hbar\omega_k u_k = 0$$

ist, und in der Form

$$\psi = \sum_k a_k e^{-i\omega_k t} u_k$$

ist die allgemeine Lösung nach diesem Orthogonalsystem entwickelt. Die Energie wird

$$\int \psi^* H\psi\, d\tau = \sum_k \hbar\omega_k a_k{}^* a_k, \tag{5}$$

und die Eigenwerte 0, 1, 2 ... von $a_k{}^* a_k$ bedeuten, daß die Beiträge der einzelnen Eigenschwingungen zur Energie ganzzahlige Vielfache von $\hbar\omega_k$ sind. Von einer Nullpunktsenergie abgesehen, sind die *Eigenschwingungen wie harmonische Oszillatoren* behandelt.

Fordert man umgekehrt, daß die Eigenschwingungen wie harmonische Oszillatoren zu behandeln sind, so muß für den einzelnen Oszillator $a a^* - a^* a = 1$ gelten. Fordert man noch, daß Größen, die zu verschiedenen Oszillatoren gehören, vertauschbar sind, so folgen die Vertauschungsregeln Gl. (2).

Im *relativistischen Falle* erscheint die elektrische Ladung des ganzen Feldes in Einheiten der Elementarladung in der Form:

$$\frac{i}{2} \int (\psi^* f - \psi f^*)\, d\tau.$$

Die Entwicklung

$$\psi = \sum_k a_k u_k(\mathfrak{r}) \left.\vphantom{\frac{1}{2}}\right\}$$
$$\frac{1}{2} f = \sum_k b_k u_k(\mathfrak{r}) \tag{6}$$

macht daraus

$$\sum_k i\left(a_k{}^* b_k - a_k b_k{}^*\right).$$

Die Forderung, daß die im einzelnen Zustand u_k enthaltene Ladung $i(a_k{}^* b_k - b_k{}^* a_k)$ ganzzahlige Eigenwerte $0, \pm 1, \pm 2\ldots$ habe, läßt sich mit den Vertauschungsregeln (Abschnitt 49)

$$\pm i\left(a^* b - b a^*\right) = \pm i\left(a b^* - b^* a\right) = 1$$

bei Vertauschbarkeit der übrigen Größen a mit b und a^*, b mit a^* und b^*, a^* mit b^* erfüllen, auch mit den bestimmteren *Vertauschungsregeln*:

$$\begin{aligned}
\pm i\left(a_k{}^* b_l - b_l a_k{}^*\right) &= \pm i\left(a_k b_l{}^* - b_l{}^* a_k\right) = \delta_{kl} \\
a_k{}^* a_l - a_l a_k{}^* &= b_k{}^* b_l - b_l b_k{}^* = 0 \\
a_k{}^* b_l{}^* - b_l{}^* a_k{}^* &= a_k b_l - b_l a_k = 0.
\end{aligned} \tag{7}$$

Diese Vertauschungsregeln folgen auch aus den früheren Vertauschungsregeln für ψ, ψ^*, f, f^*. Durch Einsetzen der Entwicklungen Gl. (6) in

$$\frac{1}{2i}\left[\psi(\mathfrak{r}_1) f^*(\mathfrak{r}_2) - f^*(\mathfrak{r}_2)\psi(\mathfrak{r}_1)\right]\Delta\tau = \delta_{12}$$

$$\frac{1}{2i}\left[\psi^*(\mathfrak{r}_1) f(\mathfrak{r}_2) - f(\mathfrak{r}_2)\psi^*(\mathfrak{r}_1)\right]\Delta\tau = \delta_{12}$$

und in die Beziehungen, die die Vertauschbarkeit der übrigen Größen ausdrücken, folgt

$$\frac{1}{i}\sum_{k,l}\left(a_k b_l{}^* - b_l{}^* a_k\right) u_k(\mathfrak{r}_1) u_l{}^*(\mathfrak{r}_2)\Delta\tau = \delta_{12}$$

$$\frac{1}{i}\sum_{k,l}\left(a_k{}^* b_l - b_l a_k{}^*\right) u_k{}^*(\mathfrak{r}_1) u_l(\mathfrak{r}_2)\Delta\tau = \delta_{12}$$

$$\sum_{k,l}\left(a_k a_l - a_l a_k\right) u_k(\mathfrak{r}_1) u_l(\mathfrak{r}_2)\Delta\tau = 0$$

$$\ldots\ldots = 0.$$

Wegen der Entwicklung der Funktion δ_{12}

$$\delta_{12} = \sum_k u_k(\mathfrak{r}_1) u_k^*(\mathfrak{r}_2)\Delta\tau$$

folgt aus den beiden ersten Gleichungen

$$- i\left(a_k{}^* b_l - b_l a_k{}^*\right) = - i\left(a_k b_l{}^* - b_l{}^* a_k\right) = \delta_{kl}, \tag{8}$$

während aus den übrigen die Vertauschbarkeit von a_k mit a_l, $a_l{}^*$ und b_l, von $a_k{}^*$ mit a_l und $b_l{}^*$, von b_k mit b_l und $b_l{}^*$ und von $b_k{}^*$ mit $b_l{}^*$ folgt.

Aus diesen Vertauschungsregeln lassen sich einfachere herstellen, wenn statt der Koeffizienten a_k, $a_k{}^*$, b_k, $b_k{}^*$ mittels

$$
\left.
\begin{aligned}
a_k &= \lambda_k(\alpha_k + \beta_k{}^*) & \alpha_k &= \frac{a_k}{2\,\lambda_k} + i\,\lambda_k\,b_k \\[2mm]
a_k{}^* &= \lambda_k(\alpha_k{}^* + \beta_k) & \alpha_k{}^* &= \frac{a_k{}^*}{2\,\lambda_k} - i\,\lambda_k\,b_k{}^* \\[2mm]
b_k &= \frac{i}{2\,\lambda_k}(-\alpha_k + \beta_k{}^*) & \beta_k &= \frac{a_k{}^*}{2\,\lambda_k} + i\,\lambda_k\,b_k{}^* \\[2mm]
b_k{}^* &= \frac{i}{2\,\lambda_k}(\alpha_k{}^* - \beta_k) & \beta_k{}^* &= \frac{a_k}{2\,\lambda_k} - i\,\lambda_k\,b_k
\end{aligned}
\right\}
\tag{9}
$$

mit willkürlichem reellem λ_k neue Koeffizienten α_k, $\alpha_k{}^*$, β_k, $\beta_k{}^*$ eingeführt werden. Die Umrechnung der Vertauschungsregeln ergibt für $k \neq l$ immer die Vertauschbarkeit und für $k = l$:

$$
-i(a^*b - ba^*) = \tfrac{1}{2}\left[(\alpha\alpha^* - \alpha^*\alpha) + (\beta\beta^* - \beta^*\beta) + (\alpha^*\beta^* - \beta^*\alpha^*) + (\alpha\beta - \beta\alpha)\right] = 1
$$

$$
-i(ab^* - b^*a) = \tfrac{1}{2}\left[(\alpha\alpha^* - \alpha^*\alpha) + (\beta\beta^* - \beta^*\beta) - (\alpha^*\beta^* - \beta^*\alpha^*) - (\alpha\beta - \beta\alpha)\right] = 1
$$

$$
aa^* - a^*a \sim \left[(\alpha\alpha^* - \alpha^*\alpha) - (\beta\beta^* - \beta^*\beta) - (\alpha^*\beta^* - \beta^*\alpha^*) + (\alpha\beta - \beta\alpha)\right] = 0
$$

$$
bb^* - b^*b \sim \left[(\alpha\alpha^* - \alpha^*\alpha) - (\beta\beta^* - \beta^*\beta) + (\alpha^*\beta^* - \beta^*\alpha^*) - (\alpha\beta - \beta\alpha)\right] = 0,
$$

also schließlich

$$
\alpha_k\alpha_l{}^* - \alpha_l{}^*\alpha_k = \beta_k\beta_l{}^* - \beta_l{}^*\beta_k = \delta_{kl} \tag{10}
$$

bei Vertauschbarkeit von α_k mit α_l, β_l und $\beta_l{}^*$, von β_k mit β_l und $\alpha_l{}^*$, von $\alpha_k{}^*$ mit $\alpha_l{}^*$ und $\beta_l{}^*$ und von $\beta_k{}^*$ mit $\beta_l{}^*$. Die Eigenwerte von $\alpha_k{}^*\alpha_k$ und von $\beta_k{}^*\beta_k$ sind jetzt Anzahlen. Die elektrische Ladung im Zustande u_k wird

$$
i\,e(a_k{}^*b_k - a_k b_k{}^*) = e(\alpha_k{}^*\alpha_k - \beta_k{}^*\beta_k)\,.
$$

Die Eigenwerte von $\alpha_k{}^*\alpha_k$ und von $\beta_k{}^*\beta_k$ möchten wir als Anzahlen der positiv und negativ geladenen Elementarteilchen im Zustand u_k ansehen. Hierbei ist zunächst die Reihenfolge der Faktoren im Ausdruck der Dichte der elektrischen Ladung wichtig. Die veränderte Reihenfolge $(i\,e/2)\,(\psi^*f - f^*\psi)$ gäbe für den Zustand u_k die Ladung

$$
i\,e(a_k{}^*b_k - b_k{}^*a_k) = e(\alpha_k{}^*\alpha_k - \beta_k\beta_k{}^*);
$$

sie würde die Deutung der Eigenwerte von $\alpha_k{}^*\alpha_k$ und $\beta_k{}^*\beta_k$ als Anzahlen von positiv und negativ geladenen Teilchen nicht erlauben.

Da wir das zugrunde gelegte Orthogonalsystem willkürlich gewählt haben, müssen wir weiter im allgemeinen damit rechnen, daß das, was wir Zustand u_k nennen, keine einfache physikalische Bedeutung hat. Nehmen wir jetzt den zeitlichen Verlauf des Feldes hinzu, so können die Koeffizienten a_k, $a_k{}^*$, b_k, $b_k{}^*$ in komplizierter Weise von der Zeit abhängen. Mit der Deutung der Eigenwerte von $\alpha_k{}^*\alpha_k$ und $\beta_k{}^*\beta_k$ als Anzahlen von Teilchen in Zuständen können wir dabei im allgemeinen nichts Rechtes anfangen. Wir können es im Grunde nur dann, wenn die Größen $\alpha_k{}^*\alpha_k$ und $\beta_k{}^*\beta_k$ zeitlich konstant oder genähert zeitlich konstant sind. Zeitlich konstant sind die zu bestimmten Impulsen gehörigen Teilchenzahlen bei ebenen Wellen. Mit konstantem V wird

$$ f = \frac{1}{c\varkappa}\,\dot{\psi} + \frac{i\eta}{\varkappa}V\psi = \sum_k \left(\frac{1}{c\varkappa}\,\dot{a}_k + \frac{i\eta}{\varkappa}V a_k \right) u_k , $$

also

$$ b_k = \frac{1}{2c\varkappa}\,\dot{a}_k + \frac{i\eta}{2\varkappa}V a_k . $$

Wählen wir weiter für u_k das Orthogonalsystem

$$ u_{\mathfrak{k}} = \frac{1}{\sqrt{\Omega}}\,e^{i\mathfrak{k}\mathfrak{r}}, $$

so werden mit

$$ \psi = \sum_{\mathfrak{k}} \left(P_{\mathfrak{k}}\,e^{-i\omega_{\mathfrak{k}}t} + Q_{\mathfrak{k}}{}^*\,e^{i\omega_{\mathfrak{k}}t} \right) e^{i\mathfrak{k}\mathfrak{r}} $$

die Koeffizienten

$$ a_{\mathfrak{k}} = \sqrt{\Omega}\left(P_{\mathfrak{k}}\,e^{-i\omega_{\mathfrak{k}}t} + Q_{\mathfrak{k}}{}^*\,e^{i\omega_{\mathfrak{k}}t} \right) $$

$$ b_{\mathfrak{k}} = \sqrt{\Omega}\,\frac{i}{2\varkappa}\left[\left(-\frac{\omega_{\mathfrak{k}}}{c} + \eta V \right) P_{\mathfrak{k}}\,e^{-i\omega_{\mathfrak{k}}t} + \left(\frac{\omega_{\mathfrak{k}}}{c} + \eta V \right) Q_{\mathfrak{k}}{}^*\,e^{i\omega_{\mathfrak{k}}t} \right]. $$

Gemäß Gl. (9) erhalten wir einfache Ausdrücke für $\alpha_{\mathfrak{k}}$ und $\beta_{\mathfrak{k}}$, wenn wir den willkürlichen Faktor

$$ \lambda = \sqrt{\frac{c\varkappa}{o_{\mathfrak{k}}}} \qquad o_{\mathfrak{k}} = \omega_{\mathfrak{k}} - c\eta V $$

setzen, nämlich

$$ \alpha_{\mathfrak{k}} = \sqrt{\frac{\Omega\, o_{\mathfrak{k}}}{c\varkappa}}\, P_{\mathfrak{k}}\,e^{-i\omega_{\mathfrak{k}}t} $$

$$ \beta_{\mathfrak{k}} = \sqrt{\frac{\Omega\, o_{\mathfrak{k}}}{h\varkappa}}\, Q_{\mathfrak{k}}\,e^{i\omega_{\mathfrak{k}}t}; $$

die Vertauschungsregeln Gl. (10) sind dann die des Abschnittes 53. Mit einem anderen Faktor λ bekommen wir eine komplizierte Zeitabhängigkeit von $\alpha_{\mathfrak{k}}$ und $\beta_{\mathfrak{k}}$; die Größen $\alpha_{\mathfrak{k}}{}^*\alpha_{\mathfrak{k}}$ und $\beta_{\mathfrak{k}}{}^*\beta_{\mathfrak{k}}$ sind dann zeitabhängig.

Beim Grenzübergang zum nichtrelativistischen Fall geht $\lambda = \sqrt{c\varkappa/o_{\mathfrak{k}}}$ in die Zahl 1 über und die $\alpha_{\mathfrak{k}}$ in die $a_{\mathfrak{k}}$ unter Weglassung der $\beta_{\mathfrak{k}}$.

13*

55. Feld als Mechanismus.

Es gibt eine folgerichtige Quantentheorie der Mechanismen (fünftes Kapitel), und wir können von ihr zu einer Quantentheorie der Felder kommen, indem wir die Felder als Mechanismen behandeln. Das geschieht, indem wir das Variationsprinzip

$$\int L\, d\tau\, dt = \text{Extr}\,,$$

aus dem die Feldgleichungen (des anschaulichen Feldes) folgen, als Hamiltonsches Prinzip

$$\int \overline{L}\, dt = \text{Extr} \tag{1}$$

mit der Lagrange-Funktion

$$\overline{L} = \int L\, d\tau \tag{2}$$

ansehen. Die Lagrange-Funktion ist als Funktion von „Koordinaten" des Mechanismus (früher q^k genannt) und ihren ersten zeitlichen Ableitungen ($\dot{q}^k$) zu schreiben, sie kann noch explizit von der Zeit abhängen. Für die Wahl von Koordinaten bieten sich zwei Möglichkeiten: wir können die Feldgrößen $\psi\,(k)$, $\psi^*\,(k)$ an den einzelnen Raumstellen $\mathfrak{r}_k$ als solche ansehen; wir können auch die Koeffizienten a_k, a_k^* der Entwicklung von ψ, ψ^* nach einem Orthogonalsystem u_k, u_k^* benutzen. In jedem Falle haben wir zu diesen Koordinaten die kanonisch konjugierten Variabeln aufzusuchen. Der Übergang in die Quantentheorie geschieht dann durch Vertauschungsregeln für diese kanonischen Variabeln.

Bei der ersten Wahl der Koordinaten, der von $\psi\,(k)$, $\psi^*\,(k)$, ist es zweckmäßig, das Kontinuum von Raumstellen durch ein Diskontinuum zu ersetzen, also Raumzellen der Größe $\Delta\tau$ einzuführen. Das Integral Gl. (2) ist dann der Grenzwert einer Summe

$$\overline{L} = \sum_k L\,(k)\, \Delta\tau\,, \tag{3}$$

wobei in $L\,(k)$ die Größen $\dot{\psi}\,(k)$, $\dot{\psi}^*\,(k)$, $\psi\,(k)$, $\psi^*\,(k)$ und, wegen des Vorkommens räumlicher Ableitungen (z.B. $\mathfrak{grad}\,\psi$) in L, auch die Werte $\psi\,(k')$, $\psi^*\,(k')$ in Nachbarzellen k' vorkommen. Die Lagrange-Funktion ist also wirklich als Funktion der Koordinaten und ihrer ersten zeitlichen Ableitungen geschrieben; eine explizite Abhängigkeit von der Zeit liegt vor, wenn in L äußere Felder (z.B. V, $\mathfrak{A}$) vorkommen, die von der Zeit abhängen. In den Lagrangeschen Bewegungsgleichungen, beim Mechanismus

$$\frac{d}{dt}\frac{\partial \overline{L}}{\partial \dot{q}^k} - \frac{\partial \overline{L}}{\partial q^k} = 0$$

geschrieben, kommen die Größen $\partial \overline{L}/\partial \dot{q}^k$, jetzt also

$$\left.\begin{aligned}
\frac{\partial \overline{L}}{\partial \dot{\psi}(k)} &= \frac{\partial L(k)}{\partial \dot{\psi}(k)}\,\Delta\tau = \pi^*(k)\,\Delta\tau \\[2mm]
\frac{\partial \overline{L}}{\partial \dot{\psi}^*(k)} &= \frac{\partial L(k)}{\partial \dot{\psi}^*(k)}\,\Delta\tau = \pi(k)\,\Delta\tau
\end{aligned}\right\} \tag{4}$$

vor, die wir mit den Abkürzungen

$$\pi^* = \frac{\partial L}{\partial \dot{\psi}} \qquad \pi = \frac{\partial L}{\partial \dot{\psi}^*} \tag{5}$$

schreiben (bei reellem L sind π und π^* konjugiert komplex). Um die weiter vorkommenden Größen $\partial \overline{L}/\partial q^k$ zu bilden, müssen wir untersuchen, wie $\overline{L}$ von $\psi(k)$ und $\psi^*(k)$ abhängt. Dazu denken wir uns diese Größen infinitesimal variiert. Dann wird ($\mu = 1, 2, 3$):

$$\delta L = \frac{\partial L}{\partial \dfrac{\partial \psi}{\partial x^\mu}}\,\delta\,\frac{\partial \psi}{\partial x^\mu} + \frac{\partial L}{\partial \psi}\,\delta\psi + \cdots,$$

wo noch die konjugiert komplexen Größen zuzufügen sind, und für die Integralform Gl. (2) der Lagrange-Funktion nach Teilintegration:

$$\delta \overline{L} = \int \left[\left(-\frac{\partial}{\partial x^\mu}\,\frac{\partial L}{\partial \dfrac{\partial \psi}{\partial x^\mu}} + \frac{\partial L}{\partial \psi}\right)\delta\psi + \cdots\right] d\tau,$$

so daß wir für die Summenform Gl. (3)

$$\delta \overline{L} = \sum_k \left[\frac{\partial L}{\partial \psi(k)}\,\delta\psi(k) + \cdots\right]\Delta\tau$$

schreiben können, wo beim Grenzübergang

$$\frac{\partial L}{\partial \psi(k)}\,\Delta\tau \rightarrow \left(-\frac{\partial}{\partial x^\mu}\,\frac{\partial L}{\partial \dfrac{\partial \psi}{\partial x^\mu}} + \frac{\partial L}{\partial \psi}\right)d\tau \tag{6}$$

ist. Die Lagrangeschen Bewegungsgleichungen des als Mechanismus betrachteten Feldes werden also:

$$\left.\begin{aligned}
\frac{\partial}{\partial t}\,\frac{\partial L}{\partial \dot{\psi}} + \frac{\partial}{\partial x^\mu}\,\frac{\partial L}{\partial \dfrac{\partial \psi}{\partial x^\mu}} - \frac{\partial L}{\partial \psi} &= 0 \\[3mm]
\frac{\partial}{\partial t}\,\frac{\partial L}{\partial \dot{\psi}^*} + \frac{\partial}{\partial x^\mu}\,\frac{\partial L}{\partial \dfrac{\partial \psi^*}{\partial x^\mu}} - \frac{\partial L}{\partial \psi^*} &= 0.
\end{aligned}\right\} \tag{7}$$

Dieselben Gleichungen folgen aus dem Variationsprinzip Gl. (1) durch Variation der Feldgrößen; im Grunde haben wir ja eben auch nur diese Variation ausgeführt.

Soweit die Ableitung der Lagrangeschen Bewegungsgleichungen. Gehen wir nun zum kanonischen Schema über, so haben wir die zu $\psi(k)$, $\psi^*(k)$ kanonisch konjugierten Variabeln $\pi^*(k)\Delta\tau$, $\pi(k)\Delta\tau$ einzuführen und mit $(\sum p_k \dot{q}^k - \overline{L})$:

$$\overline{H} = \sum_k \left[\pi^*(k)\,\dot{\psi}(k) + \pi(k)\,\dot{\psi}^*(k)\right]\Delta\tau - \overline{L} \tag{8}$$

oder

$$\overline{H} = \int H\,\mathrm{d}\tau = \int(\pi^*\,\dot{\psi} + \pi\,\dot{\psi}^* - L)\,\mathrm{d}\tau \tag{9}$$

zur Hamilton-Funktion $\overline{H}$ überzugehen. Diese ist durch die kanonischen Variabeln $\psi(k)$, $\psi^*(k)$, $\pi^*(k)$, $\pi(k)$ auszudrücken. Die Lagrangeschen Bewegungsgleichungen Gl. (7) werden dann durch die kanonischen Bewegungsgleichungen $(\dot{q}^k = \partial\overline{H}/\partial p_k\,,\ \dot{p}_k = -\partial\overline{H}/\partial q^k)$

$$\dot{\psi}(k) = \frac{\partial\overline{H}}{\partial\pi^*(k)\,\Delta\tau} \qquad \dot{\psi}^*(k) = \frac{\partial\overline{H}}{\partial\pi(k)\,\Delta\tau}$$
$$\left.\dot{\pi}^*(k) = -\frac{\partial\overline{H}}{\partial\psi(k)\,\Delta\tau} \qquad\qquad \dot{\pi}(k) = -\frac{\partial\overline{H}}{\partial\psi^*(k)\,\Delta\tau}\right\} \tag{10}$$

ersetzt, wobei die partiellen Ableitungen durch die Variation

$$\delta\overline{H} = \sum_k \left[\frac{\partial\overline{H}}{\partial\psi(k)}\,\delta\psi(k) + \frac{\partial\overline{H}}{\partial\pi^*(k)}\,\delta\pi^*(k) + \cdots\right]$$

(konjugiert komplexe Größen zuzufügen) definiert sind. Der Beweis entspricht dem der Punktmechanik. Es ist nach Gl. (8):

$$\delta\overline{H} = \sum_k \left[\pi^*(k)\,\Delta\tau\,\delta\dot{\psi}(k) + \dot{\psi}(k)\,\Delta\tau\,\delta\pi^*(k)\right.$$
$$\left. - \frac{\partial L}{\partial\dot{\psi}(k)}\,\delta\dot{\psi}(k) - \frac{\partial\overline{L}}{\partial\psi(k)}\,\delta\psi(k) + \cdots\right].$$

Wegen Gl. (4) fallen die Glieder mit $\delta\dot{\psi}(k)$ fort, und die partiellen Ableitungen können abgelesen werden. Die nach $\pi^*(k)$ gibt die erste der Gl. (10); aus der nach $\psi(k)$ folgt die zweite der Gl. (10) über Gl. (6) und Gl. (7). Die Größe $\overline{H}$ stellt die Energie des Mechanismus dar und ist zeitlich konstant, soweit sie nicht explizit von der Zeit abhängt.

Für das relativistische Materiefeld mit

$$L = \frac{o\,\varkappa}{2}(\mathfrak{f}^*\mathfrak{f} - \mathfrak{F}^*\mathfrak{F} - \psi^*\psi) = \frac{m\,c^2}{2}(\mathfrak{f}^*\mathfrak{f} - \mathfrak{F}^*\mathfrak{F} - \psi^*\psi),$$

worin f, f^*, $\mathfrak{F}$, $\mathfrak{F}^*$ durch

$$-\frac{1}{c}\,\dot\psi - i\eta V\psi + \varkappa f = 0 \qquad\qquad -\frac{1}{c}\,\dot\psi^* + i\eta V\psi^* + \varkappa f^* = 0$$

$$\mathfrak{grad}\,\psi - i\eta\,\mathfrak{A}\,\psi + \varkappa\mathfrak{F} = 0 \qquad\qquad \mathfrak{grad}\,\psi^* + i\eta\,\mathfrak{A}\,\psi^* + \varkappa\mathfrak{F}^* = 0$$

definiert sind, ist

$$\pi^* = \frac{\partial L}{\partial\dot\psi} = \frac{\sigma}{2c}\,f^* = \frac{\hbar}{2}\,f^* \qquad \pi = \frac{\hbar}{2}\,f\,. \tag{11}$$

Für die Quantentheorie des relativistischen Materiefeldes gelten also (bei gewöhnlicher —- Quantelung) die kanonischen Vertauschungsregeln $[i(p_k q^l - q^l p_k) = \hbar\delta_k^l\ldots]$:

$$\left.\begin{aligned}\frac{1}{2i}\,[\psi\,(\mathfrak{r}_1)\,f^*\,(\mathfrak{r}_2) - f^*\,(\mathfrak{r}_2)\,\psi\,(\mathfrak{r}_1)]\,\Delta\tau = \delta_{12}\\[2mm]\frac{1}{2i}\,[\psi^*\,(\mathfrak{r}_1)\,f\,(\mathfrak{r}_2) - f\,(\mathfrak{r}_2)\,\psi^*\,(\mathfrak{r}_1)]\,\Delta\tau = \delta_{12}\end{aligned}\right\} \tag{12}$$

bei Vertauschbarkeit von ψ mit ψ, ψ^*, f, von ψ^* mit ψ^*, f^*, von f mit f, f^* und von f^* mit f^*. *Die Anwendung des kanonischen Schemas führt also auf dieselben Vertauschungsregeln wie die Berücksichtigung der Elementarladung* (Abschnitt 50).

Die Hamilton-Funktion wollen wir jetzt nur für den Fall $V = 0$, $\mathfrak{A} = 0$ aufschreiben. Es ist:

$$H = \frac{\sigma}{2c}\,(f^*\,\dot\psi + f\,\dot\psi^*) - L = \varkappa\sigma f^* f - L$$

$$H = \frac{\sigma\varkappa}{2}\,(f^* f + \mathfrak{F}^*\mathfrak{F} + \psi^*\psi)\,, \tag{13}$$

als Funktion der kanonischen Variabeln geschrieben:

$$H = \frac{2\varkappa c^2}{\sigma}\,\pi^*\pi + \frac{\sigma}{2\varkappa}\,(\mathfrak{grad}\,\psi^*\,\mathfrak{grad}\,\psi + \varkappa^2\,\psi^*\,\psi)\,. \tag{14}$$

Die klassischen kanonischen Gleichungen

$$\dot\psi = \frac{\partial\overline{H}}{\partial\pi^*\Delta\tau} = \frac{\partial H}{\partial\pi^*} = \frac{2\varkappa c^2}{\sigma}\,\pi$$

$$\dot\pi = -\frac{\partial\overline{H}}{\partial\psi^*\Delta\tau} = \frac{\sigma}{2\varkappa}\,(\Delta\psi - \varkappa^2\,\psi)$$

führen auf

$$-\frac{1}{c^2}\,\ddot\psi + \Delta\psi - \varkappa^2\psi = 0\,.$$

Die Hamilton-Dichte Gl. (14) hat nicht die Form, bei der die Quantentheorie mit den $+$-Vertauschungsregeln (Abschnitt 46) auf Bewegungsgleichungen führt, die den klassischen Gleichungen entsprechen. Die $+$-Quantelung würde also hier nicht die Feldgleichungen liefern, die wir als wesentliches Kennzeichen des Feldes ansehen. *Wir können darum das relativistische Materiefeld* (in der bisherigen Form) *nicht der + -Quantelung unterwerfen.*

Wir haben bisher die Feldgröße ψ so definiert, daß $\psi^*\psi\,d\tau$ eine reine (dimensionslose) Zahl ist und daß im nichtrelativistischen Grenzfall $\psi^*\psi\,d\tau$ die Zahl der Teilchen in $d\tau$ angibt (in der nichtquantisierten Theorie ist „Teilchen" nur als Maßeinheit gemeint). Es ist nicht immer zweckmäßig, so zu normieren; es ist sogar unmöglich, wenn $\varkappa$ oder die Ruhmasse der Teilchen verschwindet. Wir werden darum gelegentlich noch eine andere Normierung benutzen, bei der ψ die gleiche Dimension hat wie ein elektrisches Potential. Wir schreiben also (jetzt ohne V, $\mathfrak{A}$ einzuführen):

$$L = -\frac{\varepsilon_0}{2}\left(\frac{\partial\psi^*}{\partial x_\mu}\frac{\partial\psi}{\partial x_\mu} + \varkappa^2\psi^*\psi\right), \tag{15}$$

wo $\varkappa^2$ auch null sein kann; wir werden auch gelegentlich $4\pi\varepsilon_0 = 1$ setzen und damit ψ wie das Potential im elektrostatischen Maßsystem behandeln. Es ist jetzt

$$\pi^* = \frac{\partial L}{\partial\dot\psi} = \frac{\varepsilon_0}{2c^2}\dot\psi^* \qquad \pi = \frac{\varepsilon_0}{2c^2}\dot\psi\,,$$

und wir bekommen statt Gl. (12) die Vertauschungsregeln:

$$\left.\begin{aligned}
\frac{\varepsilon_0}{2\,i\,\hbar\,c^2}\left[\psi(\mathfrak{r}_1)\,\dot\psi^*(\mathfrak{r}_2) - \dot\psi^*(\mathfrak{r}_2)\,\psi(\mathfrak{r}_1)\right]\Delta\tau = \delta_{12} \\[2mm]
\frac{\varepsilon_0}{2\,i\,\hbar\,c^2}\left[\psi^*(\mathfrak{r}_1)\,\dot\psi(\mathfrak{r}_2) - \dot\psi(\mathfrak{r}_2)\,\psi^*(\mathfrak{r}_1)\right]\Delta\tau = \delta_{12}\,.
\end{aligned}\right\} \tag{16}$$

Bei der nichtrelativistischen Theorie des Materiefeldes führt das oben allgemein beschriebene Verfahren nicht direkt von der Lagrange-Funktion zu den kanonischen Variabeln. Die Feldgleichungen, die wir

$$\left.\begin{aligned}
H_{op}\,\psi - i\,\hbar\,\dot\psi = 0 \\
(H_{op}\,\psi)^* + i\,\hbar\,\dot\psi^* = 0
\end{aligned}\right\} \tag{17}$$

schreiben können, folgen aus einem Variationsprinzip mit

$$L = \frac{i\,\hbar}{2}(\psi^*\,\dot\psi - \psi\,\dot\psi^*) - \psi^* H_{op}\,\psi\,, \tag{18}$$

aber auch aus einem Variationsprinzip mit

$$L = \psi^*(i\,\hbar\,\dot\psi - H_{op}\,\psi)\,. \tag{19}$$

Würden wir mit Gl. (18)

$$\pi^* = \frac{\partial L}{\partial\dot\psi} = \frac{i\,\hbar}{2}\psi^* \qquad \pi = -\frac{i\,\hbar}{2}\psi$$

bilden, so kämen ψ und ψ^* in den kanonischen Variabeln doppelt vor.

Wir können für jeden Ort nur ein kanonisches Variabelnpaar einführen. Wir gehen darum von Gl. (19) aus, bilden

$$\pi^* = \frac{\partial L}{\partial \dot\psi} = i\,\hbar\,\psi^* \tag{20}$$

und

$$H = \pi^*\,\dot\psi - L = \psi^* H_{op}\,\psi = \frac{1}{i\,\hbar}\,\pi^* H_{op}\,\psi$$

$$\overline{H} = \int \psi^* H_{op}\,\psi\,\mathrm{d}\tau\,. \tag{21}$$

Die daraus folgenden kanonischen Gleichungen

$$\dot\psi = \frac{1}{i\,\hbar}\,H_{op}\,\psi$$

$$\dot\pi^* = -\,(H_{op}\,\psi)^*$$

sind in der Tat die Feldgl. (17). Man wird also hier am besten auf die Lagrange-Funktion verzichten und das *Feld durch die Hamilton-Funktion Gl. (21) kennzeichnen, wo ψ und $i\,\hbar\,\psi^*$ kanonische Variable sind.* Diese Hamilton-Funktion hat die Form $\sum A_l^k p_k q^l$, die auch der Quantisierung mit dem $+$-Zeichen unterworfen werden kann. Die kanonischen Vertauschungsregeln sind im Falle der $-$- Quantelung

$$[\psi(\mathfrak{r}_1)\,\psi^*(\mathfrak{r}_2) - \psi^*(\mathfrak{r}_2)\,\psi(\mathfrak{r}_1)]\,\Delta\tau = \delta_{12} \tag{22}$$

bei Vertauschbarkeit von ψ mit ψ und ψ^* mit ψ^*. Im Falle der $+$- Quantelung lauten sie

$$\left.\begin{aligned}
[\psi(\mathfrak{r}_1)\,\psi^*(\mathfrak{r}_2) + \psi^*(\mathfrak{r}_2)\,\psi(\mathfrak{r}_1)]\,\Delta\tau &= \delta_{12}\\
\psi(\mathfrak{r}_1)\,\psi(\mathfrak{r}_2) + \psi(\mathfrak{r}_2)\,\psi(\mathfrak{r}_1) &= 0\\
\psi^*(\mathfrak{r}_1)\,\psi^*(\mathfrak{r}_2) + \psi^*(\mathfrak{r}_2)\,\psi^*(\mathfrak{r}_1) &= 0\,.
\end{aligned}\right\} \tag{23}$$

In Gl. (21) ist jetzt die Reihenfolge der Faktoren ψ^* und ψ nicht mehr sicher.

Die Vertauschungsregeln Gl. (22) des nichtrelativistischen Falles können nicht einfach durch Grenzübergang ($f \to -i\psi$, $f^* \to i\psi^*$) aus den Vertauschungsregeln Gl. (12) des relativistischen Falles abgeleitet werden.

Das *reelle Feld* konnten wir bisher nicht der Feldquantelung unterwerfen, da der Gesichtspunkt der Ganzzahligkeit der Ladung versagte. Mit der Behandlung des Feldes als Mechanismus und den kanonischen Vertauschungsregeln gelingt die Quantisierung. Die Lagrange-Funktion ist

$$\overline{L} = \frac{\sigma\varkappa}{2}\int (f^2 - \mathfrak{F}^2 - \psi^2)\,\mathrm{d}\tau \tag{24}$$

mit $\varkappa f = \dot\psi/c$, $\varkappa\mathfrak{F} = -\operatorname{grad}\psi$. Es wird

$$\pi = \frac{\partial L}{\partial \dot\psi} = \frac{\sigma}{c}\,f,$$

und es folgt die Vertauschungsregel

$$\frac{1}{i}\left[\psi(\mathfrak{r}_1)\,f(\mathfrak{r}_2) - f(\mathfrak{r}_2)\,\psi(\mathfrak{r}_1)\right]\Delta\tau = \delta_{12} \tag{25}$$

bei Vertauschbarkeit von ψ mit ψ und f mit f.

Mit der anderen Normierung

$$L = -\frac{\varepsilon_0}{2}\left(\frac{\partial\psi}{\partial x_\mu}\frac{\partial\psi}{\partial x^\mu} + \varkappa^2\psi^2\right) \tag{26}$$

folgt statt Gl. (25):

$$\frac{\varepsilon_0}{i\hbar c^2}\left[\psi(\mathfrak{r}_1)\,\dot\psi(\mathfrak{r}_2) - \dot\psi(\mathfrak{r}_2)\,\psi(\mathfrak{r}_1)\right]\Delta\tau = \delta_{12}. \tag{27}$$

56. Rechnen mit Entwicklungskoeffizienten.

Wir gehen jetzt zur zweiten Wahl der Koordinaten über, der von a_k und $a_k{}^*$ in den Entwicklungen

$$\psi = \sum_k a_k u_k \qquad \psi^* = \sum_k a_k{}^* u_k{}^* \tag{1}$$

nach einem Orthogonalsystem $u_k(\mathfrak{r})$, $u_k^*(\mathfrak{r})$. Die Vertauschungsregeln der kanonischen Variabeln führen dann zu Ergebnissen, die wir schon im Abschnitt 54 erkannt haben.

Die *nichtrelativistische Feldtheorie* können wir durch die Hamilton-Funktion

$$\overline{H} = \int\psi^* H_{op}\,\psi\,\mathrm{d}\tau$$

kennzeichnen, die jetzt

$$\overline{H} = \sum_{k,l} a_k{}^* a_l \int u_k{}^* H_{op}\, u_l\,\mathrm{d}\tau,$$

kurz

$$\overline{H} = \sum_{k,l} a_k{}^* H_{kl}\, a_l \tag{2}$$

lautet. Dabei bilden a_k und $i\hbar a_k{}^*$ ein kanonisches Variabelnpaar, da die damit gebildeten kanonischen Gleichungen

$$\dot a_k = \frac{\partial H}{i\hbar\,\partial a_k{}^*} = \frac{1}{i\hbar}\sum_l H_{kl}\, a_l$$

$$i\hbar\,\dot a_k{}^* = -\frac{\partial H}{\partial a_k} = -\sum_l a_l{}^* H_{lk}$$

mit den Feldgleichungen übereinstimmen. Die Form Gl. (2) der Hamilton-Funktion erlaubt die Quantisierung mit dem —- und mit dem +-Zeichen. Bei der ersteren lauten die kanonischen Vertauschungsregeln

$$a_k a_l{}^* - a_l{}^* a_k = \delta_{kl}$$

bei Vertauschbarkeit von a_k mit a_l und von $a_k{}^*$ mit $a_l{}^*$. Es folgen die Eigenwerte 0, 1, 2... von $a_k{}^* a_k$, die dann Teilchenzahlen im Zustand u_k sind. Bei der $+$ - Quantelung ist

$$a_k a_l{}^* + a_l{}^* a_k = \delta_{kl}$$
$$a_k a_l + a_l a_k = 0$$
$$a_k{}^* a_l{}^* + a_l{}^* a_k{}^* = 0,$$

und es folgen die Eigenwerte 0 und 1 von $a_k{}^* a_k$ als Teilchenzahlen.

Die Behandlung der Eigenschwingungen des Feldes mit der Quantentheorie der Oszillatoren erscheint jetzt noch in einer etwas anderen Beleuchtung. Die Hamilton-Funktion Gl. (2) zeigt, wenn H_{op} nicht explizit von der Zeit abhängt, einen Mechanismus, den man als *System gekoppelter harmonischer Oszillatoren* ansehen kann. Wir erhalten die „Normalschwingungen" dieses Systems durch Einführen des Orthogonalsystems u_k der Eigenfunktionen von H_{op}, für das

$$H_{op} u_k = E_k u_k = \hbar \omega_k u_k$$

ist. Es wird nämlich jetzt

$$\overline{H} = \sum_k \hbar \omega_k a_k{}^* a_k,$$

und das ist ein Mechanismus, der aus unabhängigen harmonischen Oszillatoren besteht. Die Bewegungsgleichungen liefern $\dot{a}_k = -i \omega_k a_k$. Die Energie des Feldes ist aus Beiträgen $n_k \hbar \omega_k$ ($n_k = 0, 1, 2\ldots$) der einzelnen Normalschwingungen zusammengesetzt.

Beim komplexen relativistischen Feld

$$\overline{L} = \int \frac{\sigma \varkappa}{2} (f^* f - \mathfrak{F}^* \mathfrak{F} - \psi^* \psi)\, d\tau \tag{3}$$

mit

$$\varkappa f = \left(\frac{\partial}{c\,\partial t} + i \eta V \right) \psi$$

erhalten wir mit der Entwicklung Gl. (1)

$$f = \frac{1}{c\varkappa} {\sum_k}' (\dot{a}_k + i c \eta V a_k)\, u_k = \frac{1}{c\varkappa} {\sum_k}' (\dot{a}_k + i c \eta a_l V_{kl})\, u_k,$$

wofür wir

$$f = 2 \sum_k b_k u_k \qquad b_k = \frac{1}{2 c \varkappa} \dot{a}_k + \cdots = \frac{\hbar}{2 m c^2} \dot{a}_k + \cdots$$

schreiben wollen. So wird

$$\overline{L} = 2 \sigma \varkappa \sum_k b_k{}^* b_k + \cdots = 2 m c^2 \sum_k b_k{}^* b_k + \cdots,$$

wo die weggelassenen Glieder $\dot{a}_k$ nicht enthalten. Zur Variabeln a_k ist kanonisch konjugiert

$$\frac{\partial \overline{L}}{\partial \dot{a}_k} = \frac{1}{2\,c\,\varkappa}\,\frac{\partial \overline{L}}{\partial b_k} = \frac{\sigma}{c}\,b_k{}^* = \hbar\,b_k{}^*;$$

zu $a_k{}^*$ ist $\hbar\,b_k$ konjugiert. Die Vertauschungsregeln sind also

$$-\,i\,(a_k{}^*\,b_l - b_l\,a_k{}^*) = -\,i\,(a_k\,b_l{}^* - b_l{}^*\,a_k) = \delta_{kl} \tag{4}$$

bei Vertauschbarkeit der übrigen Größen. Wir haben dieses Ergebnis bereits im Abschnitt 50 aus der Ganzzahligkeit der Ladung erschlossen.

Da die Vertauschungsregeln Gl. (4) unbequem sind, führen wir (ähnlich wie beim harmonischen Oszillator in Abschnitt 42 und wie im Abschnitt 54) statt der Variabeln a_k, b_k die neuen Variabeln α_k, β_k gemäß

$$\left.\begin{aligned}
a_k &= \lambda_k\,(\alpha_k + \beta_k{}^*) & a_k{}^* &= \lambda_k\,(\alpha_k{}^* + \beta_k) \\[2mm]
b_k &= \frac{i}{2\lambda_k}\,(-\,\alpha_k + \beta_k{}^*) & b_k{}^* &= \frac{i}{2\lambda_k}\,(\alpha_k{}^* - \beta_k)
\end{aligned}\right\} \tag{5}$$

ein (mit zunächst noch unbestimmten λ_k) und erhalten die bequemeren Vertauschungsregeln:

$$\alpha_k\,\alpha_l{}^* - \alpha_l{}^*\,\alpha_k = \beta_k\,\beta_l{}^* - \beta_l{}^*\,\beta_k = \delta_{kl},$$

durch die $\alpha_k{}^*\,\alpha_k$ und $\beta_k{}^*\,\beta_k$ die Eigenwerte $0, 1, 2\ldots$ erhalten.

Im kräftefreien Fall ist

$$\begin{aligned}
\overline{L} &= \frac{\sigma\,\varkappa}{2}\int\!\left(f^*\,f - \frac{1}{\varkappa^2}\,\mathfrak{grad}\,\psi^*\,\mathfrak{grad}\,\psi - \psi^*\,\psi\right)d\tau \\[2mm]
&= 2\,m\,c^2\sum_k{}'\,b_k{}^*\,b_k + \frac{\hbar^2}{2\,m}\int\psi^*\,(\Delta\psi - \varkappa^2\psi)\,d\tau\,.
\end{aligned}$$

Entwickeln wir ψ nach dem speziellen Orthogonalsystem des Operators $\Delta - \varkappa^2$, so daß

$$\Delta\,u_k - \varkappa^2\,u_k + \frac{\omega_k{}^2}{c^2}\,u_k = 0$$

ist und ω_k die Frequenz der mit u_k gebildeten Welle, so folgt

$$\overline{L} = 2\,m\,c^2\sum_k{}'\,b_k{}^*\,b_k - \frac{\hbar^2}{2\,m\,c^2}\sum_k{}'\,\omega_k{}^2\,a_k{}^*\,a_k\,. \tag{6}$$

Der Übergang von der Lagrange-Funktion zur Hamilton-Funktion liefert

$$\overline{H} = \sum\hbar\,(b_k{}^*\,\dot{a}_k + \dot{a}_k{}^*\,b_k) - \overline{L}$$

(bis auf Unsicherheiten der Reihenfolge) und

$$\overline{H} = 2\,m\,c^2\sum_k{}'\,b_k{}^*\,b_k + \frac{\hbar^2}{2\,m\,c^2}\sum_k{}'\,\omega_k{}^2\,a_k{}^*\,a_k\,. \tag{7}$$

Die Hamiltonschen Bewegungsgleichungen ergeben:

$$\left.\begin{aligned}
\dot{a}_k &= \frac{\partial \overline{H}}{\hbar\,\partial b_k{}^*} = \frac{2\,m\,c^2}{\hbar}\,b_k \\[2mm]
\dot{b}_k &= -\frac{\partial \overline{H}}{\hbar\,\partial a_k{}^*} = -\frac{\hbar\,\omega_k^2}{2\,m\,c^2}\,a_k
\end{aligned}\right\} \tag{8}$$

und

$$\ddot{a}_k = -\,\omega_k^2\,a_k .$$

Die Ersetzung Gl. (5) können wir nun so vornehmen, daß

$$\dot{\alpha}_k = -\,i\,\omega_k\,\alpha_k \qquad \dot{\beta}_k = -\,i\,\omega_k\,\beta_k \tag{9}$$

wird. Die Bewegungsgl. (8)

$$\lambda_k\,(\dot{\alpha}_k + \dot{\beta}_k{}^*) = \frac{i\,m\,c^2}{\lambda_k\,\hbar}\,(-\,\alpha_k + \beta_k{}^*)$$

$$\frac{i}{\lambda_k}\,(-\,\dot{\alpha}_k + \dot{\beta}_k{}^*) = \frac{\lambda_k\,\hbar\,\omega_k^2}{m\,c^2}\,(\alpha_k + \beta_k{}^*)$$

liefern das nämlich mit

$$\lambda_k = \sqrt{\frac{m\,c^2}{\hbar\,\omega_k}} . \tag{10}$$

Nach Einführung der neuen Variabeln mit diesem λ_k wird

$$\overline{H} = \sum_k \hbar\,\omega_k\,(\alpha_k{}^*\,\alpha_k + \beta_k\,\beta_k{}^*); \tag{11}$$

mit den Eigenwerten von $\alpha_k{}^*\,\alpha_k$ und $\beta_k\,\beta_k{}^*$ ergibt sich *für jeden Bestandteil ein ganzzahliges Vielfaches von $\hbar\,\omega_k$ als Energie.*

Führen wir die Orthogonalfunktionen $e^{i\mathfrak{k}\mathfrak{r}}/\sqrt{\Omega}$ explizit ein, so schreiben wir zweckmäßig ($\omega_{\mathfrak{k}} > 0$):

$$\psi = \sum_{\mathfrak{k}} \sqrt{\frac{m\,c^2}{\hbar\,\omega_{\mathfrak{k}}\,\Omega}}\,\bigl(\xi_{\mathfrak{k}}\,e^{-i\omega_{\mathfrak{k}}t} + \eta^*_{-\mathfrak{k}}\,e^{i\omega_{\mathfrak{k}}t}\bigr)\,e^{i\mathfrak{k}\mathfrak{r}}, \tag{12}$$

so daß $\pm\,\mathfrak{k}$ zu einer ebenen Welle mit dem Wellenvektor $\pm\,\mathfrak{k}$ gehört. Die Größen $\xi_{\mathfrak{k}}{}^*\,\xi_{\mathfrak{k}}$ und $\eta_{\mathfrak{k}}{}^*\,\eta_{\mathfrak{k}}$ sind dann Anzahlen.

Die bisherige Normierung von ψ ist nur möglich, wenn $\varkappa \neq 0$ ist. Mit der Schreibweise

$$\overline{L} = -\frac{\varepsilon_0}{2} \int \left(\frac{\partial \psi^*}{\partial x_\mu}\,\frac{\partial \psi}{\partial x^\mu} + \varkappa^2\,\psi^*\,\psi\right) d\tau \tag{13}$$

können wir auch den Fall $\varkappa = 0$ einschließen. Mit der Entwicklung $\psi = \sum_k a_k\,u_k$ wird

$$\overline{L} = \frac{\varepsilon_0}{2\,c^2}\,\dot{a}_k{}^*\,\dot{a}_k + \cdots,$$

so daß

$$\hbar\, b_k{}^* = \frac{\varepsilon_0}{2\,c^2}\,\dot{a}_k{}^*$$

zu a_k konjugiert ist und die Vertauschungsregeln Gl. (4) bleiben. Um $\dot{\alpha}_k = -\,i\,\omega_k\,\alpha_k$ zu erreichen, müssen wir jetzt $\lambda_k{}^2 = \hbar\,c^2/\varepsilon_0\,\omega_k$ setzen. Damit folgt auch hier

$$\overline{H} = \sum_k \hbar\,\omega_k\,(\alpha_k{}^*\alpha_k + \beta_k\beta_k{}^*)\,.$$

Wir setzen also:

$$\psi = \sum_{\mathfrak{k}} \sqrt{\frac{\hbar\,c^2}{\varepsilon_0\,\omega_{\mathfrak{k}}\,\Omega}}\,\big(\xi_{\mathfrak{k}}\,e^{-i\,\omega_{\mathfrak{k}}t} + \eta_{-\mathfrak{k}}^{\,*}\,e^{i\,\omega_{\mathfrak{k}}t}\big)\,e^{i\,\mathfrak{k}\,\mathfrak{r}}\,. \tag{14}$$

$\xi_{\mathfrak{k}}{}^*\xi_{\mathfrak{k}}$ und $\eta_{\mathfrak{k}}{}^*\eta_{\mathfrak{k}}$ sind wieder Anzahlen.

Beim reellen Felde

$$\overline{L} = \frac{\sigma\,\varkappa}{2}\int(\mathfrak{f}^2 - \mathfrak{F}^2 - \psi^2)\,\mathrm{d}\,\tau \tag{15}$$

mit $\varkappa\,\mathfrak{f} = \dot{\psi}/c$, $\varkappa\,\mathfrak{F} = -\,\mathfrak{grad}\,\psi$ benutzen wir ein komplexes Orthogonalsystem mit der Eigenschaft $u_k{}^* = u_{-k}$. Mit den Entwicklungen

$$\psi = \sum_k a_k\,u_k \qquad \mathfrak{f} = \sum_k b_k\,u_k \tag{16}$$

(bei $\mathfrak{f}$ steht jetzt der Faktor 2 nicht), wobei $a_k{}^* = a_{-k}$, $b_k{}^* = b_{-k}$ ist, folgt jetzt

$$b_k = \frac{1}{c\,\varkappa}\,a_k$$

und

$$\overline{L} = \frac{\sigma\,\varkappa}{2}\sum_k b_k{}^*\,b_k + \cdots = \frac{\sigma\,\varkappa}{2}\sum_k b_{-k}\,b_k + \cdots\,,$$

so daß $\hbar\,b_{-k} = \hbar\,b_k{}^*$ zu a_k konjugiert ist. Mit dem besonderen Orthogonalsystem, für das

$$(\Delta - \varkappa^2)\,u_k = -\,\frac{\omega_k{}^2}{c^2}\,u_k$$

ist, wird

$$\overline{L} = \frac{m\,c^2}{2}\sum_k b_{-k}\,b_k - \frac{\hbar^2}{2\,m\,c^2}\sum_k \omega_k{}^2\,a_{-k}\,a_k$$

und

$$\overline{H} = \frac{m\,c^2}{2}\sum_k b_{-k}\,b_k + \frac{\hbar^2}{2\,m\,c^2}\sum_k \omega_k{}^2\,a_{-k}\,a_k\,, \tag{17}$$

und die kanonischen Gleichungen lauten:

$$\left.\begin{aligned}\dot{a}_k &= \frac{m\,c^2}{\hbar}\,b_k \\[2mm] \dot{b}_k &= -\,\frac{\hbar}{m\,c^2}\,\omega_k{}^2\,a_k\,.\end{aligned}\right\} \tag{18}$$

Die Ersetzung Gl. (5) lautet wegen $a_k{}^* = a_{-k}$, $b_k{}^* = b_{-k}$, wenn $\alpha_k \sim e^{-i\omega_k t}$, $\beta_k \sim e^{-i\omega_k t}$ sein soll,

$$a_k = \lambda_k \left(\alpha_k + \alpha_{-k}{}^* \right)$$

$$b_k = \frac{i}{2\,\lambda_k} \left(-\alpha_k + \alpha_{-k}{}^* \right)$$

mit

$$\lambda_k = \sqrt{\frac{m\,c^2}{2\,\hbar\,\omega_k}}. \tag{19}$$

Damit folgt

$$\bar{H} = \sum_k \frac{1}{2}\,\hbar\,\omega_k \left(\alpha_k \alpha_k{}^* + \alpha_k{}^* \alpha_k \right); \tag{20}$$

jede Eigenschwingung trägt $\hbar\,\omega_k$ zur Feldenergie bei.

Mit den Orthogonalfunktionen $e^{i\mathfrak{k}\mathfrak{r}}/\sqrt{\Omega}$ schreiben wir zweckmäßig:

$$\psi = \sum_{\mathfrak{k}} \sqrt{\frac{m\,c^2}{2\,\hbar\,\omega_{\mathfrak{k}}\,\Omega}} \left(\xi_{\mathfrak{k}}\, e^{-i\omega_{\mathfrak{k}}t} + \xi^*_{-\mathfrak{k}}\, e^{i\omega_{\mathfrak{k}}t} \right) e^{i\mathfrak{k}\mathfrak{r}}, \tag{21}$$

wobei $\xi_k{}^* \xi_k$ wieder eine Anzahl ist.

Mit der anderen Normierung

$$\bar{L} = -\frac{\varepsilon_0}{2} \int \left(\frac{\partial\,\psi}{\partial\,x_\mu} \frac{\partial\,\psi}{\partial\,x^\mu} + \varkappa^2\,\psi^2 \right) \mathrm{d}\tau \tag{22}$$

schreiben wir

$$\psi = \sum_{\mathfrak{k}} \sqrt{\frac{\hbar\,c^2}{2\,\varepsilon_0\,\omega_{\mathfrak{k}}\,\Omega}} \left(\xi_{\mathfrak{k}}\, e^{-i\omega_{\mathfrak{k}}t} + \xi^*_{\mathfrak{k}}\, e^{i\omega_{\mathfrak{k}}t} \right) e^{i\mathfrak{k}\mathfrak{r}}. \tag{23}$$

57. Äquivalenz des gequantelten Feldbildes mit dem gequantelten Teilchenbild (—-Quantelung)

Die Vertauschungsregeln

$$\left[\psi(\mathfrak{r}_1)\,\psi^*(\mathfrak{r}_2) - \psi^*(\mathfrak{r}_2)\,\psi(\mathfrak{r}_1) \right] \Delta\tau = \delta_{12} \tag{1}$$

[bei Vertauschbarkeit von $\psi(\mathfrak{r}_1)$ mit $\psi(\mathfrak{r}_2)$ und von $\psi^*(\mathfrak{r}_1)$ mit $\psi^*(\mathfrak{r}_2)$] oder

$$a_k\,a_l{}^* - a_l{}^*\,a_k = \delta_{k\,l} \tag{2}$$

(bei Vertauschbarkeit von a_k mit a_l und von $a_k{}^*$ mit $a_l{}^*$), die das nicht-relativistische Feldbild in unanschaulicher Weise abändern, geben den „Mengen" $\psi^*\psi\,\Delta\tau$ ganzzahlige Eigenwerte $0, 1, 2\ldots$, erlauben also von Anzahlen von Teilchen zu sprechen. Demgegenüber ermöglichen die Vertauschungsregeln

$$i\left(p_k\,q^l - q^l\,p_k \right) = \hbar\,\delta_k{}^l \tag{3}$$

[bei Vertauschbarkeit von q^k mit q^l und von p_k mit p_l], die das Teilchen-bild in unanschaulicher Weise abändern, die q^k und die p_k als komplementär anzusehen; sie tragen damit den Feldeigenschaften Rechnung. Es könnte sein, daß die unanschaulich abgeänderte, die „gequantelte" Feldtheorie und die unanschaulich abgeänderte, die „gequantelte" Teilchentheorie *dieselbe Quantentheorie* darstellten. Dies ist der Fall, und wir wollen es jetzt beweisen.

Den Beweis führen wir (nach HEISENBERG), indem wir beide Theorien in der Form der Schrödinger-Gleichung benutzen. Die Hamilton-Funktionen der beiden Theorien lassen sich durch verwandte Ausdrücke darstellen. Die Feldfunktion $\psi\,(\mathfrak{r}, t)$ der einen Theorie und die Zustandsfunktion $\Phi\,(\mathfrak{r}_1, \mathfrak{r}_2 \ldots t)$ der anderen, wo $\mathfrak{r}_1, \mathfrak{r}_2 \ldots$ die Örter der Teilchen sind, können wir dadurch in Beziehung zueinander bringen, daß wir beide nach dem gleichen Orthogonalsystem entwickeln:

$$\psi = \sum a_k(t)\, u_k(\mathfrak{r}) \qquad \Phi(\mathfrak{r}_1, \mathfrak{r}_2 \ldots t) = \sum b_{kl\ldots}(t)\, u_k(\mathfrak{r}_1)\, u_l(\mathfrak{r}_2)\ldots; \qquad (4)$$

dabei sind die a_k Operatoren, die $b_{kl} \ldots$ gewöhnliche Zahlen. Als Operatoren wählen wir

$$a_k = \sqrt{N_k + 1}\,\Delta_k^+ = \Delta_k^+ \sqrt{N_k} \qquad a_k{}^* = \sqrt{N_k}\,\Delta_k^- = \Delta_k^- \sqrt{N_k + 1} \quad (5)$$

(Abschnitt 49 und 52) und dementsprechend als Zustandsfunktion der Feldthorie eine Funktion $S(N_1, N_2 \ldots t)$. Wir übertragen also das Schema des Abschnitts 47 auf den Mechanismus mit den Koordinaten a_k. Die Größe $S^* S$ gibt dann die Wahrscheinlichkeit dafür an, daß zur Zeit t gerade N_1 Teilchen im Zustand u_1, N_2 Teilchen im Zustand u_2 usw. sind. Die Schrödinger-Gleichung der Feldtheorie zerfällt dann in Funktionalgleichungen für die Funktion S und ihre zeitliche Ableitung. Die Schrödinger-Gleichung der Teilchentheorie zerfällt in lineare Gleichungen für die Koeffizienten $b_{kl\ldots}$ und ihre zeitlichen Ableitungen. Beide Gleichungssysteme werden sich als identisch erweisen, wenn man nur solche Funktionen $\Phi\,(\mathfrak{r}_1, \mathfrak{r}_2 \ldots t)$ zuläßt, die in allen Teilchen symmetrisch sind $[\Phi\,(\ldots \mathfrak{r}_k, \mathfrak{r}_l \ldots t) = \Phi\,(\ldots \mathfrak{r}_l, \mathfrak{r}_k \ldots t)]$.

Wir stellen jetzt die *Schrödinger-Gleichung für das Feldbild* auf. Wir nehmen dabei eine Wechselwirkung des Materiefeldes ψ mit einem elektrischen Felde an. Den Anteil des elektrischen Feldes, der eine Wechselwirkung von Materie mit Materie darstellt, schreiben wir dabei gesondert auf, der Rest wird als „äußeres" elektrisches Feld $V^{(a)}$ betrachtet. Von den Feldgleichungen

$$\left.\begin{aligned} \left(O + eV - i\hbar\,\frac{\partial}{\partial t}\right)\psi &= 0 \qquad O = -\frac{\hbar^2}{2\,m}\,\Delta + e\,V^{(a)} \\ \varepsilon_0\,\Delta V + e\,\psi^*\psi &= 0 \end{aligned}\right\} \qquad (6)$$

läßt sich die zweite mittels

$$eV(\mathfrak{r}) = \int \psi^*(\mathfrak{r}')\, W(\mathfrak{r}, \mathfrak{r}')\, \psi(\mathfrak{r}')\, d\tau' \qquad W = \frac{e^2}{4\pi\,\varepsilon_0\,|\mathfrak{r} - \mathfrak{r}'|}$$

lösen. Die Feldgleichung

$$\left\{ O + \int \psi^*(\mathfrak{r}')\, W(\mathfrak{r},\,\mathfrak{r}')\, \psi(\mathfrak{r}')\, \mathrm{d}\tau' - i\hbar \frac{\partial}{\partial t} \right\} \psi(\mathfrak{r}) = 0 \tag{7}$$

(t nicht mitgeschrieben) und die entsprechende für ψ^* folgen als kanonische Gleichungen aus der Hamilton-Funktion

$$\overline{H} = \int \psi^* O \psi\, \mathrm{d}\tau + \frac{1}{2} \int \psi^*(\mathfrak{r})\, \psi^*(\mathfrak{r}')\, W(\mathfrak{r},\mathfrak{r}')\, \psi(\mathfrak{r}')\, \psi(\mathfrak{r})\, \mathrm{d}\tau\, \mathrm{d}\tau' \tag{8}$$

mit den kanonischen Variabeln $\psi(\mathfrak{r})$ und $i\hbar\psi^*(\mathfrak{r})\Delta\tau$. Dabei ist wichtig, daß in $\overline{H}$ die Größe ψ^* stets vor ψ steht [$\psi(\mathfrak{r}')$ vor $\psi(\mathfrak{r})$ ist jetzt gleichgültig, wird aber im Abschnitt 58 wichtig sein]. Dieses $\overline{H}$ gilt auch in dem etwas allgemeineren Fall, wo die Wechselwirkung nicht elektrischer Art ist, aber die zweite der Feldgl. (6) sich mittels einer Greenschen Funktion $W(\mathfrak{r},\mathfrak{r}')$ lösen läßt (etwa die Wechselwirkung des Abschnitts 31).

Mit der Entwicklung Gl. (4) von ψ erhält nun die Schrödinger-Gleichung des Feldbildes

$$\left(\overline{H} - i\hbar \frac{\partial}{\partial t} \right) S(N_1,\, N_2 \ldots t) = 0$$

die Gestalt:

$$\left\{ \sum_{k,l} O_{kl}\, a_k^*\, a_l + \frac{1}{2} \sum_{k,l,m,n} W_{klmn}\, a_k^*\, a_l^*\, a_m a_n - i\hbar \frac{\partial}{\partial t} \right\} S(N_1,\, N_2 \ldots t) = 0 \tag{9}$$

mit den Abkürzungen

$$O_{kl} = \int u_k^*\, O\, u_l\, \mathrm{d}\tau$$

$$W_{klmn} = W_{lknm} = \int u_k^*(\mathfrak{r})\, u_l^*(\mathfrak{r}')\, W(\mathfrak{r},\mathfrak{r}')\, u_m(\mathfrak{r}')\, u_n(\mathfrak{r})\, \mathrm{d}\tau\, \mathrm{d}\tau'.$$

Wir machen uns jetzt mit der Wirkung der Operatoren $a_k^* a_l$ und $a_k^* a_l^* a_m a_n$ vertraut. Gemäß Gl. (5) wird

$$a_k^*\, a_l = \sqrt{N_k}\, \Delta_k^- \sqrt{N_l + 1}\, \Delta_l^+ = \sqrt{N_k(N_l + 1 - \delta_{kl})}\, \Delta_k^-\, \Delta_l^+; \tag{10}$$

d.h., vor der Funktion $S(N_1,\, N_2 \ldots)$ stehend, nimmt der Operator $a_k^* a_l$ von der k-ten Stelle eine Einheit fort (wenn dort null steht, trägt er nichts bei) und gibt sie an die l-te Stelle; er setzt noch einen Faktor vor, der N_k für $k = l$ und $\sqrt{N_k(N_l + 1)}$ für $k \neq l$ ist. Weiter wird

$$a_k^*\, a_l^*\, a_m a_n = \sqrt{N_k}\, \Delta_k^- \sqrt{N_l}\, \Delta_l^- \sqrt{N_m + 1}\, \Delta_m^+ \sqrt{N_n + 1}\, \Delta_n^+$$

$$= \sqrt{N_k(N_l - \delta_{kl})(N_m + 1 - \delta_{km} - \delta_{lm})(N_n + 1 - \delta_{kn} - \delta_{ln} + \delta_{mn})}\, \Delta_k^-\, \Delta_l^-\, \Delta_m^+\, \Delta_n^+; \tag{11}$$

d.h., der Operator nimmt je eine Einheit von der k-ten und l-ten Stelle fort (er trägt nichts bei, wenn dort 0, für $k = l$, wenn dort 0 oder 1 steht) und bringt je eine Einheit an die m-te und n-te Stelle; außerdem setzt er den angeschriebenen Faktor vor.

Beide Operatoren lassen $N = \sum N_k$ ungeändert. Die Funktionalgleichung (9) verknüpft also immer nur solche Stellen N_1, $N_2 \ldots$, für die N denselben Wert hat. Die Zahl der Teilchen ist ein Integral der Bewegungsgleichungen, und wir können die Äquivalenz von gequanteltem Feldbild und gequanteltem Teilchenbild für jede Teilchenzahl N gesondert zeigen.

Ganz einfach läßt sich die Äquivalenz beim *Einteilchensystem* zeigen. Die Gl. (9) verknüpft die Funktionswerte $S(1, 0, 0\ldots)$, $S(0, 1, 0\ldots)$, $S(0, 0, 1\ldots)$ usw., die wir mit b_1, b_2, $b_3 \ldots$ abkürzen, und es tritt W_{klmn} nicht auf. Die Gleichung liefert

$$\sum_l O_{il} b_l - i\,\hbar\,\dot b_i = 0\,. \tag{12}$$

Die Schrödinger-Gleichung des Teilchenbildes

$$\left(O - i\,\hbar\,\frac{\partial}{\partial t}\right)\Phi = 0$$

mit derselben Bedeutung von O wie in Gl. (6) führt nach der Entwicklung $\Phi = \sum b_k\, u_k$ ebenfalls auf die Gl. (12).

Das Wesentliche des Äquivalenzbeweises sehen wir am *Zweiteilchensystem*. Es treten die Funktionswerte $S(2, 0, 0\ldots)$, $S(0, 2, 0\ldots)$, $S(0, 0, 2\ldots)\ldots$ auf, die wir mit b_{11}, b_{22}, $b_{33}\ldots$ abkürzen, und die Funktionswerte $S(1, 1, 0\ldots)$, $S(1, 0, 1\ldots)$, $S(0, 1, 1\ldots)\ldots$, die wir mit $\sqrt2\, b_{12} = \sqrt2\, b_{21}$, $\sqrt2\, b_{13} = \sqrt2\, b_{31}$, $\sqrt2\, b_{23} = \sqrt2\, b_{32} \ldots$ abkürzen. Die Abkürzungen sind so eingerichtet, daß $S^* S(2, 0, 0\ldots) = b_{11}{}^* b_{11}$, $S^* S(1, 1, 0\ldots) = b_{12}{}^* b_{12} + b_{21}{}^* b_{21}$ ist. Auf $S(2, 0, 0\ldots) = b_{11}$ angewandt gibt $a_1{}^* a_l$ für $l = 1$ und $l \neq 1$ den Ausdruck $2 b_{l1}$ und $a_1{}^* a_1{}^* a_m a_n$ immer den Ausdruck $2 b_{mn}$; so entsteht die Gleichung

$$2 \sum_l O_{1l} b_{l1} + \sum_{m,n} W_{11mn} b_{mn} - i\,\hbar\,\dot b_{11} = 0\,.$$

Auf $S(1, 1, 0\ldots) = \sqrt2\, b_{12}$ angewandt gibt $a_1{}^* a_l$ den Ausdruck $\sqrt2\, b_{l2}$, $a_2{}^* a_l$ den Ausdruck $\sqrt2\, b_{1l}$, $a_1{}^* a_2{}^* a_m a_n$ den Ausdruck $\sqrt2\, b_{mn}$ und $a_2{}^* a_1{}^* a_m a_n$ ebenfalls $\sqrt2\, b_{mn}$; so entsteht die Gleichung

$$\sum_l (O_{1l} b_{l2} + O_{2l} b_{1l}) + \sum_{m,n} W_{12mn} b_{mn} - i\,\hbar\,\dot b_{12} = 0\,.$$

Fügen wir noch die Anwendungen auf $S(0, 2, 0\ldots)$, $S(1, 0, 1\ldots)\ldots$ hinzu, so können wir alles in

$$\sum_l (O_{il} b_{lj} + O_{jl} b_{il}) + \sum_{m,n} W_{ijmn} b_{mn} - i\,\hbar\,\dot b_{ij} = 0 \tag{13}$$

zusammenfassen.

Die Schrödinger-Gleichung der Teilchentheorie läßt sich in der Form

$$\left\{ O^{(1)} + O^{(2)} + W - i\,\hbar\,\frac{\partial}{\partial t} \right\} \Phi\,(\mathfrak{r}_1,\ \mathfrak{r}_2,\, t) = 0$$

schreiben, wo $O^{(1)}$ der Operator O auf $\mathfrak{r}_1$ wirkend und $O^{(2)}$ der Operator O auf $\mathfrak{r}_2$ wirkend ist und W für $W\,(\mathfrak{r}_1,\,\mathfrak{r}_2)$ steht. Mit der Entwicklung Gl. (4) von Φ wird die Schrödinger-Gleichung

$$\sum_l \left(O_{il}\,b_{lj} + O_{jl}\,b_{il} \right) + \sum_{m,n} W_{ij\,mn}\,b_{n\,m} - i\,\hbar\,\dot{b}_{ij} = 0 \,. \tag{14}$$

Während in Gl.(13) nach Definition $b_{jl} = b_{lj}$ ist, ist hier dies zunächst noch nicht der Fall. Die Schrödinger-Gleichung des Teilchenbildes stimmt also noch nicht genau mit der des Wellenbildes überein. Wenn wir jedoch $\Phi\,(\mathfrak{r}_1, \mathfrak{r}_2) = \Phi\,(\mathfrak{r}_2, \mathfrak{r}_1)$ fordern, so folgt $b_{jl} = b_{lj}$ und damit die Übereinstimmung. Für die Äquivalenz ist es also wesentlich, daß man als Lösungen der Schrödinger-Gleichung des Teilchenbildes nur die in den beiden Teilchen symmetrischen Funktionen $\Phi\,(\mathfrak{r}_1, \mathfrak{r}_2, t)$ zuläßt. Während in der Schreibweise mit S kein Unterschied gemacht wird zwischen einem Fall, bei dem das erste Teilchen in j, das zweite in l ist, und einem Fall, bei dem das erste in l, das zweite in j ist, muß bei der Schreibweise mit b_{jl} mittels

$$b_{jl} = b_{lj} \qquad S^* S = b_{jl}{}^* b_{jl} + b_{lj}{}^* b_{lj}$$

besonders ausgedrückt werden, daß beides zu einem Falle gehört.

Der Vergleich der Lösungen der Schrödinger-Gleichung mit der Erfahrung bei einem System mit zwei Elektronen (He-Atom, H_2-Molekel) hat gezeigt, daß in Wirklichkeit nur die Zustände vorkommen, deren ψ-Funktionen mit Einschluß des Elektronenspins in den Koordinaten der beiden Teilchen antisymmetrisch sind. Das Entsprechende hat sich gezeigt bei Systemen mit zwei Protonen (H_2-Molekel). Bei Systemen aus mehreren Elektronen oder Protonen oder auch Neutronen (beim Kernbau) hat sich gezeigt, daß nur die Zustände vorkommen, deren ψ-Funktion in den Koordinaten aller Elektronen antisymmetrisch, in den Koordinaten aller Protonen antisymmetrisch und in den Koordinaten aller Neutronen antisymmetrisch ist. Es folgt daraus, daß bei einem System aus α-Teilchen die Zustände vorkommen, die in den Koordinaten aller α-Teilchen symmetrisch sind. Die oben ausgeführte Wellenquantelung erweist sich also für ein System aus α-Teilchen als richtig. Allgemein wird dies gelten für ein System aus Teilchen ohne Spin.

Wir müssen uns noch überzeugen, daß der Äquivalenzbeweis, den wir für ein und zwei Teilchen geführt haben, sich auch für mehr Teilchen durchführen läßt. Er läßt sich durchführen, wenn nur die Lösungen $\psi\,(\mathfrak{r}_1, \mathfrak{r}_2 \ldots \mathfrak{r}_N, t)$, kurz von $\psi\,(1, 2, \ldots N, t)$, zugelassen werden, die in den

Koordinaten zweier Teilchen symmetrisch sind. Die Koeffizienten der Entwicklung

$$\psi(1, 2 \ldots N, t) = \sum_{j_1 j_2 \ldots} b_{j_1 j_2 \ldots j_N} u_{j_1}(1)\, u_{j_2}(2) \ldots u_{j_N}(N) \qquad (15)$$

sind dann in je zwei Indices symmetrisch. Gehen wir mit dieser Entwicklung in die Schrödinger-Gleichung

$$\left\{ -i\hbar \frac{\partial}{\partial t} + \sum_r O^r + \frac{1}{2} \sum_{r,s} W^{rs} \right\} \psi = 0 \,,$$

so erhalten wir

$$\left. \begin{aligned} &-i\hbar \dot{b}_{j_1 j_2 j_3 \ldots j_N} + \sum_l \left(O_{j_1 l}\, b_{l j_2 j_3 \ldots j_N} + O_{j_2 l}\, b_{j_1 l j_3 \ldots j_N} + \cdots \right) \\ &+ \frac{1}{2} \sum_{m,n} \left(W_{j_1 j_2 m n}\, b_{m n j_3 \ldots j_N} + W_{j_1 j_3 m n}\, b_{m j_2 n \ldots j_N} + \cdots \right) = 0 \,. \end{aligned} \right\} \qquad (16)$$

Statt der Funktionen b der Zustandsnummern $j_1 j_2 \ldots$ führen wir Funktionen S der Besetzungszahlen $N_1 N_2 \ldots$ ein:

$$S(N_1, N_2 \ldots) = \sqrt{\frac{N!}{N_1!\, N_2! \ldots}}\, b_{j_1 j_2 \ldots j_N} \,,$$

wobei $N_1, N_2 \ldots$ angibt, wie oft der Index $1, 2 \ldots$ rechts vorkommt. Wegen der Symmetrie der b in je zwei Indices werden einer Größe S die $N!/N_1! N_2! \ldots$ gleichen Größen zugeordnet, die durch Permutieren der Indices $j_1 j_2 \ldots j_N$ auseinander entstehen. Damit wird

$$S^* S(N_1, N_2 \ldots) = \sum b_{j_1 j_2 \ldots j_N}^{*}\, b_{j_1 j_2 \ldots j_N} \,,$$

summiert über die Permutationen. Die S-Werte, die den $b_{l j_2 j_3 \ldots j_N}$, $b_{j_1 l j_3 \ldots j_N}$, $b_{m n j_3 \ldots j_N}$ usw. in Gl. (16) entsprechen, lassen sich durch den S-Wert, der $b_{j_1 j_2 j_3 \ldots j_N}$ entspricht, durch Anwendung von Δ_j^{-}- und Δ_j^{+}-Operatoren ausdrücken. Nach Multiplikation mit

$$\sqrt{\frac{N!}{N_1!\, N_2! \ldots}}$$

tritt an die Stelle von $\dot{b}_{j_1 j_2 j_3 \ldots j_N}$ die Größe $\dot{S}(N_1, N_2 \ldots)$. An die Stelle von $b_{l j_2 j_3 \ldots}$ tritt bei $l \neq j_1$:

$$\sqrt{\frac{N_l + 1}{N_{j_1}}}\, S(\ldots N_l + 1 \ldots N_{j_1} - 1 \ldots) = \sqrt{\frac{N_l + 1}{N_{j_1}}}\, \Delta_{j_1}^{-}\, \Delta_l^{+}\, S(\ldots N_l \ldots N_{j_1} \ldots) \,,$$

bei allgemeinem l:

$$\sqrt{\frac{N_l + 1 - \delta_{l j_1}}{N_{j_1}}}\, \Delta_{j_1}^{-}\, \Delta_l^{+}\, S(N_1, N_2 \ldots) \,.$$

An die Stelle von $b_{j_1 l j_2 \ldots}$ tritt entsprechend:

$$\sqrt{\frac{N_l + 1 - \delta_{l j_2}}{N_{j_2}}}\, \Delta_{j_2}^{-} \Delta_l^{+}\, S\,(N_1,\, N_2 \ldots)\,,$$

so daß wir beim Zusammenziehen der entsprechenden Glieder in Gl. (16)

$$\sum_{j,l} O_{jl} \sqrt{N_j (N_l + 1 - \delta_{lj})}\, \Delta_j^{-} \Delta_l^{+}\, S\,(N_1,\, N_2 \ldots) = \sum_{j,l} O_{jl}\, a_j^*\, a_l\, S$$

erhalten. An die Stelle von $b_{m n j_3 \ldots}$ tritt, wenn die vier Zahlen $m,\, n,\, j_1,\, j_2$ alle verschieden sind,

$$\sqrt{\frac{(N_m + 1)(N_n + 1)}{N_{j_1} N_{j_2}}}\, \Delta_{j_1}^{-} \Delta_{j_2}^{-} \Delta_m^{+} \Delta_n^{+}\, S\,(N_1,\, N_2 \ldots)\,,$$

und allgemein lautet der Faktor

$$\sqrt{\frac{(N_m + 1 - \delta_{m j_1} - \delta_{m j_2})(N_n + 1 - \delta_{n j_1} - \delta_{n j_2} + \delta_{mn})}{N_{j_1}(N_{j_2} - \delta_{j_1 j_2})}}\,.$$

Beim Zusammenziehen der entsprechenden Glieder in Gl. (16) erhalten wir so:

$$\frac{1}{2} \sum_{i,j,m,n} W_{ijmn} \sqrt{N_i(N_j - \delta_{ij})(N_m + 1 - \delta_{im} - \delta_{jm})(N_n + 1 - \delta_{in} - \delta_{jn} + \delta_{mn})}$$

$$\cdot\, \Delta_i^{-} \Delta_j^{-} \Delta_m^{+} \Delta_n^{+}\, S\,(N_1,\, N_2 \ldots) = \frac{1}{2} \sum_{i,j,m,n} W_{ijmn}\, a_i^*\, a_j^*\, a_m\, a_n\, S\,.$$

Damit ist die Übereinstimmung von Gl. (16) mit Gl. (9) gezeigt und die *Äquivalenz des gequantelten Wellenbildes mit dem gequantelten Teilchenbild bei Auswahl der in allen Teilchen symmetrischen ψ-Funktionen bewiesen.*

58. Feldquantelung bei Fermi-Statistik.

Bei der bisherigen Quantelung des Wellenbildes und der damit gleichwertigen Quantelung des Teilchenbildes mit symmetrischen ψ-Funktionen konnten beliebig viele Teilchen in einem durch $u_k\,(\mathfrak{r})$ bezeichneten Zustand sein. Eine Vertauschung zweier Teilchen führte nicht zu einem neuen Gesamtzustand. In diesem Falle sprachen wir von Bose-Statistik. Wir durften aus der Erfahrung schließen, daß sie für spinlose Teilchen die richtige war. Für Elektronen, Protonen, Neutronen folgt aber aus der Erfahrung, daß bei Berücksichtigung des Spins in jedem durch $u_k(\mathfrak{r})$ bezeichneten Zustand höchstens ein Teilchen sein kann; eine Vertauschung zweier Teilchen führt wieder nicht zu einem neuen Gesamtzustand. In diesem Falle sprechen wir von *Fermi-Statistik.*

Wenn auch unser bisheriges anschauliches Wellenbild mit der skalaren ψ-Funktion Materie ohne Spin darstellt, ist es wenigstens im nichtrelativistischen Fall möglich, die Theorie so zu quanteln, daß die Fermi-Statistik gilt. Die so entstehende Quantentheorie ist ein vereinfachtes Modell der Wirklichkeit, indem vom Spin abgesehen, aber die Fermi-Statistik beibehalten wird. Die besondere Form der Hamilton-Funktion des nichtrelativistischen Materiefeldes erlaubt nämlich auch die Vertauschungsregeln mit dem $+$-Zeichen, die mit

$$\psi = \sum_k a_k u_k(\mathfrak{r})$$

zu den Eigenwerten 0 und 1 von $a_k^* a_k$ führen.

Die Vertauschungsregeln

$$\left.\begin{aligned}
\psi(\mathfrak{r}_1)\,\psi^*(\mathfrak{r}_2) + \psi^*(\mathfrak{r}_2)\,\psi(\mathfrak{r}_1) &= \delta_{12}/\Delta\tau \\
\psi(\mathfrak{r}_1)\,\psi(\mathfrak{r}_2) + \psi(\mathfrak{r}_2)\,\psi(\mathfrak{r}_1) &= 0 \\
\psi^*(\mathfrak{r}_1)\,\psi^*(\mathfrak{r}_2) + \psi^*(\mathfrak{r}_2)\,\psi^*(\mathfrak{r}_1) &= 0
\end{aligned}\right\} \tag{1}$$

sehen zunächst sehr befremdend aus; denn sie bedeuten, daß die Feldgrößen ψ und ψ^* an verschiedenen Raumstellen nicht vertauschbar sind. Nun sind aber die Feldgrößen ψ und ψ^* selbst nicht beobachtbar, sondern nur die Größen $\psi^*\psi$ und $(1/2\,i)\,(\psi^*\,\mathfrak{grad}\,\psi - \psi\,\mathfrak{grad}\,\psi^*)$. Diese Größen sind aber an verschiedenen Orten vertauschbar. Dies folgt aus dem Hilfssatz: Wenn A mit a und b antikommutativ (d.h. $A\,a = -a\,A \ldots$) ist, B mit a und b antikommutativ ist, so ist $A\,B$ mit ab vertauschbar. Zum Beweise des Hilfssatzes betrachte man $A\,B\,a\,b - a\,b\,A\,B$ und ziehe im ersten Glied B zwei Stellen nach rechts, im zweiten Glied A zwei Stellen nach links, wodurch null entsteht. Aus dem Hilfssatz folgt sofort, daß $\psi^*(\mathfrak{r}_1)\,\psi(\mathfrak{r}_1)$ mit $\psi^*(\mathfrak{r}_2)\,\psi(\mathfrak{r}_2)$ vertauschbar ist. Um auch die Vertauschbarkeit von Dichte mit Stromdichte und von Stromdichte mit Stromdichte einzusehen, beachte man, daß für verschiedene Örter ψ mit dem Differenzenquotienten

$$\frac{\psi(\mathfrak{r} + \varepsilon\,\mathfrak{r}) - \psi(\mathfrak{r})}{\varepsilon}$$

($\mathfrak{r}$ Einheitsvektor) antikommutativ ist und daß die Differenzenquotienten an verschiedenen Örtern antikommutativ sind. Daraus folgt, daß für verschiedene Örter ψ mit $\mathfrak{grad}\,\psi$ und $\mathfrak{grad}\,\psi^*$, ψ^* mit $\mathfrak{grad}\,\psi$ und $\mathfrak{grad}\,\psi^*$, $\mathfrak{grad}\,\psi$ mit $\mathfrak{grad}\,\psi$ und $\mathfrak{grad}\,\psi^*$, $\mathfrak{grad}\,\psi^*$ mit $\mathfrak{grad}\,\psi^*$ antikommutativ sind. Im ganzen sehen wir: *Beobachtbare Größen an verschiedenen Orten sind miteinander vertauschbar.*

Bei der Entwicklung $\psi = \sum_k a_k u_k$ nach einem normierten Orthogonalsystem u_k werden die Vertauschungsregeln Gl. (1) durch

$$\left.\begin{aligned}
a_k a_l^* + a_l^* a_k &= \delta_{kl} \\
a_k a_l + a_l a_k &= 0 \\
a_k^* a_l^* + a_l^* a_k^* &= 0
\end{aligned}\right\} \tag{2}$$

ersetzt. Für $k = l$ lassen sie sich mittels der Operatoren

$$a = \Delta N = (1 - N)\, \Delta$$
$$a^* = \Delta\,(1 - N) = N\, \Delta$$

erfüllen (Abschnitt 49), wo N ein Hermiteischer Operator mit den Eigenwerten 0 und 1 ist und die Wirkung von Δ durch

$$\Delta f(N) = f(1 - N)$$

wiedergegeben wird. Die Vertauschungsregeln lassen sich auch dann noch erfüllen, wenn in a ein Faktor vom Betrage 1 und bei a^* der konjugiert komplexe Faktor zugefügt wird. Die Verallgemeinerung auf beliebige k und l erfordert einige Vorsicht. Würde man in

$$a_k \sim \Delta_k N_k = (1 - N_k)\, \Delta_k$$
$$a_k^* \sim \Delta_k\,(1 - N_k) = N_k\, \Delta_k$$

mit

$$\Delta_k f(N_1, N_2 \ldots N_k \ldots) = f(N_1, N_2 \ldots 1 - N_k \ldots)$$

den noch offenen Faktor gleich 1 setzen, so wären (für $k \neq l$) a_k mit a_l, a_k^* mit a_l^* und a_k^* mit a_l kommutativ. In

$$a_k a_l \sim (1 - N_k)\,(1 - N_l)\, \Delta_k\, \Delta_l$$
$$a_l a_k \sim (1 - N_l)\,(1 - N_k)\, \Delta_l\, \Delta_k$$

(für $k \neq l$) und entsprechend in $a_k^* a_l^*$ und $a_l^* a_k^*$, sowie in $a_k a_l^*$ und $a_l^* a_k$ muß der entgegengesetzte Faktor auftreten. Man erreicht das, indem man den Faktor davon abhängig macht, ob in der Reihenfolge der Zahlen k links oder rechts von l steht, speziell, indem man (nach Jordan und Wigner)

$$a_k = \sigma \Delta_k N_k = \sigma\,(1 - N_k)\, \Delta_k$$
$$a_k^* = \sigma \Delta_k\,(1 - N_k) = \sigma N_k\, \Delta_k$$

mit

$$\sigma = (-1)^{\sum\limits_{j<k} N_j}$$

setzt. Es steht also das $+$-Zeichen oder das $-$-Zeichen, je nachdem ob links von der k-ten Stelle eine gerade oder ungerade Zahl von Einsen steht.

Mit dieser Setzung wird z. B. (k links von l)

$$a_k^* a_l f(N_1 \ldots N_k \ldots N_l \ldots)$$
$$= -(-1)^{N_1 + \cdots + N_{k-1}} \cdot (-1)^{N_1 + \cdots + N_{l-1}} \cdot N_k\,(1 - N_l) \cdot f(N_1 \ldots 1 - N_k \ldots 1 - N_l \ldots)$$
$$= -(-1)^{N_k + \cdots + N_{l-1}} \cdot N_k\,(1 - N_l)\, f(N_1 \ldots 1 - N_k \ldots 1 - N_l \ldots),$$

wobei das zusätzliche —-Zeichen daher rührt, daß bei Anwendung von Δ_k auf $a_l f$ auch das Vorzeichen geändert wird, da N_k im Exponenten $N_1 + \cdots + N_{l-1}$ vorkommt. Weiter wird (l links von k)

$$a_k{}^* a_l f (N_1 \ldots N_l \ldots N_k \ldots)$$
$$= (-1)^{N_1 + \cdots + N_{k-1}} (-1)^{N_1 + \cdots + N_{l-1}} N_k (1 - N_l) f (N_1 \ldots 1 - N_k \ldots 1 - N_l \ldots)$$
$$= (-1)^{N_l + \cdots + N_{k-1}} \cdot N_k (1 - N_l) f (N_1 \ldots 1 - N_k \ldots 1 - N_l \ldots)$$

ohne zusätzliches —-Zeichen, da N_k im Exponenten $N_1 + \cdots + N_{l-1}$ jetzt nicht vorkommt. Weiter wird

$$a_k{}^* a_k f (N_1 \ldots N_k \ldots) = N_k f (N_1 \ldots N_k \ldots) \,.$$

Da die Ausdrücke nur für $N_k = 1$, $N_l = 0$ ($l \neq k$) nicht verschwinden, ist das Vorzeichen in allen Fällen $+$ oder $-$, je nachdem ob zwischen der k-ten und der l-ten Stelle eine gerade oder ungerade Zahl von Einsen steht. Wir können den Operator $a_k{}^* a_l$ so beschreiben: er bringt eine Einheit von der k-Stelle (wenn dort eine ist) zur l-ten Stelle (wenn dort Platz für eine ist) mit der genannten Vorzeichenregel.

Beschränken wir uns auf ein Zweiteilchensystem und setzen wir $S(1, 1, 0, 0 \ldots) = b_{12} = - b_{21}$, $S(1, 0, 1, 0 \ldots) = b_{13} = -b_{31}$, $S(0, 1, 1, 0 \ldots) = b_{23} = - b_{32}$ usw., oder zur richtigen Normierung $\sqrt{2} \cdot b_{12}$, $\sqrt{2} \, b_{13}$, $\sqrt{2} \, b_{23} \ldots$, so wird stets

$$a_i{}^* a_l b_{ij} = b_{lj} \qquad a_j{}^* a_l b_{ij} = b_{il} \,.$$

Weiter gilt (für $k < l < m < n$)

$$a_k{}^* a_l{}^* a_m a_n f (N_1 \ldots N_k \ldots N_l \ldots N_m \ldots N_n \ldots)$$
$$= (-1)^{N_k + \cdots + N_{l-1}} (-1)^{N_m + \cdots + N_n} N_k N_l (1 - N_m) (1 - N_n)$$
$$\cdot f (N_1 \ldots 1 - N_k \ldots 1 - N_l \ldots 1 - N_m \ldots 1 - N_n \ldots) \,,$$

wobei die zusätzlichen —-Zeichen sich weggehoben haben. Da die Ausdrücke nur für $N_k = 1$, $N_m = 0$, $N_n = 0$ auftreten, kann der Vorzeichenfaktor durch

$$- (-1)^{N_{k+1} + \cdots + N_{l-1}} (-1)^{N_{m+1} + \cdots + N_{n-1}}$$

ersetzt werden; man erhält $-$ oder $+$, je nachdem ob die Summe der Einsen zwischen k und l und zwischen m und n gerade oder ungerade ist. Bei anderer Reihenfolge von k, l, m, n sind die Umstellungen zu berücksichtigen. In allen Fällen wird beim Zweiteilchensystem

$$a_i{}^* a_j{}^* a_m a_n b_{ij} = - b_{mn} = b_{nm} \,.$$

Die Schrödinger-Gleichung des Feldbildes für zwei Teilchen

$$\left\{ \sum_{k, l} O_{kl} a_k{}^* a_l + \frac{1}{2} \sum_{k, l, m, n} W_{klmn} a_k{}^* a_l{}^* a_m a_n - i \hbar \frac{\partial}{\partial t} \right\} b_{ij} = 0$$

läßt sich also durch

$$\sum_l (O_{il}b_{lj} + O_{jl}b_{il}) + \sum_{m,\,n} W_{ijmn}b_{nm} - i\hbar \dot b_{ij} = 0$$

ersetzen. Sie stimmt überein mit der Schrödinger-Gleichung des Teilchenbildes (auch dort b_{nm} bei W_{ijmn}), wenn in der Entwicklung

$$\Phi(\mathfrak{r}_1, \mathfrak{r}_2, t) = \sum_{i,\,j} b_{ij}\, u_i(\mathfrak{r}_1)\, u_j(\mathfrak{r}_2)$$

ebenfalls $b_{ij} = -b_{ji}$ ist, also Φ antimetrisch in den beiden Teilchen.

Die Ausdehnung des Äquivalenzbeweises auf das N-Teilchensystem wollen wir uns hier sparen.

59. Lorentzinvariante Vertauschungsregeln.

Die Feldquantelung bediente sich neben der Zeitkoordinate der Größen $\psi(\mathfrak{r}_1)$, $\psi(\mathfrak{r}_2)$… oder der Entwicklungskoeffizienten a_1, a_2… als der einen Reihe kanonischer Variabler. Die Zeit geht also in anderer Weise ein als die Ortsvariabeln x, y, z, und es ist nicht unmittelbar zu sehen, ob die aufgestellten Vertauschungsregeln für die kanonischen Feldgrößen der relativistischen Feldtheorie auch wirklich lorentzinvariante Aussagen sind.

Wir untersuchen dies für die in diesem Kapitel entwickelte relativistische Feldtheorie, ohne Einfluß anderer Größen (wie elektromagnetischer Potentiale); wir untersuchen aber auch den einfachen Fall des skalaren Modelles einer Vakuumelektrodynamik (vgl. Abschnitt 10), die durch die Lagrange-Dichte

$$L = -\frac{1}{2}\frac{\partial \psi}{\partial x_\mu}\frac{\partial \psi}{\partial x^\mu} = \frac{1}{2}\left[\frac{1}{c^2}\dot\psi^2 - (\mathfrak{grad}\,\psi)^2\right] \tag{1}$$

definiert ist.

Wir betrachten zunächst die *Modelltheorie*. Der Variabeln $\psi(\mathfrak{r})$ ist die kanonisch konjugierte Feldgröße

$$\pi = \frac{1}{c^2}\dot\psi$$

zugeordnet, und die kanonischen Vertauschungsregeln lauten

$$\left.\begin{aligned}
\frac{i}{\hbar c^2}[\dot\psi(\mathfrak{r}_1)\psi(\mathfrak{r}_2) - \psi(\mathfrak{r}_2)\dot\psi(\mathfrak{r}_1)] &= \delta_{12}/\Delta\tau = \delta(\mathfrak{r}_1 - \mathfrak{r}_2)\\
\psi(\mathfrak{r}_1)\psi(\mathfrak{r}_2) - \psi(\mathfrak{r}_2)\psi(\mathfrak{r}_1) &= 0\\
\dot\psi(\mathfrak{r}_1)\dot\psi(\mathfrak{r}_2) - \dot\psi(\mathfrak{r}_2)\dot\psi(\mathfrak{r}_1) &= 0.
\end{aligned}\right\} \tag{2}$$

Sie beziehen sich auf Größen, die für ein gewähltes Bezugssystem zum gleichen Zeitpunkt gehören. Das Verhalten von Größen $\psi(\mathfrak{r}_1, t_1)$, $\dot\psi(\mathfrak{r}_1, t_1)$, $\psi(\mathfrak{r}_2, t_2)$, $\dot\psi(\mathfrak{r}_2, t_2)$, die zu verschiedenen Zeitpunkten gehören, kann mittels der Feldgleichung, die $\ddot\psi$ durch ψ ausdrückt, ermittelt werden.

Die Lorentz-Invarianz der Beziehungen Gl. (2) ist erwiesen, wenn man aus ihnen und aus der Feldgleichung

$$\ddot{\psi} = c^2 \Delta \psi \tag{3}$$

die Vertauschungsgröße

$$\frac{i}{\hbar} \left[\psi(\mathfrak{r}_1, t_1) \, \psi(\mathfrak{r}_2, t_2) - \psi(\mathfrak{r}_2, t_2) \, \psi(\mathfrak{r}_1, t_1) \right] = D(\mathfrak{r}_1 - \mathfrak{r}_2, t_1 - t_2)$$

oder

$$\frac{i}{\hbar} \left[\psi(\mathfrak{r}, t) \, \psi(0, 0) - \psi(0, 0) \, \psi(\mathfrak{r}, t) \right] = D(\mathfrak{r}, t) \tag{4}$$

ausrechnen und zeigen kann, daß $D(\mathfrak{r}, t)$ nur von der Lorentz-Invariante $c^2 \mathfrak{r}^2 - t^2$ abhängt.

Im *ersten Schritt* rechnen wir $D(\mathfrak{r}, t)$ aus den Vertauschungsregeln Gl. (2) für gleichzeitige Größen und aus der Feldgl. (3) aus. Wir schließen die Größe $\psi(\mathfrak{r}, t)$ an die Größe $\psi(\mathfrak{r}, 0)$ mittels der Taylor-Entwicklung

$$\psi(\mathfrak{r}, t) = \sum_n {}' \frac{t^n}{n!} \, \psi^{(n)}(\mathfrak{r}, 0) \qquad \psi^{(n)} = \frac{\partial^n \psi}{\partial t^n}$$

an. Sie gilt auch für nichtvertauschbare Größen $\psi^{(n)}$; t kann als vertauschbar mit ihnen angesehen werden. Mit der Taylor-Entwicklung wird die Vertauschungsgröße:

$$D(\mathfrak{r}, t) = \sum_n {}' \frac{t^n}{n!} \cdot \frac{i}{\hbar} \left[\psi^{(n)}(\mathfrak{r}, 0) \, \psi(0, 0) - \psi(0, 0) \, \psi^{(n)}(\mathfrak{r}, 0) \right]; \tag{5}$$

sie ist damit auf Vertauschungsgrößen gleichzeitiger Variabler zurückgeführt. Das Glied $n = 0$ verschwindet gemäß Gl. (2); das Glied $n = 1$ wird $c^2 \cdot \delta(\mathfrak{r})$; das Glied $n = 2$ kann mittels Gl. (3) durch ψ und örtliche Ableitungen ausgedrückt werden, damit verschwindet es; das Glied $n = 3$ wird mittels Gl. (3):

$$\frac{c^2 t^3}{3!} \Delta \frac{i}{\hbar} \left[\dot{\psi}(\mathfrak{r}, 0) \, \psi(0, 0) - \psi(0, 0) \, \dot{\psi}(\mathfrak{r}, 0) \right] = \frac{c^4 t^3}{3!} \Delta \delta(\mathfrak{r}).$$

Die nächsten beiden Glieder werden mit

$$\psi^{(4)} = c^4 \Delta \Delta \psi = c^4 \Delta^2 \psi$$

umgeformt usf. So wird schließlich

$$D(\mathfrak{r}, t) = \sum_m {}' \frac{c^{2m+2} \, t^{2m+1}}{(2m+1)!} \, \Delta^m \delta(\mathfrak{r}). \tag{6}$$

Im *zweiten Schritt* stellen wir eine Integraldarstellung dieser Funktion auf. Mit der singulären Funktion $\delta(\mathfrak{r})$ rechnen wir am besten, wenn wir ihre schon früher (Abschnitt 51) erwähnte Fourier-Darstellung

$$\delta(\mathfrak{r}) = \frac{1}{(2\pi)^3} \int e^{i \mathfrak{k} \mathfrak{r}} \, d k_x \, d k_y \, d k_z$$

benutzen. Es wird so:

$$\Delta^m \delta(\mathfrak{r}) = \frac{(-1)^m}{(2\pi)^3} \int \mathfrak{k}^{2m} e^{i\mathfrak{k}\mathfrak{r}} \, d\,k_x \, d\,k_y \, d\,k_z$$

$$D(\mathfrak{r},t) = \frac{1}{(2\pi)^3} \int \sum \frac{(-1)^m c^{2m+2} t^{2m+1} \mathfrak{k}^{2m}}{(2m+1)!} \, e^{i\mathfrak{k}\mathfrak{r}} \, d\,k_x \, d\,k_y \, d\,k_z$$

und wegen der Beziehung zur Potenzreihe der Sinusfunktion ($k = |\,\mathfrak{k}\,|$):

$$D(\mathfrak{r},t) = \frac{c^2}{(2\pi)^3} \int \frac{\sin c\,k\,t}{c\,k} \, e^{i\mathfrak{k}\mathfrak{r}} \, d\,k_x \, d\,k_y \, d\,k_z; \tag{7}$$

dabei ist über den ganzen $\mathfrak{k}$-Raum integriert. Der Form Gl. (7) sieht man an, daß $D(\mathfrak{r},t)$ eine reelle Funktion ist, weiter daß

$$D(\mathfrak{r},t) = D(-\mathfrak{r},t) = -D(\mathfrak{r},-t) = -D(-\mathfrak{r},-t)$$

und daß

$$\Box D = -\frac{1}{c^2}\ddot{D} + \Delta D = 0$$

ist. Man bestätigt auch

$$D(\mathfrak{r},\,0) = 0$$

$$\dot{D}(\mathfrak{r},\,0) = \frac{c^2}{(2\pi)^3} \int e^{i\mathfrak{k}\mathfrak{r}} \, d\,k_x \, d\,k_y \, d\,k_z = c^2 \delta(\mathfrak{r})$$

in Übereinstimmung mit Gl. (2).

Im *dritten Schritt* überzeugen wir uns nun von der Lorentz-Invarianz des Ausdruckes Gl. (7), indem wir ihn mit dem sicher lorentzinvarianten Integral

$$I = \int f\left(\frac{\omega^2}{c^2} - \mathfrak{k}^2\right) e^{-i\omega t + i\mathfrak{k}\mathfrak{r}} \, d\,k_x \, d\,k_y \, d\,k_z \, d\,\frac{\omega}{c} \tag{8}$$

vergleichen. In Gl. (8) führen wir zunächst die Integration über ω/c bei festem $\mathfrak{k}$ aus, und zwar über das Gebiet $\omega/c > k$. Mit der Hilfsvariabeln

$$q = \sqrt{\frac{\omega^2}{c^2} - \mathfrak{k}^2}$$

wird

$$d\,\frac{\omega}{c} = \frac{q\,d\,q}{\sqrt{q^2 + k^2}},$$

und das Integral wird:

$$I_+ = \int\limits_0^\infty d\,q \cdot q\,f(q^2) \cdot \int d\,k_x \, d\,k_y \, d\,k_z \, \frac{e^{-i\omega t + i\mathfrak{k}\mathfrak{r}}}{\sqrt{q^2 + k^2}}.$$

Die Integration über das Gebiet $\omega/c < -k$ mit

$$d\,\frac{\omega}{c} = -\frac{q\,d\,q}{\sqrt{q^2 + k^2}}$$

liefert

$$I_- = \int\limits_0^\infty \mathrm{d}q \cdot q\,f(q^2) \int \mathrm{d}k_x \mathrm{d}k_y \mathrm{d}k_z \frac{e^{i|\omega|t + i\mathfrak{k}\mathfrak{r}}}{\sqrt{q^2 + k^2}},$$

so daß

$$I_+ - I_- = \int\limits_0^\infty \mathrm{d}(q^2) \cdot f(q^2) \int \mathrm{d}k_x \mathrm{d}k_y \mathrm{d}k_z \frac{\sin\sqrt{q^2 + k^2}\,c\,t}{i\,\sqrt{q^2 + k^2}}\,e^{i\mathfrak{k}\mathfrak{r}}$$

ist. Dies geht, abgesehen von einem festen Faktor, in Gl.(7) über, wenn $f(q^2) = \delta(q^2)$ gewählt wird. Solange man nur Lorentz-Transformationen ohne Zeitumkehr zuläßt, sind I_+ und I_- für sich lorentzinvariant, also auch $D(\mathfrak{r}, t)$. Statt Gl.(7) können wir jetzt schreiben

$$D(\mathfrak{r}, t) = \frac{c}{(2\pi)^3} \cdot i \int \varepsilon\,\delta\left(\frac{\omega^2}{c^2} - \mathfrak{k}^2\right) e^{-i\omega t + i\mathfrak{k}\mathfrak{r}}\,\mathrm{d}k_x \mathrm{d}k_y \mathrm{d}k_z\,\mathrm{d}\frac{\omega}{c}, \qquad (9)$$

wo

$$\varepsilon = \left\{ \begin{array}{l} 1 \quad \left(\frac{\omega}{c} > k\right) \\[2mm] 0 \quad \left(-k < \frac{\omega}{c} < k\right) \\[2mm] -1 \quad \left(\frac{\omega}{c} < -k\right) \end{array} \right\} \qquad (10)$$

ist.

Die Überlegungen für die *Feldtheorie der Materie*, ohne Einfluß anderer Felder, verlaufen entsprechend. Die kanonischen Vertauschungsregeln lauten

$$\left. \begin{array}{l} \dfrac{i}{2\hbar c^2}\left[\dot{\psi}^*(\mathfrak{r}_1)\,\psi(\mathfrak{r}_2) - \psi(\mathfrak{r}_2)\,\dot{\psi}^*(\mathfrak{r}_1)\right] = \delta(\mathfrak{r}_1 - \mathfrak{r}_2) \\[3mm] \dfrac{i}{2\hbar c^2}\left[\dot{\psi}(\mathfrak{r}_1)\,\psi^*(\mathfrak{r}_2) - \psi^*(\mathfrak{r}_2)\,\dot{\psi}(\mathfrak{r}_1)\right] = \delta(\mathfrak{r}_1 - \mathfrak{r}_2), \end{array} \right\} \qquad (11)$$

bei Vertauschbarkeit der übrigen gleichzeitigen Größen. Aus der Vertauschbarkeit von ψ mit $\dot{\psi}$ folgt auch

$$\psi(\mathfrak{r}_1, t_1)\,\psi(\mathfrak{r}_2, t_2) - \psi(\mathfrak{r}_2, t_2)\,\psi(\mathfrak{r}_1, t_1) = 0\,,$$

und entsprechend folgt

$$\psi^*(\mathfrak{r}_1, t_1)\,\psi^*(\mathfrak{r}_2, t_2) - \psi^*(\mathfrak{r}_2, t_2)\,\psi^*(\mathfrak{r}_1, t_1) = 0\,,$$

so daß wir nur die Vertauschungsgröße

$$\frac{i}{\hbar}\left[\psi^*(\mathfrak{r}, t)\,\psi(0, 0) - \psi(0, 0)\,\psi^*(\mathfrak{r}, t)\right] = D(\mathfrak{r}, t)\,, \qquad (12)$$

wo D jetzt eine vom vorigen Abschnitt verschiedene Funktion ist, zu untersuchen brauchen.

Im ersten Schritt wird durch Taylor-Entwicklung

$$D(\mathfrak{r}, t) = \sum_n \frac{t^n}{n!} \frac{i}{\hbar} \left[\psi^{*(n)}(\mathfrak{r}, 0)\, \psi(0,0) - \psi(0,0)\, \psi^{*(n)}(\mathfrak{r}, 0) \right];$$

mittels der Feldgleichung

$$\ddot{\psi} = c^2 (\Delta - \varkappa^2)\, \psi$$

$$\psi^{(2m)} = c^{2m} (\Delta - \varkappa^2)^m\, \psi$$

wird daraus

$$D(\mathfrak{r}, t) = \sum_m \frac{c^{2m} t^{2m+1}}{(2m+1)!} (\Delta - \varkappa^2)^m \cdot \frac{i}{\hbar} \left[\dot{\psi}^*(\mathfrak{r}, 0)\, \psi(0,0) - \psi(0,0)\, \dot{\psi}^*(\mathfrak{r}, 0) \right]$$

$$D(\mathfrak{r}, t) = \sum_m \frac{2\, c^{2m+2} t^{2m+1}}{(2m+1)!} (\Delta - \varkappa^2)^m\, \delta(\mathfrak{r}). \tag{13}$$

Mit dem Fourier-Integral für $\delta(\mathfrak{r})$ bekommen wir im zweiten Schritt

$$(\Delta - \varkappa^2)^m\, \delta(\mathfrak{r}) = \frac{(-1)^m}{(2\pi)^3} \int (k^2 + \varkappa^2)^m\, e^{i\mathfrak{k}\mathfrak{r}}\, d k_x\, d k_y\, d k_z$$

und

$$D(\mathfrak{r}, t) = \frac{2\, c^2}{(2\pi)^3} \int \frac{\sin \sqrt{k^2 + \varkappa^2} \cdot ct}{\sqrt{k^2 + \varkappa^2} \cdot c}\, e^{i\mathfrak{k}\mathfrak{r}}\, d k_x\, d k_y\, d k_z. \tag{14}$$

Im dritten Schritt gibt das Integral

$$I = \int f\left(\frac{\omega^2}{c^2} - \mathfrak{k}^2\right) e^{-i\omega t + i\mathfrak{k}\mathfrak{r}}\, d k_x\, d k_y\, d k_z\, d\frac{\omega}{c} \tag{15}$$

mit der Hilfsvariabeln

$$q = \sqrt{\frac{\omega^2}{c^2} - \mathfrak{k}^2}$$

bei Integration über die Gebiete $q > 0$ und $q < 0$ ebenfalls

$$I_+ - I_- = \int_0^\infty d(q^2) \cdot f(q^2) \int d k_x\, d k_y\, d k_z\, \frac{\sin \sqrt{q^2 + k^2} \cdot ct}{i \sqrt{q^2 + k^2}}\, e^{i\mathfrak{k}\mathfrak{r}}.$$

Dies liefert die Vertauschungsgröße Gl. (14), wenn bis auf einen Faktor $f(q^2) = \delta(q^2 - \varkappa^2)$ ist. Statt Gl. (14) können wir dann den Ausdruck

$$D(\mathfrak{r}, t) = \frac{2\, c\, i}{(2\pi)^3} \int \varepsilon\, \delta\left(\frac{\omega^2}{c^2} - \mathfrak{k}^2 - \varkappa^2\right) e^{-i\omega t + i\mathfrak{k}\mathfrak{r}}\, d k_x\, d k_y\, d k_z\, d\frac{\omega}{c} \tag{16}$$

schreiben, wo ε die Bedeutung Gl.(10) hat.

Siebentes Kapitel.

Materie mit Spin 1.[1]

60. Spin.

Wir haben bisher — auf der Stufe des anschaulichen wie auf der Stufe des gequantelten Feldbildes der Materie — nur ein vereinfachtes Modell der tatsächlich in der Natur vorkommenden elementaren Materie betrachtet; wir haben nämlich von einem „Spin" der Materie abgesehen. Dieser Spin zeigt sich in gewissen *Richtungseigenschaften*, in einem Beitrag zum *Drehimpuls* und im *magnetischen Verhalten* der Materie. Er kann im Teilchenbild und im Wellenbild der Materie betrachtet werden. Im *Teilchenbild* ist der Spin eine unanschauliche Eigenschaft der Teilchen. Dies gilt für den Spin der Elementarteilchen (Elektronen, Protonen usw.) wie für den im Schwerpunktssystem vorhandenen Drehimpuls zusammengesetzter Teilchen (von Atomen, Molekeln, Kernen). Beim Versuch von STERN und GERLACH wird ein Strahl von Silberatomen, d.h. Elektronen, die an magnetisch abgeschlossenen Atomresten hängen, im inhomogenen Magnetfeld in zwei Strahlen aufgespalten. Beim einen ist die Komponente des Drehimpulses in der durch das Magnetfeld ausgezeichneten Richtung $\hbar/2$ und das magnetische Moment in dieser Richtung $-e\,\hbar/2\,mc$, beim anderen Strahl ist die Drehimpulskomponente $-\hbar/2$ und das magnetische Moment $e\,\hbar/2\,mc$. Mit der anschaulichen Vorstellung eines Eigendrehimpulses des Elektrons vom Betrage $\hbar/2$, der verschiedene Stellung im Raum haben kann, ist das nicht zu verstehen; man müßte ja dann auch andere Komponenten als gerade nur $\pm\,\hbar/2$ messen können. Die Erscheinung ist vielmehr ein Ausdruck der „Richtungsquantelung" des Drehimpulses. Bei der Elektronenhülle eines Atoms kann der Drehimpuls in der ausgezeichneten Richtung die Werte $M\hbar$ haben, wo $M = J,\ J - 1 \ldots - J$ und J eine dem Atomzustand eigentümliche Zahl $0,\ ^1/_2,\ 1,\ ^3/_2 \ldots$ ist. Bei gerader Anzahl von Elektronen ist J ganzzahlig, bei ungerader halbzahlig. Bei gerader Anzahl von Elektronen kann es vorkommen, daß J nur durch die Bewegung der Elektronen, nicht durch ihren Spin, bestimmt ist („Singuletterme"). In diesen einfachen Fällen ist mit der Drehimpulskomponente $M\hbar$ das magnetische Moment $e\,M\,\hbar/2\,mc$ verbunden, und die Erscheinung ist mit der gewöhnlichen Quantentheorie der Elektronen (ohne Spin) beschreibbar.

Im Wellenbild der Materie ist hingegen *der Spin der Materie weitgehend ein anschauliches Merkmal.* Wir haben schon gelegentlich Fälle kennengelernt, wo Erscheinungen, die im Teilchenbild Quantenerscheinungen

---

[1] PROCA, A.: J. Physique Radium **7**, 347 (1936). — YUKAWA, H., S. SAKATA u. M. TAKETANI: Proc. physico-math. Soc. Japan **20**, 319 (1938).

sind, im Wellenbild schon der klassisch-anschaulichen Stufe der Betrachtung angehören (Durchgang durch Potentialschwellen, chemische Kräfte, Materieerzeugung); Ähnliches gilt für den Spin. Die Tatsache der elektrischen Ladung der Materie (ohne Spin) ließ sich so beschreiben, daß einheitlich bewegte Materie beim Eintritt in ein Gebiet anderen elektrischen Potentials eine Doppelbrechung erfährt; die beiden entstehenden Teilwellen erhalten verschiedene Gruppengeschwindigkeit. Die „positiv geladene" Teilwelle läuft im Gebiet höheren Potentials langsamer weiter, die „negativ geladene" Teilwelle rascher. Ähnlich können wir den Spin beschreiben.

Wir betrachten zunächst die *Richtungseigenschaften*. Einheitlich bewegte und jetzt auch einheitlich geladene Materie kann in einem Magnetfeld noch zerlegt werden. *Die Materie im Stern-Gerlach-Versuch erfährt eine „Doppelbrechung"*, die beiden Teilwellen haben in einem Magnetfeld verschiedene Gruppengeschwindigkeit. Beim „Spin 1" treffen wir eine Zerlegung in drei Teilwellen, beim „Spin J" eine Zerlegung in $2J+1$ Teilwellen. Im Wellenbild der Materie ist der Spin etwas Ähnliches wie bei den Lichtwellen die Polarisation, mit der die Doppelbrechung des Lichts verbunden ist. Wenn die Richtung des Magnetfeldes festliegt, können wir die „mehrfach brechbare" Materiewelle dadurch beschreiben, daß wir neben den drei räumlichen Koordinaten x, y, z (und der Zeit) eine neue Koordinate σ einführen, die bei Materie mit dem Spin J nur $2J+1$ diskrete Werte annehmen kann, etwa die Werte $J, J-1, J-2 \ldots -J$. Statt der Wellenfunktion $\psi(x, y, z, \sigma)$ (die Zeitabhängigkeit unterdrücken wir) kann man natürlich auch

$$\psi(x, y, z, \sigma) = \sum_m \psi_m(x, y, z)\, \alpha_m(\sigma) \tag{1}$$

schreiben, wo α_m eine Funktion der diskreten Variabeln σ ist, die für $\sigma = m$ eins, für die anderen σ null ist

$$\alpha_m(\sigma) = \delta_{m\sigma}.$$

Die Funktionen ψ_m beschreiben dann die Teilwellen, die zu einem bestimmten Wert $\sigma = m$ der Spinkomponente gehören, oder die Teilwellen, die bei der Mehrfachbrechung auftreten.

Mit der bloßen Angabe von mehreren $(2J+1)$ Komponenten ist der Spin der Materie noch nicht erschöpfend beschrieben, sowenig wie die Polarisation des Lichtes durch die bloße Tatsache der Doppelbrechung. Kennzeichnend für den Spin ist vielmehr, daß bei einer anderen Stellung des Magnetfeldes die Intensitäten der entstehenden Teilwellen in ganz bestimmter Weise sich verändern, wie auch beim Licht die Intensitäten in ganz bestimmter Weise von der Stellung des doppeltbrechenden Kristalles abhängen. Im einzelnen sind die Verhältnisse bei Licht und Materie verschieden. Beim Licht beschreibt man die Polarisationsverhältnisse im Vakuum durch einen Vektor senkrecht zur Fortschreitrichtung, und die durch einen Analysator durchgehende Feldgröße bestimmt sich durch eine Komponente dieses Vektors. Beim Elektronenspin (2 Komponenten) ist die Geometrie eine ganz andere. Wenn bei einem in der z-Richtung laufenden Materiestrom und einem Magnetfeld von der y-Richtung nur ein Spin in der $+y$-Richtung festgestellt wird, so gibt derselbe Materiestrom in einem Magnetfeld von der x-Richtung die Spinstellungen $+x$ und $-x$ in gleicher Intensität. Zum Allgemeinen zurückkehrend, haben wir jetzt zu untersuchen, *wie sich bei der Materiewelle die mit dem Spin zusammenhängenden Bestimmungsstücke transformieren, wenn das Magnetfeld eine andere Richtung bekommt.* Wir haben also die *Transformation der* ψ_m zu untersuchen.

Diese Aufgabe stellt bei halbzahligem Spin erhebliche Anforderungen an das Abstraktionsvermögen. Bei ganzzahligem Spin ist sie aber verhältnismäßig einfach. So wichtig uns die Beschreibung des Spins $1/2$ als des Spins der bisher bekannten elementaren Materie ist, so wollen wir sie zunächst noch aufschieben (auf das achte Kapitel) und *vorläufig nur ganzzahligen Spin* betrachten. Aus der Theorie der Atomspektren weiß man, daß die Transformationseigenschaften der Atomzustände sich mit der Angabe eines Gesamtdrehimpulses J beschreiben lassen; es ist dann ganz gleichgültig, ob dieser Drehimpuls nur von der Bewegung der Elektronen im Atom abhängt oder ob der Elektronenspin daran beteiligt ist. Wir können also für unsere Zwecke so tun, als käme der Drehimpuls der Atome, also der Spin der Teilchen, die wir betrachten, davon her, daß im einzelnen Teilchen Bahnbewegungen mit gequanteltem Drehimpuls verlaufen. Die Eigenfunktionen dieser Bahnbewegungen haben nun Transformationseigenschaften, die (soweit sie uns angehen) die gleichen sind, als gäbe nur ein Elektron einen Beitrag zum Drehimpuls. *Die Transformationseigenschaften der* ψ_m *in Gl. (1) lassen sich* also *auf die Eigenschaften der Eigenfunktionen eines Elektrons im kugelsymmetrischen Kraftfeld zurückführen.*

Die Drehimpulseigenschaften des Spins sind damit schon herangezogen. Sie sind im anschaulichen Feldbild so aufzufassen, daß es einen Erhaltungssatz für den Drehimpuls gibt und daß die Drehimpulsdichte sich in zwei Bestandteile zerlegen läßt, deren einer mit der Strömung der Materie zusammenhängt (wie bei spinfreier Materie), während der andere eben den Spin ausdrückt.

Die *magnetischen Eigenschaften* des Spins der elementaren Materie, die im Stern-Gerlach-Versuch beobachtet wird, sind (wenigstens für langsam bewegte Materie) dadurch beschrieben, daß man der Materie in den beiden durch Doppelbrechung entstandenen Strömen je ein magnetisches Moment in der durch das Magnetfeld ausgezeichneten Richtung zuschreibt, dessen Verhältnis zur elektrischen Ladung im einen Strom $\hbar/2mc$, im anderen $-\hbar/2mc$ ist, also, durch eine anschauliche Größe ausgedrückt, im einen Strom $1/2\varkappa$, im anderen Strom $-1/2\varkappa$ ist. Bei Materie, die im Teilchenbild aus Atomen in Singulettzuständen besteht, ist das Verhältnis des magnetischen Momentes zur elektrischen Ladung in jedem Teilstrom $M/2\varkappa$ $(M = J, J-1\ldots -J)$.

61. Richtungseigenschaften bei Spin 1 und 2.

Materie vom *Spin 1* kann bestehen aus Atomen, die alle in einem Zustand sind, in dem ein Elektron den Drehimpuls 1 $(\cdot\, \hbar)$ hat und die anderen außer Betracht bleiben können. Alle Materie vom Spin 1 verhält sich den Richtungs- und Drehimpulseigenschaften nach wie diese Materie aus Atomen im p-Zustand. Wir betrachten die Eigenfunktion des einen in Betracht kommenden Elektrons; wir nennen seine Koordinaten relativ zum Atomkern x', y', z', um später x, y, z als Koordinaten des Atoms oder Ort des Materiefeldes benutzen zu können. Die Eigenfunktion bei festem Kern ist

$$v(x', y', z') = b_x\,\xi\,(x', y', z') + b_y\,\eta\,(x', y', z') + b_z\,\zeta\,(x', y', z'), \qquad (1)$$

wo die b_x, b_y, b_z Zahlen sind und ξ, η, ζ drei Funktionen

$$\xi = f(r')\,\frac{x'}{r'} = f(r')\sin\vartheta'\,\cos\varphi'$$

$$\eta = f(r')\,\frac{y'}{r'} = f(r')\sin\vartheta'\,\sin\varphi'$$

$$\zeta = f(r')\,\frac{z'}{r'} = f(r')\cos\vartheta'$$

sind. Die etwas veränderte Anordnung der Glieder in Gl. (1)

$$v(x', y', z') = \frac{1}{2}\,(b_x - i\,b_y)(\xi + i\,\eta) + b_z\,\zeta + \frac{1}{2}\,(b_x + i\,b_y)(\xi - i\,\eta),$$

abgekürzt

$$v = a_{+1}\,\alpha + a_0\,\beta + a_{-1}\,\gamma \qquad (2)$$

mit den Funktionen

$$\alpha = \frac{1}{\sqrt{2}}\,(\xi + i\,\eta) = \frac{1}{\sqrt{2}}\,f(r')\sin\vartheta'\,e^{i\varphi'}$$

$$\beta = \zeta = f(r')\cos\vartheta'$$

$$\gamma = \frac{1}{\sqrt{2}}\,(\xi - i\,\eta) = \frac{1}{\sqrt{2}}\,f(r')\sin\vartheta'\,e^{-i\varphi'},$$

gibt die Zerlegung in Zustände mit definierten Werten 1, 0, -1 der Spinkomponente in der z'-Richtung an.

Bei den Koeffizienten b_x, b_y, b_z weiß man, wie sie sich bei einer Drehung des Koordinatensystems transformieren, nämlich wie die Koordinaten x, y, z. Die Koeffizienten a_{+1}, a_0, a_{-1} in Gl. (2) transformieren sich also wie $(x - i\,y)/\sqrt{2}, z, (x + i\,y)/\sqrt{2}$.

Wenn die p-Atome sich frei bewegen können, so werden die Koeffizienten b_x, b_y, b_z oder a_{+1}, a_0, a_{-1} Funktionen der Ortskoordinaten x, y, z und der Zeit. Wenn wir schließlich unsere p-Atome durch eine Welle im anschaulichen Wellenbild ersetzen, so verschwinden die „inneren" Koordinaten x', y', z', und es tritt dafür die „Spinkoordinate σ" auf. Wir bekommen [der Form Gl. (1) entsprechend]

$$\psi(x,y,z,\sigma) = U_x(x,y,z)\,\xi + U_y(x,y,z)\,\eta + U_z(x,y,z)\,\zeta \qquad (3)$$

oder [der Form (Gl. 2) entsprechend]

$$\psi(x,y,z,\sigma) = \psi_{+1}(x,y,z)\,\alpha + \psi_0(x,y,z)\,\beta + \psi_{-1}(x,y,z)\,\gamma\,, \qquad (4)$$

wo ξ, η, ζ und α, β, γ jetzt Funktionen der Spinvariabeln σ sind. Der Übergang von der Schreibweise Gl. (3) in die Schreibweise Gl. (4) wird vermittelt durch die zur Transformation der α, β, γ in die ξ, η, ζ „kontragrediente" Transformation

$$\left.\begin{array}{ll} \psi_{+1} = \dfrac{1}{\sqrt{2}}\,(U_x - i\,U_y) & U_x = \dfrac{1}{\sqrt{2}}\,(\psi_{+1} + \psi_{-1}) \\[2mm] \psi_0 = U_z & U_y = \dfrac{i}{\sqrt{2}}\,(\psi_{+1} - \psi_{-1}) \\[2mm] \psi_{-1} = \dfrac{1}{\sqrt{2}}\,(U_x + i\,U_y) & U_z = \psi_0\,. \end{array}\right\} \qquad (5)$$

Die Materiewelle mit dem Spin 1 kann durch eine Feldgröße mit den drei („Vektor"-)Komponenten U_x, U_y, U_z oder den drei („Spin"-)Komponenten ψ_{+1}, ψ_0, ψ_{-1}, die Funktionen des Ortes und der Zeit sind, beschrieben werden. Bei Drehung des Koordinatensystems transformieren sich die Komponenten U_x, U_y, U_z wie die Komponenten eines Vektors; die Transformation der Komponenten ψ_{+1}, ψ_0, ψ_{-1} ist durch Gl. (5) gegeben. Die Größe

$$U_x{}^* U_x + U_y{}^* U_y + U_z{}^* U_z = \psi_{+1}{}^* \psi_{+1} + \psi_0{}^* \psi_0 + \psi_{-1}{}^* \psi_{-1}$$

ist invariant gegen Drehungen.

Bei der Aufstellung der Transformationseigenschaften für die ψ_{+1}, ψ_0, ψ_{-1} haben wir zwar die Quantentheorie der Teilchen herangezogen, aber nur, damit die anschauliche Feldtheorie in Einklang kommt mit der Erfahrung, die an Atomstrahlen mit Spin 1 gemacht werden kann. Das Ergebnis Gl. (3) (4) (5) ist eine Aussage über ein anschauliches Materiefeld.

Die Schreibweise Gl. (4) hat den Nachteil, daß eine bestimmte Richtung ausgezeichnet werden muß, um von Spinkomponenten $1, 0, -1$ in dieser Richtung sprechen zu können; sie hat den Vorteil, daß sie direkt die Anteile der einzelnen Spinkomponenten anzeigt. Die Schreibweise Gl. (3) hat den Vorteil, daß sie unabhängig von der Wahl einer ausgezeichneten Richtung ist (indem die Transformation von x, y, z geläufig ist); sie hat den Nachteil, daß die Bestandteile mit einheitlicher Spinkomponente nicht direkt die Summenglieder sind.

Die Transformationseigenschaften der Wellengröße $\psi(x, y, z, \sigma)$ können wir noch deutlicher unabhängig von einer ausgezeichneten Richtung ausdrücken, indem wir U_x, U_y, U_z zu einem Vektor $\mathfrak{U}$ zusammenfassen (und von jetzt ab $\mathfrak{U}_x$, $\mathfrak{U}_y$, $\mathfrak{U}_z$ nennen). *Der Spin 1 ist jetzt Merkmal einer anschaulichen Wellentheorie der Materie und findet seinen Ausdruck darin, daß die Wellengröße nicht ein Skalar, sondern ein Vektor ist.* Bei einer lorentzinvarianten Theorie muß dieser Vektor zum Vierervektor $(u, \mathfrak{U})$ ergänzt werden. Damit nun aber nicht eine Aufspaltung einheitlich geladener und einheitlich bewegter Materie in vier Teilwellen möglich wird, muß die Theorie eine Beziehung zwischen den vier Komponenten des Vierervektors enthalten.

Es kann vorkommen, daß eine Materiewelle $\mathfrak{U}$ nur eine einzige Spinkomponente hat. So erhalten wir bei Magnetfeld in der z-Richtung die Spinkomponenten

$$M = +1 \qquad \text{für} \qquad \mathfrak{U}_x = -i\,\mathfrak{U}_y \qquad \mathfrak{U}_z = 0$$
$$0 \qquad\qquad \mathfrak{U}_x = \mathfrak{U}_y = 0$$
$$-1 \qquad\qquad \mathfrak{U}_x = i\,\mathfrak{U}_y \qquad \mathfrak{U}_z = 0\,.$$

Wir behandeln einige Übungsaufgaben. Ein Materiestrom (langsamer Geschwindigkeit, damit wir die Zeit nicht mitzutransformieren brauchen), der für ein Magnetfeld der z-Richtung einheitliche Spinstellung hat, nämlich die Komponente $+1$, gerät, ohne sich zu ändern, in ein Magnetfeld der x-Richtung; wie verhalten sich die Intensitäten der drei Komponenten? Beim Magnetfeld in der z-Richtung können wir bis auf einen Faktor $\psi_{+1} = 1$, $\psi_0 = \psi_{-1} = 0$ setzen, in der von der Magnetfeldrichtung unabhängigen Bezeichnung wird also $\mathfrak{U}_x = 1/\sqrt{2}$, $\mathfrak{U}_y = i/\sqrt{2}$, $\mathfrak{U}_z = 0$. Für ein Magnetfeld in der x-Richtung wird dann:

$$\psi_{+1} = \frac{1}{\sqrt{2}}(\mathfrak{U}_y - i\,\mathfrak{U}_z) = \frac{i}{2} \qquad \psi_{+1}{}^{*}\psi_{+1} = \frac{1}{4}$$
$$\psi_0 = \mathfrak{U}_x \qquad\qquad = \frac{1}{\sqrt{2}} \qquad \psi_0{}^{*}\psi_0 = \frac{1}{2}$$
$$\psi_{-1} = \frac{1}{\sqrt{2}}(\mathfrak{U}_y + i\,\mathfrak{U}_z) = \frac{i}{2} \qquad \psi_{-1}{}^{*}\psi_{-1} = \frac{1}{4}\,,$$

womit die Intensitätsverhältnisse gegeben sind.

Wenn bei Auszeichnung der z-Richtung nur die Komponente $M = 0$ vorhanden ist, haben wir $\psi_{+1} = \psi_{-1} = 0$, $\psi_0 = 1$, mithin $\mathfrak{U}_x = \mathfrak{U}_y = 0$, $\mathfrak{U}_z = 1$. Bei Auszeichnung der x-Richtung erhalten wir $\psi_{+1}{}^{*}\psi_{+1} = \psi_{-1}{}^{*}\psi_{-1} = 1/2$, $\psi_0{}^{*}\psi_0 = 0$.

Als weiteres Anwendungsbeispiel stellen wir die Frage, ob bei gegebenen Größen $\psi_{+1}, \psi_0, \psi_{-1}$ es eine Richtung gibt, bei deren Auszeichnung die Spinstellung einheitlich wird oder wenigstens einfach zu beschreiben ist. Durch die Größen $\psi_{+1}, \psi_0, \psi_{-1}$ ist zunächst der komplexe Vektor $\mathfrak{U}$

15*

bestimmt. Wenn er zufällig bis auf einen gemeinsamen Faktor der drei Komponenten reell ist, bestimmt er eine Richtung im Raum. Machen wir diese zur z-Richtung, so ist $\mathfrak{U}_x = \mathfrak{U}_y = 0$, $\mathfrak{U}_z \neq 0$, d.h. bei Auszeichnung der Richtung des (wesentlich reellen) Vektors $\mathfrak{U}$ ist nur ψ_0 nicht null, also einheitliche Spinkomponente $M = 0$ vorhanden. Wenn $\mathfrak{U}$ wesentlich nicht reell ist, gibt es keine Richtung, für die zwei Komponenten von $\mathfrak{U}$ verschwinden, also keine Richtung, für die allein die Spinkomponente $M = 0$ übrigbleibt. Wir betrachten in diesem Fall den reellen Vektor $-i\,(\mathfrak{U}^* \times \mathfrak{U})$. Machen wir seine Richtung zur z-Richtung, so folgt aus

$$- i\,(\mathfrak{U}_x^*\,\mathfrak{U}_y - \mathfrak{U}_y^*\,\mathfrak{U}_x) > 0$$
$$\mathfrak{U}_y^*\,\mathfrak{U}_z - \mathfrak{U}_z^*\,\mathfrak{U}_y = 0$$
$$\mathfrak{U}_z^*\,\mathfrak{U}_x - \mathfrak{U}_x^*\,\mathfrak{U}_z = 0 ,$$

daß die Verhältnisse $\mathfrak{U}_z/\mathfrak{U}_x$ und $\mathfrak{U}_z/\mathfrak{U}_y$ reell sind und, da $\mathfrak{U}_x/\mathfrak{U}_y$ nicht reell ist, daß $\mathfrak{U}_z = 0$ ist. Bei Auszeichnung der Richtung von $-i\,(\mathfrak{U}^* \times \mathfrak{U})$ sind also nur die Spinkomponenten $M = 1$ und $M = -1$ vorhanden. Nach Gl. (5) errechnet sich

$$- i\,(\mathfrak{U}_x^*\,\mathfrak{U}_y - \mathfrak{U}_y^*\,\mathfrak{U}_x) = \psi_{+1}^*\,\psi_{+1} - \psi_{-1}^*\,\psi_{-1} .$$

Unsere Frage ist jetzt so zu beantworten: *Es gibt den allgemeinen Fall und den Sonderfall ($\mathfrak{U}$ wesentlich reell). Im allgemeinen Fall gibt es eindeutig eine Doppelrichtung, für die die Spinkomponente $M = 0$ fehlt. Im Sonderfall gibt es eindeutig eine Doppelrichtung, für die nur die Spinkomponente $M = 0$ vorhanden ist.*

Beim *Spin 2* können wir die innere Bewegung der Atome z.B. auf einen Zustand eines Elektrons mit dem Bahndrehimpuls 2 (spektroskopisch gesprochen einen d-Zustand) zurückgeführt denken. Die Eigenfunktion eines solchen Zustandes ist bis auf einen nur von r' abhängigen Faktor

$$a_2\,Y^{(2)}(\vartheta', \varphi') + a_1\,Y^{(1)}(\vartheta', \varphi') + a_0\,Y^{(0)}(\vartheta' \varphi')$$
$$+ a_{-1}\,Y^{(-1)}(\vartheta' \varphi') + a_{-2}\,Y^{(-2)}(\vartheta' \varphi'),$$

wo die $Y^{(m)}$ die Kugelflächenfunktionen zweiter Ordnung in der Form

$$Y^{(\pm 2)} \sim \sin^2 \vartheta'\, e^{\pm 2i\varphi'} = \frac{(x' \pm i\,y')^2}{r'^2}$$

$$Y^{(\pm 1)} \sim \sin 2\vartheta'\, e^{\pm i\varphi'} = \frac{2\,(x' \pm i\,y')\,z'}{r'^2}$$

$$Y^{(0)} \sim \sqrt{\frac{2}{3}}\,(3\cos^2 \vartheta' - 1) = \sqrt{\frac{2}{3}}\,\frac{3z'^2 - r'^2}{r'^2} = \sqrt{\frac{2}{3}}\,\frac{2z'^2 - (x' + i\,y')(x' - i\,y')}{r'^2}$$

sind. Die angeschriebene Zerlegung der Eigenfunktion ist schon die in Zustände fester Werte der Drehimpulskomponente in der z'-Richtung. Bei geeigneter Normierung ist die Eigenfunktion also schon in der Form

$$\omega\,(\sigma) = a_2\,\alpha_2 + a_1\,\alpha_1 + a_0\,\alpha_0 + a_{-1}\,\alpha_{-1} + a_{-2}\,\alpha_{-2}$$

geschrieben. *Die Transformation der* a_m *und der* ψ_m *ergibt sich aus der bekannten Transformation der* $Y^{(m)}(\vartheta',\varphi')$.

Die Transformation der Wellengrößen übersehen wir leichter, wenn wir neben der Form

$$\psi(x,\,y,\,z,\,\sigma) = \psi_2\alpha_2 + \psi_1\alpha_1 + \psi_0\alpha_0 + \psi_{-1}\alpha_{-1} + \psi_{-2}\alpha_{-2} \tag{6}$$

eine Form

$$\psi(x,\,y,\,z,\,\sigma) = \left. \begin{aligned} &U_{xx}\alpha_{xx} + U_{yy}\alpha_{yy} + U_{zz}\alpha_{zz} \\ &+ 2U_{xy}\alpha_{xy} + 2U_{yz}\alpha_{yz} + 2U_{zx}\alpha_{zx} \end{aligned} \right\} \tag{7}$$

benutzen, wo $\alpha_{xx}, \alpha_{xy} \ldots$ Linearkombinationen der α_m sind, die sich wie die Produkte $xx, xy \ldots$ der Koordinaten transformieren. Der Übergang von der Form Gl. (6) in die Form Gl. (7) geschieht durch die Ersetzung

$$\alpha_{\pm 2} = \frac{1}{2\sqrt{2}}(\alpha_{xx} - \alpha_{yy}) \pm \frac{i}{\sqrt{2}}\alpha_{xy}$$

$$\alpha_{xy} = \frac{1}{i\sqrt{2}}(\alpha_{+2} - \alpha_{-2})$$

$$\alpha_{\pm 1} = \frac{1}{\sqrt{2}}(\alpha_{xz} \pm i\alpha_{yz})$$

$$\alpha_{yz} = \frac{1}{i\sqrt{2}}(\alpha_{+1} - \alpha_{-1})$$

$$\alpha_0 = \frac{1}{\sqrt{3}}\alpha_{zz} - \frac{1}{2\sqrt{3}}(\alpha_{xx} + \alpha_{yy})$$

$$\alpha_{zx} = \frac{1}{\sqrt{2}}(\alpha_{+1} + \alpha_{-1})$$

$$\alpha_{xx} - \alpha_{yy} = \sqrt{2}(\alpha_{+2} + \alpha_{-2})$$

$$\alpha_{yy} - \alpha_{zz} = -\frac{1}{\sqrt{2}}(\alpha_{+2} + \alpha_{-2}) - \sqrt{3}\,\alpha_0$$

$$\alpha_{zz} - \alpha_{xx} = -\frac{1}{\sqrt{2}}(\alpha_{+2} + \alpha_{-2}) + \sqrt{3}\,\alpha_0,$$

wobei also die Größen $\alpha_{xx}, \alpha_{yy}, \alpha_{zz}$ einzeln nicht eindeutig bestimmt sind. Durch Einsetzen der Ausdrücke für $\alpha_{+2}, \alpha_{+1} \ldots$ erhalten wir

$$U_{xy} = \frac{i}{2\sqrt{2}}(\psi_{+2} - \psi_{-2})$$

$$U_{yz} = \frac{i}{2\sqrt{2}}(\psi_{+1} - \psi_{-1})$$

$$U_{zx} = \frac{1}{2\sqrt{2}}(\psi_{+1} + \psi_{-1})$$

$$\psi_{\pm 2} = \frac{1}{\sqrt{2}}(U_{xx} - U_{yy} \mp 2iU_{xy})$$

$$U_{xx} = \frac{1}{2\sqrt{2}}(\psi_{+2} + \psi_{-2}) - \frac{1}{2\sqrt{3}}\psi_0$$

$$\psi_{\pm 1} = \sqrt{2}(U_{xz} \mp iU_{yz})$$

$$U_{yy} = -\frac{1}{2\sqrt{2}}(\psi_{+2} + \psi_{-2}) - \frac{1}{2\sqrt{3}}\psi_0$$

$$\psi_0 = \sqrt{3}\,U_{zz},$$

$$U_{zz} = \frac{1}{\sqrt{3}}\psi_0$$

also $U_{xx} + U_{yy} + U_{zz} = 0$. Die U_{xx}, $U_{xy} \ldots$ transformieren sich bei einer Drehung des Koordinatensystems wie die Komponenten eines Tensors zweiter Stufe.

Materie mit dem Spin 2 kann im anschaulichen Wellenbild mit Hilfe einer Wellengröße beschrieben werden, die ein symmetrischer Tensor zweiter Stufe mit der Nebenbedingung

$$U_{xx} + U_{yy} + U_{zz} = 0$$

ist.

Wir haben für den Spin 1 und 2 zwei Arten der Darstellung angegeben. Wir wollen die mit ψ_1, ψ_0, ψ_{-1} bzw. ψ_2, ψ_1, ψ_0, ψ_{-1}, ψ_{-2} die *Spindarstellung*, die andere die *Tensordarstellung* nennen.

62. Vektorielle Materiewelle im sonst feldfreien Raum.

Bei der Aufstellung von Grundgleichungen für das durch einen Vierervektor $(u, \mathfrak{U})$ beschriebene Materiefeld beachten wir, daß es abgesehen vom Spin die gleichen Eigenschaften haben soll wie das skalare (siehe drittes Kapitel). Wir werden also die Beziehung

$$\frac{\omega^2}{c^2} - \mathfrak{f}^2 - \varkappa^2 = 0$$

für jede Komponente übernehmen, d.h. die Wellengleichungen:

$$\frac{\partial^2}{\partial x^\nu \partial x_\nu} U^\mu - \varkappa^2 U^\mu = 0 \tag{1}$$

$$\left(-\frac{\partial^2}{c^2 \partial t^2} + \Delta - \varkappa^2 \right) \binom{u}{\mathfrak{u}} = 0. \tag{2}$$

Bei der Aufstellung von Grundgleichungen erster Ordnung können wir die Grundgleichungen der skalaren Theorie

$$\frac{\partial \psi}{\partial x^\mu} + \varkappa F_\mu = 0$$

$$\frac{\partial F^\mu}{\partial x^\mu} + \varkappa \psi = 0$$

dahin abändern, daß wir ψ durch den Vierervektor U^μ und F^μ durch die einfachste daraus zu bildende Ableitung, nämlich einen schiefsymmetrischen Tensor, ersetzen. Wir können auch die Grundgleichungen des uns schon bekannten vektoriellen Feldes, nämlich des elektromagnetischen, durch die Zusatzglieder ergänzen, die das $\varkappa^2$-Glied in den Wellengleichungen liefern. Auf beiden Wegen erhalten wir das gleiche, nämlich:

$$\left. \begin{aligned} -\frac{\partial U_\nu}{\partial x^\mu} + \frac{\partial U_\mu}{\partial x^\nu} + \varkappa G_{\mu\nu} &= 0 \\ \frac{\partial}{\partial x^\nu} G^{\mu\nu} + \varkappa U^\mu &= 0. \end{aligned} \right\} \tag{3}$$

In der gewöhnlichen Vektorschreibweise bedeutet dies:

$$\left.\begin{aligned}
\frac{1}{c}\,\dot{\mathfrak{U}} + \operatorname{grad} u + \varkappa\mathfrak{F} &= 0 \\
-\operatorname{rot}\mathfrak{U} + \varkappa\mathfrak{G} &= 0 \\
-\frac{1}{c}\,\dot{\mathfrak{F}} + \operatorname{rot}\mathfrak{G} + \varkappa\mathfrak{U} &= 0 \\
\operatorname{div}\mathfrak{F} + \varkappa u &= 0;
\end{aligned}\right\} \tag{4}$$

es ist also

$$\left.\begin{aligned}
U^\mu = (u,\,\mathfrak{U}) \qquad\qquad U_\mu = (-u,\,\mathfrak{U}) \\
G^{\mu\nu} = \begin{pmatrix} 0 & \mathfrak{F} \\ -\mathfrak{F} & \mathfrak{G} \end{pmatrix} \qquad\quad G_{\mu\nu} = \begin{pmatrix} 0 & -\mathfrak{F} \\ \mathfrak{F} & \mathfrak{G} \end{pmatrix}
\end{aligned}\right\} \tag{5}$$

gesetzt. Aus den Gl. (3) folgt

$$\frac{\partial G_{\mu\nu}}{\partial x^\lambda} + \frac{\partial G_{\nu\lambda}}{\partial x^\mu} + \frac{\partial G_{\lambda\mu}}{\partial x^\nu} = 0 \tag{6}$$

$$\frac{\partial U^\mu}{\partial x^\mu} = 0 \tag{7}$$

und die Wellengl.(1), in der gewöhnlichen Vektorschreibweise

$$\left.\begin{aligned}
\frac{1}{c}\,\dot{\mathfrak{G}} + \operatorname{rot}\mathfrak{F} &= 0 \\
\operatorname{div}\mathfrak{G} &= 0
\end{aligned}\right\} \tag{8}$$

$$\frac{1}{c}\,\dot{u} + \operatorname{div}\mathfrak{U} = 0 \tag{9}$$

und die Wellengl. (2).

Die Gleichung (7) oder (9) zeigt, daß mit den Grundgleichungen erster Ordnung (3) oder (4) mehr ausgesagt wird als mit den Wellengleichungen. Nur drei der vier Komponenten von U^μ sind unabhängig wählbar. Da dies den Erfahrungen über den Spin 1 entspricht, sehen wir die *Gleichungen erster Ordnung (3) (4) als Grundlage für die Theorie der vektoriellen Materiewelle* an.

Der Vierervektor $(u,\,\mathfrak{U})$ zeigt eine gewisse Analogie zum Vierervektor des Potentials in der Elektrodynamik, $(V,\,\mathfrak{A})$, der Sechsertensor $(\mathfrak{F},\,\mathfrak{G})$ zum Sechsertensor des elektromagnetischen Feldes, $(\mathfrak{E},\,\mathfrak{B})$. Doch ist zu beachten, daß hier das Verschwinden von $\partial U^\mu/\partial x^\mu$ ein notwendiger Bestandteil der Theorie ist, daß $(u,\,U,\,\mathfrak{F},\,\mathfrak{G})$ mehr als gleichberechtigte Komponenten einer Feldgröße (10 Komponenten) auftreten denn als Potentiale und Feldstärken, und schließlich, daß die Größen $(u,\,U,\,\mathfrak{F},\,\mathfrak{G})$ komplex sein können.

Wir erwarten, daß sich aus den Feldgrößen auch im leeren Raum ein reeller Vierervektor s^μ bzw. $(\varrho,\,\mathfrak{s}/c)$ bilden läßt, der quadratisch gebildet ist und die Kontinuitätsgleichung

$$\frac{\partial s^\mu}{\partial x^\mu} = 0 \qquad\qquad \dot{\varrho} + \operatorname{div}\mathfrak{s} = 0$$

erfüllt, so daß wir ihn als Ausdruck der *Dichte der elektrischen Ladung und des Stromes* ansehen können. Da er in der skalaren Theorie

$$s^\mu \sim \frac{i}{2}\,(\psi^* F^\mu - \psi F^{\mu*})$$

ist, liegt es nahe

$$s^\mu \sim \frac{1}{2i}\,(U_\nu{}^* G^{\mu\nu} - U_\nu G^{\mu\nu*}) \tag{10}$$

bzw.

$$\left.\begin{aligned} \varrho &\sim \frac{1}{2i}\,(\mathfrak{U}^* \mathfrak{F} - \mathfrak{U}\,\mathfrak{F}^*) \\[2mm] \frac{\mathfrak{s}}{c} &\sim \frac{1}{2i}\,(u^* \mathfrak{F} - u\,\mathfrak{F}^* + \mathfrak{U}^* \times \mathfrak{G} - \mathfrak{U} \times \mathfrak{G}^*) \end{aligned}\right\} \tag{11}$$

daraufhin zu untersuchen. Die Nachrechnung unter Benutzung der Grundgleichungen zeigt, daß in der Tat die Kontinuitätsgleichung erfüllt ist.

Als Beispiel betrachten wir die *ebene Welle*

$$\left.\begin{aligned} u &= a\,e^{-i\omega t + i\mathfrak{k}\mathfrak{r}} \\ \mathfrak{U} &= \mathfrak{A}\,e^{-i\omega t + i\mathfrak{k}\mathfrak{r}}. \end{aligned}\right\} \tag{12}$$

Damit die Beziehung Gl. (9) erfüllt ist, muß

$$\frac{\omega}{c}\,a = \mathfrak{k}\,\mathfrak{A} \tag{13}$$

sein; mit dieser Beziehung kann man a vermeiden und die ebene Welle durch eine vektorielle Amplitude $\mathfrak{A}$ allein beschreiben. Damit die Grundgleichungen oder die Wellengleichung erfüllt ist, muß

$$\frac{\omega^2}{c^2} - \mathfrak{k}^2 = \varkappa^2 \tag{14}$$

sein. Die Beziehung Gl. (13) ist die einzige den Wellenamplituden auferlegte Bedingung. Man kann also eine beliebige ebene Welle aus drei unabhängigen zusammensetzen. Wir wählen als solche eine „Längswelle" und zwei „Querwellen". Indem wir die Fortschreitrichtung zur x-Richtung machen, schreiben wir die Längswelle:

$$\left.\begin{aligned} u &= \frac{k}{\varkappa}\,A\,e^{-i\omega t + ikx} \\[2mm] \mathfrak{U}_x &= \frac{\omega}{c\varkappa}\,A\,e^{-i\omega t + ikx} \\[2mm] \mathfrak{U}_y &= \mathfrak{U}_z = 0\,. \end{aligned}\right\} \tag{15}$$

Für langsam bewegte Materie ist u klein, verglichen mit $\mathfrak{U}_x$; der Zusammenhang von $k/\varkappa$ mit v/c ist ja der gleiche wie in der skalaren Theorie. Aus den Grundgleichungen folgt für die Längswelle Gl. (15):

$$\mathfrak{F}_x = i\,A\,e^{-i\omega t + ikx} \qquad \mathfrak{F}_y = \mathfrak{F}_z = 0 \qquad \mathfrak{G}_x = \mathfrak{G}_y = \mathfrak{G}_z = 0,$$

und wir erhalten für die Dichten von Ladung und Strom:

$$\varrho \sim \frac{\omega}{c\varkappa} A^*A \qquad \frac{\mathfrak{s}_x}{c} \sim \frac{k}{\varkappa} A^*A \, .$$

Für die eine der beiden Querwellen schreiben wir:

$$\left.\begin{aligned} \mathfrak{U}_y &= B\,e^{-i\omega t + ikx} \\ u = \mathfrak{U}_x &= \mathfrak{U}_z = 0\,, \end{aligned}\right\} \tag{16}$$

so daß

$$\mathfrak{F}_y = \frac{i\omega}{c\varkappa} B\,e^{-i\omega t + ikx} \qquad \mathfrak{G}_z = \frac{ik}{\varkappa} B\,e^{-i\omega t + ikx} \qquad \mathfrak{F}_x = \mathfrak{F}_z = \mathfrak{G}_x = \mathfrak{G}_y = 0$$

und

$$\varrho \sim \frac{\omega}{c\varkappa} B^*B \qquad \frac{\mathfrak{s}_x}{c} \sim \frac{k}{\varkappa} B^*B$$

wird.

Wenn wir den in Gl. (10) und (11) weggelassenen Faktor positiv wählen, so entspricht positives ω in Gl. (12) positiv geladener Materie.

Setzen wir nun eine ebene Welle, die in der x-Richtung fortschreitet, aus der Längswelle und den beiden Querwellen zusammen, so haben wir:

$$\begin{pmatrix} u \\ \mathfrak{U}_x \\ \mathfrak{U}_y \\ \mathfrak{U}_z \end{pmatrix} = \begin{pmatrix} (k/\varkappa)\,A \\ (\omega/c\varkappa)\,A \\ B \\ C \end{pmatrix} e^{-i\omega t + ikx} \tag{17}$$

und

$$\left(\varrho, \frac{\mathfrak{s}}{c}\right) = \left(\frac{\omega}{c\varkappa}, \frac{\mathfrak{k}}{\varkappa}\right) \cdot (A^*A + B^*B + C^*C)\,.$$

An Hand der Darstellung Gl. (17) studieren wir den Zusammenhang der Amplituden A, B, C mit den *Richtungseigenschaften des Spins*. Es sei zunächst die x-Richtung die durch das Magnetfeld ausgezeichnete Richtung. Die Spindarstellung des Feldes wird dann

$$\begin{pmatrix} \psi_{+1} \\ \psi_0 \\ \psi_{-1} \end{pmatrix} = \begin{pmatrix} \frac{1}{\sqrt{2}}(\mathfrak{U}_y - i\,\mathfrak{U}_z) \\ \mathfrak{U}_x \\ \frac{1}{\sqrt{2}}(\mathfrak{U}_y + i\,\mathfrak{U}_z) \end{pmatrix} = \begin{pmatrix} \frac{1}{\sqrt{2}}(B - iC) \\ (\omega/c\varkappa)\,A \\ \frac{1}{\sqrt{2}}(B + iC) \end{pmatrix} e^{-i\omega t + ikx}\,.$$

Längswelle und Spinkomponente 0 entsprechen sich eindeutig; die Spinkomponenten 1 und -1 treten je allein auf, wenn die beiden Querwellen gleiche Amplitude und eine bestimmte Phasenbeziehung haben. Vergleichen wir die Verhältnisse mit der Polarisation des Lichtes, so fällt dort die Längswelle fort, und das Analogon zur Spinkomponente 0 in der Fortschreitrichtung besteht nicht; den Spinkomponenten ± 1 entsprechen beim Licht die beiden zirkular polarisierten Wellen. Wenn die

z-Richtung die durch das Magnetfeld ausgezeichnete Richtung ist, so wird die Spindarstellung

$$\begin{pmatrix} \psi_{+1} \\ \psi_0 \\ \psi_{-1} \end{pmatrix} = \begin{pmatrix} \frac{1}{\sqrt{2}}(\mathfrak{U}_x - i\,\mathfrak{U}_y) \\ \mathfrak{U}_z \\ \frac{1}{\sqrt{2}}(\mathfrak{U}_x + i\,\mathfrak{U}_y) \end{pmatrix} = \begin{pmatrix} \frac{1}{\sqrt{2}}\left(\frac{\omega}{c\varkappa}A - iB\right) \\ C \\ \frac{1}{\sqrt{2}}\left(\frac{\omega}{c\varkappa}A + iB\right) \end{pmatrix} e^{-i\omega t + ikx}.$$

Die z-Querwelle und die Spinkomponente 0 entsprechen sich eindeutig; die Spinkomponenten 1 und -1 entsprechen bestimmten Kombinationen der Längswelle und der y-Querwelle.

Lehrreich ist der Vergleich mit dem Licht. Dort fällt das $\varkappa$-Glied in der letzten der Gleichungen (3) weg, eine longitudinale (A-) Welle tritt nicht auf, und B und C können nur insofern nicht reell sein, als zur Bezeichnung eine Phasendifferenz nötig ist. Bei Auszeichnung der x-Richtung bei der Spinfeststellung gibt es nur ψ_{+1} und ψ_{-1}, eine Komponente allein tritt bei bestimmter Phasenbeziehung zwischen den beiden Transversalwellen B und C auf, man spricht dann von einer zirkular polarisierten Welle. Der allgemeine Fall ist aus zwei (links- und rechts-) zirkular polarisierten Wellen zusammengesetzt. Bei Auszeichnung der z-Richtung bei der Spinfeststellung haben wir nur linear polarisiertes Licht; ψ_{+1} oder ψ_{-1} können (wegen $A = 0$) allein nicht auftreten. *Beim Licht liegt ein ausgearteter Fall des Spins 1 vor.*

63. Einfluß eines elektromagnetischen Feldes.

Da elektrisch geladene Materie vom elektromagnetischen Feld beeinflußt wird, müssen die elektromagnetischen Feldgrößen in die Grundgleichungen eingeführt werden. Die Gesichtspunkte, die uns früher (Abschnitt 19) zu der Beziehung

$$\left(\frac{\omega}{c} - \eta V\right)^2 - (\mathfrak{k} - \eta\,\mathfrak{A})^2 - \varkappa^2 = 0 \tag{1}$$

führten, bleiben gültig, solange der Spin keine Abänderung verlangt. Es liegt also nahe, die elektromagnetischen Potentiale (V, $\mathfrak{A}$) in der gleichen Weise einzuführen wie in der skalaren Theorie, also die Ableitungen

$$\frac{\partial}{c\,\partial t},\quad \frac{\partial}{\partial x}\cdots,\quad \frac{\partial}{\partial x^\mu},$$

wenn sie vor u, $\mathfrak{U}$, $\mathfrak{F}$, $\mathfrak{G}$ stehen, durch die „eichinvarianten Ableitungen"

$$\frac{\partial}{c\,\partial t} + i\eta V,\quad \frac{\partial}{\partial x} - i\eta\,\mathfrak{A}_x\cdots,\quad \frac{\partial}{\partial x^\mu} - i\eta\,A_\mu$$

und, wenn sie vor u^*, $\mathfrak{U}^*$, $\mathfrak{F}^*$, $\mathfrak{G}^*$ stehen, durch die eichinvarianten Ableitungen

$$\frac{\partial}{c\,\partial t} - i\eta V,\quad \frac{\partial}{\partial x} + i\eta\,\mathfrak{A}_x\cdots,\quad \frac{\partial}{\partial x^\mu} + i\eta\,A_\mu$$

zu ersetzen. Damit ist die Eichinvarianz der Gleichungen gewährleistet. Die Eichtransformation lautet [vgl. Gl. (9) Abschnitt 26]

$$(V, \mathfrak{A}) \to (V - \frac{1}{c}\,\dot{\Phi},\ \mathfrak{A} + \mathfrak{grad}\,\Phi)$$

$$(u, \mathfrak{U}, \mathfrak{F}, \mathfrak{G}) \to (u, \mathfrak{U}, \mathfrak{F}, \mathfrak{G}) \cdot e^{i\eta\Phi}$$

$$(u^*, \mathfrak{U}^*, \mathfrak{F}^*, \mathfrak{G}^*) \to (u^*, \mathfrak{U}^*, \mathfrak{F}^*, \mathfrak{G}^*) \cdot e^{-i\eta\Phi}.$$

Hier bei der vektoriellen Welle macht es (im Gegensatz zur skalaren) einen Unterschied, ob wir die Einführung der eichinvarianten Ableitungen in der Wellengleichung zweiter Ordnung oder in den Feldgleichungen erster Ordnung vornehmen. Im ersten Fall würden aber die einzelnen Komponenten von $(u, \mathfrak{U})$ sich in einem elektromagnetischen Felde genauso verhalten wie Materie ohne Spin, d.h., sie würden nur gemäß ihrer elektrischen Ladung und ihrer Geschwindigkeit abgelenkt, nicht aber gemäß ihrem Spin vom Magnetfeld beeinflußt. Wir hätten also gerade die Wirkung des Magnetfeldes auf den Spin nicht erfaßt. Wir wollen darum die eichinvarianten Ableitungen in die Gleichungen erster Ordnung einführen; es wird sich zeigen, daß daraus eine Abänderung der Wellengleichung folgt, die gerade das elektromagnetische Verhalten des Materiespins beschreibt. Unsere Grundgleichungen lauten jetzt:

$$\left.\begin{aligned} D_0\,\mathfrak{U} + \mathfrak{Grad}\,u + \varkappa\mathfrak{F} &= 0 \\ -\mathfrak{Rot}\,\mathfrak{U} + \varkappa\mathfrak{G} &= 0 \\ -D_0\,\mathfrak{F} + \mathfrak{Rot}\,\mathfrak{G} + \varkappa\mathfrak{U} &= 0 \\ \mathrm{Div}\,\mathfrak{F} + \varkappa u &= 0, \end{aligned}\right\} \tag{2}$$

wo die Abkürzungen

$$D_0 = \frac{\partial}{c\,\partial t} + i\eta V$$

$$\mathfrak{Grad} = \mathfrak{grad} - i\eta\,\mathfrak{A}$$

$$\mathrm{Div} = \mathrm{div} - i\eta\,\mathfrak{A}$$

$$\mathfrak{Rot} = \mathfrak{rot} - i\eta\,\mathfrak{A}\times$$

benutzt sind. In der eichinvarianten Divergenzbildung ist $\mathfrak{A}$ Faktor eines skalaren Produktes, in der Rotationsbildung erster Faktor eines vektoriellen Produktes. In der Viererschreibweise lauten die Grundgleichungen

$$\left.\begin{aligned} -(D_\mu U_\nu - D_\nu U_\mu) + \varkappa G_{\mu\nu} &= 0 \\ D_\nu G^{\mu\nu} + \varkappa U^\mu &= 0 \end{aligned}\right\} \tag{3}$$

mit der Abkürzung $D_\mu = \partial/\partial x^\mu - i\eta A_\mu$.

Entsprechende Gleichungen (mit $\partial/\partial x^\mu + i\eta A_\mu$) gelten für $U^{\mu *}$ und $G^{\mu\nu *}$.

In den Folgerungen aus den Gl. (3) sind, verglichen mit den Folgerungen, die wir früher im von Elektromagnetismus freien Felde zogen, die Ableitungen nicht immer durch die eichinvarianten Ableitungen ersetzt; man kann nämlich mit den eichinvarianten Ableitungen nicht ganz in der gleichen Weise rechnen wie mit den Ableitungen. Insbesondere ist die Rechenregel

$$\frac{\partial}{\partial x^\mu}\frac{\partial}{\partial x^\nu} - \frac{\partial}{\partial x^\nu}\frac{\partial}{\partial x^\mu} = 0$$

nicht direkt übertragbar; vielmehr ist:

$$\left(\frac{\partial}{\partial x^\mu} - i\eta A_\mu\right)\left(\frac{\partial}{\partial x^\nu} - i\eta A_\nu\right) - \left(\frac{\partial}{\partial x^\nu} - i\eta A_\nu\right)\left(\frac{\partial}{\partial x^\mu} - i\eta A_\mu\right) = - i\eta\left(\frac{\partial A_\nu}{\partial x^\mu} - \frac{\partial A_\mu}{\partial x^\nu}\right)$$

$$D_\mu D_\nu - D_\nu D_\mu = - i\eta B_{\mu\nu}.$$

Bei den entsprechenden Ausdrücken mit $+ i\eta A_\mu$ (vor $U^{\mu*}$ usw.) ergibt sich $+ i\eta B_{\mu\nu}$. Aus den Gleichungen erster Ordnung folgen jetzt eine Beziehung zwischen den 4 Komponenten:

$$D_\mu U^\mu = \frac{i\eta}{2\varkappa} B_{\mu\nu} G^{\mu\nu} \tag{4}$$

und die Wellengleichungen:

$$(D_\nu D^{\cdot\cdot} - \varkappa^2) U_\mu = \frac{i\eta}{2\varkappa} D_\mu (B_{\lambda\nu} G^{\lambda\nu}) + i\eta B_{\mu\nu} U^{\nu}. \tag{5}$$

In gewöhnlicher Vektorschreibweise sind dies die Gleichungen

$$D_0 u + \operatorname{Div} \mathfrak{U} = i\frac{\eta}{\varkappa} (\mathfrak{B}\mathfrak{G} - \mathfrak{E}\mathfrak{F}) \tag{6}$$

und

$$\left.\begin{aligned}
(-D_0^2 + \operatorname{Delta} - \varkappa^2) u &= - i\frac{\eta}{\varkappa} D_0 (\mathfrak{B}\mathfrak{G} - \mathfrak{E}\mathfrak{F}) + i\eta \mathfrak{E}\mathfrak{U} \\
(-D_0^2 + \operatorname{Delta} - \varkappa^2) \mathfrak{U} &= i\frac{\eta}{\varkappa} \mathfrak{Grad} (\mathfrak{B}\mathfrak{G} - \mathfrak{E}\mathfrak{F}) + i\eta (\mathfrak{E} u - \mathfrak{B} \times \mathfrak{U}),
\end{aligned}\right\} \tag{7}$$

wo

$$\operatorname{Delta} = D_x^2 + D_y^2 + D_z^2$$

ist. Zum Unterschied von der skalaren Theorie, wo wir

$$(-D_0^2 + \operatorname{Delta} - \varkappa^2)\psi = 0$$

hatten, treten Zusatzglieder auf; sie geben das elektromagnetische Verhalten des Spins wieder.

Für die elektrische Ladungsdichte und die Stromdichte erwarten wir die im vorigen Abschnitt angegebenen Ausdrücke. Durch Nachrechnen überzeugt man sich, daß der Erhaltungssatz der Ladung auch im elektromagnetischen Feld erfüllt ist. Bei diesem Nachrechnen benutzt man mit Vorteil die Umformung der Ableitungen von Produkten:

$$\frac{\partial}{\partial x^\mu} (A^* B) = (D_\mu A)^* B + A^* D_\mu B.$$

Die Gleichungen der vektoriellen Materiewelle lassen sich aus einem *Variationsprinzip*

$$\int L\,\mathrm{d}\,t\,\mathrm{d}\,\tau = \mathrm{Extr}$$

ableiten, worin

$$L = -\frac{\varepsilon_0}{4}\,B_{\mu\nu}B^{\mu\nu} - \frac{\sigma\varkappa}{2}\left(\frac{1}{2}\,G_{\mu\nu}{}^{*}G^{\mu\nu} + U_{\mu}{}^{*}U^{\mu}\right)$$

$$= \frac{\varepsilon_0}{2}\,(\mathfrak{E}^2 - \mathfrak{B}^2) + \frac{\sigma\varkappa}{2}\,(\mathfrak{F}^{*}\mathfrak{F} - \mathfrak{G}^{*}\mathfrak{G} + u^{*}u - \mathfrak{U}^{*}\mathfrak{U})$$

ist, $G_{\mu\nu}$ als eichinvariante Ableitungen

$$\varkappa G_{\mu\nu} = D_{\mu}U_{\nu} - D_{\nu}U_{\mu}$$

$$\varkappa\mathfrak{F} = -D_0\mathfrak{U} - \mathfrak{Grad}\,u$$

$$\varkappa\mathfrak{G} = \mathfrak{Rot}\,\mathfrak{U}$$

der unabhängig variierbaren Funktionen U^{μ} definiert sind und $B_{\mu\nu}$ als die bekannten Ableitungen von A_{μ}. Wir erhalten daraus auch die Maxwellschen Gleichungen mit den Ausdrücken für die Dichten der elektrischen Ladung und des Stromes:

$$s^{\mu} = \frac{\sigma\eta}{2\,i}\,(U_{\nu}{}^{*}G^{\mu\nu} - U_{\nu}G^{\mu\nu}{}^{*}),$$

in gewöhnlicher Vektorschreibweise:

$$\varrho = \frac{\sigma\eta}{2\,i}\,(\mathfrak{U}^{*}\mathfrak{F} - \mathfrak{U}\mathfrak{F}^{*})$$

$$\frac{\mathfrak{s}}{c} = \frac{\sigma\eta}{2\,i}\,(u^{*}\mathfrak{F} - u\mathfrak{F}^{*} + \mathfrak{U}^{*}\times\mathfrak{G} - \mathfrak{U}\times\mathfrak{G}^{*}).$$

Nach Kenntnis der Grundgleichungen des vektoriellen Materiefeldes mit elektromagnetischen Potentialen kann man ähnlich wie in den Abschnitten 16 und 32 die Reflexion und den Durchgang an einer Potentialstufe berechnen. Insbesondere bekommt man den Vorgang der *Materieerzeugung* an einer hohen Potentialstufe, wenn die gewählte Frequenz je eine ebene Welle in beiden Potentialgebieten mit verschiedenem Ladungsvorzeichen zuläßt

$$\varkappa < \frac{\omega}{c} < \eta V - \varkappa.$$

Die Rechnungen lassen sich bei senkrechtem Einfall einer Welle auf eine Ebene des Potentialsprunges einfach für longitudinale und transversale Welle getrennt durchführen und liefern die gleichen Amplitudenverhältnisse wie bei der skalaren Welle.

64. Magnetisches Verhalten des Spins.

Wir haben bisher nur die *Richtungseigenschaften* des Spins 1 genauer untersucht. Sie wurden gefaßt in den Transformationen der Komponenten der Feldgröße bei Übergang zu einer anderen ausgezeichneten Richtung.Wir wollen uns jetzt überzeugen, daß unsere Grundgleichungen auch das erwartete *magnetische Verhalten* richtig wiedergeben. Den Beitrag des Spins zum *Drehimpuls* betrachten wir dann im Abschnitt 66. Das magnetische Verhalten muß durch die rechten Seiten der Wellengleichungen des vorigen Abschnittes bestimmt sein. Da diese Glieder im allgemeinen Fall schon ziemlich verwickelt sind, betrachten wir *langsam bewegte Materie* in einem Magnetfeld. Wenn wir die Materie aus ebenen Wellen zusammensetzen, so bedeutet langsame Bewegung, daß $|\mathfrak{k}| \ll \varkappa$ ist; aus den Grundgleichungen folgt dann, daß u und $\mathfrak{G}$ klein gegen $\mathfrak{U}$ und $\mathfrak{F}$ sind. Von den Wellengleichungen bleibt also übrig

$$(-D_0{}^2 + \mathrm{Delta} - \varkappa^2)\,\mathfrak{U} = -\,i\,\eta\,\mathfrak{B} \times \mathfrak{U}\,.$$

Darin können wir $-D_0{}^2 - \varkappa^2$ durch einen Ausdruck erster Ordnung in D_0 ersetzen:

$$-D_0{}^2 - \varkappa^2 = (i\,D_0 + \varkappa)\,(i\,D_0 - \varkappa) \approx \begin{cases} 2\,\varkappa\,(i\,D_0 - \varkappa) \\ -\,2\,\varkappa\,(i\,D_0 + \varkappa)\,, \end{cases}$$

wobei für positiv geladene Materie der obere Ausdruck, für negativ geladene Materie der untere Ausdruck gilt. Das Glied $\pm\,\varkappa$ kann durch Abspaltung des Faktors $e^{\mp\,i c \varkappa t}$ in $\mathfrak{U}$ zum Wegfall gebracht werden. Wir erhalten so für positiv geladene Materie als *nichtrelativistische Wellengleichung*:

$$\left.\begin{aligned} (2\,i\varkappa D_0 + \mathrm{Delta})\,\mathfrak{U} &= -\,i\,\eta\,\mathfrak{B} \times \mathfrak{U} \\ i\,\dot{\mathfrak{U}} + \left(\frac{c}{2\,\varkappa}\,\mathrm{Delta} - c\,\eta\,V\right)\mathfrak{U} &= -\,\frac{i\,c\,\eta}{2\,\varkappa}\,\mathfrak{B} \times \mathfrak{U}. \end{aligned}\right\} \tag{1}$$

Ohne die rechte Seite wären die Komponenten von $\mathfrak{U}$ ganz unabhängig voneinander; erst diese rechte Seite koppelt sie.

An der betrachteten Stelle des Feldes möge das Magnetfeld die z-Richtung haben: $\mathfrak{B}_x = \mathfrak{B}_y = 0$, $\mathfrak{B}_z = B$. Für die Komponenten von $\mathfrak{U}$ ergibt dann die Gl. (1):

$$\left(i\,\frac{\partial}{\partial t} + \frac{c}{2\,\varkappa}\,\mathrm{Delta} - c\,\eta\,V\right)\begin{pmatrix} \mathfrak{U}_x \\ \mathfrak{U}_y \\ \mathfrak{U}_z \end{pmatrix} = \frac{i\,c\,\eta B}{2\,\varkappa}\begin{pmatrix} \mathfrak{U}_y \\ -\,\mathfrak{U}_x \\ 0 \end{pmatrix}.$$

Mit diesen gekoppelten Gleichungen sind gleichbedeutend die ungekoppelten:

$$\left(i\,\frac{\partial}{\partial t} + \frac{c}{2\,\varkappa}\,\mathrm{Delta} - c\,\eta\,V\right)\begin{pmatrix} \mathfrak{U}_x - i\,\mathfrak{U}_y \\ \mathfrak{U}_z \\ \mathfrak{U}_x + i\,\mathfrak{U}_y \end{pmatrix} = \frac{c\,\eta}{2\,\varkappa}\,B\begin{pmatrix} -\,(\mathfrak{U}_x - i\,\mathfrak{U}_y) \\ 0 \\ \mathfrak{U}_x + i\,\mathfrak{U}_y \end{pmatrix}. \tag{2}$$

Die der Richtung des Magnetfeldes entsprechenden Spinkomponenten ψ_{+1}, ψ_0, ψ_{-1} werden nicht mehr aufgespalten. Jede verhält sich einheitlich.

Die genauere Beschreibung des magnetischen Verhaltens können wir folgendermaßen erhalten. Das vom Spin herrührende Zusatzglied bei ψ_+ bedeutet für die Bewegung der Materie dasselbe wie ein Zusatz $-B/2\varkappa$ im Potential: bei gegebener Frequenz ist die Gruppengeschwindigkeit gegenüber der spinlosen Materie oder gegenüber ψ_0 so verändert, als sei das elektrische Potential um $-B/2\varkappa$ höher. Eine Wellengruppe mit einheitlicher Spinstellung $+1$ hat also eine magnetische Zusatzenergie, die durch Multiplikation der Ladung mit $-B/2\varkappa$ angegeben wird. Drückt man die magnetische Zusatzenergie in der Form $-\mathfrak{m}\,\mathfrak{B}$ durch ein magnetisches Moment $\mathfrak{m}$ aus, so erhält man pro Ladungseinheit ein in der z-Richtung gelegenes Moment $1/2\varkappa$. Für ψ_- wird dieses Moment $-1/2\varkappa$, für ψ_0 null. Bei negativ geladener Materie ergibt die Untersuchung das gleiche Verhältnis von Moment und Ladung.

Bei der Spinstellung $M = \pm 1$ ist ein magnetisches Moment in der ausgezeichneten Richtung vorhanden, das sich zur Ladung wie $\pm 1/2\varkappa$ verhält.

Für beliebige Richtung des Magnetfeldes liefert die Gl. (1) in Vektorkomponenten:

$$\left(i\frac{\partial}{\partial t}+\frac{c}{2\varkappa}\,\text{Delta}-c\eta V\right)\begin{pmatrix}\mathfrak{U}_x\\ \mathfrak{U}_y\\ \mathfrak{U}_z\end{pmatrix}=\frac{ic\eta}{2\varkappa}\left[\mathfrak{B}_x\begin{pmatrix}0\\ \mathfrak{U}_z\\ -\mathfrak{U}_y\end{pmatrix}+\mathfrak{B}_y\begin{pmatrix}-\mathfrak{U}_z\\ 0\\ \mathfrak{U}_x\end{pmatrix}+\mathfrak{B}_z\begin{pmatrix}\mathfrak{U}_y\\ -\mathfrak{U}_x\\ 0\end{pmatrix}\right].$$

Die rechte Seite können wir als symbolisches skalares Produkt schreiben

$$-\frac{c\eta}{2\varkappa}\,\mathfrak{B}\,\mathfrak{S}\begin{pmatrix}\mathfrak{U}_x\\ \mathfrak{U}_y\\ \mathfrak{U}_z\end{pmatrix}, \tag{3}$$

wo die Komponenten von $\mathfrak{S}$ die Matrizen

$$\mathfrak{S}_x=\begin{pmatrix}0 & 0 & 0\\ 0 & 0 & -i\\ 0 & i & 0\end{pmatrix}\qquad \mathfrak{S}_y=\begin{pmatrix}0 & 0 & i\\ 0 & 0 & 0\\ -i & 0 & 0\end{pmatrix}\qquad \mathfrak{S}_z=\begin{pmatrix}0 & -i & 0\\ i & 0 & 0\\ 0 & 0 & 0\end{pmatrix} \tag{4}$$

sind; es ist

$$\mathfrak{S}_x{}^2+\mathfrak{S}_y{}^2+\mathfrak{S}_z{}^2=\begin{pmatrix}2 & 0 & 0\\ 0 & 2 & 0\\ 0 & 0 & 2\end{pmatrix}, \tag{5}$$

ferner gelten

$$\mathfrak{S}_x\mathfrak{S}_y-\mathfrak{S}_y\mathfrak{S}_x=i\mathfrak{S}_z \tag{6}$$

und die durch zyklische Vertauschung daraus hervorgehenden Beziehungen. Mit Spinkomponenten erhalten wir:

$$\left(i\frac{\partial}{\partial t}+\frac{c}{2\varkappa}\,\text{Delta}-c\,\eta\,V\right)\begin{pmatrix}\psi_+\\\psi_0\\\psi_-\end{pmatrix}=-\frac{c\,\eta}{2\varkappa}\,\mathfrak{B}\,\mathfrak{S}\begin{pmatrix}\psi_+\\\psi_0\\\psi_-\end{pmatrix}$$

mit

$$\mathfrak{S}_x=\frac{1}{\sqrt{2}}\begin{pmatrix}0&-1&0\\-1&0&1\\0&1&0\end{pmatrix}\quad\mathfrak{S}_y=\frac{1}{\sqrt{2}}\begin{pmatrix}0&i&0\\-i&0&-i\\0&i&0\end{pmatrix}\quad\mathfrak{S}_z=\begin{pmatrix}1&0&0\\0&0&0\\0&0&-1\end{pmatrix}.\quad(7)$$

Auch hier gelten die Beziehungen Gl. (5), (6) und die zyklisch daraus hervorgehenden.

Wir können zur *Quantentheorie eines Einteilchensystems* übergehen, indem wir die Wellengleichung unverändert lassen und unter den elektrischen Potentialen und der Feldstärke $\mathfrak{B}$ die auf das Teilchen wirkenden Größen verstehen. Für die Ladung e erhalten wir (mit $\hbar\varkappa=mc$) das Moment $e\hbar/2mc$, für die Ladung $-e$ das Moment $-e\hbar/2mc$ in der positiven Spinrichtung. Atome im ^1P-Zustand zeigen dieses Verhalten. Gl. (1) können wir dann so schreiben:

$$i\hbar\,\dot{\mathfrak{U}}+\left(\frac{\hbar^2}{2m}\,\text{Delta}-eV+i\frac{e\hbar}{2mc}\,\mathfrak{B}\times\right)\mathfrak{U}=0$$

oder mit dem Operator Gl. (4):

$$i\hbar\,\dot{\mathfrak{U}}+\left(\frac{\hbar^2}{2m}\,\text{Delta}-eV+\frac{e\hbar}{2mc}\,\mathfrak{B}\,\mathfrak{S}\right)\mathfrak{U}=0\,.\qquad(8)$$

Es tritt ein Operator der magnetischen Zusatzenergie $(-ie\hbar/2mc)\,\mathfrak{B}\times$ oder $-(e\hbar/2mc)\,\mathfrak{B}\,\mathfrak{S}$ auf. Er gibt zur Energie den Beitrag

$$\mathfrak{U}^*\left(-\frac{ie\hbar}{2mc}\,\mathfrak{B}\times\mathfrak{U}\right)d\tau=\frac{ie\hbar}{2mc}\,\mathfrak{B}\,(\mathfrak{U}^*\times\mathfrak{U})\,d\tau$$

oder

$$(\mathfrak{U}_x{}^*,\ \mathfrak{U}_y{}^*,\ \mathfrak{U}_z{}^*)\left(-\frac{e\hbar}{2mc}\,\mathfrak{B}\,\mathfrak{S}\right)\begin{pmatrix}\mathfrak{U}_x\\\mathfrak{U}_y\\\mathfrak{U}_z\end{pmatrix}d\tau=\frac{ie\hbar}{2mc}\,\mathfrak{B}\,(\mathfrak{U}^*\times\mathfrak{U})\,d\tau,$$

so daß wir das Integral von

$$\mathfrak{M}=\frac{e\hbar}{2imc}\,\mathfrak{U}^*\times\mathfrak{U}=\frac{e\hbar}{2mc}\,(\mathfrak{U}_x{}^*,\ \mathfrak{U}_y{}^*,\ \mathfrak{U}_z{}^*)\,\mathfrak{S}\begin{pmatrix}\mathfrak{U}_x\\\mathfrak{U}_y\\\mathfrak{U}_z\end{pmatrix}\qquad(9)$$

als Erwartungswert des magnetischen Moments ansehen können. Unter

Benutzung der Spinkomponenten lautet die Wellengleichung des Einteilchensystems

$$\left(i\hbar\frac{\partial}{\partial t} + \frac{\hbar^2}{2m}\,\mathrm{Delta} - eV + \frac{e\hbar}{2mc}\,\mathfrak{B}\mathfrak{S}\right)\begin{pmatrix}\psi_{+1}\\\psi_0\\\psi_{-1}\end{pmatrix} = 0, \tag{10}$$

wo $\mathfrak{S}$ jetzt der Operatorvektor Gl. (7) ist. Der Erwartungswert des
magnetischen Moments ist jetzt das Integral von

$$\mathfrak{M} = \frac{e\hbar}{2mc}(\psi_{+1}{}^*,\ \psi_0{}^*,\ \psi_{-1}{}^*)\,\mathfrak{S}\begin{pmatrix}\psi_{+1}\\\psi_0\\\psi_{-1}\end{pmatrix}, \tag{11}$$

insbesondere ist

$$\mathfrak{M}_z = \frac{e\hbar}{2mc}(\psi_{+1}{}^*\psi_{+1} - \psi_{-1}{}^*\psi_{-1})\,.$$

Für *nicht langsam bewegte Materie* ist das magnetische Verhalten des
Spins nicht so einfach zu beschreiben. Wenn Materie eine Magnetisierung
hat, so kann in den Maxwellschen Gleichungen des elektromagnetischen
Feldes (Abschnitt 4) die Dichte des Gesamtstroms in der Form

$$\mathfrak{s} = \mathfrak{j} + c\,\mathrm{rot}\,\mathfrak{M}$$

durch die Dichte des „Leitungsstromes" und die Magnetisierung ausgedrückt werden; in lorentzinvarianter Weise werden Dichte von Ladung
und Strom durch Polarisation und Magnetisierung ausgedrückt:

$$\varrho = \varrho_L - \mathrm{div}\,\mathfrak{P}$$
$$\frac{\mathfrak{s}}{c} = \frac{\mathfrak{s}_L}{c} + \frac{1}{c}\dot{\mathfrak{P}} + \mathrm{rot}\,\mathfrak{M},$$

zusammengefaßt:

$$s^\mu = s_L{}^\mu + \frac{\partial M^{\mu\nu}}{\partial x^\nu}\,.$$

Die Stromdichte des Materiefeldes mit Spin 1

$$s^\mu = \frac{\sigma\eta}{2i}(U_\nu{}^*G^{\mu\nu} - U_\nu G^{\mu\nu}{}^*) \tag{12}$$

läßt sich nur beinahe so zerlegen. Es ist in

$$s^\mu = \frac{\sigma\eta}{2i\varkappa}[U_\nu{}^*(D^\mu U^\nu - D^\nu U^\mu) - U_\nu(D^\mu U^\nu - D^\nu U^\mu)^*]$$

ein Glied abspaltbar, das so gebildet ist wie die Stromdichte der spinfreien Materie, also ein Glied, das wir dem Leitungsstrom zuordnen können:

$$s^\mu = \frac{\sigma\eta}{2i\varkappa}[U_\nu{}^* D^\mu U^\nu - U_\nu(D^\mu U^\nu)^*] + \frac{\sigma\eta}{2i\varkappa}[-U_\nu{}^* D^\nu U^\mu + U_\nu(D^\nu U^\mu)^*].$$

Aus dem zweiten Glied können wir wieder einen Ausdruck abspalten, der die Form $\partial M^{\mu\nu}/\partial x^\nu$ hat; so erhalten wir:

$$\left.\begin{aligned} s^\mu &= \frac{\sigma\eta}{2i\varkappa}[U_\nu{}^* D^\mu U^\nu - U_\nu(D^\mu U^\nu)^*] + \frac{\sigma\eta}{2i\varkappa}\frac{\partial}{\partial x^\nu}(U^\mu{}^* U^\nu - U^\mu U^{\nu*}) \\ &\quad + \frac{\sigma\eta}{2i\varkappa}[-U^\mu{}^* D_\nu U^\nu + U^\mu(D_\nu U^\nu)^*] \end{aligned}\right\} \quad (13)$$

(wir haben die Regel $\partial(A^*B)/\partial x^\nu = (D_\nu A)^*B + A^*D_\nu B$ benutzt). Das letzte Glied in dem Ausdruck für s^μ wird bei Abwesenheit elektromagnetischer Felder null, aber nicht allgemein. Nach Spaltung in Raum und Zeit wird bei Abwesenheit eines elektromagnetischen Feldes:

$$\left.\begin{aligned} \varrho &= \frac{\sigma\eta}{2ic\varkappa}(u^*\dot u - u\dot u^* - \mathfrak{U}^*\dot{\mathfrak{U}} + \mathfrak{U}\dot{\mathfrak{U}}^*) + \frac{\sigma\eta}{2i\varkappa}\operatorname{div}(u^*\mathfrak{U} - u\mathfrak{U}^*) \\ \frac{\mathfrak{s}}{c} &= \frac{\sigma\eta}{2i\varkappa}(-u^*\operatorname{grad}u + u\operatorname{grad}u^* + \mathfrak{U}_\nu{}^*\nabla\mathfrak{U}_\nu - \mathfrak{U}_\nu\nabla\mathfrak{U}_\nu{}^*) \\ &\quad + \frac{\sigma\eta}{2i\varkappa}\frac{\partial}{c\,\partial t}(\mathfrak{U}^*u - \mathfrak{U}u^*) + \frac{\sigma\eta}{2i\varkappa}\operatorname{rot}(\mathfrak{U}^*\times\mathfrak{U}). \end{aligned}\right\} \quad (14)$$

In dem Ausdruck für s^μ steckt der schiefsymmetrische Tensor

$$M^{\mu\nu} = \frac{\sigma\eta}{2i\varkappa}(U^\mu{}^* U^\nu - U^\mu U^{\nu*}), \tag{15}$$

der Polarisation und Magnetisierung enthält:

$$M^{\mu\nu} = \begin{pmatrix} 0 & -\mathfrak{P} \\ \mathfrak{P} & \mathfrak{M} \end{pmatrix} \qquad \begin{aligned} \mathfrak{P} &= \frac{i\sigma\eta}{2\varkappa}(u^*\mathfrak{U} - u\mathfrak{U}^*) \\ \mathfrak{M} &= \frac{\sigma\eta}{2i\varkappa}\mathfrak{U}^*\times\mathfrak{U}. \end{aligned}$$

Das erste Glied in Gl. (13) und (14) ist gebildet wie die Dichten von Ladung und Strom in der skalaren Theorie (abgesehen davon, daß es jetzt mehr Komponenten sind).

Bei Abwesenheit elektromagnetischer Felder setzt sich die Dichte der elektrischen Ladung und des elektrischen Stromes zusammen aus der Dichte einer „wahren" Ladung und eines „Leitungsstromes" und außerdem den Anteilen, die von einer Polarisation und einer Magnetisierung herrühren. Bei langsam bewegter Materie wird die Polarisation klein, bei ruhender Materie verschwindet sie; die Magnetisierung ist aber immer $\mathfrak{M} = (\sigma\eta/2i\varkappa)\,\mathfrak{U}^*\times\mathfrak{U}$.

65. Energie-Impuls-Tensor.

Die Theorie des elektromagnetischen Feldes lieferte einen Energie-Impuls-Tensor

$$T^{\mu}_{\nu} = \varepsilon_0 \left[B^{\mu\lambda} B_{\nu\lambda} - \frac{1}{4} \delta^{\mu}_{\nu} B^{\varkappa\lambda} B_{\varkappa\lambda} \right],$$

der mittels der Beziehung

$$\frac{\partial T^{\mu\nu}}{\partial x^{\nu}} + B^{\mu\lambda} s_{\lambda} = 0$$

mit dem Vierervektor $B^{\mu\nu} s_{\nu}$ der Kraft- und Leistungsdichte zusammenhing. Das skalare Materiefeld hatte

$$T^{\mu}_{\nu} = \frac{\sigma\varkappa}{2} \left[F^{\mu}{}^{*}F_{\nu} + F^{\mu}F_{\nu}{}^{*} - \delta^{\mu}_{\nu}(F_{\lambda}{}^{*}F^{\lambda} + \psi^{*}\psi) \right].$$

Wir suchen jetzt den Energie-Impuls-Tensor des vektoriellen Materiefeldes. Er wird Ähnlichkeit mit dem des elektromagnetischen Feldes haben; er wird davon abweichen, weil die Größen $G^{\mu\nu}$ komplex sind und weil die Größen $U_{\mu}{}^{*}$, U_{μ} in den Feldgleichungen vorkommen. Wir werden sehen, daß

$$T^{\mu}_{\nu} = \frac{\sigma\varkappa}{2} \left[G^{\mu\lambda}{}^{*}G_{\nu\lambda} + G^{\mu\lambda}G_{\nu\lambda}{}^{*} + U^{\mu}{}^{*}U_{\nu} + U^{\mu}U_{\nu}{}^{*} \right. \\ \left. - \delta^{\mu}_{\nu}\left(\frac{1}{2} G_{\varrho\lambda}{}^{*}G^{\varrho\lambda} + U_{\lambda}{}^{*}U^{\lambda}\right) \right] \tag{1}$$

die richtigen Eigenschaften hat. Der Tensor Gl. (1) ist zunächst symmetrisch:

$$T^{\mu\nu} = T^{\nu\mu}.$$

Weiter kann man aus den Feldgleichungen (mit etwas umständlicher Rechnung) ausrechnen:

$$\frac{\partial T^{\mu\nu}}{\partial x^{\nu}} - B^{\mu\lambda} s_{\lambda} = 0$$

mit

$$s_{\lambda} = \frac{\sigma\eta}{2i} (U^{\nu}{}^{*}G_{\lambda\nu} - U^{\nu}G_{\lambda\nu}{}^{*}),$$

so daß also für die Summe aus dem Tensor des Materiefeldes und dem Energie-Impuls-Tensor des elektromagnetischen Feldes, mit dem er gekoppelt ist, der Erhaltungssatz gilt. Wir können also Gl. (1) als *Energie-Impuls-Tensor des vektoriellen Materiefeldes* ansehen.

Aus Gl. (1) errechnet sich die Energiedichte

$$T^{00} = \frac{\sigma\varkappa}{2} (\mathfrak{F}^{*}\mathfrak{F} + \mathfrak{G}^{*}\mathfrak{G} + u^{*}u + \mathfrak{U}^{*}\mathfrak{U}).$$

Beruhigend ist, daß T^{00} nur positive Werte haben kann. Beim skalaren Feld fanden wir das gleiche.

16*

Wir versuchen jetzt, den Energie-Impuls-Tensor aus dem kanonischen Schema der vektoriellen Feldtheorie herzuleiten. Wir konnten die Grundgleichungen aus dem Variationsprinzip

$$\int L \, d\tau \, dt = \text{Extr}$$

mit

$$L = \frac{\sigma \varkappa}{2} \left(\mathfrak{F}^* \mathfrak{F} - \mathfrak{G}^* \mathfrak{G} + u^* u - \mathfrak{U}^* \mathfrak{U} \right)$$

$$\varkappa \mathfrak{F} = - D_0 \mathfrak{U} - \mathfrak{Grad} \, u$$

$$\varkappa \mathfrak{G} = \mathfrak{Rot} \, \mathfrak{U}$$

gewinnen. Aus der Lagrange-Funktion

$$\bar{L} = \int L \, d\tau$$

finden wir die zu den Komponenten von $\mathfrak{U}$ und $\mathfrak{U}^*$ kanonisch konjugierten Größen

$$\frac{\partial \bar{L}}{\partial \dot{\mathfrak{U}}_x} = - \frac{\sigma}{2\,c} \mathfrak{F}_x^* \, \Delta \tau \ldots$$

$$\frac{\partial \bar{L}}{\partial \dot{\mathfrak{U}}_x^*} = - \frac{\sigma}{2\,c} \mathfrak{F}_x \, \Delta \tau \ldots ,$$

während zu u und u^* nichts konjugiert ist. Für die Hamilton-Funktion erhalten wir so:

$$\bar{H} = - \frac{\sigma}{2\,c} \int (\mathfrak{F}^* \dot{\mathfrak{U}} + \mathfrak{F} \, \dot{\mathfrak{U}}^*) \, d\tau - \int L \, d\tau .$$

Dies stellt die gesamte Energie des Feldes dar; wir können aber nicht erwarten, daß der Integrand, der nicht einmal eichinvariant ist, die Energiedichte ist.

Der eichinvariant gebildete Ausdruck

$$- \Theta^0{}_0 = - \frac{\sigma}{2} \left[G^{0\lambda *} D_0 U_\lambda + G^{0\lambda} (D_0 U_\lambda)^* \right] - L$$

läßt sich zwar zu einem Tensor $- \Theta^\mu{}_\nu$ ergänzen, wobei

$$\Theta^\mu{}_\nu = \frac{\sigma}{2} \left(G^{\mu\lambda *} D_\nu U_\lambda + G^{\mu\lambda} (D_\nu U_\lambda)^* \right] + \delta^\mu_\nu L$$

$$L = - \frac{\sigma \varkappa}{2} \left(\frac{1}{2} G_{\lambda\varrho}^* G^{\lambda\varrho} + U_\lambda^* U^\lambda \right)$$

ist; aber $\Theta^{\mu\nu}$ ist nicht in μ und ν symmetrisch. Der „kanonische Tensor" $\Theta^{\mu\nu}$ ist also nicht der Energie-Impuls-Tensor. Aber er gibt Gesamtenergie und Gesamtimpuls

$$c \, p^\nu = \int \Theta^{0\nu} d\tau$$

richtig wieder. Wir können nämlich aus den Feldgleichungen

$$\frac{\partial \Theta^{\mu}{}_{\nu}}{\partial x^{\mu}} - B_{\nu\lambda}s^{\lambda} = 0$$

ausrechnen, und daraus folgt

$$\frac{\mathrm{d}}{\mathrm{d}x^{0}} \int \Theta^{0}{}_{\nu}\,\mathrm{d}\tau = \int B_{\nu\lambda}s^{\lambda}\,\mathrm{d}\tau .$$

Da rechts (für $\nu = 0$) die gesamte auf das Materiefeld übertragene mit $1/c$ multiplizierte Leistung oder (für $\nu = 1, 2, 3$) die gesamte auf das Materiefeld wirkende Kraft steht, ist $c\,p^{0}$ die Energie und p^{1}, p^{2}, p^{3} der Impuls.

Aus dem Tensor $\Theta^{\mu\nu}$ können wir einen in μ, ν symmetrischen Tensor $T^{\mu\nu}$ herstellen, indem wir den Zusatztensor

$$Z^{\mu\nu} = \frac{\sigma}{2}\left[G^{\lambda\mu}*D_{\lambda}U^{\nu} + G^{\lambda\mu}(D_{\lambda}U^{\nu})* + \varkappa(U^{\mu}*U^{\nu} + U^{\mu}U^{\nu}*)\right]$$

hinzufügen. Wir erhalten

$$T^{\mu\nu} = \frac{\sigma\varkappa}{2}\left[G^{\mu\lambda}*G^{\nu}{}_{\lambda} + G^{\mu\lambda}G^{\nu}{}_{\lambda}* + U^{\mu}*U^{\nu} + U^{\mu}U^{\nu}*\right] + \delta^{\mu\nu}L$$

übereinstimmend mit Gl. (1). Der Zusatztensor läßt sich als Divergenz schreiben

$$Z^{\mu\nu} = \frac{\partial}{\partial x^{\lambda}}\frac{\sigma}{2}\left(G^{\lambda\mu}*U^{\nu} + G^{\lambda\mu}U^{\nu}*\right) = \frac{\partial}{\partial x^{\lambda}}H^{\lambda\mu\nu}$$

unter Beachtung der Feldgleichungen. Der Tensor dritter Stufe $H^{\lambda\mu\nu}$ ist in den ersten beiden Indices (λ, μ) antisymmetrisch; es folgt also

$$\frac{\partial Z^{\mu\nu}}{\partial x^{\mu}} = 0$$

und damit

$$\frac{\partial T^{\mu\nu}}{\partial x^{\mu}} - B^{\nu\lambda}s_{\lambda} = 0 .$$

Das Integral

$$\int Z^{0\nu}\,\mathrm{d}\tau = \int \frac{\partial}{\partial x^{\varrho}}H^{\varrho 0\nu}\,\mathrm{d}\tau$$

enthält im Integranden wegen der Antisymmetrie von $H^{\mu\nu\varrho}$ in ϱ, μ keine Glieder mit $\varrho = 0$. Mit Teilintegration erhalten wir

$$\int Z^{0\nu}\,\mathrm{d}\tau = 0 .$$

Der Zusatztensor $Z^{\mu\nu}$ gibt keinen Beitrag zu Energie und Impuls. $T^{\mu\nu}$ gibt wie $\Theta^{\mu\nu}$ die richtige Energie und den richtigen Impuls.

66. Spinanteil des Drehimpulses.

Von den wesentlichen Merkmalen des Spins haben wir die Richtungseigenschaften (Abschnitt 61) und die magnetischen Eigenschaften untersucht. Wir wollen jetzt das Verhältnis von Spin und Drehimpuls betrachten.

Der $T^{\mu\nu}$-Tensor gibt auch die Drehimpulse wieder. Die z-Komponente des Drehimpulses ist nämlich:

$$N^{12} = \frac{1}{c} \int (x^1 T^{02} - x^2 T^{01})\, d\tau\,.$$

Wenn kein elektromagnetisches Feld vorhanden ist, gilt hierfür ein Erhaltungssatz. Der Zerlegung des Energie-Impuls-Tensors in den kanonischen Tensor und den Zusatztensor

$$T^{\mu\nu} = \Theta^{\mu\nu} + Z^{\mu\nu}$$

entspricht eine Zerlegung des Drehimpulses in zwei Anteile. Für die einzelnen Anteile gilt kein Erhaltungssatz. Dem kanonischen Tensor entspricht der Anteil

$$\frac{1}{c} \int (x^1 \Theta^{02} - x^2 \Theta^{01})\, d\tau = \frac{\sigma}{2c} \int [G^{0\lambda*}(x^1 D^2 - x^2 D^1)\, U_\lambda \\ + G^{0\lambda}\{(x^1 D^2 - x^2 D^1)\, U_\lambda\}^*]\, d\tau\,. \tag{1}$$

Er ist gerade so gebaut wie bei der skalaren Theorie; genauer gesagt, er hat die Form

$$\frac{1}{c} \int \left[\frac{\partial L}{\partial (D_0 U_\lambda)} (x^1 D^2 - x^2 D^1)\, U_\lambda + \frac{\partial L}{\partial (D_0 U_\lambda)^*} ((x^1 D^2 - x^2 D^1)\, U_\lambda)^* \right] d\tau\,,$$

während in der skalaren Theorie

$$N^{12} = \frac{1}{c} \int \left[\frac{\partial L}{\partial (D_0 \psi)} (x^1 D^2 - x^2 D^1)\, \psi + \frac{\partial L}{\partial (D_0 \psi)^*} ((x^1 D^2 - x^2 D^1)\, \psi)^* \right] d\tau$$

ist. Dieser Anteil Gl. (1) hat also nichts mit der mehrkomponentigen Natur der Feldgröße U_λ zu tun; er hat nichts mit dem Spin zu tun. Wir nennen den Anteil Gl. (1) darum den *Bahndrehimpuls des Feldes*.

Dem Zusatztensor entspricht der Anteil

$$\frac{1}{c} \int (x^1 Z^{02} - x^2 Z^{01})\, d\tau = \frac{1}{c} \int \left(x^1 \frac{\partial}{\partial x^\lambda} H^{\lambda 02} - x^2 \frac{\partial}{\partial x^\lambda} H^{\lambda 01} \right) d\tau\,.$$

Da Glieder mit $\lambda = 0$ nicht vorkommen, können wir eine Teilintegration ausführen und erhalten:

$$\frac{1}{c} \int (-H^{102} + H^{201})\, d\tau = \frac{1}{c} \int (H^{012} - H^{021})\, d\tau$$

$$= \frac{\sigma}{2c} \int (G^{01*} U^2 + G^{01} U^{2*} - G^{02*} U^1 - G^{02} U^{1*})\, d\tau\,.$$

Fassen wir die drei Komponenten zu einem axialen Vektor zusammen, so wird dieser

$$\frac{\sigma}{2\,c}\int(\mathfrak{F}^*\times\mathfrak{U}+\mathfrak{F}\times\mathfrak{U}^*)\,d\tau. \tag{2}$$

Während der Anteil Gl. (1) des Drehimpulses vom Bezugspunkt für die Koordinaten abhängt (wie wir es von einem Drehimpuls gewohnt sind), hängt der Anteil Gl. (2) nicht von diesem Bezugspunkt ab. Er hat gerade die Eigenschaft, die wir von einem *Spindrehimpuls* erwarten.

Wir untersuchen, ob es auch eine entsprechende Zerlegung der Drehimpulsdichte

$$x^1\,T^{0\,2}-x^2\,T^{0\,1}$$

gibt. Den Anteil

$$x^1\,\Theta^{0\,2}-x^2\,\Theta^{0\,1} \tag{3}$$

können wir, wegen seines vom Spin unabhängigen Baues, als Dichte des Bahndrehimpulses bezeichnen. Der Anteil

$$x^1\,Z^{0\,2}-x^2\,Z^{0\,1}$$

hat aber nicht die Eigenschaft, daß er vom Bezugspunkt der Koordinaten nicht abhängt. Zerlegen wir den Anteil aber in

$$H^{0\,1\,2}-H^{0\,2\,1} \tag{4}$$

und

$$x^1\,Z^{0\,2}-x^2\,Z^{0\,1}-H^{0\,1\,2}+H^{0\,2\,1}, \tag{5}$$

so ist (4) vom Bezugspunkt unabhängig, und (5) gibt beim Integrieren über den ganzen Raum null.

Die Drehimpulsdichte läßt sich also nicht in einen Bahnanteil und einen Spinanteil zerlegen. Sie läßt sich aber in drei Teile zerlegen, von denen man zwei als Bahnanteil und Spinanteil bezeichnen kann, während der dritte zum Integral über den Raum keinen Beitrag gibt.

In der nichtrelativistischen Näherung geht dieser Spinanteil der Drehimpulsdichte

$$\frac{\sigma}{2\,c}\,(\mathfrak{F}^*\times\mathfrak{U}+\mathfrak{F}\times\mathfrak{U}^*)$$

bei positiv geladener Materie wegen

$$\varkappa\mathfrak{F}\approx-\frac{1}{c}\,\dot{\mathfrak{U}}\approx i\varkappa\mathfrak{U}\qquad\mathfrak{F}\approx i\,\mathfrak{U}\qquad\mathfrak{F}^*\approx-i\,\mathfrak{U}^*$$

über in

$$\mathfrak{M}=\frac{\sigma}{i\,c}\,\mathfrak{U}^*\times\mathfrak{U};$$

er ist also der vom Spin herrührenden Magnetisierung

$$\mathfrak{M}=\frac{\sigma\,\eta}{2\,i\,\varkappa}\,\mathfrak{U}^*\times\mathfrak{U}$$

proportional, und das Verhältnis von magnetischem Moment zu Spindrehimpuls wird

$$\frac{\mathfrak{M}}{\mathfrak{N}} = \frac{\eta\,c}{2\,\varkappa} = \frac{e}{2\,m\,c}\,.$$

Als Beispiel eines relativistischen Feldes benutzen wir die ebene Welle des Abschnittes 62:

$$\begin{pmatrix} u \\ \mathfrak{U}_x \\ \mathfrak{U}_y \\ \mathfrak{U}_z \end{pmatrix} = \begin{pmatrix} (k/\varkappa)\,A \\ (\omega/c\,\varkappa)\,A \\ B \\ C \end{pmatrix} e^{-i\,\omega\,t + i\,k\,x} \qquad \begin{pmatrix} \mathfrak{F}_x \\ \mathfrak{F}_y \\ \mathfrak{F}_z \end{pmatrix} = \begin{pmatrix} i\,A \\ (i\,\omega/c\,\varkappa)\,B \\ (i\,\omega/c\,\varkappa)\,C \end{pmatrix} e^{-i\,\omega\,t + i\,k\,x}.$$

Die Dichte der Drehimpulskomponente um die z-Achse hat den Bahnanteil

$$\sigma\,\frac{\omega}{c^2\,\varkappa}\,k\,y\,(A^*A + B^*B + C^*C)$$

und den Spinanteil:

$$\frac{\sigma}{2\,i\,c}\left(2 + \frac{k^2}{\varkappa^2}\right)(A^*B - B^*A)\,.$$

67. Quantelung.

Wir haben bisher nur eine klassisch anschauliche Feldtheorie der Materie mit Spin 1 betrachtet; der Spin war darin eine anschaulich (analog der Polarisation des Lichtes) beschreibbare Eigenschaft. Wir müssen jetzt auch bei der Feldtheorie der Materie mit dem Spin 1 die Denkstufe der Quantentheorie ersteigen. An Gesichtspunkten für die „Quantelung" der Theorie bieten sich dar die Forderung, daß die elektrische Ladung in irgendeinem Raumgebiet ein ganzzahliges Vielfaches der Elementarladung sei, oder die Vertauschungsregeln für kanonisch konjugierte Größen. Wir werden sehen, daß beide auf dieselben Vertauschungsregeln führen.

Die in einem Raumelement $\Delta\tau$ enthaltene *Ladung* ist

$$\frac{\sigma\,\eta}{2\,i}\,(\mathfrak{U}^*\mathfrak{F} - \mathfrak{U}\,\mathfrak{F}^*)\,\Delta\tau\,;$$

es muß also ($\sigma\,\eta = e$) die Größe

$$\frac{1}{2\,i}\,(\mathfrak{U}^*\mathfrak{F} - \mathfrak{U}\,\mathfrak{F}^*)\,\Delta\tau \tag{1}$$

ganzzahlige (positive und negative) Eigenwerte bekommen. Diese Größe ist aus Ausdrücken der Form

$$i\,(a^*b - a\,b^*)$$

zusammengesetzt, deren ganzzahlige Eigenwerte mit den Vertauschungsregeln

$$i\,(a^*b - b\,a^*) = i\,(a\,b^* - b^*a) = 1$$

bei Vertauschbarkeit der übrigen Produkte gewährleistet sind (Abschnitt 49). Mit den Vertauschungsregeln

$$\pm \frac{1}{2i}\left[\mathfrak{U}_{\mu}{}^{*}(\mathfrak{r}_1)\,\mathfrak{F}_{\nu}(\mathfrak{r}_2) - \mathfrak{F}_{\nu}(\mathfrak{r}_2)\,\mathfrak{U}_{\mu}{}^{*}(\mathfrak{r}_1)\right]\Delta\tau = \delta_{\mu\nu}\delta_{12}$$

$$\pm \frac{1}{2i}\left[\mathfrak{U}_{\mu}(\mathfrak{r}_1)\,\mathfrak{F}_{\nu}{}^{*}(\mathfrak{r}_2) - \mathfrak{F}_{\nu}{}^{*}(\mathfrak{r}_2)\,\mathfrak{U}_{\mu}(\mathfrak{r}_1)\right]\Delta\tau = \delta_{\mu\nu}\delta_{12}$$

bei Vertauschbarkeit der übrigen Größen erhalten wir also die gewünschten Eigenwerte. Von den beiden Vorzeichen wählen wir das untere, um im nichtrelativistischen Grenzfall $\mathfrak{U}_{\mu}\,\mathfrak{U}_{\nu}{}^{*} - \mathfrak{U}_{\nu}{}^{*}\,\mathfrak{U}_{\mu} = \delta_{\mu\nu}$ zu haben. *Den Übergang in die Quantentheorie vollziehen wir also mit den Vertauschungsregeln:*

$$\left.\begin{aligned}
\frac{i}{2}\left[\mathfrak{U}_{\mu}{}^{*}(\mathfrak{r}_1)\,\mathfrak{F}_{\nu}(\mathfrak{r}_2) - \mathfrak{F}_{\nu}(\mathfrak{r}_2)\,\mathfrak{U}_{\mu}{}^{*}(\mathfrak{r}_1)\right]\Delta\tau = \delta_{\mu\nu}\delta_{12}\\[1mm]
\frac{i}{2}\left[\mathfrak{U}_{\mu}(\mathfrak{r}_1)\,\mathfrak{F}_{\nu}{}^{*}(\mathfrak{r}_2) - \mathfrak{F}_{\nu}{}^{*}(\mathfrak{r}_2)\,\mathfrak{U}_{\mu}(\mathfrak{r}_1)\right]\Delta\tau = \delta_{\mu\nu}\delta_{12}.
\end{aligned}\right\} \tag{2}$$

Die *Quantelung nach dem kanonischen Schema* führt zu dem gleichen Ergebnis. Aus der Lagrange-Dichte

$$L = \frac{\sigma\varkappa}{2}\left(\mathfrak{F}^{*}\mathfrak{F} - \mathfrak{G}^{*}\mathfrak{G} + u^{*}u - \mathfrak{U}^{*}\mathfrak{U}\right)$$

ergaben sich zu den Komponenten des Vektors $\mathfrak{U}$ die Komponenten des Vektors $-\,(\sigma/2c)\,\mathfrak{F}^{*}\Delta\tau$ als kanonisch konjugiert, zu $\mathfrak{U}^{*}$ der Vektor $-(\sigma/2c)\,\mathfrak{F}\Delta\tau$; zu u und u^{*} ergaben sich keine konjugierten Größen. Wir können also keine Vertauschungsregeln für u und u^{*} aufstellen. Daraus ergibt sich aber keine Schwierigkeit, da wir u und u^{*} aus der Theorie eliminieren können, und zwar mit den Gleichungen

$$\operatorname{div}\mathfrak{F} + \varkappa u = 0 \qquad \operatorname{div}\mathfrak{F}^{*} + \varkappa u^{*} = 0\,.$$

Die Lagrange-Dichte hängt dann nur von $\mathfrak{U}$, seinen räumlichen und zeitlichen Ableitungen ab. Beim Übergang zur Hamilton-Funktion können wir diese als Funktion der kanonischen Variabeln $\mathfrak{U}$, $\mathfrak{U}^{*}$, $-(\sigma/2c)\,\mathfrak{F}^{*}$, $-(\sigma/2c)\,\mathfrak{F}$ schreiben ($\mathfrak{G}$ enthält ja nur örtliche Ableitungen von $\mathfrak{U}$). Wir können ohne weiteres die Quantelung nach dem kanonischen Schema ausführen und erhalten die *Vertauschungsregeln* Gl. (2).

Mit den Vertauschungsregeln

$$i(a_k{}^{*}b_l - b_l a_k{}^{*}) = i(a_k b_l{}^{*} - b_l{}^{*} a_k) = \delta_{kl}$$

bei Vertauschbarkeit der übrigen Produkte folgen (Abschnitt 49) ganzzahlige Eigenwerte nicht nur für

$$i(a_k{}^{*}b_k - a_k b_k{}^{*}) \qquad \text{(nicht über } k \text{ summiert),}$$

sondern auch für

$$(a_k{}^{*}b_l - a_l{}^{*}b_k) + (a_k b_l{}^{*} - a_l b_k{}^{*})\,.$$

Aus den Vertauschungsregeln Gl. (2) folgen also ganzzahlige Eigenwerte
für

$$\frac{1}{2}\left[(\mathfrak{U}_\mu{}^*\mathfrak{F}_\nu - \mathfrak{U}_\nu{}^*\mathfrak{F}_\mu) + (\mathfrak{U}_\mu\mathfrak{F}_\nu{}^* - \mathfrak{U}_\nu\mathfrak{F}_\mu{}^*)\right]\Delta\tau,$$

also für jede Komponente von

$$\frac{1}{2}\,(\mathfrak{U}^*\times\mathfrak{F} + \mathfrak{U}\times\mathfrak{F}^*)\,\Delta\tau.$$

Der in $\Delta\tau$ *enthaltene Spindrehimpuls*

$$\frac{\hbar}{2}\,(\mathfrak{U}^*\times\mathfrak{F} + \mathfrak{U}\times\mathfrak{F}^*)\,\Delta\tau$$

hat also die ganzzahligen Vielfachen von $\hbar$ *als Eigenwerte.*

Achtes Kapitel.

Materie mit Spin ½ [1].

68. Spin ½.

Nach Ausweis der Atomspektren, insbesondere der Spektren der
Atome mit einem äußeren Elektron, und nach dem Versuche von STERN
und GERLACH hat das *Elektron zwei Einstellungsmöglichkeiten* in einem
Magnetfeld. Die Drehimpulskomponenten in der Feldrichtung sind dabei
$\pm\,\hbar/2$; das magnetische Moment ist $\mp\,e\hbar/2mc$, sein Verhältnis zur Ladung
also $\hbar/2mc = 1/2\varkappa$, wie bei der im vorigen Kapitel beschriebenen
Materie mit dem Spin 1. Das Verhältnis des magnetischen Momentes
zum Drehimpuls ist also doppelt so groß, als wenn das Moment von einem
Umlauf der Elektronen herrührte. Am sinnfälligsten zeigt sich diese Abweichung bei den „anomalen" Zeeman-Effekten. Auch Proton und Neutron haben (nach Ausweis von Molekelspektren und Kerneigenschaften)
die gleichen Drehimpulseigenschaften des Spins, die magnetischen Momente sind andere als beim Elektron. Man könnte vermuten, daß alle

---

[1] PAULI, W.: Z. Physik **43**, 601 (1927) (vorrelativist. Spintheorie). — DIRAC,
P. A. M.: Proc. Roy. Soc. (A) **117**, 610; **118**, 341 (1928) (Dirac-Gleichung). —
TETRODE, H.: Z. Physik **49**, 858 (1928) (Energie-Impuls-Tensor). — GORDON, W.:
Z. Physik **50**, 630 (1928) (Zerlegung des Stromes). — KLEIN, O.: Z. Physik **53**, 157
(1929) (Paradoxon). — DIRAC, P. A. M.: Proc. Roy. Soc. (A) **126**, 360 (1930) (Löchertheorie). — WAERDEN, VAN DER, B. L.: Gött. Nachr. **1929**, S. 100; Die gruppen-
theoretische Methode in der Quantenmechanik, Leipzig 1932; UHLENBECK, G.,
u. O. LAPORTE: Physic. Rev. **37**, 1380 (1931); WEYL, H.: Gruppentheorie und
Quantenmechanik, Leipzig 1931 (Spinoren). — SAUTER, F.: Z. Physik **69**, 742;
73, 547 (1931) (hohe Stufe).

elementare Materie den Spin $^1/_2$ hätte; doch sprechen einige Gründe für ein Meson mit ganzzahligem Spin. Jedenfalls ist aber der Spin $^1/_2$ der wichtigste.

Im *anschaulichen Wellenbild* bedeutet das eben für das Teilchenbild Gesagte bestimmte Richtungseigenschaften, magnetische Eigenschaften und Drehimpulseigenschaften der Materie. Zu den erstgenannten gehört die Zerlegung in zwei Komponenten (Doppelbrechung) beim Eintritt in ein Magnetfeld. Bei gleichbleibender Richtung des Magnetfeldes können diese Komponenten nicht weiter zerlegt werden; bei anderer Richtung wird jede wieder in zwei Komponenten zerlegt, deren Intensität in bestimmter Weise von der Richtung des Magnetfeldes abhängt. Die Verhältnisse haben eine gewisse Ähnlichkeit mit der Doppelbrechung infolge Polarisation des Lichtes, doch ist die Abhängigkeit der Intensitäten von den Richtungen anders. Die magnetischen Eigenschaften werden durch ein magnetisches Moment in der Richtung des Magnetfeldes beschrieben, das zur Ladung das Verhältnis $1/2\,\varkappa$ hat (für langsam bewegte Elektronenmaterie, nicht für Nukleonenmaterie).

Die Drehimpulseigenschaften werden beschrieben durch einen nicht von der Materieströmung herrührenden Drehimpuls, der zur Ladung das Verhältnis $\pm\,1/2\,c\,\eta$ hat.

Wegen der *Richtungseigenschaften* beschreiben wir Materie mit dem Spin $^1/_2$ durch eine zweikomponentige Wellengröße $\begin{pmatrix} \psi_+ \\ \psi_- \end{pmatrix}$, einen „Spinor". Die Transformationseigenschaften der beiden Komponenten bei Änderung der ausgezeichneten Richtung können wir hier nicht aus der gewöhnlichen Quantenmechanik der Atome herleiten, da halbzahlige Drehimpulse nicht als Bahndrehimpulse auftreten können. Das bedeutet eine erhebliche Schwierigkeit für die Beschreibung des Spins $^1/_2$, die neue Darstellungsmittel nötig macht, die durch DIRAC eingeführt worden sind. Einen verhältnismäßig bequemen Weg zur Fassung der Transformation der beiden Komponenten bei Änderung der ausgezeichneten Richtung finden wir, wenn wir zunächst das magnetische Verhalten betrachten.

Die *magnetischen Eigenschaften* können sehr analog zur Materie mit Spin 1 in nichtrelativistischer Näherung behandelt werden. Auch hier können wir in die Wellengleichung einen Zusatz $(c\,\eta/2\,\varkappa)\,\mathfrak{S}\,\mathfrak{B}$ einführen, wo $\mathfrak{S}$ ein Operator ist, der die Komponenten der Feldgröße umstellt oder mit Faktoren versieht, und wo $(c\,\eta/2\,\varkappa)\,\mathfrak{S}$ einen engen Zusammenhang zur Magnetisierung hat (vgl. Abschnitt 64). Dabei wird eine Beziehung zwischen den Spinorkomponenten ψ_+, ψ_- und Vektorkomponenten herauskommen, die die Transformation der Spinorkomponenten bei einer Änderung der ausgezeichneten Richtung angibt, also die Frage nach der Fassung der *Richtungseigenschaften* im nichtrelativistischen Falle beantwortet.

Diese Beziehung zwischen den Spinorkomponenten und einem Vektor läßt sich lorentzinvariant verallgemeinern und bildet dann die Grundlage eines Rechnens mit Spinoren, in dem es eine einfache Vorschrift des invarianten Differenzierens gibt. So läßt sich das *Schema* der bisher aufgestellten (skalaren und vektoriellen) Feldtheorien der Materie auf den Fall des Spins $^1/_2$ übertragen.

69. Nichtrelativistische Näherung.

Bei der Aufstellung einer nichtrelativistischen Feldgleichung für die zweikomponentige Größe $\begin{pmatrix} \psi_+ \\ \psi_- \end{pmatrix}$ nehmen wir den *Spin 1 als Vorbild*. Dort konnten wir eine Feldgleichung

$$\left(i\frac{\partial}{\partial t} + \frac{c}{2\varkappa}\,\mathrm{Delta} - c\,\eta\,V + \frac{c\,\eta}{2\varkappa}\,\mathfrak{B}\,\mathfrak{S} \right) \begin{pmatrix} \psi_+ \\ \psi_0 \\ \psi_- \end{pmatrix} = 0 \tag{1}$$

aufstellen, wo $\mathfrak{S}$ ein Operatorenvektor mit den Komponenten

$$\frac{1}{\sqrt{2}}\begin{pmatrix} 0 & -1 & 0 \\ -1 & 0 & 1 \\ 0 & 1 & 0 \end{pmatrix} \quad \frac{1}{\sqrt{2}}\begin{pmatrix} 0 & i & 0 \\ -i & 0 & -i \\ 0 & i & 0 \end{pmatrix} \quad \begin{pmatrix} 1 & 0 & 0 \\ 0 & 0 & 0 \\ 0 & 0 & -1 \end{pmatrix} \tag{2}$$

war. Diese drei Matrizen waren Hermiteisch und hatten die Eigenschaften

$$\left. \begin{aligned} \mathfrak{S}_x{}^2 + \mathfrak{S}_y{}^2 + \mathfrak{S}_z{}^2 &= 2 \\ \mathfrak{S}_x\,\mathfrak{S}_y - \mathfrak{S}_y\,\mathfrak{S}_x &= i\,\mathfrak{S}_z \end{aligned} \right\} \tag{3}$$

und die durch zyklische Vertauschung aus der letzten Gleichung hervorgehenden. Das Verhältnis von Magnetisierung zu Ladung war

$$\frac{1}{2\varkappa}\,(\psi_{+1}{}^*,\ \psi_0{}^*,\ \psi_{-1}{}^*)\,\mathfrak{S}\begin{pmatrix} \psi_{+1} \\ \psi_0 \\ \psi_{-1} \end{pmatrix}. \tag{4}$$

Die Eigenschaften Gl. (3) der „Spinmatrizen" (2) hängen mit der Verwendung in der Quantentheorie des Einteilchensystems zusammen: $\mathfrak{S}^2 = 2$ mit dem Betrage $\hbar l\,(l+1) = 2\,\hbar$ des Drehimpulsquadrates und die anderen Beziehungen mit den Vertauschungsregeln der Operatoren der Drehimpulskomponenten ($x\,p_y - y\,p_x$ usw.).

Wir versuchen jetzt die *nichtrelativistische Feldgleichung für die zweikomponentige Größe beim Spin* $^1/_2$ in der Gl. (1) entsprechenden Form

$$\left(i\frac{\partial}{\partial t} + \frac{c}{2\varkappa}\,\mathrm{Delta} - c\,\eta\,V + \frac{c\,\eta}{2\varkappa}\,\mathfrak{B}\,\mathfrak{S} \right) \begin{pmatrix} \psi_+ \\ \psi_- \end{pmatrix} = 0 \tag{5}$$

zu schreiben, d.h. wir suchen drei einen Vektor bildende Hermiteische Spinmatrizen $\mathfrak{S}_x, \mathfrak{S}_y, \mathfrak{S}_z$ mit Eigenschaften, die Gl.(3) und (5) entsprechen. Die Größen ψ_+, ψ_- sollen das Materiefeld bei Auszeichnung der z-Richtung beschreiben. Da bei Beschränkung auf Elektronenmaterie (Ausschluß von Nukleonenmaterie) $1/2\varkappa$ das magnetische Moment je Ladungseinheit für magnetisch einheitliche Materie $\begin{pmatrix} \psi_+ \\ 0 \end{pmatrix}$ und $\begin{pmatrix} 0 \\ \psi_- \end{pmatrix}$ sein soll, ist das Verhältnis von Magnetisierung in der z-Richtung zu Ladung

$$\frac{1}{2\varkappa}(\psi_+{}^*, \psi_-{}^*)\, \mathfrak{S}_z \begin{pmatrix} \psi_+ \\ \psi_- \end{pmatrix} = \frac{1}{2\varkappa}(\psi_+{}^*\psi_+ - \psi_-{}^*\psi_-),$$

also

$$\mathfrak{S}_z = \begin{pmatrix} 1 & 0 \\ 0 & -1 \end{pmatrix}$$

anzusetzen. Damit haben wir eine der Spinmatrizen. Wegen des um einen Faktor 2 geänderten Verhältnisses von magnetischem Moment zu Drehimpuls haben wir jetzt die Vertauschungsregeln

$$\mathfrak{S}_x \mathfrak{S}_y - \mathfrak{S}_y \mathfrak{S}_x = 2i\,\mathfrak{S}_z \ldots, \tag{6}$$

sowie die Beziehung

$$\mathfrak{S}_x{}^2 + \mathfrak{S}_y{}^2 + \mathfrak{S}_z{}^2 = 4 \cdot J(J+1) = 4 \cdot \frac{1}{2} \cdot \frac{3}{2} = 3 \tag{7}$$

zu erfüllen. Mit willkürlichem $\mathfrak{S}_x$ bilden wir

$$2i\,\mathfrak{S}_y = \mathfrak{S}_z \mathfrak{S}_x - \mathfrak{S}_x \mathfrak{S}_z$$
$$= \begin{pmatrix} 1 & 0 \\ 0 & -1 \end{pmatrix}\begin{pmatrix} \alpha & \beta \\ \beta^* & \gamma \end{pmatrix} - \begin{pmatrix} \alpha & \beta \\ \beta^* & \gamma \end{pmatrix}\begin{pmatrix} 1 & 0 \\ 0 & -1 \end{pmatrix} = 2i\begin{pmatrix} 0 & -i\beta \\ i\beta^* & 0 \end{pmatrix},$$

daraus weiter

$$2i\,\mathfrak{S}_x = \mathfrak{S}_y \mathfrak{S}_z - \mathfrak{S}_z \mathfrak{S}_y$$
$$= \begin{pmatrix} 0 & -i\beta \\ i\beta^* & 0 \end{pmatrix}\begin{pmatrix} 1 & 0 \\ 0 & -1 \end{pmatrix} - \begin{pmatrix} 1 & 0 \\ 0 & -1 \end{pmatrix}\begin{pmatrix} 0 & -i\beta \\ i\beta^* & 0 \end{pmatrix} = 2i\begin{pmatrix} 0 & \beta \\ \beta^* & 0 \end{pmatrix},$$

und aus

$$2i\,\mathfrak{S}_z = \mathfrak{S}_x \mathfrak{S}_y - \mathfrak{S}_y \mathfrak{S}_x$$

schließen wir $\beta^*\beta = 1$; die Beziehung Gl.(7) ist dann erfüllt. Mit geringer Willkür ($\beta = 1$) wählen wir

$$\mathfrak{S}_x = \begin{pmatrix} 0 & 1 \\ 1 & 0 \end{pmatrix} \qquad \mathfrak{S}_y = \begin{pmatrix} 0 & -i \\ i & 0 \end{pmatrix} \qquad \mathfrak{S}_z = \begin{pmatrix} 1 & 0 \\ 0 & -1 \end{pmatrix} \tag{8}$$

als Spinmatrizen („Paulische Spinmatrizen"). Über Gl. (6) hinaus gelten sogar

$$\mathfrak{S}_x \mathfrak{S}_y = -\mathfrak{S}_y \mathfrak{S}_x = i\,\mathfrak{S}_z \tag{9}$$

und die zyklisch zugeordneten Beziehungen. Die Gl. (5), ausgeschrieben

$$\left\{ i\frac{\partial}{\partial t} + \frac{c}{2\varkappa}\,\mathrm{Delta} - c\,\eta\,V + \frac{c\,\eta}{2\varkappa}\left[\mathfrak{B}_x\begin{pmatrix} 0 & 1 \\ 1 & 0 \end{pmatrix} + \mathfrak{B}_y\begin{pmatrix} 0 & -i \\ i & 0 \end{pmatrix} + \mathfrak{B}_z\begin{pmatrix} 1 & 0 \\ 0 & -1 \end{pmatrix}\right]\right\}$$

$$\begin{pmatrix} \psi_+ \\ \psi_- \end{pmatrix} = 0\,,$$

ist jetzt die *Grundgleichung für Materie mit dem Spin* $^1/_2$. Die entsprechende Gleichung der Quantentheorie des Einteilchensystems ist

$$\left(i\,\hbar\frac{\partial}{\partial t} + \frac{\hbar^2}{2\,m}\,\mathrm{Delta} - e\,V + \frac{e\,\hbar}{2\,m\,c}\,\mathfrak{B}\,\mathfrak{S}\right)\begin{pmatrix} \psi_+ \\ \psi_- \end{pmatrix} = 0 \tag{10}$$

(die Gleichung der „Paulischen Spintheorie").

In unserer nichtrelativistischen Theorie sehen wir

$$(\psi_+{}^*,\ \psi_-{}^*)\begin{pmatrix} \psi_+ \\ \psi_- \end{pmatrix} = \psi_+{}^*\,\psi_+ + \psi_-{}^*\,\psi_-$$

als invariant gegen Drehung an. Gemäß Gl. (5) ist dann auch

$$(\psi_+{}^*,\ \psi_-{}^*)\,\mathfrak{B}\,\mathfrak{S}\begin{pmatrix} \psi_+ \\ \psi_- \end{pmatrix}$$

eine Invariante, also

$$(\psi_+{}^*,\ \psi_-{}^*)\,\mathfrak{S}\begin{pmatrix} \psi_+ \\ \psi_- \end{pmatrix} = \mathfrak{B}$$

ein axialer Vektor. Er ist reell und hat die Komponenten

$$\left.\begin{aligned} \psi_+{}^*\,\psi_- + \psi_-{}^*\,\psi_+ &= \mathfrak{B}_x \\ -i\,(\psi_+{}^*\,\psi_- - \psi_-{}^*\,\psi_+) &= \mathfrak{B}_y \\ \psi_+{}^*\,\psi_+ - \psi_-{}^*\,\psi_- &= \mathfrak{B}_z\,, \end{aligned}\right\} \tag{11}$$

und es folgt:

$$\psi_+{}^*\,\psi_- = \frac{1}{2}\,(\mathfrak{B}_x + i\,\mathfrak{B}_y)$$

$$\psi_-{}^*\,\psi_+ = \frac{1}{2}\,(\mathfrak{B}_x - i\,\mathfrak{B}_y)\,,$$

weiter

$$\mathfrak{B}_x{}^2 + \mathfrak{B}_y{}^2 + \mathfrak{B}_z{}^2 = (\mathfrak{B}_x + i\,\mathfrak{B}_y)(\mathfrak{B}_x - i\,\mathfrak{B}_y) + \mathfrak{B}_z{}^2 = (\psi_+{}^*\,\psi_+ + \psi_-{}^*\,\psi_-)^2$$

gleich dem Quadrat der obengenannten Invariante.

In nichtrelativistischer Näherung sind die Transformationen der Spinorkomponenten dadurch gegeben, daß die gemäß Gl. (11) gebildeten Größen sich wie Vektorkomponenten transformieren.

Als Anwendung dieser Transformationsregel betrachten wir den Fall von Materie mit einheitlicher Spinstellung (+-Spin) bei ausgezeichneter z-Richtung und fragen, welche Anteile haben die beiden Spinstellungen bei ausgezeichneter x-Richtung. Bei ausgezeichneter z-Richtung wird diese Materie durch

$$\begin{pmatrix} \psi_+ \\ \psi_- \end{pmatrix} = \begin{pmatrix} 1 \\ 0 \end{pmatrix}$$

dargestellt, woraus $\mathfrak{B}_x = \mathfrak{B}_y = 0$, $\mathfrak{B}_z = 1$ folgt. Bei Auszeichnung der x-Richtung gilt dann

$$\psi_+{}^* \psi_+ - \psi_-{}^* \psi_- = \mathfrak{B}_x \, ,$$

in unserem Falle also 0, so daß

$$\psi_+{}^* \psi_+ = \psi_-{}^* \psi_-$$

wird, die Anteile der beiden Spinstellungen also gleich werden. Ferner bleibt

$$\psi_+{}^* \psi_+ + \psi_-{}^* \psi_- = 1 \, ,$$

so daß schließlich

$$\psi_+{}^* \psi_+ = \psi_-{}^* \psi_- = \frac{1}{2}$$

wird. Die beiden Spinstellungen sind, wie zu erwarten, in gleichen Anteilen vorhanden.

Wir stellen (wie beim Spin 1) weiter die Frage, ob bei gegebenen Größen $\begin{pmatrix} \psi_+ \\ \psi_- \end{pmatrix}$ es eine Richtung gibt, bei deren Auszeichnung die Spinstellung einheitlich wird. Wenn wir aus den gegebenen Größen den reellen Vektor $(\mathfrak{B}_x, \mathfrak{B}_y, \mathfrak{B}_z)$ bilden und seine Richtung jetzt zur z-Richtung machen, so folgt für die neue Koordinatenwahl $\mathfrak{B}_x = 0$, $\mathfrak{B}_y = 0$, $\mathfrak{B}_z > 0$, damit $\psi_-{}^* \psi_- = 0$. *Zu jedem Zahlenpaar* $\begin{pmatrix} \psi_+ \\ \psi_- \end{pmatrix}$ *gibt es eindeutig eine Richtung, für die die Spinstellung einheitlich die* + -*Stellung ist* (hier haben wir also einfachere Verhältnisse als beim Spin 1).

70. Spinorentransformation im relativistischen Fall.

Im nichtrelativistischen Fall waren die Transformationen der zwei Komponenten der Feldgröße beim Übergang zu einer neuen ausgezeichneten (z-) Richtung dadurch gegeben, daß sich die Größen

$$\left. \begin{aligned} \psi_+{}^* \psi_- + \psi_-{}^* \psi_+ &= \mathfrak{B}_x \\ -i(\psi_+{}^* \psi_- - \psi_-{}^* \psi_+) &= \mathfrak{B}_y \\ \psi_+{}^* \psi_+ - \psi_-{}^* \psi_- &= \mathfrak{B}_z \end{aligned} \right\} \tag{1}$$

wie Vektorkomponenten verhielten und

$$\psi_+{}^*\,\psi_+ + \psi_-{}^*\,\psi_- = |\mathfrak{B}|$$

invariant blieb. Bei einer Lorentz-Transformation kann aber $|\mathfrak{B}|$ nicht allgemein invariant sein. Die Beziehung

$$\mathfrak{B}_x{}^2 + \mathfrak{B}_y{}^2 + \mathfrak{B}_z{}^2 - (\psi_+{}^*\,\psi_+ + \psi_-{}^*\,\psi_-)^2 = 0$$

zeigt aber, daß wir die Größen Gl. (1) nur durch eine vierte Komponente

$$\psi_+{}^*\,\psi_+ + \psi_-{}^*\,\psi_- = V^0 = -\,V_0$$

zu ergänzen brauchen, um die invariante Beziehung

$$\mathfrak{B}^2 + V^0\,V_0 = 0$$

zu erhalten. Eine naheliegende Verallgemeinerung der im vorigen Abschnitt erhaltenen Transformationseigenschaften ist also die folgende *Verknüpfung der Spinorkomponenten mit Vektorkomponenten:*

$$\left.\begin{aligned}
\psi_+{}^*\,\psi_- + \psi_-{}^*\,\psi_+ &= V^1 & \qquad \psi_+{}^*\,\psi_- &= \tfrac{1}{2}\,(V^1 + i\,V^2)\\[4pt]
-\,i\,(\psi_+{}^*\,\psi_- - \psi_-{}^*\,\psi_+) &= V^2 & \psi_-{}^*\,\psi_+ &= \tfrac{1}{2}\,(V^1 - i\,V^2)\\[4pt]
\psi_+{}^*\,\psi_+ - \psi_-{}^*\,\psi_- &= V^3 & \psi_+{}^*\,\psi_+ &= \tfrac{1}{2}\,(V^0 + V^3)\\[4pt]
\psi_+{}^*\,\psi_+ + \psi_-{}^*\,\psi_- &= V^0 & \psi_-{}^*\,\psi_- &= \tfrac{1}{2}\,(V^0 - V^3).
\end{aligned}\right\} \tag{2}$$

Dabei ist die Invariante $V_\mu V^\mu = 0$. Durch die Gl. (2) soll bestimmt sein, wie sich die Spinorkomponenten bei einer Lorentz-Transformation der Koordinaten transformieren. Die Verknüpfung Gl. (2) lautet in Matrixschreibweise

$$\left.\begin{aligned}
(\psi_+{}^*\ \psi_-{}^*)\,\sigma^\mu \begin{pmatrix}\psi_+\\ \psi_-\end{pmatrix} &= V^\mu\\[10pt]
(\psi_+{}^*\ \psi_-{}^*)\,\sigma_\mu \begin{pmatrix}\psi_+\\ \psi_-\end{pmatrix} &= V_\mu,
\end{aligned}\right\} \tag{3}$$

wo $\sigma^0 = -\,\sigma_0,\ \sigma^1 = \sigma_1,\ \sigma^2 = \sigma_2,\ \sigma^3 = \sigma_3$ der Reihe nach die vier Matrizen

$$\begin{pmatrix}1 & 0\\ 0 & 1\end{pmatrix} \qquad \begin{pmatrix}0 & 1\\ 1 & 0\end{pmatrix} \qquad \begin{pmatrix}0 & -i\\ i & 0\end{pmatrix} \qquad \begin{pmatrix}1 & 0\\ 0 & -1\end{pmatrix} \tag{4}$$

sind (wir schreiben also jetzt $\sigma^1\ldots$ statt der früheren Bezeichnungen $\mathfrak{S}_x\ldots$). Für diese Matrizen gilt:

$$(\sigma^0)^2 = (\sigma^1)^2 = (\sigma^2)^2 = (\sigma^3)^2 = 1 \tag{5}$$

und

$$\sigma^1\,\sigma^2 = -\,\sigma^2\,\sigma^1 = i\,\sigma^3 \tag{6}$$

mit den zyklisch daraus hervorgehenden Beziehungen. Einen Teil dieser Regeln kann man in

$$\sigma^\mu \sigma_\nu + \sigma^\nu \sigma_\mu = 2\delta^{\mu\nu} \qquad (\delta^{00} = -1) \tag{7}$$

zusammenfassen.

Beim Übergang zu einer anderen ausgezeichneten (z-) Richtung transformieren sich also *die zwei Spinorkomponenten* ψ_+, ψ_- *so, daß die nach Gl.* (3), (4) *gebildeten Größen* V^μ *sich wie die Komponenten eines Vierervektors vom Betrage null transformieren.*

Die Beziehungen Gl. (3), (4) zwischen Spinorkomponenten und Vektorkomponenten sehen wir als Definition des Begriffs Spinor an. Ein Vektor vom Betrage null wird damit statt durch vier reelle Komponenten (mit einer Beziehung) durch zwei komplexe Komponenten beschrieben.

Aus dem positiv definiten Charakter von V^0 folgt, daß es keine Transformation gibt, die das Vorzeichen von V^0 ändert. Auch die Überführung von (V^1, V^2, V^3) in $(-V^1, -V^2, -V^3)$ ist nicht möglich, denn $V^0 \to V^0$, $V^3 \to -V^3$ würde $\psi_+^* \psi_+ \to \psi_-^* \psi_-$, $\psi_-^* \psi_- \to \psi_+^* \psi_+$ bedeuten, und damit ließe sich $V^1, V^2 \to -V^1, -V^2$ nicht herstellen. Wenn wir (V^0, V^1, V^2, V^3) als echten Vierervektor ansehen wollen, dessen Komponenten sich wie die Koordinaten (x^0, x^1, x^2, x^3) transformieren, so müssen wir die Transformationen der Zeitumkehr $(x^0 \to -x^0)$ und der räumlichen Spiegelung $(x^1, x^2, x^3 \to -x^1, -x^2, -x^3)$ ausschließen. Wir können aber (V^0, V^1, V^2, V^3) auch als „Pseudo-Vierervektor" ansehen, dessen Komponenten sich wie die eines schiefsymmetrischen Tensors dritter Stufe $(W^{123}, W^{230}, W^{310}, W^{120})$ transformieren; auch dann muß die Zeitumkehr und die räumliche Spiegelung ausgeschlossen werden. Bei der letzteren Auffassung ist $\mathfrak{B} = (V^1, V^2, V^3)$ ein axialer Vektor, und dieses scheint uns wegen der Beziehung zur Magnetisierung natürlicher.

Die Größen $V^1 - iV^2$, V^3, $V^1 + iV^2$ haben (vgl. Abschnitt 61) eine enge Beziehung zu den Spinstellungen $+1, 0, -1$ des Spins 1. Von ψ_+ und ψ_- erwarten wir eine Beziehung zu den Stellungen $+\frac{1}{2}, -\frac{1}{2}$ des Spins $\frac{1}{2}$; ψ_-^*, ψ_+^* möchten wir auch den Stellungen $+\frac{1}{2}, -\frac{1}{2}$ zuordnen. Dann gibt Gl. (2) an, wie Spinoren vom Spin $\frac{1}{2}$ sich zu Spinkomponenten vom Spin 1 zusammensetzen ($m = \frac{1}{2}, \frac{1}{2}$ gibt $M = 1$, $m = \frac{1}{2}, -\frac{1}{2}$ gibt $M = 0$, $m = -\frac{1}{2}, -\frac{1}{2}$ gibt $M = -1$).

Eine homogen lineare Transformation von ψ_+, ψ_- drückt die neuen vier Produkte $\psi_+^* \psi_+$, $\psi_+^* \psi_-$, $\psi_-^* \psi_+$, $\psi_-^* \psi_-$ wieder homogen und linear durch die alten vier Produkte aus, sie ist also eine reelle lineare Transformation der V^μ und damit auch eine reelle lineare Transformation der Koordinaten x^μ. Da sie einen Vierervektor (oder Pseudo-Vierervektor) vom Betrage null in einen Vierervektor (oder Pseudo-Vierervektor) vom Betrage null überführt, ist sie bis auf einen Zahlenfaktor eine Lorentz-Transformation.

Um uns etwas mit den Spinoren vertraut zu machen, betrachten wir einige *einfache lineare Transformationen.*

Es gibt Transformationen von ψ_+, ψ_-, die die Größen V^μ ungeändert lassen, also die identische Lorentz-Transformation ($x^\mu \to x^\mu$) ergeben. Eine solche Transformation ist

$$\begin{pmatrix} \psi_+ \\ \psi_- \end{pmatrix} \to e^{i\lambda} \begin{pmatrix} \psi_+ \\ \psi_- \end{pmatrix}. \tag{8}$$

Es gibt auch keine anderen solchen Transformationen, da die vier Produkte $\psi_+^* \psi_+ \ldots$ nicht geändert werden dürfen. Die Zufügung eines gemeinsamen Faktors vom Betrage 1 zu den beiden Spinorkomponenten ist also bedeutungslos.

Der Zeitumkehr $(x, y, z, ct) \to (x, y, z, -ct)$ entspricht keine mögliche Transformation der ψ_+, ψ_-, ebensowenig der räumlichen Inversion $(x, y, z, ct) \to (-x, -y, -z, ct)$, der einfachen Spiegelung $(x, y, z, ct) \to (x, y, -z, ct)$ und den Spiegelungen von x und y; man sieht das ein, wenn man versucht, aus Gl. (2) die Transformationskoeffizienten auszurechnen.

Verhältnismäßig einfach sind die Transformationen, die zwei der vier Koordinaten x, y, z, ct ungeändert lassen. Zunächst die räumlichen Drehungen: Die Transformation

$$\begin{pmatrix} \psi_+ \\ \psi_- \end{pmatrix} \to \begin{pmatrix} \cos \alpha/2 & -i \sin \alpha/2 \\ -i \sin \alpha/2 & \cos \alpha/2 \end{pmatrix} \begin{pmatrix} \psi_+ \\ \psi_- \end{pmatrix} \tag{9}$$

ergibt

$$(x, y, z, ct) \to (x, y \cos \alpha - z \sin \alpha, z \cos \alpha + y \sin \alpha, ct),$$

also eine Drehung der dargestellten Größe um den Winkel α um die x-Achse. Die Transformation

$$\begin{pmatrix} \psi_+ \\ \psi_- \end{pmatrix} \to \begin{pmatrix} \cos \alpha/2 & -\sin \alpha/2 \\ \sin \alpha/2 & \cos \alpha/2 \end{pmatrix} \begin{pmatrix} \psi_+ \\ \psi_- \end{pmatrix} \tag{10}$$

ergibt

$$(x, y, z, ct) \to (x \cos \alpha + z \sin \alpha, y, z \cos \alpha - x \sin \alpha, ct),$$

also die Drehung um den Winkel α um die y-Achse. Im besonderen Falle $\alpha = \pi/2$ erhalten wir mit

$$\begin{pmatrix} \psi_+ \\ \psi_- \end{pmatrix} \to \frac{1}{\sqrt{2}} \begin{pmatrix} \psi_+ - \psi_- \\ \psi_+ + \psi_- \end{pmatrix}$$

eine Transformation, bei der jetzt der nach Gl. (2) gebildete Vierervektor die Komponente

$$\psi_+^* \psi_+ - \psi_-^* \psi_- = V^1$$

hat, wo also ψ_+ und ψ_- jetzt den Spinstellungen in der x- und $-x$-Richtung entsprechen. Die Transformation

$$\begin{pmatrix}\psi_+\\\psi_-\end{pmatrix} \to \begin{pmatrix}e^{-i\alpha/2} & 0\\ 0 & e^{i\alpha/2}\end{pmatrix}\begin{pmatrix}\psi_+\\\psi_-\end{pmatrix} \tag{11}$$

ergibt

$$(x+iy,\ x-iy,\ z,\ ct) \to \{e^{i\alpha}(x+iy),\ e^{-i\alpha}(x-iy),\ z,\ ct\},$$

also die Drehung um den Winkel α um die z-Achse. Die entsprechenden infinitesimalen Transformationen hängen mit den oben eingeführten σ-Matrizen zusammen;

$$\begin{pmatrix}\psi_+\\\psi_-\end{pmatrix} \to \left(1 - i\,\frac{d\alpha}{2}\,\sigma^\mu\right)\begin{pmatrix}\psi_+\\\psi_-\end{pmatrix} \qquad \mu = 1, 2, 3 \tag{12}$$

ist die Drehung um den infinitesimalen Winkel $d\alpha$ um die x^μ-Achse. Wir können noch drei endliche Transformationen hinzufügen, bei denen zwei der räumlichen Koordinaten ungeändert bleiben. Wir beschränken uns aber auf

$$\begin{pmatrix}\psi_+\\\psi_-\end{pmatrix} \to \begin{pmatrix}\sqrt[4]{\dfrac{1-\beta}{1+\beta}} & 0\\ 0 & \sqrt[4]{\dfrac{1+\beta}{1-\beta}}\end{pmatrix}\begin{pmatrix}\psi_+\\\psi_-\end{pmatrix}; \tag{13}$$

sie bedeutet

$$(x,\ y,\ z,\ ct) \to \left(x,\ y,\ \frac{z-\beta ct}{\sqrt{1-\beta^2}},\ \frac{ct-\beta z}{\sqrt{1-\beta^2}}\right);$$

sie ist also die einfache Lorentz-Transformation, die einer Bewegung in der z-Richtung entspricht. Die zugehörige infinitesimale Transformation ist

$$\begin{pmatrix}\psi_+\\\psi_-\end{pmatrix} \to \left(1 - \frac{d\beta}{2}\,\sigma^3\right)\begin{pmatrix}\psi_+\\\psi_-\end{pmatrix}. \tag{14}$$

Die betrachteten Transformationen haben bis auf (8) die Determinante 1; bei (8) hat die Determinante den Betrag 1. Durch Zusammensetzen der angegebenen Transformationen kann man eine beliebige „eigentliche" Lorentz-Transformation herstellen, d.h. eine Lorentz-Transformation ohne Spiegelung und Zeitumkehr. Alle eigentlichen Lorentz-Transformationen sind also durch lineare Transformation der ψ_+, ψ_- mit der Determinante 1 darstellbar. Umgekehrt gibt eine Transformation der ψ_+, ψ_- mit der Determinante 1 zunächst bis auf einen Faktor eine Lorentz-Transformation; durch Vergleich mit der Transformation der ψ_+, ψ_-, die dieser Lorentz-Transformation entspricht, folgt, daß der Faktor 1 ist. *Der Bereich der Lorentz-Transformationen ohne Spiegelung und Zeitumkehr stimmt überein mit dem Bereich der*

17*

homogenen linearen Transformationen der ψ_+, ψ_- *mit einer Determinante vom Betrage 1.* Dabei entspricht der Lorentz-Transformation eine bis auf einen Faktor $e^{i\lambda}$ eindeutige homogene lineare Transformation der ψ_+, ψ_-.

Die besondere Lorentz-Transformation (13), die dem Übergang zu einem in der z-Richtung bewegten Bezugssystem entspricht, hat die Eigenschaft, daß ψ_+ und ψ_- nicht gekoppelt werden. Materie einheitlicher Spinstellung relativ zur z-Richtung bleibt Materie einheitlicher Spinstellung, wenn man sie von einem in der z-Richtung bewegten Bezugssystem aus betrachtet. Die Lorentz-Transformation jedoch, die dem Übergang zu einem in anderer Richtung bewegten Bezugssystem entspricht und die wir aus Drehungen und der Transformation (13) zusammensetzen können, bedeutet eine Kopplung von ψ_+ und ψ_-. Materie einheitlicher Spinstellung relativ zur z-Richtung wird Materie nicht einheitlicher Spinstellung, wenn man sie von einem nicht in der z-Richtung bewegten Bezugssystem aus betrachtet; merklich ist dies natürlich nur in dem Maße, in dem β neben 1 in Betracht kommt, also für „relativistische" Geschwindigkeiten.

71. Spinoranalysis.

Die Transformationseigenschaften eines Spinors sind durch die Beziehungen

$$(\psi_+{}^*, \psi_-{}^*)\, \sigma^\mu \begin{pmatrix} \psi_+ \\ \psi_- \end{pmatrix} = V^\mu \tag{1}$$

zu einem Vektor gegeben. Wegen $V_\mu V^\mu = 0$ kann man aus einem einzigen Spinor (und dem konjugierten) keine Invariante herstellen, wohl aber aus zwei Spinoren $\begin{pmatrix} \chi_+ \\ \chi_- \end{pmatrix}$ und $\begin{pmatrix} \psi_+ \\ \psi_- \end{pmatrix}$, die gemäß Gl. (1) mit zwei Vektoren W^μ und V^μ zusammenhängen mögen. Die Invariante $W_\mu V^\mu$ wird:

$$\begin{aligned}
W_\mu V^\mu &= \frac{1}{2}\left[-(W^0 + W^3)(V^0 - V^3) - (W^0 - W^3)(V^0 + V^3)\right.\\
&\qquad \left. + (W^1 + iW^2)(V^1 - iV^2) + (W^1 - iW^2)(V^1 + iV^2)\right]\\
&= \frac{1}{2}\left(-\chi_+{}^*\chi_+\psi_-{}^*\psi_- - \chi_-{}^*\chi_-\psi_+{}^*\psi_+ + \chi_+{}^*\chi_-\psi_-{}^*\psi_+ + \chi_-{}^*\chi_+\psi_+{}^*\psi_-\right)\\
&= -\frac{1}{2}\left(\chi_+{}^*\psi_-{}^* - \chi_-{}^*\psi_+{}^*\right)\left(\chi_+\psi_- - \chi_-\psi_+\right).
\end{aligned}$$

Die Größe $\chi_+\psi_- - \chi_-\psi_+$ hat also invarianten Betrag bei einer Lorentz-Transformation, d.h. einer homogen linearen Transformation der Spinorkomponenten mit einer Determinante vom Betrag 1. Führen wir die Transformation

$$\begin{pmatrix} \chi_+ \\ \chi_- \end{pmatrix} \to \begin{pmatrix} a & b \\ c & d \end{pmatrix}\begin{pmatrix} \chi_+ \\ \chi_- \end{pmatrix} \qquad \begin{pmatrix} \psi_+ \\ \psi_- \end{pmatrix} \to \begin{pmatrix} a & b \\ c & d \end{pmatrix}\begin{pmatrix} \psi_+ \\ \psi_- \end{pmatrix}$$

explizit aus, so wird

$$\chi_+\psi_- - \chi_-\psi_+ \to (a\,d - b\,c)\,(\chi_+\psi_- - \chi_-\psi_+),$$

d.h., *für eine homogen lineare Transformation der Spinorkomponenten mit der Determinante 1 ist $\chi_+\psi_- - \chi_-\psi_+$ (und nicht nur der Betrag davon) eine Invariante.*

Da es üblich ist, die aus den Komponenten $a^1, a^2\ldots$ und $b^1, b^2\ldots$ zweier mehrkomponentiger Größen gebildete bilineare Invariante in der Form $a_1 b^1 + a_2 b^2 + \ldots$ zu schreiben, wollen wir neben den Komponenten ψ_+, ψ_- eines Spinors auch die Komponenten ψ^+, ψ^- desselben Spinors gemäß

$$\psi^+ = \psi_- \qquad \psi^- = -\,\psi_+ \tag{2}$$

einführen, so daß die Invariante

$$\chi_+\psi^+ + \chi_-\psi^- = -\,(\chi^+\psi_+ + \chi^-\psi_-) = (\psi^+, \psi^-)\begin{pmatrix}\chi_+\\\chi_-\end{pmatrix} = -\,(\chi^+, \chi^-)\begin{pmatrix}\psi_+\\\psi_-\end{pmatrix}$$

wird. Entsprechend führen wir

$$\psi^{+*} = \psi_-{}^* \qquad \psi^{-*} = -\,\psi_+{}^* \tag{3}$$

ein und die Schreibweise

$$\chi_+{}^*\psi^{+*} + \chi_-{}^*\psi^{-*} = -\,(\chi^{+*}\psi_+{}^* + \chi^{-*}\psi_-{}^*)$$
$$= (\chi_+{}^*, \chi_-{}^*)\begin{pmatrix}\psi^{+*}\\\psi^{-*}\end{pmatrix} = -\,(\psi_+{}^*, \psi_-{}^*)\begin{pmatrix}\chi^{+*}\\\chi^{-*}\end{pmatrix}$$

der konjugierten Invariante.

Einen Vierervektor kann man auch aus zwei Spinoren herstellen

$$(\chi_+{}^*, \chi_-{}^*)\,\sigma^\mu\begin{pmatrix}\psi_+\\\psi_-\end{pmatrix} = v^\mu, \tag{4}$$

seine Invariante $v^\mu v_\mu$ wird, wie man leicht nachrechnet, ebenfalls null. Durch Heraufziehen der $+, -$-Zeichen in Gl. (4) gemäß den Regeln Gl. (2) und (3) wird:

$$-\,\psi^+\chi^{-*} - \psi^-\chi^{+*} = v^1$$
$$i\,(\psi^+\chi^{-*} - \psi^-\chi^{+*}) = v^2$$
$$-\,\psi^+\chi^{+*} + \psi^-\chi^{-*} = v^3$$
$$\psi^+\chi^{+*} + \psi^-\chi^{-*} = v^0,$$

zusammengefaßt:

$$(\chi_+{}^*, \chi_-{}^*)\,\sigma^\mu\begin{pmatrix}\psi_+\\\psi_-\end{pmatrix} = (\psi^+, \psi^-)\,(-\,\sigma_\mu)\begin{pmatrix}\chi^{+*}\\\chi^{-*}\end{pmatrix} = v^\mu. \tag{5}$$

Damit haben wir den Zusammenhang von Spinoren und Vektoren erfaßt.

Wir wollen jetzt lernen, *Spinoren* nach den Koordinaten *zu differenzieren*. Bei Tensoren haben wir früher eine erweiternde und eine verjüngende Art des Differenzierens kennengelernt, z.B. bei einem Vektor:

$$\frac{\partial f_\mu}{\partial x^\nu} \qquad \frac{\partial f^\mu}{\partial x^\mu}.$$

Beim Spinor werden wir gleich eine einfache Art, ihn zu differenzieren, kennenlernen, die zugleich erweiternd und verjüngend ist und aus einem Spinor wieder einen Spinor herstellt.

Aus zwei Spinoren $\begin{pmatrix} \chi_+ \\ \chi_- \end{pmatrix}$ und $\begin{pmatrix} \psi_+ \\ \psi_- \end{pmatrix}$ bilden wir den Vierervektor Gl. (4). Wenn wir statt der ψ-Größen deren totale Differentiale setzen, erhalten wir einen differentiellen Vierervektor

$$(\chi_+{}^*, \chi_-{}^*)\, \sigma^\mu\, \frac{\partial}{\partial x^\lambda} \begin{pmatrix} \psi_+ \\ \psi_- \end{pmatrix} \mathrm{d}\, x^\lambda.$$

Daraus folgt, daß

$$(\chi_+{}^*, \chi_-{}^*)\, \sigma^\mu\, \frac{\partial}{\partial x^\lambda} \begin{pmatrix} \psi_+ \\ \psi_- \end{pmatrix} = t^\mu{}_\lambda$$

sich wie Tensorkomponenten transformieren und mithin

$$(\chi_+{}^*, \chi_-{}^*)\, \sigma^\mu\, \frac{\partial}{\partial x^\mu} \begin{pmatrix} \psi_+ \\ \psi_- \end{pmatrix} = t^\mu{}_\mu$$

eine Invariante ist. Das Gebilde

$$\sigma^\mu\, \frac{\partial}{\partial x^\mu} \begin{pmatrix} \psi_+ \\ \psi_- \end{pmatrix}$$

transformiert sich dann (Determinante 1 vorausgesetzt) wie $\begin{pmatrix} \chi^{+*} \\ \chi^{-*} \end{pmatrix}$, d.h., *der Differentialoperator* $\sigma^\mu\, \partial/\partial x^\mu$ *macht aus einem Spinor* $\begin{pmatrix} \psi_+ \\ \psi_- \end{pmatrix}$ *einen Spinor vom Typ* $\begin{pmatrix} \chi^{+*} \\ \chi^{-*} \end{pmatrix}$.

Den Differentialoperator, der aus $\begin{pmatrix} \chi^{+*} \\ \chi^{-*} \end{pmatrix}$ einen Spinor der Art $\begin{pmatrix} \psi_+ \\ \psi_- \end{pmatrix}$ macht, finden wir, indem wir vom Vierervektor

$$(\psi^+, \psi^-)\, \sigma_\mu \begin{pmatrix} \chi^{+*} \\ \chi^{-*} \end{pmatrix} = -\, v^\mu$$

ausgehen, über den differentiellen Vierervektor

$$(\psi^+, \psi^-)\, \sigma_\mu\, \frac{\partial}{\partial x^\lambda} \begin{pmatrix} \chi^{+*} \\ \chi^{-*} \end{pmatrix} \mathrm{d}\, x^\lambda$$

den Tensor

$$(\psi^+, \psi^-)\, \sigma_\mu\, \frac{\partial}{\partial x^\lambda} \begin{pmatrix} \chi^{+*} \\ \chi^{-*} \end{pmatrix} = t^\mu{}_\lambda$$

und die Invariante

$$(\psi^+, \psi^-)\, \sigma_\mu \frac{\partial}{\partial x^\mu}\begin{pmatrix}\chi^{+*}\\ \chi^{-*}\end{pmatrix} = t^\mu{}_\mu$$

bilden. *Der Differentialoperator* $\sigma_\mu \partial/\partial x^\mu = \sigma^\mu \partial/\partial x_\mu$ *macht aus einem Spinor* $\begin{pmatrix}\chi^{+*}\\ \chi^{-*}\end{pmatrix}$ *einen Spinor vom Typ* $\begin{pmatrix}\psi_+\\ \psi_-\end{pmatrix}$.

Wenden wir beide Differentialoperatoren hintereinander an, so erhalten wir aus einem Spinor einen gleichartigen Spinor. Es wird

$$\sigma_\nu \frac{\partial}{\partial x^\nu}\, \sigma^\mu \frac{\partial}{\partial x^\mu}\begin{pmatrix}\psi_+\\ \psi_-\end{pmatrix} = \sigma_\nu\, \sigma^\mu \frac{\partial^2}{\partial x^\nu\, \partial x^\mu}\begin{pmatrix}\psi_+\\ \psi_-\end{pmatrix} = \frac{1}{2}\,(\sigma_\nu\, \sigma^\mu + \sigma_\mu\, \sigma^\nu)\frac{\partial^2}{\partial x^\nu\, \partial x^\mu}\begin{pmatrix}\psi_+\\ \psi_-\end{pmatrix}.$$

Gemäß der Vertauschungsregel

$$\sigma_\nu\, \sigma^\mu + \sigma_\mu\, \sigma^\nu = 2\, \delta^\nu{}^\mu$$

wird dies

$$\sigma_\nu \frac{\partial}{\partial x^\nu}\, \sigma^\mu \frac{\partial}{\partial x^\mu}\begin{pmatrix}\psi_+\\ \psi_-\end{pmatrix} = \frac{\partial^2}{\partial x^\mu\, \partial x_\mu}\begin{pmatrix}\psi_+\\ \psi_-\end{pmatrix} = \left(-\frac{1}{c^2}\frac{\partial^2}{\partial t^2} + \Delta\right)\begin{pmatrix}\psi_+\\ \psi_-\end{pmatrix}. \qquad (6)$$

Unsere beiden Differentialoperatoren geben uns also *eine neue Zerlegung des Operators* $\square = -\partial^2/c^2\partial t^2 + \Delta$ *in Operatoren erster Ordnung.* Wir kennen bisher im Dreidimensionalen:

$$\Delta = \text{div grad},$$

wenn es vor einem Skalar steht, und

$$\Delta = -\,\text{rot rot},$$

wenn es vor einem divergenzfreien Vektor steht, im Vierdimensionalen:

$$\square\,\psi = \frac{\partial}{\partial x_\mu}\, \frac{\partial}{\partial x^\mu}\,\psi$$

und

$$\square\, U_\nu = \frac{\partial}{\partial x_\mu}\left(\frac{\partial U_\nu}{\partial x^\mu} - \frac{\partial U_\mu}{\partial x^\nu}\right) \quad \text{für} \quad \frac{\partial U_\mu}{\partial x_\mu} = 0\,.$$

72. Diracsche Gleichung.

Die Grundgleichungen der skalaren Materiewelle (Abschnitt 24) und der vektoriellen Materiewelle (Abschnitt 62) waren so aufgebaut, daß eine Ableitung einer (ein- oder mehrkomponentigen) Größe ψ gleich dem $\varkappa$-fachen einer Größe χ gesetzt wurde und dann wieder eine Ableitung der Größe χ gleich dem $\varkappa$-fachen von ψ. So wurde in der skalaren Theorie aus dem Skalar ψ durch Ableitung der Vierervektor F_μ gebildet, dessen Divergenz dann wieder zu ψ in Beziehung gesetzt wurde:

$$\frac{\partial \psi}{\partial x^\mu} + \varkappa F_\mu = 0$$

$$\frac{\partial F^\mu}{\partial x^\mu} + \varkappa\,\psi = 0\,.$$

In der vektoriellen Theorie wurde aus dem Vierervektor U_μ durch Ableitung der Sechsertensor $G_{\mu\nu}$ gebildet und dessen verjüngende Ableitung wieder zu U_μ in Beziehung gebracht:

$$-\frac{\partial U_\nu}{\partial x^\mu} + \frac{\partial U_\mu}{\partial x^\nu} + \varkappa G_{\mu\nu} = 0$$

$$\frac{\partial G^{\mu\nu}}{\partial x^\nu} + \varkappa U^\mu = 0.$$

In beiden Theorien folgten aus den Grundgleichungen die Wellengleichungen

$$(\Box - \varkappa^2)\,\psi = 0$$

$$(\Box - \varkappa^2)\,U_\nu = 0.$$

Nach dem gleichen Schema:

$$\text{Abl}\,\psi + \varkappa\,\chi = 0$$

$$\text{Abl}\,\chi + \varkappa\,\psi = 0$$

stellen wir nun die Grundgleichungen einer spinoriellen Materiewelle auf und benutzen dazu die vorhin aufgefundenen Differentialoperatoren. Wir schreiben also

$$\left.\begin{aligned}
\sigma^\mu \frac{\partial}{\partial x^\mu}\begin{pmatrix}\psi_+ \\ \psi_-\end{pmatrix} + i\varkappa\begin{pmatrix}\chi^{+*} \\ \chi^{-*}\end{pmatrix} &= 0 \\[2mm]
-\sigma_\mu \frac{\partial}{\partial x^\mu}\begin{pmatrix}\chi^{+*} \\ \chi^{-*}\end{pmatrix} + i\varkappa\begin{pmatrix}\psi_+ \\ \psi_-\end{pmatrix} &= 0,
\end{aligned}\right\} \tag{1}$$

so daß die Wellengleichung

$$\left(\sigma_\nu \frac{\partial}{\partial x^\nu}\,\sigma^\mu \frac{\partial}{\partial x^\mu} - \varkappa^2\right)\begin{pmatrix}\psi_+ \\ \psi_-\end{pmatrix} = 0$$

$$(\Box - \varkappa^2)\begin{pmatrix}\psi_+ \\ \psi_-\end{pmatrix} = 0 \tag{2}$$

herauskommt. Wir hätten in Gl. (1) auch den Faktor i vor $\varkappa$ und das —-Zeichen in der zweiten Gleichung weglassen können. Ausgeschrieben lauten die Gl. (1):

$$\left.\begin{aligned}
\left\{\frac{\partial}{c\,\partial t} + \begin{pmatrix}0 & 1 \\ 1 & 0\end{pmatrix}\frac{\partial}{\partial x} + \begin{pmatrix}0 & -i \\ i & 0\end{pmatrix}\frac{\partial}{\partial y} + \begin{pmatrix}1 & 0 \\ 0 & -1\end{pmatrix}\frac{\partial}{\partial z}\right\}\begin{pmatrix}\psi_+ \\ \psi_-\end{pmatrix} + i\varkappa\begin{pmatrix}\chi^{+*} \\ \chi^{-*}\end{pmatrix} &= 0 \\[2mm]
\left\{\frac{\partial}{c\,\partial t} - \begin{pmatrix}0 & 1 \\ 1 & 0\end{pmatrix}\frac{\partial}{\partial x} - \begin{pmatrix}0 & -i \\ i & 0\end{pmatrix}\frac{\partial}{\partial y} - \begin{pmatrix}1 & 0 \\ 0 & -1\end{pmatrix}\frac{\partial}{\partial z}\right\}\begin{pmatrix}\chi^{+*} \\ \chi^{-*}\end{pmatrix} + i\varkappa\begin{pmatrix}\psi_+ \\ \psi_-\end{pmatrix} &= 0;
\end{aligned}\right\} \tag{3}$$

wir sehen sie als *Feldgleichungen für die Materie mit dem Spin* $^1/_2$ an. Während die Feldgleichungen (erster Ordnung) der spinfreien Materie einen Skalar und einen Vierervektor, im ganzen also fünf Komponenten enthielten und die Feldgleichungen der Materie mit Spin 1 einen Vierervektor und einen Sechsertensor, im ganzen also zehn Komponenten, kommen in den Feldgl. (3) im ganzen nur vier Komponenten vor. Die Materie mit dem Spin $^1/_2$ wird also durch die niedrigste Komponentenzahl beschrieben.

Die Feldgleichungen der Materie mit dem Spin $^1/_2$ haben noch die Besonderheit, daß die in den beiden Gleichungen vorkommenden Ableitungen (die von ψ und die von χ) bis auf Vorzeichen in gleicher Weise gebildet sind. Dies ermöglicht Zusammenfassung der beiden Gl. (2) zu einer einzigen Gleichung erster Ordnung mit vierreihigen Matrizen, die auf die aus $\begin{pmatrix}\psi_+\\\psi_-\end{pmatrix}$ und $\begin{pmatrix}\chi^{+*}\\\chi^{-*}\end{pmatrix}$ gebildete vierkomponentige Größe wirken. Wenn wir die in Gl. (3) angeschriebene Reihenfolge beibehalten, erhalten wir die folgende Zusammenfassung:

$$\left\{\frac{\partial}{c\,\partial t}+\begin{pmatrix}1&&&\\&1&&\\&&-1&\\&&&-1\end{pmatrix}\frac{\partial}{\partial x}+\begin{pmatrix}&-i&&\\i&&&\\&&&i\\&&-i&\end{pmatrix}\frac{\partial}{\partial y}+\begin{pmatrix}1&&&\\&-1&&\\&&-1&\\&&&1\end{pmatrix}\frac{\partial}{\partial z}+i\varkappa\begin{pmatrix}&&1&\\&&&1\\1&&&\\&1&&\end{pmatrix}\right\}$$

$$\begin{pmatrix}\psi_+\\\psi_-\\\chi^{+*}\\\chi^{-*}\end{pmatrix}=0;\quad (4)$$

dabei sind die Nullen in den Matrizen weggelassen. Abgekürzt und so auch direkt aus Gl. (1) ableitbar, lautet die Zusammenfassung

$$\left\{\begin{pmatrix}\sigma^\mu&\\&-\sigma_\mu\end{pmatrix}\frac{\partial}{\partial x^\mu}+i\varkappa\begin{pmatrix}&1\\1&\end{pmatrix}\right\}\begin{pmatrix}\psi_+\\\psi_-\\\chi^{+*}\\\chi^{-*}\end{pmatrix}=0 \qquad (5)$$

(im letzten Glied in { } ist 1 als zweireihige Diagonalmatrix zu denken). Diese Zusammenfassung kürzt man wieder gerne ab:

$$\left(\frac{\partial}{c\,\partial t}+\alpha^\mu\frac{\partial}{\partial x^\mu}+i\varkappa\alpha^5\right)\psi=0 \qquad \mu=1,2,3$$

oder

$$\left(\alpha^\mu\frac{\partial}{\partial x^\mu}+i\varkappa\alpha^5\right)\psi=0 \qquad \mu=0,1,2,3, \qquad (6)$$

wobei die vierreihigen α-Matrizen sich durch die zweireihigen σ-Matrizen ausdrücken lassen

$$\varkappa^0=1 \qquad \alpha^1=\begin{pmatrix}\sigma^1&\\&-\sigma^1\end{pmatrix} \qquad \alpha^2=\begin{pmatrix}\sigma^2&\\&-\sigma^2\end{pmatrix} \qquad \alpha^3=\begin{pmatrix}\sigma^3&\\&-\sigma^3\end{pmatrix} \qquad \alpha^5=\begin{pmatrix}&1\\1&\end{pmatrix}.$$

$$(7)$$

Eine andere Zusammenfassung der Gl. (1) oder (3) erhalten wir, wenn wir die jeweils untere voranstellen. Wir dividieren Gl. (1) durch i und erhalten

$$\left\{\begin{pmatrix} & i\,\sigma_\mu \\ -i\,\sigma^\mu & \end{pmatrix}\frac{\partial}{\partial x^\mu} + \varkappa\right\}\begin{pmatrix} \psi_+ \\ \psi_- \\ \chi^{+*} \\ \chi^{-*} \end{pmatrix} = 0. \tag{8}$$

Von den vier Matrizen sind die für $\mu = 1, 2, 3$ Hermiteisch, die für $\mu = 0$ ist das i-fache einer Hermiteischen Matrix. Wir führen darum lieber ict als vierte Koordinate ein und schreiben

$$\left\{\begin{pmatrix} & & 1 \\ & & & 1 \\ 1 & & & \\ & 1 & & \end{pmatrix}\frac{\partial}{ic\,\partial t} + \begin{pmatrix} & & & i \\ & & i & \\ & -i & & \\ -i & & & \end{pmatrix}\frac{\partial}{\partial x} + \begin{pmatrix} & & & 1 \\ & & -1 & \\ & -1 & & \\ 1 & & & \end{pmatrix}\frac{\partial}{\partial y} + \begin{pmatrix} & & & i \\ & & -i & \\ & -i & & \\ i & & & \end{pmatrix}\frac{\partial}{\partial z} + \varkappa\right\}$$

$$\begin{pmatrix} \psi_+ \\ \psi_- \\ \chi^{+*} \\ \chi^{-*} \end{pmatrix} = 0, \quad (9)$$

abgekürzt

$$\left(\gamma_\mu \frac{\partial}{\partial x_\mu} + \varkappa\right)\psi = 0 \tag{10}$$

mit $\mu = 1, 2, 3, 4$, $x_4 = ict$ und

$$\gamma_1 = \begin{pmatrix} & i\,\sigma^1 \\ -i\,\sigma^1 & \end{pmatrix} \quad \gamma_2 = \begin{pmatrix} & i\,\sigma^2 \\ -i\,\sigma^2 & \end{pmatrix} \quad \gamma_3 = \begin{pmatrix} & i\,\sigma^3 \\ -i\,\sigma^3 & \end{pmatrix} \quad \gamma_4 = \begin{pmatrix} & 1 \\ 1 & \end{pmatrix} \left.\right\} \tag{11}$$

$$\gamma_\mu = -i\,\alpha^5\,\alpha^\mu \qquad (\mu = 1, 2, 3) \qquad\qquad\qquad \gamma_4 = \alpha^5.$$

Aus den Vertauschungsregeln der σ^μ folgen für die α- und γ-Matrizen:

$$\left.\begin{aligned} \alpha^\mu \alpha_\nu + \alpha^\nu \alpha_\mu &= 2\,\delta_{\mu\nu} & (\delta_{00} = -1) \\ \alpha^\mu \alpha^\nu + \alpha_\nu \alpha_\mu &= 2\,\delta_\mu{}^\nu & (\mu, \nu = 0, 1, 2, 3) \\ \gamma_\mu \gamma_\nu + \gamma_\nu \gamma_\mu &= 2\,\delta_{\mu\nu} & (\mu, \nu = 1, 2, 3, 4). \end{aligned}\right\} \tag{12}$$

Wir nennen Gl. (6) die α-Form, Gl. (10) die γ-Form der Diracschen Gleichung.

Neben den Feldgrößen $\psi_+, \psi_-, \chi^{+*}, \chi^{-*}$ müssen wir noch die dazu konjugiert komplexen Größen $\psi_+^*, \psi_-^*, \chi^+, \chi^-$ betrachten. Da wir $\begin{pmatrix} \psi_+ \\ \psi_- \end{pmatrix}$ und $\begin{pmatrix} \chi^{+*} \\ \chi^{-*} \end{pmatrix}$ in Form von (zweizeiligen und einspaltigen) Matrizen geschrieben haben und man beim Übergang zur konjugierten Matrix Zeilen und Spalten vertauscht und i durch $-i$ ersetzt, erhalten wir die (einzeiligen und zweispaltigen) Matrizen (ψ_+^*, ψ_-^*) und (χ^+, χ^-) als konjugierte Größen. Zu $\sigma^\mu \begin{pmatrix} \psi_+ \\ \psi_- \end{pmatrix}$ ist $(\psi_+{}^*, \psi_-{}^*)\, \sigma^\mu$ konjugiert, und die zu Gl. (1) konjugierten Gleichungen sind

$$\left. \begin{aligned} \frac{\partial}{\partial x^\mu}\,(\psi_+{}^*, \psi_-{}^*)\, \sigma^\mu - i\varkappa\,(\chi^+, \chi^-) &= 0 \\[2mm] -\frac{\partial}{\partial x^\mu}\,(\chi^+, \chi^-)\, \sigma_\mu - i\varkappa\,(\psi_+{}^*, \psi_-{}^*) &= 0, \end{aligned} \right\} \tag{13}$$

die man auch zu

$$\frac{\partial \psi^*}{\partial x^\mu}\,\alpha^\mu - i\varkappa\,\psi^*\alpha^5 = 0 \qquad (\mu = 0, 1, 2, 3) \tag{14}$$

$$\frac{\partial \psi^*}{\partial x_\mu{}^*}\,\gamma_\mu + \varkappa\,\psi^* \;\; = 0 \qquad (\mu = 1, 2, 3, 4) \tag{15}$$

zusammenfassen kann (in der letzten Gleichung beachte man $x_4{}^* = -x_4$).

Wir suchen noch einen reellen Vierervektor s^μ, für den

$$\frac{\partial s^\mu}{\partial x^\mu} = 0$$

aus den Feldgleichungen folgt, so daß wir erwarten können, er sei der *Vierervektor des elektrischen Stromes und der Ladung*. Versuchen wir die beiden uns schon bekannten reellen Vierervektoren

$$(\psi_+{}^*, \psi_-{}^*)\, \sigma^\mu \begin{pmatrix} \psi_+ \\ \psi_- \end{pmatrix} \qquad (\chi^+, \chi^-)\, \sigma_\mu \begin{pmatrix} \chi^{+*} \\ \chi^{-*} \end{pmatrix},$$

so wird infolge der Feldgl. (1):

$$\frac{\partial}{\partial x^\mu}\left[(\psi_+{}^*, \psi_-{}^*)\, \sigma^\mu \begin{pmatrix} \psi_+ \\ \psi_- \end{pmatrix}\right] = \frac{\partial}{\partial x^\mu}\left[(\chi^+, \chi^-)\, \sigma_\mu \begin{pmatrix} \chi^{+*} \\ \chi^{-*} \end{pmatrix}\right]$$

$$= i\varkappa\left[(\chi^+, \chi^-)\begin{pmatrix} \psi_+ \\ \psi_- \end{pmatrix} - (\psi_+{}^*, \psi_-{}^*)\begin{pmatrix} \chi^{+*} \\ \chi^{-*} \end{pmatrix}\right].$$

Für den gesuchten Vierervektor kommt also

$$s^\mu \sim (\psi_+{}^*, \psi_-{}^*)\, \sigma^\mu \begin{pmatrix} \psi_+ \\ \psi_- \end{pmatrix} - (\chi^+, \chi^-)\, \sigma_\mu \begin{pmatrix} \chi^{+*} \\ \chi^{-*} \end{pmatrix} = (\psi_+{}^*, \psi_-{}^*, \chi^+, \chi^-)\, \alpha^\mu \begin{pmatrix} \psi_+ \\ \psi_- \\ \chi^{+*} \\ \chi^{-*} \end{pmatrix},$$

kurz

$$s^\mu \sim \psi^* \alpha^\mu \psi \tag{16}$$

in Betracht. Die Ladungsdichte wird damit $\sim \psi^*\psi$ wie in der nicht-relativistischen skalaren Theorie. Hier zeigt sich uns eine Schwierigkeit der Theorie der Materie mit dem Spin $^1/_2$. *Es ist nicht möglich, geladene Materie mit beiden Ladungsvorzeichen mit unseren Grundgleichungen zu erfassen*, während es bei der Materie mit dem Spin 0 oder 1 möglich war. Wir beschränken uns vorläufig auf positiv geladene Materie.

73. Ebene Wellen.

Wir erwarten, daß die Diracschen Feldgleichungen ebene Wellen als Lösungen zulassen. Wir suchen solche auf. Der Ansatz

$$\begin{pmatrix} \psi_+ \\ \psi_- \\ \chi^{+*} \\ \chi^{-*} \end{pmatrix} = \begin{pmatrix} B_1 \\ B_2 \\ B_3 \\ B_4 \end{pmatrix} e^{-i\omega t + i\mathfrak{k}\mathfrak{r}}$$

liefert nach Einsetzen in die Wellengleichung zweiter Ordnung:

$$\frac{\omega^2}{c^2} - \mathfrak{k}^2 - \varkappa^2 = 0 \,,$$

nach Einsetzen in die α-Form der Feldgleichung erster Ordnung:

$$\left(-i\frac{\omega}{c} + i\mathfrak{k}\vec{\alpha} + i\varkappa\alpha^5 \right) \begin{pmatrix} B_1 \\ B_2 \\ B_3 \\ B_4 \end{pmatrix} = 0 \,,$$

wo die drei Matrizen α^1, α^2, α^3 im Vektor $\vec{\alpha}$ zusammengefaßt sind. Diese Gleichung läßt sich lösen, wenn man die Beziehung beachtet

$$\left(-i\frac{\omega}{c} + i\vec{\alpha}\mathfrak{k} + i\varkappa\alpha^5 \right)\left(i\frac{\omega}{c} + i\vec{\alpha}\mathfrak{k} + i\varkappa\alpha^5 \right) = \frac{\omega^2}{c^2} - \mathfrak{k}^2 - \varkappa^2 = 0 \,,$$

die aus den Vertauschungsregeln der α^μ folgt. Es ist danach

$$\begin{pmatrix} \psi_+ \\ \psi_- \\ \chi^{+*} \\ \chi^{-*} \end{pmatrix} = \left(\frac{\omega}{c} + \mathfrak{k}\vec{\alpha} + \varkappa\alpha^5 \right) \begin{pmatrix} A_1 \\ A_2 \\ A_3 \\ A_4 \end{pmatrix} e^{-i\omega t + i\mathfrak{k}\mathfrak{r}} \tag{1}$$

mit beliebigen Zahlen A_l eine Lösung der Feldgleichung.

Wir schreiben jetzt zunächst *eine ebene Welle* auf, *die in der z-Richtung fortschreitet*, also der Richtung, die bei der Definition der Spinorkomponenten ausgezeichnet war:

$$\begin{pmatrix} \psi_+ \\ \psi_- \\ \chi^{+*} \\ \chi^{-*} \end{pmatrix} = \begin{pmatrix} \left(\dfrac{\omega}{c} + k\right) A_1 + \varkappa A_3 \\[2mm] \left(\dfrac{\omega}{c} - k\right) A_2 + \varkappa A_4 \\[2mm] \left(\dfrac{\omega}{c} - k\right) A_3 + \varkappa A_1 \\[2mm] \left(\dfrac{\omega}{c} + k\right) A_4 + \varkappa A_2 \end{pmatrix} \cdot e^{-i\omega t + ikz} \,.$$

Sie ist aus vier Teilwellen zusammengesetzt, entsprechend den Zahlen A_1, A_2, A_3, A_4. Von den vier Wellen mit

$$\begin{pmatrix} \dfrac{\omega}{c}+k \\ 0 \\ \varkappa \\ 0 \end{pmatrix} A_1 \qquad \begin{pmatrix} 0 \\ \dfrac{\omega}{c}-k \\ 0 \\ \varkappa \end{pmatrix} A_2 \qquad \begin{pmatrix} \varkappa \\ 0 \\ \dfrac{\omega}{c}-k \\ 0 \end{pmatrix} A_3 \qquad \begin{pmatrix} 0 \\ \varkappa \\ 0 \\ \dfrac{\omega}{c}+k \end{pmatrix} A_4$$

unterscheiden sich wegen der Beziehung

$$\frac{\dfrac{\omega}{c}+k}{\varkappa} = \frac{\varkappa}{\dfrac{\omega}{c}-k}$$

die mit A_1 und A_3 verbundenen nur um einen Faktor, ebenso die mit A_2 und A_4 verbundenen. Eine beliebige in der z-Richtung fortschreitende ebene Welle läßt sich also als Kombination von zwei unabhängigen Wellen schreiben. Als unabhängige Wellen können wir wählen:

$$\begin{pmatrix} \sqrt{1+(c\,k/\omega)} \\ 0 \\ \pm\sqrt{1-(c\,k/\omega)} \\ 0 \end{pmatrix} e^{-i\omega t+ikz} \qquad \begin{pmatrix} 0 \\ \sqrt{1-(c\,k/\omega)} \\ 0 \\ \pm\sqrt{1+(c\,k/\omega)} \end{pmatrix} e^{-i\omega t+ikz}, \quad (2)$$

wo das obere Vorzeichen vor der zweiten Wurzel für $\omega > 0$, das untere für $\omega < 0$ gilt. Die erste Welle hat einheitliche Spinstellung in der z-Richtung, die zweite in der $-z$-Richtung. Für jede der beiden Wellen ist

$$\omega > 0: \quad \varrho \sim \frac{\omega}{c} \qquad \frac{\mathfrak{s}_z}{c} \sim k$$

$$\omega < 0: \quad \varrho \sim \left|\frac{\omega}{c}\right| \qquad \frac{\mathfrak{s}_z}{c} \sim -k\,.$$

Da die Gruppengeschwindigkeit einer aus sehr benachbarten k-Werten zusammengesetzten Wellengruppe

$$\frac{d\omega}{dk} = c^2\,\frac{k}{\omega}$$

ist, folgt in allen Fällen, daß die Stromdichte gleich Ladungsdichte mal Gruppengeschwindigkeit ist. Für ruhende Materie gehen die beiden unabhängigen Wellen (2) in

$$\begin{pmatrix} 1 \\ 0 \\ \pm 1 \\ 0 \end{pmatrix} e^{\mp ic\varkappa t} \qquad \begin{pmatrix} 0 \\ 1 \\ 0 \\ \pm 1 \end{pmatrix} e^{\mp ic\varkappa t} \qquad (3)$$

über.

Wir betrachten jetzt *eine in der x-Richtung fortschreitende Welle*; die bei der Definition der Spinorkomponenten ausgezeichnete Richtung steht also senkrecht auf der Fortschreitrichtung:

$$\begin{pmatrix} \psi_+ \\ \psi_- \\ \chi^{+*} \\ \chi^{-*} \end{pmatrix} = \begin{pmatrix} \dfrac{\omega}{c} A_1 + k A_2 + \varkappa A_3 \\[2mm] \dfrac{\omega}{c} A_2 + k A_1 + \varkappa A_4 \\[2mm] \dfrac{\omega}{c} A_3 - k A_4 + \varkappa A_1 \\[2mm] \dfrac{\omega}{c} A_4 - k A_3 + \varkappa A_2 \end{pmatrix} e^{-i\omega t + ik x}.$$

Die Welle ist wieder aus vier Teilwellen zusammengesetzt mit den Koeffizienten:

$$\begin{pmatrix} \omega/c \\ k \\ \varkappa \\ 0 \end{pmatrix} A_1 \qquad \begin{pmatrix} k \\ \omega/c \\ 0 \\ \varkappa \end{pmatrix} A_2 \qquad \begin{pmatrix} \varkappa \\ 0 \\ \omega/c \\ -k \end{pmatrix} A_3 \qquad \begin{pmatrix} 0 \\ \varkappa \\ -k \\ \omega/c \end{pmatrix} A_4.$$

Wir können sie durch vier andere Kombinationen mit den Faktoren

$$\begin{pmatrix} (\omega/c) \pm \varkappa \\ k \\ \varkappa \pm (\omega/c) \\ \mp k \end{pmatrix} \qquad \begin{pmatrix} k \\ (\omega/c) \pm \varkappa \\ \mp k \\ \varkappa \pm (\omega/c) \end{pmatrix}$$

ersetzen, die sich wegen der Beziehung

$$\frac{(\omega/c) + \varkappa}{k} = \frac{k}{(\omega/c) - \varkappa}$$

auf zwei unabhängige Lösungen zurückführen lassen. Für $k > 0$ lauten sie etwa

$$\begin{pmatrix} \pm \sqrt{1 + (c\varkappa/|\omega|)} \\ \sqrt{1 - (c\varkappa/|\omega|)} \\ \sqrt{1 + (c\varkappa/|\omega|)} \\ \mp \sqrt{1 - (c\varkappa/|\omega|)} \end{pmatrix} e^{-i\omega t + ik x} \qquad \begin{pmatrix} \sqrt{1 - (c\varkappa/|\omega|)} \\ \pm \sqrt{1 + (c\varkappa/|\omega|)} \\ \mp \sqrt{1 - (c\varkappa/|\omega|)} \\ \sqrt{1 + (c\varkappa/|\omega|)} \end{pmatrix} e^{-i\omega t + ik x}, \quad (4)$$

wobei das obere Vorzeichen für $\omega > 0$, das untere für $\omega < 0$ gilt. Weiter ist

$$\varrho \sim \pm \frac{\omega}{c}, \qquad \frac{\mathfrak{s}_x}{c} \sim \pm k.$$

Im Grenzfall der ruhenden Materie geht (4) in (3) über.

Eine andere Wahl für die beiden unabhängigen in der x-Richtung fortschreitenden Wellen ist

$$\begin{pmatrix} \sqrt{1+(c\,k/|\omega|)} \\ \pm\,\sqrt{1+(c\,k/|\omega|)} \\ \pm\,\sqrt{1-(c\,k/|\omega|)} \\ \sqrt{1-(c\,k/|\omega|)} \end{pmatrix} e^{-i\omega t + ikx} \qquad \begin{pmatrix} \sqrt{1-(c\,k/|\omega|)} \\ \mp\,\sqrt{1-(c\,k/|\omega|)} \\ \pm\,\sqrt{1+(c\,k/|\omega|)} \\ -\,\sqrt{1+(c\,k/|\omega|)} \end{pmatrix} e^{-i\omega t + ikx}; \qquad (5)$$

sie haben in bezug auf die x-Richtung einheitliche Spinstellung. Im Grenzfall $k=0$ wird daraus

$$\begin{pmatrix} 1 \\ \pm\,1 \\ \pm\,1 \\ 1 \end{pmatrix} e^{-i\omega t} \qquad \begin{pmatrix} 1 \\ \pm\,1 \\ \pm\,1 \\ -\,1 \end{pmatrix} e^{-i\omega t}. \qquad (6)$$

Die hier aufgeführten ebenen Wellen müssen auch *durch Lorentz-Transformation aus der stehenden Welle* folgen. Wir wollen die in der z-Richtung fortschreitende Welle noch einmal mit Hilfe der Lorentz-Transformation ableiten; ferner wollen wir an Hand der in der x-Richtung fortschreitenden Welle die Lorentz-Transformation der Spinoren für Bewegung in der x-Richtung ableiten. Wir beschränken uns jetzt auf $\omega > 0$. Stehende Wellen, die die Dirac-Gleichung erfüllen, sind

$$(1+\alpha^5)\begin{pmatrix} A_1 \\ A_2 \\ A_3 \\ A_4 \end{pmatrix} e^{-ic\varkappa t};$$

darin sind die unabhängigen Lösungen (3) enthalten.

Eine in der z-Richtung mit der Gruppengeschwindigkeit $v = \beta c$ bewegte Welle erhalten wir mittels der Lorentz-Transformation:

$$\begin{pmatrix} \psi_+ \\ \psi_- \end{pmatrix} \to \begin{pmatrix} \sqrt[4]{\dfrac{1+\beta}{1-\beta}} & 0 \\ 0 & \sqrt[4]{\dfrac{1-\beta}{1+\beta}} \end{pmatrix} \begin{pmatrix} \psi_+ \\ \psi_- \end{pmatrix} = \frac{1}{\sqrt[4]{1-\beta^2}} \cdot \begin{pmatrix} \sqrt{1+\beta} & 0 \\ 0 & \sqrt{1-\beta} \end{pmatrix} \begin{pmatrix} \psi_+ \\ \psi_- \end{pmatrix}$$

und (wegen $\chi^{+*} = \chi_-{}^*,\ \chi^{-*} = -\chi_+{}^*$):

$$\begin{pmatrix} \chi^{+*} \\ \chi^{-*} \end{pmatrix} \to \frac{1}{\sqrt[4]{1-\beta^2}} \begin{pmatrix} \sqrt{1-\beta} & 0 \\ 0 & \sqrt{1+\beta} \end{pmatrix} \begin{pmatrix} \chi^{+*} \\ \chi^{-*} \end{pmatrix}.$$

Unter Beachtung von $\beta = c\,k/\omega$ entstehen so aus (3) die Wellen (2).

Die Lorentz-Transformation, die aus der Lösung (3) die in der x-Richtung fortschreitenden Wellen (4) herstellt, ist bis auf einen Faktor:

$$\begin{pmatrix} \psi_+ \\ \psi_- \end{pmatrix} \to \sim \begin{pmatrix} \sqrt{1+(c\varkappa/\omega)} & \sqrt{1-(c\varkappa/\omega)} \\ \sqrt{1-(c\varkappa/\omega)} & \sqrt{1+(c\varkappa/\omega)} \end{pmatrix} \begin{pmatrix} \psi_+ \\ \psi_- \end{pmatrix}$$

$$\begin{pmatrix} \chi^{+*} \\ \chi^{-*} \end{pmatrix} \to \sim \begin{pmatrix} \sqrt{1+(c\varkappa/\omega)} & -\sqrt{1-(c\varkappa/\omega)} \\ -\sqrt{1-(c\varkappa/\omega)} & \sqrt{1+(c\varkappa/\omega)} \end{pmatrix} \begin{pmatrix} \chi^{+*} \\ \chi^{-*} \end{pmatrix}.$$

Wegen $\chi^{+*} = \chi_-{}^*$, $\chi^{-*} = -\chi_+{}^*$ entsprechen die beiden Transformationsgleichungen einander. Durch $\beta = ck/\omega$ ausgedrückt, wird $c\varkappa/\omega = \sqrt{1-\beta^2}$; wir haben also die Lorentz-Transformation

$$\begin{pmatrix} \psi_+ \\ \psi_- \end{pmatrix} \to \frac{1}{\sqrt{2}\,\sqrt[4]{1-\beta^2}} \begin{pmatrix} \sqrt{1+\sqrt{1-\beta^2}} & \sqrt{1-\sqrt{1-\beta^2}} \\ \sqrt{1-\sqrt{1-\beta^2}} & \sqrt{1+\sqrt{1-\beta^2}} \end{pmatrix} \begin{pmatrix} \psi_+ \\ \psi_- \end{pmatrix}$$

vor uns.

74. Einfluß eines elektromagnetischen Feldes.

Die Eichinvarianz, die die Feldgleichungen der Materie bei Anwesenheit eines elektromagnetischen Feldes haben müssen, können wir (wie in der skalaren und der vektoriellen Theorie) dadurch erreichen, daß wir die elektromagnetischen Potentiale V, $\mathfrak{A}$ in den Verbindungen

$$\frac{\partial}{c\,\partial t} \pm i\eta V, \quad \frac{\partial}{\partial x} \mp i\eta \mathfrak{A}_x \ldots$$

einführen, wobei das obere Vorzeichen vor ψ, d.h. $\begin{pmatrix} \psi_+ \\ \psi_- \end{pmatrix}$ und $\begin{pmatrix} \chi^{+*} \\ \chi^{-*} \end{pmatrix}$, das untere vor ψ^*, d.h. $(\psi_+{}^*, \psi_-{}^*)$ und (χ^+, χ^-) gelten soll. Wir ersetzen also die Feldgleichungen des Abschnittes 72 durch ($\mu = 0, 1, 2, 3$)

$$\left. \begin{aligned} \sigma^\mu \left(\frac{\partial}{\partial x^\mu} - i\eta A_\mu \right) \begin{pmatrix} \psi_+ \\ \psi_- \end{pmatrix} + i\varkappa \begin{pmatrix} \chi^{+*} \\ \chi^{-*} \end{pmatrix} = 0 \\[2mm] -\sigma_\mu \left(\frac{\partial}{\partial x^\mu} - i\eta A_\mu \right) \begin{pmatrix} \chi^{+*} \\ \chi^{-*} \end{pmatrix} + i\varkappa \begin{pmatrix} \psi_+ \\ \psi_- \end{pmatrix} = 0 \end{aligned} \right\} \tag{1}$$

und die konjugierten Gleichungen durch

$$\left. \begin{aligned} \left(\frac{\partial}{\partial x^\mu} + i\eta A_\mu \right) (\psi_+{}^*, \psi_-{}^*)\, \sigma^\mu - i\varkappa (\chi^+, \chi^-) = 0 \\[2mm] -\left(\frac{\partial}{\partial x^\mu} + i\eta A_\mu \right) (\chi^+, \chi^-)\, \sigma_\mu - i\varkappa (\psi_+{}^*, \psi_-{}^*) = 0. \end{aligned} \right\} \tag{1*}$$

Auch hier können wir zu vierkomponentigen Gleichungen für die aus

ψ_+, ψ_-, χ^{+*}, χ^{-*} gebildete Spalte ψ und die aus ψ_+^*, ψ_-^*, χ^+, χ^- gebildete Zeile ψ^* zusammenfassen; so erhalten wir die α-Formen:

$$\left(\frac{\partial}{c\,\partial t} + i\eta V\right)\psi + \alpha^\mu\left(\frac{\partial}{\partial x^\mu} - i\eta A_\mu\right)\psi + i\varkappa\alpha^5\psi = 0 \tag{2}$$

$$\left(\frac{\partial}{c\,\partial t} - i\eta V\right)\psi^* + \left(\frac{\partial}{\partial x^\mu} + i\eta A_\mu\right)\psi^*\alpha^\mu - i\varkappa\psi^*\alpha^5 = 0 \tag{2*}$$

($\mu = 1, 2, 3$), ferner die γ-Formen:

$$\gamma_\mu\left(\frac{\partial}{\partial x_\mu} - i\eta A_\mu\right)\psi + \varkappa\psi = 0 \tag{3}$$

$$\left(\frac{\partial}{\partial x_\mu^*} + i\eta A_\mu^*\right)\psi^*\gamma_\mu + \varkappa\psi^* = 0 \tag{3*}$$

($\mu = 1, 2, 3, 4$; $x_4 = ict$; $x_4^* = -ict$; $A_4 = iV$; $A_4^* = -iV$). Man kann für ψ^* eine γ-Form erhalten, die x_μ und A_μ enthält, indem man Gl. (3*) rechts mit γ_4 multipliziert. Für alle μ ist nämlich

$$A_\mu^*\gamma_\mu\gamma_4 = -A_\mu\gamma_4\gamma_\mu,$$

so daß

$$\left(\frac{\partial}{\partial x_\mu} + i\eta A_\mu\right)(\psi^*\gamma_4)\gamma_\mu - \varkappa(\psi^*\gamma_4) = 0 \tag{3$^+$}$$

wird.

Für den Vektor $s^\mu \sim \psi^*\alpha^\mu\psi$ gilt auch jetzt

$$\frac{\partial s^\mu}{\partial x^\mu} = 0.$$

Mit der Abkürzung $D_\mu = \partial/\partial x^\mu - i\eta A_\mu$ und der Hilfsformel

$$\frac{\partial}{\partial x^\mu}(F^*G) = (D_\mu F)^* \cdot G + F^* \cdot D_\mu G$$

folgt leicht

$$\frac{\partial s^\mu}{\partial x^\mu} = (D_\mu\psi)^*\alpha^\mu\psi + \psi^*\alpha^\mu D_\mu\psi,$$

und das gibt null nach Gl. (2) und (2*).

Wir setzen also auch bei Anwesenheit eines elektromagnetischen Feldes und Beschränkung auf positiv geladene Materie

$$s^\mu \sim \psi^*\alpha^\mu\psi. \tag{4}$$

Wir gehen jetzt an die Ableitung der Wellengleichung zweiter Ordnung. In der skalaren Theorie lautete sie

$$\left(\frac{\partial}{\partial x_\mu} - i\eta A^\mu\right)\left(\frac{\partial}{\partial x^\mu} - i\eta A_\mu\right)\psi - \varkappa^2\psi = 0;$$

in der vektoriellen Theorie traten Zusatzglieder auf, die das elektromagnetische Verhalten des Spins 1 beschrieben. Auch hier in der Theorie der Materie mit Spin $^1/_2$ werden wir Zusatzglieder finden, die das elektromagnetische Verhalten des Spins $^1/_2$ beschreiben. Aus den Gl. (1) folgt

$$(\sigma_\nu D_\nu \sigma^\mu D_\mu - \varkappa^2)\begin{pmatrix}\psi_+\\\psi_-\end{pmatrix} = 0. \tag{5}$$

Definieren wir mit Hilfe der ersten der Gl.(1) die Größen $\begin{pmatrix}\chi^{+*}\\\chi^{-*}\end{pmatrix}$, so folgt die zweite der Gl. (1) aus der Wellengl. (5). Die Gl. (5) ist also ausreichend zur Beschreibung der Materie mit Spin $^1/_2$. Um nun den geläufigen Ausdruck

$$D^\mu D_\mu - \varkappa^2$$

herzustellen, trennen wir in Gl. (5) die Glieder mit $\nu = \mu$ von den Gliedern mit $\nu \neq \mu$:

$$\sum_\mu (\sigma^\mu \sigma^\mu D^\mu D_\mu - \varkappa^2)\begin{pmatrix}\psi_+\\\psi_-\end{pmatrix} = -\sum_{\nu \neq \mu} \sigma_\nu \sigma^\mu D_\nu D_\mu \begin{pmatrix}\psi_+\\\psi_-\end{pmatrix}.$$

Mit den Regeln

$$\sigma^\mu \sigma^\mu = 1 \qquad \sigma_\nu \sigma^\mu = -\sigma_\mu \sigma^\nu$$

(auch für $\mu, \nu = 0$) folgt:

$$(D^\mu D_\mu - \varkappa^2)\begin{pmatrix}\psi_+\\\psi_-\end{pmatrix} = -\sum_{\nu < \mu} \sigma_\nu \sigma^\mu (D_\nu D_\mu - D_\mu D_\nu)\begin{pmatrix}\psi_+\\\psi_-\end{pmatrix}$$

und mit der Regel (Abschnitt **63**)

$$D_\nu D_\mu - D_\mu D_\nu = -i\eta B_{\nu\mu}$$

schließlich:

$$(D^\mu D_\mu - \varkappa^2)\begin{pmatrix}\psi_+\\\psi_-\end{pmatrix} = i\eta \sum_{\nu < \mu} \sigma_\nu \sigma^\mu B_{\nu\mu}\begin{pmatrix}\psi_+\\\psi_-\end{pmatrix},$$

also *Zusatzglieder, die die elektromagnetischen Feldgrößen enthalten.* Gehen wir zur gewöhnlichen Vektorschreibweise über, so lautet die Gleichung

$$(-D_0 D_0 + \mathrm{Delta} - \varkappa^2)\begin{pmatrix}\psi_+\\\psi_-\end{pmatrix} = (i\eta \vec{\sigma}\,\mathfrak{E} - \eta \vec{\sigma}\,\mathfrak{B})\begin{pmatrix}\psi_+\\\psi_-\end{pmatrix}, \tag{6}$$

wo $\vec{\sigma}$ einen Vektor mit den Komponenten $\sigma_x, \sigma_y, \sigma_z$ bezeichnen soll. Daß hier der Vektor $\vec{\sigma}$ einmal mit einem polaren Vektor, das andere Mal mit einem axialen Vektor zum skalaren Produkt vereinigt werden darf, liegt daran, daß eine Spiegelung mit unseren Spinoren $\begin{pmatrix}\psi_+\\\psi_-\end{pmatrix}$ nicht ausgeführt werden kann.

Wir erwarten, daß in einem Magnetfeld, das die z-Richtung hat, die Komponenten ψ_+ und ψ_- einheitlichem magnetischem Verhalten entsprechen. In der Tat erhalten wir mit $\mathfrak{B}_x = \mathfrak{B}_y = 0$, $\mathfrak{B}_z = B$, $\mathfrak{E} = 0$ aus Gl. (6):

$$(-D_0 D_0 + \text{Delta} - \varkappa^2)\begin{pmatrix} \psi_+ \\ \psi_- \end{pmatrix} = \eta\, B \begin{pmatrix} -\,\psi_+ \\ \psi_- \end{pmatrix}. \tag{7}$$

Die Gleichung zerfällt in eine Gleichung für $\begin{pmatrix} \psi_+ \\ 0 \end{pmatrix}$ und eine Gleichung für $\begin{pmatrix} 0 \\ \psi_- \end{pmatrix}$. *Materie der Form* $\begin{pmatrix} \psi_+ \\ 0 \end{pmatrix}$ *und der Form* $\begin{pmatrix} 0 \\ \psi_- \end{pmatrix}$ *verhält sich einheitlich in einem Magnetfeld der z-Richtung.*

Bei anderer Richtung des Magnetfeldes koppelt das Zusatzglied in der Wellengleichung die beiden Komponenten ψ_+ und ψ_-.

75. Elektromagnetisches Verhalten des Spins.

Das Zusatzglied in der Wellengleichung, das bei der Materie mit Spin $1/2$ zum Unterschied von der Materie mit Spin 0 auftritt, gibt das Verhalten des Spins im elektromagnetischen Feld wieder.

Das Verhalten in einem Magnetfeld können wir bei langsam bewegter Materie einfach beschreiben. Wir ersetzen die Wellengleichung durch eine Gleichung, die von erster Ordnung in der Ableitung nach der Zeit ist; dabei müssen wir uns auch hier für eines der beiden möglichen Vorzeichen von ω entscheiden; wir wählen $\omega > 0$. Es ist

$$-D_0 D_0 - \varkappa^2 = \left(i\frac{\partial}{c\,\partial t} - \eta V + \varkappa\right)\left(i\frac{\partial}{c\,\partial t} - \eta V - \varkappa\right)$$

genähert gleich

$$2\varkappa\left(i\frac{\partial}{c\,\partial t} - \eta V - \varkappa\right),$$

worin wir noch $-\varkappa$ weglassen können, wenn wir in der Wellenfunktion einen Faktor $e^{-ic\varkappa t}$ weglassen. Für ein Magnetfeld in der z-Richtung ($\mathfrak{B}_z = B$) erhalten wir als Wellengleichung

$$\left(i\frac{\partial}{c\,\partial t} - \eta V + \frac{1}{2\varkappa}\,\text{Delta}\right)\begin{pmatrix} \psi_+ \\ \psi_- \end{pmatrix} + \frac{\eta B}{2\varkappa}\begin{pmatrix} \psi_+ \\ -\,\psi_- \end{pmatrix} = 0. \tag{1}$$

Bei einer Welle mit einheitlicher $+$-Spinstellung $\begin{pmatrix} \psi_+ \\ 0 \end{pmatrix}$ wirkt das vom Spin herrührende Zusatzglied genauso wie eine Erhöhung des Potentials um $-B/2\varkappa$; bei einer Welle $\begin{pmatrix} 0 \\ \psi_- \end{pmatrix}$ wirkt es wie eine Erhöhung des Potentials um $B/2\varkappa$. Das läßt sich als eine magnetische Zusatzenergie der Materie deuten; auf die Ladung e bezogen ist diese Zusatzenergie $-e B/2\varkappa$ bei $\begin{pmatrix} \psi_+ \\ 0 \end{pmatrix}$ und $e B/2\varkappa$ bei $\begin{pmatrix} 0 \\ \psi_- \end{pmatrix}$. Das bedeutet *ein magnetisches Moment der Materie, dessen Verhältnis zur Ladung bei der $+$-Spinstellung $1/2\varkappa$ ist, bei der $-$-Spinstellung $-1/2\varkappa$.*

18*

Wir erhalten dasselbe bei negativ geladener Materie in Übereinstimmung mit dem empirischen Befund beim Elektron, das das magnetische Moment $- e/2\varkappa = - e\,\hbar/2mc$ in der Richtung des Spins hat.

Stellen wir uns ein solches Teilchen anschaulich mit einem Drehimpuls und einem magnetischen Moment vor, so wird es in einem homogenen Magnetfeld eine Präzession um die Feldrichtung ausführen. *Wir können zeigen, daß auch der Spin des anschaulich gedachten Materiefeldes im homogenen Magnetfeld eine solche Präzessionsbewegung ausführt.*

Wir beschränken uns auf ruhende Materie. In der Wellengleichung (wir können die relativistische oder die nichtrelativistische nehmen) fallen die Beiträge der Glieder Delta $\begin{pmatrix} \psi_+ \\ \psi_- \end{pmatrix}$ weg bis auf die Glieder, die quadratisch im Magnetfeld sind. Wir lassen sie weg, beschränken uns also auf schwache Magnetfelder. Für ein Magnetfeld in der z-Richtung lautet die Wellengleichung

$$(-D_0 D_0 - \varkappa^2)\begin{pmatrix} \psi_+ \\ \psi_- \end{pmatrix} = \eta B \begin{pmatrix} -\psi_+ \\ \psi_- \end{pmatrix}.$$

Der Ansatz

$$\begin{pmatrix} \psi_+ \\ \psi_- \end{pmatrix} = \begin{pmatrix} A_1\, e^{-i\omega_1 t} \\ A_2\, e^{-i\omega_2 t} \end{pmatrix}$$

führt auf

$$\frac{\omega_1^2}{c^2} = \varkappa^2 - \eta B$$

$$\frac{\omega_2^2}{c^2} = \varkappa^2 + \eta B,$$

also

$$\begin{pmatrix} \psi_+ \\ \psi_- \end{pmatrix} = e^{-ic\varkappa t}\begin{pmatrix} A_1 e^{\frac{i}{2}\frac{c\eta}{\varkappa} Bt} \\ A_2 e^{-\frac{i}{2}\frac{c\eta}{\varkappa} Bt} \end{pmatrix}.$$

Die Änderung nach Ablauf der Zeit t entspricht also der Transformation:

$$\begin{pmatrix} \psi_+ \\ \psi_- \end{pmatrix} \to \begin{pmatrix} \psi_+ e^{i\alpha/2} \\ \psi_- e^{-i\alpha/2} \end{pmatrix} \qquad \alpha = \frac{c\eta}{\varkappa} Bt.$$

Das ist aber (Abschnitt 70) eine Drehung um die z-Richtung um den Winkel α. Die Situation nach der Zeit t geht also aus der ursprünglichen durch eine Drehung um die z-Achse hervor; die Drehgeschwindigkeit ist $c\,\eta\, B/\varkappa = e\, B/mc$.

Zu jedem $\begin{pmatrix} \psi_1 \\ \psi_2 \end{pmatrix}$ gehört eine Richtung, für die der Spin einheitlich die $+$-Stellung hat. Diese Richtung dreht sich also mit der Geschwindigkeit $c\,\eta\, B/\varkappa$ um die Richtung des Magnetfeldes.

Bei der Materie, die im Teilchenbild aus Elektronen besteht, liegt diese Frequenz für ein Magnetfeld von einigen 1000 G bei einigen 10^{10} sec^{-1}. Bei der Materie, die im Teilchenbild aus Kernen besteht, kommt man in das Gebiet der Radiofrequenzen. Darauf beruht eine Methode zur Messung von magnetischen Kernmomenten.

Für das gemessene Moment des Protons gilt übrigens nicht $e\,\hbar/2\,mc$ (mit Protonenmasse für m), obwohl das Proton den Spin $1/2$ hat. Das weist darauf hin, daß das Proton durch die Diracsche Gleichung nicht in jeder Beziehung beschrieben wird. Wir kommen darauf noch zurück.

Die Wellengleichung für die Materie mit dem Spin $1/2$ enthält außer dem magnetischen Zusatzglied noch ein vom elektrischen Feld herrührendes Zusatzglied. Dieses hat keine einfache Bedeutung.

76. Kleinsches Paradoxon.

Bei der skalaren Materiewelle fanden wir die bemerkenswerte Erscheinung der Materieerzeugung in einem hohen Potentialanstieg (Abschnitt 32). Eine ebene Materiewelle konnte aus einem Gebiet konstanten elektrischen Potentials (0) in ein anderes Gebiet konstanten Potentials (V) eindringen, wenn neben $\omega/c > \varkappa$ auch $\omega/c < \eta V - \varkappa$ war. Die einlaufende Welle mit positiver elektrischer Ladung setzte sich als Welle negativer elektrischer Ladung fort (neben einer reflektierten Welle). Aus dem Erhaltungssatz der elektrischen Ladung folgte, daß im Gebiete des Potentialanstieges negativ geladene und positiv geladene Materie entstand und nach den beiden Seiten wegströmte.

Bei der spinoriellen Materiewelle sieht der entsprechende Vorgang zunächst anders aus. Wenn $\varkappa < \omega/c < \eta V - \varkappa$ ist (Abb. 12), so wird eine aus dem Gebiet des Potentials 0 einlaufende Welle in das Gebiet des Potentials V fortgesetzt. Da die spinorielle Theorie aber immer nur ein Ladungsvorzeichen enthält, läuft eine positiv geladene Welle als positiv geladene Welle weiter; daneben gibt es eine reflektierte positiv geladene Welle. Nach dem Satz der Erhaltung der Ladung wird also ein Teil der Materie reflektiert, ein Teil geht hindurch. Zu einer eigenartigen Folgerung führt aber jetzt der Satz von der Erhaltung der Energie. Die hindurchgehende Materie erhält eine hohe potentielle Energie; für sie ist nur dann ein Äquivalent zu finden, wenn man die Masse der hindurchgehenden Materie negativ annimmt. Während bei der skalaren und der vektoriellen Materiewelle das Vorzeichen der Größe $(\omega/c) - \eta V$ das Ladungsvorzeichen bestimmte (wobei die Energie immer positiv war), bestimmt bei der spinoriellen Materiewelle das Vorzeichen der Größe $(\omega/c) - \eta V$ anscheinend das Massenvorzeichen (wobei die Ladung ihr Vorzeichen nicht wechselt). Wir werden später bei Aufstellung eines Energie-Impuls-Tensors diesen Vorzeichenwechsel der Energie und der Masse bestätigt finden; vorläufig mag der Schluß aus dem Satz von der

Erhaltung der Energie genügen. Abb. 12 (die mit Abb. 9 zu vergleichen ist) gibt die Verhältnisse an der Potentialstufe wieder.

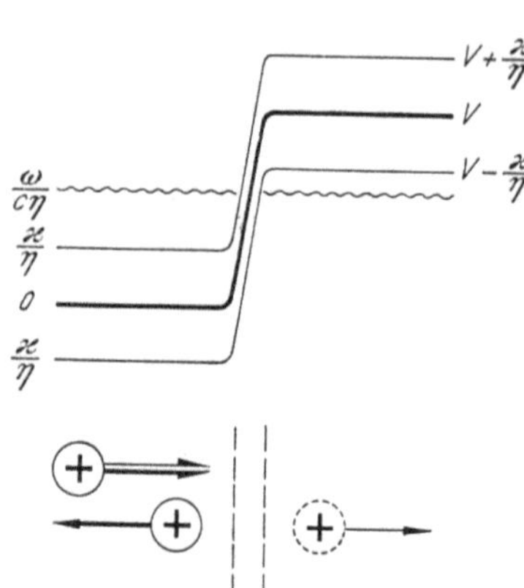

Abb. 12. Kleinsches Paradoxon.

Für den Grenzfall des unstetigen Anstieges des Potentials von 0 nach V ist die Rechnung einfach. Im konstanten Potential V gibt es die ebene Welle

$$\psi = \left(\frac{o}{c} + \mathfrak{k}\,\vec{\mathfrak{x}} + \varkappa\,x^5\right)\begin{pmatrix} A_1 \\ A_2 \\ A_3 \\ A_4 \end{pmatrix} e^{-i\omega t + i\mathfrak{k}\mathfrak{r}}$$

mit der Abkürzung $o = \omega - c\,\eta\,V$, und wir können die Lösungen des Abschnitts 73 benutzen, wenn wir in den Amplituden ω durch o ersetzen.

Wenn die Unstetigkeitsfläche senkrecht zur z-Richtung steht und das Potential 0 für $z < 0$, V für $z > 0$ ist, machen wir den Ansatz (positive Spinrichtung):

$z < 0:$
$$e^{-i\omega t}\left[A\begin{pmatrix} \sqrt{1+(c\,k/\omega)} \\ 0 \\ \sqrt{1-(c\,k/\omega)} \\ 0 \end{pmatrix} e^{ikz} + B\begin{pmatrix} \sqrt{1-(c\,k/\omega)} \\ 0 \\ \sqrt{1+(c\,k/\omega)} \\ 0 \end{pmatrix} e^{-ikz} \right]$$

$$k^2 = \frac{\omega^2}{c^2} - \varkappa^2 \quad (k > o)$$

$z > 0:$
$$e^{-i\omega t}\, D\begin{pmatrix} \sqrt{1-(c\,l/|o|)} \\ 0 \\ -\sqrt{1+(c\,l/|o|)} \\ 0 \end{pmatrix} e^{ilz}$$

$$l^2 = \frac{o^2}{c^2} - \varkappa^2 \quad (l > o)$$

und bekommen wegen des stetigen Zusammenhangs von ψ an der Stelle

$z = 0:$
$$A\sqrt{1+(c\,k/\omega)} + B\sqrt{1-(c\,k/\omega)} = D\sqrt{1-(c\,l/|o|)}$$

$$A\sqrt{1-(c\,k/\omega)} + B\sqrt{1+(c\,k/\omega)} = -D\sqrt{1+(c\,l/|o|)}\,,$$

also:
$$D = A\frac{2\,c\,k}{\omega\left[\sqrt{(1-c\,l/|o|)(1+c\,k/\omega)} + \sqrt{(1+c\,l/|o|)(1-c\,k/\omega)}\right]}\,.$$

Für die anderen Fälle läßt sich die Rechnung entsprechend durchführen.

77. Löchertheorie und Materieerzeugung.

Materie mit negativer Masse gibt es in Wirklichkeit nicht; das eben gewonnene Ergebnis der anschaulichen Feldtheorie für spinorielle Materie kann also keine unmittelbare Bedeutung haben. Es bekommt aber eine anscheinend der Wirklichkeit entsprechende Deutung in der *Quantentheorie*.

Da die Diracsche Gleichung

$$\left\{\left(\frac{\partial}{c\,\partial t}+i\,\eta\,V\right)+\alpha^\mu\left(\frac{\partial}{\partial x^\mu}-i\,\eta\,A_\mu\right)+i\,\varkappa\,\alpha^5\right\}\psi=0$$

die Form einer Schrödinger-Gleichung hat, liegt es nahe, sie auch als quantentheoretische Gleichung für ein Einteilchensystem anzusehen. Unter Einführung der Teilchengrößen $\hbar$, m, e lautet sie für positive Ladung:

$$\left\{-i\,\hbar\,\frac{\partial}{\partial t}+eV+\alpha^\mu c\left(\frac{\hbar}{i}\,\frac{\partial}{\partial x^\mu}-\frac{e}{c}\,A_\mu\right)+\alpha^5 m\,c^2\right\}\psi=0\,.$$

Die Aufstellung einer solchen quantentheoretischen Gleichung für das Einteilchensystem war sogar der damalige Ausgangspunkt für DIRAC. Für zeitunabhängige Potentiale V, A_μ gibt es Lösungen

$$\psi\sim e^{-i\,\omega\,t},$$

die wir der Energie

$$E=\hbar\,\omega$$

entsprechen lassen und für die die zeitfreie Gleichung

$$\left\{-E+eV+\alpha^\mu c\left(\frac{\hbar}{i}\,\frac{\partial}{\partial x^\mu}-\frac{e}{c}\,A_\mu\right)+\alpha^5 m\,c^2\right\}\psi=0$$

gilt; $\omega<0$ entspricht dann in der Tat einer negativen Energie. Das Ergebnis des vorigen Abschnittes bedeutet also, daß ein einlaufendes Teilchen positiver Energie mit einer gewissen Wahrscheinlichkeit an der Potentialstufe reflektiert wird und mit einer gewissen Wahrscheinlichkeit als Teilchen negativer kinetischer Energie ($E-eV<-mc^2$) im Gebiet des Potentials V weiterläuft.

Was bedeuten nun solche Zustände negativer kinetischer Energie? Einfach weglassen kann man sie nicht, da sie aus Zuständen positiver kinetischer Energie (wie unser Beispiel zeigt) entstehen können. DIRAC fand folgenden Ausweg: Die Teilchen, für die die Dirac-Gleichung gilt, folgen der Fermi-Statistik; zu einem Zustand kann also höchstens ein Teilchen gehören. Bei Abwesenheit eines Potentials und ohne Wechselwirkung zwischen den Teilchen kann man sich also einen Fall denken, in dem alle Zustände negativer Energie ($E<-mc^2$) besetzt sind. Ein solcher

Fall soll nach DIRAC bedeuten: es ist nichts da. Ein Fall, in dem alle Zustände negativer Energie und ein Zustand positiver Energie (von positiv geladenen Teilchen) besetzt sind, soll bedeuten: es ist ein Teilchen positiver Ladung da, in einem Zustande positiver Energie. Ein Fall, in dem alle Zustände negativer Energie besetzt sind bis auf einen, also ein Teilchen positiver Ladung und negativer Energie am Nichts fehlt, ein „Loch" vorhanden ist, soll bedeuten: es ist ein Teilchen negativer Ladung da, in einem Zustand positiver Energie. Bei konstantem Potential V gilt das, was eben von der Energie gesagt wurde, von der Größe $E - eV$ ($> mc^2$ oder $< - mc^2$).

Es wird also in zwei Sprachen geredet: in der „*Sprache des Einteilchensystems*" gibt es nur Teilchen positiver Ladung, aber Teilchen positiver und negativer Energie (Masse); in der „*Sprache der Wirklichkeit*" oder der „*Löchertheorie*" gibt es nur Teilchen positiver Energie (Masse), aber Teilchen positiver und negativer Ladung.

Die im vorigen Abschnitt betrachtete Lösung, im oberen Teil der Abb. 13 noch einmal dargestellt, ist in der Sprache des Einteilchensystems ein von links einlaufendes Teilchen positiver Ladung und positiver Masse mit einer Wahrscheinlichkeit der Reflexion (Ladung und Masse bleiben positiv) und einer ergänzenden Wahrscheinlichkeit des Durchganges (Masse wird negativ). Wir fügen ihr, immer noch in der Sprache des Einteilchensystems, die vollbesetzten Zustände negativer Energie ($E < - mc^2$) hinzu. In der Sprache der Wirklichkeit haben wir dann (unterer Teil der Abb. 13) links ein einlaufendes Teilchen positiver Ladung (und positiver Masse), das mit einer gewissen Wahrscheinlichkeit (< 1) reflektiert wird. Rechts haben wir ein einlaufendes Teilchen negativer Ladung (und positiver Masse), das mit einer Wahrscheinlichkeit (< 1) reflektiert wird. Wir haben also den Vorgang der *Paarvernichtung*. Mit einer gewissen Wahrscheinlichkeit verschwinden ein Teilchen positiver Ladung im niedrigen Potential und ein Teilchen negativer Ladung im hohen Potential.

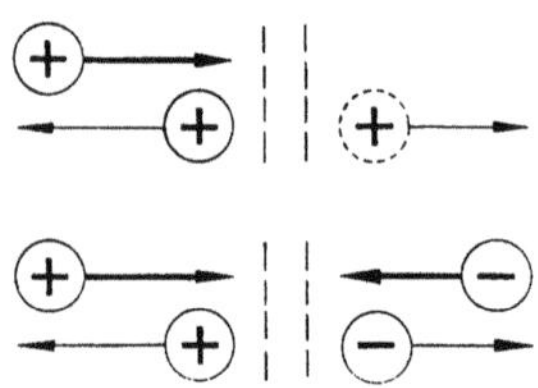

Abb. 13. Paarvernichtung.

Paarerzeugung bekommen wir, wenn wir in der Sprache des Einteilchensystems von der Lösung ausgehen, bei der von rechts ein Teilchen negativer Masse einläuft, mit einer gewissen Wahrscheinlichkeit reflektiert wird und mit einer ergänzenden Wahrscheinlichkeit (mit positiver Masse) links weiterläuft (oberer Teil der Abb. 14). Wir fügen die vollbesetzten Zustände negativer Energie hinzu.

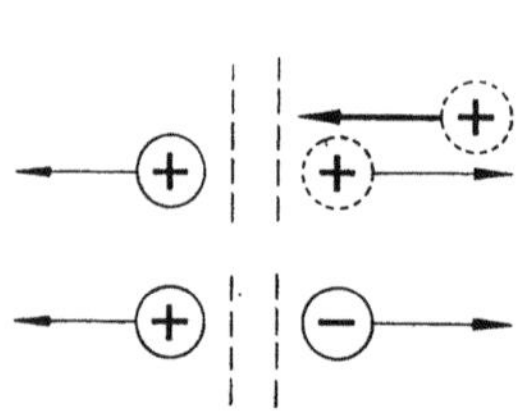

Abb. 14. Paarerzeugung.

In der Sprache der Wirklichkeit haben wir dann (unterer Teil der Abb.14) mit einer Wahrscheinlichkeit ein nach links laufendes Teilchen positiver Ladung und ein nach rechts laufendes Teilchen negativer Ladung.

Vergleichen wir den Vorgang der Materieerzeugung bei der skalaren (und vektoriellen) Materie und bei der spinoriellen Materie. Bei der skalaren Materie tritt schon auf der anschaulichen Stufe eine Materieerzeugung auf. Sie hängt damit zusammen, daß die elektrische Ladung beide Vorzeichen haben kann, während die Energie stets positiv ist. Auf der Stufe der Quantentheorie gibt es spontane Materieerzeugung. Bei der spinoriellen Theorie ist auf der anschaulichen Stufe nur *ein* Ladungsvorzeichen möglich, aber beide Vorzeichen der Energie; dort gibt es keine Materieerzeugung, vielmehr das Kleinsche Paradoxon des Vorzeichenwandels der Masse. Erst in der Löchertheorie (Quantentheorie) erscheint die Materieerzeugung.

Die Beseitigung der negativen Massen in der „Sprache der Wirklichkeit" ist nur möglich bei Annahme der *Fermi-Statistik für Teilchen, die einem spinoriellen Felde entsprechen.*

Bei der Quantisierung der skalaren (und vektoriellen) Theorie gibt es in Strenge keine Erhaltung der Teilchenzahl, also auch kein Einteilchensystem. Die Dirac-Gleichung hingegen läßt sich formal als Gleichung eines Einteilchensystems behandeln; erst die Übersetzung in die Sprache der Wirklichkeit geht über das Einteilchensystem hinaus.

78. Vierkomponentige Spinoren.

Um die Richtungseigenschaften des Spins $^1/_2$ zu fassen, hatten wir die Materie mit solchem Spin durch eine zweikomponentige Größe $\begin{pmatrix} \psi_+ \\ \psi_- \end{pmatrix}$ beschrieben, deren Transformationseigenschaften so waren, daß sich $(\psi_+{}^*, \psi_-{}^*)\,\sigma^\mu \begin{pmatrix} \psi_+ \\ \psi_- \end{pmatrix}$ oder $(\psi_+{}^*, \psi_-{}^*)\,\sigma^\mu \begin{pmatrix} \overline{\psi}_+ \\ \overline{\psi}_- \end{pmatrix}$, wo $\begin{pmatrix} \overline{\psi}_+ \\ \overline{\psi}_- \end{pmatrix}$ ein von $\begin{pmatrix} \psi_+ \\ \psi_- \end{pmatrix}$ verschiedener Spinor sein kann, wie die Komponenten eines Vierervektors verhielten. Die Feldgleichungen enthielten außer $\begin{pmatrix} \psi_+ \\ \psi_- \end{pmatrix}$ noch einen zweiten Spinor $\begin{pmatrix} \chi^{+*} \\ \chi^{-*} \end{pmatrix}$, dessen Transformation durch die von $\begin{pmatrix} \psi_+ \\ \psi_- \end{pmatrix}$ mitbestimmt war. Die Zusammenfassung zu vierkomponentigen Feldgrößen

$$\psi = \begin{pmatrix} \psi_+ \\ \psi_- \\ \chi^{+*} \\ \chi^{-*} \end{pmatrix}$$

und der σ-Matrizen zu vierkomponentigen α-Matrizen oder γ-Matrizen und die Verwendung der Dirac-Gleichungen in der Form

$$\varkappa^\mu D_\mu \psi + i\varkappa \varkappa^5 \psi = 0 \qquad (\mu = 0, 1, 2, 3) \qquad \varkappa^0 = 1 \qquad (1)$$

oder der Form

$$\gamma_\mu D_\mu \psi + \varkappa \psi = 0 \qquad (\mu = 1, 2, 3, 4) \tag{2}$$

spielte *bisher nur die Rolle einer bequemen Abkürzung*. Bei Rechnungen benutzten wir die Beziehungen

$$\alpha_\mu \alpha^\nu + \alpha_\nu \alpha^\mu = 2\,\delta^{\mu\nu} = 2\,\delta_{\mu\nu} \tag{3}$$

mit $\mu, \nu = 0, 1, 2, 3, 5$; $\alpha^0 = -\alpha_0 = 1$; $\alpha^{1,2,3,5} = \alpha_{1,2,3,5}$ oder die Beziehungen

$$\gamma_\mu \gamma_\nu + \gamma_\nu \gamma_\mu = 2\,\delta_{\mu\nu} \tag{4}$$

mit $\mu, \nu = 1, 2, 3, 4$. Die bisherige Fassung erlaubte es nicht, Spiegelungen auszuführen und die Invarianz der Naturgesetze gegen Spiegelung auszudrücken.

Wir wollen jetzt einen neuen Standpunkt einnehmen, der die Spiegelungen zuläßt. Wir betrachten dafür zunächst eine bisher nicht zugelassene Transformation der Spalte ψ. Eine einfache Transformation, die nicht den Anteil $\begin{pmatrix} \psi_+ \\ \psi_- \end{pmatrix}$ unter sich und nicht den Anteil $\begin{pmatrix} \chi^{+*} \\ \chi^{-*} \end{pmatrix}$ unter sich transformiert, ist nämlich

$$\begin{pmatrix} \psi_+ \\ \psi_- \\ \chi^{+*} \\ \chi^{-*} \end{pmatrix} \rightarrow \begin{pmatrix} \chi^{+*} \\ \chi^{-*} \\ \psi_+ \\ \psi_- \end{pmatrix},$$

die wir wegen

$$\alpha^5 = \begin{pmatrix} & & 1 & \\ & & & 1 \\ 1 & & & \\ & 1 & & \end{pmatrix}$$

auch kurz

$$\psi \rightarrow \alpha^5 \psi \tag{5}$$

schreiben können. Dieser Transformation entspricht

$$\psi^* \rightarrow \psi^* \alpha^5 \tag{5*}$$

für ψ^*. Aus dem Vierervektor $(\psi_+^*, \psi_-^*)\,\sigma^\mu \begin{pmatrix} \overline{\psi}_+ \\ \overline{\psi}_- \end{pmatrix}$ wird nichts Einfaches, wohl aber aus dem besonderen Vierervektor $\psi^* \alpha^\mu \overline{\psi}$, nämlich ($\mu = 0, 1, 2, 3$):

$$\psi^* \alpha^\mu \overline{\psi} \rightarrow \psi^* \alpha^5 \alpha^\mu \alpha^5 \overline{\psi} = -\psi^* \alpha_\mu \overline{\psi}$$

unter Benutzung von Gl. (3). Für den Vierervektor $s^\mu \sim \psi^* \alpha^\mu \overline{\psi}$ ist die Transformation Gl. (5) also die räumliche Inversion am Nullpunkt:

$$s^0 \rightarrow s^0 \qquad s^{1,2,3} \rightarrow -s^{1,2,3}.$$

Weiter gilt

$$\psi^* \alpha^5 \psi \to \psi^* \alpha^5 \alpha^5 \alpha^5 \psi = \psi^* \alpha^5 \psi,$$

d.h. $\psi^* \alpha^5 \psi$ ist eine Invariante. Ferner bleibt die Dirac-Gleichung (1) gültig:

$$\alpha^0 D_0 \psi \to \alpha^0 \alpha^5 D_0 \psi \qquad = \alpha^5 \alpha^0 D_0 \psi$$
$$\alpha^{1,2,3} D_{1,2,3} \psi \to \alpha^{1,2,3} \alpha^5 (- D_{1,2,3} \psi) = \alpha^5 \alpha^{1,2,3} D_{1,2,3} \psi$$
$$i \varkappa \alpha^5 \psi \to \alpha^5 \cdot i \varkappa \alpha^5 \psi.$$

Wir fügen jetzt $\psi \to \alpha^5 \psi$ als neue Transformation den bisher zugelassenen Transformationen zu und betrachten nur Vierervektoren der Form $\psi^* \alpha^\mu \overline{\psi}$ $\left[\text{nicht } (\psi_+^*, \psi_-^*) \sigma^\mu \left(\dfrac{\overline{\psi}_+}{\overline{\psi}_-} \right) \right]$. *$\psi^* \alpha^5 \psi$ ist eine Invariante.* Durch Zusammensetzen der neuen Transformation mit den bisher zugelassenen (den eigentlichen Lorentz-Transformationen) können wir auch beliebige räumliche Spiegelungen ausführen, denn eine räumliche Spiegelung läßt sich aus einer Drehung und der Inversion zusammensetzen. Die Zeitumkehr lassen wir auch jetzt nicht zu; die ist uns wegen $\psi^* \alpha^0 \psi \geqq 0$ unmöglich gemacht.

Es sind also keineswegs alle linearen Transformationen der Spalte ψ zugelassen. Zum Beispiel ist $\psi \to \alpha^1 \psi$ nicht zugelassen, denn es wäre dann $\psi^* \alpha^5 \overline{\psi} \to \psi^* \alpha^1 \alpha^5 \alpha^1 \overline{\psi} = - \psi^* \alpha^5 \overline{\psi}$. Auch die Dirac-Gleichung bliebe nicht ungeändert.

Bisher sind die Matrizen α^μ und γ_μ ganz bestimmte Matrizen. Da bei ihrer Einführung bzw. der Einführung der σ^μ-Matrizen die z-Richtung ausgezeichnet wurde, sind sie nicht frei von Willkür.

Wir nehmen jetzt folgenden Standpunkt ein: Invariante Bedeutung muß die Dirac-Gleichung haben; ferner muß (wegen der Deutung als Dichte von Strom und Ladung) $\psi^* \alpha^\mu \psi$ ein Vierervektor sein; weiter wollen wir die Rechenregeln Gl.(3) oder (4) für die α- oder γ-Matrizen benutzen. *Wir betrachten also die α als irgendwelche Größen, die die Beziehungen Gl. (3) erfüllen, mit Einschluß von $\alpha^0 = - \alpha_0 = 1$, $\alpha^{1,2,3,5} = \alpha_{1,2,3,5}$, und lassen solche Transformationen der Größen ψ zu, die die Dirac-Gleichung ungeändert lassen und $\psi^* \alpha^\mu \psi$ wie einen Vierervektor transformieren;* $\psi^* \alpha^5 \psi$ ist dann eine Invariante. Ähnlich verfahren wir bei Benutzung der γ-Form der Dirac-Gleichung. Bei der Begründung dieses Standpunktes können wir die bisherige Einführung der Spinoren ganz vergessen.

79. Dirac-Gleichungen mit allgemeinen α- und γ-Operatoren.

Die Grundgleichungen der Materie ohne Spin und der Materie mit Spin 1 ohne elektromagnetisches Feld waren so beschaffen, daß aus ihnen eine Wellengleichung der Form

$$\left(- \frac{\partial^2}{c^2 \partial t^2} + \Delta - \varkappa^2 \right) \psi = 0$$

folgte. Der in dieser Gleichung vor ψ stehende Differentialoperator von zweiter Ordnung wurde durch das System der Grundgleichungen in ein Produkt von Differentialoperatoren aufgespalten. Auch die Grundgleichungen der Materie mit dem Spin $1/2$ stellen eine solche Aufspaltung des Differentialoperators zweiter Ordnung dar. Hier stimmten die beiden Operatoren erster Ordnung sogar bis auf Vorzeichen überein.

Der geschichtliche Vorgang war nun der, daß, bevor eine vektorielle Theorie der Materie in Betracht gezogen wurde und bevor eine skalare Theorie eingehender untersucht wurde, DIRAC die Zerspaltung des Differentialoperators der Wellengleichung in zwei nahezu gleiche Faktoren angab und zeigte, daß damit Materie mit dem Spin $1/2$ kovariant beschrieben wurde.

Wir wollen jetzt unsere frühere Definition der Spinoren vergessen und von solchen *Aufspaltungen* ausgehen. Es liegen folgende Formen nahe:

$$\frac{\partial^2}{\partial x^2} + \frac{\partial^2}{\partial y^2} + \frac{\partial^2}{\partial z^2} + \frac{\partial^2}{(i\,c\,\partial\,t)^2} - \varkappa^2$$

$$= \begin{cases} \left(\beta_1 \dfrac{\partial}{\partial x} + \beta_2 \dfrac{\partial}{\partial y} + \beta_3 \dfrac{\partial}{\partial z} + \beta_4 \dfrac{\partial}{i\,c\,\partial\,t} + \beta_5 i\varkappa\right)^2 & (1) \\[3mm] \left(-\dfrac{\partial}{c\,\partial\,t} + \alpha^1 \dfrac{\partial}{\partial x} + \alpha^2 \dfrac{\partial}{\partial y} + \alpha^3 \dfrac{\partial}{\partial z} + \varkappa^5 i\varkappa\right)\left(\dfrac{\partial}{c\,\partial\,t} + \alpha^1 \dfrac{\partial}{\partial x} + \alpha^2 \dfrac{\partial}{\partial y} + \alpha^3 \dfrac{\partial}{\partial z} + \varkappa^5 i\varkappa\right) & \\[2mm] & (2) \\[2mm] \left(\gamma_1 \dfrac{\partial}{\partial x} + \gamma_2 \dfrac{\partial}{\partial y} + \gamma_3 \dfrac{\partial}{\partial z} + \gamma_4 \dfrac{\partial}{i\,c\,\partial\,t} - \varkappa\right)\left(\gamma_1 \dfrac{\partial}{\partial x} + \gamma_2 \dfrac{\partial}{\partial y} + \gamma_3 \dfrac{\partial}{\partial z} + \gamma_4 \dfrac{\partial}{i\,c\,\partial\,t} + \varkappa\right). & \\[2mm] & (3) \end{cases}$$

Zur Zerlegung Gl. (1) ist notwendig und hinreichend, daß die Operatoren β_μ die Beziehungen erfüllen

$$\beta_\mu{}^2 = 1 \qquad \beta_\mu\beta_\nu + \beta_\nu\beta_\mu = 0 \qquad \mu \neq \nu \qquad \mu, \nu = 1, 2, 3, 4, 5,$$

zusammengefaßt

$$\beta_\mu\beta_\nu + \beta_\nu\beta_\mu = 2\,\delta_{\mu\nu} \qquad \mu, \nu = 1, 2, 3, 4, 5. \tag{4}$$

Für die Zerlegungen Gl. (2) und (3) ist notwendig und hinreichend, daß die Operatoren α^μ und γ_μ die Beziehungen erfüllen

$$\alpha^\mu\alpha^\nu + \alpha^\nu\alpha^\mu = 2\,\delta_{\mu\nu} \qquad \mu, \nu = 1, 2, 3, 5 \tag{5}$$

$$\gamma_\mu\gamma_\nu + \gamma_\nu\gamma_\mu = 2\,\delta_{\mu\nu} \qquad \mu, \nu = 1, 2, 3, 4. \tag{6}$$

Für die Zerlegung Gl. (1) müssen also fünf, für die Zerlegungen Gl. (2) und (3) vier Operatoren aufgefunden werden, die die Beziehungen Gl. (4), (5), (6) erfüllen.

Nach dieser Zerlegung kann die Wellengleichung ersetzt werden durch die *Diracschen Gleichungen*:

$$\left(\beta_\mu \frac{\partial}{\partial x_\mu} + \beta_5 i \varkappa\right)\psi = 0 \qquad \mu = 1, 2, 3, 4 \tag{7}$$

$$\left(\frac{\partial}{c\,\partial t} + \alpha^\mu \frac{\partial}{\partial x^\mu} + \alpha^5 i \varkappa\right)\psi = 0 \qquad \mu = 1, 2, 3 \tag{8}$$

$$\left(\gamma_\mu \frac{\partial}{\partial x_\mu} + \varkappa\right)\psi = 0 \qquad \mu = 1, 2, 3, 4 \,. \tag{9}$$

Statt Gl. (8) schreiben wir auch gern

$$\left(\alpha^\mu \frac{\partial}{\partial x^\mu} + \alpha^5 i \varkappa\right)\psi = 0 \qquad \mu = 0, 1, 2, 3$$

oder

$$\left(\alpha_\mu \frac{\partial}{\partial x_\mu} + \alpha_5 i \varkappa\right)\psi = 0 \qquad \mu = 0, 1, 2, 3,$$

indem wir $\alpha^0 = -\alpha_0 = 1$, $\alpha^1 = \alpha_1 \ldots$ setzen. Die für alle μ, ν anwendbare Vertauschungsregel der α-Matrizen lautet

$$\alpha^\mu \alpha_\nu + \alpha^\nu \alpha_\mu = 2 \delta_{\mu\nu} \qquad \mu = 0, 1, 2, 3, 5 \tag{10}$$

($\delta_{00} = -1$ zu beachten).

Wenn man eine β-Form der Dirac-Gleichung hat, so kann man mit

$$\left.\begin{aligned} \alpha^\mu &= i\beta_4 \beta_\mu \qquad \mu = 1, 2, 3, 5 \\ \alpha^0 &= 1 \end{aligned}\right\} \tag{11}$$

eine α-Form Gl. (8) und mit

$$\gamma_\mu = -i\beta_5 \beta_\mu \qquad \mu = 1, 2, 3, 4 \tag{12}$$

eine γ-Form Gl. (9) herstellen. Aus diesen Definitionen und den Beziehungen Gl. (4) folgen nämlich die Beziehungen Gl. (5) und (6). Entsprechend kann man aus einer α-Form mit

$$\left.\begin{aligned} \gamma_\mu &= -i\alpha^5 \alpha^\mu \qquad \mu = 1, 2, 3 \\ \gamma_4 &= \alpha^5 \end{aligned}\right\} \tag{13}$$

eine γ-Form herstellen.

Neben den Gleichungen für ψ sind die Gleichungen für ψ^* zu beachten. Wenn die Operatoren β_μ, α^μ, γ_μ Hermiteisch sind — wir können solche immer finden —, so gilt:

$$\frac{\partial \psi^*}{\partial x_\mu^*} \beta_\mu - i\varkappa \psi^* \beta_5 = 0 \qquad \mu = 1, 2, 3, 4 \tag{7*}$$

$$\frac{\partial \psi^*}{c\,\partial t} + \frac{\partial \psi^*}{\partial x^\mu} \alpha^\mu - i\varkappa \psi^* \alpha^5 = 0 \qquad \mu = 1, 2, 3 \tag{8*}$$

$$\frac{\partial \psi^*}{\partial x_\mu^*} \gamma_\mu + \varkappa \psi^* \quad\ = 0 \qquad \mu = 1, 2, 3, 4 \,. \tag{9*}$$

Das unbequeme Vorkommen von $x_4^* = - x_4$ in Gl. (7*) und (9*) können wir vermeiden, indem wir schreiben

$$\frac{\partial \psi^* \beta_4}{\partial x_\mu} \beta_\mu - i \varkappa \psi^* \beta_4 \beta_5 = 0 \qquad (7^+)$$

$$\frac{\partial \psi^* \gamma_4}{\partial x_\mu} \gamma_\mu - \varkappa \psi^* \gamma_4 = 0 . \qquad (9^+)$$

Die Gleichungen bei Anwesenheit eines elektromagnetischen Feldes schreiben wir

$$(\beta_\mu D_\mu + \beta_5 i \varkappa) \psi = 0 \qquad \mu = 1, 2, 3, 4 \qquad (14)$$

$$(\alpha^\mu D_\mu + \alpha^5 i \varkappa) \psi = 0 \qquad \mu = 0, 1, 2, 3 \qquad (15)$$

$$(\gamma_\mu D_\mu + \varkappa) \qquad \psi = 0 \qquad \mu = 1, 2, 3, 4 . \qquad (16)$$

Aus ihnen folgen die Wellengleichungen mit den vom Spin herrührenden Zusatzgliedern. Aus Gl. (14) folgt

$$\left. \begin{aligned} (\beta_\mu D_\mu + \beta_5 i \varkappa) (\beta_\nu D_\nu + \beta_5 i \varkappa) \psi &= 0 \\ (D_\mu D_\mu - \varkappa^2) \psi &= - \sum_{\mu < \nu} \beta_\mu \beta_\nu (D_\mu D_\nu - D_\nu D_\mu) \psi \\ (D_\mu D_\mu - \varkappa^2) \psi &= \frac{i \eta}{2} \beta_\mu \beta_\nu B_{\mu \nu} \psi \end{aligned} \right\} \qquad (17)$$

und aus Gl. (15) und (16) in ähnlicher Weise:

$$(D^\mu D_\mu - \varkappa^2) \psi = \frac{1}{2} i \eta \, \alpha^\nu \alpha_\lambda B^{\nu \lambda} \psi \qquad (18)$$

$$(D_\mu D_\mu - \varkappa^2) \psi = \frac{1}{2} i \eta \, \gamma_\nu \gamma_\lambda B_{\nu \lambda} \psi . \qquad (19)$$

Sie gehen auch mit den Umrechnungen Gl. (11), (12), (13) auseinander hervor.

Aus den Gl. (14), (15), (16) und den dazu konjugierten folgt auch die Kontinuitätsgleichung des elektrischen Stromes. Indem man Gl. (14) links mit $\psi^* \beta_4$ und die dazu konjugierte Gl. [(7$^+$) entsprechend] rechts mit ψ multipliziert, dann addiert, erhält man

$$0 = \psi^* \beta_4 \beta_\mu D_\mu \psi + (D_\mu \psi)^* \beta_4 \beta_\mu \psi = \frac{\partial}{\partial x^\mu} (\psi^* \beta_4 \beta_\mu \psi) .$$

Da $\psi^* \beta_4 \beta_\mu \psi$ zu $\psi^* \beta_\mu \beta_4 \psi$ konjugiert ist, also für $\mu = 1, 2, 3$ rein imaginär, für $\mu = 4$ reell ist, setzen wir für die Stromdichte:

$$s_\mu \sim i \psi^* \beta_4 \beta_\mu \psi \qquad \mu = 1, 2, 3, 4 . \qquad (20)$$

Entsprechend erhalten wir aus Gl. (15), wie schon bekannt,

$$s^\mu \sim \psi^* \alpha^\mu \psi \qquad \mu = 0, 1, 2, 3 \qquad (21)$$

und aus Gl. (16)

$$s_\mu \sim i \psi^* \gamma_4 \gamma_\mu \psi \qquad \mu = 1, 2, 3, 4 . \qquad (22)$$

Die zunächst noch willkürlichen Vorzeichen in Gl. (20) und (22) haben wir so gewählt, daß die Ausdrücke aus Gl. (21) mit den Umrechnungen Gl. (11) und (13) hervorgehen. Es wird $s^0 \sim \psi^*\psi$, $s_4 \sim i\psi^*\psi$; wir haben uns also für positiv geladene Materie entschieden, wenn der weggelassene Faktor positiv ist.

80. Besondere α- und γ-Matrizen.

Für viele Überlegungen braucht man von den β-, α-, γ-Operatoren nicht mehr zu wissen als die Dirac-Gleichung und die Vertauschungsregel

$$\beta_\mu \beta_\nu + \beta_\nu \beta_\mu = 2\delta_{\mu\nu}. \tag{1}$$

Dann jedoch, wenn man Spineigenschaften zu den x-, y-, z-Richtungen in Beziehung setzen will, braucht man die Beziehung der Operatoren zu den räumlichen Richtungen, und da sind die besonderen Darstellungen durch Matrizen angenehm, z.B. die bisher benutzten vierzeiligen Matrizen.

Wir wollen jetzt allgemeiner nach Matrizen fragen, die die Gl. (1) erfüllen[1].

Es gibt drei zweireihige Matrizen, die Gl. (1) erfüllen (vgl. Abschnitt 70), nämlich (jetzt mit etwas geänderter Bezeichnung):

$$\sigma_x = \begin{pmatrix} & 1 \\ 1 & \end{pmatrix} \qquad \sigma_y = \begin{pmatrix} & -i \\ i & \end{pmatrix} \qquad \sigma_z = \begin{pmatrix} 1 & \\ & -1 \end{pmatrix}. \tag{2}$$

Um Lösungen von Gl. (1) mit mehr als drei Matrizen zu erhalten, bilden wir aus den genannten σ-Matrizen die vierreihigen Matrizen

$$\left. \begin{array}{l} \sigma_1 = \begin{pmatrix} \sigma_x & \\ & \sigma_x \end{pmatrix} \qquad \sigma_2 = \begin{pmatrix} \sigma_y & \\ & \sigma_y \end{pmatrix} \qquad \sigma_3 = \begin{pmatrix} \sigma_z & \\ & \sigma_z \end{pmatrix} \\[2em] \varrho_1 = \begin{pmatrix} & 1 \\ 1 & \end{pmatrix} \qquad \varrho_2 = \begin{pmatrix} & -i \\ i & \end{pmatrix} \qquad \varrho_3 = \begin{pmatrix} 1 & \\ & -1 \end{pmatrix}, \end{array} \right\} \tag{3}$$

wo bei den drei letztgenannten die Zeichen 1, -1, i, $-i$ für zweireihige Diagonalmatrizen stehen. Für die vierreihigen Matrizen Gl. (3) gelten die Regeln

$$\sigma_k \sigma_l + \sigma_l \sigma_k = 2\delta_{kl} \qquad \sigma_1 \sigma_2 \sigma_3 = i$$
$$\varrho_k \varrho_l + \varrho_l \varrho_k = 2\delta_{kl} \qquad \varrho_1 \varrho_2 \varrho_3 = i$$
$$\sigma_k \varrho_l - \varrho_l \sigma_k = 0;$$

---

[1] Den Mathematikern sind Matrizensysteme, die die Bedingungen Gl. (1) erfüllen, schon länger bekannt. Es gibt Lösungen mit drei zweireihigen Hermiteischen Matrizen, Lösungen mit fünf vierreihigen Hermiteischen Matrizen, aber keine Lösungen mit mehr als drei zweireihigen oder fünf vierreihigen Matrizen. Ferner ist von den drei zweireihigen Matrizen oder den fünf vierreihigen Matrizen eine durch das Produkt der anderen ausdrückbar.

ferner sind antikommutativ die Produkte

$$(\sigma_k \varrho_l)\,\sigma_m, \qquad \text{wenn } k \neq m,$$
$$(\sigma_k \varrho_l)\,\varrho_m, \qquad \text{wenn } l \neq m,$$
$$(\sigma_k \varrho_l)\,(\sigma_m \varrho_n), \qquad \text{wenn } k \neq m,\ l = n \text{ oder } k = m,\ l \neq n$$

ist. Lösungen von Gl. (4) sind also die fünf Matrizen

$$\sigma_1 \varrho_k \qquad \sigma_2 \varrho_k \qquad \sigma_3 \varrho_k \qquad \varrho_l \qquad -\varrho_m \tag{4}$$

(3 Möglichkeiten); Lösungen sind auch die fünf Matrizen

$$\sigma_k \varrho_1 \qquad \sigma_k \varrho_2 \qquad \sigma_k \varrho_3 \qquad \sigma_l \qquad -\sigma_m \tag{5}$$

(3 Möglichkeiten). Von Vorzeichen abgesehen, lassen sich andere aus den σ- und ϱ-Matrizen nicht bilden. Die erstgenannten drei Lösungen sind

$$\begin{pmatrix} & \sigma_x \\ \sigma_x & \end{pmatrix} \quad \begin{pmatrix} & \sigma_y \\ \sigma_y & \end{pmatrix} \quad \begin{pmatrix} & \sigma_z \\ \sigma_z & \end{pmatrix} \quad \begin{pmatrix} & -i \\ i & \end{pmatrix} \quad \begin{pmatrix} -1 & \\ & 1 \end{pmatrix} \tag{6}$$

$$\begin{pmatrix} & -i\,\sigma_x \\ i\,\sigma_x & \end{pmatrix} \quad \begin{pmatrix} & -i\,\sigma_y \\ i\,\sigma_y & \end{pmatrix} \quad \begin{pmatrix} & -i\,\sigma_z \\ i\,\sigma_z & \end{pmatrix} \quad \begin{pmatrix} 1 & \\ & -1 \end{pmatrix} \quad \begin{pmatrix} & -1 \\ -1 & \end{pmatrix} \tag{7}$$

$$\begin{pmatrix} \sigma_x & \\ & -\sigma_x \end{pmatrix} \quad \begin{pmatrix} \sigma_y & \\ & -\sigma_y \end{pmatrix} \quad \begin{pmatrix} \sigma_z & \\ & -\sigma_z \end{pmatrix} \quad \begin{pmatrix} & 1 \\ 1 & \end{pmatrix} \quad \begin{pmatrix} & +i \\ -i & \end{pmatrix}; \tag{8}$$

die drei anderen sehen in x, y, z nicht symmetrisch aus. Alle diese Matrizen sind Hermiteisch. Für die drei angegebenen gilt

$$\beta_1 \beta_2 \beta_3 \beta_4 \beta_5 = 1 . \tag{9}$$

Die drei angeschriebenen Matrizensysteme geben sechs β-Formen der Dirac-Gleichung, wenn man an der Zuordnung von σ_x zu $\partial/\partial x$, von σ_y zu $\partial/\partial y$ und von σ_z zu $\partial/\partial z$ festhalten will; die beiden letzten Matrizen in (6), (7), (8) kann man vertauschen. Die Matrizensysteme geben auch sechs α- und sechs γ-Formen, indem man entweder die vierte oder die fünfte Matrix wegläßt. Die α-Form des Abschnittes 72 entspricht der Folge (8) unter Weglassung der fünften Matrix; die γ-Form entspricht der Folge (7) unter Weglassung der vierten Matrix.

Unsere früheren α- und γ-Formen der Dirac-Gleichung, die wir von den zweikomponentigen Spinoren her erhielten, ermöglichten eine Zerlegung der vierreihigen Dirac-Gleichung in zwei zweireihige, deren eine $\begin{pmatrix} \chi^{+*} \\ \chi^{-*} \end{pmatrix}$ durch eine Ableitung von $\begin{pmatrix} \psi_+ \\ \psi_- \end{pmatrix}$ und deren andere $\begin{pmatrix} \psi_+ \\ \psi_- \end{pmatrix}$ durch eine Ableitung von $\begin{pmatrix} \chi^{+*} \\ \chi^{-*} \end{pmatrix}$ ausdrückte. Wir können leicht diejenigen der Matrizenfolgen (6), (7), (8) angeben, bei denen eine solche Zerlegung möglich ist. Von den β-Formen ist es (6) in der angeschriebenen Reihenfolge und (7), wenn man die beiden letzten Matrizen umstellt. Von den α-Formen sind es nur die beiden aus (8) unter Weglassung der vierten oder fünften Matrix hergestellten Folgen. Neben der früheren Wahl

$$\alpha^5 = \begin{pmatrix} & 1 \\ 1 & \end{pmatrix}$$

erscheint also noch die Möglichkeit

$$\alpha^5 = \begin{pmatrix} & i \\ -i & \end{pmatrix};$$

die bisherigen $\begin{pmatrix} \chi^{+*} \\ \chi^{-*} \end{pmatrix}$ werden durch $i \begin{pmatrix} \chi^{+*} \\ \chi^{-*} \end{pmatrix}$ ersetzt. Von den γ-Formen sind in dem angegebenen Sinne zerlegbar die aus (6) durch Weglassung der fünften Matrix und die aus (7) durch Weglassung der vierten Matrix entstehende Folge; die beiden Zerlegungen sind nicht verschieden. Von einer ganz naheliegenden Abänderung abgesehen, lernen wir keine neue Form der zweikomponentigen Schreibweise kennen.

Man braucht beim Rechnen mit den Operatoren α und γ nicht immer an bestimmte Matrizen zu denken. Für die Fälle jedoch, bei denen man bestimmte Matrizen zu wählen hat, ist es zweckmäßig, sich an eine bestimmte oder an wenige bestimmte Möglichkeiten zu gewöhnen. Von den sechs Möglichkeiten für die α- und γ-Matrizen, die durch (6), (7), (8) angegeben sind, empfehlen sich zwei als besonders einfach. Wir wollen diese einfachen Folgen bei den α-Matrizen aufsuchen.

Ein Gesichtspunkt der Auswahl kann die Zerlegbarkeit in Gleichungen für zweikomponentige Spinoren sein. Die beiden Möglichkeiten

$$\alpha^5 = \begin{pmatrix} & 1 \\ 1 & \end{pmatrix} \qquad \alpha^5 = \begin{pmatrix} & i \\ -i & \end{pmatrix}$$

unterscheiden sich wenig. Wir wählen die erste aus, nehmen also

$$\begin{pmatrix} \sigma_x & \\ & -\sigma_x \end{pmatrix} \begin{pmatrix} \sigma_y & \\ & -\sigma_y \end{pmatrix} \begin{pmatrix} \sigma_z & \\ & -\sigma_z \end{pmatrix} \begin{pmatrix} & 1 \\ 1 & \end{pmatrix}; \qquad (10)$$

wie wir früher gesehen haben, wird dann die räumliche Inversion durch die einfache Transformation $\psi \to \alpha^5 \psi$ wiedergegeben. Bei der anderen Wahl von α^5 hätten wir die räumliche Inversion auch durch $\psi \to \alpha^5 \psi$ (mit dem neuen α^5) wiederzugeben, damit die Dirac-Gleichung invariant bleibt.

Ein anderer Gesichtspunkt der Auswahl ist, eine möglichst einfache Darstellung der ruhenden Materie zu erreichen. Für ruhende Materie lautet die Dirac-Gleichung

$$\left(\frac{\partial}{c\,\partial t} + i\varkappa\,\alpha^5 \right) \psi = 0,$$

die durch

$$\psi = (\alpha^5 \pm 1)\, A\, e^{\mp ic\varkappa t} \tag{11}$$

gelöst wird, wo A eine beliebige Spalte aus vier Zahlen ist. Die Wahl von α^5 ist also wesentlich dafür, wie ruhende Materie dargestellt wird. Mit

$$\alpha^5 = \begin{pmatrix} & 1 \\ 1 & \end{pmatrix}$$

erhalten wir aus Gl. (11) die vier unabhängigen Lösungen

$$\frac{1}{\sqrt{2}} \begin{pmatrix} 1 \\ 0 \\ 1 \\ 0 \end{pmatrix} e^{-ic\varkappa t} \quad \frac{1}{\sqrt{2}} \begin{pmatrix} 0 \\ 1 \\ 0 \\ 1 \end{pmatrix} e^{-ic\varkappa t} \quad \frac{1}{\sqrt{2}} \begin{pmatrix} 1 \\ 0 \\ -1 \\ 0 \end{pmatrix} e^{ic\varkappa t} \quad \frac{1}{\sqrt{2}} \begin{pmatrix} 0 \\ 1 \\ 0 \\ -1 \end{pmatrix} e^{ic\varkappa t}.$$

Den Zahlenfaktor haben wir so gewählt, daß $\psi^*\psi = 1$ wird. Die Lösungen haben wir schon im Abschnitt 73 betrachtet. Mit

$$\alpha^5 = \begin{pmatrix} 1 & \\ & -1 \end{pmatrix}$$

erhalten wir aus Gl. (11) die vier unabhängigen Lösungen

$$\begin{pmatrix} 1 \\ 0 \\ 0 \\ 0 \end{pmatrix} e^{-ic\varkappa t} \quad \begin{pmatrix} 0 \\ 1 \\ 0 \\ 0 \end{pmatrix} e^{-ic\varkappa t} \quad \begin{pmatrix} 0 \\ 0 \\ 1 \\ 0 \end{pmatrix} e^{ic\varkappa t} \quad \begin{pmatrix} 0 \\ 0 \\ 0 \\ 1 \end{pmatrix} e^{ic\varkappa t}. \tag{12}$$

Dieses α^5 kommt in den Möglichkeiten (6), (7), (8) zweimal vor (das eine Mal mit anderem Vorzeichen); diese beiden Möglichkeiten unterscheiden sich nur geringfügig. Wir wählen

$$\begin{pmatrix} & \sigma_x \\ \sigma_x & \end{pmatrix} \quad \begin{pmatrix} & \sigma_y \\ \sigma_y & \end{pmatrix} \quad \begin{pmatrix} & \sigma_z \\ \sigma_z & \end{pmatrix} \quad \begin{pmatrix} 1 & \\ & -1 \end{pmatrix} \tag{13}$$

und haben dann die von DIRAC selbst getroffene Festlegung der α-Matrizen. Von naheliegenden geringfügigen Änderungen abgesehen, möchte man (10) und (13) als einfache Folgen von α-Matrizen empfehlen. Der Wahl (10) ist die Schreibweise

$$\psi = \begin{pmatrix} \psi_+ \\ \psi_- \\ \chi^{+*} \\ \chi^{-*} \end{pmatrix}$$

angepaßt. Bei den anderen Möglichkeiten hat sie keinen Sinn; da wird man

$$\psi = \begin{pmatrix} \psi_1 \\ \psi_2 \\ \psi_3 \\ \psi_4 \end{pmatrix}$$

schreiben.

81. Die aus den γ_μ und α^μ gebildeten Tensoren.

Die (jetzt wieder allgemeinen) Operatoren γ_μ und α^μ sind zur Herstellung von Tensoren sehr geeignet. Wir werden dabei nur die beiden Voraussetzungen benutzen: erstens, daß die Dirac-Gleichung gegen Lorentz-Transformationen invariant ist und die γ_μ oder α^μ darin Hermiteisch sind und die Vertauschungsregeln erfüllen, zweitens, daß $i\psi^*\gamma_4\gamma_\mu\psi$ bzw. $\psi^*\alpha^\mu\psi$ einen Vierervektor bilden (oder $\psi^*\gamma_4\psi$ bzw. $\psi^*a^5\psi$ invariant ist).

Wir führen die Überlegung zunächst für die γ_μ durch. In der Dirac-Gleichung (wir können V und $\mathfrak{A}$ wegdenken):

$$\gamma_\mu \frac{\partial \psi}{\partial x_\mu} + \varkappa\psi = 0 \tag{1}$$

ist

$$(x_1,\ x_2,\ x_3,\ x_4) = (x,\ y,\ z,\ i\,c\,t)$$

und

$$\gamma_\mu\gamma_\nu + \gamma_\nu\gamma_\mu = 2\delta_{\mu\nu}. \tag{2}$$

Für die x_μ lauten die Lorentz-Transformationen wie die Drehungen in einem euklidischen Raum

$$x_\mu \to a_{\mu\nu}x_\nu, \tag{3}$$

wobei

$$a_{\mu\varrho}a_{\nu\varrho} = \delta_{\mu\nu} \qquad a_{\varrho\mu}a_{\varrho\nu} = \delta_{\mu\nu} \tag{4}$$

ist; ferner sollen x_1, x_2, x_3 und $i\,x_4$ reell bleiben. Die lineare Transformation, die die Komponenten von ψ bei dieser Lorentz-Transformation erfahren, nennen wir

$$\psi \to S\psi$$
$$S^{-1}\psi \to \psi. \tag{5}$$

Die Invarianz der Dirac-Gleichung (1) bei der Transformation Gl. (3), (5) bedeutet nun einen Zusammenhang der $a_{\mu\nu}$ mit S. Aus Gl. (1) wird durch die Transformation

$$a_{\mu\nu}\gamma_\mu S \frac{\partial \psi}{\partial x_\nu} + \varkappa S\psi = 0$$

$$a_{\mu\nu}S^{-1}\gamma_\mu S \frac{\partial \psi}{\partial x_\nu} + \varkappa\psi = 0.$$

19*

Aus der Invarianz folgt also

$$a_{\mu\nu} S^{-1} \gamma_\mu S \frac{\partial \psi}{\partial x_\nu} = \gamma_\nu \frac{\partial \psi}{\partial x_\nu}$$

$$a_{\mu\nu} S^{-1} \gamma_\mu S = \gamma_\nu$$

$$S \gamma_\nu S^{-1} = a_{\mu\nu} \gamma_\mu$$

und mit Hilfe von Gl. (4):

$$S^{-1} \gamma_\mu S = a_{\mu\nu} \gamma_\nu. \tag{6}$$

Als Beispiel untersuchen wir, ob die Transformation

$$\psi \to \gamma_4 \psi$$

einer Lorentz-Transformation entspricht und welcher. Aus Gl. (6) folgt $(S = \gamma_4;\ S^{-1} = \gamma_4)$:

$$\gamma_4 \gamma_\mu \gamma_4 = a_{\mu\nu} \gamma_\nu,$$

also

$$a_{\mu\nu} = \begin{pmatrix} -1 & & & \\ & -1 & & \\ & & -1 & \\ & & & 1 \end{pmatrix}$$

(unter Weglassung der Nullen). Dies ist die räumliche Inversion am Nullpunkt.

Mit Hilfe der Beziehung Gl. (6) können wir zeigen, wie man aus einer Invariante $\psi^* \gamma \psi$, wo γ ein geeigneter Operator ist, Vierervektoren, Tensoren usw. herstellen kann. Damit $\psi^* \gamma \psi$ eine Invariante ist, muß für die Transformation

$$\psi \to S \psi$$

zugleich gelten

$$\psi^* \gamma \to \psi^* \gamma S^{-1}.$$

Damit folgt

$$\psi^* \gamma \gamma_\mu \psi \to \psi^* \gamma S^{-1} \gamma_\mu S \psi = a_{\mu\nu} \cdot \psi^* \gamma \gamma_\nu \psi,$$

d.h., $\psi^* \gamma \gamma_\mu \psi$ transformiert sich wie ein Vierervektor. Entsprechend folgt, daß $\psi^* \gamma \gamma_\mu \gamma_\nu \psi$ die Komponenten eines Tensors zweiter Stufe bilden.

Überschauen wir das Bisherige etwas kürzer, so besagt die Invarianz der Dirac-Gleichung (1), daß der Operator $\gamma_\mu\, \partial/\partial x_\mu$ aus einem Spinor einen gleichartigen Spinor macht. Einfügen von γ_μ vor ψ in Größen $\psi^* \ldots \psi$ liefert also Größen derselben Art wie Einfügen von $\partial/\partial x_\mu$. *Einfügen von γ_μ vor ψ in einen Tensor $\psi^* \ldots \psi$ erhöht die Stufe des Tensors um 1.*

Der Tensor $\psi^* \gamma \gamma_\mu \gamma_\nu \psi$ ist übrigens, abgesehen von der Diagonale, antisymmetrisch in μ, ν. Der Tensor

$$\frac{1}{2} \psi^* \gamma (\gamma_\mu \gamma_\nu - \gamma_\nu \gamma_\mu) \psi$$

hat in der Diagonale Nullen und stimmt sonst mit $\psi^*\gamma\gamma_\mu\gamma_\nu\,\psi$ überein. Er ist ein antisymmetrischer Tensor zweiter Stufe (Sechsertensor).

Wir haben bisher nur die Invarianz der Dirac-Gleichung benutzt. Fordern wir nun noch, daß $i\,\psi^*\gamma_4\gamma_\mu\,\psi$ ein Vierervektor sein soll, so folgt, daß $\psi^*\gamma_4\,\psi$ *eine Invariante* ist (oder umgekehrt). Nennen wir einen Vierervektor reell, wenn die Komponenten mit 1, 2, 3 reell, die Komponente mit 4 rein imaginär ist, und einen Tensor $t_{\mu\nu}$ reell, wenn die Komponenten mit einem und nur einem Index 4 imaginär, die anderen reell sind, so ist:

$$\psi^*\gamma_4\,\psi \qquad \text{reelle Invariante}$$

$$i\,\psi^*\gamma_4\gamma_\mu\,\psi \qquad \text{reeller Vektor}$$

$$i\,\psi^*\gamma_4(\gamma_\mu\gamma_\nu - \gamma_\nu\gamma_\mu)\,\psi \qquad \text{reeller schiefsymmetrischer Tensor,}$$

weiter ist bei Weglassung aller Elemente, in denen nicht $\lambda,\ \mu,\ \nu$ verschieden sind:

$$\psi^*\gamma_4\gamma_\lambda\gamma_\mu\gamma_\nu\,\psi \qquad \text{reeller antisymmetrischer Tensor dritter Stufe}$$

$$-\,\psi^*\gamma_4\gamma_1\gamma_2\gamma_3\gamma_4\,\psi = \psi^*\gamma_1\gamma_2\gamma_3\,\psi \qquad \text{reeller Pseudoskalar.}$$

Wir führen jetzt die gleiche Überlegung für die α^μ durch. In der Dirac-Gleichung

$$\alpha^\mu\,\frac{\partial\,\psi}{\partial\,x^\mu} + i\varkappa\alpha^5\,\psi = 0 \tag{7}$$

ist

$$(x^0,\ x^1,\ x^2,\ x^3) = (c\,t,\ x,\ y,\ z)$$

und

$$\alpha_\mu\alpha^\nu + \varkappa_\nu\alpha^\mu = 2\,\delta_{\mu\nu}. \tag{8}$$

Der Operator $\alpha^5\alpha^\mu\,\partial/\partial x^\mu$ macht also aus einem Spinor wieder einen Spinor. Einfügen von $\alpha^5\alpha^\mu$ vor ψ in die kontravarianten (mit oberen Indices geschriebenen) Komponenten eines Tensors $\psi^*\ldots\psi$ liefert Größen, aus denen man durch Einfügen von $\partial/\partial x^\mu$ und Summieren wieder Größen von der Art der Komponenten $\psi^*\ldots\psi$ des Ausgangstensors herstellen kann. Einfügen von $\alpha^5\alpha^\mu$ vor ψ in die kontravarianten Komponenten eines Tensors $\psi^*\ldots\psi$ erhöht die Stufe des Tensors um 1. Fordern wir, daß $\psi^*\alpha^\mu\,\psi$ die kontravarianten Komponenten eines Vierervektors sind, so wird $\psi^*\alpha^5\,\psi$ eine reelle Invariante, $\psi^*\alpha^\mu\alpha^5\alpha^\nu\,\psi$ ein Tensor zweiter Stufe, $i\psi^*(\alpha^\mu\alpha^5\alpha^\nu - \alpha^\nu\alpha^5\alpha^\mu)\,\psi$ ein reeller antisymmetrischer Tensor.

Die folgende Tabelle stellt die so gefundenen Tensoren zusammen. Die angegebenen Tensoren sind durchweg reelle Tensoren. Bei der α-Schreibweise ist das Verhalten bei Transformationen des dreidimensionalen Raumes angegeben. Die Indices $\lambda,\ \mu,\ \nu$ sollen durchweg verschieden sein; Elemente mit zwei gleichen Indices sollen null sein.

Lorentz-Transformation		Räumliche Transformation
$\lambda,\mu,\nu = 1,2,3,4$	$\lambda,\mu,\nu = 0,1,2,3$	$\mu,\nu = 1,2,3$
Skalar $S = \psi^* \gamma_4 \psi$	$S = \psi^* \alpha^5 \psi$	Skalar $S = \psi^* \alpha^5 \psi$
Vektor $S_\mu = i \psi^* \gamma_4 \gamma_\mu \psi$	$S^\mu = \psi^* \alpha^\mu \psi$	Skalar $S^0 = \psi^* \psi$ Vektor $S^\mu = \psi^* \alpha^\mu \psi$
antisymmetrischer Tensor $S_{\mu\nu} = i \psi^* \gamma_4 \gamma_\mu \gamma_\nu \psi$	$S^{\mu\nu} = -i \psi^* \alpha^\mu \alpha^5 \alpha^\nu \psi$	Vektor $S^{0\nu} = -i \psi^* \alpha^5 \alpha^\nu \psi$ axialer Vektor $S^{\mu\nu} = -i \psi^* \alpha^\mu \alpha^5 \alpha^\nu \psi$
Pseudovektor $S_{\lambda\mu\nu} = \psi^* \gamma_4 \gamma_\lambda \gamma_\mu \gamma_\nu \psi$	$S^{\lambda\mu\nu} = -i \psi^* \alpha^\lambda \alpha_\mu \alpha^\nu \psi$	axialer Vektor $S^{0\mu\nu} = -i \psi^* \alpha^\mu \alpha^\nu \psi$ Pseudoskalar $S^{123} = -i \psi^* \alpha^1 \alpha^2 \alpha^3 \psi$
Pseudoskalar $S_{1234} = \psi^* \gamma_1 \gamma_2 \gamma_3 \psi$	$S^{0123} = \psi^* \alpha^5 \alpha^1 \alpha^2 \alpha^3 \psi$	Pseudoskalar $S^{0123} = \psi^* \alpha^5 \alpha^1 \alpha^2 \alpha^3 \psi$

Den Vierervektor $\psi^* \alpha^\mu \psi$ haben wir als Dichte von Ladung und Strom kennengelernt. Den antisymmetrischen Tensor $i \psi^* \alpha^\mu \alpha^5 \alpha^\nu \psi$ werden wir als vom Spin herrührende Magnetisierung und Polarisation kennenlernen. Dem axialen Vektor $-i \psi^* \alpha^\mu \alpha^\nu \psi$ werden wir als Drehimpulsdichte, die vom Spin herrührt, begegnen (Abschnitt 82).

82. Energie-Impuls-Tensor. Drehimpuls.

Wir haben noch den Energie-Impuls-Tensor aufzusuchen. Wir haben von diesem Tensor $T^{\mu\nu}$ zu verlangen, daß er reell und in μ, ν symmetrisch ist und daß seine verjüngende Ableitung die Kräfte angibt. Da hier nur elektromagnetische Kräfte in Frage kommen, muß er die Beziehung

$$\frac{\partial T^{\mu\nu}}{\partial x^\mu} = B^{\nu\lambda} s_\lambda \tag{1}$$

erfüllen; wir haben also für einen geeigneten reellen symmetrischen Tensor diese Beziehung aus der Diracschen Gleichung

$$\alpha^\mu D_\mu \psi + i \varkappa \alpha^5 \psi = 0 \qquad (D_\mu \psi)^* \alpha^\mu - i \varkappa \psi^* \alpha^5 = 0 \tag{2}$$

abzuleiten.

Durch linksseitige Multiplikation der ersten Gl. (2) mit ψ^*, rechtsseitige Multiplikation der zweiten Gl. (2) mit ψ und Addition haben wir die Kontinuitätsgleichung des Vierervektors $\psi^* \alpha^\mu \psi$ abgeleitet. Durch entsprechende Anwendung von $\psi^* D^\nu \ldots$ und $\ldots D^\nu \psi$ erhalten wir

$$0 = \psi^* \alpha^\mu D^\nu D_\mu \psi + (D_\mu \psi)^* \alpha^\mu D^\nu \psi$$

$$= \frac{\partial}{\partial x^\mu} (\psi^* \alpha^\mu D^\nu \psi) - i\eta\, \psi^* \alpha^\mu B^\nu_{\ \mu} \psi\,,$$

also

$$\frac{\partial}{\partial x^\mu} (-i\,\psi^* \alpha^\mu D^\nu \psi) = B^{\nu\lambda} \cdot \eta\, \psi^* \alpha_\lambda \psi\,.$$

Bis auf einen Faktor ist also $i\psi^* \alpha^\mu D^\nu \psi$ ein Tensor, der die richtigen Kräfte liefert. Die mit den Komponenten 0ν gebildeten Integrale über den ganzen Raum geben dann auch die Energie und den Impuls richtig an. Der Tensor ist jedoch weder reell noch symmetrisch. Beachten wir, daß auch

$$\frac{\partial}{\partial x^\mu} [i\,(D^\nu \psi)^* \alpha^\mu \psi] = B^{\nu\lambda} \cdot \eta\, \psi^* \alpha_\lambda \psi$$

ist, so können wir den reellen Tensor

$$\Theta^{\mu\nu} \sim \frac{1}{2i} [\psi^* \alpha^\mu D^\nu \psi - (D^\nu \psi)^* \alpha^\mu \psi] \tag{3}$$

bilden, der die richtigen Kräfte liefert, dessen Komponenten $\Theta^{0\nu}$ beim Integrieren also Energie und Impuls ergeben. Der Tensor ist aber nicht symmetrisch. Mit dem ihn symmetrisierenden Tensor $\Theta^{\nu\mu}$ bilden wir

$$\frac{\partial}{\partial x^\mu} \Theta^{\nu\mu} \sim \frac{1}{2i} \frac{\partial}{\partial x^\mu} [\psi^* \alpha^\nu D^\mu \psi - (D^\mu \psi)^* \alpha^\nu \psi]$$

$$= \frac{1}{2i} [\psi^* \alpha^\nu D_\mu D^\mu \psi - (D_\mu D^\mu \psi)^* \alpha^\nu \psi]\,.$$

Mit Hilfe der Wellengleichung (Abschnitt 79) wird

$$\frac{\partial \Theta^{\nu\mu}}{\partial x^\mu} \sim \frac{\eta}{4}\, B_{\varkappa\lambda} \psi^* (\alpha^\nu \alpha_\varkappa \alpha^\lambda + \alpha^\lambda \alpha_\varkappa \alpha^\nu)\, \psi$$

$$= \frac{\eta}{4}\, B_{\varkappa\lambda} \psi^* (\alpha^\nu \alpha_\varkappa \alpha^\lambda + \alpha^\nu \alpha_\lambda \alpha^\varkappa + 2\alpha^\lambda \delta^{\varkappa\nu} - 2\alpha^\varkappa \delta^{\lambda\nu})\, \psi$$

$$= \frac{\eta}{2}\, (B^{\nu\lambda} \psi^* \alpha_\lambda \psi - B^{\varkappa\nu} \psi^* \alpha_\varkappa \psi)$$

$$= B^{\nu\lambda} \cdot \eta\, \psi^* \alpha_\lambda \psi\,.$$

Der reelle symmetrische Tensor

$$T^{\mu\nu} = \frac{1}{2}\, (\Theta^{\mu\nu} + \Theta^{\nu\mu}) \tag{4}$$

erfüllt also die Gleichung

$$\frac{\partial T^{\mu\nu}}{\partial x^\mu} \sim B^{\nu\lambda} \cdot \eta\, \psi^* \alpha_\lambda \psi\,. \tag{5}$$

Der Faktor, den wir noch zuzufügen haben, ist eine Frage der Dimension und Einheit für ψ. Mit früherem Gebrauch (Abschnitte 20 und 27) sind wir im Einklang, wenn wir setzen

$$s^\mu = \sigma\, \eta\, \psi^* \alpha^\mu \psi \tag{6}$$

$$T^{\mu\nu} = \frac{\sigma}{4\,i}\left[\psi^* \alpha^\mu D^\nu \psi - (D^\nu \psi)^* \alpha^\mu \psi + \psi^* \alpha^\nu D^\mu \psi - (D^\mu \psi)^* \alpha^\nu \psi\right]. \tag{7}$$

Für Materie positiver Ladung ist $\sigma > 0$, für Materie negativer Ladung ist $\sigma < 0$ zu setzen. Beim Übergang zur gequantelten Theorie empfiehlt sich $\sigma = \pm\, \hbar c$, $\sigma\eta = \pm\, e$ (σ hat nichts mit den Spinmatrizen $\sigma_x \ldots$ zu tun). Da der reelle symmetrische Tensor $T^{\mu\nu}$ die richtigen Kräfte liefert, deuten wir ihn als Energie-Impuls-Tensor.

Die Energiedichte wird

$$T^{00} = \frac{\sigma}{2\,i}\left[\psi^* D^0 \psi - (D^0 \psi)^* \psi\right];$$

sie kann beide Vorzeichen haben. Bei Wegfall des elektrischen Potentials V und mit $\psi \sim e^{-i\omega t}$ erhält T^{00} dasselbe Vorzeichen wie ω, wenn die elektrische Ladung positiv ist, das entgegengesetzte Vorzeichen, wenn die Ladung negativ ist. *Während in der skalaren und in der vektoriellen Theorie des Materiefeldes die elektrische Ladung beide Vorzeichen haben kann und die Energiedichte stets positiv ist, hat in der spinoriellen Theorie die elektrische Ladung nur ein Vorzeichen, und die Energiedichte kann positiv und negativ sein.*

Dies erscheint zunächst als bedenklicher Zug dieser Theorie; wie er befriedigend in eine Quantentheorie eingebaut werden kann, haben wir im Abschnitt 77 angedeutet.

Der Energie-Impuls-Tensor liefert uns auch den *Drehimpuls* des Materiefeldes. Dabei ist es lehrreich, die Drehimpulsdichte (z-Komponente)

$$\frac{1}{c}\left(x^1 T^{02} - x^2 T^{01}\right)$$

zu zerlegen in die beiden Teile, die von den beiden Summanden

$$T^{\mu\nu} = \Theta^{\mu\nu} + Z^{\mu\nu} \tag{8}$$

von $T^{\mu\nu}$ herrühren. $Z^{\mu\nu}$ ist dabei der Zusatztensor

$$Z^{\mu\nu} = \frac{1}{2}\left(\Theta^{\nu\mu} - \Theta^{\mu\nu}\right).$$

Für den ersten Bestandteil erhalten wir

$$\frac{1}{c}\left(x^1 \Theta^{02} - x^2 \Theta^{01}\right) = \frac{\sigma}{2\,i\,c}\left[\psi^* \left(x^1 D^2 - x^2 D^1\right)\psi - \left(\left(x^1 D^2 - x^2 D^1\right)\psi\right)^* \psi\right], \tag{9}$$

also einen Ausdruck, der die Komponenten von ψ nicht vermischt, der genau so gebaut ist wie die Drehimpulsdichte der skalaren nichtrelativistischen Theorie. Er gibt die Dichte des Drehimpulses wieder, soweit sie nicht vom Spin abhängt; wir nennen diese Größe die *Dichte des Bahndrehimpulses.*

Für den zweiten Bestandteil erhalten wir

$$\frac{1}{c}\left(x^1 Z^{0\,2} - x^2 Z^{0\,1}\right) = \frac{\sigma}{4\,i\,c}\left[\psi^*\left(x^1\alpha^2 - x^2\alpha^1\right)D^0\,\psi - \psi^*\left(x^1 D^2 - x^2 D^1\right)\psi\right.$$
$$\left. - \left(D^0\,\psi\right)^*\left(x^1\alpha^2 - x^2\alpha^1\right)\psi + \left(\left(x^1 D^2 - x^2 D^1\right)\psi\right)^*\psi\right];$$

er ist (wie die Dichte des Bahndrehimpulses) vom Bezugspunkt für x^1, x^2 abhängig; wir möchten ihn darum nicht Dichte des Spindrehimpulses nennen. Bei der Bildung des Drehimpulses, also beim Integrieren über den ganzen Raum, läßt er sich aber durch einen viel einfacheren Ausdruck ersetzen, der auch vom Bezugspunkt nicht abhängt. Beseitigen wir zunächst die Ableitung D^0, so haben wir (über $\mu = 1, 2, 3$ summiert)

$$\frac{1}{c}\left(x^1 Z^{0\,2} - x^2 Z^{0\,1}\right) = \frac{\sigma}{4\,i\,c}\left[\psi^*\left(x^1\alpha^2 - x^2\alpha^1\right)\alpha^\mu D_\mu\,\psi - \psi^*\left(x^1 D^2 - x^2 D^1\right)\psi\right.$$
$$\left. - \left(D_\mu\,\psi\right)^*\alpha^\mu\left(x^1\alpha^2 - x^2\alpha^1\right)\psi + \left(\left(x^1 D^2 - x^2 D^1\right)\psi\right)^*\psi\right].$$

Einige Glieder (mit $\alpha^1\alpha^1$ und $\alpha^2\alpha^2$) heben sich gegen andere Glieder weg; es bleiben

$$\frac{1}{c}\left(x^1 Z^{0\,2} - x^2 Z^{01}\right)$$
$$= \frac{\sigma}{4\,i\,c}\left[\psi^*\left(x^1\alpha^2\alpha^1 D_1 - x^2\alpha^1\alpha^2 D_2\right)\psi + \psi^*\left(x^1\alpha^2 - x^2\alpha^1\right)\alpha^3 D_3\,\psi\right.$$
$$\left. - \left(\left(D_1\psi\right)^* x^1\alpha^1\alpha^2 - \left(D_2\,\psi\right)^* x^2\alpha^2\alpha^1\right)\psi - \left(D_3\,\psi\right)^*\alpha^3\left(x^1\alpha^2 - x^2\alpha^1\right)\psi\right].$$

Bei der Integration kann dies ersetzt werden durch

$$\frac{\sigma}{2\,i\,c}\cdot\psi^*\alpha^1\alpha^2\,\psi; \tag{10}$$

wir wollen diese Größe die *Dichte des Spindrehimpulses* nennen. *Die Dichte des Drehimpulses* $\left(x^1 T^{0\,2} - x^2 T^{01}\right)/c$ *läßt sich also in drei Teile zerlegen, einer ist die Dichte des Bahndrehimpulses Gl. (9), ein zweiter die Dichte des Spindrehimpulses (10), und der dritte fällt beim Integrieren über den Raum weg. Der (integrierte) Drehimpuls zerfällt also in Bahndrehimpuls*

$$\frac{\sigma}{2\,i\,c}\int\psi^*\left(x^1 D^2 - x^2 D^1\right)\psi\,d\tau$$

und Spindrehimpuls

$$\frac{\sigma}{2\,i\,c}\int\psi^*\alpha^1\alpha^2\,\psi\,d\tau.$$

Die Spindrehimpulsdichte $\sigma\,\psi^*\alpha^1\alpha^2\,\psi/2\,i\,c$ hat ein festes Verhältnis zur Ladungsdichte $\sigma\,\eta\,\psi^*\,\psi$, wenn $\alpha^1\alpha^2\,\psi/i$ bis auf einen festen Faktor gleich ψ

ist. ψ ist dann Eigenfunktion, der Faktor ist Eigenwert des Operators $\alpha^1 \alpha^2/i$. Wegen

$$\frac{1}{i}\,\varkappa^1\,\varkappa^2 \cdot \frac{1}{i}\,\varkappa^1\,\varkappa^2 = 1$$

folgt, daß $\alpha^1 \alpha^2/i$ die Eigenwerte ± 1 hat. Das Verhältnis des Spindrehimpulses zur Ladung wird also in diesen Fällen $\pm 1/2\, c\eta = \pm\, \hbar/2\, e$.

Mit den besonderen α-Matrizen

$$\alpha^1 = \begin{pmatrix} \sigma_x & \\ & -\sigma_x \end{pmatrix} \qquad \alpha^2 = \begin{pmatrix} \sigma_y & \\ & -\sigma_y \end{pmatrix}$$

wird

$$\frac{1}{i}\,\alpha^1\alpha^2 = \begin{pmatrix} \sigma_z & \\ & \sigma_z \end{pmatrix} = \begin{pmatrix} 1 & & & \\ & -1 & & \\ & & 1 & \\ & & & -1 \end{pmatrix},$$

also Diagonalmatrix. Die Komponenten von ψ sind also Eigenfunktionen. Mit

$$\psi = \begin{pmatrix} A_1 \\ 0 \\ A_3 \\ 0 \end{pmatrix}$$

erhalten wir den Spindrehimpuls (z-Komponente) $\hbar/2$ je Ladung e. Mit

$$\psi = \begin{pmatrix} 0 \\ A_2 \\ 0 \\ A_4 \end{pmatrix}$$

erhalten wir $-\hbar/2$ je Ladung e. Mit den besonderen α-Matrizen (Abschnitt 80)

$$\alpha^1 = \begin{pmatrix} & \sigma_x \\ \sigma_x & \end{pmatrix} \qquad \alpha^2 = \begin{pmatrix} & \sigma_y \\ \sigma_y & \end{pmatrix}$$

wird ebenfalls

$$\frac{1}{i}\,\alpha^1\alpha^2 = \begin{pmatrix} 1 & & & \\ & -1 & & \\ & & 1 & \\ & & & -1 \end{pmatrix}.$$

83. Der vom Spin herrührende Anteil von Ladung und Strom.

In der nichtrelativistischen Näherung erkannten wir, daß dem Spin der Materie ein magnetisches Moment zukommt, $\pm 1/2\varkappa$ je Ladung 1 ($\pm\, e\hbar/2mc$ je Ladung e) bei einheitlicher Spinstellung. Das bedeutet eine

Magnetisierung, die nicht von einer Bewegung der Materie herrührt, sondern eben nur vom Spin. Ist sie ungleichmäßig, so entsprechen ihr elektrische Ströme, die keine „Leitungsströme" sind. Wir wollen diesen Sachverhalt jetzt allgemein (nicht nur in nichtrelativistischer Näherung) untersuchen.

Die Maxwellsche Theorie des elektromagnetischen Feldes enthält im allgemeinen Kontinuitätsgleichungen für mehrere Arten Ströme. Aus den Gleichungen

$$-\frac{1}{c}\,\dot{\mathfrak{D}} + \mathrm{rot}\,\mathfrak{H} = \frac{\mathfrak{j}}{c}$$

$$\mathrm{div}\,\mathfrak{D} = \eta$$

folgt die Kontinuitätsgleichung

$$\dot{\eta} + \mathrm{div}\,\mathfrak{j} = 0$$

für den Leitungsstrom. Mit

$$\mathfrak{D} = \varepsilon_0\,\mathfrak{E} + \mathfrak{P} \qquad \mathfrak{H} = \varepsilon_0\,\mathfrak{B} - \mathfrak{M}$$

erhält man

$$\varepsilon_0\left(-\frac{1}{c}\,\dot{\mathfrak{E}} + \mathrm{rot}\,\mathfrak{B}\right) = \frac{\mathfrak{s}}{c}$$

$$\varepsilon_0\,\mathrm{div}\,\mathfrak{E} = \varrho\,,$$

also die Kontinuitätsgleichung

$$\dot{\varrho} + \mathrm{div}\,\mathfrak{s} = 0$$

für den „Gesamtstrom":

$$\mathfrak{s} = \mathfrak{j} + \dot{\mathfrak{P}} + c\,\mathrm{rot}\,\mathfrak{M}$$

$$\varrho = \eta - \mathrm{div}\,\mathfrak{P},$$

der außer dem Leitungsstrom die von Polarisation $\mathfrak{P}$ und Magnetisierung $\mathfrak{M}$ herrührenden Beiträge enthält. Es gelten also für sich Kontinuitätsgleichungen für den Leitungsstrom, den Polarisationsstrom und den Magnetisierungsstrom. Die Teilung in die beiden letztgenannten Anteile ist nicht lorentzinvariant. In der Viererschreibweise folgt aus

$$\frac{\partial H^{\mu\nu}}{\partial x^\nu} = j^\mu$$

die Kontinuitätsgleichung

$$\frac{\partial j^\mu}{\partial x^\mu} = 0\,.$$

Aus der mit

$$H^{\mu\nu} = \varepsilon_0\,B^{\mu\nu} - M^{\mu\nu}$$

abgeleiteten Gleichung

$$\varepsilon_0\frac{\partial B^{\mu\nu}}{\partial x^\nu} = s^\mu$$

folgt die andere Kontinuitätsgleichung

$$\frac{\partial s^\mu}{\partial x^\mu} = 0$$

für

$$s^\mu = j^\mu + \frac{\partial M^{\mu\nu}}{\partial x^\nu}.$$

Die Möglichkeit der *Zerlegung des Stromes in einen Leitungsstrom und einen von Polarisation und Magnetisierung herrührenden Strom* besteht nun *auch für unsere elementare Materie vom Spin $^1/_2$.* Außer dem Vierervektor $\psi^* \alpha^\mu \psi$ gibt es noch den Vektor $\partial/\partial x^\nu (i\psi^* \alpha^\mu \alpha^5 \alpha^\nu \psi)$ für $\nu \neq \mu$, der wegen der Antisymmetrie von $i\psi^* \alpha^\mu \alpha^5 \alpha^\nu \psi$ divergenzfrei ist. Wenn wir nun den Vektor $(\nu \neq \mu)$

$$\frac{i}{2} \frac{\partial}{\partial x^\nu} (\psi^* \alpha^\mu \alpha^5 \alpha^\nu \psi) = \frac{i}{2} [\psi^* \alpha^\mu \alpha^5 \alpha^\nu D_\nu \psi + (D_\nu \psi)^* \alpha^\mu \alpha^5 \alpha^\nu \psi]$$

durch die Glieder $\nu = \mu$ ergänzen, so erhalten wir ($\mu, \nu = 0, 1, 2, 3$):

$$\frac{i}{2} [\psi^* \alpha^\mu \alpha^5 \alpha^\nu D_\nu \psi - (D_\nu \psi)^* \alpha^\nu \alpha^5 \alpha^\mu \psi]$$

und unter Benützung der Dirac-Gleichungen

$$\varkappa \, \psi^* \alpha^\mu \psi.$$

Die ergänzenden Glieder waren dabei (nicht über μ summieren!):

$$\frac{i}{2} [\psi^* \alpha^\mu \alpha^5 \alpha^\mu D_\mu \psi - (D_\mu \psi)^* \alpha^\mu \alpha^5 \alpha^\mu \psi] = \frac{1}{2i} [\psi^* \alpha^5 D^\mu \psi - (D^\mu \psi)^* \alpha^5 \psi].$$

Wir erhalten also die (Gordonsche) Zerlegung $(\nu \neq \mu)$:

$$\sigma \eta \, \psi^* \alpha^\mu \psi = \frac{\sigma \eta}{2i\varkappa} [\psi^* \alpha^5 D^\mu \psi - (D^\mu \psi)^* \alpha^5 \psi] + \frac{i \sigma \eta}{2\varkappa} \frac{\partial}{\partial x^\nu} (\psi^* \alpha^\mu \alpha^5 \alpha^\nu \psi). \quad (1)$$

Der erste Anteil der rechten Seite erinnert in seiner Bildung an den Strom

$$\frac{\sigma \eta}{2i\varkappa} [\psi^* D^\mu \psi - (D^\mu \psi)^* \psi]$$

der spinfreien Theorie; wir möchten ihn darum als *Leitungsstrom* ansehen. Der antisymmetrische Tensor $(\nu \neq \mu)$

$$M^{\mu\nu} = \frac{i \sigma \eta}{2\varkappa} \psi^* \alpha^\mu \alpha^5 \alpha^\nu \psi$$

im zweiten Anteil stellt dann die *Polarisation und Magnetisierung* dar, *die vom Spin herrührt.*

Wegen

$$i \alpha^\mu \alpha^5 \alpha^\nu \cdot i \alpha^\mu \alpha^5 \alpha^\nu = 1$$

(für $\mu \neq \nu$) folgt, daß der Operator $i \alpha^\mu \alpha^5 \alpha^\nu$ nur die Eigenwerte ± 1 haben kann. Für das Verhältnis des magnetischen Moments zur Ladung

$\sigma \eta \psi^* \psi$ erhalten wir in diesen Fällen $\pm 1/2\, \varkappa$. Mit den besonderen Matrizen

$$\alpha^1 = \begin{pmatrix} \sigma_x & \\ & -\sigma_x \end{pmatrix} \quad \alpha^2 = \begin{pmatrix} \sigma_y & \\ & -\sigma_y \end{pmatrix} \quad \alpha^3 = \begin{pmatrix} \sigma_z & \\ & -\sigma_z \end{pmatrix} \quad \alpha^5 = \begin{pmatrix} & 1 \\ 1 & \end{pmatrix}$$

erhalten wir

$$M^{23} = \frac{\sigma\eta}{2\varkappa}\, \psi^* \begin{pmatrix} & \sigma_x \\ \sigma_x & \end{pmatrix} \psi \qquad M^{01} = \frac{\sigma\eta}{2\varkappa}\, \psi^* \begin{pmatrix} & -i\sigma_x \\ i\sigma_x & \end{pmatrix} \psi$$

$$M^{31} = \frac{\sigma\eta}{2\varkappa}\, \psi^* \begin{pmatrix} & \sigma_y \\ \sigma_y & \end{pmatrix} \psi \qquad M^{02} = \frac{\sigma\eta}{2\varkappa}\, \psi^* \begin{pmatrix} & -i\sigma_y \\ i\sigma_y & \end{pmatrix} \psi$$

$$M^{12} = \frac{\sigma\eta}{2\varkappa}\, \psi^* \begin{pmatrix} & \sigma_z \\ \sigma_z & \end{pmatrix} \psi \qquad M^{03} = \frac{\sigma\eta}{2\varkappa}\, \psi^* \begin{pmatrix} & -i\sigma_z \\ i\sigma_z & \end{pmatrix} \psi\,.$$

Betrachten wir jetzt gemeinsam Dichte des Spindrehimpulses $\mathfrak{S}$, Magnetisierung $\mathfrak{M}$ und Polarisation $\mathfrak{P}$ mit den besonderen α-Matrizen, so haben wir

$$\mathfrak{S} = \frac{\sigma}{2c}\, \psi^* \begin{pmatrix} \vec{\sigma} & \\ & \vec{\sigma} \end{pmatrix} \psi$$

$$\mathfrak{M} = \frac{\sigma\eta}{2\varkappa}\, \psi^* \begin{pmatrix} & \vec{\sigma} \\ \vec{\sigma} & \end{pmatrix} \psi$$

$$\mathfrak{P} = \frac{\sigma\eta}{2\varkappa}\, \psi^* \begin{pmatrix} & i\vec{\sigma} \\ -i\vec{\sigma} & \end{pmatrix} \psi\,.$$

Eigenfunktionen zu dem in $\mathfrak{S}_z$ auftretenden Operator sind

$$\psi = \begin{pmatrix} \psi_1 \\ 0 \\ \psi_3 \\ 0 \end{pmatrix} \qquad \psi = \begin{pmatrix} 0 \\ \psi_2 \\ 0 \\ \psi_4 \end{pmatrix}.$$

Unter den ebenen Wellen sind die in der z-Richtung fortschreitenden Wellen ($\omega > 0$)

$$\frac{1}{\sqrt{2}} \begin{pmatrix} \sqrt{\dfrac{\omega}{c}+k} \\ 0 \\ \sqrt{\dfrac{\omega}{c}-k} \\ 0 \end{pmatrix} e^{-i\omega t + ikz} \qquad \frac{1}{\sqrt{2}} \begin{pmatrix} 0 \\ \sqrt{\dfrac{\omega}{c}-k} \\ 0 \\ \sqrt{\dfrac{\omega}{c}+k} \end{pmatrix} e^{-i\omega t + ikz} \qquad (2)$$

von dieser Art. Sie haben also einheitlichen Drehimpuls in der z-Richtung. Eigenfunktionen zu dem in $\mathfrak{M}_z$ auftretenden Operator sind

$$\psi = \begin{pmatrix} \psi_1 \\ 0 \\ \psi_1 \\ 0 \end{pmatrix} \qquad \psi = \begin{pmatrix} 0 \\ \psi_2 \\ 0 \\ \psi_2 \end{pmatrix}.$$

Von den ebenen Wellen sind von dieser Art nur die der ruhenden Materie

$$\sqrt{\frac{\varkappa}{2}} \begin{pmatrix} 1 \\ 0 \\ 1 \\ 0 \end{pmatrix} e^{-ic\varkappa t} \qquad \sqrt{\frac{\varkappa}{2}} \begin{pmatrix} 0 \\ 1 \\ 0 \\ 1 \end{pmatrix} e^{-ic\varkappa t}. \tag{3}$$

Genähert hat auch die langsam bewegte Materie (2) einheitliche Magnetisierung. Eigenfunktionen zu dem in $\mathfrak{P}_z$ auftretenden Operator sind

$$\psi = \begin{pmatrix} \psi_1 \\ 0 \\ -i\,\psi_1 \\ 0 \end{pmatrix} \qquad \psi = \begin{pmatrix} 0 \\ \psi_2 \\ 0 \\ i\,\psi_2 \end{pmatrix}.$$

Sie kommen unter den ebenen Wellen nicht vor.

84. Variationsprinzip.

Die Diracschen Gleichungen für Materie mit dem Spin $^1/_2$ einschließlich der Ausdrücke für elektrische Ladung und Strom lassen sich aus einem einfachen Variationsprinzip ableiten.

Lassen wir zunächst das elektromagnetische Feld weg. In

$$\int L\,dx^0\,dx^1\,dx^2\,dx^3 = \text{Extr} \tag{1}$$

kommt für L eine von den vier ψ-Komponenten und deren ersten Ableitungen abhängige Invariante in Betracht. Betrachten wir zunächst

$$L_1 = \sigma\left(\psi^* \alpha^\mu \frac{\partial \psi}{\partial x^\mu} + i\varkappa\,\psi^* \alpha^5\,\psi\right),$$

so wird beim Variieren

$$\delta L_1 = \sigma\,\delta\psi^*\left(\alpha^\mu \frac{\partial \psi}{\partial x^\mu} + i\varkappa\,\alpha^5\,\psi\right) + \sigma\left(\psi^* \alpha^\mu \delta \frac{\partial \psi}{\partial x^\mu} + i\varkappa\,\psi^* \alpha^5\,\delta\psi\right)$$

und mit Teilintegration

$$\int \delta L_1\,dx^0\,dx^1\,dx^2\,dx^3$$

$$= \sigma\int\left[\delta\psi^*\left(\alpha^\mu \frac{\partial \psi}{\partial x^\mu} + i\varkappa\,\alpha^5\,\psi\right) - \left(\frac{\partial \psi^*}{\partial x^\mu}\alpha^\mu - i\varkappa\,\psi^*\alpha^5\right)\delta\psi\right]dx^0\,dx^1\,dx^2\,dx^3.$$

Als Bedingungen für das Extremum folgen also die Diracschen Gleichungen. Denselben Ausdruck für die Variation des Integrals erhalten wir mit

$$L_2 = \sigma\left(-\frac{\partial \psi^*}{\partial x^\mu}\alpha^\mu\psi + i\varkappa\psi^*\alpha^5\psi\right),$$

so daß wir auch von der reellen Lagrange-Dichte $L = i/2(L_1 + L_2)$, also von

$$L = \sigma\left[\frac{i}{2}\left(\psi^*\alpha^\mu\frac{\partial\psi}{\partial x^\mu} - \frac{\partial\psi^*}{\partial x^\mu}\alpha^\mu\psi\right) - \varkappa\psi^*\alpha^5\psi\right] \tag{2}$$

ausgehen können. Im Falle des Extremums, also bei Erfüllung der Diracschen Gleichungen, werden L_1, L_2 und L null.

Bei Vorhandensein eines elektromagnetischen Feldes versuchen wir entsprechend

$$L = \frac{\varepsilon_0}{2}(\mathfrak{E}^2 - \mathfrak{B}^2) + \sigma\left\{\frac{i}{2}[\psi^*\alpha^\mu D_\mu\psi - (D_\mu\alpha^\mu\psi)^*\psi] - \varkappa\psi^*\alpha^5\psi\right\}. \tag{3}$$

Variation von ψ und ψ^* liefert die Diracschen Gleichungen im elektromagnetischen Feld für positive Ladung. Variation von V und $\mathfrak{A}$ ergibt

$$\int\delta L\,dx^0\,dx^1\,dx^2\,dx^3 = \int\left\{\left[\varepsilon_0\left(\frac{1}{c}\dot{\mathfrak{E}} - \mathrm{rot}\,\mathfrak{B}\right) + \sigma\eta\,\psi^*\vec{\alpha}\,\psi\right]\delta\mathfrak{A}\right.$$

$$\left. + [\varepsilon_0\,\mathrm{div}\,\mathfrak{E} - \sigma\eta\,\psi^*\psi]\,\delta V\right\}dx^0\,dx^1\,dx^2\,dx^3,$$

also die Differentialgleichungen

$$\varepsilon_0\left(-\frac{1}{c}\dot{\mathfrak{E}} + \mathrm{rot}\,\mathfrak{B}\right) = \frac{\mathfrak{s}}{c}$$

$$\varepsilon_0\,\mathrm{div}\,\mathfrak{E} = \varrho$$

mit

$$\frac{\mathfrak{s}}{c} = \sigma\eta\,\psi^*\vec{\alpha}\,\psi$$

$$\varrho = \sigma\eta\,\psi^*\psi.$$

Das Variationsprinzip Gl.(1) mit der reellen Invariante Gl.(3) definiert also ein System aus Materie und elektromagnetischem Feld, in dem für die Materie die Diracschen Gleichungen, für den Elektromagnetismus die Maxwellschen Gleichungen gelten mit $\sigma\eta\,\psi^*\alpha^\mu\psi$ als Komponenten des Viererstroms.

Wir vollziehen jetzt den Übergang von der Lagrange-Funktion zur Hamilton-Funktion, zunächst ohne elektromagnetisches Feld. Mit der Lagrange-Dichte iL_1 wird die Lagrange-Funktion ($\mu = 1, 2, 3$):

$$\overline{L} = \sigma\int\left(\frac{i}{c}\psi^*\dot\psi + i\psi^*\alpha^\mu\frac{\partial\psi}{\partial x^\mu} - \varkappa\psi^*\alpha^5\psi\right)d\tau. \tag{4}$$

Da $\dot\psi$ (und nicht $\dot\psi^*$) darin vorkommt, betrachten wir zunächst die Werte der vier Komponenten ψ_r von ψ an jeder Raumstelle als Koordinaten im Sinne des kanonischen Schemas. Die kanonisch konjugierten Größen sind dann

$$\pi_r = \frac{\partial \overline{L}}{\partial \dot\psi_r} = \frac{i\,\sigma}{c}\,\psi_r{}^*\,\Delta\tau$$

für jede Raumstelle. Mit der Lagrange-Dichte L wird die Lagrange-Funktion

$$\overline{L} = \sigma \int \left[\frac{i}{2c}(\psi^*\dot\psi - \dot\psi^*\psi) + i\,\psi^*\alpha^\mu \frac{\partial\psi}{\partial x^\mu} - \varkappa\,\psi^*\alpha^5\psi \right] d\tau,$$

wobei wir gleich eine Teilintegration ausgeführt haben. Es kommen jetzt zwar $\dot\psi$ und $\dot\psi^*$ vor; wir können aber nicht beide als Koordinaten im Sinne des kanonischen Schemas benutzen, da sie (bis auf konstante Faktoren) einander kanonisch konjugiert sind. Da aus den Diracschen Gleichungen

$$\int(\psi^*\dot\psi + \dot\psi^*\psi)\,d\tau = 0$$

folgt, können wir unser $\overline{L}$ aber durch Gl. (4) ersetzen, ψ_r wieder als Koordinaten und

$$\pi_r = \frac{i\,\sigma}{c}\,\psi_r{}^*\,d\tau$$

als dazu kanonisch konjugierte Größen ansehen. Bei Erfüllung der Diracschen Gleichungen wird auch $\overline{L} = 0$.

Der Übergang zur Hamilton-Funktion wird durch

$$\overline{H} = \sum \pi_r\,\dot\psi_r - \overline{L}$$

vermittelt, wo die Summe auch über alle Örter zu erstrecken ist. Wir erhalten hier ($\mu = 1, 2, 3$):

$$\overline{H} = \sigma \int \left(-i\,\psi^*\alpha^\mu \frac{\partial\psi}{\partial x^\mu} + \varkappa\,\psi^*\alpha^5\psi \right) d\tau. \tag{5}$$

Die kanonische Gleichung

$$\dot\psi_r = \frac{\partial \overline{H}}{\partial \pi_r} = -c\left(\alpha^\mu \frac{\partial\psi}{\partial x^\mu} + i\varkappa\alpha^5\psi \right)_r$$

ist wieder die Diracsche Gleichung.

Bei Anwesenheit eines elektrischen Feldes wird

$$\overline{L} = \sigma \int \left(\frac{i}{c}\,\psi^*\dot\psi - \eta V\psi^*\psi + i\,\psi^*\alpha^\mu D_\mu\psi - \varkappa\,\psi^*\alpha^5\psi \right) d\tau \tag{6}$$

$$\pi_r = \frac{i\,\sigma}{c}\,\psi^* \tag{7}$$

$$\overline{H} = \sigma \int \psi^*(\eta V - i\,\alpha^\mu D_\mu + \varkappa\,\alpha^5)\,\psi\,d\tau. \tag{8}$$

Die Hamilton-Funktion erscheint hier wie allgemein beim kanonischen Schema in der Form

$$\bar{H} = \int \left(\frac{\partial L}{\partial \dot{\psi}_r} \dot{\psi}_r - L \right) d\tau,$$

so daß es naheliegt, die Größe

$$\Theta^{00} = - \Theta^0{}_0 = \frac{\partial L}{\partial \frac{\partial \psi_r}{\partial x^0}} \frac{\partial \psi_r}{\partial x^0} - L$$

als Energiedichte und Bestandteil eines Energie-Impuls-Tensors anzusehen. Nun kann man in der Tat den „kanonischen" Tensor

$$\Theta^\mu{}_\nu = - \frac{\partial L}{\partial \frac{\partial \psi_r}{\partial x^\mu}} \frac{\partial \psi_r}{\partial x^\nu} + \delta^\mu{}_\nu L$$

bilden und leicht nachrechnen, daß ohne elektromagnetisches Feld

$$\frac{\partial \Theta^\mu{}_\nu}{\partial x^\mu} = 0$$

ist. Aber $\Theta^{\mu\nu}$ ist im allgemeinen nicht in μ und ν symmetrisch, und dann ist er noch nicht der Energie-Impuls-Tensor.

Bei der skalaren Theorie (Abschnitt 29) war der so gebildete Tensor $\Theta^{\mu\nu}$ symmetrisch, beim elektromagnetischen Feld war er es nicht. Hier erhalten wir

$$\Theta^{\mu\nu} = - i\sigma \psi^* \alpha^\mu D^\nu \psi, \tag{9}$$

während der Energie-Impuls-Tensor

$$T^{\mu\nu} = - \frac{i\sigma}{4} \left[\psi^* \alpha^\mu D^\nu \psi - (\alpha^\mu D^\nu \psi)^* \psi + \psi^* \alpha^\nu D^\mu \psi - (\alpha^\nu D^\mu \psi)^* \psi \right]$$

ist.

85. Quantelung.

Die Diracsche Gleichung hat in der α-Schreibweise die Form

$$\left(H - i\hbar \frac{\partial}{\partial t} \right) \psi = 0, \tag{1}$$

wo H ein Operator

$$H = eV + c\alpha^\mu \left(\frac{\hbar}{i} \frac{\partial}{\partial x^\mu} - \frac{e}{c} A_\mu \right) + mc^2 \alpha^5 \tag{2}$$

ist ($\mu = 1, 2, 3$). Die Form Gl. (1) ist dieselbe wie in der skalaren nichtrelativistischen Theorie; in beiden Fällen ist auch $e\psi^* \psi$ die Dichte der (positiv angenommenen) elektrischen Ladung. Bei der Aufstellung seiner Gleichung ging DIRAC ja gerade von der Forderung aus, eine Wellengleichung aufzustellen, die die Form Gl. (1) hat und bei der $\psi^* \psi$ als Teilchendichte angesehen werden kann. DIRACs Ausgangsforderungen erscheinen uns heute nicht mehr als zwingend; wir sind daher auch einen anderen Weg bei der Begründung der Theorie der Materie mit dem Spin $^1/_2$ gegangen.

Der Operator H nach Gl. (2) hat wie der Δ-Operator und der Operator H der skalaren nichtrelativistischen Theorie die Eigenschaft, hermiteisch zu sein:

$$\int \psi_1{}^* H \psi_2 \, \mathrm{d}\tau = \int (H \psi_1)^* \psi_2 \, \mathrm{d}\tau;$$

die Eigenschaft beruht im wesentlichen auf

$$\int \psi_1{}^* \alpha^\mu D_\mu \psi_2 \, \mathrm{d}\tau = -\int (D_\mu \psi_1)^* \alpha^\mu \psi_2 \, \mathrm{d}\tau.$$

Wegen der formalen Übereinstimmung mit der nichtrelativistischen skalaren Theorie können wir *im Falle eines Teilchens* die Quantisierung so vollziehen, daß wir

$$\int \psi^* \psi \, \mathrm{d}\tau = 1 \tag{3}$$

vorschreiben und Gl. (1) als Gleichung des Einteilchensystems ansehen. Sie ist Schrödinger-Gleichung im Sinne des Abschnitts 47. $\psi^* \psi \, \mathrm{d}\tau$ ist die Wahrscheinlichkeit dafür, daß das eine Teilchen im Raumelement $\mathrm{d}\tau$ ist. Wenn einer Größe G der Operator Γ entspricht, so hat der durch ψ beschriebene Zustand dann und nur dann einen festen Wert, wenn $\Gamma\psi = g\psi$ ist mit einem Zahlenfaktor g. Die Funktion ψ ist dann eine Eigenfunktion des Operators Γ, g der zugehörige Eigenwert. H ist der Energieoperator. Wenn der Operator Γ die Zeit nicht explizit enthält und Γ mit H vertauschbar ist,

$$H\Gamma - \Gamma H = 0,$$

so bleibt die entsprechende Größe G im Laufe der Zeit konstant.

Wenn das Magnetfeld fehlt ($A_\mu = 0$) und V rotationssymmetrisch um die z-Richtung ist, so ist in der skalaren Theorie $x\partial/\partial y - y\partial/\partial x$ mit H vertauschbar und

$$\frac{\hbar}{i}\left(x\frac{\partial}{\partial y} - y\frac{\partial}{\partial x}\right)$$

ist dort der Operator des Drehimpulses um die z-Richtung. Beim Spin $^1/_2$ ist dies nicht der Fall; vielmehr wird

$$H\frac{\hbar}{i}\left(x\frac{\partial}{\partial y} - y\frac{\partial}{\partial x}\right) - \frac{\hbar}{i}\left(x\frac{\partial}{\partial y} - y\frac{\partial}{\partial x}\right) H$$

$$= \frac{\hbar}{i} e\frac{\partial V}{\partial \varphi} - \hbar^2 c\left(\alpha^1\frac{\partial}{\partial y} - \alpha^2\frac{\partial}{\partial x}\right),$$

also auch im Falle $\partial V/\partial\varphi = 0$ nicht null. Nun haben wir früher (Abschnitt 82) für den Spindrehimpuls um die z-Richtung

$$\frac{\hbar}{2i}\int \psi^* \alpha^1 \alpha^2 \psi \, \mathrm{d}\tau$$

erhalten, können also $(\hbar/2i)\,\alpha^1\alpha^2$ als Operator dieser Komponente des Spindrehimpulses ansehen. Wegen

$$H \cdot \frac{\hbar}{2i}\,\alpha^1\alpha^2 - \frac{\hbar}{2i}\,\alpha^1\alpha^2 \cdot H = \hbar^2 c\left(\alpha^1\frac{\partial}{\partial y} - \alpha^2\frac{\partial}{\partial x}\right)$$

kommt mit dem Zusatz $(\hbar/2i)\,\alpha^1\alpha^2$ zu $(\hbar/i)\,(x\,\partial/\partial y - y\,\partial/\partial x)$ gerade das störende Glied in Wegfall. Der Operator $(\hbar/2i)\,\alpha^1\alpha^2$ hat wegen

$$\frac{\hbar}{2i}\,\alpha^1\alpha^2 \cdot \frac{\hbar}{2i}\,\alpha^1\alpha^2 = \frac{\hbar^2}{4}$$

nur die Eigenwerte $\pm\,\hbar/2$. Der Spindrehimpuls eines Teilchens in einer vorgegebenen Richtung ergibt sich zu $\pm\,\hbar/2$.

Bei der nichtrelativistischen skalaren Theorie, d.h. der gewöhnlichen Schrödinger-Gleichung für das Einteilchensystem, nutzt man die Erhaltung des Drehimpulses bei Rotationssymmetrie des Kraftfeldes so aus, daß man Lösungen der Form

$$\psi = e^{-\frac{i}{\hbar}Et}\,f(z,\,r)\,e^{im\varphi}$$

sucht, wo $z,\,r,\,\varphi$ Zylinderkoordinaten in bezug auf die Rotationsachse sind. Die Anwendung des Drehimpulsoperators

$$\frac{\hbar}{i}\left(x\frac{\partial}{\partial y} - y\frac{\partial}{\partial x}\right) = \frac{\hbar}{i}\frac{\partial}{\partial\varphi}$$

auf ψ gibt dann $\hbar\,m\,\psi$, und das ermöglicht die Beseitigung von φ aus der Schrödinger-Gleichung. Da ψ eine eindeutige Funktion des Ortes sein muß, ist m eine ganze Zahl. Um bei der Dirac-Gleichung etwas Ähnliches zu erreichen, suchen wir Funktionen

$$\psi = e^{-\frac{i}{\hbar}Et}\,u(z,\,r,\,\varphi),$$

für die

$$\frac{1}{i}\left(\frac{\partial}{\partial\varphi} + \frac{1}{2}\,\alpha^1\alpha^2\right)u = m\,u \tag{4}$$

ist.

Für die speziellen Matrizen des Abschnittes 72 ist

$$\frac{1}{i}\,\alpha^1\alpha^2 = \begin{pmatrix} 1 & & & \\ & -1 & & \\ & & 1 & \\ & & & -1 \end{pmatrix},$$

und die Gl.(4)

$$\frac{1}{i}\frac{\partial u}{\partial\varphi} = \begin{pmatrix} m-\dfrac{1}{2} & & & \\ & m+\dfrac{1}{2} & & \\ & & m-\dfrac{1}{2} & \\ & & & m+\dfrac{1}{2} \end{pmatrix}u$$

wird durch

$$
u = \begin{pmatrix}
f_1(z,\,r)\,e^{i\left(m-\frac{1}{2}\right)\varphi} \\[2ex]
f_2(z,\,r)\,e^{i\left(m+\frac{1}{2}\right)\varphi} \\[2ex]
f_3(z,\,r)\,e^{i\left(m-\frac{1}{2}\right)\varphi} \\[2ex]
f_4(z,\,r)\,e^{i\left(m+\frac{1}{2}\right)\varphi}
\end{pmatrix}
$$

gelöst. Der Eindeutigkeit wegen ist m ein ungerades Vielfaches von $^1/_2$. Die Eigenwerte des Drehimpulses sind ungerade Vielfache von $\hbar/2$.

Wir hätten auch auf dem Wege über die Feldquantelung zur Auffassung der Dirac-Gleichung als Gleichung des Einteilchensystems kommen können. Die Überlegung ist verwandt mit der Quantisierung der nichtrelativistischen skalaren Theorie bei Fermi-Statistik.

Eine Wechselwirkung zwischen Teilchen können wir aber nicht wie im Abschnitt 58 einführen, da sie im relativistischen Fall nicht durch ein Wechselwirkungspotential dargestellt werden kann. Auf Näherungsansätze, die versucht worden sind, sei hier nicht eingegangen.

Neuntes Kapitel.

Allgemeine Feldtheorie[1].

86. Allgemeine anschauliche Feldtheorie.

Die von uns behandelten Materiefelder hatten eine Reihe von Zügen gemeinsam, und wir wollen jetzt versuchen, sie nach einem gemeinsamen Schema zu behandeln. Sie unterschieden sich in den Merkmalen, die mit dem Spin zusammenhängen, also danach, ob die Feldgrößen Skalare waren oder einen Vektor oder einen Spinor bildeten. Von dieser besonderen „*geometrischen Natur*" des Feldes wollen wir also jetzt absehen und einfach von einer Anzahl Feldgrößen $U^{(1)}\,U^{(2)}\ldots$ sprechen. Neben den komplexen hatten wir auch reelle Feldgrößen behandelt, bei den komplexen Feldgrößen fanden wir einen Satz der Erhaltung der Ladung. Wir haben die Felder manchmal „*isoliert*" betrachtet, d.h. ohne Beisein anderer Felder, Potentiale oder Quellen; die Feldgleichungen waren dann ziemlich einfache homogen lineare Differentialgleichungen der Form

$$
\begin{aligned}
\mathrm{Abl}\ \psi &= \varkappa\,\chi \\
\mathrm{Abl}\ \chi &= \varkappa\,\psi.
\end{aligned}
$$

[1] Allgemeine Literatur s. S. 414, Anfänge bei Mie, G.: Ann. Physik **37**, 512 (1912). — Belinfante, F. J.: Physica **6**, 887 (1939); **7**, 449 (1940); Rosenfeld, L.: Mém. Acad. Belg. **8**, fasc. 6 (1940); Iskraut, R.: Z. Physik **119**, 659 (1942) (Strom, Energie-Impuls, Drehimpuls).

Wir haben aber auch Felder betrachtet, die von „Potentialen" beeinflußt wurden, wie das Materiefeld unter dem Einfluß der elektromagnetischen Potentiale V, $\mathfrak{A}$; wir haben weiter auch Felder betrachtet, die an „Quellen" hingen, wie das elektromagnetische Feld an den Dichten von Ladung und Strom. Auch hier waren die Feldgleichungen noch linear. Wenn wir jedoch die Potentiale auch als Feldgrößen ansahen oder die Quellen durch Feldgrößen ausdrückten, erhielten wir wieder ein „isoliertes Feld", etwa Materiefeld und elektromagnetisches Feld zusammen, aber die Feldgleichungen waren nicht mehr linear. Hier konnten wir von einer „*Kopplung*" zweier Felder sprechen. Das Schema, das wir jetzt aufstellen, wird allgemein genug sein, diese Fälle reeller und komplexer Feldgrößen verschiedener geometrischer Natur, isolierter, beeinflußter und gekoppelter Felder, linearer und nichtlinearer Theorien zu umfassen.

Unsere Feldtheorien haben gewisse Invarianzeigenschaften zu erfüllen, in unseren Beispielen waren es die Eichinvarianz und die Lorentz-Invarianz. Weiter sollen sie einen symmetrischen Energie-Impuls-Tensor haben, gegebenenfalls einen Ladungs-Strom-Vierervektor. Man möchte die Erfüllung dieser Forderungen möglichst eng mit dem Ausgangspunkt der Theorie verknüpfen. In der Theorie der Mechanismen geschieht das durch die Zurückführung auf ein Extremalprinzip, in dem die Lagrange-Funktion die nötigen Invarianzeigenschaften hat und aus dem die zeitliche Konstanz einer Größe folgt, die man als Energie deuten kann. Die *Ableitung aus einem Extremalprinzip* ist nun auch für die Feldtheorie allgemein genug, um die oben erwähnten Fälle zu umfassen; sie sichert die nötigen Invarianzeigenschaften in einfacher Weise, und sie liefert die Erhaltungssätze.

Wir wiederholen das Schema zunächst für den Fall, daß das *Feld durch eine einzige Funktion U des Ortes und der Zeit beschrieben* wird, die wir jetzt reell annehmen. U zusammen mit den ersten Ableitungen $\partial U/\partial x^{\mu}$ nach den raumzeitlichen Koordinaten wollen wir die *Feldgrößen* der Theorie nennen. In dem Schema wird der wirkliche raumzeitliche Verlauf des Feldes unter den denkbaren Verläufen dadurch bestimmt, daß das Integral

$$\int L \, \mathrm{d}\Omega = \mathrm{Extr} \tag{1}$$

ein Extremum ist, wo die „Lagrange-Dichte"

$$L\left(x^{\mu}, U, \frac{\partial U}{\partial x^{\mu}}\right) = L\left(x^1, x^2 \ldots, U, \frac{\partial U}{\partial x^1}, \frac{\partial U}{\partial x^2} \ldots\right)$$

von den Koordinaten und den Feldgrößen abhängen soll und $\mathrm{d}\Omega = \mathrm{d}x^0 \mathrm{d}x^1 \ldots$ das Element des vierdimensionalen Koordinatenraumes sei. Bei der Variation von U seien die Werte auf dem Rande des vierdimensionalen Integrationsgebietes fest vorgegeben. Die Abhängigkeit des L

von den Koordinaten ermöglicht die Erfassung von äußeren Einflüssen;
bei einem isolierten Felde fällt diese Abhängigkeit weg. Die nötigen
Invarianzeigenschaften sind gewährleistet, wenn L eine Invariante für
die Transformationen ist, für die die Invarianz der Theorie gefordert
wird. Wir setzen hier aber zunächst noch keine spezielle Invarianz voraus,
wir ziehen also auch vorläufig keine Indices herauf oder herunter.

Die Feldgleichung folgt aus Gl. (1), indem man U durch eine benachbarte Funktion $U + \delta U$ ersetzt, dann ist

$$\delta L = \frac{\partial L}{\partial U} \delta U + \frac{\partial L}{\partial \frac{\partial U}{\partial x^\mu}} \delta \frac{\partial U}{\partial x^\mu}, \tag{2}$$

und mit Teilintegration folgt

$$\delta \int L \, \mathrm{d}\Omega = \int \left(\frac{\partial L}{\partial U} - \frac{\partial}{\partial x^\mu} \frac{\partial L}{\partial \frac{\partial U}{\partial x^\mu}} \right) \delta U \, \mathrm{d}\Omega = 0,$$

also

$$\frac{\partial}{\partial x^\mu} \frac{\partial L}{\partial \frac{\partial U}{\partial x^\mu}} - \frac{\partial L}{\partial U} = 0. \tag{3}$$

Beginnt man die Theorie mit der Feldgl. (3), so bestimmt diese die
Funktion L nicht eindeutig; vielmehr kann man L durch eine „Diver-
genz" $\partial K^\mu / \partial x^\mu$ ergänzen (mit willkürlichen Funktionen K^μ), ohne daß
sich das Integral Gl. (1) ändert.

Die Feldgl. (3), die eine Differentialgleichung zweiter Ordnung ist,
zerlegt man auch gern in Gleichungen erster Ordnung:

$$\left. \begin{aligned} \pi^\mu &= \frac{\partial L}{\partial \frac{\partial U}{\partial x^\mu}} \\[2mm] \frac{\partial \pi^\mu}{\partial x^\mu} &= \frac{\partial L}{\partial U}. \end{aligned} \right\} \tag{4}$$

Für den *Tensor*

$$\Theta^\mu{}_\nu = - \frac{\partial L}{\partial \frac{\partial U}{\partial x^\mu}} \frac{\partial U}{\partial x^\nu} + \delta^\mu_\nu L \tag{5}$$

folgt aus Gl. (3):

$$\frac{\partial \Theta^\mu{}_\nu}{\partial x^\mu} = - \frac{\partial L}{\partial U} \frac{\partial U}{\partial x^\nu} - \frac{\partial L}{\partial \frac{\partial U}{\partial x^\mu}} \frac{\partial^2 U}{\partial x^\mu \partial x^\nu} + \frac{\partial L}{\partial x^\nu},$$

wo im letzten Summanden die gesamte partielle Ableitung gemeint ist.
Wegen

$$\frac{\partial L}{\partial x^\nu} = \frac{\partial L}{\partial U} \frac{\partial U}{\partial x^\nu} + \frac{\partial L}{\partial \frac{\partial U}{\partial x^\mu}} \frac{\partial^2 U}{\partial x^\mu \partial x^\nu} + \left(\frac{\partial L}{\partial x^\nu} \right)_{\mathrm{expl}},$$

wo der letzte Summand nur mit der expliziten Abhängigkeit des L von
x^ν gebildet ist, folgt dann:

$$\frac{\partial\,\Theta^\mu{}_\nu}{\partial\,x^\mu} = \left(\frac{\partial\,L}{\partial\,x^\nu}\right)_{\mathrm{expl}} = k_\nu\,. \tag{6}$$

Für eine isolierte Theorie wird also:

$$\frac{\partial\,\Theta^\mu{}_\nu}{\partial\,x^\mu} = 0\,.$$

Den Satz (6) haben wir eben aus den Feldgl. (3) abgeleitet, wir können ihn auch
direkt aus dem Variationsprinzip Gl. (1) erschließen. Da er vier Sätze ($\nu = 0,1,2,3$)
zusammenfaßt, haben wir U so zu variieren, daß δU von vier willkürlichen Funktionen abhängt. Wir ersetzen U durch

$$\overline{U}\,(x^0,\,x^1,\,x^2,\,x^3) = U\,(x^0 + \xi^0,\,x^1 + \xi^1,\,x^2 + \xi^2,\,x^3 + \xi^3),$$

wo die ξ^ν vier willkürliche infinitesimale Funktionen sind. Mit dieser Variation

$$\delta\,U = \frac{\partial\,U}{\partial\,x^\nu}\,\xi^\nu$$

$$\delta\,\frac{\partial\,U}{\partial\,x^\mu} = \frac{\partial^2\,U}{\partial\,x^\mu\,\partial\,x^\nu}\,\xi^\nu + \frac{\partial\,U}{\partial\,x^\nu}\,\frac{\partial\,\xi^\nu}{\partial\,x^\mu}$$

wird

$$\delta\,L = \left(\frac{\partial\,L}{\partial\,U}\,\frac{\partial\,U}{\partial\,x^\nu} + \frac{\partial\,L}{\partial\,\dfrac{\partial\,U}{\partial\,x^\mu}}\,\frac{\partial^2\,U}{\partial\,x^\mu\,\partial\,x^\nu}\right)\xi^\nu + \frac{\partial\,L}{\partial\,\dfrac{\partial\,U}{\partial\,x^\mu}}\,\frac{\partial\,U}{\partial\,x^\nu}\,\frac{\partial\,\xi^\nu}{\partial\,x^\mu}\,,$$

wobei wir in der Klammer den Ausdruck

$$\frac{\partial\,L}{\partial\,x^\nu} - \left(\frac{\partial\,L}{\partial\,x^\nu}\right)_{\mathrm{expl}}$$

erkennen. Wenn wir annehmen, daß die ξ^ν auf dem Rand des Integrationsgebietes
verschwinden, so liefert eine Teilintegration

$$\delta\int L\,\mathrm{d}\,\Omega = \int\left[-\frac{\partial}{\partial\,x^\mu}\left(\frac{\partial\,L}{\partial\,\dfrac{\partial\,U}{\partial\,x^\mu}}\,\frac{\partial\,U}{\partial\,x^\nu}\right) + \frac{\partial\,L}{\partial\,x^\nu} - \left(\frac{\partial\,L}{\partial\,x^\nu}\right)_{\mathrm{expl}}\right]\xi^\nu\,\mathrm{d}\,\Omega\,;$$

da dies für beliebige ξ^ν verschwinden muß, folgt die Gl. (6) mit dem Tensor Gl. (5).

Die Gl. (6) legt die Versuchung nahe, sie als *Energie- und Impulssatz*
zu deuten. Es folgt ja (jetzt $\mu \neq 0$):

$$\frac{\mathrm{d}}{\mathrm{d}\,x^0}\int\Theta^0{}_\nu\,\mathrm{d}\,\tau = -\int\frac{\partial\,\Theta^\mu{}_\nu}{\partial\,x^\mu}\,\mathrm{d}\,\tau + \int k_\nu\,\mathrm{d}\,\tau,$$

bei Integration über das gesamte Feld

$$\frac{\mathrm{d}\,p_\nu}{\mathrm{d}\,x^0} = \int k_\nu\,\mathrm{d}\,\tau \tag{7}$$

mit

$$p_\nu = \int\Theta^0{}_\nu\,\mathrm{d}\,\tau. \tag{8}$$

Es sieht so aus, als sei p_1, p_2, p_3 der Impuls des gesamten Feldes und k_1, k_2, k_3 die Kraftdichte, weiter p_0 die Feldenergie und k_0 die Leistungsdichte (wobei noch konstante Faktoren offen sind, so haben wir auch nicht festgelegt, ob etwa $x^0 = t$ oder $x^0 = ct$ ist).

Die Deutung von $\Theta^0{}_\nu$ als Impulsdichte ($\nu = 1, 2, 3$) und Energiedichte ($\nu = 0$) ist aber nicht allgemein möglich. Wäre $\Theta^0{}_\nu$ die Impulsdichte, so wäre

$$\int (x^1 \Theta^0{}_2 - x^2 \Theta^0{}_1)\, d\tau$$

eine Komponente des Drehimpulses des Feldes, und es müßte der Drehimpulssatz

$$\frac{d}{d x^0} \int (x^1 \Theta^0{}_2 - x^2 \Theta^0{}_1)\, d\tau = \int (x^1 k_2 - x^2 k_1)\, d\tau$$

gelten. Nach Gl. (6) bedeutete das

$$\int \left(x^1 \frac{\partial \Theta^\mu{}_2}{\partial x^\mu} - x^2 \frac{\partial \Theta^\mu{}_1}{\partial x^\mu} \right) d\tau = 0$$

(für $\mu = 1, 2, 3$) und nach Teilintegration

$$\int (\Theta^1{}_2 - \Theta^2{}_1)\, d\tau = 0.$$

Wir können also $\Theta^0{}_\nu$ dann und nur dann als Impulsdichte deuten, wenn diese Beziehung und die entsprechenden für die anderen Komponenten erfüllt sind, sicher dann, wenn

$$\Theta^\mu{}_\nu = \Theta^\nu{}_\mu \qquad (\mu, \nu = 1, 2, 3) \tag{9}$$

ist.

Der Begriff des Drehimpulses nimmt eine bestimmte nähere Lokalisierung des Impulses vor. Eine gewisse Lokalisierung der Energie haben wir, wenn wir (vgl. Abschnitt 6) das Moment der trägen Masse der Energie mit dem Impuls in Beziehung bringen

$$\frac{d}{d x^0} \int x^1 \Theta^0{}_0\, d\tau = \int \Theta^0{}_1\, d\tau.$$

Wegen Gl. (6) wird die linke Seite nach Teilintegration ($\mu = 1, 2, 3$):

$$-\int x^1 \frac{\partial \Theta^\mu{}_0}{\partial x^\mu}\, d\tau = \int \Theta^1{}_0\, d\tau.$$

Die Lokalisierung ist also möglich, wenn

$$\Theta^0{}_\nu = -\Theta^\nu{}_0 \qquad (\nu = 1, 2, 3) \tag{10}$$

ist ($-\Theta^\nu{}_0 = \Theta^{\nu 0} = \Theta^{0\nu}$ setzen wir erst im Zusammenhang mit der Lorentz-Invarianz).

Hinreichend für die Lokalisierung von Energie und Impuls, wie sie durch den Begriff des Drehimpulses und des Momentes der Masse gefordert

*wird, ist die Existenz eines Tensors $T^\mu{}_\nu$, der in dem Sinne symmetrisch ist,
daß*

$$T^\mu{}_\nu = T^\nu{}_\mu \qquad (\mu,\ \nu = 1,\ 2,\ 3) \Bigg\} $$
$$T^0{}_\nu = -\ T^\nu{}_0 \qquad (\nu = 1,\ 2,\ 3) \Bigg. \tag{11}$$

gilt, und für den im isolierten Feld die Divergenz $\partial T^\mu{}_\nu / \partial x^\mu$ verschwindet.
Die Ausdrücke

$$\frac{\partial T^\mu{}_\nu}{\partial x^\mu} = k_\nu$$

kann man als Kraft- und Leistungsdichte deuten,

$$p_\nu = \int T^0{}_\nu \, d\tau$$

als Feldenergie und Feldimpuls und

$$\int (x^1\, T^0{}_2 - x^2\, T^0{}_1)\, d\tau$$

als eine der Drehimpulskomponenten. Es ist aber zu beachten, daß die
Abgrenzung der zum Feld gehörigen Energie (des zum Feld gehörigen
Impulses) von der außerhalb des Feldes liegenden Energie (von dem
außerhalb liegenden Impuls) bei nicht isolierten Feldern nicht ohne
Willkür möglich ist.

Solange wir die Lokalisierung von Energie und Impuls nur durch
Messungen von Gesamtenergie, Gesamtimpuls, Gesamtdrehimpuls und
Moment der trägen Masse der Energie nachweisen können, bleibt die
Existenz eines symmetrischen $T^\mu{}_\nu$ nur eine hinreichende Bedingung. In
der allgemeinen Relativitätstheorie wird die Existenz eines symmetrischen
Tensors $T^\mu{}_\nu$ auch als notwendig angesehen. Dort wird nämlich die Dichte
von Energie und Impuls an ihrer gravitierenden Wirkung erkannt, während bei unseren Betrachtungen hier eine Lokalisierung der Energie und
des Impulses nur soweit vorgenommen wurde, als sie am Drehimpuls
und am Moment der trägen Masse der Energie festgestellt werden konnte.

Das Schema läßt sich ohne weiteres auf den *Fall mehrerer Feldgrößen* $U^r\,(r = 1, 2\ldots)$ übertragen. Es ist

$$L = L\left(x^\mu,\ U^r,\ \frac{\partial U^r}{\partial x^\mu}\right); \tag{12}$$

wenn man die U^r durch benachbarte Funktionen $U^r + \delta U^r$ ersetzt, wird

$$\delta L = \frac{\partial L}{\partial U^r}\, \delta U^r + \frac{\partial L}{\partial \dfrac{\partial U^r}{\partial x^\mu}}\, \delta\, \frac{\partial U^r}{\partial x^\mu},$$

und man erhält die Feldgleichungen

$$\frac{\partial}{\partial x^\mu}\, \frac{\partial L}{\partial \dfrac{\partial U^r}{\partial x^\mu}} - \frac{\partial L}{\partial U^r} = 0, \tag{13}$$

die man auch in

$$\pi^\mu{}_r = \cfrac{\partial L}{\partial \dfrac{\partial U^r}{\partial x^\mu}} \left.\vphantom{\cfrac{\partial L}{\partial \dfrac{\partial U^r}{\partial x^\mu}}}\right\}$$
$$\frac{\partial \pi^\mu{}_r}{\partial x^\mu} = \frac{\partial L}{\partial U^r}$$

(14)

zerlegen kann. Für den Tensor

$$\Theta^\mu{}_\nu = - \cfrac{\partial L}{\partial \dfrac{\partial U^r}{\partial x^\mu}} \frac{\partial U^r}{\partial x^\nu} + \delta^\mu{}_\nu L \tag{15}$$

folgt

$$\frac{\partial \Theta^\mu{}_\nu}{\partial x^\mu} = \left(\frac{\partial L}{\partial x^\nu}\right)_{\mathrm{expl}}. \tag{16}$$

Bei der Variation komplexer Größen ψ und ψ^* kann man so tun, als seien sie unabhängig, man kann also ψ und ψ^* als zwei verschiedene U^r zählen. Die Feldgleichungen

$$\frac{\partial}{\partial x^\mu} \cfrac{\partial L}{\partial \dfrac{\partial \psi^r}{\partial x^\mu}} - \frac{\partial L}{\partial \psi^r} = 0 \left.\vphantom{\begin{array}{c} \\ \\ \\ \\ \\ \\ \end{array}}\right\}$$
$$\frac{\partial}{\partial x^\mu} \cfrac{\partial L}{\partial \dfrac{\partial \psi^{r*}}{\partial x^\mu}} - \frac{\partial L}{\partial \psi^{r*}} = 0$$

(17)

sind einander konjugiert, wenn L reell ist. Bei der Zerlegung in Gleichungen erster Ordnung schreiben wir:

$$\pi^\mu{}_r = \cfrac{\partial L}{\partial \dfrac{\partial \psi^{r*}}{\partial x^\mu}} \qquad\qquad \pi^\mu{}_r{}^* = \cfrac{\partial L}{\partial \dfrac{\partial \psi^r}{\partial x^\mu}}$$
$$\frac{\partial \pi^\mu{}_r}{\partial x^\mu} = \frac{\partial L}{\partial \psi^{r*}} \qquad\qquad \frac{\partial \pi^\mu{}_r{}^*}{\partial x^\mu} = \frac{\partial L}{\partial \psi^r}.$$

87. Lorentz-Invarianz. Symmetrisierung des kanonischen Tensors.

Der aus der Lagrange-Dichte $L(x^\mu, U^r, \partial U^r/\partial x^\mu)$ leicht zu bildende kanonische Tensor

$$\Theta^\mu{}_\nu = - \cfrac{\partial L}{\partial \dfrac{\partial U^r}{\partial x^\mu}} \frac{\partial U^r}{\partial x^\nu} + \delta^\mu_\nu L \tag{1}$$

ist in einer isolierten Theorie divergenzfrei ($\partial \Theta^\mu{}_\nu/\partial x^\mu = 0$); aber er ist im allgemeinen nicht als Energie-Impuls-Tensor zu gebrauchen, da von diesem $T^\mu{}_\nu = T^\nu{}_\mu$, $T^0{}_\nu = - T^\nu{}_0$ ($\mu, \nu = 1, 2, 3$) gefordert werden müßte. Im Falle der Lorentz-Invarianz (wo $-T^\nu{}_0 = T^{\nu 0} = T_\nu{}^0$ ist) ist das die Forderung der Symmetrie

$$T^{\mu\nu} = T^{\nu\mu}. \tag{2}$$

Wir setzen jetzt die Lorentz-Invarianz der Feldgleichungen oder der Lagrange-Dichte voraus und suchen einen symmetrischen Tensor, der für eine isolierte Theorie divergenzfrei ist. Von Phasen- oder Eichinvarianz sehen wir vorläufig ab.

Wir leiten zunächst einen *symmetrischen Tensor* ab, indem wir unter Beibehaltung der physikalischen Situation mittels einer infinitesimalen Lorentz-Transformation zu neuen Koordinaten übergehen. Bei einer infinitesimalen Drehung um die x_3-Achse mit dem Winkel α werden die neuen Koordinaten $\overline{x}$ durch die alten Koordinaten x gemäß

$$\overline{x}_1 = x_1 + \alpha\, x_2 \qquad \overline{x}_2 = x_2 - \alpha\, x_1$$

ausgedrückt. Die allgemeine infinitesimale Lorentz-Transformation kann

$$\overline{x}_\mu = x_\mu - a_{\mu\nu}\, x^\nu \qquad \delta\, x_\mu = - a_{\mu\nu}\, x^\nu \tag{3}$$

geschrieben werden, wobei

$$\delta\,(x^\mu\, x_\mu) = - a_{\mu\nu}\, x^\mu\, x^\nu = 0,$$

also

$$a_{\mu\nu} = - a_{\nu\mu} \tag{4}$$

ist. Wir denken uns jetzt in $L\,(x^\mu,\, U^r,\, \partial\, U^r/\partial\, x^\mu)$ diese infinitesimale Lorentz-Transformation ausgeführt. In δL tritt dann $a^{\mu\nu}$ als Faktor auf; wir können

$$\delta L = a_{\mu\nu}\, t^{\mu\nu} \tag{5}$$

schreiben, wo $t^{\mu\nu}$ ein Tensor ist, und aus der Lorentz-Invarianz $\delta L = 0$ folgt mit Gl. (4) die Symmetrie dieses Tensors

$$t^{\mu\nu} = t^{\nu\mu}. \tag{6}$$

Die infinitesimale Lorentz-Transformation der Lagrange-Dichte L definiert einen symmetrischen Tensor.

Die Frage, ob er (bei einem isolierten Felde) divergenzfrei ist, schieben wir noch auf. Wir zeigen aber seinen Zusammenhang mit dem kanonischen Tensor $\Theta^{\mu\nu}$. Zu diesem Zweck haben wir nach Gl. (5) die Variation δL bei einer infinitesimalen Lorentz-Transformation im einzelnen durchzuführen. Das Ergebnis hängt von der geometrischen Bedeutung der Feldgrößen U^r ab.

Beibehaltung der physikalischen Situation bei Lorentz-Transformation der Koordinaten bedeutet für skalare Feldgrößen

$$\overline{U}\left(\overline{x^\mu}\right) = U\,(x^\mu),$$

d.h. die beiden Funktionen U und $\overline{U}$ haben an entsprechenden Stellen x^μ und $\overline{x^\mu}$ den gleichen Wert; weiter ist

$$\frac{\partial\overline{U}(\overline{x})}{\partial\,\overline{x}^\lambda} = \frac{\partial U(x)}{\partial\, x_\nu}\,\frac{\partial\, x_\nu}{\partial\,\overline{x}^\lambda} = \frac{\partial U(x)}{\partial\, x^\lambda} - a_{\lambda\nu}\,\frac{\partial U(x)}{\partial\, x_\nu}.$$

Wir schreiben diese Transformationen für skalare Feldgrößen kürzer

$$\left.\begin{aligned}\delta U &= 0\\ \delta\,\frac{\partial U}{\partial x^\lambda} &= -\,a_{\lambda\nu}\,\frac{\partial U}{\partial x_\nu}\,.\end{aligned}\right\} \tag{7}$$

Bei vektoriellen (tensoriellen) und spinoriellen Feldgrößen muß beachtet werden, daß der Übergang zu neuen Koordinaten auch die Art der Komponentenzerlegung verändert. Für vektorielle Feldgrößen U^μ entspricht der infinitesimalen Lorentz-Transformation Gl.(3) die Beziehung:

$$\overline{U}_\mu(\overline{x}) = U_\mu(x) - a_{\mu\nu}U^\nu(x),$$

und für die Ableitungen folgt daraus

$$\frac{\partial \overline{U}_\mu(\overline{x})}{\partial \overline{x^\lambda}} = \frac{\partial U_\mu(x)}{\partial x^\nu}\,\frac{\partial x^\nu}{\partial \overline{x^\lambda}} - a_{\mu\nu}\,\frac{\partial U^\nu(x)}{\partial \overline{x^\lambda}} = \frac{\partial U_\mu(x)}{\partial x^\lambda} - a_{\lambda\nu}\,\frac{\partial U_\mu(x)}{\partial x_\nu} - a_{\mu\nu}\,\frac{\partial U^\nu(x)}{\partial x^\lambda}\,,$$

wobei im letzten Glied wegen des infinitesimalen $a_{\mu\nu}$ der Unterschied von $\overline{x}_\lambda$ und x_λ vernachlässigt wurde. Wir schreiben die Transformationen für vektorielle Feldgrößen kürzer:

$$\left.\begin{aligned}\delta U_\mu &= -\,a_{\mu\nu}U^\nu\\ \delta\,\frac{\partial U_\mu}{\partial x^\lambda} &= -\,a_{\lambda\nu}\,\frac{\partial U_\mu}{\partial x_\nu} - a_{\mu\nu}\,\frac{\partial U^\nu}{\partial x^\lambda}\,.\end{aligned}\right\} \tag{8}$$

Bei spinoriellen Feldgrößen, zu ψ und ψ^* zusammengefaßt, läßt sich zeigen, daß

$$\overline{\psi}(\overline{x}) = \psi(x) - \frac{1}{4}\,a_{\mu\nu}\,\alpha_\mu\,\alpha^\nu\,\psi(x) \qquad \overline{\psi^*}(\overline{x}) = \psi^*(x) - \frac{1}{4}\,a_{\mu\nu}\,\psi^*(x)\,\alpha^\nu\,\alpha_\mu\,,$$

kurz

$$\delta\psi = -\frac{1}{4}\,a_{\mu\nu}\,\alpha_\mu\,\alpha^\nu\,\psi \qquad \delta\psi^* = -\frac{1}{4}\,a_{\mu\nu}\,\psi^*\,\alpha^\nu\,\alpha_\mu\,,$$

das Verhalten von ψ und ψ^* bei der Lorentz-Transformation Gl.(3) angibt (wen die ungewohnte Stellung der μ stört, der mag $-\,a_{\mu\nu}\,\alpha_5\,\alpha^\mu\,\alpha_5\,\alpha^\nu\,\psi/4$ schreiben). Bei dieser Transformation ändert sich nämlich die Lorentz-Invariante $\psi^*\,\alpha^5\,\psi$ um

$$\delta(\psi^*\,\alpha^5\,\psi) = -\frac{1}{4}\,a_{\mu\nu}\,\psi^*\,(\alpha^\nu\,\alpha_\mu\,\alpha^5 + \alpha^5\,\alpha_\mu\,\alpha^\nu)\,\psi,$$

unter Beachtung der Vertauschungsregeln für die α also gar nicht; die Vektorkomponente $\psi^*\,\alpha^\lambda\,\psi$ ändert sich dabei um

$$\delta(\psi^*\,\alpha^\lambda\,\psi) = -\frac{1}{4}\,a_{\mu\nu}\,\psi^*\,(\alpha^\nu\,\alpha_\mu\,\alpha^\lambda + \alpha^\lambda\,\alpha_\mu\,\alpha^\nu)\,\psi$$

$$= -\frac{1}{2}\,a_{\mu\nu}\,\psi^*\,(\delta^{\lambda\mu}\,\alpha^\nu - \delta^{\lambda\nu}\,\alpha^\mu)\,\psi$$

$$\delta(\psi^*\,\alpha_\lambda\,\psi) = -\,a_{\lambda\nu}\,\psi^*\,\alpha^\nu\,\psi,$$

womit unsere Transformation

$$\left. \begin{aligned} \delta \psi &= - \frac{1}{4}\, a_{\mu\nu}\, \alpha_\mu\, \alpha^\nu\, \psi \\ \delta \frac{\partial \psi}{\partial x^\lambda} &= - a_{\lambda\nu}\, \frac{\partial \psi}{\partial x_\nu} - \frac{1}{4}\, a_{\mu\nu}\, \alpha_\mu\, \alpha^\nu\, \frac{\partial \psi}{\partial x^\lambda} \end{aligned} \right\} \qquad (9)$$

als Lorentz-Transformation von ψ erwiesen ist.

Wir nehmen nun an, daß die Lagrange-Dichte L lorentzinvariant ist, und wir nehmen weiter ausdrücklich an, daß sie nicht explizit von den Koordinaten x_μ abhängt, daß also eine *isolierte Theorie* vorliegt. Es ist dann

$$L\left(\overline{U}{}^r, \frac{\partial \overline{U}{}^r}{\partial \overline{x^\mu}}\right) = L\left(U^r, \frac{\partial U^r}{\partial x^\mu}\right)$$

und

$$0 = a_{\mu\nu}\, t^{\mu\nu} = \delta L = \frac{\partial L}{\partial U^r}\, \delta U^r + \frac{\partial L}{\partial \dfrac{\partial U^r}{\partial x^\mu}}\, \delta\, \frac{\partial U^r}{\partial x^\mu}\,.$$

Wir rechnen die bei infinitesimaler Lorentz-Transformation auftretende Variation

$$\delta L = \frac{\partial L}{\partial U^r}\, \delta U^r + \frac{\partial L}{\partial \dfrac{\partial U^r}{\partial x^\mu}}\, \delta\, \frac{\partial U^r}{\partial x^\mu} = a_{\mu\nu}\, t^{\mu\nu},$$

die null wird, aus. Für skalare U^r wird nach Gl. (7):

$$a_{\mu\nu}\, t^{\mu\nu} = - a_{\mu\nu}\, \frac{\partial L}{\partial \dfrac{\partial U^r}{\partial x^\mu}}\, \frac{\partial U^r}{\partial x_\nu}\,,$$

also

$$t^{\mu\nu} = - \frac{\partial L}{\partial \dfrac{\partial U^r}{\partial x^\mu}}\, \frac{\partial U^r}{\partial x_\nu}\,. \qquad (10)$$

Für vektorielle U^μ wird nach Gl. (8):

$$a_{\mu\nu}\, t^{\mu\nu} = - a_{\mu\nu}\left(\frac{\partial L}{\partial U_\mu}\, U^\nu + \frac{\partial L}{\partial \dfrac{\partial U^\lambda}{\partial x^\mu}}\, \frac{\partial U^\lambda}{\partial x_\nu} + \frac{\partial L}{\partial \dfrac{\partial U_\mu}{\partial x^\lambda}}\, \frac{\partial U^\nu}{\partial x^\lambda} \right).$$

Wenn U^μ außer dem die Vektorkomponente bezeichnenden Index μ noch einen weiteren Index hat, so ist über diesen zu summieren (z. B. wenn U und U^* auftritt). Zu dem schon bei skalarem U auftretenden Ausdruck Gl. (10) für $t^{\mu\nu}$ tritt jetzt ein Zusatz; unter Beachtung der Feldgleichungen ist er

$$Z^{\mu\nu} = - \left(\frac{\partial}{\partial x^\lambda}\, \frac{\partial L}{\partial \dfrac{\partial U_\mu}{\partial x^\lambda}}\, U^\nu + \frac{\partial L}{\partial \dfrac{\partial U_\mu}{\partial x^\lambda}}\, \frac{\partial U^\nu}{\partial x^\lambda} \right)$$

$$Z^{\mu\nu} = - \frac{\partial}{\partial x^\lambda}\left(\frac{\partial L}{\partial \dfrac{\partial U_\mu}{\partial x^\lambda}}\, U^\nu \right). \qquad (11)$$

Für spinorielle ψ wird nach Gl. (9)

$$a_{\mu\nu}\,t^{\mu\nu} = -\,a_{\mu\nu}\left(\frac{1}{4}\,\frac{\partial L}{\partial \psi}\,\alpha_\mu\alpha^\nu\,\psi + \frac{\partial L}{\partial \dfrac{\partial \psi}{\partial x^\mu}}\,\frac{\partial \psi}{\partial x_\nu} + \frac{1}{4}\,\frac{\partial L}{\partial \dfrac{\partial \psi}{\partial x^\lambda}}\,\alpha_\mu\alpha^\nu\,\frac{\partial \psi}{\partial x^\lambda}\right),$$

wobei über verschiedene ψ zu summieren und bei ψ^* die Reihenfolge der Faktoren umzukehren ist. Zu dem Ausdruck, der analog Gl. (10) gebaut ist, tritt auch hier ein Zusatz; unter Beachtung der Feldgleichungen ist er:

$$Z^{\mu\nu} = -\,\frac{1}{4}\left(\frac{\partial}{\partial x^\lambda}\,\frac{\partial L}{\partial \dfrac{\partial \psi}{\partial x^\lambda}}\,\alpha_\mu\alpha^\nu\,\psi + \frac{\partial L}{\partial \dfrac{\partial \psi}{\partial x^\lambda}}\,\alpha_\mu\alpha^\nu\,\frac{\partial \psi}{\partial x^\lambda}\right)$$

$$Z^{\mu\nu} = -\,\frac{\partial}{\partial x^\lambda}\left(\frac{1}{4}\,\frac{\partial L}{\partial \dfrac{\partial \psi}{\partial x^\lambda}}\,\alpha_\mu\alpha^\nu\,\psi\right) \tag{12}$$

(ψ^* zu ergänzen).

Wenn wir dem symmetrischen Tensor $t^{\mu\nu}$ noch $\delta^{\mu\nu}L$ zufügen, so erhalten wir den neuen symmetrischen Tensor

$$T^{\mu\nu} = \Theta^{\mu\nu} + Z^{\mu\nu}, \tag{13}$$

wo $\Theta^{\mu\nu}$ der kanonische Tensor ist und $Z^{\mu\nu}$ in den drei genannten Fällen sich als Ableitung

$$Z^{\mu\nu} = -\,\frac{\partial}{\partial x^\lambda}\,H^{\lambda\mu\nu} \tag{14}$$

schreiben läßt; bei skalaren Feldgrößen ist $Z^{\mu\nu} = 0$.

Den skalaren, vektoriellen und spinoriellen Fall können wir zusammenfassen und weitere Fälle einschließen, wenn wir die zur Lorentz-Transformation

$$\delta\,x_\mu = -\,a_{\mu\nu}\,x^\nu$$

gehörige Transformation der Feldgrößen U^r und $\partial U^r/\partial x_\lambda$ in der Form

$$\left.\begin{aligned} \delta U^r &= -\,a_{\mu\nu}\,S^{r\,s\,\mu\nu}\,U_s\\ \delta\,\frac{\partial U^r}{\partial x^\lambda} &= -\,a^{\lambda\nu}\,\frac{\partial U^r}{\partial x_\nu} - a_{\mu\nu}\,S^{r\,s\,\mu\nu}\,\frac{\partial U_s}{\partial x^\lambda} \end{aligned}\right\} \tag{15}$$

schreiben (dabei sind die $S^{r\,s\,\mu\nu}$ wegen $a_{\mu\nu} = -\,a_{\nu\mu}$ nicht eindeutig bestimmt, sondern enthalten einen willkürlichen, in μ,ν symmetrischen additiven Bestandteil). Bei skalaren Feldgrößen ist $S^{\mu\nu} = 0$, bei vektoriellen ist $S^{\varkappa\lambda\mu\nu} = \delta^{\varkappa\mu}\delta^{\lambda\nu}$ und bei spinoriellen ist $S^{\mu\nu} = \alpha_\mu\alpha^\nu/4$. Wenn U_s bei der spinoriellen Theorie für ψ^* steht, so ist $S^{\mu\nu}$ hinter ψ^* zu schreiben. Mit der Schreibweise Gl. (15) wird jetzt in allen drei Fällen:

$$\delta L = a_{\mu\nu}\,t^{\mu\nu} = a_{\mu\nu}\left[-\,\frac{\partial L}{\partial \dfrac{\partial U^r}{\partial x^\mu}}\,\frac{\partial U^r}{\partial x_\nu} - \left(\frac{\partial L}{\partial \dfrac{\partial U^r}{\partial x^\lambda}}\,S^{r\,s\,\mu\nu}\,\frac{\partial U_s}{\partial x^\lambda} + \frac{\partial L}{\partial U^r}\,S^{r\,s\,\mu\nu}\,U_s\right)\right];$$

man erhält also den symmetrischen Tensor Gl. (13) mit dem Zusatztensor

$$Z^{\mu\nu} = \frac{\partial}{\partial x^\lambda} H^{\lambda\mu\nu} \qquad H^{\lambda\mu\nu} = -\frac{\partial L}{\partial \dfrac{\partial U^r}{\partial x^\lambda}} S^{r\,s\,\mu\nu} U_s \tag{16}$$

(die Feldgleichungen sind benutzt worden). Die willkürlichen Teile in $S^{rs\,\mu\nu}$ ändern an der Symmetrie von $T^{\mu\nu}$ nichts.

In einer isolierten Theorie läßt sich der kanonische Tensor $\Theta^{\mu\nu}$ durch Zufügen des Zusatztensors $Z^{\mu\lambda}$ gemäß Gl. (16) symmetrisieren.

Bei einer nicht isolierten Theorie ist der gemäß Gl. (16) gebildete Tensor $\Theta^{\mu\nu}+Z^{\mu\nu}$ von dem nach Gl.(5) gebildeten Tensor $t^{\mu\nu}+\delta^{\mu\nu}L$ verschieden; $\Theta^{\mu\nu}+Z^{\mu\nu}$ ist auch im allgemeinen nicht symmetrisch. Man kann natürlich einen symmetrischen Tensor herstellen, indem man die Lorentz-Invarianz von L mittels

$$L\left(\overline{U^r},\ \frac{\partial \overline{U^r}}{\partial \overline{x^\mu}},\ \overline{f^k}(\overline{x})\right) = L\left(U^r,\ \frac{\partial U^r}{\partial x^\mu},\ f^k(x)\right)$$

ausdrückt, wo die explizite Abhängigkeit von den Koordinaten durch die Größen f^k vermittelt wird, und dem Ausdruck für δL das Glied

$$\frac{\partial L}{\partial f^k}\, \delta f^k$$

zufügt. Die Abhängigkeit der δf^k von $a_{\mu\nu}$ ist wieder von der geometrischen Natur von f^k bestimmt.

88. Energie-Impuls-Tensor.

In einer isolierten Theorie ist der eben aufgestellte Tensor $\Theta^{\mu\nu}+Z^{\mu\nu}$ symmetrisch; wir haben jetzt zu untersuchen, ob er divergenzfrei ist.

Da bei skalaren Feldgrößen $Z^{\mu\nu}=0$ ist, ist dort schon der kanonische Tensor symmetrisch. *Bei einer isolierten skalaren Feldtheorie ist der kanonische Tensor auch Energie-Impuls-Tensor.*

Hinreichend dafür, daß auch in anderen isolierten Theorien der symmetrische Tensor $\Theta^{\mu\nu}+Z^{\mu\nu}$ als Energie-Impuls-Tensor angesehen werden kann, ist die Divergenzfreiheit von $Z^{\mu\nu}$

$$\frac{\partial Z^{\mu\nu}}{\partial x^\mu} = 0,$$

und diese Divergenzfreiheit von

$$Z^{\mu\nu} = \frac{\partial H^{\lambda\mu\nu}}{\partial x^\lambda}$$

ist sicher gewährleistet, wenn

$$H^{\lambda\mu\nu} = -H^{\mu\lambda\nu}$$

ist. *Wenn der Tensor*

$$H^{\lambda\mu\nu} = -\frac{\partial L}{\partial \dfrac{\partial U^r}{\partial x^\lambda}} S^{rs\,\mu\nu} U_s \tag{1}$$

einer isolierten Theorie in den Indices λ, μ antimetrisch ist, so ist

$$T^{\mu\nu} = \Theta^{\mu\nu} + Z^{\mu\nu} = \Theta^{\mu\nu} + \frac{\partial H^{\lambda\mu\nu}}{\partial x^\lambda} \tag{2}$$

der Energie-Impuls-Tensor.

Bei vektoriellen Feldgrößen, für die

$$H^{\lambda\mu\nu} = - \frac{\partial L}{\partial \frac{\partial U_\mu}{\partial x^\lambda}} U^\nu$$

ist, bedeutet diese Antimetrieforderung:

$$\frac{\partial L}{\partial \frac{\partial U_\mu}{\partial x^\lambda}} = - \frac{\partial L}{\partial \frac{\partial U_\lambda}{\partial x^\mu}} ;$$

sie ist erfüllt, wenn L die Ableitungen der U_μ nur in der schiefsymmetrischen Form $\partial U_\mu/\partial x^\lambda - \partial U_\lambda/\partial x^\mu$ enthält. *Dies ist bei der Elektrodynamik und bei dem im siebenten Kapitel behandelten vektoriellen Materiefeld erfüllt.* In der spinoriellen Theorie des achten Kapitels ist

$$L \sim i \left(\psi^* \alpha^\lambda \frac{\partial \psi}{\partial x^\lambda} - \frac{\partial \psi^*}{\partial x^\lambda} \alpha^\lambda \psi \right) - 2 \varkappa \, \psi^* \, \alpha^5 \, \psi ;$$

mit $S^{\mu\nu} \sim \alpha_\mu \alpha^\nu$ wird also

$$H^{\lambda\mu\nu} \sim - i \, \psi^* \, (\alpha^\lambda \alpha_\mu \alpha^\nu - \alpha^\nu \alpha_\mu \alpha^\lambda) \, \psi,$$

und dieser Tensor ist in allen drei Indices antimetrisch (Abschnitt 81). *Auch in der spinoriellen Theorie des achten Kapitels ist $T^{\mu\nu} = \Theta^{\mu\nu} + Z^{\mu\nu}$ der Energie-Impuls-Tensor.*

Auch wenn wir die Antimetrie von $H^{\lambda\mu\nu}$ in λ, μ nicht voraussetzen, können wir einen symmetrischen Tensor $T^{\mu\nu}$ bilden, der sich von $\Theta^{\mu\nu}$ durch einen (für isolierte und nichtisolierte Theorien) divergenzfreien Zusatz unterscheidet. Die drei Tensoren

$$\frac{\partial}{\partial x^\lambda} (H^{\lambda\mu\nu} - H^{\mu\lambda\nu}) \quad \frac{\partial}{\partial x^\lambda} (H^{\mu\nu\lambda} - H^{\lambda\nu\mu}) \quad \frac{\partial}{\partial x^\lambda} (H^{\nu\lambda\mu} - H^{\nu\mu\lambda})$$

sind für Differentiation nach x^μ (wegen der Antimetrie der Klammern in λ, μ) sicher divergenzfrei, also auch der daraus gebildete Tensor

$$\begin{aligned}
\frac{\partial \Phi^{\lambda\mu\nu}}{\partial x^\lambda} &= \frac{1}{2} \frac{\partial}{\partial x^\lambda} (H^{\lambda\mu\nu} - H^{\lambda\nu\mu} + H^{\mu\nu\lambda} + H^{\nu\mu\lambda} - H^{\mu\lambda\nu} - H^{\nu\lambda\mu}) \\
&= \frac{1}{2} (Z^{\mu\nu} - Z^{\nu\mu}) + \frac{1}{2} \frac{\partial}{\partial x^\lambda} (H^{\mu\nu\lambda} + H^{\nu\mu\lambda} - H^{\mu\lambda\nu} - H^{\nu\lambda\mu}),
\end{aligned} \tag{3}$$

in der letzteren Schreibweise ist das zweite Glied in μ, ν symmetrisch. Diesen divergenzfreien Tensor fügen wir dem kanonischen Tensor zu:

$$T^{\mu\nu} = \Theta^{\mu\nu} + \frac{\partial \Phi^{\lambda\mu\nu}}{\partial x^\lambda} ; \tag{4}$$

die Schreibweise

$$T^{\mu\nu} = (\Theta^{\mu\nu} + Z^{\mu\nu}) - \frac{1}{2}(Z^{\mu\nu} + Z^{\nu\mu}) + \frac{1}{2}\frac{\partial}{\partial x^\lambda}(H^{\mu\nu\lambda} + H^{\nu\mu\lambda} - H^{\mu\lambda\nu} - H^{\nu\lambda\mu})$$

zeigt, daß $T^{\mu\nu}$ symmetrisch ist; für $\Theta^{\mu\nu} + Z^{\mu\nu}$ ist die Symmetrie ja früher bewiesen worden. *Der Ausdruck Gl. (4) kann als Energie-Impuls-Tensor angesehen werden; der hinter $\Theta^{\mu\nu}$ stehende Zusatz gibt keinen Beitrag zur Gesamtenergie und zum Gesamtimpuls des Feldes.*

Wir nehmen an, daß L (abgesehen von x^μ) nur von den „Feldgrößen" U^r und $\partial U^r/\partial x^\mu$ abhängt. Dann hängt auch $H^{\lambda\mu\nu}$ nur von diesen Feldgrößen ab; aber in $T^{\mu\nu}$ kommen nach Gl. (4) auch Ableitungen dieser Feldgrößen vor. *Nur wenn die Antimetriebedingung $H^{\lambda\mu\nu} = -H^{\mu\lambda\nu}$ erfüllt ist* und $T^{\mu\nu} = \Theta^{\mu\nu} + Z^{\mu\nu}$ wird, *kommen im Energie-Impuls-Tensor nur die Feldgrößen vor.*

Die Rolle der Antimetriebedingung können wir noch in anderer Weise überschauen. Ähnlich wie wir im Abschnitt 86 den kanonischen Tensor aus dem Variationsprinzip

$$\delta\int L\,\mathrm{d}\Omega = 0$$

gewonnen haben, wollen wir jetzt auch durch speziellere Wahl der δU^r einen anderen divergenzfreien Tensor ableiten. Da wir wieder vier Sätze gewinnen wollen, müssen wir in δU^r wieder vier willkürliche Funktionen ξ^ν hineinstecken.

Wir verallgemeinern die der Lorentz-Transformation entsprechende Änderung

$$\delta U^r = -a_{\mu\nu}S^{rs\mu\nu}U_s$$

zu der Variation

$$\delta U^r = -S^{rs\mu\nu}U_s\frac{\partial\xi_\nu}{\partial x^\mu},$$

$$\delta\frac{\partial U^r}{\partial x^\lambda} = -S^{rs\mu\nu}\left(\frac{\partial U_s}{\partial x^\lambda}\frac{\partial\xi_\nu}{\partial x^\mu} + U_s\frac{\partial^2\xi_\nu}{\partial x^\lambda\partial x^\mu}\right),$$

die eben die vier willkürlichen Funktionen ξ_ν enthält. Sie liefert

$$\delta L = -\left(\frac{\partial L}{\partial\frac{\partial U^r}{\partial x^\lambda}}S^{rs\mu\nu}\frac{\partial U_s}{\partial x^\lambda} + \frac{\partial L}{\partial U^r}S^{rs\mu\nu}U_s\right)\frac{\partial\xi_\nu}{\partial x^\mu} - \frac{\partial L}{\partial\frac{\partial U^r}{\partial x^\lambda}}S^{rs\mu\nu}U_s\frac{\partial^2\xi_\nu}{\partial x^\lambda\partial x^\mu}.$$

Mit Teilintegration (die ξ^ν sollen am Rand verschwinden) folgt

$$\delta\int L\,\mathrm{d}\Omega = \int\left(\frac{\partial Z^{\mu\nu}}{\partial x^\mu} + \frac{\partial^2 H^{\lambda\mu\nu}}{\partial x^\lambda\partial x^\mu}\right)\xi_\nu\,\mathrm{d}\Omega$$

mit der früheren Bedeutung von $Z^{\mu\nu}$ und $H^{\lambda\mu\nu}$. Der daraus folgende Satz

$$\frac{\partial}{\partial x^\mu}\left(Z^{\mu\nu} - \frac{\partial H^{\lambda\mu\nu}}{\partial x^\lambda}\right) = 0$$

sagt uns nichts Neues, da ja schon aus den Feldgleichungen folgt, daß die Klammer null ist. Vertauschen wir in der Doppelsumme $\partial^2 H^{\lambda\mu\nu}/\partial x^\mu\,\partial x^\lambda$ die Indices μ und λ, so folgt die Divergenzfreiheit des Tensors

$$Z^{\mu\nu} - \frac{\partial H^{\mu\lambda\nu}}{\partial x^\lambda} = \frac{\partial}{\partial x^\lambda}(H^{\lambda\mu\nu} - H^{\mu\lambda\nu}),$$

die aber auch an der Antimetrie der Klammern direkt zu sehen ist, so daß wir also vorläufig durch die Variation nichts Neues gelernt haben. Wir beachten aber jetzt, daß der Tensor $Z^{\mu\nu}$ allein schon divergenzfrei ist, wenn in δL die zweiten Ableitungen von ξ_ν fehlen. Das bedeutet ein bestimmtes Verhalten von L bei beliebigen (krummlinigen) Transformationen der Koordinaten[1].

89. Drehimpuls.

Aus den Dichten $T^{0\nu}$ von Energie und (mit c multipliziertem) Impuls können wir Drehimpulsdichten bilden; eine der (mit c multiplizierten) Komponenten ist

$$x^1\,T^{0\,2} - x^2\,T^{0\,1}. \tag{1}$$

Mit der Zerlegung

$$T^{\mu\nu} = \Theta^{\mu\nu} + \frac{\partial \Phi^{\lambda\mu\nu}}{\partial x^\lambda}$$

des Energie-Impuls-Tensors erhalten wir für die Drehimpulsdichte ebenfalls eine Zerlegung in

$$P^{1\,2} + Q^{1\,2} = (x^1\Theta^{0\,2} - x^2\Theta^{0\,1}) + \left(x^1\frac{\partial \Phi^{\lambda\,0\,2}}{\partial x^\lambda} - x^2\frac{\partial \Phi^{\lambda\,0\,1}}{\partial x^\lambda}\right).$$

Der erste Teil

$$P^{1\,2} = -\frac{\partial L}{\partial \dfrac{\partial U^r}{\partial x^0}}\left(x^1\frac{\partial}{\partial x_2} - x^2\frac{\partial}{\partial x_1}\right)U^r \tag{2}$$

ist von der geometrischen Natur der Feldgrößen U^r unabhängig und damit für skalare, vektorielle und spinorielle Materie gleichartig gebaut. Wir möchten ihn *Dichte des Strömungsdrehimpulses oder Bahndrehimpulses* nennen und das Integral über das ganze Feld

$$\int P^{1\,2}\mathrm{d}\tau = \int -\frac{\partial L}{\partial \dfrac{\partial U^r}{\partial x^0}}\left(x^1\frac{\partial}{\partial x_2} - x^2\frac{\partial}{\partial x_1}\right)U^r\mathrm{d}r \tag{3}$$

den Strömungsdrehimpuls. Das Integral des zweiten Teiles

$$\int Q^{1\,2}\mathrm{d}\tau = \int\left(x^1\frac{\partial \Phi^{\lambda\,0\,2}}{\partial x^\lambda} - x^2\frac{\partial \Phi^{\lambda\,0\,1}}{\partial x^\lambda}\right)\mathrm{d}x^1\mathrm{d}x^2\mathrm{d}x^3$$

enthält wegen der Antimetrie von $\Phi^{\lambda\mu\nu}$ in den beiden ersten Indices keine Glieder mit $\lambda = 0$, und wir können durch Teilintegration

$$\int Q^{1\,2}\mathrm{d}\tau = \int(\Phi^{2\,0\,1} - \Phi^{1\,0\,2})\,\mathrm{d}\tau$$

---

[1] Die in L vorkommenden Ableitungen müssen so gebildet sein, daß bei beliebiger Koordinatentransformation die Γ (Koeffizienten des affinen Zusammenhangs) der allgemeinen Tensorrechnung (allgemeinen Relativitätstheorie) nicht auftreten; es sind dies die Bildungen, die WEYL (Raum, Zeit, Materie § 13) lineare Tensorfelder nennt. Wenn man L nur durch Feldgrößen mit einer Art (nur oberen oder nur unteren) Indices durch die $g^{\mu\nu}$ ausdrückt, so heißt die Bedingung, daß Ableitungen der $g^{\mu\nu}$ nicht vorkommen.

erhalten. Der Ausdruck von $\Phi^{\lambda\mu\nu}$ durch $H^{\lambda\mu\nu}$ (Abschnitt 88) ergibt

$$\int Q^{12}\, d\tau = \int (H^{012} - H^{021})\, d\tau. \tag{4}$$

Wir erhalten einen Ausdruck, der nicht mehr vom Bezugspunkt abhängt (was der Strömungsdrehimpuls tat), also nichts mit der Strömung der Materie zu tun hat, vielmehr mit der geometrischen Natur der Feldgrößen. Bei skalarer Materie wird er null. Wir möchten ihn darum den *Spindrehimpuls* nennen.

Eine Zerlegung der Drehimpulsdichten (1) in einen Strömungs- und einen Spinanteil gelingt nicht, wenn man vom Strömungsanteil verlangt, daß seine Bildung von der geometrischen Natur der Feldgrößen nicht abhängt, und vom Spinanteil, daß er vom Koordinatenanfangspunkt unabhängig ist. Der Anteil P^{12} hat die Form, die wir vom Strömungsanteil der Drehimpulsdichte verlangen; aber Q^{12} ist vom Anfangspunkt abhängig und soll darum nicht Spindrehimpuls heißen. Wie wir gesehen haben, können wir ihn aber so zerlegen, daß ein Teil vom Anfangspunkt unabhängig wird und der andere Teil beim Integrieren verschwindet. Die Zerlegung lautet

$$Q^{12} = H^{012} - H^{021} + \frac{\partial}{\partial x^{\lambda}}(x^1 \Phi^{\lambda 02} - x^2 \Phi^{\lambda 01}).$$

P^{12} und der erste Teil von Q^{12} sind nur aus den U^r und den ersten Ableitungen gebildet, also Größen, die wir „Feldgrößen" nannten. Der zweite Teil von Q^{12} enthält auch höhere Ableitungen von U^r. Der integrierte Drehimpuls enthält nur Feldgrößen.

Der gesamte Drehimpuls eines isolierten Feldes ist zeitlich konstant. Allgemein läßt sich zeigen: der gesamte Drehimpuls um eine bestimmte Achse ist zeitlich konstant, wenn die Lagrange-Dichte nicht explizit von dem Winkel um diese Achse abhängt. Um dies einzusehen, denken wir uns das ganze Feld infinitesimal gedreht. Während wir im Abschnitt 87 bei festgehaltener physikalischer Situation neue Koordinaten $\bar{x}$ statt x eingeführt haben, führen wir jetzt den physikalischen Inhalt von einer Stelle x zu einer Stelle $\bar{x}$. Bei Drehung um die x_3-Achse mit dem infinitesimalen Winkel α ist

$$\overline{x}_1 = x_1 - \alpha\, x_2 \qquad \overline{x}_2 = x_2 + \alpha\, x_1,$$

und allgemein können wir eine infinitesimale Drehung mittels

$$\overline{x}_\mu = x_\mu + a_{\mu\nu}\, x^\nu \tag{5}$$

ausdrücken, wobei $a_{\mu\nu} = -a_{\nu\mu}$ ist. Wenn μ oder ν null ist, soll $a_{\mu\nu} = 0$ sein. Das skalare Feld $U(x)$ wird dabei durch das neue Feld

$$\overline{U}(\overline{x}) = U(x)$$
$$\overline{U}(x_\mu) = U(x_\mu - a_{\mu\nu}\, x^\nu) = U(x_\mu) - a_{\mu\nu}\frac{\partial U}{\partial x_\mu}\, x^\nu$$

21*

ersetzt; wir schreiben dafür kurz

$$\delta U = - a_{\mu\nu} \frac{\partial U}{\partial x_\mu} x^\nu.$$

Bei nichtskalaren Feldern ist wieder zu beachten, daß die Art der Komponentenzerlegung sich bei der Drehung ändert. Ein vektorielles Feld wird bei Drehung um die x^3-Achse gemäß

$$\overline{U}_1(\overline{x}) = U_1(x) - \alpha U_2(x) \qquad \overline{U}_2(\overline{x}) = U_2(x) + \alpha U_1(x)$$

verändert, allgemein gemäß

$$\overline{U}_\varkappa(\overline{x}) = U_\varkappa(x) + a_{\varkappa\nu} U^\nu(x)$$
$$\overline{U}_\varkappa(x_\mu) = U_\varkappa(x_\mu - a_{\mu\nu} x^\nu) + a_{\varkappa\nu} U^\nu(x_\mu)$$
$$= U_\varkappa(x_\mu) - a_{\mu\nu} \frac{\partial U_\varkappa}{\partial x_\mu} x^\nu + a_{\varkappa\nu} U^\nu,$$

also

$$\delta U_\varkappa = - a_{\mu\nu} \frac{\partial U_\varkappa}{\partial x_\mu} x^\nu + a_{\varkappa\nu} U^\nu$$

$$\delta \frac{\partial U_\varkappa}{\partial x^\lambda} = - a_{\mu\nu} \frac{\partial}{\partial x^\lambda} \left(\frac{\partial U_\varkappa}{\partial x_\mu} x^\nu \right) + a_{\varkappa\nu} \frac{\partial U^\nu}{\partial x^\lambda}.$$

Skalare, vektorielle und spinorielle Felder fassen wir mittels

$$\left.\begin{aligned}
\delta U^r &= - a_{\mu\nu} \frac{\partial U^r}{\partial x_\mu} x^\nu + a_{\mu\nu} S^{r s \mu\nu} U_s \\
\delta \frac{\partial U^r}{\partial x^\lambda} &= - a_{\mu\nu} \frac{\partial}{\partial x^\lambda} \left(\frac{\partial U^r}{\partial x_\mu} x^\nu \right) + a_{\mu\nu} S^{r s \mu\nu} \frac{\partial U_s}{\partial x^\lambda}
\end{aligned}\right\} \tag{6}$$

zusammen. Das erste Glied entspricht der durch die Drehung bewirkten Ortsveränderung, das zweite der Abänderung der Komponentenzerlegung.

Die Änderung von L wird:

$$\delta L = (\delta L)_{\text{expl}} - a_{\mu\nu} \left[\frac{\partial L}{\partial \frac{\partial U^r}{\partial x^\lambda}} \frac{\partial}{\partial x^\lambda} \left(\frac{\partial U^r}{\partial x^\mu} x^\nu \right) + \frac{\partial L}{\partial U^r} \frac{\partial U^r}{\partial x^\mu} x^\nu \right]$$
$$+ a_{\mu\nu} \left[\frac{\partial L}{\partial \frac{\partial U^r}{\partial x^\lambda}} S^{r s \mu\nu} \frac{\partial U_s}{\partial x^\lambda} + \frac{\partial L}{\partial U^r} S^{r s \mu\nu} U_s \right].$$

Unter Benutzung der Feldgleichungen wird dies:

$$\delta L = (\delta L)_{\text{expl}} - a_{\mu\nu} \frac{\partial}{\partial x^\lambda} \left[\frac{\partial L}{\partial \frac{\partial U^r}{\partial x^\lambda}} \frac{\partial U^r}{\partial x^\mu} x^\nu - \frac{\partial L}{\partial \frac{\partial U^r}{\partial x^\lambda}} S^{r s \mu\nu} U_s \right],$$

abgekürzt:

$$\delta L = (\delta L)_{\text{expl}} + a_{\mu\nu} \frac{\partial}{\partial x^\lambda} [\vartheta^{\lambda\mu} x^\nu - H^{\lambda\mu\nu}]$$

mit der früheren Bedeutung von $H^{\lambda\mu\nu}$. Der Tensor $\vartheta^{\lambda\mu}$ unterscheidet sich von dem früheren $\Theta^{\lambda\mu}$ nur für $\lambda = \mu$. Bei Integration über den ganzen Raum muß null herauskommen; wir erhalten so:

$$a_{\mu\nu}\frac{\partial}{\partial x^0}\int(x^\nu\Theta^{0\mu} - H^{0\mu\nu})\,\mathrm{d}\tau = -\int(\delta L)_{\mathrm{expl}}\,\mathrm{d}\tau.$$

Betrachten wir speziell eine Drehung um die x_3-Achse, also nur $a_{12} = -a_{21} = -\alpha$ als von null verschieden, so besagt dies:

$$\alpha\frac{\partial}{\partial x^0}\int(x^1\Theta^{02} - x^2\Theta^{01} + H^{012} - H^{021})\,\mathrm{d}\tau = -\int(\delta L)_{\mathrm{expl}}\,\mathrm{d}\tau. \qquad (7)$$

Wir erkennen darin den Drehimpuls um die x_3-Achse, zugleich mit der Zerlegung in Strömungsanteil und Spinanteil.

Die beiden Bestandteile des Drehimpulses sind nach dem Schema gebaut

$$-\int\frac{\partial L}{\partial\dfrac{\partial U^r}{\partial x^0}}\dots U^r\,\mathrm{d}\tau, \qquad (8)$$

ebenso ist es der mit dem kanonischen Tensor gebildete Impuls. Dabei vertritt ... beim Impuls den Operator $\partial/\partial x^\nu$, beim Strömungsdrehimpuls um die x^3-Achse den Operator $x^1\,\partial/\partial x^2 - x^2\,\partial/\partial x^1$ und beim Spindrehimpuls um die x_3-Achse den Operator $S^{21} - S^{12}$ (letzterer als auf eine mehrkomponentige Größe U wirkend betrachtet).

Diese Übereinstimmung des Baues der Ausdrücke für Impuls und Drehimpuls machen wir uns durch eine gemeinsame Ableitung der entsprechenden Erhaltungssätze klar. Bei einer räumlichen infinitesimalen Verrückung (Translation oder Drehung) ändert sich U gemäß

$$\delta U = -D U,$$

wo D bei der Verrückung um ξ^ν gleich $\xi^\nu\,\partial/\partial x^\nu$, bei der Drehung α um die x_3-Achse gleich $\alpha(x^1\,\partial/\partial x^2 - x^2\,\partial/\partial x^1 + S^{21} - S^{12})$ ist. Es folgt

$$\delta\frac{\partial U}{\partial x^\lambda} = -\frac{\partial}{\partial x^\lambda}(D U),$$

weiter:

$$\delta L = (\delta L)_{\mathrm{expl}} - \frac{\partial L}{\partial\dfrac{\partial U}{\partial x^\lambda}}\frac{\partial(D U)}{\partial x^\lambda} - \frac{\partial L}{\partial U}D U$$

und mit Hilfe der Feldgleichungen

$$\delta L = (\delta L)_{\mathrm{expl}} - \frac{\partial}{\partial x^\lambda}\left(\frac{\partial L}{\partial\dfrac{\partial U}{\partial x^\lambda}}D U\right).$$

Integration über den Raum gibt

$$-\frac{\partial}{\partial x^0}\int\frac{\partial L}{\partial\dfrac{\partial U}{\partial x^\lambda}}D U\,\mathrm{d}\tau = -\int(\delta L)_{\mathrm{expl}}\,\mathrm{d}\tau.$$

Der in (8) *einzufügende Operator ist* (bis auf einen Faktor) *gerade der Operator, der die Änderung von U beschreibt bei der infinitesimalen Transformation, der die Erhaltungsgröße entspricht,* beim Impuls ist es die Verrückung, beim Drehimpuls die Drehung.

90. Phaseninvarianz.

Die von uns behandelten Materiefelder wurden durch komplexe Feldgrößen ψ^r, ψ^{r*} beschrieben; in Abwesenheit von elektromagnetischen Feldern und ohne elektromagnetische Potentiale geschrieben, enthielten die Feldgrößen ψ^r eine gemeinsame unbestimmte Phase. Die „*Phasentransformation*"

$$\psi^r \to \psi^r e^{i\alpha} \qquad \psi^{r*} \to \psi^{r*} e^{-i\alpha} \tag{1}$$

oder die infinitesimale Phasentransformation

$$\left.\begin{aligned} \delta\,\psi^r &= i\,\alpha\,\psi^r & \delta\,\psi^{r*} &= -\,i\,\alpha\,\psi^{r*} \\ \delta\,\frac{\partial\,\psi^r}{\partial\,x^\mu} &= i\,\alpha\,\frac{\partial\,\psi^r}{\partial\,x^\mu} & \delta\,\frac{\partial\,\psi^{r*}}{\partial\,x^\mu} &= -\,i\,\alpha\,\frac{\partial\,\psi^{r*}}{\partial\,x^\mu} \end{aligned}\right\} \tag{2}$$

änderte den physikalischen Sachverhalt nicht.

Wir überlegen jetzt, was aus der Voraussetzung der Invarianz der Lagrange-Dichte L gegenüber der Transformation Gl. (1), also aus der „Phaseninvarianz" von L, geschlossen werden kann. Eine etwa bestehende Lorentz-Invarianz bleibt dabei unbeachtet. Bei Ausführung der infinitesimalen Transformation Gl. (2) wird

$$\delta L = i\,\alpha\left(\frac{\partial L}{\partial\,\frac{\partial\psi^r}{\partial x^\mu}}\,\frac{\partial\psi^r}{\partial x^\mu} + \frac{\partial L}{\partial\psi^r}\,\psi^r - \frac{\partial L}{\partial\,\frac{\partial\psi^{r*}}{\partial x^\mu}}\,\frac{\partial\psi^{r*}}{\partial x^\mu} - \frac{\partial L}{\partial\psi^{r*}}\,\psi^{r*}\right) = 0,$$

und mit Hilfe der Feldgleichungen

$$\frac{\partial L}{\partial\psi^r} = \frac{\partial}{\partial x^\mu}\,\frac{\partial L}{\partial\,\frac{\partial\psi^r}{\partial x^\mu}}$$

folgt:

$$i\,\alpha\,\frac{\partial}{\partial x^\mu}\left(\frac{\partial L}{\partial\,\frac{\partial\psi^r}{\partial x^\mu}}\,\psi^r - \frac{\partial L}{\partial\,\frac{\partial\psi^{r*}}{\partial x^\mu}}\,\psi^{r*}\right) = 0.$$

Aus der Phaseninvarianz folgt die Existenz eines divergenzfreien Vierervektors

$$s^\mu \sim i\left(\frac{\partial L}{\partial\,\frac{\partial\psi^r}{\partial x^\mu}}\,\psi^r - \frac{\partial L}{\partial\,\frac{\partial\psi^{r*}}{\partial x^\mu}}\,\psi^{r*}\right) = i\left(\pi^\mu{}_r{}^*\,\psi^r - \pi^\mu{}_r\,\psi^{r*}\right). \tag{3}$$

Bei der Phasentransformation (1) wird auch

$$\pi^\mu{}_r \to \pi^\mu{}_r e^{i\alpha} \qquad \pi^\mu{}_r{}^* \to \pi^\mu{}_r{}^* e^{-i\alpha},$$

so daß s^μ selbst phaseninvariant ist. Die Definition

$$\pi^\mu{}_r = \frac{\partial L}{\partial \dfrac{\partial \psi^{r*}}{\partial x^\mu}} \qquad \pi^\mu{}_r{}^* = \frac{\partial L}{\partial \dfrac{\partial \psi^r}{\partial x^\mu}}$$

haben wir im Abschnitt 86 so vorgenommen, damit die Größen ohne Stern und mit Stern sich jeweils gleich transformieren.

Bei Benutzung reeller Feldgrößen ψ^r_1 und ψ^r_2 gemäß

$$\psi^r = \psi^r_1 + i\,\psi^r_2 \qquad \psi^r{}^* = \psi^r_1 - i\,\psi^r_2$$

wird die infinitesimale Phasentransformation

$$\delta\,\psi^r_1 = -\,\alpha\,\psi^r_2 \qquad \delta\,\psi^r_2 = \alpha\,\psi^r_1 \tag{4}$$

und der divergenzfreie Vierervektor schreibt sich

$$s^\mu \sim \frac{\partial L}{\partial \dfrac{\partial \psi^r_1}{\partial x^\mu}}\,\psi^r_2 - \frac{\partial L}{\partial \dfrac{\partial \psi^r_2}{\partial x^\mu}}\,\psi_1{}^r. \tag{5}$$

s^μ ist ein Vierervektor im Raume der x^μ und ein Pseudoskalar in der durch die Indices 1 und 2 an ψ^r gekennzeichneten „Ebene". *Phaseninvarianz bedeutet Invarianz gegen Drehungen in dieser Ebene.* Spiegelung an einer Geraden durch den Nullpunkt in dieser Ebene bedeutet Umkehr des Ladungsvorzeichens, wenn man s^μ als Sromdichtevektor deutet.

Eine *allgemeinere Form der Phaseninvarianz* liegt vor, wenn L invariant ist gegen

$$\psi^r \to \psi^r e^{i\,\alpha^r} \qquad \psi^r{}^* \to \psi^r{}^* e^{-i\,\alpha^r}$$

mit bestimmten Beziehungen zwischen den α^r. Es folgt dann

$$\frac{\partial}{\partial x^\mu} \sum_r \alpha^r s^{\mu\,(r)} = 0. \tag{6}$$

Wenn weniger Beziehungen zwischen den α^r bestehen, als es verschiedene r gibt, können einige der α^r beliebig gewählt werden, und es folgen mehrere divergenzfreie Vektoren. Bei der Betrachtung der Kopplungen im zehnten Kapitel wird das eine Rolle spielen.

Die Analogie der Phasentransformation Gl. (4) der reellen Feldgrößen mit einer Drehung erlaubt uns, die Existenz des divergenzfreien Vierervektors s^μ in Beziehung zu setzen mit früher erkannten divergenzfreien Tensoren. Bei Feldkomponenten U^r, die bei einer Lorentz-Transformation im gewöhnlichen Koordinatengebiet (der x^μ) sich in bestimmter Weise transformierten, folgte die Existenz eines symmetrischen Tensors $\Theta^{\mu\nu} + Z^{\mu\nu}$, wo $\Theta^{\mu\nu}$ mit der Änderung der Koordinaten bei der Lorentz-Transformation und $Z^{\mu\nu}$ mit der dabei veränderten Bedeutung der Feldkomponenten zusammenhing. Unter gewissen Voraussetzungen war dieser Tensor auch divergenzfrei.

Ähnlich wie früher schreiben wir jetzt die infinitesimale Phasentransformation Gl. (4)

$$\delta\,\psi_k = -\,a_{kl}\,\psi^l$$
$$\delta\,\frac{\partial\,\psi_k}{\partial\,x^\mu} = -\,a_{kl}\,\frac{\partial\,\psi^l}{\partial\,x^\mu} \qquad\qquad a_{kl} = -\,a_{lk}$$

($k, l = 1, 2$; der Index r ist hinzuzudenken; ψ^l ist hier gleich ψ_l). Die Änderung von L bei dieser Transformation ist dann:

$$\delta L = -\,a_{kl}\left(\frac{\partial L}{\partial\,\dfrac{\partial\,\psi_k}{\partial\,x^\mu}}\,\frac{\partial\,\psi^l}{\partial\,x^\mu} + \frac{\partial L}{\partial\,\psi_k}\,\psi^l\right),$$

abgekürzt:

$$\delta L = a_{kl}Z^{kl};$$

da die Änderung null ist, folgt (mit $a_{kl} = -\,a_{lk}$) die Symmetrie des Tensors Z^{kl}. Aus den Feldgleichungen folgt:

$$Z^{kl} = \frac{\partial H^{\mu kl}}{\partial\,x^\mu} \qquad\qquad H^{\mu kl} = -\,\frac{\partial L}{\partial\,\dfrac{\partial\,\psi_k}{\partial\,x^\mu}}\,\psi^l,$$

mit der Symmetrie in k, l also

$$\frac{\partial\,s^\mu}{\partial\,x^\mu} \sim \frac{\partial}{\partial\,x^\mu}\left(H^{\mu 21} - H^{\mu 12}\right) = 0,$$

d.h., der Vierervektor

$$s^\mu \sim H^{\mu 21} - H^{\mu 12} = \frac{\partial L}{\partial\,\dfrac{\partial\,\psi_1}{\partial\,x^\mu}}\,\psi^2 - \frac{\partial L}{\partial\,\dfrac{\partial\,\psi_2}{\partial\,x^\mu}}\,\psi^1$$

ist divergenzfrei, und das ist der Vierervektor der Strom- und Ladungsdichte. Die Ladungsdichte $\sim H^{012} - H^{021}$ ist formal wie eine Spindrehimpulsdichte gebaut. Diese Analogie wird uns wieder begegnen (Abschnitt 93).

Die Phaseninvarianz schließt die Realität von L nicht ein, und aus der Realität von L folgt nicht die Phaseninvarianz (der Ausdruck $\psi^*\,\partial\psi/\partial x^\mu$ ist phaseninvariant und nicht reell; der Ausdruck $\psi^* + \psi$ ist reell und nicht phaseninvariant). Sollen aber für ψ und ψ^* einander konjugiert komplexe Feldgleichungen gelten

$$\frac{\partial}{\partial\,x^\mu}\,\frac{\partial L}{\partial\,\dfrac{\partial\,\psi}{\partial\,x^\mu}} - \frac{\partial L}{\partial\,\psi} = 0$$

$$\frac{\partial}{\partial\,x^\mu}\,\frac{\partial L}{\partial\,\dfrac{\partial\,\psi^*}{\partial\,x^\mu}} - \frac{\partial L}{\partial\,\psi^*} = 0,$$

so muß $\int L\,d\Omega$ (von einem gleichgültigen Faktor abgesehen) reell sein; auch wenn die Tensoren Θ^μ_ν usw. reell sein sollen, muß L reell sein. Wir wollen darum L im allgemeinen reell voraussetzen.

91. Eichinvarianz.

Die Maxwellsche Theorie des elektromagnetischen Feldes ist invariant gegen eine Ersetzung der elektromagnetischen Potentiale A_μ durch andere gemäß

$$A_\mu \to A_\mu + \frac{\partial \Phi}{\partial x^\mu},$$

und die Feldtheorien der Materie sind „eichinvariant", d.h. invariant gegen die „Eichtransformation"

$$A_\mu \to A_\mu + \frac{\partial \Phi}{\partial x^\mu} \qquad \psi^r \to \psi^r e^{i\eta\Phi} \qquad \psi^r{}^* \to \psi^r{}^* e^{-i\eta\Phi}. \tag{1}$$

Die Eichinvarianz ist gewährleistet, wenn die Ableitungen von ψ^r und $\psi^r{}^*$ nur in den Kombinationen

$$D_\mu \psi^r = \left(\frac{\partial}{\partial x^\mu} - i\eta A_\mu\right)\psi^r \qquad (D_\mu \psi^r)^* = \left(\frac{\partial}{\partial x^\mu} + i\eta A_\mu\right)\psi^r{}^* \tag{2}$$

vorkommen, also sicher, wenn die Lagrange-Dichte die Form

$$L\left((D_\mu \psi^r)^*, \ \psi^r{}^*, \ D_\mu \psi^r, \ \psi^r\right) \tag{3}$$

hat.

Im Schema des Abschnittes 86 würde eine solche Lagrange-Dichte (über die Potentiale A_μ) explizit von den Koordinaten x^μ abhängen, also ein nichtisoliertes Feld liefern. Die besondere in (3) gegebene Abhängigkeit wird uns aber erlauben, die Theorie eichinvarianter Felder weitgehend wie die isolierter Felder aufzubauen. Wir benutzen dabei die Rechenregel (Abschnitt 63)

$$\frac{\partial}{\partial x^\mu}(F^*G) = (D_\mu F)^*G + F^* D_\mu G; \tag{4}$$

sie ist übrigens unabhängig davon, wie sich F und G bei Eichtransformation verhalten.

Aus dem Variationsprinzip

$$\int L\, d\Omega = \text{Extr}$$

erhalten wir durch Variation der ψ^r über

$$\delta L = \frac{\partial L}{\partial D_\mu \psi^r}\delta D_\mu \psi^r + \frac{\partial L}{\partial \psi^r}\delta \psi^r + \frac{\partial L}{\partial (D_\mu \psi^r)^*}\delta (D_\mu \psi^r)^* + \frac{\partial L}{\partial \psi^r{}^*}\delta \psi^r{}^*$$

und durch Teilintegration mittels Gl. (4) die Feldgleichungen:

$$\left.\begin{aligned} D_\mu \frac{\partial L}{\partial (D_\mu \psi^r)^*} - \frac{\partial L}{\partial \psi^r{}^*} &= 0 \\ \left(D_\mu \frac{\partial L}{\partial (D_\mu \psi^r)^*}\right)^* - \frac{\partial L}{\partial \psi^r} &= 0. \end{aligned}\right\} \tag{5}$$

Fassen wir das betrachtete ψ^r-Feld und das elektromagnetische Feld zu einer einzigen Theorie zusammen, so haben wir von der Lagrange-Dichte

$$L = -\frac{\varepsilon_0}{4}\, B_{\mu\nu} B^{\mu\nu} + L_\psi\big((D_\mu \psi^r)^*,\ \psi^{r*},\ D_\mu \psi^r,\ \psi_r\big) \tag{6}$$

auszugehen. Das Variationsprinzip liefert bei Variation der ψ^r und ψ^{r*} die Feldgl. (5) des ψ^r-Feldes, bei Variation der A_ν die Maxwellschen Gleichungen:

$$\delta \int L\, \mathrm{d}\Omega = \int \left(\varepsilon_0 \frac{\partial B^{\mu\nu}}{\partial x^\mu} + \frac{\partial L}{\partial A_\nu}\right) \delta A_\nu\, \mathrm{d}\Omega = 0$$

$$\varepsilon_0 \frac{\partial B^{\mu\nu}}{\partial x^\mu} + s^\nu = 0 \tag{7}$$

mit

$$s^\nu = \frac{\partial L_\psi}{\partial A_\nu} = i\eta \left[\frac{\partial L}{\partial D_\mu \psi^r}\, \psi^r - \frac{\partial L}{\partial (D_\mu \psi^r)^*}\, \psi^{r*}\right]. \tag{8}$$

Dies ist der *Vierervektor der Ladungs- und Stromdichte.*

Wir kehren jetzt zu der durch die Lagrange-Dichte Gl. (3) gekennzeichneten Feldtheorie zurück; dabei sollen in L die Koordinaten x^μ nicht noch explizit vorkommen. Der nach Abschnitt 86 gebildete Tensor, den wir jetzt $\overline{\Theta^\mu}_\nu$ nennen wollen,

$$\overline{\Theta^\mu}_\nu = -\frac{\overline{\partial L}}{\partial \dfrac{\partial \psi^r}{\partial x^\mu}}\, \frac{\partial \psi^r}{\partial x^\nu} - \frac{\overline{\partial L}}{\partial \dfrac{\partial \psi^{r*}}{\partial x^\mu}}\, \frac{\partial \psi^{r*}}{\partial x^\nu} + \delta_\nu^\mu\, L,$$

wo die überstrichenen partiellen Ableitungen bei festen $\partial \psi^r/\partial x^\varkappa$ $(\varkappa \neq \mu)$, nicht bei festen $D_\varkappa \psi^*$, gebildet sind, ist nicht eichinvariant. Für ihn gilt

$$\frac{\partial \overline{\Theta^\mu}_\nu}{\partial x^\mu} = \left(\frac{\partial L}{\partial x^\nu}\right)_{\text{expl}} = \frac{\partial L}{\partial A_\lambda}\, \frac{\partial A_\lambda}{\partial x^\nu} = s^\lambda\, \frac{\partial A_\lambda}{\partial x^\nu}.$$

Wir betrachten neben ihm den *eichinvarianten kanonischen Tensor*:

$$\Theta^\mu_\nu = -\frac{\partial L}{\partial D_\mu \psi^r}\, D_\nu \psi^r - \frac{\partial L}{\partial (D_\mu \psi^r)^*}\, (D_\nu \psi^r)^* + \delta_\nu^\mu\, L, \tag{9}$$

wo die partiellen Ableitungen bei festen $D_\varkappa \psi^r$ $(\varkappa \neq \mu)$ gebildet sind. Die Umrechnung der Ableitungen

$$\frac{\partial \psi^r}{\partial x^\nu} = (D_\nu + i\eta\, A_\nu)\, \psi^r$$

$$\frac{\overline{\partial L}}{\partial \dfrac{\partial \psi^r}{\partial x^\mu}} = \frac{\partial L}{\partial D_\mu \psi^r}$$

liefert

$$\Theta^\mu_\nu = \overline{\Theta^\mu}_\nu + \frac{\partial L}{\partial D_\mu \psi^r} \cdot i\eta\, A_\nu \psi^r - \frac{\partial L}{\partial (D_\mu \psi^r)^*} \cdot i\eta\, A_\nu \psi^{r*} = \overline{\Theta^\mu}_\nu - A_\nu s^\mu$$

und

$$\frac{\partial \Theta^{\mu}{}_{\nu}}{\partial x^{\mu}} = s^{\lambda}\frac{\partial A_{\lambda}}{\partial x^{\nu}} - \frac{\partial A_{\nu}}{\partial x^{\mu}} s^{\mu} = s^{\lambda} B_{\nu\lambda}\,. \tag{10}$$

Die Größen $-s^{\lambda} B_{\nu\lambda}$ waren die Dichten von Leistung und Kraft, die vom elektromagnetischen Feld auf die Materie ausgeübt wurden (Abschnitt 9); die Größen $+ s^{\lambda} B_{\nu\lambda}$ sind also die Dichten von Leistung und Kraft, die vom Materiefeld auf das elektromagnetische ausgeübt werden. Obwohl $\Theta^{\mu}{}_{\nu}$ im allgemeinen kein symmetrischer Tensor und also im allgemeinen nicht der Energie-Impuls-Tensor ist, gibt $\partial \Theta^{\mu}{}_{\nu}/\partial x^{\mu}$ die *Dichten von Leistung und Kraft* an.

$$\int \Theta^{0}{}_{\nu}\, \mathrm{d}\tau$$

gibt also *Gesamtenergie und Gesamtimpuls* des Materiefeldes an. Die Beziehung (10) hätten wir auch durch direktes Ausrechnen von $\partial \Theta^{\mu}{}_{\nu}/\partial x^{\mu}$ mit Hilfe der Feldgleichungen erhalten können.

Im Falle eines lorentzinvarianten Feldes ergänzen wir den kanonischen Tensor $\Theta^{\mu\nu}$ (wir können jetzt Indices herauf- und herunterziehen) zu einem symmetrischen Tensor mittels eines divergenzfreien Ergänzungstensors. Wir bilden dazu (entsprechend unseren früheren Überlegungen) den Tensor

$$H^{\lambda\mu\nu} = -\frac{\partial L}{\partial D_{\lambda}\psi} S^{\mu\nu}\psi - \psi^{*} S^{\mu\nu} \frac{\partial L}{\partial (D_{\lambda}\psi)^{*}}\,.$$

Weiter bilden wir den Tensor

$$Z^{\mu\nu} = \frac{\partial H^{\lambda\mu\nu}}{\partial x^{\lambda}}\,.$$

Durch Ausführung einer infinitesimalen Lorentz-Transformation erhalten wir wie früher

$$\delta L = a_{\mu\nu} t^{\mu\nu} = 0$$

und aus dem symmetrischen Tensor $t^{\mu\nu}$ den ebenfalls symmetrischen Tensor

$$t^{\mu\nu} + \delta^{\mu\nu} L = \Theta^{\mu\nu} + Z^{\mu\nu}$$

[es ist vorausgesetzt, daß L in Gl. (3) nicht noch explizit von den Koordinaten abhängt]. In allen von uns näher betrachteten eichinvarianten Feldtheorien ist

$$H^{\lambda\mu\nu} = -H^{\mu\lambda\nu}\,,$$

d.h., $Z^{\mu\nu}$ ist divergenzfrei. *Es ist also*

$$T^{\mu\nu} = \Theta^{\mu\nu} + Z^{\mu\nu}$$

der Energie-Impuls-Tensor, und der Zusatztensor $Z^{\mu\nu}$ gibt keinen Beitrag zur Gesamtenergie und zum Gesamtimpuls.

92. Beispiele.

Wir stellen die eben betrachteten Tensoren für die früher behandelten Felder zusammen:

Reelles skalares Feld ohne $\varkappa$-Glied (skalare Modelltheorie der Elektrodynamik):

$$L = -\frac{\varepsilon_0}{2}\frac{\partial U}{\partial x_\mu}\cdot\frac{\partial U}{\partial x^\mu}$$

$$\Theta^{\mu\nu} = T^{\mu\nu} = \varepsilon_0\frac{\partial U}{\partial x_\mu}\frac{\partial U}{\partial x_\nu} + \delta^{\mu\nu}L$$

$$T^{00} = u = \frac{\varepsilon_0}{2}\left[\frac{1}{c^2}\dot U^2 + (\mathfrak{grad}\,U)^2\right]$$

$$T^{0\nu} = c\,\mathfrak{G} = -\varepsilon_0\dot U\,\mathfrak{grad}\,U.$$

Skalares Materiefeld mit elektromagnetischen Potentialen (eichinvariant):

$$L = -\frac{\sigma}{2\varkappa}\left[(D_\mu\psi)^*\,D^\mu\psi + \varkappa^2\,\psi^*\psi\right]$$

$$\Theta^{\mu\nu} = T^{\mu\nu} = \frac{\sigma}{2\varkappa}\left[(D^\mu\psi)^*\,D^\nu\psi + (D^\nu\psi)^*\,D^\mu\psi\right] + \delta^{\mu\nu}L$$

$$T^{00} = \frac{\sigma}{2\varkappa}\left[(D^0\psi)^*\,D^0\psi + (\mathfrak{Grad}\,\psi)^*\,\mathfrak{Grad}\,\psi + \varkappa^2\,\psi^*\psi\right]$$

$$T^{0\nu} = \frac{\sigma}{2\varkappa}\left[(D^0\psi)^*\,\mathfrak{Grad}\,\psi + (\mathfrak{Grad}\,\psi)^*\,D^0\psi\right] \qquad (\nu = 1, 2, 3)$$

$$s^\mu = \frac{\sigma\eta}{2i\varkappa}\left[\psi^*\,D^\mu\psi - (D^\mu\psi)^*\,\psi\right].$$

Nichtrelativistisches skalares Materiefeld ($\mu,\nu = 1, 2, 3$; eichinvariant; cD_0 durch D_t ersetzt):

$$L = \frac{i\hbar}{2}\left[\psi^*\,D_t\psi - (D_t\psi)^*\,\psi\right] - \frac{\hbar}{2\lambda}(\mathfrak{Grad}\,\psi)^*\,\mathfrak{Grad}\,\psi$$

$$-\Theta^t_{\;t} = u = \frac{\hbar}{2\lambda}(\mathfrak{Grad}\,\psi)^*\,\mathfrak{Grad}\,\psi$$

$$-\Theta^\mu_{\;t} = \mathfrak{S} = -\frac{\hbar}{2\lambda}\left[(\mathfrak{Grad}\,\psi)^*\,D_t\psi + (D_t\psi)^*\,\mathfrak{Grad}\,\psi\right]$$

$$\Theta^t_{\;\nu} = \mathfrak{G} = \frac{\hbar}{2i}\left[\psi^*\,\mathfrak{Grad}\,\psi - (\mathfrak{Grad}\,\psi)^*\,\psi\right]$$

$$\Theta^\mu_{\;\nu} = \frac{\hbar}{2\lambda}\left[(D_\mu\psi)^*\,D_\nu\psi + (D_\nu\psi)^*\,D_\mu\psi\right] + \delta^\mu_{\;\nu}L.$$

$\mathfrak{S}$ und $\mathfrak{G}$ sind die Dichten des Energiestroms und des Impulses, die hier verschieden sind; $\Theta^\mu_{\;\nu}$ ist symmetrisch.

$$s^t = \varrho = \hbar\eta\,\psi^*\psi$$

$$s^\mu = \mathfrak{s} = \frac{\hbar\eta}{2i\lambda}\left[\psi^*\,\mathfrak{Grad}\,\psi - (\mathfrak{Grad}\,\psi)^*\,\psi\right].$$

Vektorielles Materiefeld (eichinvariant):

$$L = -\frac{\sigma\varkappa}{2}\left(\frac{1}{2}G_{\mu\nu}{}^{*}G^{\mu\nu} + U_{\mu}{}^{*}U^{\mu}\right) \qquad \varkappa G_{\mu\nu} = D_{\mu}U_{\nu} - D_{\nu}U_{\mu}$$

$$\Theta^{\mu\nu} = \frac{\sigma}{2}[G^{\mu\lambda}{}^{*}D^{\nu}U_{\lambda} + (D^{\nu}U_{\lambda})^{*}G^{\mu\lambda}] + \delta^{\mu\nu}L$$

$$H^{\lambda\mu\nu} = \frac{\sigma}{2}(G^{\lambda\mu}{}^{*}U^{\nu} + U^{\nu}{}^{*}G^{\lambda\mu})$$

$$Z^{\mu\nu} = \frac{\sigma}{2}[G^{\lambda\mu}{}^{*}D_{\lambda}U^{\nu} + (D_{\lambda}U)^{*}G^{\lambda\mu} + \varkappa(U^{\mu}{}^{*}U^{\nu} + U^{\nu}{}^{*}U^{\mu})]$$

$$T^{\mu\nu} = \frac{\sigma\varkappa}{2}(G^{\mu\lambda}{}^{*}G^{\nu}{}_{\lambda} + G^{\nu}{}_{\lambda}{}^{*}G^{\mu\lambda} + U^{\mu}{}^{*}U^{\nu} + U^{\nu}{}^{*}U^{\mu}) + \delta^{\mu\nu}L$$

$$T^{00} = \frac{\sigma\varkappa}{2}(\mathfrak{F}{}^{*}\mathfrak{F} + \mathfrak{G}{}^{*}\mathfrak{G} + u{}^{*}u + \mathfrak{U}{}^{*}\mathfrak{U})$$

$$T^{0\nu} = \frac{\sigma\varkappa}{2}(\mathfrak{F}{}^{*}\times\mathfrak{G} + \mathfrak{G}{}^{*}\times\mathfrak{F} + u{}^{*}\mathfrak{U} + \mathfrak{U}{}^{*}u) \qquad (\nu = 1,\,2,\,3)$$

$$H^{0\mu\nu} - H^{0\nu\mu} = \frac{\sigma}{2}(\mathfrak{F}{}^{*}\times\mathfrak{U} - \mathfrak{U}{}^{*}\times\mathfrak{F}) \qquad (\mu,\,\nu = 1,\,2,\,3)$$

$$s^{\mu} = \frac{i\sigma\eta}{2\varkappa}(G^{\mu\lambda}{}^{*}U_{\lambda} - U_{\lambda}{}^{*}G^{\mu\lambda}).$$

Spinorielles Materiefeld (Diracsche Theorie, eichinvariant):

$$L = \sigma\frac{i}{2}[\psi^{*}\alpha^{\mu}D_{\mu}\psi - (D_{\mu}\psi)^{*}\alpha^{\mu}\psi] - \sigma\varkappa\psi^{*}\alpha^{5}\psi$$

$$\Theta^{\mu\nu} = \frac{\sigma}{2i}[\psi^{*}\alpha^{\mu}D^{\nu}\psi - (D^{\nu}\psi)^{*}\alpha^{\mu}\psi] \qquad (L = 0)$$

$$H^{\lambda\mu\nu} = \frac{i\sigma}{8}\psi^{*}(\alpha^{\lambda}\alpha_{\mu}\alpha^{\nu} - \alpha^{\nu}\alpha_{\mu}\alpha^{\lambda})\psi$$

$$Z^{\mu\nu} = \frac{i\sigma}{4}[\psi^{*}\alpha^{\mu}D^{\nu}\psi - (D^{\nu}\psi)^{*}\alpha^{\mu}\psi - \psi^{*}\alpha^{\nu}D^{\mu}\psi + (D^{\mu}\psi)^{*}\alpha^{\nu}\psi]$$

$$T^{\mu\nu} = \frac{\sigma}{4i}[\psi^{*}\alpha^{\mu}D^{\nu}\psi - (D^{\nu}\psi)^{*}\alpha^{\mu}\psi + \psi^{*}\alpha^{\nu}D^{\mu}\psi - (D^{\mu}\psi)^{*}\alpha^{\nu}\psi]$$

$$T^{00} = \frac{\sigma}{2i}[\psi^{*}D^{0}\psi - (D^{0}\psi)^{*}\psi]$$

$$H^{0\mu\nu} - H^{0\nu\mu} = \frac{i\sigma}{2}\psi^{*}\alpha_{\mu}\alpha^{\nu}\psi \qquad (\mu \neq \nu;\ \mu,\,\nu \neq 0)$$

$$s^{\mu} = i\sigma\eta\,\psi^{*}\alpha^{\mu}\psi.$$

Elektromagnetisches Feld mit gegebenen Dichten von Ladung und Strom (nichtisolierte Theorie):

$$L = -\frac{\varepsilon_{0}}{4}B^{\mu\nu}B_{\mu\nu} + s^{\mu}A_{\mu} \qquad B_{\mu\nu} = \frac{\partial A_{\nu}}{\partial x^{\mu}} - \frac{\partial A_{\mu}}{\partial x^{\nu}}$$

$$\Theta^{\mu\nu} = \varepsilon_{0}B^{\mu\lambda}\frac{\partial A_{\lambda}}{\partial x_{\nu}} + \delta^{\mu\nu}L$$

$$H^{\lambda\mu\nu} = \varepsilon_{0}B^{\lambda\mu}A^{\nu}$$

$$Z^{\mu\nu} = \varepsilon_{0}B^{\lambda\mu}\frac{\partial A^{\nu}}{\partial x^{\lambda}} - s^{\mu}A^{\nu}.$$

$\Theta^{\mu\nu} + Z^{\mu\nu}$ ist nicht symmetrisch. Bei Wegfall von s^μ ist

$$T^{\mu\nu} = \varepsilon_0 B^{\mu\lambda} B^\nu{}_\lambda + \delta^{\mu\nu} L$$

$$T^{00} = \frac{\varepsilon_0}{2} (\mathfrak{E}^2 + \mathfrak{B}^2)$$

$$T^{0\nu} = \varepsilon_0 \mathfrak{E} \times \mathfrak{B} \qquad\qquad (\nu = 1, 2, 3).$$

Skalares Materiefeld und elektromagnetisches Feld (abgeschlossene Theorie, da $\psi^* \psi$ und A_λ Feldgrößen sind, wird der gewöhnliche kanonische Tensor, nicht der eichinvariante gebildet):

$$L = - \frac{\sigma}{2\varkappa} [(D_\mu \psi)^* D^\mu \psi + \varkappa^2 \psi^* \psi] - \frac{\varepsilon_0}{4} B^{\mu\nu} B_{\mu\nu}$$

$$\Theta^{\mu\nu} = \frac{\sigma}{2\varkappa} \left[(D^\mu \psi)^* \frac{\partial \psi}{\partial x_\nu} + \frac{\partial \psi^*}{\partial x_\nu} D^\mu \psi \right] + \varepsilon_0 B^{\mu\lambda} \frac{\partial A_\lambda}{\partial x_\nu} + \delta^{\mu\nu} L$$

$$H^{\lambda\mu\nu} = \varepsilon_0 B^{\lambda\mu} A^\nu$$

$$Z^{\mu\nu} = \varepsilon_0 B^{\lambda\mu} \frac{\partial A^\nu}{\partial x^\lambda} + \frac{\sigma\eta}{2i\varkappa} [\psi^* D^\mu \psi - (D^\mu \psi)^* \psi] A^\nu$$

$$T^{\mu\nu} = \frac{\sigma}{2\varkappa} [(D^\mu \psi)^* D^\nu \psi + (D^\nu \psi)^* D^\mu \psi] + \varepsilon_0 B^{\mu\lambda} B^\nu{}_\lambda + \delta^{\mu\nu} L.$$

93. Quantelung.

Bei einem Mechanismus wird der Übergang von der klassischen Theorie zur Quantentheorie dadurch vollzogen, daß man für die kanonischen Variabeln bestimmte Vertauschungsregeln aufstellt. Man kann nun auch Felder als Mechanismen behandeln, z.B. (vgl. Abschnitt 55) indem man die Feldgrößen $U^r(k)$ an den einzelnen Raumstellen k als Koordinaten ansieht. Aus der Lagrange-Funktion

$$\bar{L} = \int L \left(U^r, \ \frac{\partial U^r}{\partial x^\mu}, \ x^\mu \right) d\tau$$

dieses Mechanismus (zunächst noch mit vertauschbaren Feldgrößen) folgt als zu $U^r(k)$ kanonisch konjugierter Impuls

$$\frac{\partial \bar{L}}{\partial \dot{U}^r(k)} = \frac{\partial L(k)}{\partial \dot{U}^r} \Delta\tau,$$

wofür wir jetzt $\pi_r \Delta\tau$ schreiben wollen (mit der Bezeichnung des Abschnittes 86 müßte es $\pi^0{}_r \Delta\tau/c$ heißen), und die Hamilton-Funktion

$$\bar{\bar{H}} = \int \left(\frac{\partial L}{\partial \dot{U}^r} \dot{U}^r - L \right) d\tau = - \int \Theta^0{}_0 \, d\tau = \int \Theta^{00} d\tau.$$

Wenn, wie in der Quantentheorie, die Reihenfolge der Faktoren in L berücksichtigt werden muß, muß $\partial L/\partial \dot{U}^r$ erst noch genau definiert werden. Wenn eine Funktion $f(V, U)$ von nichtvertauschbaren Größen

V, U abhängt und spezielle Vertauschungsregeln nicht vorausgesetzt werden sollen, so ist im allgemeinen keine der drei Formeln

$$\mathrm{d}f = \frac{\partial f}{\partial V}\,\mathrm{d}V + \frac{\partial f}{\partial U}\,\mathrm{d}U$$

$$\mathrm{d}f = \mathrm{d}V\,\frac{\partial f}{\partial V} + \mathrm{d}U\,\frac{\partial f}{\partial U}$$

$$\mathrm{d}f = \mathrm{d}V\,\frac{\partial f}{\partial V} + \frac{\partial f}{\partial U}\,\mathrm{d}U$$

anwendbar. Wenn Vertauschungsregeln vorausgesetzt werden, so bedeuten im allgemeinen die partiellen Ableitungen $\partial f/\partial V$ und $\partial f/\partial U$ Verschiedenes, je nachdem, welche der drei Formeln gewählt wird. Wenn man in f eine feste Reihenfolge einführt, indem man die Glieder von f, die als Produkte aus V und U angesehen werden können, immer in der Reihenfolge $V^m U^n$ schreibt, so ist die dritte der oben angegebenen Definitionen mit

$$\frac{\partial f}{\partial V} = \lim_{\varepsilon \to 0} \frac{f(V+\varepsilon,\ U) - f(V,\ U)}{\varepsilon}$$

$$\frac{\partial f}{\partial U} = \lim_{\varepsilon \to 0} \frac{f(V,\ U+\varepsilon) - f(V,\ U)}{\varepsilon}$$

gleichbedeutend. So kann man z. B. bei Ausdrücken, die aus einem Faktor ψ^* oder $\partial \psi^*/\partial x^\mu$ und aus einem Faktor ψ oder $\partial \psi/\partial x^\mu$ bestehen, an der Reihenfolge $\psi^*\psi$ festhalten und dementsprechend

$$\mathrm{d}f(\psi^*,\ \psi) = \mathrm{d}\psi^* \frac{\partial f}{\partial \psi^*} + \frac{\partial f}{\partial \psi}\,\mathrm{d}\psi$$

schreiben. Durch Variation einer eichinvarianten Lagrange-Dichte

$$L(\psi^{r*},\ (D_\mu \psi^r)^*,\ \psi^r,\ D_\mu \psi^r)$$

erhalten wir entsprechend

$$\delta L = \delta(D_\mu \psi^r)^* \frac{\partial L}{\partial(D_\mu \psi^r)^*} + \frac{\partial L}{\partial(D_\mu \psi^r)}\,\delta D_\mu \psi^r + \delta \psi^{r*} \frac{\partial L}{\partial \psi^{r*}} + \frac{\partial L}{\partial \psi^r}\,\delta \psi^r,$$

und die Feldgleichungen bleiben wie früher. Für den kanonischen Tensor

$$\Theta^\mu{}_\nu = -\frac{\partial L}{\partial D_\mu \psi^r}\,D_\nu \psi^r - (D_\nu \psi^r)^* \frac{\partial L}{\partial(D_\mu \psi^r)^*} + \delta^\mu_\nu L$$

folgt der Erhaltungssatz

$$\frac{\partial \Theta^\mu{}_\nu}{\partial x^\mu} = s^\lambda B_{\nu\,\lambda}.$$

Entsprechend erhalten wir mit

$$H^{\lambda\mu\nu} = -\frac{\partial L}{\partial D_\lambda \psi^r}\,S^{rs\mu\nu}\,\psi_s - \psi_s^* \,S^{rs\mu\nu}\,\frac{\partial L}{\partial(D_\lambda \psi^r)^*}$$

$$Z^{\mu\nu} = \frac{\partial}{\partial x^\lambda} H^{\lambda\mu\nu}$$

die Divergenzfreiheit von $Z^{\mu\nu}$. Wir erhalten ferner die Kontinuitätsgleichung für den Vierervektor

$$s^\mu \sim i\left[\frac{\partial L}{\partial D_\mu\psi^r}\,\psi^r - \psi^{r*}\,\frac{\partial L}{\partial (D_\mu\psi^r)*}\right].$$

Einen Teil der in diesem Buche behandelten Felder haben wir durch Vertauschungsregeln mit dem $-$-Zeichen, einen anderen Teil mit dem $+$-Zeichen gequantelt.

Die Vertauschungsregeln lauten für den Fall des $-$-Zeichens:

$$\left[\frac{\partial L}{\partial\dot\psi^r}\,(1)\,\psi^s(2) - \psi^s(2)\,\frac{\partial L}{\partial\dot\psi^r}\,(1)\right]\Delta\tau = \frac{\hbar}{i}\,\delta_r^s\,\delta_{12}$$

$$\left[\frac{\partial L}{\partial\dot\psi^{r*}}\,(1)\,\psi^{s*}(2) - \psi^{s*}(2)\,\frac{\partial L}{\partial\dot\psi^{r*}}\,(1)\right]\Delta\tau = \frac{\hbar}{i}\,\delta_r^s\,\delta_{12},$$

wo (1) und (2) die Koordinaten zweier Raumstellen vertreten; die vertauschbaren Größen zählen wir nicht noch einmal auf. Aus den Vertauschungsregeln folgen Sätze über Eigenwerte (Abschnitt 49). So erhält der Ausdruck

$$\frac{i}{\hbar}\int\left(\frac{\partial L}{\partial\dot\psi^r}\,\psi^r - \psi^{r*}\,\frac{\partial L}{\partial\dot\psi^{r*}}\right)\mathrm{d}\tau$$

(über einen beliebigen Bereich integriert) ganzzahlige Eigenwerte, also die elektrische Ladung

$$i\,\eta\,c\int\left(\frac{\partial L}{\partial\dot\psi^r}\,\psi^r - \psi^{r*}\,\frac{\partial L}{\partial\dot\psi^{r*}}\right)\mathrm{d}\tau$$

Eigenwerte, die ganzzahlige Vielfache von $\eta\,c\,\hbar = e$ sind. Weiter erhalten (auch für reelle Theorien, wenn keine Schwierigkeiten mit der Reihenfolge der Faktoren auftreten) die Ausdrücke

$$\frac{1}{\hbar}\int\left(\frac{\partial L}{\partial\dot\psi^r}\,\psi^s - \frac{\partial L}{\partial\dot\psi^s}\,\psi^r\right)\mathrm{d}\tau$$

bzw.

$$\frac{1}{\hbar}\int\left(\frac{\partial L}{\partial\dot\psi^r}\,\psi^s + \psi^{s*}\,\frac{\partial L}{\partial\dot\psi^{r*}} - \frac{\partial L}{\partial\dot\psi^s}\,\psi^r - \psi^{r*}\,\frac{\partial L}{\partial\dot\psi^{s*}}\right)\mathrm{d}\tau$$

ganzzahlige Eigenwerte; bei den vektoriellen Theorien werden also die Spindrehimpulse

$$\int(H^{0\mu\nu} - H^{0\nu\mu})\,\mathrm{d}\tau$$

ganzzahlige Vielfache von $\hbar$.

Die Quantelung mit dem $+$-Zeichen führt nur dann zu einer Übereinstimmung der quantentheoretischen Bewegungsgleichungen mit den klassischen Feldgleichungen, wenn die Hamilton-Funktion eine spezielle Form hat, etwa

$$\int a^r_{\,s}\,\pi_r\,U^s\,\mathrm{d}\tau$$

(Abschnitt 46). Von den von uns behandelten Theorien hat eine solche Form nur die nichtrelativistische skalare Theorie des Materiefeldes und die spinorielle Theorie, von den lorentzinvarianten also nur die spinorielle Theorie. Nur diese können mit dem $+$-Zeichen quantisiert werden. Die spinorielle muß sogar so quantisiert werden; denn die beiden Vorzeichenmöglichkeiten für die Energie führen nur dann nicht zu wirklich negativen Energien, wenn man die Löchertheorie anwenden kann.

Von den behandelten lorentzinvarianten Theorien ist also die spinorielle mit dem $+$-Zeichen, die skalare und vektorielle (also auch die Elektrodynamik) mit dem $-$-Zeichen zu quantisieren.

Zehntes Kapitel.

Verknüpfung von Materiearten[1].

94. Übersicht.

Kräfte werden durch ein Feld ausgeübt, wenn dieses mit anderen physikalischen Dingen verknüpft ist. So folgen aus der bekannten Verknüpfung des elektromagnetischen Feldes mit der ladung- und stromführenden Materie die elektromagnetischen Kräfte auf die Materie. Diese Verküpfung ist eine gegenseitige; wenn wir die Materie durch ein Materiefeld beschreiben, ist es die Verknüpfung zweier Felder, des elektromagnetischen Feldes (V, $\mathfrak{A}$) und des Materiefeldes (ψ^*, ψ). Nicht nur das elektromagnetische Feld übt Kräfte aus auf die Materie; auch das Materiefeld übt Kräfte aus auf die Träger der elektromagnetischen Potentiale. So haben wir z. B. in Abschnitt 22 die chemische Kraft verstanden.

Um die Kräfte zu verstehen, die die Atomkerne zusammenhalten, hat man versucht, sie auf ein Feld zurückzuführen, das mit den schweren Kernteilchen, den Protonen und Neutronen, in ähnlicher Weise verknüpft ist wie das elektromagnetische Feld mit geladenen Teilchen (Abschnitt 31). Man hat also eine Verknüpfung verschiedener Materiearten eingeführt.

Eine Verknüpfung von Materiefeldarten ist zuerst in der *Fermischen Theorie des β-Zerfalles* mathematisch gefaßt worden. Der Vorstellung

---

[1] FERMI, E.: Z. Physik **88**, 161 (1934) (β-Zerfall). — HEITLER, W.: The quantum theory of radiation, Oxford 1935, 2. Aufl. 1944. — YUKAWA, H.: Proc. physicomath. Soc. Japan **17**, 48 (1935); YUKAWA, H., u. S. SAKATA, Proc. physico-math. Soc. Japan **19**, 1084 (1937); YUKAWA, H., S. SAKATA u. M. TAKETANI: Proc. physicomath. Soc. Japan **20**, 319 (1938); YUKAWA, H., S. SAKATA u. M. TAKETANI u. M. KOBAYASI: Proc. physico-math. Soc. Japan **20**, 720 (1938) (Mesontheorie der Kernkräfte). — KEMMER, N.: Proc. Roy. Soc. (A) **166**, 127 (1938) (mögliche Mesontheorien). — ROSENFELD, L.: Nuclear forces, Amsterdam 1948. — YUKAWA, H.: Models and methods in the meson theory, Rev. mod. phys. **21**, 474 (1949).

vom Aufbau der Kerne aus Protonen und Neutronen entsprechend wurde angenommen, daß dieser Zerfall aus einer Umwandlung eines Protons in ein Neutron unter Aussendung eines Positrons und Neutrinos besteht oder aus der Umwandlung eines Neutrons in ein Proton unter Aussendung eines (negativen) Elektrons und Neutrinos. Die herauskommenden Teilchen sollten dabei in ähnlicher Weise mit dem Felde im Kern zusammenhängen, wie die aus der Atomhülle gelegentlich herauskommenden Lichtquanten mit dem elektrischen Feld im Atom (entsprechend dem Grundgedanken von HEISENBERG über den Bau der Atomkerne). Die Fermische Theorie enthielt also eine Verknüpfung der Materiearten, denen Elektron und Neutrino als Teilchen entsprechen, mit den Materiearten, denen Proton und Neutron entsprechen. Die Theorie faßte diese Verknüpfung zwischen den Materiearten, indem sie in der Lagrange-Dichte oder Hamilton-Dichte den Ausdrücken, die den einzelnen Materiearten entsprachen, Glieder hinzufügte, die sie verknüpft enthielten. Hier wurden also vier Materiefeldarten verknüpft. Da aber in mancher Beziehung die beiden schweren Materiearten der Protonen und Neutronen untereinander und die beiden leichten Materiearten der Elektronen und Neutrinos untereinander sich wenig unterscheiden, kann man sich ein etwas vereinfachtes Modell der Fermischen Theorie machen, bei der zwei Materiearten verknüpft werden.

Die Verknüpfung der schweren Materie mit der leichten Materie führt auch zu Kräften zwischen Teilchen der schweren Materie, die durch ein Feld leichter Materie vermittelt werden. Dies hat aber nicht zu einer einfachen Deutung der empirischen Kräfte zwischen Protonen und Neutronen geführt.

Ein wesentlich neuer Gedanke kam in die *Theorie der Kernkräfte* durch YUKAWA. Er nahm im Kern ein genähert statisches Materiefeld an, das an den schweren Kernteilchen in ähnlicher Weise hing wie das elektrische Feld an geladenen Materieteilchen. Die empirische Reichweite der Kernkräfte deutete auf einen $\varkappa$-Wert dieses Materiefeldes, der etwa das 200fache des $\varkappa$-Wertes für Elektronenmaterie betrug. YUKAWA mußte also eine neue, von der bis dahin bekannten Materie verschiedene Materieart annehmen. Wir nennen das neue Feld das Mesonfeld; die dem Feld durch Quantelung zugeordneten Teilchen nennen wir Mesonen; ihre Masse beträgt ($\varkappa = mc/\hbar$) einige hundert Elektronenmassen.

Aus den Atomkernen kommen nun erfahrungsgemäß nicht solche Teilchen heraus, sondern gelegentlich (bei der β-Umwandlung) Elektronen und Neutrinos. Um dies zu erfassen, mußte YUKAWA eine weitere Verknüpfung von Materiefeldern annehmen, nämlich des Mesonfeldes mit den Feldern, die den Elektronen und Neutrinos entsprechen.

Die (1935 aufgestellte) Theorie von YUKAWA gewann an Wahrscheinlichkeit, als (bald darauf) in der kosmischen Strahlung Teilchen aufgefunden wurden, deren Masse etwa das 200fache der Elektronenmasse war, und ein spontaner Zerfall dieser Teilchen, wie er der Verknüpfung des Mesonfeldes mit dem Feld der leichten Teilchen entsprach, mindestens wahrscheinlich wurde. Neuere Forschungen über Elementarteilchen haben dieses Bild ein wenig abgeändert.

In der weiteren Ausgestaltung der Theorie durch YUKAWA u. a. erwies es sich als notwendig, das Mesonfeld (mindestens zum Teil) als vektorielles oder pseudoskalares Materiefeld anzunehmen, während das den Nukleonen entsprechende Feld ja als spinorielles Materiefeld anzusehen war. Dadurch kam in die Theorie eine ziemliche Verwickeltheit, die lediglich von der geometrischen Natur dieser Felder herrührte und nicht von den Grundgedanken der Verknüpfung des Mesonfeldes mit dem Nukleonfeld. Aus diesem Grunde erscheint es zweckmäßig, die verschiedenen Seiten der Theorie des Kernfeldes nacheinander zu betrachten: Zuerst betrachten wir den Grundgedanken einer Verknüpfung verschiedener Materiearten, die die allgemeinen Eigenschaften der Kernmaterie zeigt unter Verzicht auf Übereinstimmung mit der Erfahrung in Einzelheiten. Danach sei die besondere geometrische Struktur der verknüpften Materiefelder (Spin) in Betracht gezogen.

Neben dieser Yukawaschen Theorie der Kernkräfte, die auf der Verknüpfung dreier Materiearten beruht, hat man auch Theorien erwogen, die dem ursprünglichen Fermischen Ansatz näherstanden und in der Teilchensprache mit der Umwandlung eines Neutrons in ein Proton unter Bildung zweier Mesonen zusammenhingen (Paartheorien der Kernkräfte). Die neueren Entdeckungen an Elementarteilchen passen aber besser zur Yukawaschen Auffassung.

95. Bekannte Kopplung: Materie und elektromagnetisches Feld.

Die Kopplung zwischen Materie und elektromagnetischem Feld haben wir schon oft berücksichtigt. Die abgeschlossene Theorie, die skalares geladenes Materiefeld und elektromagnetisches Feld umfaßt, war durch die Lagrange-Dichte

$$L = -\frac{\varepsilon_0}{4} B_{\mu\nu} B^{\mu\nu} - \frac{\sigma}{2} \left[(D_\mu \psi)^* D^\mu \psi + \varkappa^2 \psi^* \psi \right] \tag{1}$$

beschrieben worden. Wir können L in die Lagrange-Dichten der isolierten Felder und in „Kopplungsglieder" zerlegen:

$$L = -\frac{\varepsilon_0}{4} B_{\mu\nu} B^{\mu\nu} - \frac{\sigma}{2} \left(\frac{\partial \psi^*}{\partial x^\mu} \frac{\partial \psi}{\partial x_\mu} + \varkappa^2 \psi^* \psi \right)$$
$$- \frac{i\eta\sigma}{2} A^\mu \left(\psi^* \frac{\partial \psi}{\partial x^\mu} - \psi \frac{\partial \psi^*}{\partial x^\mu} \right) - \eta^2 \frac{\sigma}{2} A_\mu A^\mu \psi^* \psi. \tag{2}$$

Die Kopplungsglieder enthalten einen „Kopplungsparameter" η, der die Stärke der Kopplung angibt. In einer anschaulich gemeinten Theorie ist aber η kein direktes Maß für den relativen Anteil der Kopplung. Da die Lagrange-Dichten der isolierten Felder vom zweiten Grade in den Feldgrößen sind, die Kopplungsglieder aber vom dritten und vierten Grade, so ist vielmehr der relative Anteil der Kopplung und damit der Einfluß der Kopplung auf die Eigenschaften der Felder um so größer, je stärker die Felder sind. Der Einfluß der Kopplung wird in der anschaulichen Theorie um so schwächer, je schwächer die Felder selbst sind. In einer quantisierten Theorie schreiben wir $\eta = e/\hbar c$ ($4\pi\varepsilon_0 = 1$ gesetzt) und benutzen e als Kopplungsparameter. Die dimensionslose Größe $e/\sqrt{\hbar c}$ oder ihr Quadrat $e^2/\hbar c = 1/137$ kann dann als Kopplungsstärke angesehen werden. Dem Zahlenwert nach kann die Kopplung noch als schwache Kopplung gelten.

Bei Einführung reeller Feldgrößen ψ_1 und ψ_2 mit $\psi = \psi_1 + i\psi_2$, $\psi^* = \psi_1 - i\psi_2$ wird das Materiefeld und das elektromagnetische Feld durch

$$L = -\frac{\varepsilon_0}{4} B_{\mu\nu} B^{\mu\nu} - \frac{\sigma}{2}\left(\frac{\partial\psi_1}{\partial x_\mu}\frac{\partial\psi_1}{\partial x^\mu} + \varkappa^2\psi_1^2\right) - \frac{\sigma}{2}\left(\frac{\partial\psi_2}{\partial x_\mu}\frac{\partial\psi_2}{\partial x^\mu} + \varkappa^2\psi_2^2\right)$$
$$+ \eta\,\sigma A^\mu\left(\psi_1\frac{\partial\psi_2}{\partial x^\mu} - \psi_2\frac{\partial\psi_1}{\partial x^\mu}\right) - \eta^2\frac{\sigma}{2} A_\mu A^\mu(\psi_1^2 + \psi_2^2)$$

beschrieben; drei reelle Felder (A^μ, ψ_1 und ψ_2 entsprechend) werden gekoppelt. Die beiden reellen Materiefelder sind ohne Vorhandensein eines elektromagnetischen Feldes isoliert, das elektromagnetische Feld koppelt sie.

Elektromagnetisches Feld und spinorielle Materie werden mit

$$L = -\frac{\varepsilon_0}{4} B_{\mu\nu} B^{\mu\nu} + \frac{i\sigma}{2}[\psi^*\alpha^\mu D_\mu\psi - (D_\mu\psi)^*\alpha^\mu\psi] - \sigma\varkappa\,\psi^*\alpha^5\psi \qquad (3)$$

oder mit

$$L = -\frac{\varepsilon_0}{4} B_{\mu\nu} B^{\mu\nu} + \frac{i\sigma}{2}\left(\psi^*\alpha^\mu\frac{\partial\psi}{\partial x^\mu} - \frac{\partial\psi^*}{\partial x_\mu}\alpha^\mu\psi\right) - \sigma\varkappa\,\psi^*\alpha^5\psi$$
$$+ \eta\,\sigma A_\mu\psi^*\alpha^\mu\psi \qquad (4)$$

wiedergegeben.

Wir sehen uns die Kopplung zwischen Materie und elektromagnetischem Feld etwas näher an, zunächst *vom Materiefeld her.* Die Zufügung der Kopplungsglieder in Gl. (2) oder des Kopplungsgliedes in Gl. (4) ändert nichts an der bilinearen Abhängigkeit der Lagrange-Dichte von den Feldgrößen ψ, ψ^*. Die Feldgleichungen bleiben homogen linear; in ihnen kommen aber Potentiale A_μ vor. Wir haben kein isoliertes Materiefeld mehr, sondern *ein anderes Feld ist „potentialartig" angekoppelt.* Die besondere Art der eichinvarianten Ankopplung empfiehlt die Schreibweise Gl. (1) und (3), wo ψ-Feld und Kopplung zusammengefaßt und dem elektromagnetischen Feld gegenübergestellt wird:

$$L = L_{\mathrm{el}} + L_\psi\,.$$

Dabei interessiert uns jetzt nur L_ψ. Es folgt die Divergenzfreiheit von

$$s^\mu = \frac{\delta L}{\delta A_\mu} = i\,\eta \left[\psi^* \frac{\partial L}{\partial (D_\mu \psi)^*} - \frac{\partial L}{\partial D_\mu \psi} \psi \right],$$

d.h., es gibt im Materiefeld eine elektrische Ladung, die erhalten bleibt und die nicht mit dem angekoppelten Feld ausgetauscht wird. Dagegen zeigt der kanonische Tensor

$$\Theta^\mu{}_\nu = - \frac{\partial L}{\partial D_\mu \psi} D_\nu \psi - (D_\nu \psi)^* \frac{\partial L}{\partial (D_\mu \psi)^*}$$

mit

$$\frac{\partial \Theta^\mu{}_\nu}{\partial x^\mu} = s^\lambda B_{\lambda \nu}$$

an, daß Energie und Impuls mit dem angekoppelten Feld ausgetauscht wird, daß also infolge des Potentials Kraft und Leistung auf das Materiefeld übertragen wird.

Wir betrachten jetzt die Kopplung *vom elektromagnetischen Feld her*. Die Feldgleichungen folgen mittels der Variation der A_μ:

$$\delta L = - \frac{\varepsilon_0}{4} \delta (B_{\mu\nu} B^{\mu\nu}) + s^\mu \delta A_\mu,$$

und das gibt dieselben Feldgleichungen, als hätten wir

$$L = - \frac{\varepsilon_0}{4} B_{\mu\nu} B^{\mu\nu} + s^\mu A_\mu \tag{5}$$

[im Ausdruck Gl.(4) hat sogar das Kopplungsglied die Form $s^\mu A_\mu$, im Ausdruck Gl.(2) aber nicht]. Das Kopplungsglied ist dann linear in A_μ. Die Lagrange-Funktion Gl. (5) des elektromagnetischen Feldes mit gegebenen Dichten von Ladung und Strom führt noch zu linearen Feldgleichungen; sie sind aber inhomogen und enthalten die s^μ als Quellen. Das elektromagnetische Feld ist nicht mehr isoliert, sondern *ein anderes Feld ist „quellenartig" angekoppelt*. Die Quellen müssen die Bedingung $\partial s^\mu / \partial x^\mu = 0$ erfüllen. Das Auftreten der Quellen in den Feldgleichungen hat zwei Folgen: Es führt zum Vorhandensein von Feldern in der Umgebung der Quellen, und es führt zu Kräften, die das Feld auf die Quellen ausübt.

Im Anschluß an die eben geschilderte bekannte Kopplung wollen wir andere Kopplungen betrachten. Wir wollen dabei *annehmen, daß die isolierten Felder homogen linearen Gleichungen genügen*. Mit dem einfachen Fall skalarer Felder wollen wir verschiedene Kopplungstypen studieren. Andere als skalare Felder wollen wir so weit heranziehen, als sie in den in der Natur vorkommenden Verknüpfungen von Materiearten eine Rolle zu spielen scheinen.

96. Felder mit Potentialen.

Ein einfaches *Beispiel eines Feldes mit Potential* gewinnen wir, indem wir von dem durch

$$L_\psi = -\frac{\sigma}{2}\left(\frac{\partial \psi^*}{\partial x^\mu}\frac{\partial \psi}{\partial x_\mu} + \varkappa^2\, \psi^*\, \psi\right) \tag{1}$$

definierten isolierten skalaren Materiefeld ausgehen. Das Potential soll den bilinearen Charakter von L unangetastet lassen, die Feldgleichungen sollen also homogen linear bleiben. Die Einfügung eines skalaren Potentials W können wir dann mittels

$$L = L_\psi - \frac{\sigma}{2}\, W\, \psi^*\, \psi \tag{2}$$

vornehmen; W muß reell sein. Das ψ-Feld kann Ladung tragen; die Divergenzfreiheit von

$$s^\mu \sim \frac{1}{2\,i}\left(\psi^*\frac{\partial \psi}{\partial x_\mu} - \frac{\partial \psi^*}{\partial x_\mu}\, \psi\right)$$

wird durch die Kopplung nicht angetastet; innerhalb des ψ-Feldes gilt die Erhaltung der Ladung, das Potential tauscht keine Ladung aus. Dagegen ist

$$\Theta^\mu_{\ \nu} = \left(\Theta^\mu_{\ \nu}\right)_\psi + \delta^\mu_\nu\, \frac{\sigma}{2}\, W\, \psi^*\, \psi\,,$$

d.h., das ψ-Feld ist infolge der Kopplung kein energetisch abgeschlossenes System mehr. Die Feldgleichungen lauten

$$\left.\begin{array}{l} \dfrac{\partial^2 \psi}{\partial x_\mu\, \partial x^\mu} - (\varkappa^2 + W)\, \psi = 0 \\[2mm] \dfrac{\partial^2 \psi^*}{\partial x_\mu\, \partial x^\mu} - (\varkappa^2 + W)\, \psi^* = 0\,. \end{array}\right\} \tag{3}$$

Die Schreibweise

$$\left(\frac{i\,\partial}{c\,\partial t} + \varkappa\right)\left(\frac{i\,\partial}{c\,\partial t} - \varkappa\right)\psi + \Delta\psi - W\psi = 0$$

führt zur nichtrelativistischen Näherung

$$\frac{c}{2\,\varkappa}\Delta\psi - \frac{c}{2\,\varkappa}W\psi + i\,\dot\psi = 0\,,$$

d.h., in nichtrelativistischer Näherung wirkt $W/2\,\eta\,\varkappa$ genau wie ein elektrisches Potential.

Für konstantes W — näherungsweise auch für langsam veränderliches W — werden die Feldgleichungen durch ebene Wellen

$$\psi \sim e^{-i\omega t + i\mathfrak{k}\mathfrak{r}}$$

mit

$$\frac{\omega^2}{c^2} - \mathfrak{k}^2 - (\varkappa^2 + W) = 0$$

erfüllt. Die Folgerung

$$\frac{\mathrm{d}\,\omega}{\mathrm{d}\,k} = \frac{k\,c^2}{\omega} = c\,\sqrt{1 - \frac{c^2\,(\varkappa^2 + W)}{\omega^2}}$$

zeigt, daß ein Materiestrom einheitlicher Frequenz seine Gruppengeschwindigkeit ändert an Stellen, wo W sich ändert. $\varkappa^2 + W < 0$ bedeutete Überlichtgeschwindigkeit und muß ausgeschlossen werden (mit $\varkappa^2 + W < 0$ wäre auch die Energiedichte nicht positiv definit); Zunahme von W gibt Abnahme der Gruppengeschwindigkeit. Schon die nichtrelativistische Näherung zeigt, daß durch ein geeignetes W Materie festgehalten werden kann.

Etwas anderer Art als die bisher betrachteten potentialartigen Ankopplungen (von A_μ und von W) ist das Beispiel

$$L = L_\psi - \frac{\sigma}{4}\,(\Phi\psi^{*\,2} + \Phi^*\psi^2)\,,$$

wo Φ und Φ^* als gegebene Funktionen der Koordinaten x^μ angesehen werden. L ist nicht mehr bilinear in ψ und ψ^*, die Feldgleichungen

$$\left(\frac{\partial^2}{\partial x_\mu\,\partial x^\mu} - \varkappa^2\right)\psi = \Phi\psi^*$$

$$\left(\frac{\partial^2}{\partial x_\mu\,\partial x^\mu} - \varkappa^2\right)\psi^* = \Phi^*\psi$$

sind nicht mehr homogen. L ist in ψ, ψ^* allein nicht mehr phaseninvariant; es gibt keine Erhaltung von Ladung im ψ-Feld allein, vielmehr ist

$$\frac{\partial}{\partial x_\mu}\,i\left(\frac{\partial \psi^*}{\partial x^\mu}\,\psi - \psi^*\,\frac{\partial \psi}{\partial x^\mu}\right) = i\,(\Phi^*\psi^2 - \psi^{*\,2}\,\Phi)\,,$$

d.h., die Potentiale können Ladung mit dem ψ-Felde austauschen.

Wir wollen aber jetzt die durch Gl. (2) definierte potentialartige Ankopplung noch etwas näher betrachten. Dabei sind uns solche *Potentiale* besonders wichtig, *die periodisch von der Zeit abhängen*. Ihr Einfluß auf das Feld läßt sich mit einem *Näherungsverfahren* berechnen, das wir jetzt an einem einfachen Beispiel kennenlernen wollen. Das Potential sei also $We^{-i\omega t} + W^*e^{i\omega t}$, wo W nur vom Ort abhängt, die nichtrelativistische Feldgleichung also ($\omega > 0$):

$$\frac{1}{2\,\lambda}\,\Delta\psi + i\,\dot\psi = \frac{1}{2\,\lambda}\,(We^{-i\omega t} + W^*e^{i\omega t})\,\psi\,. \tag{4}$$

Die „Störung" durch das Potential sehen wir als klein an und versuchen darum den Ansatz

$$\psi = \psi^{(0)} + \psi^{(1)}\,,$$

wo

$$\frac{1}{2\,\lambda}\,\Delta\psi^{(0)} + i\,\dot\psi^{(0)} = 0$$

sei, also z. B. aus ebenen Wellen zusammengesetzt werden kann. Wegen der Kleinheit der Störung kann dann auf der rechten Seite von Gl. (4) ψ durch $\psi^{(0)}$ ersetzt werden, und wir haben für $\psi^{(1)}$ die inhomogene Gleichung

$$\frac{1}{2\lambda}\,\Delta\,\psi^{(1)} + i\,\dot\psi^{(1)} = \frac{1}{2\lambda}\,(W e^{-i\omega t} + W^* e^{i\omega t})\,\psi^{(0)}. \tag{5}$$

Wenn $\psi^{(0)}$ periodisch in der Zeit angenommen wird, $\psi^{(0)} = u e^{-i\omega_0 t}$ ($\omega_0 > 0$), so besteht $\psi^{(1)}$ aus Gliedern mit den Frequenzen $\omega_0 + \omega$ und $\omega_0 - \omega$:

$$\psi^{(1)} = v e^{-i(\omega_0 + \omega)t} + w e^{-i(\omega_0 - \omega)t}, \tag{6}$$

wo die Ortsfunktionen v und w die Differentialgleichungen

$$\left.\begin{aligned}\frac{1}{2\lambda}\,\Delta v + (\omega_0 + \omega)\,v &= \frac{1}{2\lambda}\,W u \\[2mm] \frac{1}{2\lambda}\,\Delta w + (\omega_0 - \omega)\,w &= \frac{1}{2\lambda}\,W^* u \end{aligned}\right\} \tag{7}$$

erfüllen.

Als Übungsbeispiel berechnen wir die Störung einer in der x-Richtung laufenden ebenen Welle

$$\psi^{(0)} = A\,e^{-i\omega_0 t + i k_0 x} \tag{8}$$

durch ein periodisches Störpotential der Frequenz ω, das nur von x abhänge und nur ganz nahe der Ebene $x = 0$ von null verschieden sei. Wenn $\omega < \omega_0$ ist, führt die Störung zu zwei nach außen laufenden ebenen Wellen mit den Frequenzen $\omega_0 \pm \omega$. Wenn $\omega > \omega_0$ ist, treten nur die Wellen mit $\omega_0 + \omega$ auf, dazu kurzreichende Felder mit der Frequenz $\omega_0 - \omega$. Wir setzen an

$$x < 0: \quad v = B\,e^{-i k_1 x} \qquad x > 0: \quad v = B\,e^{i k_1 x},$$

wobei gemäß Gl. (7) $\omega_0 + \omega = k_1^2/2\lambda$ ist und schon für den stetigen Übergang von v bei $x = 0$ gesorgt ist. Die Ableitung von v geht bei $x = 0$ nicht stetig über, vielmehr springt gemäß Gl. (7) v' um $A\,\overline{W}$, wo $\overline{W}$ das über die Umgebung von $x = 0$ erstreckte Integral von W ist:

$$2 i k_1 B = A\,\overline{W}.$$

Dadurch ist Phase und Amplitude der auslaufenden Welle gegeben, und es folgt für den Strom

$$k_1 B^* B = k_0 A^* A\,\frac{\overline{W}^* \overline{W}}{4 k_0 k_1}. \tag{9}$$

Mit entsprechendem Ansatz für w bekommen wir (wenn $\omega_0 - \omega > 0$ ist) für die andere auslaufende Welle

$$k_2 C^* C = k_0 A^* A\,\frac{\overline{W}^* \overline{W}}{4 k_0 k_2} \tag{10}$$

mit $k_2{}^2 = 2\lambda\,(\omega_0 - \omega)$. Aus der Erhaltung der Materiemenge $\int \psi^*\psi\,\mathrm{d}x$ folgt, daß die einlaufende Welle bei $x = 0$ entsprechend geschwächt wird; die Schwächung der Amplitude ist aber von zweiter Ordnung in $\overline{W}$, stellt also unser Näherungsverfahren nicht in Frage. Die in den Wellen enthaltene Energie ist (bis auf mengenproportionale additive Glieder) proportional der Frequenz; da für $\omega_0 - \omega > 0$ mehr Materie nach der

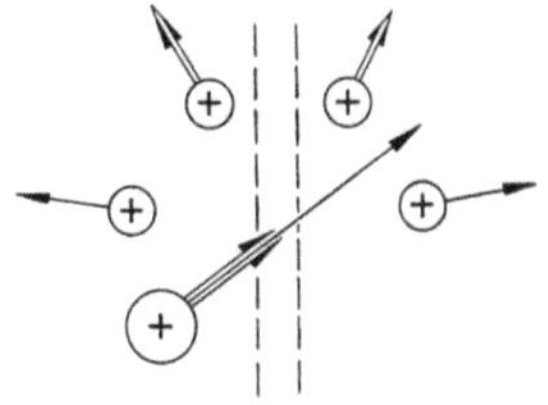

Abb. 15. Streuung im Potential niedriger Frequenz.

tieferen Frequenz kommt als nach der höheren, kommt in die auslaufenden Wellen weniger Energie als der einlaufenden entzogen wird.

Wir haben den Vorgang eben klassisch anschaulich behandelt. Wir können aber die Gleichungen auch als Darstellung eines Einteilchensystems ansehen; die Größen $\overline{W}{}^*\overline{W}/4\,k_0\,k_1$ und $\overline{W}{}^*\overline{W}/4\,k_0\,k_2$ sind dann Wahrscheinlichkeiten des Auslaufens mit den Impulsen $-\hbar k_1$, $+\hbar k_1$, $-\hbar k_2$, $+\hbar k_2$. Das Ergebnis ist schematisch in Abb. 15 wiedergegeben; eine Bewegung in der y-Richtung ist zugefügt ($\omega_0 - \omega$ hinreichend groß angenommen).

Bei Benutzung der relativistischen Gleichung

$$-\frac{1}{c^2}\,\ddot{\psi} + \Delta\,\psi - \varkappa^2\,\psi = We^{-i\omega t} + W^* e^{i\omega t}$$

($\omega > 0$) kann es auch bei $\omega_0 > 0$ vorkommen, daß $\omega_0 - \omega$ negativ und $(\omega_0 - \omega)^2 - c^2\varkappa^2$ positiv wird. Durch die Störung tritt dann eine Welle mit negativer Ladung auf. In der klassischen Rechnung werden die Ausdrücke Gl. (8) und (9) nicht verändert, nur ist jetzt $k_1{}^2 = (\omega_0 + \omega/c)^2 - \varkappa^2$ und $k_2{}^2 = (\omega_0 - \omega/c)^2 - \varkappa^2$. Wegen der Erhaltung der Ladung fließt ebensoviel mehr positive Ladung nach außen ab, als negative Ladung entsteht.

Eine in ein störendes Potential der hohen Frequenz $\omega > \omega_0 + c\varkappa$ einlaufende positiv geladene Welle der Frequenz $\omega_0 > c\varkappa$ führt zur Erzeugung negativ und positiv geladener Materie (in Abb. 16 ist wieder eine Bewegung in der y-Richtung zugefügt).

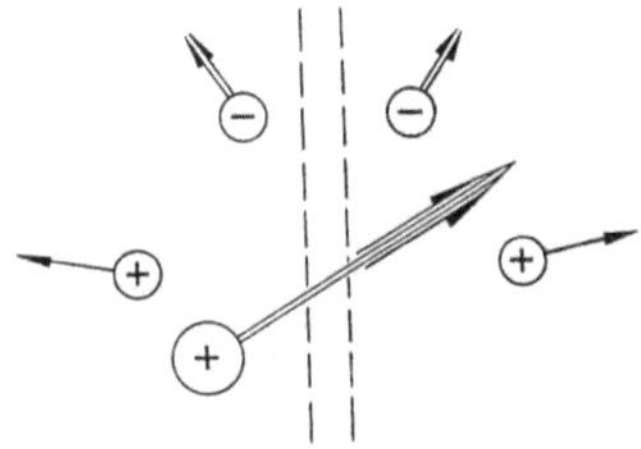

Abb. 16. Materieerzeugung im Potential hoher Frequenz.

Entsprechend erhalten wir für einlaufende negativ geladene Materie mit $\omega_0 < -c\varkappa$ und der Störfrequenz $\omega > |\omega_0| + c\varkappa$ in der Welle der Frequenz $\omega_0 + \omega$ positiv geladene Materie.

Diese Materieerzeugung ist etwas anderer Art als die im Abschnitt 32 beschriebene. Dort war ein statisches Potential angenommen, und die besondere Verknüpfung $(\partial/c\,\partial t + i\eta\,V)$ war wichtig. Bei der jetzigen Annahme des periodischen Potentials mit hoher Frequenz würde diese Verknüpfung zwar auch zur Materieerzeugung führen; es geht aber auch mit der in Gl. (2) oder (3) angegebenen Verknüpfung.

97. Paarerzeugung im Potential hoher Frequenz.

Wenn wir den eben beschriebenen Vorgang der Materieerzeugung in einem Potential hoher Frequenz in die Quantentheorie der Felder übertragen, so bekommen wir eine Paarerzeugung von Teilchen entgegengesetzter Ladung (es muß nicht elektrische Ladung sein). Während aber in der anschaulichen (ungequantelten) Theorie eine Materieerzeugung nur in dem Maße stattfindet, in dem eine Welle einläuft, bekommen wir *in der Quantentheorie auch ohne einlaufende Teilchen eine Paarerzeugung*. Die Sachlage ist also ähnlich der Paarerzeugung in einer großen statischen Stufe elektrischen Potentials; nur ist jetzt die eichinvariante Verknüpfung $(\partial/c\,\partial t + i\eta\,V)$ nicht nötig (Abschnitt 32).

Wir nehmen das nur von x abhängige Potential $We^{-i\omega t} + W^*e^{i\omega t}$ $(\omega > 0)$ des vorigen Abschnittes und beschränken uns auf Wellen, die in der x-Richtung laufen; W sei eine gewöhnliche (vertauschbare) Funktion.

Da in der Quantentheorie der Felder Feldgrößen nicht null gesetzt werden dürfen, müssen wir den Ansatz für $\psi^{(0)}$ [dort Gl. (8)] durch den allgemeineren

$$\psi^{(0)} = \sum_{k>0} \left[e^{-i\omega_k t}(A_k e^{ikx} + B_k e^{-ikx}) + e^{i\omega_k t}(C_k^* e^{-ikx} + D_k^* e^{ikx}) \right] \quad (1)$$

ersetzen, wo für A_k, B_k, C_k, D_k und A_k^*, B_k^*, C_k^*, D_k^* Vertauschungsregeln gelten (Abschnitt 51) und in Gl. (1) die Sterne so eingefügt sind, daß die Vertauschungsregeln gleichförmig werden; zu den Eigenwerten von A^*A, B^*B, C^*C, D^*D gehört immer 0, während der tiefste Eigenwert von AA^*, BB^*, CC^*, DD^* positiv ist. Bei der Lösung der Gleichung

$$-\frac{1}{c^2}\ddot{\psi}^{(1)} + \frac{\partial^2\psi^{(1)}}{\partial x^2} - \varkappa^2\psi^{(1)} = (We^{-i\omega t} + W^*e^{i\omega t})\,\psi^{(0)}$$

schreiben wir in $\psi^{(1)}$ nur die Glieder mit einer bestimmten Frequenz ω_1 auf, für die $(\omega_1/c)^2 - \varkappa^2 = k_1^2$ positiv sei; ω_1 kann dabei $> c\varkappa$ oder $< -c\varkappa$ sein. In $\psi^{(0)}$ brauchen wir dann nur Glieder mit den Frequenzen $\omega_1 + \omega$ und $\omega_1 - \omega$ zu berücksichtigen, deren Beträge $> c\varkappa$ sein sollen. Da uns die Erscheinung der Paarerzeugung interessiert, können wir uns darauf beschränken, daß $\omega_1 + \omega > c\varkappa$ und $\omega_1 - \omega < -c\varkappa$ ist. Wir schreiben also auf:

$$\psi^{(0)} = e^{-i(\omega_1+\omega)t}(A e^{ik_2 x} + B e^{-ik_2 x}) + e^{-i(\omega_1-\omega)t}(C^* e^{-ik_3 x} + D^* e^{ik_3 x})$$

mit

$$k_2^2 = \left(\frac{\omega_1+\omega}{c}\right)^2 - \varkappa^2 \qquad k_3^2 = \left(\frac{\omega_1-\omega}{c}\right)^2 - \varkappa^2$$

und

$$\psi^{(1)} = v\, e^{-i\,\omega_1 t}.$$

Die Differentialgleichung für v lautet

$$\Delta v + k_1{}^2 v = W^*(A + B) = W(C^* + D^*),$$

wobei wir schon berücksichtigt haben, daß W nur ganz nahe bei $x = 0$ nicht null ist. Die Schreibweise der ebenen Wellen, die wir für v ansetzen, ist für $\omega_1 < -c\varkappa$ und für $\omega_1 > c\varkappa$ etwas verschieden; wir schreiben sie für $\omega_1 < -c\varkappa$ auf:

$$x < 0: \quad v = E^* e^{-ik_1 x} + F^* e^{ik_1 x} \qquad x > 0: \quad v = G^* e^{-ik_1 x} + H^* e^{ik_1 x};$$

dabei gehören E^* und H^* zu einlaufenden Wellen, F^* und G^* zu auslaufenden. E^*E und H^*H können wir gleich null annehmen, aber E^* und H^* selbst nicht. Die Anschlußbedingungen für v und v' bei $x = 0$ fordern:

$$E^* + F^* = G^* + H^*$$

$$\overline{W^*}(A + B) + \overline{W}(C^* + D^*) - i k_1(E^* - F^*) = -i k_1(G^* - H^*),$$

woraus

$$F^* = H^* - \frac{\overline{W^*}(A + B) + \overline{W}(C^* + D^*)}{2\,i\,k_1}$$

$$G^* = E^* - \frac{\overline{W^*}(A + B) + \overline{W}(C^* + D^*)}{2\,i\,k_1}$$

folgt. Beim Bilden von F^*F und G^*G treten Produkte auf, die bei der Mittelbildung über alle möglichen Phasen herausfallen (z. B. $AB^* + BA^*$). Nach Mittelbildung bleibt übrig

$$\overline{F^*F} - \overline{E^*E} = \overline{G^*G} - \overline{H^*H} = \frac{\overline{W^*}\,\overline{W}}{4\,k_1{}^2}\left(\overline{AA^*} + \overline{BB^*} + \overline{C^*C} + \overline{D^*D}\right),$$

wobei die Reihenfolge AA^* und BB^* wichtig ist. Als Folge der Vertauschungsregeln werden die Eigenwerte von k_2A^*A, k_2B^*B, k_3C^*C, k_3D^*D, k_1E^*E, k_1H^*H bis auf einen gemeinsamen Normierungsfaktor die Zahlen $0, 1, 2 \ldots$ Wir schreiben darum für die Teilchenzahlen:

$$\overline{N}_F - \overline{N}_E = \overline{N}_G - \overline{N}_H = \overline{W^*}\,\overline{W}\left[\frac{1}{4\,k_1\,k_2}(\overline{N}_A + \overline{N}_B + 2) + \frac{1}{4\,k_1\,k_3}(\overline{N}_C + \overline{D}_D)\right].$$

Die mittleren Anzahlen der auslaufenden Teilchen ($\overline{N}_F$ und $\overline{N}_G$) sind durch die mittleren Anzahlen der einlaufenden Teilchen bestimmt. Auch wenn keine Teilchen einlaufen, gibt es auslaufende Teilchen, und zwar ist:

$$\overline{N}_F = \overline{N}_G = \frac{\overline{W^*}\,W}{2\,k_1\,k_2}.$$

Diese entstehenden Teilchen haben negative Ladung.

Mit der anderen Annahme $\omega_1 > + c\varkappa$ hätten wir für v

$$x < 0: \quad v = E\,e^{i k_1 x} + F\,e^{-i k_1 x} \qquad x > 0: \quad v = G\,e^{i k_1 x} + H\,e^{-i k_1 x}$$

zu schreiben. Wir erhielten dann

$$\overline{N}_F - \overline{N}_E = \overline{N}_G - \overline{N}_H = \overline{W^* W}\left[\frac{1}{4\,k_1\,k_2}(\overline{N}_A + \overline{N}_B) + \frac{1}{4\,k_1\,k_3}(\overline{N}_C + \overline{N}_D + 2)\right],$$

ohne einlaufende Teilchen also

$$\overline{N}_F = \overline{N}_G = \frac{\overline{W^* W}}{2\,k_1\,k_3}.$$

Diese entstehenden Teilchen hätten positive Ladung.

Bei der Berechnung der Gesamtzahl der mit k_1 entstehenden Teilchen müßte über die möglichen Werte von k_2 (bzw. k_3) summiert werden. Das gäbe, wenn wir bis $k_2 = 0$ (bzw. $k_3 = 0$) gingen, ein divergentes Ergebnis. Wir wollen uns darüber jetzt hinwegsetzen. Die von $k_2 \to \infty$ (bzw. $k_3 \to \infty$) herrührende Divergenz wäre harmloser, da für hohe Wellenzahlen die Punktförmigkeit von W nicht wörtlich zu nehmen wäre.

98. Zeitproportionale Übergangswahrscheinlichkeit.

Fälle, wie der eben betrachtete der Störung eines Feldes durch ein zeitabhängiges Potential, bedürfen noch der Betrachtung unter einem anderen Gesichtspunkt. Wir haben gesehen, wie das Vorhandensein eines bestimmten Schwingungszustandes im stationären Falle notwendig mit dem schwachen Mitschwingen eines anderen Zustandes ($\omega_0 \pm \omega$) verbunden ist. Man kann aber auch fragen, wie dieser andere Zustand sich allmählich herausbildet, wenn das störende Potential eingeschaltet wird. Das dieser Frage angepaßte Näherungsverfahren (auf DIRAC zurückgehend) gehört zu den wichtigsten rechentechnischen Hilfsmitteln in der Quantentheorie der Strahlung und der Umwandlung von Elementarteilchen. Wir erläutern es ohne Rücksicht auf Quantisierung an einem einfachen Beispiel.

Als einfache Feldgleichung nehmen wir die nichtrelativistische Gleichung:

$$i\,\dot\psi + \frac{1}{2\,\lambda}\,\Delta\psi - \zeta V\psi = 0, \tag{1}$$

wo V außer einem zeitunabhängigen Anteil $V^{(0)}$ einen zeitlich veränderlichen Anteil $V^{(1)}$ enthält. Unsere Überlegungen werden erleichtert, wenn wir zunächst annehmen, $V^{(0)}$ sei so beschaffen, daß bei Wegfall von $V^{(1)}$ es nur diskrete Frequenzen gebe; die Lösungen seien dann

$$\psi = \sum a_k u_k e^{-i\omega_k t}, \tag{2}$$

wobei die Funktionen u_k des Ortes die Gleichungen

$$(\omega_k - \zeta V^{(0)})\,u_k + \frac{1}{2\,\lambda}\,\Delta u_k = 0$$

erfüllen. Wenn $V^{(1)}$ dabei ist, aber sein Einfluß klein ist, können wir den Ansatz Gl. (2) mit langsam veränderlichen a_k und denselben Funktionen u_k machen. Durch Einsetzen in Gl. (1) erhalten wir

$$\sum_k i\,\dot a_k u_k e^{-i\omega_k t} = \zeta V^{(1)} \sum_l a_l u_l e^{-i\omega_l t}$$

und durch Entwicklung von $V^{(1)} u_l$ nach dem Orthogonalsystem der u_k

$$i\,\dot a_k = \zeta \sum_l a_l V^{(1)}_{kl} e^{i(\omega_k - \omega_l)t} \qquad V^{(1)}_{kl} = \int u_k{}^* V^{(1)} u_l \, d\tau. \tag{3}$$

Wir nehmen nun an, daß bei Einsetzen der zeitabhängigen „Störung" $V^{(1)}$ nur die Eigenschwingung $k = 0$ vorhanden ist, dann können wir bei kleiner Störung auf der rechten Seite von Gl. (3) $a_0 = a$ und die übrigen $a_l = 0$ setzen, wir erhalten:

$$i\,\dot a_k = \zeta\, a\, V^{(1)}_{k0} e^{i(\omega_k - \omega_0)t}. \tag{4}$$

Eine periodische Störung

$$\zeta V^{(1)} = U e^{-i\omega t} + U^* e^{i\omega t} \tag{5}$$

ergibt so

$$i\,\dot a_k = a\left[U_{k0} e^{i(\omega_k - \omega_0 - \omega)t} + U_{0k}{}^* e^{i(\omega_k - \omega_0 + \omega)t} \right] \tag{6}$$

mit

$$U_{k0} = \int u_k{}^* U u_0 \, d\tau.$$

Durch Integration der Differentialgl. (6) erhalten wir für $k \neq 0$:

$$a_k = -a\left[U_{k0}\, \frac{e^{i(\omega_k - \omega_0 - \omega)t} - 1}{\omega_k - \omega_0 - \omega} + U_{0k}{}^*\, \frac{e^{i(\omega_k - \omega_0 + \omega)t} - 1}{\omega_k - \omega_0 + \omega} \right].$$

Das erste Glied wird groß, wenn $\omega \approx \omega_k - \omega_0$ ist, das zweite Glied, wenn $\omega \approx \omega_0 - \omega_k$ ist (die Näherung ist natürlich nur statthaft, solange $|a_k| \ll |a|$ ist). Für alle anderen ω hat die Störung kleineren Einfluß. Nehmen wir $\omega \approx \omega_k - \omega_0$ an, so können wir das Glied mit $U_{0k}{}^*$ weglassen und haben

$$a_k{}^* a_k = a^* a\, U_{k0}{}^* U_{k0}\, \frac{\sin^2 \dfrac{\omega_k - \omega_0 - \omega}{2} t}{\left(\dfrac{\omega_k - \omega_0 - \omega}{2} \right)^2} \tag{7}$$

als Ausdruck der allmählichen Veränderung der Amplitude der k-ten Eigenschwingung.

Die Funktion

$$f(x, t) = \frac{\sin^2 xt}{x^2} \qquad x = \frac{\omega - \omega_k + \omega_0}{2},$$

die hierin vorkommt, ist für kleine t stets t^2; für $x \neq 0$ oszilliert sie zwischen 0 und $1/x^2$, für $x = 0$ bleibt sie t^2. Das Ergebnis Gl. (6) klingt etwas paradox: wenn die Frequenz des „störenden" Potentials ganz genau $\omega = \omega_k - \omega_0$ ist, nimmt $a_k{}^* a_k$ wie t^2 zu; bei der geringsten Verstimmung aber schwankt $a_k{}^* a_k$ um einen Mittelwert, der mit zunehmender Verstimmung abnimmt.

Nun sind Frequenzen nie scharf definiert. Es ist also sinnvoller, die Störung in der Form

$$\zeta V^{(1)} = \sum_\omega [\overline{U}(\omega)\, e^{-i\omega t} + \overline{U}{}^*(\omega)\, e^{i\omega t}]$$

anzunehmen, wobei die Beiträge der einzelnen Frequenzen inkohärent sein sollen. Wegen dieser Inkohärenz brauchen wir von den dann in $a_k{}^* a_k$ vorkommenden Gliedern nur

$$a_k{}^* a_k = a^* a \sum_\omega \overline{U}_{k0}{}^* \overline{U}_{k0} \, \frac{\sin^2 \dfrac{\omega_k - \omega_0 - \omega}{2}\, t}{\left(\dfrac{\omega_k - \omega_0 - \omega}{2}\right)^2}$$

zu beachten. Da die Frequenzen ein Kontinuum bilden, wird für die einzelne Frequenz $\overline{U}_{k0}{}^* \overline{U}_{k0}$ eine infinitesimale Größe; erst die Summation über ein endliches Frequenzgebiet wird endlich. Wir schreiben darum besser $\overline{U}_{k0}{}^* \overline{U}_{k0} = U_{k0}{}^* U_{k0}\, d\omega$ dafür, also

$$a_k{}^* a_k = a^* a \cdot \int U_{k0}{}^* U_{k0} \, \frac{\sin^2 \dfrac{\omega_k - \omega_0 - \omega}{2}\, t}{\left(\dfrac{\omega_k - \omega_0 - \omega}{2}\right)^2}\, d\omega\,.$$

Da der Hauptbeitrag zum Integral nur von der engen Nachbarschaft von $\omega = \omega_k - \omega_0$ herrührt, wird nur der Wert von $U_{k0}{}^* U_{k0}$ für $\omega = \omega_k - \omega_0$ wesentlich und:

$$a_k{}^* a_k = a^* a \cdot U_{k0}{}^* U_{k0} \cdot \int\limits_{-\infty}^{\infty} 2\,\frac{\sin^2 xt}{x^2}\, dx = a^* a \cdot U_{k0}{}^* U_{k0} \cdot 2t \cdot \int\limits_{-\infty}^{\infty} \frac{\sin^2 y}{y^2}\, dy\,.$$

Das letzte Integral ist eine Konstante der Größenordnung 1, und zwar π. Es ergibt sich eine der Zeit proportionale Zunahme von $a_k{}^* a_k$, nämlich

$$a_k{}^* a_k = 2\pi \cdot a^* a \cdot U_{k0}{}^* U_{k0} \cdot t\,. \tag{8}$$

a_k geht proportional ζ, $a_k{}^* a_k$ proportional ζ^2. Wegen der Erhaltung der Größe $a_0{}^* a_0 + a_k{}^* a_k$ (wenn keine anderen Eigenschwingungen merklich auftreten) nimmt $a_0{}^* a_0$ um ein Glied proportional ζ^2 ab, a_0 bleibt also konstant bis auf Glieder mit ζ^2.

Wenn auf eine Eigenschwingung der Frequenz ω_0 und der Amplitude $a\,u_0$ ein schwaches zeitabhängiges Potential wirkt, das die Resonanzfrequenz $\omega_k - \omega_0$ enthält, so wird allmählich die Eigenschwingung der Frequenz ω_k

mit der Amplitude $a_k u_k$ angeregt, und zwar ist (für nicht zu lange Zeit) $a_k^* a_k$ *proportional der Zeit gemäß* Gl. (8). Dabei ist

$$U_{k0} = \int u_k^* U\, u_0\, \mathrm{d}\tau$$

und U die Amplitude der Störung bei der Resonanzfrequenz; sie ist so normiert, daß $U^* U \mathrm{d}\omega$ die Summe der Amplitudenquadrate im Bereich $\mathrm{d}\omega$ angibt.

Für die Herleitung von Gl. (8) war wichtig, daß gerade eine der drei Frequenzen ω, ω_0, ω_k einem Kontinuum angehörte. Es kann dies auch ω_k sein. Wir schreiben dann $a_k^* a_k \mathrm{d}\omega_k$ für die Summe der Amplitudenquadrate des Feldes in $\mathrm{d}\omega_k$ und $U^* U$ für das Amplitudenquadrat der Störung mit scharfem ω. Es wird dann $\omega_k \approx \omega_0 + \omega$ und

$$\int a_k^* a_k\, \mathrm{d}\omega_k = 2\pi a^* a\, U_{k0}^* U_{k0} \cdot t.$$

Da die Energie einer Eigenschwingung proportional $\omega_k a_k^* a_k$ ist und $\sum_k a_k^* a_k = \int \psi^* \psi \mathrm{d}\tau$ bei dem von uns betrachteten Vorgang erhalten bleibt, nimmt das Materiefeld durch die Störung Energie auf, wenn $\omega_k > \omega_0$ ist; das Materiefeld gibt Energie ab, wenn $\omega_0 > \omega_k$ ist.

Nach dem vorgeführten Schema kann man die Absorption und die Verstärkung einer Lichtwelle durch ein Materiefeld berechnen. Dabei ist allerdings die Lichtwelle durch ein zeitlich veränderliches Vektorpotential $\mathfrak{A}$ darzustellen, das mit dem Materiefeld in etwas anderer Weise als in Gl. (1) verknüpft ist. Die spontane Emission von Licht läßt sich in einem Schema, in dem das Lichtfeld als unquantisiertes Feld gegeben ist, nicht berechnen. Dafür wäre vielmehr eine Quantisierung des Lichtfeldes nötig. Die *Quantisierung des Materiefeldes* geschieht im Falle des Einteilchensystems dadurch, daß man Gl. (1) als Schrödinger-Gleichung ansieht, und im Falle des Mehrteilchensystems dadurch, daß man Gl. (1) durch die Schrödinger-Gleichung ersetzt. $a_k^* a_k$ wird dann eine *zeitproportionale Übergangswahrscheinlichkeit* von einem Zustand der Energie $E_0 = \hbar \omega_0$ in einen Zustand der Energie $E_k = \hbar \omega_k$ unter Aufnahme der Energie $E_k - E_0 = \hbar \omega$ (bzw. Abgabe von $E_0 - E_k = \hbar \omega$).

Wir nehmen jetzt $V^0 = 0$ an, so daß das ungestörte Feld aus ebenen Wellen $\sim e^{i(\mathfrak{k}_n \mathfrak{r} - \omega_n t)}$ zusammengesetzt ist, und wir nehmen ferner an, die Störung sei eine ebene Welle

$$\zeta V = U e^{-i\omega t + i\mathfrak{k}\mathfrak{r}} + U^* e^{i\omega t - i\mathfrak{k}\mathfrak{r}},$$

die Wirkung der Störung hängt dann von Integralen

$$\int e^{i(\mathfrak{k}_n - \mathfrak{k}_0 - \mathfrak{k})\mathfrak{r}}\, \mathrm{d}\tau \qquad \int e^{i(\mathfrak{k}_n - \mathfrak{k}_0 + \mathfrak{k})\mathfrak{r}}\, \mathrm{d}\tau$$

ab, kommt also nur dann in Betracht, wenn

$$\mathfrak{k} = \pm (\mathfrak{k}_n - \mathfrak{k}_0)$$

neben

$$\omega = \pm \, (\omega_n - \omega_0)$$

ist. Nach Quantisierung ist das der Impuls- und der Energiesatz: *der Impuls des störenden Elementarteilchens muß gerade die Impulsänderung des gestörten liefern können, und die Energie des störenden muß gleichzeitig die Energieänderung des gestörten liefern können.*

99. Felder mit Quellen.

Die Felder mit Quellen, zu denen wir jetzt übergehen, betrachten wir im Hinblick auf die Anwendungen als Mesonfelder zwischen Nukleonen. Vorläufig betrachten wir diese Nukleonenmaterie noch nicht als Feld, sondern eben als vorgegebene Quellen des Mesonfeldes. Einfach zu behandeln werden nur die Mesonfelder zwischen ruhenden Nukleonen sein, die wesentlichen Eigenschaften der Nukleonenmaterie werden also ihre Dichte und ihr Spin sein. Wir betrachten darum jetzt *Felder mit Quellen, die durch einen Skalar, und Quellen, die durch einen axialen Vektor dargestellt werden.* Wir bleiben dabei im Rahmen der anschaulichen Feldtheorie.

Das einfachste Feld dieser Art entsteht, indem wir an ein isoliertes reelles skalares Feld

$$L_u = - \frac{\sigma}{2\,\varkappa} \left(\frac{\partial u}{\partial x_\mu} \frac{\partial u}{\partial x^\mu} + \varkappa^2 u^2 \right) = \frac{\sigma}{2\,\varkappa} \left[\frac{1}{c^2} \dot{u}^2 - (\mathfrak{grad}\, u)^2 - \varkappa^2 u^2 \right]$$

skalare Quellen mittels

$$L = L_u + R\,u \tag{1}$$

ankoppeln. R wird dabei jetzt als gegebene reelle Funktion von Ort und Zeit angesehen. Die Feldgleichungen

$$\frac{\sigma}{\varkappa} \left(\frac{\partial^2}{\partial x_\mu \, \partial x^\mu} - \varkappa^2 \right) u = - R$$

oder zerlegt

$$\left. \begin{aligned} - \frac{1}{c}\,\dot{u} + \varkappa f &= 0 \\ \mathfrak{grad}\, u + \varkappa \mathfrak{F} &= 0 \\ \sigma \left(\frac{1}{c}\,\dot{f} + \operatorname{div} \mathfrak{F} + \varkappa\,u \right) &= R \end{aligned} \right\} \tag{2}$$

zeigen die Rolle von R als Quelle. Man könnte daran denken, auch in den beiden ersten dieser Feldgleichungen rechts gegebene Funktionen einzusetzen:

$$\sigma \left(- \frac{1}{c}\,\dot{u} + \varkappa f \right) = v$$

$$\sigma \, (\mathfrak{grad}\, u + \varkappa \mathfrak{F}) = \mathfrak{B}$$

$$\sigma \left(\frac{1}{c}\,\dot{f} + \operatorname{div} \mathfrak{F} + \varkappa\,u \right) = R\,.$$

Das wäre aber nur eine Umbenennung von Gl. (2) $\left(\sigma \varkappa f \to \sigma \varkappa f - v,\right.$
$\sigma \varkappa \mathfrak{F} \to \sigma \varkappa \mathfrak{F} - \mathfrak{B}, \varkappa R \to \varkappa R + (\dot{v}/c) + \operatorname{div} \mathfrak{B}\big)$, gäbe also sachlich nichts
anderes (wie in der Elektrostatik die Gleichungen $\varepsilon_0 \operatorname{grad} V + \mathfrak{D} = \mathfrak{P}$,
$\operatorname{div} \mathfrak{D} = \eta$ dasselbe besagen wie die Gleichungen $\operatorname{grad} V + \mathfrak{E} = 0$,
$\varepsilon_0 \operatorname{div} \mathfrak{E} = \varrho$). Wir bleiben darum bei der Bezeichnung der Quelle durch R
gemäß Gl. (1) und (2), werden aber auch den besonderen Fall $\varkappa R = -\operatorname{div} \mathfrak{B}$
betrachten.

Wir erfahren Wesentliches über den Einfluß von R auf das Feld durch
Betrachtung von *Punktquellen* und von kugelsymmetrischen Feldern um
sie. Das Feld

$$u \sim \frac{1}{r} e^{-\varkappa r}$$

ist das Feld kurzer Reichweite um eine zeitlich unveränderliche Punktquelle. Das Feld

$$u \sim \frac{1}{r} e^{-kr} \cos \omega t$$

erfordert $(\omega^2/c^2) + k^2 - \varkappa^2 = 0$, ist also das Feld kurzer Reichweite um
eine periodisch schwingende Quelle mit einer Frequenz $|\omega| < c\varkappa$. Das
Feld

$$u \sim \frac{1}{r} \cos(\omega t \mp k r)$$

erfordert $(\omega^2/c^2) - k^2 - \varkappa^2 = 0$ und stellt eine aus- oder einlaufende Welle
um eine periodisch schwingende Quelle mit einer Frequenz $|\omega| > c\varkappa$
dar. Eine solche Welle führt keine Ladung (u ist ja reell), aber Energie
mit. In der Quelle wird u-Materie erzeugt. Bei ausgedehnten Quellen
haben wir die Lösungen

$$u = \frac{\varkappa}{4\pi\sigma} \int R \frac{e^{-\varkappa r}}{r} \, d\tau \tag{3}$$

für zeitlich unveränderte R,

$$u = \frac{\varkappa}{4\pi\sigma} \int R_0 \cos(\omega t + \alpha) \frac{e^{-kr}}{r} \, d\tau \tag{4}$$

für $R(\mathfrak{r}) = R_0(\mathfrak{r}) \cos[\omega t + \alpha(\mathfrak{r})]$ mit $|\omega| < c\varkappa$, schließlich:

$$u = \frac{\varkappa}{4\pi\sigma} \int R_0 \cos(\omega t - k r + \alpha) \frac{1}{r} \, d\tau \tag{5}$$

für $R(\mathfrak{r}) = R_0(\mathfrak{r}) \cos[\omega t + \alpha(\mathfrak{r})]$ mit $|\omega| > c\varkappa$.

Wir haben eben eine reelle Quelle für ein reelles Feld eingeführt. Eine
reelle Quelle eines komplexen Feldes könnte mittels

$$L = -\frac{\sigma}{2\varkappa} \left(\frac{\partial \psi^*}{\partial x_\mu} \frac{\partial \psi}{\partial x^\mu} + \varkappa^2 \psi^* \psi \right) + \frac{1}{2} R(\psi^* + \psi)$$

23 Hund, Materie als Feld

eingeführt werden. Das Feld wäre nicht phaseninvariant, man könnte darum nicht von einer Ladung sprechen. Für den Einfluß der Quellen ergäbe sich nichts Neues.

Interessanter ist es, komplexe Quellen Φ, Φ^* eines komplexen Feldes ψ, ψ^* zu betrachten. Die Lagrange-Dichte

$$L = -\frac{\sigma}{2\varkappa}\left(\frac{\partial\psi^*}{\partial x_\mu}\frac{\partial\psi}{\partial x^\mu} + \varkappa^2\,\psi^*\,\psi\right) + \frac{1}{2}(\Phi^*\,\psi + \psi^*\,\Phi) \qquad (6)$$

führt auf die Feldgleichungen

$$\frac{\sigma}{\varkappa}\left(\frac{\partial^2\psi}{\partial x_\mu\,\partial x^\mu} - \varkappa^2\,\psi\right) = -\,\Phi$$

$$\frac{\sigma}{\varkappa}\left(\frac{\partial^2\psi^*}{\partial x_\mu\,\partial x^\mu} - \varkappa^2\,\psi^*\right) = -\,\Phi^*.$$

Es findet ein Ladungsaustausch zwischen ψ-Feld und Quellen statt; für den Vierervektor

$$s^\mu = \frac{i\,\sigma}{2\varkappa}\left(\frac{\partial\psi^*}{\partial x_\mu}\,\psi - \psi^*\,\frac{\partial\psi}{\partial x_\mu}\right)$$

gilt

$$\frac{\partial s^\mu}{\partial x^\mu} = -\frac{i}{2}(\Phi^*\,\psi - \psi^*\,\Phi).$$

Es wird dem ψ-Feld die Ladung

$$-\frac{i}{2}\int(\Phi^*\,\psi - \psi^*\,\Phi)\,\mathrm{d}\tau$$

aus den im Integrationsgebiet liegenden Quellen zugeführt.

Wir wollen jetzt mit Rücksicht auf die Anwendung als Mesonfeld besonders die *Ankopplung von skalaren und axial-vektoriellen Quellen* untersuchen. Dabei wollen wir uns in der Darstellung auf reelle Felder beschränken; das Verhalten komplexer Felder läßt sich leicht ergänzen.

Die skalare Quelle in Gl. (1) läßt sich mittels $\varkappa R = -\operatorname{div}\mathfrak{B}$ auf eine vektorielle Funktion zurückführen, aber sie läßt sich nicht auf einen axialen Vektor zurückführen; wir können also keine axial-vektoriellen Quellen an unser skalares u-Feld ankoppeln.

Das geht aber mittels $\hat{R} = \operatorname{div}\hat{\mathfrak{B}}$ mit einem pseudoskalaren $\hat{R}$, das man mit dem Kopplungsglied $\hat{R}\,\hat{u}$ an ein pseudoskalares $\hat{u}$-Feld ankoppeln kann (pseudoskalare und axiale Vektoren seien jetzt durch den Zirkumflex bezeichnet). Wir betrachten darum neben dem skalaren Feld u ein *pseudoskalares reelles Feld*, das in angegebener Weise an Quellen hängt, die durch einen axialen Vektor dargestellt werden. Hier läßt sich kein Skalar ankoppeln.

Weiter können wir auch vektorielle Felder betrachten, als isolierte durch

$$L_\mathfrak{u} = \frac{\sigma}{2\varkappa}\left(\mathfrak{F}^2 - \hat{\mathfrak{G}}^2 + u^2 - \mathfrak{U}^2\right), \qquad (7)$$

mit

$$\frac{1}{c}\dot{\mathfrak{U}} + \mathrm{grad}\, u + \varkappa\mathfrak{F} = 0$$
$$- \mathrm{rot}\,\mathfrak{U} + \varkappa\,\hat{\mathfrak{S}} = 0$$

definiert, und daran mittels

$$L = L_\mathfrak{U} + \mathfrak{W}\mathfrak{U} - w\,u \qquad (8)$$

vektorielle Quellen $\mathfrak{W}$ und skalare Quellen w ankoppeln. Mittels $\varkappa w = -\,\mathrm{div}\,\mathfrak{V}$, $\varkappa\mathfrak{W} = -\,\mathrm{grad}\,R$, $\varkappa\mathfrak{W} = \mathrm{rot}\,\hat{\mathfrak{S}}$ können wir sie auf Quellen anderer Art zurückführen. Das vektorielle Feld läßt sich also an skalare Quellen w und mittels $\varkappa\mathfrak{W} = \mathrm{rot}\,\hat{\mathfrak{S}}$ an axial-vektorielle Quellen ankoppeln.

Wir können in der Invariante Gl. (7) den Skalar u durch einen Pseudoskalar, die Vektoren $\mathfrak{F}$ und $\mathfrak{U}$ durch axiale Vektoren und den axialen Vektor $\hat{\mathfrak{S}}$ durch einen polaren Vektor ersetzen. An ein solches pseudovektorielles Feld ($\hat{u}$, $\hat{\mathfrak{U}}$ bilden einen Pseudo-Vierervektor) können wir mittels

$$L = L_{\hat{\mathfrak{U}}} + \hat{\mathfrak{W}}\hat{\mathfrak{U}} - \hat{w}\,\hat{u} \qquad (9)$$

axial-vektorielle Quellen $\hat{\mathfrak{W}}$ und mit $\varkappa\hat{w} = -\,\mathrm{div}\,\hat{\mathfrak{S}}$ noch einmal axial-vektorielle Quellen ankoppeln, aber keine skalaren Quellen.

Wir interessieren uns also insbesondere für *vier Felder* mit Quellen, die durch die Kopplungsglieder

$$u\,R \qquad (10\,\mathrm{a})$$

$$-\frac{1}{\varkappa}\,\hat{u}\,\mathrm{div}\,\hat{\mathfrak{S}} \qquad (10\,\mathrm{b})$$

$$-u\,w + \frac{1}{\varkappa}\,\mathfrak{U}\,\mathrm{rot}\,\hat{\mathfrak{S}} \qquad (10\,\mathrm{c})$$

$$\frac{1}{\varkappa}\,\hat{u}\,\mathrm{div}\,\hat{\mathfrak{S}} + \hat{\mathfrak{U}}\,\hat{\mathfrak{W}} \qquad (10\,\mathrm{d})$$

gekennzeichnet sind, *ein skalares, ein pseudoskalares, ein vektorielles und ein pseudovektorielles Feld.*

Wir suchen nun statische, d.h. zeitunabhängige Felder. Zur Kopplung (10a) kennen wir

$$u = \frac{\varkappa}{4\pi\sigma}\int \frac{e^{-\varkappa r}}{r}\,R\,\mathrm{d}\tau$$

mit dem Grenzfall des Feldes einer Punktquelle

$$u = \frac{\varkappa}{4\pi\sigma}\,g\,\frac{e^{-\varkappa r}}{r}.$$

Zur Kopplung (10b) gibt es

$$\hat{u}(\mathfrak{r}) = -\frac{1}{4\pi\sigma}\int \frac{e^{-\varkappa|\mathfrak{r}-\mathfrak{r}'|}}{|\mathfrak{r}-\mathfrak{r}'|}\,\mathrm{div}_{\mathfrak{r}'}\,\hat{\mathfrak{S}}(\mathfrak{r}')\,\mathrm{d}\tau' = -\frac{1}{4\pi\sigma}\int \hat{\mathfrak{S}}(\mathfrak{r}')\,\mathrm{grad}_{\mathfrak{r}}\,\frac{e^{-\varkappa|\mathfrak{r}-\mathfrak{r}'|}}{|\mathfrak{r}-\mathfrak{r}'|}\,\mathrm{d}\tau;$$

$$(11)$$

23*

durch Grenzübergang geht es in das Feld

$$\hat{u} = -\frac{1}{4\pi\sigma}\,\hat{\mathfrak{m}}\,\mathfrak{grad}\,\frac{e^{-\varkappa r}}{r} \tag{12}$$

eines punktförmigen axialen Quellendipols über.

Zur Kopplung (10c) haben wir die Feldgleichungen

$$\mathfrak{grad}\,u + \varkappa\mathfrak{F} = 0$$
$$-\,\mathfrak{rot}\,\mathfrak{U} + \varkappa\,\hat{\mathfrak{G}} = 0$$
$$\sigma\,(\mathfrak{rot}\,\hat{\mathfrak{G}} + \varkappa\,\mathfrak{U}) = \mathfrak{W} = -\frac{1}{\varkappa}\,\mathfrak{rot}\,\hat{\mathfrak{S}}$$
$$\sigma\,(\mathrm{div}\,\mathfrak{F} + \varkappa\,u) = w;$$

aus ihnen folgen

$$\sigma\varkappa\,\mathrm{div}\,\mathfrak{U} = \mathrm{div}\,\mathfrak{W},$$

in unserem besonderen Fall null, und die Wellengleichungen

$$\sigma\,(\Delta\,\mathfrak{U} - \varkappa^2\,\mathfrak{U}) = -\,\varkappa\,\mathfrak{W} + \frac{1}{\varkappa}\,\mathfrak{grad}\,\mathrm{div}\,\mathfrak{W}$$
$$\sigma\,(\Delta\,u - \varkappa^2\,u) = -\,\varkappa\,w.$$

Für die zweite haben wir die bekannte Lösung, die zum Feld einer Punktquelle führt. Mit div $\mathfrak{W} = 0$ wird die erste durch

$$\mathfrak{U} = \frac{\varkappa}{4\pi\sigma}\int\frac{e^{-\varkappa r}}{r}\,\mathfrak{W}\,d\tau \tag{13}$$

gelöst, die zu

$$\mathfrak{U}(\mathfrak{r}) = \frac{1}{4\pi\sigma}\int\frac{e^{-\varkappa|\mathfrak{r}-\mathfrak{r}'|}}{|\mathfrak{r}-\mathfrak{r}'|}\,\mathfrak{rot}_{\mathfrak{r}'}\,\hat{\mathfrak{S}}(\mathfrak{r}')\,d\tau' = \frac{1}{4\pi\sigma}\int\hat{\mathfrak{S}}(\mathfrak{r}')\times\mathfrak{grad}_{\mathfrak{r}}\frac{e^{-\varkappa|\mathfrak{r}-\mathfrak{r}'|}}{|\mathfrak{r}-\mathfrak{r}'|}\,d\tau',$$

also zum Feld

$$\mathfrak{U} = \frac{1}{4\pi\sigma}\,\hat{\mathfrak{m}}\times\mathfrak{grad}\,\frac{e^{-\varkappa r}}{r} \tag{14}$$

eines punktförmigen axialen Dipols führt (vgl. die entsprechende Darstellung des Vektorpotentials eines magnetischen Dipols).

Im Falle der Kopplung (10d) haben wir

$$\sigma\varkappa\,\mathrm{div}\,\hat{\mathfrak{U}} = \mathrm{div}\,\hat{\mathfrak{W}}$$
$$\sigma\,(\Delta\,\hat{\mathfrak{U}} - \varkappa^2\,\hat{\mathfrak{U}}) = -\,\varkappa\,\hat{\mathfrak{W}} + \frac{1}{\varkappa}\,\mathfrak{grad}\,\mathrm{div}\,\hat{\mathfrak{W}}$$
$$\sigma\,(\Delta\,\hat{u} - \varkappa^2\,\hat{u}) = -\,\varkappa\,\hat{w} = \mathrm{div}\,\hat{\mathfrak{S}}.$$

Die letzte Gleichung führt wie beim pseudoskalaren Feld auf

$$\hat{u} = -\frac{1}{4\pi\sigma}\,\hat{\mathfrak{m}}\,\mathfrak{grad}\,\frac{e^{-\varkappa r}}{r}.$$

Die zweite Gleichung wird durch

$$\hat{\mathfrak{U}} = \frac{1}{4\pi\sigma\varkappa}\int\frac{e^{-\varkappa r}}{r}\,(\varkappa^2\,\hat{\mathfrak{W}} - \mathfrak{grad}\,\mathrm{div}\,\hat{\mathfrak{W}})\,d\tau \tag{15}$$

gelöst. Diese **Funktion** erfüllt aber auch die erste Gleichung, wie wir mittels

$$\sigma \varkappa \, \mathrm{div} \, \hat{\mathfrak{U}} = \frac{1}{4\pi} \int \mathrm{grad}_{\mathfrak{r}} \frac{e^{-\varkappa|\mathfrak{r}-\mathfrak{r}'|}}{|\mathfrak{r}-\mathfrak{r}'|} [\varkappa^2 \hat{\mathfrak{W}}(\mathfrak{r}') - \mathrm{grad}_{\mathfrak{r}'} \, \mathrm{div}_{\mathfrak{r}'} \, \hat{\mathfrak{W}}(\mathfrak{r}')] \, \mathrm{d}\tau'$$

$$= -\frac{1}{4\pi} \int \frac{e^{-\varkappa|\mathfrak{r}-\mathfrak{r}'|}}{|\mathfrak{r}-\mathfrak{r}'|} (\Delta_{\mathfrak{r}'} - \varkappa^2) \, \mathrm{div}_{\mathfrak{r}'} \, \hat{\mathfrak{W}}(\mathfrak{r}') \, \mathrm{d}\tau' = \mathrm{div} \, \mathfrak{W}$$

nachrechnen. Durch Integralumformung gelangen wir von Gl. (15) zu

$$\hat{\mathfrak{U}} = \frac{\varkappa}{4\pi\sigma} \int \frac{e^{-\varkappa r}}{r} \hat{\mathfrak{W}} \, \mathrm{d}\tau - \frac{1}{4\pi\sigma\varkappa} \int \mathrm{div}_{\mathfrak{r}'} \, \hat{\mathfrak{W}}(\mathfrak{r}') \, \mathrm{grad}_{\mathfrak{r}} \frac{e^{-\varkappa|\mathfrak{r}-\mathfrak{r}'|}}{|\mathfrak{r}-\mathfrak{r}'|} \, \mathrm{d}\tau',$$

das keinen einfachen Übergang zu Punktquellen zuläßt.

100. Kräfte zwischen den Trägern von Quellen.

Wenn ein Feld an Quellen hängt, so übt es auch Kräfte auf die Träger dieser Quellen aus. Wir kennen das vom elektromagnetischen Feld her (Abschnitt 11), und wir haben es auch beim skalaren Materiefeld gesehen (Abschnitt 21 und 30). Wir übersehen die Kräfte am besten, wenn wir die potentielle Energie der Ladungsträger betrachten. Sie ist für statische Felder

$$U = -\int L \, \mathrm{d}\tau,$$

wo L die Lagrange-Dichte, oder

$$U = \int H \, \mathrm{d}\tau,$$

wo H die Hamilton-Dichte des Feldes ist. Beides kommt bei statischen Feldern auf dasselbe hinaus.

Wir fanden so früher beim *elektromagnetischen Feld*

$$U = \frac{1}{8\pi\varepsilon_0} \int \frac{\varrho \varrho' \, \mathrm{d}\tau \, \mathrm{d}\tau'}{r} - \frac{1}{8\pi\varepsilon_0 c^2} \int \frac{\mathfrak{g} \mathfrak{g}' \, \mathrm{d}\tau \, \mathrm{d}\tau'}{r}$$

und daraus für zwei Ladungen:

$$U = \frac{e_1 e_2}{4\pi\varepsilon_0 r},$$

für zwei Ströme:

$$U = -\frac{I_1 \mathfrak{l}_1 \cdot I_2 \mathfrak{l}_2}{4\pi\varepsilon_0 c^2 r},$$

für zwei elektrische Dipole:

$$U = -\frac{1}{4\pi\varepsilon_0} \mathfrak{p}_1 \, \mathrm{grad} \left(\mathfrak{p}_2 \, \mathrm{grad} \frac{1}{|\mathfrak{r}|} \right) = \frac{1}{4\pi\varepsilon_0} \left[\frac{\mathfrak{p}_1 \mathfrak{p}_2}{r^3} - 3 \frac{(\mathfrak{p}_1 \mathfrak{r})(\mathfrak{p}_2 \mathfrak{r})}{r^5} \right]$$

und für zwei magnetische Dipole:

$$U = \frac{1}{4\pi\varepsilon_0} \mathfrak{m}_1 \, \mathrm{rot} \left(\mathfrak{m}_2 \times \mathrm{grad} \frac{1}{|\mathfrak{r}|} \right) = \frac{1}{4\pi\varepsilon_0} \left[\frac{\mathfrak{m}_1 \mathfrak{m}_2}{r^3} - 3 \frac{(\mathfrak{m}_1 \mathfrak{r})(\mathfrak{m}_2 \mathfrak{r})}{r^5} \right].$$

Beim *reellen skalaren Materiefeld* finden wir (wie schon in Abschnitt 30 gezeigt)

$$U = - \frac{\varkappa}{8\pi\sigma} \int R\,R' \frac{e^{-\varkappa r}}{r}\,\mathrm{d}\tau\,\mathrm{d}\tau' \tag{1}$$

und als potentielle Energie zweier Punktquellen

$$U = - \frac{\varkappa}{4\pi\sigma}\,g_1 g_2\,\frac{e^{-\varkappa r}}{r}\,. \tag{2}$$

Gleichnamige Quellen ziehen einander an. Mit $g_1 = g_2$ ist das die potentielle Energie der Wechselwirkung zweier Nukleonen in der einfachsten Modelltheorie der Kernkräfte. Beim komplexen skalaren Materiefeld wird die potentielle Energie zweier Punktquellen

$$U = - \frac{\varkappa}{8\pi\sigma}\,(g_1{}^* g_2 + g_2{}^* g_1)\,\frac{e^{-\varkappa r}}{r}\,.$$

Wir untersuchen auch die Kräfte bei den anderen der vier im vorigen Abschnitt besonders behandelten Kopplungen.

Beim *reellen pseudoskalaren Feld* an axial-vektoriellen Quellen wird analog Gl. (1):

$$U = - \frac{1}{8\pi\sigma\varkappa} \int \frac{e^{-\varkappa|\mathfrak{r}-\mathfrak{r}'|}}{|\mathfrak{r}-\mathfrak{r}'|}\,\mathrm{div}\,\widehat{\mathfrak{S}}(\mathfrak{r})\,\mathrm{div}\,\widehat{\mathfrak{S}}(\mathfrak{r}')\,\mathrm{d}\tau\,\mathrm{d}\tau', \tag{3}$$

nach Integralumformung:

$$U = - \frac{1}{8\pi\sigma\varkappa} \int \left[\mathrm{d}\tau\,\widehat{\mathfrak{S}}(\mathfrak{r})\,\mathfrak{grad}_{\mathfrak{r}} \int \mathrm{d}\tau'\,\widehat{\mathfrak{S}}(\mathfrak{r}')\,\mathfrak{grad}_{\mathfrak{r}'}\,\frac{e^{-\varkappa|\mathfrak{r}-\mathfrak{r}'|}}{|\mathfrak{r}-\mathfrak{r}'|} \right].$$

Wenn $\mathfrak{S}$ sich auf zwei enge Gebiete beschränkt, erhalten wir in U Integrale, die sich nur auf je eines der Gebiete beziehen, und Integrale, die sich auf beide beziehen. Nur die letzteren gehören zur gegenseitigen potentiellen Energie dieser Gebiete. Mit

$$\int\limits_{(1)} \widehat{\mathfrak{S}}(\mathfrak{r})\,\mathrm{d}\tau = \widehat{\mathfrak{m}}_1 \qquad \int\limits_{(2)} \widehat{\mathfrak{S}}(\mathfrak{r})\,\mathrm{d}\tau = \widehat{\mathfrak{m}}_2$$

erhalten wir durch Grenzübergang als gegenseitige potentielle Energie

$$U = \frac{1}{4\pi\sigma\varkappa}\,\widehat{\mathfrak{m}}_1\,\mathfrak{grad}\left(\widehat{\mathfrak{m}}_2\,\mathfrak{grad}\,\frac{e^{-\varkappa r}}{r}\right), \tag{4}$$

ausgerechnet:

$$U = \frac{1}{4\pi\sigma\varkappa}\left[-\frac{\widehat{\mathfrak{m}}_1\widehat{\mathfrak{m}}_2}{r^3}(1+\varkappa r) + 3\,\frac{(\widehat{\mathfrak{m}}_1\,\mathfrak{r})(\widehat{\mathfrak{m}}_2\,\mathfrak{r})}{r^3}\left(1+\varkappa r + \frac{1}{3}\varkappa^2 r^2\right)\right] e^{-\varkappa r}.$$

Das Vorzeichen ist entgegengesetzt dem in der potentiellen Energie elektrischer oder magnetischer Dipole. Parallele Dipole, die in der Richtung der Verbindungslinie stehen, stoßen sich in dieser Modelltheorie ab; parallele Dipole, die senkrecht zur Verbindungslinie stehen, ziehen sich an.

Bei der *vektoriellen Feldtheorie* mit

$$L = \frac{\sigma \varkappa}{2}(\mathfrak{F}^2 - \mathfrak{G}^2 + u^2 - \mathfrak{U}^2) + \mathfrak{W}\mathfrak{U} - wu$$

erhalten wir für statische Felder die potentielle Energie

$$U = \frac{\sigma \varkappa}{2}\int(\mathfrak{G}^2 - \mathfrak{F}^2 + \mathfrak{U}^2 - u^2)\,d\tau - \int\mathfrak{W}\mathfrak{U}\,d\tau + \int wu\,d\tau,$$

der wir mittels Integralumformungen verschiedene Gestalten geben können. Wegen der aus den Feldgleichungen folgenden Beziehung

$$\sigma\varkappa\int(\mathfrak{F}^2 + u^2)\,d\tau = \sigma\int(-\mathfrak{F}\,\mathfrak{grad}\,u + \varkappa u^2)\,d\tau = \sigma\int u\,(\mathrm{div}\,\mathfrak{F} + \varkappa u)\,d\tau = \int wu\,d\tau$$

können wir

$$U = \frac{\sigma \varkappa}{2}\int(\mathfrak{G}^2 + \mathfrak{F}^2 + \mathfrak{U}^2 + u^2)\,d\tau - \int\mathfrak{W}\mathfrak{U}\,d\tau$$

schreiben. Darin kommt neben der Energie des Feldes (erstes Integral) nur eine Kopplungsenergie mit den vektoriellen Quellen $\mathfrak{W}$ vor, wie bei der Elektrodynamik neben der Energie des Feldes nur eine Kopplungsenergie mit den Strömen, nicht mit den Ladungen auftritt. Mit der ebenfalls aus den Feldgleichungen folgenden Beziehung

$$\sigma\varkappa\int(\mathfrak{G}^2 + \mathfrak{U}^2)\,d\tau = \sigma\int(\mathfrak{G}\,\mathfrak{rot}\,\mathfrak{U} + \varkappa\mathfrak{U}^2)\,d\tau = \sigma\int\mathfrak{U}\,(\mathfrak{rot}\,\mathfrak{G} + \varkappa\mathfrak{U})\,d\tau = \int\mathfrak{W}\mathfrak{U}\,d\tau$$

können wir die Form

$$U = \frac{1}{2}\int wu\,d\tau - \frac{1}{2}\int\mathfrak{W}\mathfrak{U}\,d\tau \tag{5}$$

erhalten, die der entsprechenden Form beim Elektromagnetismus analog ist.

Das erste Integral in Gl. (5) gibt die potentielle Energie für skalare Quellen:

$$U = \frac{\varkappa}{8\pi\sigma}\int ww'\frac{e^{-kr}}{r}\,d\tau\,d\tau'. \tag{6}$$

im Grenzfalle der Punktquellen:

$$U = \frac{\varkappa}{4\pi\sigma}\,g_1 g_2\frac{e^{-\varkappa r}}{r}. \tag{7}$$

Gleichnamige Quellen stoßen einander ab — wie in der Elektrostatik, umgekehrt als beim skalaren Feld.

Das zweite Integral in Gl. (5) gibt uns mit $\varkappa\mathfrak{W} = \mathfrak{rot}\,\widehat{\mathfrak{S}}$ die potentielle Energie für axial-vektorielle Quellen:

$$U = -\frac{1}{8\pi\sigma\varkappa}\int\frac{e^{-\varkappa|\mathfrak{r}-\mathfrak{r}'|}}{|\mathfrak{r}-\mathfrak{r}'|}\,\mathfrak{rot}\,\widehat{\mathfrak{S}}\,(\mathfrak{r})\,\mathfrak{rot}\,\widehat{\mathfrak{S}}\,(\mathfrak{r}')\,d\tau\,d\tau', \tag{8}$$

mit einer Integralumformung:

$$U = -\frac{1}{8\pi\sigma\varkappa}\int\left[d\tau\,\widehat{\mathfrak{S}}(\mathfrak{r})\,\mathfrak{rot}_{\mathfrak{r}}\int d\tau'\,\widehat{\mathfrak{S}}(\mathfrak{r}')\times\mathfrak{grad}_{\mathfrak{r}'}\frac{e^{-\varkappa|\mathfrak{r}-\mathfrak{r}'|}}{|\mathfrak{r}-\mathfrak{r}'|}\right].$$

im Grenzfalle punktförmiger Dipole

$$U = \frac{1}{4\pi\sigma\varkappa}\,\widehat{\mathfrak{m}}_1\,\mathfrak{rot}\left(\widehat{\mathfrak{m}}_2\times\mathfrak{grad}\,\frac{e^{-\varkappa r}}{r}\right). \tag{9}$$

Wegen

$$\mathfrak{rot}\left(\widehat{\mathfrak{m}}_2\times\mathfrak{grad}\,\frac{e^{-\varkappa r}}{r}\right) = \varkappa^2\,\widehat{\mathfrak{m}}_2\,\frac{e^{-\varkappa r}}{r} - (\widehat{\mathfrak{m}}_2\nabla)\,\mathfrak{grad}\,\frac{e^{-\varkappa r}}{r}$$

können wir dafür auch

$$U = \frac{1}{4\pi\sigma\varkappa}\left[\varkappa^2\,\widehat{\mathfrak{m}}_1\,\widehat{\mathfrak{m}}_2\,\frac{e^{-\varkappa r}}{r} - \widehat{\mathfrak{m}}_1\,(\widehat{\mathfrak{m}}_2\nabla)\,\mathfrak{grad}\,\frac{e^{-\varkappa r}}{r}\right],$$

schließlich

$$U = \frac{1}{4\pi\sigma\varkappa}\left[\varkappa^2\,\widehat{\mathfrak{m}}_1\,\widehat{\mathfrak{m}}_2\,\frac{e^{-\varkappa r}}{r} - \widehat{\mathfrak{m}}_1\,\mathfrak{grad}\left(\widehat{\mathfrak{m}}_2\,\mathfrak{grad}\,\frac{e^{-\varkappa r}}{r}\right)\right] \tag{10}$$

schreiben. Der Ausdruck ist gegenüber dem entsprechenden für magnetische Dipole um ein Glied erweitert.

Schließen wir noch die *pseudovektorielle Theorie* an mit

$$U = \frac{1}{2}\int\widehat{w}\,\widehat{u}\,d\tau - \frac{1}{2}\int\widehat{\mathfrak{W}}\,\widehat{\mathfrak{U}}\,d\tau \qquad \varkappa\widehat{w} = -\operatorname{div}\widehat{\mathfrak{S}},$$

so erhalten wir für das erste Glied den Ausdruck Gl. (3) und (4), aber mit dem umgekehrten Vorzeichen. Das zweite Glied liefert

$$-\frac{1}{8\pi\sigma\varkappa}\int\frac{e^{-\varkappa|\mathfrak{r}-\mathfrak{r}'|}}{|\mathfrak{r}-\mathfrak{r}'|}\,\widehat{\mathfrak{W}}(\mathfrak{r})\left[\varkappa^2\,\widehat{\mathfrak{W}}(\mathfrak{r}') - \mathfrak{grad}\operatorname{div}\widehat{\mathfrak{W}}(\mathfrak{r}')\right]d\tau\,d\tau'.$$

Mit

$$\int\frac{e^{-\varkappa|\mathfrak{r}-\mathfrak{r}'|}}{|\mathfrak{r}-\mathfrak{r}'|}\,\mathfrak{grad}_{\mathfrak{r}'}\operatorname{div}_{\mathfrak{r}'}\widehat{\mathfrak{W}}(\mathfrak{r}')\,d\tau' = \int\operatorname{div}_{\mathfrak{r}'}\widehat{\mathfrak{W}}(\mathfrak{r}')\,\mathfrak{grad}_{\mathfrak{r}}\frac{e^{-\varkappa|\mathfrak{r}-\mathfrak{r}'|}}{|\mathfrak{r}-\mathfrak{r}'|}\,d\tau'$$

und

$$\int\widehat{\mathfrak{W}}(\mathfrak{r})\,\mathfrak{grad}_{\mathfrak{r}}\frac{e^{-\varkappa|\mathfrak{r}-\mathfrak{r}'|}}{|\mathfrak{r}-\mathfrak{r}'|}\,d\tau = -\int\frac{e^{-\varkappa|\mathfrak{r}-\mathfrak{r}'|}}{|\mathfrak{r}-\mathfrak{r}'|}\,\operatorname{div}_{\mathfrak{r}}\widehat{\mathfrak{W}}(\mathfrak{r})\,d\tau$$

gibt dieses zweite Glied

$$U = -\frac{\varkappa}{8\pi\sigma}\int\widehat{\mathfrak{W}}\,\widehat{\mathfrak{W}}'\frac{e^{-\varkappa r}}{r}\,d\tau\,d\tau' - \frac{1}{8\pi\sigma\varkappa}\int\frac{e^{-\varkappa r}}{r}\operatorname{div}\widehat{\mathfrak{W}}\operatorname{div}\widehat{\mathfrak{W}}'\,d\tau\,d\tau',$$

also

$$U = -\frac{\varkappa}{8\pi\sigma}\int\widehat{\mathfrak{W}}\,\widehat{\mathfrak{W}}'\frac{e^{-\varkappa r}}{r}\,d\tau\,d\tau'$$

$$-\frac{1}{8\pi\sigma\varkappa}\int\left[d\tau\,\widehat{\mathfrak{W}}(\mathfrak{r})\,\mathfrak{grad}_{\mathfrak{r}}\int d\tau'\,\widehat{\mathfrak{W}}(\mathfrak{r}')\,\mathfrak{grad}_{\mathfrak{r}'}\frac{e^{-\varkappa|\mathfrak{r}-\mathfrak{r}'|}}{|\mathfrak{r}-\mathfrak{r}'|}\right]$$

und im Grenzfalle der axialen Punktdipole

$$U = -\frac{\varkappa}{4\pi\sigma}\,\hat{\mathfrak{n}}_1\hat{\mathfrak{n}}_2\,\frac{e^{-\varkappa r}}{r} + \frac{1}{4\pi\sigma\varkappa}\,\hat{\mathfrak{n}}_1\,\mathfrak{grad}\left(\hat{\mathfrak{n}}_2\,\mathfrak{grad}\,\frac{e^{-\varkappa r}}{r}\right).$$

Stellen wir die vier Fälle zusammen, so gibt das *skalare Feld zwischen skalaren Quellen*

$$U = -\frac{\varkappa}{4\pi\sigma}\,g_1 g_2\,\frac{e^{-\varkappa r}}{r}\,,$$

das *pseudoskalare Feld zwischen axial-vektoriellen Quellen*

$$U = \frac{1}{4\pi\sigma\varkappa}\,\hat{\mathfrak{m}}_1\,\mathfrak{grad}\left(\hat{\mathfrak{m}}_2\,\mathfrak{grad}\,\frac{e^{-\varkappa r}}{r}\right),$$

das *vektorielle Feld zwischen skalaren und axial-vektoriellen Quellen*

$$U = \frac{\varkappa}{4\pi\sigma}\,g_1 g_2\,\frac{e^{-\varkappa r}}{r} + \frac{1}{4\pi\sigma\varkappa}\left[\varkappa^2\,\hat{\mathfrak{m}}_1\hat{\mathfrak{m}}_2\,\frac{e^{-\varkappa r}}{r} - \hat{\mathfrak{m}}_1\,\mathfrak{grad}\left(\hat{\mathfrak{m}}_2\,\mathfrak{grad}\,\frac{e^{-\varkappa r}}{r}\right)\right],$$

schließlich das *pseudovektorielle Feld zwischen axial-vektoriellen Quellen* ($\hat{\mathfrak{m}}$ und $\hat{\mathfrak{n}}$)

$$U = -\frac{1}{4\pi\sigma\varkappa}\,\hat{\mathfrak{m}}_1\,\mathfrak{grad}\left(\hat{\mathfrak{m}}_2\,\mathfrak{grad}\,\frac{e^{-\varkappa r}}{r}\right)$$
$$-\frac{1}{4\pi\sigma\varkappa}\left[\varkappa^2\,\hat{\mathfrak{n}}_1\hat{\mathfrak{n}}_2\,\frac{e^{-\varkappa r}}{r} - \hat{\mathfrak{n}}_1\,\mathfrak{grad}\left(\hat{\mathfrak{n}}_2\,\mathfrak{grad}\,\frac{e^{-\varkappa r}}{r}\right)\right].$$

Die verschiedenen Vorzeichen, die hier auftreten, könnten dazu helfen, an Hand der empirischen Gesetzmäßigkeiten der Bindungsenergien der Kerne etwas über die Natur des Mesonfeldes zwischen den Nukleonen auszusagen.

101. Kopplungstypen dritten Grades (Yukawa-Kopplung).

Materie und elektromagnetisches Feld waren so miteinander verknüpft, daß das erste Feld die Quellen des zweiten und das zweite die Potentiale des ersten abgab. Wir wollen jetzt solche und ähnliche Kopplungstypen betrachten.

Am einfachsten scheint eine Verknüpfung zweier Felder zu sein, bei der jedes die Quellen des anderen abgibt. Wir betrachten etwa die isolierten Felder

$$L_u \sim -\left(\frac{\partial u}{\partial x_\mu}\,\frac{\partial u}{\partial x^\mu} + \varkappa^2\,u^2\right)$$
$$L_v \sim -\left(\frac{\partial v}{\partial x_\mu}\,\frac{\partial v}{\partial x^\mu} + \lambda^2\,v^2\right)$$

und die Kopplung $L = L_u + L_v + K$ mit dem Kopplungsglied „zweiten Grades"

$$K \sim 2\eta\,u\,v\,.$$

Sie führt auf die Feldgleichungen

$$\left(\frac{\partial^2}{\partial x_\mu\,\partial x^\mu}-\varkappa^2\right)u=-\,\eta\,v \\[2mm] \left(\frac{\partial^2}{\partial x_\mu\,\partial x^\mu}-\lambda^2\right)v=-\,\eta\,u\,. \Bigg\} \tag{1}$$

Diese Kopplung läßt sich aber durch eine lineare Transformation der Feldgrößen wegtransformieren, bei positivem η mit einer Transformation $u=f+\beta g$, $v=-\beta f+g$. *Unser Ansatz* Gl. (1) wäre also *gleichbedeutend mit der Annahme zweier ungekoppelter Felder f und g.* Entsprechendes gilt für zwei komplexe Felder ψ und φ und ihre Kopplung mittels eines Gliedes $\sim(\psi^*\varphi+\varphi^*\psi)$ in L.

Wir wollen darum gleich Kopplungen höheren als zweiten Grades betrachten. Die Feldgleichungen sind dann im ganzen nicht mehr linear, und das scheint ein wesentlicher Zug der Kopplungen zu sein. Eine *Kopplung dritten Grades* für zwei reelle Felder stellt $L=L_u+L_v+K$ mit

$$K\sim\eta\,u^2\,v \tag{2}$$

dar. Das v-Feld wirkt potentialartig auf das u-Feld, das u-Feld liefert Quellen für das v-Feld; wir haben das Modell eines reellen Mesonfeldes zwischen Nukleonen gleicher Art. Das Mesonfeld kann Kräfte auf die Nukleonen ausüben, aber keine Ladung übertragen. Eine Kopplung dritten Grades zwischen einem komplexen (ψ) und einem reellen (v) Feld gibt $L=L_\psi+L_v+K$ mit

$$K\sim\eta\,\psi^*\,\psi\,v \tag{3}$$

an. Das v-Feld wirkt potentialartig auf das ψ-Feld, das ψ-Feld liefert reelle Quellen für das v-Feld; wir haben das Modell eines reellen Mesonfeldes zwischen Nukleonen, die beide Ladungsvorzeichen haben können, zwischen denen aber das Mesonfeld keine Ladung austauschen kann. Die Kopplung

$$K\sim(\psi^{*2}+\psi^2)\,v$$

wäre nicht phaseninvariant, ebensowenig die Kopplung

$$K\sim u^2\,(\varphi^*+\varphi)\,.$$

Eine Kopplung dritten Grades zwischen zwei komplexen Feldern gibt

$$K\sim(\psi^{*2}\,\varphi+\varphi^*\,\psi^2) \tag{4}$$

an. Das ψ-Feld liefert komplexe Quellen für das φ-Feld, und das φ-Feld kann Ladung mit den Quellen austauschen. Für

$$s_\psi{}^\mu\sim i\left(\frac{\partial\psi^*}{\partial x_\mu}\,\psi-\psi^*\,\frac{\partial\psi}{\partial x_\mu}\right)$$

$$s_\varphi{}^\mu\sim 2\,i\left(\frac{\partial\varphi^*}{\partial x_\mu}\,\varphi-\varphi^*\,\frac{\partial\varphi}{\partial x_\mu}\right)$$

(mit Faktor 2 in $s_\varphi{}^\mu$) gilt der Erhaltungssatz:

$$\frac{\partial\,(s_\psi{}^\mu + s_\varphi{}^\mu)}{\partial\,x^\mu} = 0\,.$$

Die betrachteten Kopplungstypen sind Abwandlungen einer etwas allgemeineren Kopplung dritten Grades. Die Lagrange-Dichte $L = L_\psi + L_\varphi + L_\chi + K$ mit dem Kopplungsglied

$$K \sim \eta\,(\psi^*\,\varphi^*\,\chi^* + \chi\,\varphi\,\psi) \tag{5}$$

koppelt drei Felder

$$\left.\begin{aligned}
L_\psi &\sim -\left(\frac{\partial\psi^*}{\partial\,x_\nu}\,\frac{\partial\,\psi}{\partial\,x^\nu} + \varkappa^2\,\psi^*\,\psi\right) \\[2mm]
L_\varphi &\sim -\left(\frac{\partial\varphi^*}{\partial\,x_\nu}\,\frac{\partial\,\varphi}{\partial\,x^\nu} + \lambda^2\,\varphi^*\,\varphi\right) \\[2mm]
L_\chi &\sim -\left(\frac{\partial\chi^*}{\partial\,x_\nu}\,\frac{\partial\,\chi}{\partial\,x^\nu} + \mu^2\,\chi^*\,\chi\right);
\end{aligned}\right\} \tag{6}$$

durch Gleichsetzen von Feldgrößen oder mit reellen Feldgrößen entstehen zahlreiche Abwandlungen. Die aus Gl. (5) und (6) folgenden Feldgleichungen

$$\left(\frac{\partial^2}{\partial\,x_\nu\,\partial\,x^\nu} - \varkappa^2\right)\psi = -\,\eta\,\varphi^*\,\chi^*$$

$$\left(\frac{\partial^2}{\partial\,x_\nu\,\partial\,x^\nu} - \lambda^2\right)\varphi = -\,\eta\,\psi^*\,\chi^*$$

$$\left(\frac{\partial^2}{\partial\,x_\nu\,\partial\,x^\nu} - \mu^2\right)\chi = -\,\eta\,\psi^*\,\varphi^*$$

und die dazu konjugierten zeigen $\eta\varphi^*\chi^*$ als Quellen für ψ usw. Je zwei der Felder werden immer durch das dritte gekoppelt. Für die Vierervektoren

$$\left.\begin{aligned}
s_\psi{}^\nu &\sim i\left(\frac{\partial\psi^*}{\partial\,x_\nu}\,\psi - \psi^*\,\frac{\partial\,\psi}{\partial\,x_\nu}\right) \\[2mm]
s_\varphi{}^\nu &\sim i\left(\frac{\partial\varphi^*}{\partial\,x_\nu}\,\varphi - \varphi^*\,\frac{\partial\,\varphi}{\partial\,x_\nu}\right) \\[2mm]
s_\chi{}^\nu &\sim i\left(\frac{\partial\chi^*}{\partial\,x_\nu}\,\chi - \chi^*\,\frac{\partial\,\chi}{\partial\,x_\nu}\right)
\end{aligned}\right\} \tag{7}$$

gelten die Sätze:

$$\frac{\partial\,s_\psi{}^\nu}{\partial\,x^\nu} = \frac{\partial\,s_\varphi{}^\nu}{\partial\,x^\nu} = \frac{\partial\,s_\chi{}^\nu}{\partial\,x^\nu}\,, \tag{8}$$

entsprechend der Phasentransformation $\psi \to \psi e^{i\alpha}, \varphi \to \varphi e^{i\beta}, \chi \to \chi\,e^{i\gamma}$ mit $\alpha + \beta + \gamma = 0$ (Abschnitt 90). Wenn in den Feldern Ladung entsteht, so entsteht sie in allen dreien in gleichem Maße. Natürlich können wir das, was wir eben „Ladung" nannten, in einem der Felder auch „negative Ladung" nennen, und vollends braucht unsere „Ladung" nicht elektrische Ladung zu sein. Wir können also auch den Fall umfassen, daß bei Verschwinden von Ladung in einem der drei Felder in jedem der anderen beiden Felder die entsprechende Ladung auftaucht. Statt den Begriff Ladung durch den Begriff negative Ladung zu ersetzen, können wir auch die Feldgröße durch ihre Konjugierte ersetzen.

So betrachten wir unter Beibehaltung der Definitionen Gl. (6) die Kopplung

$$K \sim \eta\,(\psi^*\,\varphi\,\chi + \chi^*\,\varphi^*\,\psi) \tag{9}$$

und die Feldgleichungen

$$\left.\begin{aligned}
\left(\frac{\partial^2}{\partial x_\nu\,\partial x^\nu} - \varkappa^2\right)\psi &= -\,\eta\,\varphi\,\chi \\[6pt]
\left(\frac{\partial^2}{\partial x_\nu\,\partial x^\nu} - \lambda^2\right)\varphi &= -\,\eta\,\chi^*\,\psi \\[6pt]
\left(\frac{\partial^2}{\partial x_\nu\,\partial x^\nu} - \mu^2\right)\chi &= -\,\eta\,\varphi^*\,\psi,
\end{aligned}\right\} \tag{10}$$

aus denen die Sätze

$$\frac{\partial s_\psi^{\,\nu}}{\partial x^\nu} + \frac{\partial s_\varphi^{\,\nu}}{\partial x^\nu} = \frac{\partial s_\psi^{\,\nu}}{\partial x^\nu} + \frac{\partial s_\chi^{\,\nu}}{\partial x^\nu} = 0 \tag{11}$$

folgen. Für Ladung, die im ψ-Feld verschwindet, tritt sowohl im φ-Feld als auch im χ-Feld die entsprechende Ladung auf, entsprechend der Phasentransformation $\psi \to \psi e^{i\alpha}$, $\varphi \to \varphi e^{i\beta}$, $\chi \to \chi e^{i\gamma}$ mit $\alpha = \beta + \gamma$. Für elektrische Ladung können α, β, γ nur die Werte 1 (elektrisch geladene Materie) und 0 (elektrisch neutrale Materie) haben. Wenn ψ elektrisch geladen ist, ist von φ und χ das eine Feld elektrisch geladen, das andere neutral. Wir haben das *Modell* einer elektrisch geladenen Materie, die eine andere elektrisch geladene und eine neutrale Materie aneinanderknüpft, etwa eines elektrisch geladenen Mesonfeldes, das zwei Arten von Nukleonenfeldern, ein elektrisch geladenes und ein elektrisch neutrales, verknüpft. Durch die Quantisierung bekommen die Größen

$$\int s^0\,\mathrm{d}\tau$$

Eigenwerte, die ganzzahlige Vielfache einer elementaren Ladung sind, die beim elektrisch neutralen Feld nicht die elektrische Elementarladung ist. Ladungsquantum und Teilchen braucht nicht das gleiche zu sein, wie wir von der Materieerzeugung her wissen. In Fällen einheitlicher Frequenz jedoch ist Ladungsquantum und Teilchen dasselbe. Nach Quantisierung ergibt so Gl. (9) die Verknüpfung von Proton und Neutron durch das Mesonfeld. Wenn ein Proton verschwindet, tritt ein Neutron und ein elektrisch positiv geladenes Meson auf.

Wir sehen uns die näheren Bedingungen der Umwandlung einer Materieart in die beiden anderen Materiearten für die zunächst anschaulich gemeinte Kopplung Gl. (9) näher an. Die Kopplung sehen wir dabei als schwach an. Wenn in einem Gebiet ruhende positiv (nicht notwendig elektrisch) geladene φ-Materie (Frequenz $c\,\lambda$) und ruhende positiv geladene χ-Materie (Frequenz $c\,\mu$) vorhanden ist, so hat die Quelle des ψ-Feldes die Frequenz $c(\lambda + \mu)$. Wenn $\lambda + \mu > \varkappa$ ist, so fließt positiv geladene ψ-Materie nach außen ab; dabei geht so viel Ladung der φ-Materie und der χ-Materie verloren, als Ladung der ψ-Materie entsteht. Wenn $\lambda + \mu < \varkappa$ ist, so wird positiv geladene ψ-Materie von der Quelle festgehalten, ohne daß eine Umwandlung stattfindet. Wenn in dem Gebiet ruhende positiv geladene φ-Materie und ruhende negativ geladene χ-Materie (Frequenz $-c\,\mu$) vorhanden ist, so hat die Quelle des ψ-Feldes die Frequenz $c(\lambda - \mu)$. Wenn $\lambda - \mu > \varkappa$ ist, so fließt positiv geladene ψ-Materie nach außen ab, dabei verschwindet laufend positiv geladene φ-Materie, und es entsteht neue negativ geladene χ-Materie und positiv geladene ψ-Materie. Wenn $-\varkappa < \lambda - \mu < \varkappa$ ist, so findet keine Umwandlung statt. Wenn $\mu - \lambda > \varkappa$ ist, so fließt negativ geladene ψ-Materie nach außen ab, dabei verschwindet laufend negativ geladene χ-Materie, und es entsteht neue positiv geladene φ-Materie und negativ geladene ψ-Materie.

Entsprechend behandelt man den Fall, daß in einem Gebiet ruhende ψ- und φ-Materie oder ruhende ψ- und χ-Materie vorhanden ist.

Das Ergebnis stellen wir in Abb. 17 zusammen. Da es nur auf die relativen Werte von $\varkappa$, λ, μ ankommt, können wir jede bestimmte Wahl dieser Größen durch einen Punkt in einem gleichseitigen Dreieck bezeichnen, die drei Abstände des Bildpunktes von den drei Dreieckseiten verhalten sich wie $\varkappa$, λ und μ. Die wichtigen Grenzlinien $\varkappa = \lambda + \mu$, $\lambda = \mu + \varkappa$, $\mu = \varkappa + \lambda$ sind in Abb. 17 in das Dreieck eingezeichnet. Es entstehen vier Gebiete, in die die vorkommenden Umwandlungen eingezeichnet sind; dabei sind die Umwandlungen weggelassen, die durch Umkehr aller Vorzeichen aus den angeschriebenen entstehen (z. B. $\psi^- \to \varphi^- + \chi^-$). Das Ergebnis klingt vielleicht eindringlicher, wenn man statt ψ Protonmaterie, statt φ Neutronmaterie und statt χ Mesonmaterie sagt, ohne gleich an die speziellen Werte von $\varkappa$, λ, μ zu denken, die diesen Materiearten in Wirklichkeit zukommen. Die wirklichen Werte entsprechen einem Punkte im mittleren Dreieck.

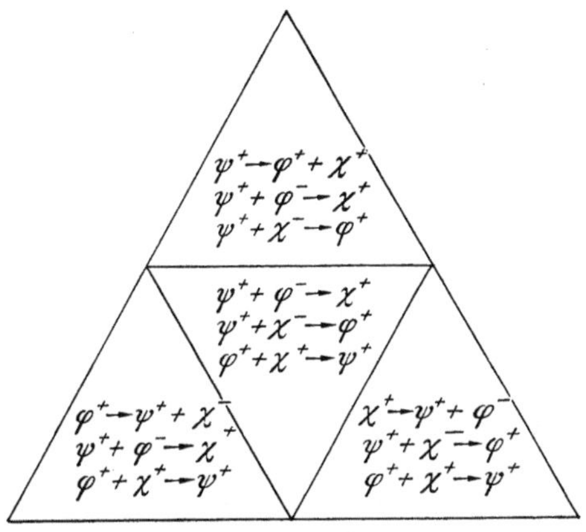

Abb. 17. Umwandlungen bei der Kopplung Gl. (9).

Man hat die Möglichkeit der Kopplung von Mesonen an leichte Teilchen, Elektronen und Neutrinos, erwogen, gemäß einer Kopplung Gl. (9), wo ψ jetzt der Elektronmaterie und φ der Neutrinomaterie entspricht. Die $\varkappa$-, λ-, μ-Werte entsprechen dabei einem Punkte im rechten unteren Dreieck der Abb. 17. In der anschaulichen Theorie kann sich danach positive Mesonmaterie in Positronmaterie und Antineutrinomaterie umwandeln, negative Mesonmaterie in Elektronmaterie und Neutrinomaterie. Dabei ist es natürlich an sich willkürlich, was man Neutrino- und was man Antineutrinomaterie nennt. Die hier gewählte Bezeichung entspricht der Schreibweise des Kopplungsgliedes Gl. (9).

102. Kopplung vierten Grades (Fermi-Kopplung).

Wir betrachten noch eine Kopplung vierten Grades zwischen vier Materiearten:

$$K \sim \eta\,(\Psi^*\,\Phi\,\psi^*\,\varphi + \varphi^*\,\psi\,\Phi^*\,\Psi)$$

mit den Feldgleichungen

$$\left(\frac{\partial^2}{\partial x_\varrho\,\partial x^\varrho} - \varkappa^2\right)\Psi = -\,\eta\,\Phi\,\psi^*\,\varphi$$

$$\left(\frac{\partial^2}{\partial x_\varrho\,\partial x^\varrho} - \lambda^2\right)\Phi = -\,\eta\,\varphi^*\,\psi\,\Psi$$

$$\left(\frac{\partial^2}{\partial x_\varrho\,\partial x^\varrho} - \mu^2\right)\psi = -\,\eta\,\Psi^*\,\Phi\,\varphi$$

$$\left(\frac{\partial^2}{\partial x_\varrho\,\partial x^\varrho} - \nu^2\right)\varphi = -\,\eta\,\psi\,\Phi^*\,\Psi.$$

Zwei Felder sind jeweils durch die beiden anderen miteinander gekoppelt. Es gelten die Erhaltungssätze für die „Ladung":

$$\frac{\partial}{\partial x^\varrho}\,s_\Psi^\varrho = -\,\frac{\partial}{\partial x^\varrho}\,s_\Phi^\varrho = \frac{\partial}{\partial x^\varrho}\,s_\psi^\varrho = -\,\frac{\partial}{\partial x^\varrho}\,s_\varphi^\varrho \; ;$$

wenn positive Ψ-Materie verschwindet, entsteht gleich viel positive (oder verschwindet gleich viel negative) Φ-Materie, verschwindet gleich viel positive (oder entsteht gleich viel negative) ψ-Materie und entsteht gleich viel positive (oder verschwindet gleich viel negative) φ-Materie. Nach Quantisierung entsprechen diesen Vorgängen dann Umwandlungen von Elementarteilchen. Welche Umwandlungen von Materie wirklich eintreten, hängt von den Verhältnissen der Materiekonstanten $\varkappa$, λ, μ, ν und von den vorhandenen Feldern ab.

Die Diskussion wollen wir auf den Fall beschränken, daß $\varkappa$ und λ beide größer sind als μ und ν und die Differenz $\lambda - \varkappa$ größer ist als $\mu + \nu$. Ruhende Ψ- und Φ-Materie positiver Ladung führt, wenn auch φ-Materie da ist, zum Abfluß von ψ-Materie oder, wenn auch ψ-Materie da ist, zum

Abfluß von φ-Materie. Nennen wir die Ψ- und Φ-Materie Proton- und Neutronmaterie, die ψ- und φ-Materie Neutrino- und Positronmaterie, so entsprechen s_ψ und s_φ einer elektrischen Ladung, s_Φ und s_ψ einer nicht-elektrischen Ladung; es gibt die Umwandlungen

$$n^{(+)} \to p^+ + \nu^{(+)} + e^-$$
$$n^{(+)} + \nu^{(-)} \to p^+ + e^-$$
$$n^{(+)} + e^+ \to p^+ + \nu^{(+)}$$

(nichtelektrische Ladung in Klammern gesetzt).

Bei nichtruhender Ausgangsmaterie sind auch andere Umwandlungen möglich.

Neben der eben betrachteten Kopplung, die wir leichter auffaßbar auch

$$K \sim \eta \, (p^* \, n \, \nu^* \, e + e^* \, \nu \, n^* \, p)$$

schreiben können, kann man auch die Kopplung

$$K \sim \eta \, (p^* \, n \, e + e^* \, n^* \, p) \, \nu$$

betrachten, wo ν eine reelle Feldgröße ist. Es gelten dann die „Ladungs"-Erhaltungssätze

$$\frac{\partial}{\partial x^\varrho} \, s_p^\varrho = - \frac{\partial}{\partial x^\varrho} \, s_n^\varrho = \frac{\partial}{\partial x^\varrho} \, s_e^\varrho.$$

103. Zusammenhalt von Materie.

Bei einem isolierten Felde vom Typus

$$L = - \frac{\sigma}{2} \left(\frac{\partial u}{\partial x_\mu} \, \frac{\partial u}{\partial x^\mu} + \varkappa^2 u^2 \right) \tag{1}$$

läuft eine örtlich begrenzte Anhäufung von Materie auseinander. Die Lösungen der Feldgleichung sind nämlich Zusammensetzungen aus ebenen Wellen und sind der Komplementaritätsbeziehung $\Delta x \, \Delta k \approx 1$ unterworfen. Damit ein nach außen abnehmendes Feld dauern kann, sind Quellen nötig, also in L ein nichtlinearer Beitrag eines anderen Feldes oder des u-Feldes selbst.

Das einfachste Modell zusammenhaltender Materie erhalten wir, wenn wir annehmen, daß das Feld u sich selbst Quelle ist; wir ergänzen also die aus Gl. (1) folgende Feldgleichung und haben

$$\left(\frac{\partial^2}{\partial x_\mu \, \partial x^\mu} - \varkappa^2 \right) u = - \eta \, u^2. \tag{2}$$

Diese Feldgleichung folgt aus der Lagrange-Dichte

$$L = - \frac{\sigma}{2} \left(\frac{\partial u}{\partial x_\mu} \, \frac{\partial u}{\partial x^\mu} + \varkappa^2 u^2 \right) + \frac{\sigma \eta}{3} \, u^3. \tag{3}$$

Da wir höchstens eine äußerst vereinfachte Modelltheorie für zusammenhaltende Materie vor uns haben, sind die quantitativen Eigenschaften der Lösungen ganz gleichgültig. Gewisse Züge scheinen aber typisch. Für statische, kugelsymmetrische Lösungen $u(r)$ gilt die Gleichung

$$\left(\frac{d^2}{dr^2} - \varkappa^2\right)(ru) + \eta\, r\, u^2 = 0\,,$$

die wir mit den Ersetzungen

$$r = \frac{x}{\varkappa} \qquad u = \frac{\varkappa^2}{\eta}\,\frac{y}{x}$$

auf die einfachere Gleichung

$$\left.\begin{aligned} y'' - y + \frac{y^2}{x} &= 0 \\ y'' &= y\left(1 - \frac{y}{x}\right) \end{aligned}\right\} \tag{4}$$

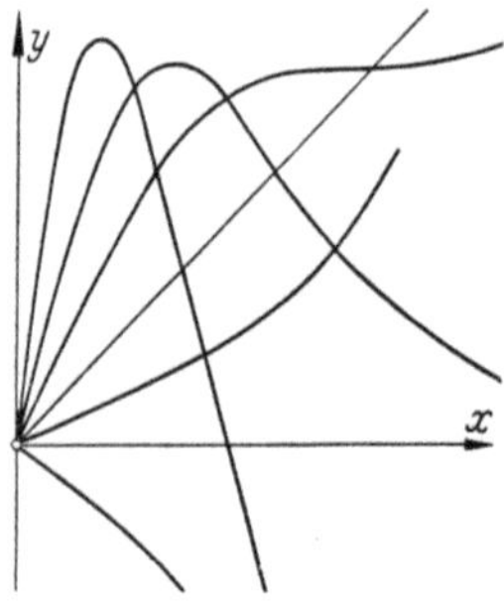

Abb. 18. Lösungen einer nichtlinearen Feldtheorie.

zurückführen können. Durch die Geraden $y = 0$ und $y = x$ wird die Halbebene $x > 0$ in drei Teile geteilt, im mittleren ist $y'' > 0$, in den beiden äußeren ist $y'' < 0$. Man sieht leicht, daß die Schar der Lösungen $y(x)$, die bei $x = 0$ verschwinden, den in Abb. 18 angedeuteten Verlauf hat. Es gibt genau eine Lösung, die auch für große x verschwindet. *In unserem Modell gibt es statisch kugelsymmetrische Felder*

$$u = \frac{\varkappa}{\eta}\,\frac{y(\varkappa r)}{r}\,,$$

wo $y(x)$ die eine Lösung der Differentialgl. (4) ist, die für $x = 0$ und $x = \infty$ verschwindet.

Daß die Lösungen $y(x)$, die um $y = x$ oszillieren, für $x \to \infty$ nicht nach $y = 0$ gehen können, sieht man leicht nach der Ersetzung $y - x = z$ an der Form

$$z'' = -z - \frac{z^2}{x}$$

der Differentialgleichung, deren Lösungen bei Zunahme von x mit abnehmender Amplitude sich $z = a \sin(x + \delta)$ nähern.

Ein Kopplungsglied $\sim u^4$, an Gl. (1) angefügt, gäbe auch eine solche Eigenlösung. Dagegen gäbe ein Glied $\sim u^3$ oder $\sim u^4$ im Falle $\varkappa^2 = 0$ keine Eigenlösung.

Die nichtquadratische Lagrange-Dichte Gl. (3) mit der nichtlinearen Feldgl. (2) war eine einfache Modelltheorie, die zeigte, wie Materie zusammengehalten werden kann. Wenn die Nichtlinearität von einer Kopplung zwischen verschiedenen Materiearten herrührt, so kann sie bedeuten, daß eine Materieart stets von einer anderen Materieart begleitet ist. Eine einfache Modelltheorie dieser Art, die örtlich konstante Lösungen zuläßt und darum das Phänomen besonders einfach zeigt, ist durch

$$L = - \frac{\varepsilon_0}{2} \left(\frac{\partial u}{\partial x_\mu} \frac{\partial u}{\partial x^\mu} + \lambda^2 u^2 \right) - \frac{\sigma}{2\varkappa} \left(\frac{\partial \psi^*}{\partial x_\mu} \frac{\partial \psi}{\partial x^\mu} + \varkappa^2 \psi^* \psi \right) + g\, u\, \psi^* \psi$$

gegeben. Da das reelle u-Feld hier eine gewisse Verwandtschaft mit dem elektromagnetischen Feld hat, haben wir in die Lagrange-Dichte den Normierungsfaktor ε_0 geschrieben. Ohne Kopplung ($g = 0$) oder ohne u-Feld ($u = 0$) gibt es räumlich konstante ψ-Felder

$$\psi = A\, e^{-ic\varkappa t},$$

die ruhender Materie entsprechen. Mit Kopplung lassen die Feldgleichungen

$$\frac{\partial^2 \psi}{\partial x_\mu \partial x^\mu} - \varkappa^2 \psi = - \frac{2\varkappa g}{\sigma} u\, \psi$$

$$\frac{\partial^2 u}{\partial x_\mu \partial x^\mu} - \lambda^2 u = - \frac{g}{\varepsilon_0} \psi^* \psi$$

ebenfalls örtlich konstante Lösungen

$$\psi = A\, e^{-i\omega t}$$

$$u = \frac{g}{\varepsilon_0 \lambda^2} A^* A$$

$$\frac{\omega^2}{c^2} = \varkappa^2 - \frac{2g^2}{\varepsilon_0 \sigma} \frac{\varkappa}{\lambda^2} A^* A$$

zu. Das ψ-Feld ist nach Maßgabe der Kopplungskonstante von einem u-Feld begleitet, und die Frequenz ist gesenkt. In nichtrelativistischer Näherung haben wir

$$\omega = - \frac{g^2}{\varepsilon_0 \sigma} \frac{c}{\lambda^2} A^* A,$$

statt $\omega = 0$ ohne Kopplung. Quantisiert bedeutet das eine Kopplungsenergie je ψ-Teilchen:

$$E = \hbar \omega = - \frac{g^2}{\varepsilon_0 \hbar c} \cdot \frac{\hbar^3}{m_u^2 c}\, n,$$

wo n die Dichte der ψ-Teilchen, m_u die Masse der u-Teilchen und $g^2/\varepsilon_0 \hbar c$ eine dimensionslose Konstante ist.

104. Kernkräfte.

Wir haben gesehen, daß Felder, die an Quellen hängen, Kräfte auf die Träger der Quellen ausüben. Diese Quellen sind jetzt durch Feldgrößen eines anderen Feldes gegeben; das Feld der einen Materie übt also Kräfte auf eine andere Materie aus. Uns interessieren nun besonders die Kräfte, die das erste Feld auf die Elementarteilchen der zweiten Materie ausübt. Dazu ist die Quantentheorie der Felder nötig.

Im Falle der Wechselwirkung von elektrischem Feld und Materie und bei langsam bewegter Materie sind wir gewohnt, die Schrödinger-Gleichung für die Teilchen dieser Materie zu benutzen, in die das elektrische Feld durch den Ausdruck der potentiellen Energie zwischen den Teilchen eingeführt ist. Das elektrische Feld selbst ist also eliminiert und eben durch diese potentielle Energie ersetzt. Zu dieser Schrödinger-Gleichung kann man von der klassischen Teilchentheorie her und von der anschaulichen Feldtheorie her kommen.

Die Kräfte zwischen den Nukleonen im Kern führt YUKAWA auf ein Mesonfeld zurück, das an den Nukleonen als Quellen hängt. Die Behandlung der daher rührenden Kräfte zwischen den Nukleonen läßt sich (wie beim elektrischen Feld) mittels einer Schrödinger-Gleichung der Nukleonen behandeln, wenn eben die Nukleonenmaterie für eine Schrödinger-Gleichung geeignet ist. Das ist der Fall für nichtrelativistische Betrachtung von Nukleonen ohne Spin.

Bei der *einfachen Kopplung $g\,u\,\psi^*\psi$* eines reellen Mesonfeldes und eines komplexen Nukleonenfeldes führt die Lagrange-Dichte

$$L = \psi^* \left(i\,\hbar\,\dot{\psi} + \frac{\hbar^2}{2\,M}\,\Delta\,\psi \right) + g\,u\,\psi^*\,\psi \tag{1}$$

auf die Feldgleichung

$$i\,\hbar\,\dot{\psi} + \frac{\hbar^2}{2\,M}\,\Delta\,\psi + g\,u\,\psi = 0 \, .$$

Ihre Deutung als Schrödinger-Gleichung eines Einteilchensystems zeigt $-g\,u$ als potentielle Energie eines Nukleons im Mesonfeld. Da die Verhältnisse ganz analog zur elektrischen Kraft liegen, erwarten wir als Schrödinger-Gleichung für zwei Nukleonen

$$\left\{ -\frac{\hbar^2}{2\,M}\,(\Delta_1 + \Delta_2) + U(\mathfrak{r}_1, \mathfrak{r}_2) - i\,\hbar\,\frac{\partial}{\partial t} \right\} \Psi(\mathfrak{r}_1, \mathfrak{r}_2, t) = 0 \, , \tag{2}$$

wo U die potentielle Energie ist; für statische Mesonfelder haben wir sie als

$$U = -g^2\,\frac{\varkappa}{4\,\pi\,\sigma}\cdot\frac{e^{-\varkappa r}}{r} \tag{3}$$

kennengelernt. Zum Vergleich dieser und ähnlicher Kopplungen mit der elektrischen Wechselwirkung ist es zweckmäßig, der Kopplungskonstante g dieselbe Dimension zu geben wie der Elementarladung e, d.h. der Größe u die Dimension eines elektrischen Potentials zu geben. Die Lagrange-Dichte des reinen Mesonfeldes schreibt man dann

$$-\frac{\varepsilon_0}{2} \left(\frac{\partial u}{\partial x_\mu}\,\frac{\partial u}{\partial x^\mu} + \varkappa^2\,u^2 \right),$$

hat also $\varkappa/4\pi\sigma$ durch $1/4\pi\varepsilon_0$ zu ersetzen:

$$U = -\frac{g^2}{4\pi\varepsilon_0}\frac{e^{-\varkappa r}}{r}. \tag{4}$$

Die Überlegung, die von der anschaulichen Feldtheorie durch Feldquantelung zu dieser Schrödinger-Gleichung führt, entspricht genau dem Äquivalenzbeweis des Abschnittes 57. Die Gleichung des anschaulichen Nukleonenfeldes entspricht der Hamilton-Funktion

$$\overline{H} = -\frac{\hbar^2}{2M}\int \psi^*\Delta\psi\,d\tau + \frac{1}{2}\int \psi^*(\mathfrak{r})\,\psi(\mathfrak{r})U(\mathfrak{r},\mathfrak{r}')\,\psi^*(\mathfrak{r}')\,\psi(\mathfrak{r}')\,d\tau\,d\tau',$$

und die zugehörige Schrödinger-Gleichung der quantisierten Feldtheorie

$$\left(\overline{H} - i\hbar\frac{\partial}{\partial t}\right)S = 0$$

mit Operatoren ψ^*, ψ in $\overline{H}$ ist gleichwertig der Schrödinger-Gleichung (2) der Teilchentheorie. Diese Schrödinger-Gleichung für zwei Teilchen wird dann in der üblichen Weise auf eine Gleichung für die Relativbewegung der Teilchen zurückgeführt. Gemäß Gl. (3) besteht eine *Anziehung zwischen den Nukleonen*. Stärke und Reichweite dieser Kraft können durch Wahl der Parameter g und $\varkappa$ mit der Erfahrung in Einklang gebracht werden. Da der Abstand der beiden Nukleonen im Deuteronkern etwa $1/20000$ der atomaren Längeneinheit ist, die potentielle Energie aber das 10^6fache der atomaren Energieeinheit, muß $g^2/4\pi\varepsilon_0$ wesentlich größer als $e^2/4\pi\varepsilon_0$ angenommen werden.

Da es in der Erfahrung zwei Nukleonenarten gibt, Protonen und Neutronen, führen wir auch *zwei Nukleonfelder* ψ und φ ein. Eine mögliche Kopplung ist $gu(\psi^*\psi \pm \varphi^*\varphi)$. In der anschaulichen Feldtheorie bedeutet das, daß Protonmaterie ein Mesonfeld um sich hat und daß dieses Mesonfeld sowohl auf Protonmaterie als auch auf Neutronmaterie Kräfte ausübt. Die Feldgleichung des Mesonfeldes hat statische Lösungen:

$$u = \frac{g}{4\pi\varepsilon_0}\int\frac{e^{-\varkappa r}}{r\cdot}(\psi^*\psi \pm \varphi^*\varphi)\,d\tau,$$

und die Feldgleichungen der Nukleonfelder (die beiden Teilchenmassen wollen wir gleichsetzen)

$$i\hbar\dot\psi + \frac{\hbar^2}{2M}\Delta\psi + gu\psi = 0$$

$$i\hbar\dot\varphi + \frac{\hbar^2}{2M}\Delta\varphi + gu\varphi = 0$$

zeigen

$$-\frac{g^2}{4\pi\varepsilon_0}\frac{e^{-\varkappa r}}{r}$$

als potentielle Energie zwischen gleichartigen und

$$\mp \frac{g^2}{4\,\pi\,\varepsilon_0}\,\frac{e^{-\varkappa r}}{r}$$

als potentielle Energie zwischen ungleichartigen Teilchen. Mit der Erfahrung verträglich ist nur das obere Vorzeichen (wenn überhaupt diese Kopplung das richtige trifft). Die Schrödinger-Gleichung für zwei gleiche Nukleonen und bei Wahl des oberen Vorzeichens auch für zwei ungleiche Nukleonen ist wieder Gl. (2).

Die Erfahrung spricht dafür, daß zwischen gleichen Nukleonen und zwischen ungleichen Nukleonen die gleichen (oder genähert die gleichen) Kräfte wirken. Insofern könnte unser Wechselwirkungsansatz mit dem oberen Vorzeichen das richtige treffen. Da die Kernkräfte aber sicher auch von der Stellung des Nukleonenspins abhängen, ist noch die Abhängigkeit des Mesonfeldes vom Nukleonenspin durch Benutzung einer spinoriellen Feldgröße für die Nukleonen nachzutragen. In der Erfahrung gibt es auch noch die Umwandlung von Proton in Neutron. Diese kann durch unsere Kopplung allein nicht auftreten, da der Erhaltungssatz der Ladung innerhalb des Protonfeldes und innerhalb des Neutronfeldes nicht angetastet wird. Sie könnte auf einer schwachen anderen Kopplung beruhen, die mit den Kernkräften nichts zu tun hat. Aber in einem Punkte versagt unser Kopplungsansatz sicher. Die gleichmäßige Anziehung zwischen je zwei Nukleonen würde zu einer Zunahme der Nukleonendichte mit der Nukleonenzahl führen, während in Wirklichkeit die Nukleonendichte ziemlich unabhängig von der Nukleonenzahl ist. Diese „Absättigung‟ der Kernkräfte deutet darauf hin, daß neben Anziehung zwischen Nukleonen auch Abstoßung vorkommen muß.

Manchmal Anziehung und manchmal Abstoßung liefert nun die schon früher betrachtete Kopplung $(g/2)\,(\psi^*\varphi\chi + \chi^*\varphi^*\psi)$ zwischen dem Mesonfeld χ und den beiden Nukleonfeldern ψ und φ. Die anschauliche Feldtheorie führte uns auf die potentielle Energie

$$U = -\,\frac{1}{8\,\pi\,\varepsilon_0}\,(g_1{}^* g_2 + g_2{}^* g_1)\,\frac{e^{-\varkappa r}}{r}$$

zwischen zwei engbegrenzten Anhäufungen von Nukleonmaterie (Abschnitt 30), wo jetzt

$$g_1 = \int g\,\psi^*\,\varphi\,\mathrm{d}\tau \qquad g_2 = \int g\,\psi^*\,\varphi\,\mathrm{d}\tau$$
$$\text{(1)} \qquad\qquad\qquad \text{(2)}$$

ist. Auf anschaulicher Stufe wirkte nur dann eine Kraft, wenn in beiden Anhäufungen sowohl Proton- als auch Neutronmaterie war.

In der Quantentheorie gibt das eine Kraft zwischen Proton und

Neutron. Um das zu zeigen, müssen wir wieder zur Schrödinger-Gleichung übergehen. Nach Elimination des Mesonfeldes mit

$$\chi = \frac{g}{4\pi\varepsilon_0} \int \frac{e^{-\varkappa r}}{r}\, \varphi^* \psi \, d\tau$$

wird die Hamilton-Funktion des Feldes

$$\bar{H} = -\frac{\hbar^2}{2M} \int (\psi^* \Delta \psi + \varphi^* \Delta \varphi)\, d\tau - \frac{g^2}{4\pi\varepsilon_0} \int \psi^*(\mathfrak{r})\, \varphi^*(\mathfrak{r}')\frac{e^{-\varkappa r}}{r}\, \psi(\mathfrak{r}')\, \varphi(\mathfrak{r})\, d\tau\, d\tau'$$

(ψ mit φ, ψ^* mit φ^* vertauschbar). Von der Schrödinger-Gleichung der quantisierten Feldtheorie

$$\left(\bar{H} - i\hbar \frac{\partial}{\partial t}\right) S = 0$$

geht man nun entsprechend dem Abschnitt 57 (Äquivalenz von gequanteltem Feldbild und gequanteltem Teilchenbild) zur Schrödinger-Gleichung der quantisierten Teilchentheorie über. Mit einem formalen Kunstgriff kann der Übergang unmittelbar an die früheren Überlegungen angeschlossen werden. Wir können nämlich die Funktionen ψ und φ als zwei Komponenten einer und derselben Feldgröße

$$\Phi = \begin{pmatrix} \psi \\ \varphi \end{pmatrix}$$

ansehen. Das Mesonfeld wird dann:

$$\chi = \frac{g}{4\pi\varepsilon_0} \int \Phi^* \frac{e^{-\varkappa r}}{r}\, \tau \Phi \, d\tau \qquad \chi^* = \frac{g}{4\pi\varepsilon_0} \int \Phi^* \frac{e^{-\varkappa r}}{r}\, \tau^* \Phi \, d\tau,$$

worin die Matrizen

$$\tau = \begin{pmatrix} 0 & 0 \\ 1 & 0 \end{pmatrix} \qquad \tau^* = \begin{pmatrix} 0 & 1 \\ 0 & 0 \end{pmatrix}$$

vorkommen (mit denen das Raumelement $d\tau$ nichts zu tun hat). Das Kopplungsglied in der Lagrange-Funktion des Feldes wird dann:

$$\frac{g^2}{8\pi\varepsilon_0} \int \left[\Phi^*(\mathfrak{r})\, \Phi^*(\mathfrak{r}')\, \frac{e^{-\varkappa r}}{r}\, \tau \Phi(\mathfrak{r}')\, \tau^* \Phi(\mathfrak{r}) \right.$$
$$\left. + \Phi^*(\mathfrak{r})\, \Phi^*(\mathfrak{r}')\, \frac{e^{-\varkappa r}}{r}\, \tau^* \Phi(\mathfrak{r}')\, \tau \Phi(\mathfrak{r}) \right] d\tau\, d\tau'$$

oder, wenn wir bei τ und τ^* noch vermerken, ob es auf eine Funktion von $\mathfrak{r}$ oder von $\mathfrak{r}'$ wirkt:

$$\frac{g^2}{8\pi\varepsilon_0} \int \left[\Phi^*(\mathfrak{r})\, \Phi^*(\mathfrak{r}') \cdot \frac{e^{-\varkappa r}}{r}\, (\tau'\, \tau^* + \tau^{*'}\, \tau) \cdot \Phi(\mathfrak{r}')\, \Phi(\mathfrak{r}) \right] d\tau\, d\tau';$$

die Hamilton-Funktion des Feldes bekommt das Wechselwirkungsglied

$$-\frac{g^2}{8\pi\varepsilon_0}\int\left[\Phi^*(\mathfrak{r})\,\Phi^*(\mathfrak{r}')\cdot\frac{e^{-\varkappa r}}{r}\,(\tau'\tau^*+\tau^{*\prime}\tau)\cdot\Phi(\mathfrak{r}')\,\Phi(\mathfrak{r})\right]\mathrm{d}\tau\,\mathrm{d}\tau'.$$

Der Übergang zur Schrödinger-Gleichung des Zweiteilchensystems geschieht wie früher, wobei an Stelle von e^2/r eben der Operator $-(g^2/8\pi\varepsilon_0)\,(e^{-\varkappa r}/r)\,(\tau'\tau^*+\tau^{*\prime}\tau)$ tritt. Die Schrödinger-Gleichung wird:

$$\left\{-i\hbar\frac{\partial}{\partial t}-\frac{\hbar^2}{2M}(\Delta_1+\Delta_2)-\frac{g^2}{8\pi\varepsilon_0}\frac{e^{-\varkappa r}}{r}(\tau_1\tau_2^*+\tau_1^*\tau_2)\right\}\Psi(\mathfrak{r}_1,\mathfrak{r}_2{}',t),$$

wo τ_1 auf eine Funktion von $\mathfrak{r}_1$, τ_2 auf eine Funktion von $\mathfrak{r}_2$ wirkt. Die potentielle Energie zwischen den beiden Teilchen wird durch den Operator

$$U=-\frac{g^2}{4\pi\varepsilon_0}\frac{e^{-\varkappa r}}{r}(\tau_1\tau_2^*+\tau_1^*\tau_2)$$

vertreten.

Wir untersuchen, was er bedeutet. Den Fall zweier Protonen, eines an der Stelle a, eines an der Stelle b, beschreiben wir durch

$$\Psi=a_P(1)\,b_P(2)$$

(eigentlich $\left(1/\sqrt{2}\right)\,[a_P(1)\,b_P(2)\pm b_P(1)\,a_P(2)]$, aber das macht hier nichts aus), den Fall zweier Neutronen durch

$$\Psi=a_N(1)\,b_N(2),$$

den Fall eines Protons bei a und eines Neutrons bei b durch

$$\Psi=a_P(1)\,b_N(2)$$

und den Fall eines Protons und eines Neutrons, eines bei a und eines bei b, durch

$$\Psi=\frac{1}{\sqrt{2}}[a_P(1)\,b_N(2)\pm b_P(1)\,a_N(2)]\tag{5}$$

(die durch Vertauschen von 1 und 2 entstehenden Glieder immer weggelassen). Dabei ist

$$a_P=\begin{pmatrix}a\\0\end{pmatrix}\quad b_P=\begin{pmatrix}b\\0\end{pmatrix}\quad a_N=\begin{pmatrix}0\\a\end{pmatrix}\quad b_N=\begin{pmatrix}0\\b\end{pmatrix},$$

wo die Funktion a an der Stelle b und die Funktion b an der Stelle a verschwindet. Wir rechnen

$$\begin{array}{llll}\tau\,a_P=a_N & \tau\,b_P=b_N & \tau^*a_P=0 & \tau^*b_P=0\\[4pt]\tau\,a_N=0 & \tau\,b_N=0 & \tau^*a_N=a_P & \tau^*b_N=b_P\end{array}$$

und

$$U a_P(1)\,b_P(2)=U a_N(1)\,b_N(2)=0.$$

Zwischen gleichartigen Nukleonen wirkt keine Kraft. Weiter rechnen wir

$$U\,a_P(1)\,b_N(2) = -\,\frac{g^2}{4\pi\varepsilon_0}\,\frac{e^{-\varkappa r}}{r}\,a_N(1)\,b_P(2);$$

die Funktion $a_P(1)\,b_N(2)$ $\big($und ebenso $(1/\sqrt{2})\,[a_P(1)\,b_N(2) \pm b_N(1)\,a_P(2)]\big)$ ist keine Lösung der Schrödinger-Gleichung; mit der Funktion Gl. (5) jedoch wird

$$U\,\Psi = \mp\,\frac{g^2}{4\pi\varepsilon_0}\,\frac{e^{-\varkappa r}}{r}\,\Psi.$$

Zwischen Proton und Neutron wirkt eine Anziehung, wenn beide in der Zustandsfunktion symmetrisch verknüpft sind, und eine Abstoßung, wenn beide antimetrisch verknüpft sind.

Bei vielen Nukleonen im Kern tritt also teilweise Anziehung, teilweise Abstoßung ein.

In höherer Näherung tritt auch eine Kraft zwischen gleichartigen Nukleonen auf. Die Erfahrung spricht aber eher dafür, daß die Kraft zwischen Proton und Neutron in engerer Analogie zur Kraft zwischen Proton und Proton oder Neutron und Neutron steht. Man versucht dem dadurch Rechnung zu tragen, daß man neben der Kopplung $(g/2)\,(\psi^*\varphi\,\chi + \chi^*\varphi^*\,\psi)$ durch ein komplexes Mesonfeld noch eine Kopplung $gu\,(\psi^*\psi \pm \varphi^*\varphi)$ durch ein reelles Mesonfeld annimmt.

Ein pseudoskalares Mesonfeld läßt sich nicht mit spinfreier Nukleonmaterie koppeln. Ein *vektorielles Mesonfeld* läßt sich so koppeln, daß seine $\mu = 0$-Komponente an der Nukleonmaterie hängt. Für die Kopplung eines reellen Mesonfeldes an nur eine Art Nukleonmaterie gibt das (vgl. Abschnitt 100) Abstoßung zwischen zwei Nukleonen. Für die Kopplung eines solchen vektoriellen reellen Mesonfeldes an Proton- und Neutronmaterie mit dem Kopplungsglied

$$g\,u\,(\psi^*\,\psi \pm \varphi^*\,\varphi)$$

(für nichtrelativistisches ψ- und φ-Feld, sonst wäre dies keine Invariante) bekommt man Abstoßung zwischen gleichartigen Nukleonen, zwischen ungleichartigen Nukleonen Abstoßung beim oberen Vorzeichen und Anziehung beim unteren Vorzeichen. Mit dem Kopplungsglied

$$\frac{g}{2}\,(\psi^*\,\varphi\,\chi + \chi^*\,\varphi^*\,\psi),$$

wo χ jetzt die Nullkomponente des Vierervektors χ_μ ist (nichtrelativistisches ψ- und φ-Feld), bekommt man wieder keine Kraft zwischen gleichartigen Nukleonen. Zwischen Proton und Neutron bekommt man jetzt Abstoßung bei symmetrischer Eigenfunktion und Anziehung bei antimetrischer Eigenfunktion. Bei diesem Ansatz könnte der Deuteronkern wohl nicht zusammenhalten.

105. Spinabhängige Kernkräfte.

Im vorigen Abschnitt haben wir nur eine Modelltheorie der Kernkräfte betrachtet, indem wir für die Nukleonmaterie eine skalare Feldfunktion ψ oder zwei skalare Feldfunktionen ψ und φ angenommen haben. Die wirklichen Nukleonen haben aber einen Spin und sind darum durch spinorielle Eigenfunktionen darzustellen. Damit können wir Kopplungsglieder herstellen, die für das Mesonfeld nicht nur skalare, sondern auch axialvektorielle Quellen liefern (die anderen Quellen interessieren für ruhende oder langsam bewegte Nukleonen nicht); das gibt gemäß Abschnitt 100 eine größere Reichhaltigkeit von Möglichkeiten für die Kräfte.

Wenn wir einen Augenblick lang relativistische Behandlung einführen, so wissen wir, wie wir aus Spinoren Größen herstellen können, die Invariante, Vierervektoren, Tensoren usw. sind.

$$\psi^* \alpha^5 \psi \qquad\qquad \psi^* \alpha^5 \varphi$$

sind Invariante;

$$\psi^* \alpha^\mu \psi \qquad\qquad \psi^* \alpha^\mu \varphi$$

sind Vierervektoren;

$$i\,\psi^* (\alpha^\mu \alpha^5 \alpha^\nu - \alpha^\nu \alpha^5 \alpha^\mu)\,\psi \qquad\qquad i\,\psi^* (\alpha^\mu \alpha^5 \alpha^\nu - \alpha^\nu \alpha^5 \alpha^\mu)\,\varphi$$

sind schiefsymmetrische Tensoren zweiter Stufe;

$$i\,\psi^* (\alpha^\lambda \alpha_\mu \alpha^\nu - \alpha^\nu \alpha_\mu \alpha^\lambda)\,\psi \qquad\qquad i\,\psi^* (\alpha^\lambda \alpha_\mu \alpha^\nu - \alpha^\nu \alpha_\mu \alpha^\lambda)\,\varphi$$

sind schiefsymmetrische Tensoren dritter Stufe oder Pseudovektoren;

$$i\,\psi^* \alpha^1 \alpha^2 \alpha^3 \psi \qquad\qquad \psi^* \alpha^1 \alpha^2 \alpha^3 \varphi$$

sind Pseudoskalare.

In nichtrelativistischer Näherung wird $\psi^* \alpha^5 \varphi$ zu $\psi^* \varphi$, und als axialer Vektor tritt $-i\psi^* \alpha^\mu \alpha^\nu \varphi$ $(\mu, \nu = 1, 2, 3;\ \mu \neq \nu)$ auf, wofür wir $\psi^* \vec{\sigma} \varphi$ schreiben wollen.

Koppeln wir ein reelles Mesonfeld mit nur einer Art spinoriellem Nukleonfeld (in nichtrelativistischer Näherung), so haben wir die vier Möglichkeiten von Kopplungsgliedern:

skalares Mesonfeld: $\qquad g\,u\,\psi^* \psi$

pseudoskalares Mesonfeld: $\qquad -g\,\hat{u}\,\mathrm{div}\left(\psi^* \vec{\sigma}\,\psi\right)$

vektorielles Mesonfeld: $\qquad -g_1 u\,\psi^* \psi + g_2\,\mathfrak{U}\,\mathrm{rot}\left(\psi^* \vec{\sigma}\,\psi\right)$

pseudovektorielles Mesonfeld: $\quad g_1\,\hat{\mathfrak{U}}\,\psi^* \vec{\sigma}\,\psi + g_2\,\hat{u}\,\mathrm{div}\left(\psi^* \vec{\sigma}\,\psi\right)$.

Für ein reelles Mesonfeld, das mit nur einer Art Nukleonmaterie gekoppelt ist, bleibt es also bei den vier im Abschnitt 100 betrachteten Möglichkeiten. Die potentiellen Energien

$$U = -\frac{g^2}{4\pi\varepsilon_0}\frac{e^{-\varkappa r}}{r}$$

$$U = \frac{g^2}{4\pi\varepsilon_0\varkappa^2}\vec{\sigma_1}\,\mathfrak{grad}\left(\vec{\sigma_2}\,\mathfrak{grad}\,\frac{e^{-\varkappa r}}{r}\right)$$

$$U = \frac{1}{4\pi\varepsilon_0}\left[(g_1{}^2 + g_2{}^2\,\vec{\sigma_1}\vec{\sigma_2})\frac{e^{-\varkappa r}}{r} - \frac{1}{\varkappa^2}g_2{}^2\,\vec{\sigma_1}\,\mathfrak{grad}\left(\vec{\sigma_2}\,\mathfrak{grad}\,\frac{e^{-\varkappa r}}{r}\right)\right]$$

$$U = \frac{1}{4\pi\varepsilon_0}\left[-g_1{}^2\,\vec{\sigma_1}\vec{\sigma_2}\frac{e^{-\varkappa r}}{r} + \frac{1}{\varkappa^2}(g_1{}^2 - g_2{}^2)\,\vec{\sigma_1}\,\mathfrak{grad}\left(\vec{\sigma_2}\,\mathfrak{grad}\,\frac{e^{-\varkappa r}}{r}\right)\right]$$

sind jetzt potentielle Energien zwischen zwei Nukleonen, und $\vec{\sigma}$ ist der Operatorvektor $-i\alpha^\mu\alpha^\nu$, der dem Spin entspricht, $\vec{\sigma_1}$ auf das eine Nukleon, $\vec{\sigma_2}$ auf das andere Nukleon bezogen.

Ist die Kopplung zusammengesetzt aus der Kopplung des reellen Mesonfeldes mit der einen und mit der anderen Nukleonmaterie, so erhält man zwischen gleichartigen Nukleonen dieselben Kräfte wie eben. Zwischen Proton und Neutron erhält man die gleichen Kräfte, wenn beide Kopplungen dasselbe Vorzeichen haben, und die entgegengesetzten Kräfte, wenn beide Kopplungen verschiedenes Vorzeichen haben.

Koppeln wir ein komplexes Mesonfeld nach dem Schema

$$\frac{g}{2}\,(\psi^*\varphi\chi + \chi^*\varphi^*\psi),$$

wo aber jetzt die tensoriellen Bildungen einzusetzen sind, also z. B. beim pseudoskalaren Feld

$$-\frac{g}{2}\left[\chi\,\mathrm{div}\,(\psi^*\vec{\sigma}\varphi) + \chi^*\,\mathrm{div}\,(\varphi^*\vec{\sigma}\psi)\right],$$

so erhält man Ausdrücke für die potentiellen Energien, die die Operatoren τ und τ^* des vorigen Abschnittes enthalten.

Die große Vielfalt der theoretischen Möglichkeiten und die noch beschränkte Erfahrung über die Eigenschaften der Kernzustände erlaubt noch nicht, die wirkliche Natur der Kernkräfte zu erkennen. Es kommt noch ein anderer Umstand sehr erschwerend hinzu. Wir haben hier immer nur von einer ersten Näherung gesprochen, in der für die Berechnung des Mesonfeldes die Nukleonen als ruhend angesehen werden. Diese Näherung ist sicher sehr mäßig. Wir können darum das, was hier über die Kernkräfte gesagt ist, höchstens als *grobe qualitative Beschreibung* ansehen.

Das Proton hat ein magnetisches Moment, das von dem abweicht, das die Diracsche Theorie eines spinoriellen Teilchens liefert (etwa $2{,}9 \cdot \hbar e/2\,Mc$

statt $\hbar e/2Mc$). Man kann vermuten, daß dieses mit der starken Kopplung der Protonmaterie an eine Mesonmaterie zusammenhängt, die selbst eine Magnetisierung hat. Der Versuch einer Theorie dieser Erscheinung stößt auf Unstimmigkeiten, wie sie bei vielen feineren Untersuchungen der Kopplung zwischen Materiearten (und zwischen Materie und Licht) auftreten.

Elftes Kapitel.

Elementarteilchen [1].

106. Teilchenaspekt.

Die Betrachtung von Kopplungen auf anschaulicher Denkstufe zeigt die Umwandlung von Materiearten ineinander; auf der Denkstufe der Quantentheorie wird daraus die Umwandlung von Elementarteilchen. Mit der Physik der Elementarteilchen betreten wir ein reizvolles und zentrales Gebiet der jüngsten experimentellen und theoretischen Forschung. Wenn auch vieles noch im Fluß ist, so läßt sich doch einigermaßen übersehen, wieviel sich in den bisherigen Rahmen des physikalischen Denkens einfügt und was darüber hinausstrebt. Über das Bisherige hinaus geht wohl die noch zu leistende Erklärung des Vorkommens verschiedener Teilchen mit ganz bestimmten Verhältnissen der Ruhmassen und des Vorkommens verschiedener Kopplungen mit ganz bestimmten Kopplungskonstanten. Vielleicht wird sich zeigen, daß, wie früher beim Hinabsteigen von der ,,Schicht des gewöhnlichen stofflich-physischen Seins" in die ,,Schicht des Atomaren" grundlegende Begriffe der Naturbeschreibung abgeändert werden mußten, so auch jetzt beim Hinabsteigen von der Schicht des Atomaren in die ,,Schicht der elementaren Materie" entsprechende grundlegende Änderungen notwendig sind.

Nimmt man aber die Existenz bestimmter Elementarteilchen und bestimmter Kopplungen als von der Erfahrung gegeben hin, so geben die vorhandenen Denkformen (mit dem Dualismus Welle—Korpuskel) leistungsfähige Ordnungsprinzipien. Auch die Schwierigkeiten, die sich in der relativistischen Quantentheorie der Felder bei der Anwendung auf Elementarteilchen zeigten (in Abschnitt 108 angedeutet), sind durch die neuen Fortschritte der ,,Renormierung" von Masse und Kopplungskonstante (TOMONAGA und SCHWINGER), die hier nicht behandelt werden

---

[1] FERMI, E.: Elementary particles, London und Oxford 1951. — Progress in cosmic ray physics, edited by J. G. Wilson, London 1951 u. 1954. — DYSON, F.J.: Physic. Rev. **75**, 486 (1949). — FEYNMAN, R. P.: Physic. Rev. **76**, 769 (1949) (Graphen).

können, in gewisser Weise behoben. Jedoch ist die Gründung der Quantentheorie auf den Dualismus Welle—Korpuskel ein voreingenommener Standpunkt, und man soll sich dessen bewußt bleiben. Darum wollen wir auch jetzt zunächst vom Teilchenaspekt ausgehen, dem ja auch die meisten Experimente mit Elementar-„Teilchen" entsprechen.

Von diesem Standpunkt aus sind die Umwandlungen dann ein Vorgang, der schon über das klassische Teilchenbild hinausgeht; manche Eigenschaften der Umwandlungen lassen sich aber *mit den Begriffen des klassischen Teilchenbildes* beschreiben. Von diesem „Teilchenaspekt" wollen wir jetzt ausgehen und untersuchen, in welcher Richtung er etwa abzuändern ist, um den Erfahrungen gerecht zu werden.

Die Erfahrung zeigt mancherlei Elementarteilchen mit bestimmten Ruhmassen, also charakteristischen Werten der Invariante

$$\left(\frac{E}{c}\right)^2 - \mathfrak{p}^2 = M^2 c^2,$$

die Erfahrung zeigt elektrische Ladungen $-e, 0, +e$ (und vorläufig keine anderen), sie zeigt magnetische Momente ($\hbar e/2mc$ beim Elektron) und Eigendrehimpulse ($\hbar/2$ beim Elektron).

Um uns die Gesichtspunkte, mit denen die Eigenschaften der Elementarteilchen erforscht worden sind, zurechtzulegen, wollen wir zunächst mit den „altbekannten" Elementarteilchen beginnen, dem Elektron (e^-), dem Photon (γ) und dem Proton (p).

Die Erfahrung zeigt „Reaktionen" zwischen Elementarteilchen. Darunter gibt es eine, die ganz innerhalb des anschaulichen Teilchenaspektes liegt, nämlich den Compton-Effekt, den wir symbolisch

$$\gamma + e^- \rightarrow \gamma' + e^{-\prime} \tag{1}$$

schreiben. Ein Photon stößt auf ein (genähert) freies Elektron; beide gehen wieder auseinander mit Impulsen, die sich nach den Stoßgesetzen, also aus Energie- und Impulssatz, berechnen lassen. Für anfänglich ruhendes Elektron und Impuls p_0 des stoßenden Photons ergeben sich in nichtrelativistischer Näherung für die Impulse p des Photons und mv des Elektrons nach dem Stoß (Abb. 19) mit dem Impulssatz

$$m^2 v^2 = p_0^2 + p^2 - 2 p\, p_0 \cos \vartheta \approx 2 p\, p_0 (1 - \cos \vartheta)$$

und dem Energiesatz

$$m^2 v^2 = 2 m c\, (p_0 - p).$$

zusammen

$$\frac{p_0 - p}{p_0\, p} = \frac{1}{p} - \frac{1}{p_0} = \frac{1 - \cos \vartheta}{m c}.$$

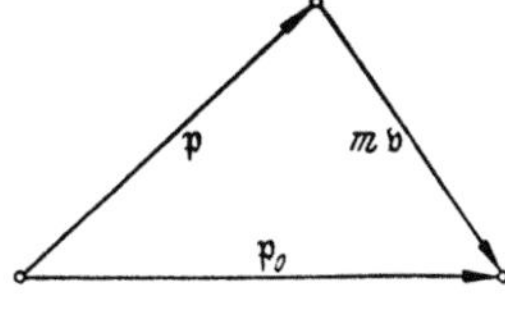

Abb. 19. Compton-Effekt.

Diese Größe wird allerdings durch ein Verfahren gemessen, das die Lichtwellen benutzt, nämlich durch die Wellenlängenänderung

$$\frac{\lambda - \lambda_0}{h} = \frac{1}{p} - \frac{1}{p_0}\,.$$

Die Erfahrung zeigt aber auch Reaktionen, die über den anschaulichen Teilchenaspekt hinausgehen, z.B. die Absorption oder Emission
eines Photons unter Änderung des Zustandes eines Elektrons in einem
Atom

$$\gamma + e^- \leftrightarrow e^{-\prime} \tag{2}$$

oder (zunächst theoretisch erschlossen — Abschnitt 77, dann aber auch
experimentell gefunden) die „Paarerzeugung" an einem Atomkern

$$\gamma \to e^+ + e^-. \tag{3}$$

*Außer dem anschaulichen Stoßvorgang gibt es Vernichtung, Entstehung und
Umwandlung von Elementarteilchen.*

Für diese Reaktionen gelten „Erhaltungssätze". Der Energiesatz
wurde zunächst bei der Reaktion $\gamma + e \leftrightarrow e$ mit Hilfe des Elektronenstoß-
versuchs bewiesen, dann vor allem bei den Kernumwandlungen, der
Impulssatz zunächst beim Compton-Effekt. Auch die Erhaltung des
Drehimpulses und der elektrischen Ladung ist gut bestätigt. Wir sehen
diese Erhaltungssätze auch bei Umwandlungen als gültig an.

Zunächst seien einige Anwendungen des Energie- und Impulssatzes
gegeben: Die Reaktion

$$A \leftrightarrow A' + B \quad (\text{z. B. } e \leftrightarrow e' + \gamma)$$

(Änderung des Zustandes eines Teilchens A und Entstehen oder Verschwinden eines Teilchens B) *ist für freie Teilchen unmöglich* (wenn nicht
beide Ruhmassen null sind). Wenn A eine endliche Ruhmasse hat, müßte
in dem Bezugssystem, in dem A ruht, A' eine geringere Energie haben als
A, was der Gleichung $E = c\sqrt{M^2 c^2 + \mathfrak{p}^2}$ widerspräche. Wenn B eine endliche Ruhmasse hat, müßte in dem Bezugssystem, in dem B ruht, A seine
Energie ändern, ohne den Impuls zu ändern. Die Reaktion

$$A \to B + B' \quad (\text{z. B. } \gamma \to e^+ + e^-)$$

ist für ein freies Teilchen A ohne Ruhmasse unmöglich, wenn B eine
Ruhmasse hat. Bei der Reaktion

$$B + B' \to 2A \quad (e^+ + e^- \to 2\gamma)$$

erhalten im Schwerpunktsystem die beiden A-Teilchen entgegengesetzte
Impulse. Die Reaktionen

$$A \leftrightarrow B + C$$

sind für freie Teilchen nur möglich, wenn die Ruhmasse von A nicht kleiner ist als die von B und C zusammen; die Reaktion kann dann der spontane Zerfall von A sein.

Für die Entdeckung neuer Elementarteilchen ist der Vergleich des spontanen Zerfalls eines Teilchens in zwei und in mehr Teilchen wichtig. Wir betrachten

$$A \to B + C$$

mit den Ruhenergien $E_A{}^0$, $E_B{}^0$, $E_C{}^0$. *Die Aufteilung der Energie ist völlig festgelegt*; denn im Ruhesystem von A gilt für die Impulse

$$p_B = p_C = p$$

und für die Energien

$$E_A{}^0 = \sqrt{(E_B{}^0)^2 + c^2 p^2} + \sqrt{(E_C{}^0)^2 + c^2 p^2}\,.$$

Dagegen gibt es bei

$$A \to B + C + D$$

ein „*Energiespektrum*".

Den beobachteten β-Zerfall könnte man zunächst als Umwandlung eines Kernneutrons (n) gemäß

$$n \to p + e^-$$

deuten. Das beobachtete Energiespektrum schließt aber die angenommene Reaktion aus (der Drehimpulssatz tut es auch), und man nimmt

$$n \to p + e^- + \nu \tag{4}$$

mit einem neuen Teilchen (ν) an. Auch das freie Neutron scheint so zu zerfallen. In der Energiegleichung (Ruhsystem des Neutrons)

$$E_n{}^0 = E_p + E_e + E_\nu$$

können wir, weil das Proton schwer ist gegen das Elektron und das ν-Teilchen, $E_p = E_p{}^0$ setzen:

$$E_n{}^0 = E_p{}^0 + \sqrt{(E_e{}^0)^2 + c^2 p_e{}^2} + \sqrt{(E_\nu{}^0)^2 + c^2 p_\nu{}^2}$$

und schließen, daß die kinetische Energie des Elektrons zwischen 0 ($p_e = 0$) und der freiwerdenden Energie $E = E_n{}^0 - E_p{}^0 - E_e{}^0 - E_\nu{}^0$ ($p_\nu = 0$) liegt. Die Erfahrung zeigt die obere Grenze des Energiespektrums der Massendifferenz ohne Berücksichtigung eines $E_\nu{}^0$ entsprechend; $E_\nu{}^0$ muß also sehr klein sein. Ein recht scharfes Kriterium für $E_\nu{}^0$ gibt die Form des Spektrums.

Im Grenzfall $E_e{}^0 = E_\nu{}^0$ sind die Verhältnisse in p_e und p_ν symmetrisch, auch die Übergangswahrscheinlichkeit ist symmetrisch zu erwarten, das Energiespektrum wird also symmetrisch um $E/2$ liegen. Für $E_e{}^0 > E_\nu{}^0$ kommen die kleinen Werte der kinetischen Energie $E_e - E_e{}^0$

häufiger vor. Das Ende des Spektrums bei $E_e - E_e^0 = E$ ist wichtig, weil es von der Ruhmasse E_ν^0 empfindlich abhängt. Für kleine Werte des Impulses p_ν ist es entscheidend, ob $E_\nu^0 = 0$ oder $E_\nu^0 \neq 0$ ist. Im ersten Fall haben wir

$$x = E - (E_e - E_e^0) = c\, p_\nu$$

als Abszissenabstand vom Ende des Spektrums. Die Zahl der Fälle zu einem bestimmten x-Wert ist proportional

$$p_\nu^2\, \mathrm{d}\, p_\nu \sim x^2\, \mathrm{d}\, x\;;$$

wenn die Übergangswahrscheinlichkeit nicht wesentlich von x abhängt,

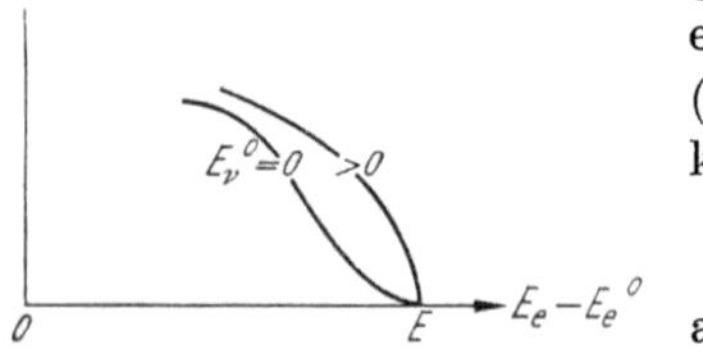

gibt das eine Abnahme der Häufigkeit eines x-Wertes in Form einer Parabel $\sim x^2$ (Abb. 20). Im Falle $E_\nu^0 \neq 0$ jedoch wird für kleine x:

$$x = E - (E_e - E_e^0) = \frac{c^2 p_\nu^2}{2\,E_\nu^0}\,,$$

also

$$p_\nu^2\, \mathrm{d} p_\nu \sim x\, \mathrm{d}\, \sqrt{x} \sim \sqrt{x}\, \mathrm{d}\, x\;;$$

Abb. 20. ν-Masse und Energiespektrum.

das gibt eine Abnahme der Häufigkeit in Form einer Parabel $\sim \sqrt{x}$ (Abb. 20). Beim β-Zerfall spricht das beobachtete Spektrum für $E_\nu^0 = 0$; das nichtbeobachtete Teilchen, *Neutrino* genannt, muß also *sehr kleine oder verschwindende Ruhmasse* haben.

Abb. 21 soll genauer zeigen, wie die Anzahl der Fälle für verschiedene Verhältnisse E_ν^0/E_e^0 von $(E_e - E_e^0)/E$ abhängt. Sie ist mit der Annahme $E = E_e^0$ und für die drei Werte $E_\nu^0/E_e^0 = 1, 1/10, 1/100$ gezeichnet; $E_\nu^0 = 0$ würde sich von der drittgenannten Kurve nicht mehr merklich unterscheiden.

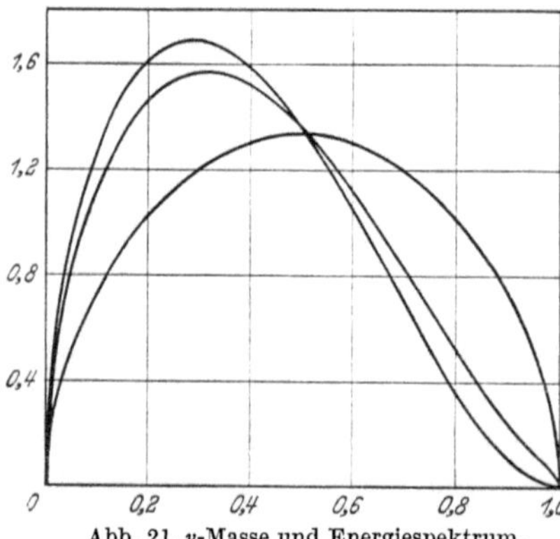

Abb. 21. ν-Masse und Energiespektrum.

Dem *Drehimpulssatz* fügen wir noch den (allerdings aus der Quantentheorie stammenden) Satz zu, daß Bahndrehimpulse nur ganzzahlige Vielfache von $\hbar$ sein können, und schließen, da Proton, Neutron und Elektron den Eigendrehimpuls $\hbar/2$ haben, daß das Neutrino einen halbzahligen Eigendrehimpuls haben muß.

Dem *Satz von der Erhaltung der elektrischen Ladung* fügen wir das Postulat zu, daß *Ladungen von Elementarteilchen nur $\pm e$ oder 0* sein können. Bei der Reaktion

$$\mathrm{A} \leftrightarrow \mathrm{A}' + \mathrm{B}$$

muß B elektrisch neutral sein; bei der Reaktion

$$A \leftrightarrow B + C$$

muß eines oder alle drei Teilchen neutral sein. Bei der Reaktion

$$n \leftrightarrow p^+ + e^- + \nu \tag{4}$$

muß ν neutral sein. Wir fragen, ob der Prozeß

$$n \leftrightarrow p^- + e^+ + \nu$$

mit einem negativ geladenen Proton möglich ist. Den Sätzen von Energie, Impuls, Drehimpuls und elektrischer Ladung widerspräche er nicht. Die Erfahrung verneint ihn aber; in Atomkernen wäre er wegen der Coulomb-Kraft zwischen p^- und den Kernprotonen energetisch sehr günstig (würde wohl auch zu $p^- + p^+ \to 2\gamma$ führen müssen). Entweder gibt es also kein negatives Proton, oder wenn es eines gibt, ist die aus (4) durch Umkehr des Vorzeichens der elektrischen Ladung entstehende Reaktion etwa

$$\bar{n} \leftrightarrow p^- + e^+ + \nu \quad (\text{oder } \bar{\nu}) \tag{5}$$

zu schreiben, wo das „Antineutron" $\bar{n}$ auch eine Art Ladung hat, die aber nicht elektrische Ladung ist (es müßte auch das Verhältnis von magnetischem Moment und Drehimpuls das umgekehrte Vorzeichen haben als beim Neutron). Beim Photon zeigt die Reaktion Gl. (3), daß es dort keine solche „Ladung" gibt, daß es vielmehr symmetrisch zwischen dem Elektron und dem Positron steht. Wir müssen also mit *zwei Arten elektrischer Neutralität* rechnen, der des Photons und der des Neutrons. Ob die des Neutrinos von der ersten oder zweiten Art ist, müssen wir offenlassen.

107. Neue Elementarteilchen.

Neben den altbekannten Elementarteilchen hat man in den letzten zwei Jahrzehnten eine Anzahl neuer kennengelernt. Neutron und Neutrino haben wir schon erwähnt. Neben der Reaktion

$$n \to p + e^- + \nu \tag{1}$$

ist (mit Proton im Atomkern) auch

$$p \to n + e^+ + \nu \tag{2}$$

und

$$p + e^- \to n + \nu \tag{3}$$

(Einfang eines Hüllenelektrons) beobachtet worden.

Yukawas Theorie der Kernkräfte (1935) forderte Mesonen (m) und im Atomkern die Reaktionen

$$n \leftrightarrow p + m^- \qquad p \leftrightarrow n + m^+$$

und zur Erklärung des β-Zerfalls

$$m^- \to e^- + \nu \qquad m^+ \to e^+ + \nu.$$

In der kosmischen Strahlung hat man Teilchen gefunden, die etwa die von YUKAWA (aus der Reichweite der Kernkräfte — Abschnitt 31) erschlossene Ruhmasse (ungefähr 200 Elektronenmassen) haben, die Ladung $\pm e$ und eine Lebensdauer von einigen 10^{-6} sec. Weiterhin zeigten sich die Verhältnisse aber komplizierter. LATTES, OCCHIALINI und POWELL konnten (1947) aus den Spuren in photographischen Emulsionen zwei Mesonenarten herauslesen, deren eine sich in die andere umwandelte. Sie wurden π-Mesonen (mit etwa 300 Elektronenmassen) und μ-Mesonen (etwa 200 Elektronenmassen) genannt. Aus π-Mesonen niedriger Geschwindigkeit entstehen μ-Mesonen fester kinetischer Energie, so daß ein Zerfall

$$\pi \to \mu + \nu \tag{4}$$

in nur zwei Teilchen angenommen werden muß; die Ruhenergie des ν-Teilchens muß sehr klein sein, vielleicht ist es das gleiche wie in Gl. (1), (2), (3). Die Mesonen der kosmischen Strahlung sind in der Hauptsache μ-Mesonen und die obengenannten paar 10^{-6} sec geben die Wahrscheinlichkeit einer Reaktion

$$\mu \to e + \cdots \tag{5}$$

(wo ... weitere Teilchen andeuten soll).

Mit Zählrohranordnungen hat man Reaktionen $\mu^+ \to e^+ + \cdots$ und $\mu^- \to e^- + \cdots$ getrennt untersucht und die daneben erwartete Reaktion

$$\mu^- + p \to n + \cdots \tag{6}$$

erst bei recht großer Protonendichte (Durchgang durch Fe statt H_2O, C und dergleichen) merklich gefunden. Ein Vergleich dieses Befundes mit der Reaktion, die das Yukawasche Meson mit einem Proton ergeben müßte $(m^- + p \to n)$, ist erst mit Hilfe der vollständigen (Teilchen- und Feld-) Theorie möglich; er ergibt, daß die Reaktion Gl. (6) um viele Größenordnungen zu selten vorkommt, als daß die μ-Mesonen für die Erklärung der Kernkräfte herangezogen werden können.

Die experimentelle Untersuchung der π-Mesonen zeigte aber, daß sie diese Yukawa-Teilchen sind. Mit dem Zyklotron hat man sehr energiereiche Protonen und Photonen hergestellt, die beim Auftreffen auf Materie π-Mesonen mit beiden Vorzeichen der elektrischen Ladung lieferten. Ihre Lebensdauer beim Prozeß Gl. (4) konnte (für π^+ und π^-) zu etwa 10^{-8} sec bestimmt werden. Besonders aufschlußreich waren Untersuchungen von langsamen π^--Teilchen in Wasserstoff. Man fand die Reaktion

$$\pi^- + p \to n + \gamma \cdots; \tag{6}$$

für die Energie der γ-Quanten ergab sich ein scharfes Maximum bei 130 MeV; das zeigte, daß außer n und γ keine weiteren Teilchen entstanden, also π ganzzahligen Eigendrehimpuls haben mußte. Damit war zum erstenmal ein *Teilchen* sichergestellt, *das eine von null verschiedene Ruhmasse und ganzzahligen Spin hatte.* Das scharfe Maximum der γ-Energie erlaubte auch eine recht scharfe Bestimmung der Ruhmasse des π-Teilchens (275 Elektronenmassen). Weiter fand man γ-Quanten bei 60—80 MeV. Der schmale Bereich spricht gegen die direkte Reaktion $\pi^- + \mathrm{p} \to \mathrm{n} + 2\gamma$, sondern für

$$\pi^- + \mathrm{p} \to \mathrm{n} + \pi^0$$
$$\pi^0 \to 2\gamma$$

mit einem neutralen π^0-Teilchen (Masse etwa 265 Elektronenmassen), und zwar ist das π^0-Teilchen in dem engeren Sinne neutral, in dem es das Photon ist.

Die von YUKAWA angenommenen Reaktionen müssen jetzt durch

$$\mathrm{n} \leftrightarrow \mathrm{p} + \pi^- \qquad \mathrm{p} \leftrightarrow \mathrm{n} + \pi^+ \tag{7}$$

(im Atomkern) und durch

$$\pi^- \to \mu^- + \nu \qquad \pi^+ \to \mu^+ + \nu \tag{4}$$
$$\mu^- \to \mathrm{e}^- + \cdots \qquad \mu^+ \to \mathrm{e}^+ + \cdots \tag{5}$$

ersetzt werden. Nimmt man in (4) ein Neutrino mit halbzahligem Spin an, so könnte (5) etwa $\mu \to \mathrm{e} + \nu + \nu$ lauten, im Atomkern könnte aber auch

$$\pi^- \to \mu^- + \nu \to \mathrm{e}^- + \nu \qquad \pi^+ \to \mu^+ + \nu \to \mathrm{e}^+ + \nu \tag{8}$$

stattfinden.

Weitere Teilchen und Reaktionen, deren Vorkommen man wahrscheinlich gemacht hat, wie $\zeta^0 \to \pi^+ + \pi^-$, $\zeta^\pm \to \pi^\pm + \pi^0$, $\tau^0 \to \pi^0 + \pi^+ + \pi^-$, $\tau^0 \to \zeta^\pm + \pi^\mp$, $\tau^0 \to \pi^+ + \pi^-$, $\tau^\pm \to \pi^+ + \pi^- + \pi^\pm$, $\chi^\pm \to \tau^0 + \pi^\pm$, $\varkappa^\pm \to \mu^\pm + \cdots$ wollen wir nicht näher betrachten.

108. Reaktionen und Kopplungen.

Wir haben den Begriff der „Reaktion" eingeführt, sie kann ein anschaulicher Stoßvorgang sein, aber auch ein Zerfall oder eine Umwandlung sein oder (unter Fortbestehen der übrigen) Vernichtung oder Entstehung eines Teilchens. Wir wollen jetzt die Reaktionen ordnen mit dem Begriff der „Kopplung" von Teilchenarten.

Die Reaktionen

$$\mathrm{e} + \gamma + \mathrm{I} \leftrightarrow \mathrm{e}' + \mathrm{I} \qquad \text{(Licht-Absorption und -Emission)}$$
$$\gamma + \mathrm{I} \leftrightarrow \mathrm{e}^+ + \mathrm{e}^- + \mathrm{I} \qquad \text{(Paar-Erzeugung und -Vernichtung),}$$

wo I eine impulsaufnehmende Masse andeutet, und

$$e + \gamma \leftrightarrow e' + \gamma' \qquad \text{(Compton-Effekt)}$$
$$e^+ + e^- \to 2\gamma \qquad \text{(Zerstrahlung)}$$

beruhen auf einer Kopplung zwischen Elektron und Photon. Der Compton-Effekt läßt sich auf einfachere Reaktionen zurückführen, wahlweise

$$e + \gamma \to e'' \to e' + \gamma'$$
$$e \to \gamma' + e'' \qquad\qquad e'' + \gamma \to e'$$
$$\gamma \to e^{-\prime} + e^+ \qquad\qquad e^+ + e^- \to \gamma',$$

die Zerstrahlung auf

$$e^+ + e^- \to \gamma \qquad\qquad e^{\pm} \to e^{\pm} + \gamma,$$

wenn wir *„virtuelle Teilchen"* (e'', e^+) zulassen. Für freie Teilchen sind diese Reaktionen nach Impuls- und Energiesatz nicht möglich. Wegen der *Komplementarität von Zeit und Energie* (hier ziehen wir die Quantentheorie heran) könnte aber die kurzfristige Existenz eines Teilchens, die dem Energiesatz nicht entspricht (den Impulssatz kann man daneben als erfüllt ansehen), eine zulässige Annahme sein. Der Zusammenhalt eines Wasserstoffatoms beruht dann auch auf der Kopplung zwischen Elektron und Photon und zwischen Proton und Photon und kann durch die Reaktionen

$$e \leftrightarrow \gamma + e \qquad\qquad p + \gamma \leftrightarrow p$$

mit virtuellem Photon dargestellt werden. An der elementaren Reaktion von e mit γ sind dann immer zwei Elektronen und ein Photon beteiligt. Die sechs elementaren Reaktionen

$$e^- \leftrightarrow e^- + \gamma \qquad e^+ \leftrightarrow e^+ + \gamma \qquad \gamma \leftrightarrow e^+ + e^-$$

beruhen dann auf einer Kopplung, die wir durch das Strichschema der Abb. 22 zutreffend dar-

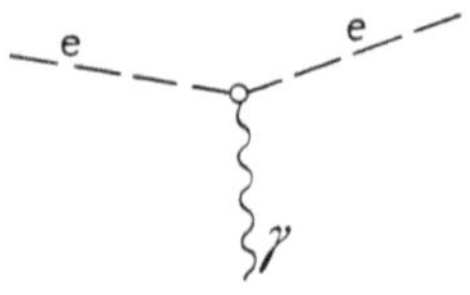

Abb. 22. Schema der ($ee\gamma$)-Kopplung.

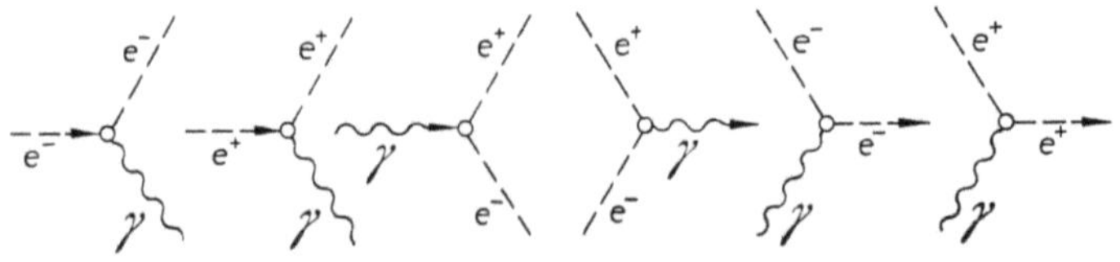

Abb. 23. Schemata des zeitlichen Ablaufs.

stellen. Das Schema kann zeitlich in sechsfacher Weise durchlaufen werden. Einer bestimmten Richtung des Durchlaufens der e-Striche entspricht das eine Ladungsvorzeichen, der entgegengesetzten Richtung das andere Ladungsvorzeichen. Will man den zeitlichen Ablauf mit darstellen (etwa von links nach rechts), so hat man sechs Schemata (Abb. 23). Der Compton-Effekt wird durch Abb. 24 wiedergegeben, die in drei Fortschreitrichtungen gelesen werden kann (erst Absorption von γ, dann Emission von γ' oder umgekehrt oder erst Paarerzeugung durch γ, dann Paarvernichtung in γ'). Der Coulomb-Kraft zwischen Proton und Elektron entspricht die Abb. 25 und der Absorp-

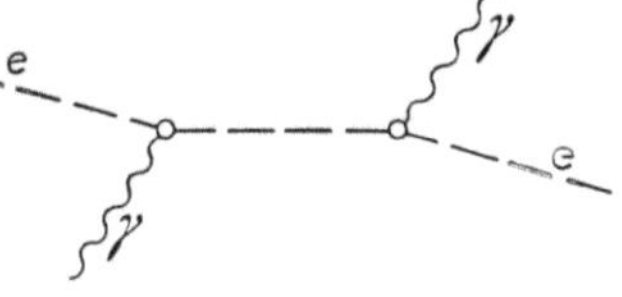
Abb. 24. Compton-Effekt.

tion oder Emission von Licht durch ein Elektron im Atom die Abb. 26. In allen Figuren entsprechen die Knotenpunkte den elementaren Reaktionen, die „inneren" Striche den virtuellen Teilchen, die „äußeren" Striche den ein- oder auslaufenden Teilchen.

Neben der $(ee\gamma)$-Kopplung gibt es die (schon benutzte) $(pp\gamma)$-Kopplung und eine $(\pi\pi\gamma)$- und $(\mu\mu\gamma)$-Kopplung, da die π- und μ-Mesonen elektrische Ladung tragen. Auch gibt es (wegen des magnetischen Momentes der Neutronen) eine schwache $(nn\gamma)$-Kopplung.

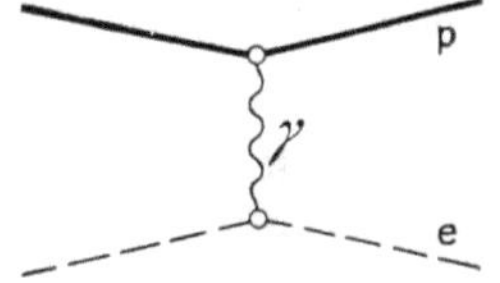
Abb. 25. Kraft zwischen Proton und Elektron.

Die Reaktion

$$\pi \to \mu + \nu$$

erfordert die Kopplung der Abb. 27 und die Reaktion

$$p + I \to n + \pi^+ + I$$

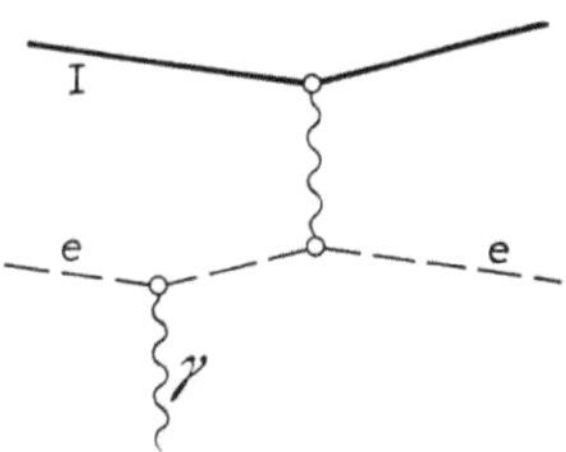
Abb. 26. Absorption oder Emission von Licht.

an impulsaufnehmendem Atomkern (I) die Yukawasche Kopplung der Abb. 28. Die Yukawasche Kraft zwischen Proton und Neutron wird durch die linke Abb. 29 wiedergegeben. Nimmt man eine ähnliche Kraft zwischen zwei Protonen an, so braucht man eine $(pp\pi^0)$-Kopplung, und

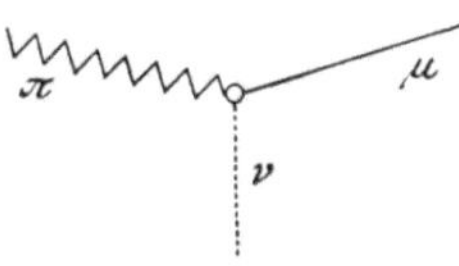
Abb. 27. $(\pi\mu\nu)$-Kopplung.

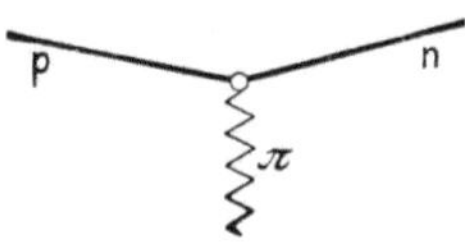
Abb. 28. Yukawa-Kopplung.

für die Kraft zwischen Proton und Neutron gibt es noch das Schema der rechten Abb. 29. Die linke Abb. 29 gibt eine „Austauschkraft", die rechte Abb. 29 eine gewöhnliche Kraft an.

25*

Ohne $(\mathrm{p\,p}\,\pi^0)$-Kopplung liefert die Abb. 30 eine Proton-Proton-Kraft; doch wäre auf diese Weise die experimentell gefundene quantitative

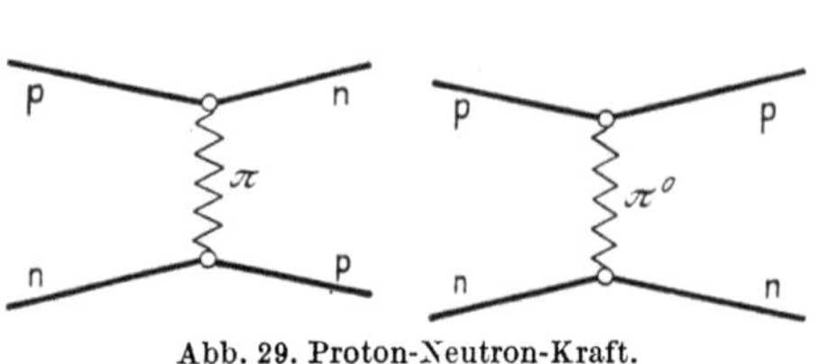

Abb. 29. Proton-Neutron-Kraft.

Abb. 30. Andere Erklärung der Proton-Proton-Kraft.

Übereinstimmung der Proton-Proton-Kraft mit der Proton-Neutron-Kraft nicht verständlich. Abb. 28 umfaßt auch die Reaktion $\mathrm{n} \to \mathrm{p} + \pi^-$ (im Atomkern) und die hypothetischen Reaktionen $\mathrm{p}^- \to \bar{\mathrm{n}} + \pi^-$, $\bar{\mathrm{n}} \to \mathrm{p}^- + \pi^+$, $\pi^+ \to \mathrm{p} + \bar{\mathrm{n}}$, $\pi^- \to \mathrm{n} + \mathrm{p}^-$. Umkehr in der Richtung des Durchlaufens führt p^+ in p^-, n in $\bar{\mathrm{n}}$ über. Die früher besprochene Reaktion

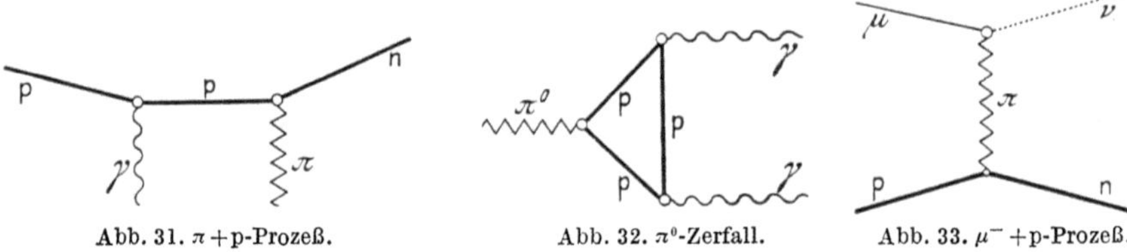

Abb. 31. $\pi + \mathrm{p}$-Prozeß.

Abb. 32. π^0-Zerfall.

Abb. 33. $\mu^- + \mathrm{p}$-Prozeß.

$\pi^- + \mathrm{p} \to \mathrm{n} + \gamma$ entspricht der Abb. 31. Will man die Reaktion $\pi^0 \to 2\gamma$ auf schon bekannte Kopplungen zurückführen, so braucht man das Schema der Abb. 32: $\pi^0 \to \mathrm{p}^+ + \mathrm{p}^- \to \mathrm{p}^+ + \mathrm{p}^- + \gamma$, $\mathrm{p}^+ + \mathrm{p}^- \to \gamma$. Die früher besprochene Reaktion $\mu^- + \mathrm{p} \to \mathrm{n} + \dots$ kann mit Abb. 33 ′ verstanden werden. Dagegen erfordert der Zerfall des μ-Mesons eine neue Kopplung. Sieht man $\mu \to \mathrm{e} + \nu + \nu$ als primären Prozeß an, so gibt Abb. 34 eine Deutung des β-Zerfalls; sieht man $\mathrm{n} \to \mathrm{p} + e^- + \nu$ als primär an, so gibt Abb. 35 die Deutung des Zerfalls des μ-Mesons.

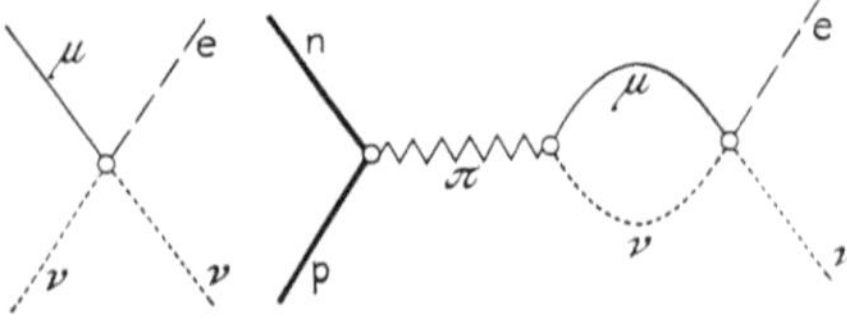

Abb. 34. β-Zerfall als zusammengesetzter Prozeß.

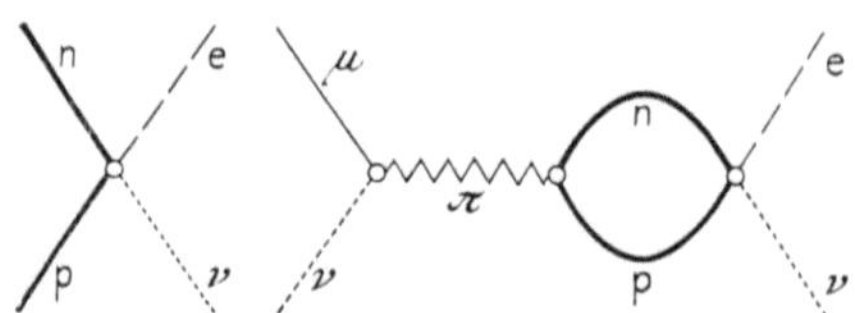

Abb. 35. Zerfall des μ-Mesons als zusammengesetzter Prozeß.

Solche Strichschemata sind von FEYNMAN und DYSON eingeführt worden, um die Berechnung von Übergangswahrscheinlichkeiten zu erläutern; wir benutzen sie hier, um Kopplungen und Reaktionen noch innerhalb des

Teilchenaspektes darzustellen. Wir machen dabei die Hypothese, daß eine *Reaktion auch immer auftritt, wenn sie mit einem Strichschema auf bekannte Kopplungen zurückführbar ist und wenn für die Reaktion als Ganzes der Energie- und Impulssatz erfüllbar ist.* Für die Erhaltung der elektrischen Ladung sorgt die Regel, die Ladungsvorzeichen mit Durchlaufrichtung verknüpft, und der Drehimpulssatz für den Spin ist schon für einzelne Kopplungen erfüllt. Über die Übergangswahrscheinlichkeit gibt das Schema keine Auskunft, doch hat die Zurückführung der Reaktionen auf primäre nur dann Sinn, wenn *Reaktionen mit vielen Knotenpunkten* (vielen virtuellen Teilchen) unter sonst gleichen Umständen *weniger wahrscheinlich* sind *als Reaktionen mit wenig Knotenpunkten* (wenig virtuellen Teilchen).

Wir haben Knotenpunkte mit drei Strichen und Knotenpunkte mit vier Strichen eingeführt, die den ersten entsprechenden Kopplungen können wir *Kopplungen dritten Grades*, die den zweiten entsprechenden Kopplungen *Kopplungen vierten Grades* nennen. Natürlich können die letzteren durch Einführung eines neuen Elementarteilchens auf Kopplungen dritten Grades zurückgeführt werden; wir wollen das aber nur tun, wenn dieses Elementarteilchen auch aus anderen Gründen wahrscheinlich ist. Wir haben eingeführt die auf elektrischer Ladung beruhenden Kopplungen $(ee\gamma)$, $(pp\gamma)$, $(\pi\pi\gamma)$, $(\mu\mu\gamma)$ und die „mesischen" Kopplungen $(\pi\mu\nu)$, $(pn\pi)$, $(pp\pi^0)$, $(nn\pi^0)$ vom dritten Grade, als Kopplung vierten Grades $(\mu e\nu\nu)$ oder $(npe\nu)$.

Ein Elektron bindet (im $H_2{}^+$) zwei Protonen mit chemischer Kraft aneinander, dies kann durch Abb. 36 dargestellt werden.

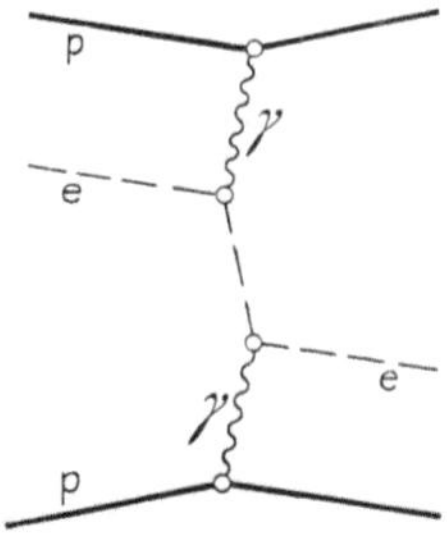

Unser Teilchenaspekt mit der Zurückführung der Umwandlungen auf Kopplungen stellt nur ein qualitatives Ordnungsschema dar. Zur Berechnung von Umwandlungswahrscheinlichkeiten (Lebensdauern von Teilchen, Wirkungsquerschnitten) reicht es nicht aus (soweit nicht bloß statistische Gewichte — Ausdehnung des Impulsraumes — maßgebend sind). Zur Vervollständigung bedürfte es einer „Bewegungsgleichung" der Teilchen, die die Umwandlung mit einschlösse. Eine quantisierte Teilchentheorie könnte den Rahmen dazu abgeben, und die Erzeugungs- und Vernichtungs-Operatoren des Abschnittes 49 (vgl. auch Abschnitt 110) wären ein bequemes Hilfsmittel der Quantisierung. Aber die Hamilton-Funktion für die Umwandlungen könnte nicht aus dem Teilchenaspekt gewonnen werden. Der Feldaspekt aber zeigt zwanglos, wie Kopplungen gefaßt werden können.

Der Dualismus Welle—Korpuskel engt die Möglichkeiten ein. Er fordert z.B. die Existenz des Antiprotons (p^-). Sollte wider Erwarten das

Abb. 36. Chemische Kraft.

Antiproton nicht existieren, so könnte die auf dem Dualismus ruhende Theorie nicht voll aufrechterhalten werden, während eine (mit Erzeugungs- und Vernichtungs-Operatoren arbeitende) Quantentheorie der Teilchen als Rahmen bleiben könnte. Die Kopplungen müßten dann ganz neu gefaßt werden.

Die Hypothese, daß die einem Strichschema entsprechenden Reaktionen (bei Erfüllbarkeit von Energie- und Impulssatz) auch wirklich vorkommen, führt zu der Frage, ob die in Abb. 37 dargestellten Schemata etwas anderes bedeuten als die durch Weglassung des geschlossenen Linienzugs daraus entstehenden Schemata (die glatte Linie soll irgendeinem elektrisch geladenen Teilchen, e, p, π, μ, entsprechen). Das oberste Schema würde bedeuten, daß ein freies Photon ein virtuelles Paar und dieses ein freies Photon erzeugen könnte, ein elektrisches Feld also zu einer Polarisation des Vakuums führen könnte. Das mittlere Schema bedeutete, daß das elektrische Feld eines geladenen Teilchens irgendwie auf dieses wirkte, das Schema könnte mit der Selbstenergie eines solchen geladenen Teilchens zusammenhängen. Wir können die Frage hier nicht beantworten; es sei aber erwähnt, daß die gezeichneten Schemata mit den erwähnten charakteristischen Schwierigkeiten zusammenhängen, die bei der quantentheoretischen Behandlung der Wechselwirkung der Elementarteilchen auftreten, mit Schwierigkeiten, die durch Arbeiten der letzten Jahre in gewisser Weise behoben sind (Renormierung).

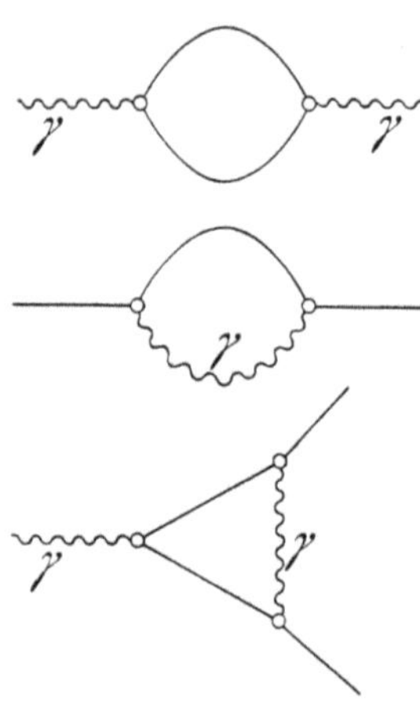

Abb. 37. Zur Wechselwirkung von Photonen und geladenen Teilchen.

109. Störungsrechnung für Umwandlungen.

Wir haben die Wirkungen von Kopplungen auf die gekoppelten Felder oder Teilchen bisher im wesentlichen nur vom Standpunkt der anschaulichen Feldtheorie und vom Standpunkt der anschaulichen Teilchentheorie betrachtet. Im Teilchenbild mußte die Tatsache der Umwandlung selbst als unerklärt hingenommen werden, aber gewisse Eigenschaften der Umwandlungsvorgänge folgten aus dem Energie- und Impulssatz. Im Feldbild ergab sich die Umwandlung selbst aus der Kopplung von Feldern. Aber daß es Elementarteilchen sind, die sich umwandeln, kann erst bei der Übertragung in die Quantentheorie der Felder herauskommen. Die Ergebnisse der anschaulichen Feldtheorie legten häufig eine Übertragung nahe. Diese Übertragung war ähnlich der Anwendung des Korrespondenzprinzips in der gewöhnlichen Quantentheorie, die vom anschaulichen Teilchenbild ausging. Wie aber dort die korrespondenzmäßig gewonnenen Ergebnisse um so ungenauer wurden, je kleiner die Quantenzahlen waren, so wurden auch hier die Ergebnisse bei geringer Teilchenzahl unsicher, insbesondere wenn es sich um die Teilchenzahlen 0 oder 1 handelte. Bei den besprochenen Erscheinungen der Materieerzeugung lieferte die anschauliche Behandlung nur dann eine solche Erzeugung, wenn schon Materie vorhanden war; die Behandlung mittels der Feldquantelung ergab dagegen auch spontane Materieerzeugung, in der formalen Rechnung durch Auftreten von Größen $A\,A^*$, die in der anschaulichen Rechnung von A^*A nicht unterschieden waren. Die anschauliche Behandlung der Umwandlung von Materie lieferte bei einer bestimmten Kopplung die Umwandlung einer Materieart in zwei andere nur, wenn von einer der beiden anderen schon etwas vorhanden war; wir erwarten aber, daß bei Feldquantelung der Zerfall der Teilchen des ersten Feldes unmittelbar eintreten kann.

Zur Berechnung der Wahrscheinlichkeiten solcher Umwandlungen von Elementarteilchen müssen wir über die anschauliche Behandlung hinaus die Feldquantelung vornehmen. Wegen des nichtlinearen Charakters der Gleichungen geht das nur in einer Näherungsrechnung, und wir wählen ein Störungsverfahren, das die Kopplung der Felder als schwach voraussetzt. Das Verfahren geht auf DIRACs Behandlung der Wechselwirkung von Atomen und Lichtstrahlung zurück und ist dem in Abschnitt 98 durchgeführten Verfahren ähnlich.

Wir wollen noch nicht gleich an das Störungsverfahren mit Feldquantelung herangehen, sondern zunächst ein im gewohnteren Rahmen bleibendes Vorbild betrachten; dieses wird sogar etwas einfacher sein als das Verfahren des Abschnittes 98. Die Kopplung zwischen Feldern hängt nämlich nicht explizit von der Zeit ab, und die gekoppelten Felder bilden zusammen ein energetisch abgeschlossenes System.

Als Vorbild für die Störungsrechnung mit Feldquantelung betrachten wir deshalb *ein nichtrelativistisches Materiefeld, in dessen Feldgleichung ein kleines zeitunabhängiges Störungsglied vorkommt.* Formal nicht davon verschieden ist die Betrachtung einer Schrödinger-Gleichung (für ein oder mehrere Teilchen), zu deren Hamilton-Operator ein kleines zeitunabhängiges Störungsglied gehört.

Wir versuchen also die Gleichung

$$\left(H + K - i\hbar\frac{\partial}{\partial t}\right)\psi = 0 \tag{1}$$

mit der kleinen zeitunabhängigen Störung K zu lösen, indem wir den Ansatz

$$\psi = \sum a_k u_k e^{-i\omega_k t}$$

mit langsam veränderlichen Koeffizienten a_k machen, wobei die Funktionen u_k und die Frequenzen ω_k die Gleichung des ungestörten Systems

$$(H - \hbar\,\omega_k)\,u_k = 0$$

erfüllen sollen. Der Ansatz liefert

$$i\,\hbar\,\dot a_k = \sum_l K_{k\,l}\,a_l\,e^{i(\omega_k - \omega_l)t}, \tag{2}$$

wo $K_{k\,l}$ das „Matrixelement"

$$K_{k\,l} = \int u_k{}^* K\,u_l\,\mathrm{d}\tau$$

(erstreckt über den Raum aller Koordinaten) ist.

Uns interessiert der Übergang aus einem Zustand u_0 (Schwingungszustand oder Quantenzustand) in einen Zustand u_k. Wir setzen darum am Anfang $a_0 = 1$, die übrigen $a_k = 0$. Bei der Kleinheit der Störung können wir die Anfangswerte in die rechte Seite der Gl. (2) einsetzen und integrieren ($k \neq 0$):

$$a_k = -\frac{1}{\hbar}\,K_{k\,0}\,\frac{e^{i(\omega_k - \omega_0)t} - 1}{\omega_k - \omega_0}$$

$$a_k{}^* a_k = \frac{1}{\hbar^2}\,K_{k\,0}{}^* K_{k\,0}\,\frac{\sin^2\dfrac{(\omega_k - \omega_0)t}{2}}{\left(\dfrac{\omega_k - \omega_0}{2}\right)^2}. \tag{3}$$

Das Ergebnis ist genau bis auf Glieder, die drei Matrixelemente $K_{k\,l}$ enthalten. Während im ungestörten System der gewählte Anfangszustand u_0 zu einem Vorgange mit scharfer Frequenz ω_0 führte, ist das im gestörten System nicht mehr genau der Fall. Neben einer Schwingung der Frequenz ω_0 stellen sich noch Schwingungen anderer Frequenzen mit schwachen Amplituden ein. In quantentheoretischer Deutung: aus u_0 entsteht kein scharfer Energiezustand. Mit großer Wahrscheinlichkeit wird die Energie $E_0 = \hbar\omega_0$; für die anderen Energien $E_k = \hbar\omega_k$ sind die Wahrscheinlichkeiten gering.

Wenn nun zur Frequenz ω_0 mehrere Schwingungsformen gehören und am Anfang eine davon, u_0, vorhanden ist, so ergibt sich nach Gl.(3) *ein allmähliches Auftreten auch der anderen zur gleichen Frequenz gehörigen Schwingungsformen.* Das ist gerade der Fall, der uns besonders interessiert. Wenn etwa zu ω_0 die beiden Schwingungsformen u_0 und u_1 gehören und am Anfang nur u_0 vorhanden ist, so ist nach Gl. (3)

$$a_1{}^* a_1 = \frac{1}{\hbar^2}\,|K_{10}|^2\,t^2.$$

Wenn wir mit $\hbar = \varepsilon\,\tau$ eine atomare Energieeinheit ε (etwa $\varepsilon = m\,e^4/\hbar^2$)

und eine atomare Zeiteinheit τ ($\hbar^3/m\,e^4$) einführen, so bekommen wir
das größenordnungsmäßig durchsichtige Ergebnis

$$a_1{}^*\,a_1 = \left|\frac{K_{10}}{\varepsilon}\right|^2 \left(\frac{t}{\tau}\right)^2.$$

Ein *Beispiel* mit einer nur kleinen Abänderung stellt der allmähliche
Übergang der Schwingung aus der einen Mulde in die andere Mulde *eines
symmetrischen Zweimuldensystems* dar. Die kleine Abänderung besteht
darin, daß wir die Schwingung aus zwei Schwingungszuständen u_1 und u_2
gleicher Frequenz der einzelnen Mulden zusammensetzen wollen und daß
diese Funktionen nicht genau orthogonal sind. Die Feld- oder Schrödinger-Gleichung lautet

$$\left(-\frac{\hbar^2}{2\,m}\,\Delta + V_1 + V_2 - i\,\hbar\,\frac{\partial}{\partial t}\right)\psi = 0,$$

und wir lösen sie mit dem Ansatz

$$\psi = (a_1\,u_1 + a_2\,u_2)\,e^{-i\,\omega\,t},$$

wo u_1 und u_2 die Gleichungen

$$\left(-\frac{\hbar^2}{2\,m}\,\Delta + V_{1,2} - \hbar\,\omega\right)u_{1,2} = 0$$

für die einzelnen Mulden V_1 und V_2 erfüllen. Der Ansatz liefert

$$(V_2\,a_1 - i\,\hbar\,\dot a_1)\,u_1 + (V_1\,a_2 - i\,\hbar\,\dot a_2)\,u_2 = 0;$$

mit den Anfangswerten $a_1 = 1$, $a_2 = 0$ ergibt sich, wenn wir die Nichtorthogonalität von u_1 und u_2 vernachlässigen,

$$\int u_2{}^*V_2\,u_1\,\mathrm{d}\tau - i\,\hbar\,\dot a_2 = 0,$$

wofür wir abgekürzt

$$i\,\hbar\,\dot a_2 = R$$

schreiben. Es folgt

$$a_2{}^*\,a_2 = \frac{R^2 t^2}{\hbar^2} = \left(\frac{R}{\varepsilon}\right)^2 \left(\frac{t}{\tau}\right)^2.$$

Die andere Schwingungsform entwickelt sich mit einer Intensität proportional t^2, wie wir es z. B. von dem bekannten Versuch mit den „sym-
pathischen Pendeln" gewohnt sind.

Besonders wichtig wird uns der Fall sein, daß die Frequenz ω_0 der
Ausgangsschwingung u_0 einem *Kontinuum* von Frequenzen angehört.
Aus Gl. (3) folgt dann das allmähliche Auftreten anderer Schwingungsformen von Frequenzen ω_k, die nahe bei ω_0 liegen. Aus dem Kontinuum
der Zustände u_k, für die $\omega_k \approx \omega_0$ ist, wählen wir nun diejenigen aus, deren

Eigenschaften merklich übereinstimmen. Für sie kann $|K_{k\,0}|^2$ als gleich angesehen werden, und es wird gemäß Gl. (3)

$$\sum_k a_k{}^* a_k = \frac{2\,t}{\hbar^2\,\Delta\omega}\,|K_{k\,0}|^2 \cdot \int \frac{\sin^2 y}{y^2}\,\mathrm{d}\,y,$$

also (vgl. Abschnitt 98)

$$\sum_k a_k{}^* a_k = \frac{2\,\pi\,t}{\hbar^2\,\Delta\,\omega}\,|K_{k\,0}|^2;$$

dabei ist $|K_{k\,0}|^2$ eine infinitesimal kleine Größe, und $|K_{k\,0}|^2/\Delta\omega$ ist endlich.

In der Quantentheorie ist $\sum a_k{}^* a_k$ die Wahrscheinlichkeit eines Überganges im Laufe der Zeit t.

Wenn durch eine kleine Störung K ein quantentheoretisches System aus einem Zustand u_0 in einen Zustand u_k gleicher Energie in einem Energiekontinuum übergehen kann, so ist die Wahrscheinlichkeit des Überganges in irgendeinen aus einer Gruppe nicht unterscheidbarer Zustände je Zeiteinheit gegeben durch

$$w = \frac{2\,\pi}{\hbar\,\Delta E}\,|K_{k\,0}|^2, \tag{4}$$

wo ΔE der mittlere Abstand aufeinanderfolgender Zustände in der genannten Gruppe von Zuständen an der Stelle der gewählten Anfangsenergie ist. Wenn man durch schärfere Unterscheidung die Gruppe klein macht, so werden auch $1/\Delta E$ und w entsprechend kleiner.

Als *Beispiel* betrachten wir das allmähliche Einwandern der Schwingung aus einer Potentialmulde in ein durch eine Schwelle getrenntes Gebiet tiefen Potentials (Abb. 38). Die geringfügige Nichtorthogonalität des Zustandes u_0 in der Mulde und der Zustände u_k außerhalb der Mulde vernachlässigen wir wieder, und das Potential denken wir aus dem Potential V der Mulde und dem Potential W des Außengebietes additiv zusammengesetzt. Der Ansatz

$$\psi = a_0 u_0 e^{-i\omega_0 t} + \sum a_k u_k e^{-i\omega_k t}$$

führt mit den Anfangswerten $a_0 = 1$, $a_k = 0$ auf:

$$i\,\hbar\,\dot a_k = W_{k\,0}\,e^{i(\omega_k - \omega_0)t}$$

$$\sum a_k{}^* a_k = \frac{2\,\pi\,t}{\hbar^2\,\Delta\omega}\,|W_{k\,0}|^2,$$

wo

$$W_{k\,0} = \int u_k{}^* W u_0\,\mathrm{d}\,\tau$$

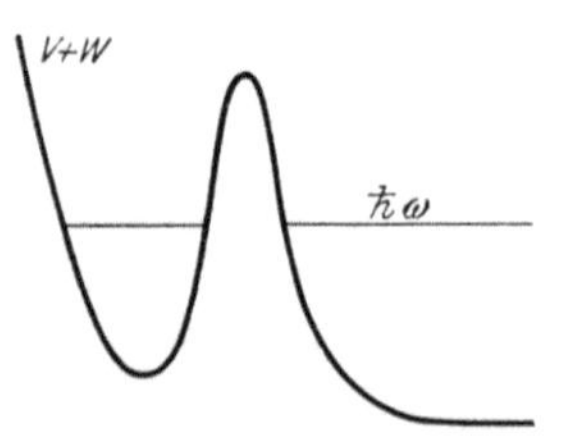

Abb. 38. Beispiel zur zeitproportionalen Übergangswahrscheinlichkeit.

ist. Quantentheoretisch ergibt sich eine zeitproportionale Übergangswahrscheinlichkeit in das Außengebiet.

Das Matrixelement W_{k0} und der Faktor $\Delta\omega$ hängen beide vom will-kürlichen Normierungsvolumen Ω im Außengebiet ab; $u_k\sqrt{\Omega}$ und $|W_{k0}|^2\Omega$ wären davon unabhängig, so daß

$$\sum a_k{}^* a_k = \frac{2\pi t}{\hbar^2\cdot\Omega\Delta\omega}\cdot|W_{k0}|^2\Omega = \frac{2\pi t}{\hbar\cdot\Omega\Delta E}\cdot|W_{k0}|^2\Omega$$

die übersichtlichere Formel ist. Auch $\Omega\Delta\omega$ hat eine vom Normierungs-volumen unabhängige Bedeutung. Im Eindimensionalen nämlich ist die Anzahl der Zustände je Wellenzahlbereich durch

$$\frac{\mathrm{d}n}{\mathrm{d}k} = \frac{\Omega}{\pi}\,,$$

im Dreidimensionalen durch

$$\frac{\mathrm{d}n}{4\pi k^2\,\mathrm{d}k} = \frac{\Omega}{\pi^3}$$

gegeben, so daß im Dreidimensionalen

$$\Omega\,\Delta k = \frac{\pi^2}{4\,k^2}$$

zu setzen ist. Dasselbe quantentheoretisch ausgedrückt: ein Zustand kommt auf das Volumen $8\,\pi^3\,\hbar^3$ des Phasenraumes, also auf π^3/Ω des Wellenzahlraumes ($\pm\,\hbar k$ gehören zum gleichen Zustand). Mit $k^2 = 2\,m\omega/\hbar$ folgt

$$\Omega\,\Delta\omega = \frac{\pi^2\hbar}{4\,m\,k}$$

und die Übergangswahrscheinlichkeit je Zeiteinheit:

$$w = \frac{8}{\pi}\,\frac{m\,k}{\hbar^3}\,|W_{k0}|^2\Omega\,,$$

mit atomaren Einheiten $\hbar = \varepsilon\tau = m\alpha^2/\tau$ (α ist atomare Länge):

$$w = \frac{8}{\pi}\cdot k\alpha\cdot\left|\frac{W_{k0}}{\varepsilon}\right|^2\frac{\Omega}{\alpha^3}\cdot\frac{1}{\tau}\,.$$

Vom Beispiel kehren wir wieder zum allgemeinen Fall des Übergangs ins Kontinuum zurück. Es kann vorkommen, daß das Matrixelement K_{k0} null ist. Für diesen Fall wollen wir die Näherung einen Schritt weiter treiben. Wir rechnen zunächst

$$a_l = -K_{l0}\,\frac{e^{i(\omega_l-\omega_0)t}-1}{\hbar(\omega_l-\omega_0)}$$

und setzen dies in die Gl. (2) ein. Die Lösung ist (mit $K_{00}=0$, $K_{k0}=0$):

$$a_k = \sum_l \frac{K_{kl}K_{l0}}{\hbar(\omega_l-\omega_0)}\left[\frac{e^{i(\omega_k-\omega_0)t}-1}{\hbar(\omega_k-\omega_0)} - \frac{e^{i(\omega_k-\omega_l)t}-1}{\hbar(\omega_k-\omega_l)}\right],$$

und das gibt

$$a_k{}^* a_k = |K'|^2 \frac{\sin^2 \frac{(\omega_k - \omega_0)t}{2}}{\left(\hbar \frac{\omega_k - \omega_0}{2}\right)^2} + \cdots \tag{5}$$

wo ... Glieder andeutet, die $\omega_k - \omega_l$ im Nenner haben und die darum neben dem Gliede mit $(\omega_k - \omega_0)^2 \approx 0$ im Nenner nicht beachtet zu werden brauchen. K' ist dabei eine Abkürzung für

$$K' = \sum_l \frac{K_{kl}K_{l0}}{\hbar(\omega_l - \omega_0)} . \tag{6}$$

Mit dieser Abkürzung entspricht das Ergebnis der Formel (3), und wir erhalten als Übergangswahrscheinlichkeit je Zeiteinheit analog zu Gl. (4):

$$w = \frac{2\pi}{\hbar \Delta E} |K'|^2. \tag{7}$$

Der Übergang von u_0 nach u_k (mit gleicher Energie) geschieht durch Vermittlung eines Zwischenzustandes u_l (mit anderer Energie). Wenn die Größenordnung von $H^{(1)}$ durch einen Störungsparameter bezeichnet wird, so geht die Übergangswahrscheinlichkeit Gl. (4) (für $K_{k0} \neq 0$) mit der zweiten, die Übergangswahrscheinlichkeit Gl. (7) (für $K_{k0} = 0$) mit der vierten Potenz dieses Parameters.

110. Störungsrechnung mit Feldquantelung. Vernichtungs- und Erzeugungsoperatoren.

Was wir eben gemacht haben, war nur ein Vorbild der eigentlichen Störungsrechnung in einer Quantentheorie der Felder. In dieser beschreiben wir ein Feld durch eine Hamilton-Funktion, die wir früher $\overline{H}$ genannt haben, jetzt aber H nennen wollen, und in der die Entwicklungskoeffizienten von Feldgrößen nach einem System von Orthogonalfunktionen oder damit zusammenhängende Größen als Operatoren vorkommen. Die zeitlichen Veränderungen des Feldes werden mit einer „Schrödinger-Gleichung" berechnet:

$$\left(H - i\hbar \frac{\partial}{\partial t}\right) S = 0, \tag{1}$$

wo S von den Variabeln abhängt, auf die die Operatoren wirken. So erfüllen wir etwa die Vertauschungsregeln

$$\alpha_k \alpha_l{}^* - \alpha_l{}^* \alpha_k = \delta_{kl} \tag{2}$$

mit Operatoren

$$\left.\begin{array}{l} \alpha_k = \sqrt{N_k + 1}\,\Delta_k{}^+ = \Delta_k{}^+ \sqrt{N_k} \\[2mm] \alpha_k{}^* = \sqrt{N_k}\,\Delta_k{}^- = \Delta_k{}^- \sqrt{N_k + 1}\,; \end{array}\right\} \tag{3}$$

S ist dann eine Funktion der ganzzahligen Größen N_k.

Wir wollen jetzt die Hamilton-Funktion $H + K$ nennen mit einer kleinen zeitunabhängigen Störung K, die bei unseren Anwendungen das Kopplungsglied sein wird. Die ungestörte Gleichung

$$\left(H - i\hbar \frac{\partial}{\partial t}\right) S = 0$$

betrachten wir als gelöst, die allgemeine Lösung sei

$$S = \sum c_n S_n e^{-i\omega_n t}, \tag{4}$$

wo die zeitunabhängigen Funktionen S_n die Gleichungen

$$(H - \hbar\omega_n) S_n = 0$$

erfüllen. Zur Lösung der gestörten Gleichung

$$\left(H + K - i\hbar \frac{\partial}{\partial t}\right) S = 0 \tag{5}$$

machen wir ebenfalls den Ansatz Gl. (4), wo aber die Koeffizienten c_n jetzt von der Zeit abhängen, und erhalten damit

$$i\hbar \dot{c}_n = \sum_m c_m K_{nm} e^{i(\omega_n - \omega_m)t}$$

mit den Matrixelementen

$$K_{nm} = \int S_n^* K S_m, \tag{6}$$

wo das Zeichen $\int \ldots$ eine Summation über alle Punkte im Raume der Variabeln der Funktionen S, also über alle Punkte $N_1, N_2 \ldots$, andeuten soll. Den Übergang von einem Zustand S_0 in einen Zustand S_n gleicher Energie in einem Kontinuum können wir genau so behandeln wie in Abschnitt 109 den Übergang von einem Zustand u_0 in einen Zustand u_k.

Die Wahrscheinlichkeit des Überganges von einem Zustand S_0 in einen Zustand S_n gleicher Energie — in einem Kontinuum und mit bestimmten Merkmalen — je Zeiteinheit ist

$$w = \frac{2\pi}{\hbar \Delta E} |K'|^2, \tag{7}$$

wo ΔE der mittlere energetische Abstand aufeinanderfolgender Zustände mit den bestimmten Merkmalen ist. K' bedeutet dabei das Matrixelement K_{n0} und, falls dieses verschwindet, die Größe $K' = \sum_m K_{nm} K_{m0}/(E_m - E_0)$.

In den Anwendungen, die wir machen wollen, werden im ungestörten System die Impulse (oder Wellenzahlen) aller Teilchen zeitlich unveränderlich sein. Die Funktionen S_n, die ja Eigenfunktionen des ungestörten Systems sein sollen, werden also ausdrücken, wieviel Teilchen jeweils einen bestimmten Impuls haben (bei Fermi-Statistik können diese Zahlen nur 0 oder 1 sein). Als Funktionen der Teilchenzahlen geschrieben, werden sie für nur einen Punkt des Raumes dieser Zahlen gleich 1, für alle anderen Punkte null sein. Die Funktion

$$S_{n_1 n_2 \ldots}(N_1, N_2 \ldots) = \delta_{n_1 N_1} \cdot \delta_{n_2 N_2} \ldots,$$

wo die $n_1, n_2 \ldots$ die Funktion kennzeichnen, während die $N_1, N_2 \ldots$ die Variabeln sind, drückt aus, daß n_1 Teilchen eines bestimmten Impulses, n_2 Teilchen eines bestimmten anderen Impulses usw. vorhanden sind.

Als *Übungsbeispiel* betrachten wir einen Fall, den wir auch ohne Feldquantelung berechnen können, die *Störung von Materieteilchen durch ein statisches Potential V*. Mit der gewöhnlichen Schrödinger-Gleichung wird die Wahrscheinlichkeit des Überganges eines Teilchens vom Merkmal l zum Merkmal k je Zeiteinheit:

$$w = \frac{2\pi e^2}{h\,\Delta E}\,|V_{kl}|^2. \tag{8}$$

Mit Feldquantelung wird das Ergebnis umständlicher gewonnen. Das Störungsglied in der Hamilton-Funktion lautet

$$K = e\int V\,\psi^*\,\psi\,\mathrm{d}\tau,$$

mit der Entwicklung $\psi = \sum a_k u_k$ also

$$K = e\sum_{k,l} V_{kl}\,a_k^*\,a_l.$$

Das die Übergangswahrscheinlichkeit bestimmende Matrixelement wird:

$$K_{n0} = e\sum_{k,l} V_{kl}\int S_n^*\,a_k^*\,a_l S_0. \tag{9}$$

Als Argumente der Funktionen S_m wählen wir die Teilchenzahlen mit den Merkmalen $k, l\ldots$, die den Orthogonalfunktionen entsprechen; wir schreiben also $S(N_1, N_2 \ldots N_k \ldots)$. Speziell ist $S_{n_1 n_2}(N_1, N_2 \ldots) = \delta_{n_1 N_1} \cdot \delta_{n_2 N_2} \ldots$ die Zustandsfunktion, bei der n_1 Teilchen das Merkmal 1, n_2 Teilchen das Merkmal 2 usw. haben. Wir bilden $a_1 S_{n_1 n_2 \ldots}$. Im Falle der Bose-Statistik rechnen wir mit dem Operator

$$a_1 = \sqrt{N_1 + 1}\,\Delta_1^{+} = \Delta_1^{+}\sqrt{N_1}$$

und bekommen

$$
\begin{aligned}
a_1 S_{n_1 n_2 \ldots}(N_1, N_2 \ldots) &= \sqrt{N_1 + 1}\, S_{n_1 n_2 \ldots}(N_1 + 1, N_2 \ldots)\\
&= \sqrt{n_1}\,\delta_{n_1, N_1 + 1}\,\delta_{n_2 N_2} \ldots = \sqrt{n_1}\,\delta_{n_1 - 1, N_1}\,\delta_{n_2 N_2} \ldots\\
&= \sqrt{n_1}\,S_{n_1 - 1, n_2 \ldots}(N_1, N_2 \ldots).
\end{aligned}
$$

Im Falle der Fermi-Statistik rechnen wir mit

$$a_1 = (1 - N_1)\,\Delta_1 = \Delta_1 N_1$$

und bekommen

$$a_1 S_{n_1 n_2 \ldots}(N_1, N_2 \ldots) = (1 - N_1) S_{n_1 n_2 \ldots}(1 - N_1, N_2 \ldots)$$
$$= n_1 \delta_{n_1,\, 1-N_1} \delta_{n_2 N_2} \cdots = n_1 \delta_{1-n_1,\, N_1} \delta_{n_2 N_2} \cdots$$
$$= n_1 S_{1-n_1,\, n_2 \ldots}(N_1, N_2 \ldots).$$

Wir können das Ergebnis so aussprechen: „*der Operator* a_1 *vernichtet ein Teilchen mit dem Merkmal 1*"; wenn kein solches Teilchen da ist ($n_1 = 0$), ergibt der Operator null. Mit dem Operator

$$a_1{}^* = \sqrt{N_1}\, \Delta_1{}^- = \Delta_1{}^- \sqrt{N_1 + 1}$$

der Bose-Statistik folgt entsprechend:

$$a_1{}^* S_{n_1 n_2 \ldots}(N_1, N_2 \ldots) = \sqrt{N_1}\, S_{n_1 n_2 \ldots}(N_1 - 1, N_2 \ldots)$$
$$= \sqrt{n_1 + 1}\, S_{n_1 + 1,\, n_2 \ldots}(N_1, N_2 \ldots)$$

und mit dem Operator

$$a_1{}^* = N_1 \Delta_1 = \Delta_1 (1 - N_1)$$

der Fermi-Statistik:

$$a_1{}^* S_{n_1 n_2 \ldots}(N_1, N_2 \ldots) = N_1 S_{n_1 n_2 \ldots}(1 - N_1, N_2 \ldots)$$
$$= (1 - n_1) S_{1-n_1,\, n_2 \ldots}(N_1, N_2 \ldots);$$

d.h. „$a_1{}^*$ *erzeugt ein Teilchen mit dem Merkmal 1*", im Falle der Fermi-Statistik geht das nur, wenn nicht schon eines da ist. Der Operator $a_k{}^* a_l$ führt ein Teilchen vom Merkmal l in ein Teilchen vom Merkmal k über und

$$\int S_n{}^* a_k{}^* a_l S_0$$

ist nur dann von 0 verschieden, wenn S_n einem Zustand entspricht, der dadurch aus S_0 entsteht, daß ein Teilchen von l nach k übergeführt wird. Das Glied

$$V_{kl} \int S_n{}^* a_k{}^* a_l S_0$$

in K_{n0} bewirkt also eine Wahrscheinlichkeit des Überganges eines Teilchens von l nach k, und die Wahrscheinlichkeit je Zeiteinheit ist durch Gl. (8) gegeben.

Das Beispiel zeigt uns schon wesentliche Punkte solcher Rechnungen. Auch in anderen Anwendungen werden wir Ausdrücke der Form

$$\alpha_l S_{n_1 \ldots n_l \ldots}(N_1 \ldots N_l \ldots)$$

zu bilden haben, wo der Operator α_l die Vertauschungsregeln

$$\alpha_k \alpha_l{}^* \mp \alpha_l{}^* \alpha_k = \delta_{kl}$$

zu erfüllen hat bei Vertauschbarkeit bzw. Antivertauschbarkeit von

α_k mit α_l und von $\alpha_k{}^*$ mit $\alpha_l{}^*$, so daß $\alpha_l{}^*\alpha_l$ die Eigenwerte $0, 1, 2\ldots$ bzw. 0 und 1 hat. Wie vorhin wird bei Bose-Statistik

$$\left.\begin{aligned}
\alpha_l S_{n_1 \ldots n_l \ldots} &= \sqrt{n_l}\, S_{n_1 \ldots n_l - 1 \ldots} \\[2mm]
\alpha_l{}^* S_{n_1 \ldots n_l \ldots} &= \sqrt{n_l + 1}\, S_{n_1 \ldots n_l + 1 \ldots},
\end{aligned}\right\} \tag{10}$$

bei Fermi-Statistik

$$\left.\begin{aligned}
\alpha_l S_{n_1 \ldots n_l \ldots} &= n_l S_{n_1 \ldots 1 - n_l \ldots} \\[2mm]
\alpha_l{}^* S_{n_1 \ldots n_l \ldots} &= (1 - n_l)\, S_{n_1 \ldots 1 - n_l \ldots},
\end{aligned}\right\} \tag{11}$$

gegebenenfalls noch mit einem —-Zeichen (vgl. Abschnitt 58).

Bei der Anwendung der Operatoren α_l, $\alpha_l{}^*$ ist also darauf zu achten, ob die dahinterstehende Funktion in ihrer Abhängigkeit von den Variabeln N_1, $N_2\ldots$ betrachtet wird, dann sind die Formeln mit den Δ-Operatoren anzuwenden [beachte auch $\alpha_l \sqrt{N_l}\ldots = \sqrt{N_l + 1}\,\alpha_l\ldots$ bzw. $\alpha_l N_l = (1 - N_l)\,\alpha_l\ldots$], oder ob die durch die Besetzungszahlen $n_1\ldots n_l\ldots$ gekennzeichneten Eigenfunktionen $S_{n_1\ldots n_l\ldots} = \delta_{n_1 N_1}\cdots\delta_{n_l N_l}\cdots$ dahinterstehen, dann können die Formeln (10) und (11) angewandt werden [beachte $\alpha_l \sqrt{n_l} = \sqrt{n_l}\,\alpha_l$], und α_l und $\alpha_l{}^*$ treten als *Vernichtungs- und Erzeugungsoperatoren* auf.

Wenn man nur mit den speziellen Funktionen $S_{n_1\ldots n_l\ldots}$ rechnen will, kann man die anderen Eigenschaften des α_l vergessen und braucht sich nur zu vergewissern, daß gemäß (10) und (11) die Operatoren $\alpha_l{}^*\alpha_l$ die Eigenwerte n_l, die Operatoren $\alpha_l\alpha_l{}^*$ die Eigenwerte $n_l + 1$ bzw. $1 - n_l$ und beide die Eigenfunktionen $S_{n_1\ldots n_l\ldots}$ haben, ferner daß Operatoren mit verschiedenen l vertauschbar bzw. antikommutativ sind.

111. Beispiele.

Wir wollen jetzt ein Übungsbeispiel betrachten, bei dem es nicht ohne Feldquantelung ginge, und dabei gleich eine typische Berechnung der in der Übergangswahrscheinlichkeit w vorkommenden Faktoren kennenlernen. Wir betrachten die *Kopplung zwischen einem reellen Felde v und einem nichtrelativistischen komplexen Felde ψ*, wie sie in der Lagrange-Dichte durch ein Kopplungsglied $-g v \psi^* \psi$ ausgedrückt ist. Da zu den Variabeln $v(\mathfrak{r})$, $\psi(\mathfrak{r})$ oder ihren Entwicklungskoeffizienten die gleichen kanonisch konjugierten Variabeln gehören wie ohne Kopplungsglied, erscheint in der Hamilton-Funktion ein Störungsglied

$$K = + g \int v\, \psi^* \psi\, d\tau. \tag{1}$$

Wir erwarten dann in erster Näherung Übergänge eines ψ-Teilchens von einem Zustand in einen anderen und Entstehen oder Verschwinden eines v-Quants. Für freie Teilchen ist ein solcher Prozeß nach dem

Energie- und Impulssatz unmöglich (Abschnitt 110). Wir wollen darum annehmen, daß das ψ-Feld abgesehen von der Kopplung noch an irgendeinem Potential hafte, das ungestörte Feld sei durch

$$\psi = \sum_l a_l e^{-i\omega_l t} u_l$$

gegeben; das ungestörte v-Feld jedoch soll aus ebenen Wellen bestehen:

$$v = \sum_{\mathfrak{f}} \lambda_{\mathfrak{f}} \left[\gamma_{\mathfrak{f}} e^{i(\mathfrak{f}\mathfrak{r} - \omega_{\mathfrak{f}} t)} + \gamma_{\mathfrak{f}}{}^* e^{-i(\mathfrak{f}\mathfrak{r} - \omega_{\mathfrak{f}} t)} \right]$$
$$= \sum_{\mathfrak{f}} \lambda_{\mathfrak{f}} \left[\gamma_{\mathfrak{f}} e^{i(\mathfrak{f}\mathfrak{r} - \omega_{\mathfrak{f}} t)} + \gamma_{-\mathfrak{f}}{}^* e^{i(\mathfrak{f}\mathfrak{r} + \omega_{\mathfrak{f}} t)} \right],$$

wo

$$\left(\frac{\omega_{\mathfrak{f}}}{c} \right)^2 = \varkappa^2 + \mathfrak{f}^2$$

ist. Wenn v wie ein elektrisches Potential gemessen wird und dann g mit der Elementarladung e vergleichbar ist, ist (Abschn. 56)

$$\lambda_{\mathfrak{f}}^2 = \hbar c^2 / 2\,\varepsilon_0\,\omega_{\mathfrak{f}}\,\Omega = \hbar^2 c^2 / 2\,\varepsilon_0\,E_{\mathfrak{f}}\,\Omega. \tag{2}$$

Die Zustände u_l des ψ-Feldes wollen wir als diskret ansehen; das Kontinuum der Übergänge ist also durch das Kontinuum der Wellenzahlen $\mathfrak{f}$ des v-Feldes gegeben. Es ist

$$K = g \sum_{\mathfrak{f},\,l,\,m} \frac{\hbar c}{\sqrt{2\,\varepsilon_0\,E_{\mathfrak{f}}\,\Omega}} \left[\gamma_{\mathfrak{f}} e^{-i(\omega_m - \omega_l + \omega_{\mathfrak{f}})t} + \gamma_{-\mathfrak{f}}{}^* e^{-i(\omega_m - \omega_l - \omega_{\mathfrak{f}})t} \right] a_l{}^* a_m \int u_l{}^* u_m e^{i\mathfrak{f}\mathfrak{r}} \,d\tau. \tag{3}$$

Merkliche Übergänge treten nur auf, wenn

$$\omega_{\mathfrak{f}} = \pm (\omega_l - \omega_m)$$

ist, also der Energiesatz erfüllt ist. Mit dem oberen Vorzeichen

$$E_{\mathfrak{f}} + E_m = E_l$$

kommt es auf das Glied mit $\gamma_{\mathfrak{f}} a_l{}^* a_m$ an, und es gibt den Übergang eines ψ-Teilchens von m nach l unter Absorption eines v-Quants aus dem Zustand $\mathfrak{f}$. Im Matrixelement tritt der Faktor $\sqrt{n_{\mathfrak{f}} (n_l + 1) n_m}$ auf. Mit dem unteren Vorzeichen

$$E_m = E_l + E_{\mathfrak{f}}$$

kommt es auf das Glied mit $\gamma_{-\mathfrak{f}}{}^* a_l{}^* a_m$ an, und es gibt den Übergang eines ψ-Teilchens von m nach l unter Emission eines v-Quants in den Zustand $-\mathfrak{f}$. Im Matrixelement tritt der Faktor $\sqrt{(n_{-\mathfrak{f}} + 1)(n_l + 1) n_m}$ auf.

Wir haben nichtrelativistisches ψ-Feld angenommen, also $|E_l - E_m| = E_{\mathfrak{f}}$ klein gegen die Ruhenergie der ψ-Teilchen, und freie v-Quanten, also $E_{\mathfrak{f}}$

größer als deren Ruhenergie. Wir können unsere Rechnung also nur ausführen, wenn die Ruhenergie der v-Quanten klein ist gegen die der
ψ-Teilchen, insbesondere aber, wenn die v-Quanten die Ruhenergie null
haben. In diesem Falle haben wir eine Modelltheorie für die Emission
und Absorption von Licht (bei der wirklichen Theorie ist die Vektornatur
des Lichtfeldes und die damit zusammenhängende andere Kopplung zu
berücksichtigen). Bei nicht verschwindender, aber kleiner Ruhenergie
haben wir eine Modelltheorie für die Emission oder Absorption leichter
Teilchen an den in einem Atomkern gebundenen Nukleonen (auch hier
ist die Wirklichkeit verwickelter).

Hätten wir angenommen, daß die ψ-Teilchen ohne Kopplung frei
wären

$$\psi = \sum_{\mathfrak{l}}' \frac{1}{\sqrt{\Omega}}\, a_{\mathfrak{l}}\, e^{i(\mathfrak{l}\mathfrak{r} - \omega_{\mathfrak{l}} t)}\,,$$

so wäre in K das Integral

$$\int e^{i(\mathfrak{k} - \mathfrak{l} + \mathfrak{m})\mathfrak{r}}\, d\tau$$

aufgetreten, das nur bei Erfüllung des Impulssatzes

$$\mathfrak{k} + \mathfrak{m} = \mathfrak{l}$$

nicht null wäre.

Betrachten wir aber den Fall nichtfreier ψ-Teilchen weiter. Die
Übergangswahrscheinlichkeit je Zeiteinheit

$$w = \frac{2\pi}{\hbar\, \Delta E}\, \left| K_{n\,0} \right|^2$$

ist, abgesehen von den Integralen

$$\int u_l{}^*\, u_m\, e^{i\mathfrak{k}\mathfrak{r}}\, d\tau$$

und den Faktoren $\sqrt{n_{\mathfrak{k}}\,(n_l + 1)\, n_m}$ oder $\sqrt{(n_{-\mathfrak{k}} + 1)(n_l + 1)\, n_m}$, die, wenn
es sich um einzelne Teilchen handelt, 1 sind, durch den Faktor

$$\frac{2\pi}{\hbar\, \Delta E_{\mathfrak{k}}} \cdot \frac{g^2}{2\,\varepsilon_0}\, \frac{\hbar^2 c^2}{E_{\mathfrak{k}}\,\Omega} = \frac{\pi\, g^2}{\varepsilon_0} \cdot \frac{\hbar\, c^2}{E_{\mathfrak{k}} \cdot \Omega\, \Delta E_{\mathfrak{k}}}$$

bestimmt. Auf das Volumen $8\pi^3\,\hbar^3$ des Phasenraumes der v-Teilchen oder
das Volumen $8\pi^3/\Omega$ des Wellenzahlraumes kommt ein Zustand:

$$4\pi k^2\, \Delta k = \frac{8\pi^3}{\Omega}$$

$$\Omega\, \Delta k = \frac{2\pi^2}{k^2}\,, \tag{4}$$

und die Umrechnung auf ΔE_k mit $E_k\, \Delta E_k = c^2\,\hbar^2 k\, \Delta k$ ergibt

$$\Omega\, \Delta E_{\mathfrak{k}} = \frac{2\pi^2 c^2\,\hbar^2}{E_{\mathfrak{k}}\, k}\,. \tag{5}$$

So wird schließlich bis auf den Beitrag der obengenannten Raumintegrale

$$w \sim \frac{2\,g^2}{4\,\pi\,\varepsilon_0}\,\frac{k}{\hbar} \tag{6}$$

(mit $4\,\pi\,\varepsilon_0 = 1$ wird g in elektrostatischen Ladungseinheiten gemessen).

Bei der *Kopplung* Gl. (1) *zwischen einem reellen v-Feld und einem relativistischen komplexen ψ-Feld* können in erster Näherung auch bei freien Teilchen Übergänge auftreten. Die Umwandlung eines v-Teilchens in ein Paar entgegengesetzt geladener ψ-Teilchen ist mit dem Energie- und Impulssatz verträglich, wenn die Ruhenergie des v-Teilchens die doppelte Ruhenergie des ψ-Teilchens übersteigt. Von den Gliedern, die mit

$$\psi = \sum_{\mathfrak{l}} \lambda_{\mathfrak{l}}\big[\alpha_{\mathfrak{l}}\, e^{i(\mathfrak{l}\mathfrak{r}-\omega_{\mathfrak{l}}t)} + \beta_{-\mathfrak{l}}{}^{*}\, e^{i(\mathfrak{l}\mathfrak{r}+\omega_{\mathfrak{l}}t)}\big]$$

und dem früheren Ausdruck für v in K auftreten, geben die mit $\gamma_{\mathfrak{k}}\beta_{-\mathfrak{l}}\alpha_{\mathfrak{m}}$ und mit $\gamma_{-\mathfrak{k}}{}^{*}\alpha_{\mathfrak{l}}{}^{*}\beta_{-\mathfrak{m}}{}^{*}$ nach dem Energiesatz und die mit $\gamma_{\mathfrak{k}}\alpha_{\mathfrak{l}}{}^{*}\alpha_{\mathfrak{m}}, \gamma_{\mathfrak{k}}\beta_{-\mathfrak{l}}\beta_{-\mathfrak{m}}{}^{*}$, $\gamma_{-\mathfrak{k}}{}^{*}\alpha_{\mathfrak{l}}{}^{*}\alpha_{\mathfrak{m}}$ und $\gamma_{-\mathfrak{k}}{}^{*}\beta_{-\mathfrak{l}}\beta_{\mathfrak{m}}{}^{*}$ nach dem Energie- und Impulssatz $\mathfrak{k} + \mathfrak{m} = \mathfrak{l}$ keine Übergänge. Es bleiben die Glieder mit $\gamma_{\mathfrak{k}}\alpha_{\mathfrak{l}}{}^{*}\beta_{-\mathfrak{m}}{}^{*}$, die zur Umwandlung eines v-Quants mit dem Impuls $\hbar\mathfrak{k}$ in ein positives ψ-Teilchen mit dem Impuls $\hbar\mathfrak{l}$ und ein negatives ψ-Teilchen mit dem Impuls $-\hbar\mathfrak{m}$ gehören, und die Glieder mit $\gamma_{-\mathfrak{k}}{}^{*}\beta_{-\mathfrak{l}}\alpha_{\mathfrak{m}}$, die zur Umwandlung eines positiven ψ-Teilchens mit dem Impuls $\hbar\mathfrak{m}$ und eines negativen ψ-Teilchens mit dem Impuls $-\hbar\mathfrak{l}$ in ein v-Quant mit dem Impuls $-\hbar\mathfrak{k}$ gehören.

Unser nächstes Beispiel, die Kopplung

$$K = g\int(\psi^{\cdot}\,\varphi\chi + \chi^{*}\varphi^{*}\,\psi)\,d\tau,$$

wollen wir, um konkreter zu sein, gleich

$$K = g\int(p^{*}n\pi + \pi^{*}n^{*}p)\,d\tau$$

schreiben und zunächst an Protonen, Neutronen und Mesonen denken. Da bei den wirklichen Protonen, Neutronen und Mesonen keine der drei Ruhmassen größer ist als die Summe der beiden anderen, können für freie Teilchen keine Übergänge auftreten. Wir denken uns also die Teilchen noch an irgendwelche Massen gebunden, die Impuls und Energie aufnehmen können. Setzen wir

$$p = \sum_{j} \ldots (p_j{}^{+} + p_j{}^{-*})\,u_j$$

$$n = \sum_{k} \ldots (n_k{}^{+} + n_k{}^{-*})\,v_k$$

$$\pi = \sum \ldots (\pi_l{}^{+} + \pi_l{}^{-*})\,w_l,$$

so tritt im Kopplungsglied K der Ausdruck

$$(p_j{}^{+*} + p_j{}^{-})(n_k{}^{+} + n_k{}^{-*})(\pi_l{}^{+} + \pi_l{}^{-*}) + (p_j{}^{+} + p_j{}^{-*})(n_k{}^{+*} + n_k{}^{-})(\pi_l{}^{+*} + \pi_l{}^{-})$$

26*

auf, also 16 Arten von Gliedern. Von diesen entsprechen die vier

$$p^{+*}\,n^{-*}\,\pi^{-*}, \qquad p^{-*}\,n^{+*}\,\pi^{+*}, \qquad p^{+}\,n^{-}\,\pi^{-}, \qquad p^{-}\,n^{+}\,\pi^{-}$$

der Entstehung oder Vernichtung von je drei Teilchen, was nur bei starkem Energieaustausch mit der Umgebung möglich ist. In acht weiteren finden wir die Umwandlungen

$$p^{+*}\,n^{+}\,\pi^{+}, \qquad p^{+}\,n^{+*}\,\pi^{+*}: \qquad \mathrm{p}^{+} \leftrightarrow \mathrm{n}^{(+)} + \pi^{+}$$

$$p^{-*}\,n^{-}\,\pi^{-}, \qquad p^{-}\,n^{-*}\,\pi^{-*}: \qquad \mathrm{p}^{-} \leftrightarrow \mathrm{n}^{(-)} + \pi^{-}$$

$$p^{+*}\,n^{+}\,\pi^{-*}, \qquad p^{+}\,n^{+*}\,\pi^{-}: \qquad \mathrm{n}^{(+)} \leftrightarrow \mathrm{p}^{+} + \pi^{-}$$

$$p^{-*}\,n^{-}\,\pi^{+*}, \qquad p^{-}\,n^{-*}\,\pi^{+}: \qquad \mathrm{n}^{(-)} \leftrightarrow \mathrm{p}^{-} + \pi^{+},$$

von denen die mit p^{+} und $\mathrm{n}^{(+)}$ nach der Yukawaschen Theorie im Atomkern vorkommen. Vier weitere sind

$$p^{+*}\,n^{-*}\,\pi^{+}, \qquad p^{+}\,n^{-}\,\pi^{+*}: \qquad \pi^{+} \leftrightarrow \mathrm{p}^{+} + \mathrm{n}^{(-)}$$

$$p^{-*}\,n^{+*}\,\pi^{-}, \qquad p^{-}\,n^{+}\,\pi^{-*}: \qquad \pi^{-} \leftrightarrow \mathrm{p}^{-} + \mathrm{n}^{(+)};$$

sie können, in der $\rightarrow$-Richtung, nur für sehr rasche π-Teilchen vorkommen.

Denken wir uns jedoch unter p und n sehr leichte Teilchen, so daß die Ruhmasse des π-Teilchens die Summe der beiden anderen Ruhmassen überschreitet, so können die letztgenannten Umwandlungen an freien Teilchen vorkommen. Das π-Teilchen zerfällt spontan in die leichten Teilchen.

112. Zerfall von Elementarteilchen.

Wir wollen jetzt Reaktionen von freien Teilchen als Folge von Kopplungen mit der Feldquantelung behandeln. Dabei wird ein *Zusammenhang der Kopplungskonstanten mit der Reaktionswahrscheinlichkeit* auftreten.

Wir benutzen dabei immer die Formel

$$w = \frac{2\,\pi\,|\,K'\,|^{2}}{\hbar\,\Delta E} \tag{1}$$

(Abschn. 109) für die Umwandlungswahrscheinlichkeit je Zeiteinheit. Als Zustandsfunktionen benutzen wir $S_{\ldots n_l \ldots}$ (n_l Teilchen haben das Merkmal l), so daß in K Vernichtungs- und Erzeugungsoperatoren stehen. Zum Matrixelement K_{mn} geben nur solche Operatorenfolgen einen Beitrag, die (mit Vernichtung und Erzeugung) gerade dem Übergang $n \rightarrow m$ entsprechen. Als ungestörte Felder wählen wir ebene Wellen, und die Vernichtungs- und Erzeugungsoperatoren führen wir mit folgenden Entwicklungen (Abschn. 56) ein: bei relativistischen komplexen skalaren

Feldern, wenn im nichtrelativistischen Grenzfall $\psi^*\psi$ eine Teilchendichte sein soll:

$$\psi = \sum_{\mathfrak{k}}' \sqrt{\frac{E^0}{\Omega E_{\mathfrak{k}}}}\,(\psi_{\mathfrak{k}}^+ + \psi_{-\mathfrak{k}}^{-*})\,e^{i\,\mathfrak{k}\,\mathfrak{r}} \tag{2a}$$

(E^0 ist Ruhenergie), wenn ψ als Potential behandelt wird:

$$\psi = \sum_{\mathfrak{k}}' \frac{\hbar c}{\sqrt{\varepsilon_{\jmath}\,\Omega\,E_{\mathfrak{k}}}}\,(\psi_{\mathfrak{k}}^+ + \psi_{-\mathfrak{k}}^{-*})\,e^{i\,\mathfrak{k}\,\mathfrak{r}}\,, \tag{2b}$$

bei reellen skalaren Feldern:

$$v = \sum_{\mathfrak{k}}' \sqrt{\frac{E^0}{2\,\Omega\,E_{\mathfrak{k}}}}\,(v_{\mathfrak{k}} + v_{-\mathfrak{k}}^{*})\,e^{i\,\mathfrak{k}\,\mathfrak{r}} \tag{3a}$$

und

$$v = \sum_{\mathfrak{k}}' \frac{\hbar c}{\sqrt{2\,\varepsilon_{\jmath}\,\Omega\,E_{\mathfrak{k}}}}\,(v_{\mathfrak{k}} + v_{-\mathfrak{k}}^{*})\,e^{i\,\mathfrak{k}\,\mathfrak{r}}\,, \tag{3b}$$

bei nichtrelativistischen (komplexen) skalaren Feldern:

$$\psi = \frac{1}{\sqrt{\Omega}}\sum_{\mathfrak{k}}' \psi_{\mathfrak{k}}\,e^{i\,\mathfrak{k}\,\mathfrak{r}} \tag{4a}$$

und

$$\psi = \frac{\hbar c}{\sqrt{\varepsilon_0\,\Omega\,E^0}}\sum_{\mathfrak{k}}' \psi_{\mathfrak{k}}\,e^{i\,\mathfrak{k}\,\mathfrak{r}}\,. \tag{4b}$$

In w treten als Faktoren auf: Kopplungskonstanten, Normierungsfaktoren $E^0/E_{\mathfrak{k}}$ bzw. $\hbar^2 c^2/\varepsilon_0 E_{\mathfrak{k}}$, eine Potenz von $1/\Omega$ und außerdem $1/\Delta E$, die Dichte der Zustände auf der Energieskala, die die Potenz von $1/\Omega$ kompensieren muß.

Auf einer Kopplung dritten Grades

$$K = g\int(\psi^* \varphi \chi + \chi^* \varphi^* \psi)\,d\tau$$

beruht der *spontane Zerfall eines Teilchens in zwei Teilchen*, deren Ruhmassen zusammengenommen kleiner sind als die Ruhmasse des anfänglichen Teilchens. Wir denken dabei an den Zerfall eines π-Mesons in ein μ-Meson und ein ν-Teilchen (Abschnitt 107) und schreiben:

$$K = g\int(\pi^* \mu \nu + \nu^* \mu^* \pi)\,d\tau\,. \tag{5}$$

Das zerfallende π-Teilchen sehen wir als ruhend an, das π-Feld behandeln wir daher nichtrelativistisch und setzen für $t = 0$:

$$\pi = \frac{\hbar}{\sqrt{\varepsilon_{\jmath}\,m_\pi\,\Omega}}\sum_{\mathfrak{j}}\pi_{\mathfrak{j}}\,e^{i\,\mathfrak{j}\,\mathfrak{r}} \tag{6}$$

$(E_\pi^0 = m_\pi c^2)$, π also die Dimension eines elektrischen Potentials gebend. Die anderen Felder setzen wir:

$$\left.\begin{aligned}
\mu &= \sum_{\mathfrak{k}} \sqrt{\frac{E_\mu^0}{E_{\mu\mathfrak{k}}\,\Omega}}\,(\mu_{\mathfrak{k}}{}^+ + \mu_{-\mathfrak{k}}{}^{-*})\,e^{i\,\mathfrak{k}\,\mathfrak{r}} \\
\nu &= \sum_{\mathfrak{l}} \sqrt{\frac{E_\nu^0}{E_{\nu\mathfrak{l}}\,\Omega}}\,(\nu_{\mathfrak{l}}{}^+ + \nu_{-\mathfrak{l}}{}^{-*})\,e^{i\,\mathfrak{l}\,\mathfrak{r}}.
\end{aligned}\right\} \tag{7}$$

Die Kopplungskonstante g hat dann die Dimension einer elektrischen Ladung und $g^2/\varepsilon_0\,\hbar c$ ist eine reine Zahl. Dem Zerfall

$$\pi^+ \to \mu^+ + \nu^+$$

entspricht in K das Glied mit $\pi_{\mathfrak{j}}\mu_{\mathfrak{k}}{}^{+*}\nu_{\mathfrak{l}}{}^{+*}$; es ist mit dem Integral

$$\int e^{i\,(\mathfrak{j}\,-\,\mathfrak{k}\,-\,\mathfrak{l})\,\mathfrak{r}}\,d\tau$$

behaftet, das bei Erfüllung des Impulssatzes

$$\mathfrak{j} = \mathfrak{k} + \mathfrak{l},$$

bei ruhendem π-Teilchen also

$$\mathfrak{k} = -\,\mathfrak{l},$$

den Wert Ω hat und sonst 0 ist. *Beim Zerfall ist* also *der Impulssatz erfüllt.* Der Wert $|\,\mathfrak{k}\,| = |\,\mathfrak{l}\,| = p/\hbar$ ist durch die Energiegleichung

$$E_\pi^0 = \sqrt{(E_\mu^0)^2 + c^2 p^2} + \sqrt{(E_\nu^0)^2 + c^2 p^2} \tag{8}$$

eindeutig bestimmt. Vom Matrixelement K_{n0} bleibt also übrig:

$$K_{n0} = \frac{g}{\sqrt{\varepsilon_0}}\,\frac{\hbar}{\sqrt{m_\pi\,\Omega}}\,\sqrt{\frac{E_\mu^0}{E_\mu}\frac{E_\nu^0}{E_\nu}}\,.$$

Wenn die entstehenden Teilchen sich nicht allzu rasch bewegen, können die beiden letzten Faktoren genähert 1 gesetzt werden. Auch ist zu bedenken, daß unsere Theorie ja nur eine Modelltheorie für die Wirklichkeit sein kann, indem die wirklichen μ- und ν-Teilchen einen Spin $1/_2$ haben, also die μ- und ν-Felder als spinorielle Felder zu behandeln sind und bei solchen Feldern diese Faktoren doch 1 sind. (Dabei ist sogar der Übergang zur Ruhmasse null möglich.) Wir benutzen also

$$|\,K_{n0}\,|^2 = \frac{g^2}{\varepsilon_0}\,\frac{\hbar^2}{\Omega\,m_\pi}$$

und finden als Zerfallswahrscheinlichkeit

$$w = \frac{2\pi g^2}{\varepsilon_0}\,\frac{\hbar}{m_\pi}\,\frac{1}{\Omega\,\Delta E}\,. \tag{9}$$

$\Omega \Delta E$ bezieht sich dabei auf das Kontinuum der möglichen Impulse p, und wir können, wie früher schon,

$$\Omega \cdot 4\pi p^2 \, \mathrm{d}p = 8\pi^3 \hbar^3,$$

also

$$w = \frac{g^2}{\pi\,\varepsilon_0} \frac{p^2}{\hbar^2\, m_\pi} \frac{\mathrm{d}p}{\mathrm{d}E} \tag{10}$$

setzen. Dabei ist $\mathrm{d}p/\mathrm{d}E$ aus

$$E = \sqrt{(E_\mu{}^0)^2 + c^2 p^2} + \sqrt{(E_\nu{}^0)^2 + c^2 p^2} - E_\mu{}^0 - E_\nu{}^0 \tag{11}$$

zu berechnen. Wenn wir etwa $E_\mu \approx E_\mu{}^0 + (p^2/2\,m_\mu)$ und $E_\nu \approx c\,p$ setzen dürfen, wird $E \approx c\,p$ und

$$w \approx \frac{g^2}{\pi\,\varepsilon_0} \frac{E^2}{c\,\hbar^2 E_\pi{}^0},$$

wo E die frei werdende kinetische Energie ist. In der Schreibweise

$$w \approx \frac{g^2}{\pi\,\varepsilon_0\,\hbar\,c} \cdot \frac{E^2}{m\,c^2 E_\pi{}^0} \cdot \frac{m\,c^2}{\hbar}, \tag{12}$$

wo m die Elektronenmasse sei, erkennen wir die dimensionslose Größe $g^2/\pi\,\varepsilon_0\hbar c$ (wir können auch $4\pi\varepsilon_0 = 1$ setzen) und die Frequenzeinheit $m\,c^2/\hbar \approx 10^{21}$ sec. Die dimensionslose Größe $E^2/m\,c^2 E_\pi{}^0$ ist (mit $E \approx 100\,m\,c^2$, $E_\pi{}^0 \approx 300\,m\,c^2$) etwa 30. Da beim spontanen π-Zerfall die Zerfallswahrscheinlichkeit je Zeiteinheit etwa 10^8 sec^{-1} ist gegenüber der Frequenzeinheit 10^{21} sec^{-1}, zeigt sich $g^2/\pi\varepsilon_0\hbar c$ als ein sehr kleiner Faktor ($\approx 10^{-15}$). *Die $(\pi\,\mu\,\nu)$-Kopplung ist eine sehr schwache Kopplung.*

Der Zerfall

$$\pi \to \mathrm{e} + \nu$$

ist nicht beobachtet und mindestens viel seltener als $\pi \to \mu + \nu$. Mit der entsprechend umzubenennenden Kopplung (5), mit $E_\mathrm{e} \approx c\,p$, $E_\nu \approx c\,p$ würde $E \approx 2\,c\,p$ und

$$w = \frac{g^2}{8\,\pi\,\varepsilon_0\,\hbar\,c} \cdot \frac{E_\pi{}^0}{m\,c^2} \cdot \frac{m\,c^2}{\hbar}; \tag{13}$$

mit $w < 10^5$ sec^{-1} gäbe das $g^2/\pi\,\varepsilon_0\,\hbar\,c < 10^{-19}$.

Wir betrachten jetzt den *spontanen Zerfall eines Teilchens in drei Teilchen* auf Grund der Kopplung

$$K = g\int (n^* p\, e^* \nu + \nu^* e\, p^* n)\, \mathrm{d}\tau. \tag{14}$$

Wenn wir alle Feldgrößen so normieren, daß $\psi^*\psi\,\mathrm{d}\tau$ eine Zahl ist, so hat g die Dimension Energie $\times$ Volumen. Wir wollen untersuchen, wie die Zerfallswahrscheinlichkeit oder die Lebensdauer eines n-Teilchens von der Kopplungskonstanten g abhängt.

Dabei wollen wir qualitativ die Verhältnisse annehmen, wie sie für Neutronen, Protonen, Elektronen und Neutrinos gelten, also die Ruhmassen der beiden erstgenannten Teilchen als groß ansehen. Die n- und p-Teilchen können also als ruhend angesehen werden. In

$$n = \frac{1}{\sqrt{\Omega}} \sum_\mathfrak{j} n_\mathfrak{j}\, e^{i\mathfrak{j}\mathfrak{r}} \qquad\qquad p = \frac{1}{\sqrt{\Omega}} \sum_\mathfrak{k} p_\mathfrak{k}\, e^{i\mathfrak{k}\mathfrak{r}}$$

$$e = \frac{1}{\sqrt{\Omega}} \sum_\mathfrak{l} \ldots (e_{-\mathfrak{l}}{}^+ + e_\mathfrak{l}{}^-{}^*)\, e^{-i\mathfrak{l}\mathfrak{r}} \qquad \nu = \frac{1}{\sqrt{\Omega}} \sum_\mathfrak{m} \ldots (\nu_\mathfrak{m}{}^+ + \nu_{-\mathfrak{m}}{}^-{}^*)\, e^{i\mathfrak{m}\mathfrak{r}}$$

setzen wir die Faktoren ... jetzt 1 (was bei skalarer Materie nur für langsam bewegte Materie gilt, bei spinorieller Materie aber immer). Für den Übergang

$$\mathrm{n}^{(+)} \to \mathrm{p}^+ + \mathrm{e}^- + \nu^{(+)} \tag{15}$$

ist in K das Glied

$$n_\mathfrak{j}\, p_\mathfrak{k}{}^* e_\mathfrak{l}{}^-{}^* \nu_\mathfrak{m}{}^* \cdot \int e^{i\,(\mathfrak{j}-\mathfrak{k}-\mathfrak{l}-\mathfrak{m})\mathfrak{r}}\, d\tau$$

wichtig; das Integral darin ist Ω, wenn der Impulssatz

$$\mathfrak{j} = \mathfrak{k} + \mathfrak{l} + \mathfrak{m}$$

erfüllt ist, sonst ist es null. Es bleibt also

$$|K_{n0}|^2 = \frac{g^2}{\Omega^2}\,.$$

Die Übergangswahrscheinlichkeit in einen Zustand mit festem $\mathfrak{l}$ oder festem Impuls des Elektrons wird

$$w = \frac{2\pi\,|K_{n0}|^2}{\hbar\,\Delta E} = \frac{2\pi\,g^2}{\hbar\,\Omega^2\,\Delta E} = \frac{g^2\,p_\nu{}^2}{\pi\,\hbar^4\,\Omega}\,\frac{d\,p_\nu}{d\,E_\nu}\,,$$

mit $E_\nu = c\,p_\nu$ also

$$w = \frac{g^2\,p_\nu{}^2}{\pi\,\hbar^4\,c\,\Omega}\,.$$

Summieren wir über alle Möglichkeiten für p_e, so wird die gesamte Übergangswahrscheinlichkeit

$$w = \frac{g^2}{2\,\pi^3\,\hbar^7\,c} \int p_\nu{}^2\,p_e{}^2\,d\,p_e\,. \tag{16}$$

Setzen wir in einer ganz rohen Abschätzung $E \approx c\,p$ und E gleich der frei werdenden kinetischen Energie, so wird

$$w \approx \frac{g^2\,E^5}{\pi^3\,\hbar^7\,c^6} \approx \left(\frac{g\,m^2\,c}{\hbar^3}\right)^2 \left(\frac{E}{m\,c^2}\right)^5 \frac{m\,c^2}{\hbar}\,. \tag{17}$$

Darin sind die beiden ersten Faktoren dimensionslose Zahlen und $m\,c^2/\hbar$ wieder die Frequenzeinheit von rund $10^{21}\ \mathrm{sec}^{-1}$. Der mittlere Faktor ist beim Zerfall des Neutrons von der Größenordnung 1. Die empirische

Zerfallswahrscheinlichkeit von etwa $10^{-3}\,\mathrm{sec}^{-1}$ erhält man also mit der Kopplungskonstante

$$\frac{g\,m^2\,c}{\hbar^3} \approx 10^{-12} \qquad g \approx 10^{-49}\,\mathrm{erg\ cm^3}.$$

Die betrachtete Kopplung ist also eine sehr schwache Kopplung.

Die genauere Berechnung von Gl. (16) benutzt

$$E_e{}^2 = (E_e{}^0)^2 + c^2\,p_e{}^2$$
$$E_\nu{}^2 = c^2\,p_\nu{}^2$$
$$E_\nu = E_n{}^0 - E_p{}^0 - E_e$$

und liefert

$$w = \frac{g^2}{2\,\pi^3\,\hbar^7\,c^6} \int E_e\,(E_n{}^0 - E_p{}^0 - E_e)^2\,\sqrt{E_e{}^2 - (E_e{}^0)^2}\,\mathrm{d}E_e$$
$$= \frac{g^2\,(E_e{}^0)^5}{2\,\pi^3\,\hbar^7\,c^6} \int_1^a x\,(a-x)^2\,\sqrt{x^2-1}\,\mathrm{d}x \tag{18}$$

mit $a = (E_n{}^0 - E_p{}^0)/E_e{}^0$. Bei den wirklichen Neutronen, Protonen und Elektronen ist $a-1$ von der Größenordnung 1, also auch das Integral von der Größenordnung 1.

Betrachten wir statt der Reaktion (15) die Reaktion

$$\mu \to \mathrm{e} + \nu + \nu, \tag{19}$$

so bleibt der Ausdruck (17) als Größenordnung von w. Da der empirische Wert von w jetzt der 10^9-fache und der von $(E/m\,c^2)^5$ der etwa 10^{10}-fache ist, ist auch hier die Kopplungskonstante von gleicher Größenordnung wie bei $(\mathrm{n\,p\,e\,}\nu)$.

113. Indirekte Kopplungen.

Wir haben eben die Reaktion $\mathrm{n} \to \mathrm{p} + \mathrm{e} + \nu$ als Folge einer $(\mathrm{n,\,p,\,e,\,}\nu)$-Kopplung betrachtet. Sie könnte auch einem komplizierteren Schema entsprechen (vgl. Abschnitt 108). Wählen wir der Einfachheit halber die Yukawasche Vermutung einer Kopplung

$$\sim\!\int (p^*\,n\,m + m^*\,n^*\,p)\,\mathrm{d}\tau$$

und einer Kopplung

$$\sim\!\int (m^*\,e\,\nu^* + \nu\,e^*\,m)\,\mathrm{d}\tau,$$

so haben wir die zweite Kopplung als sehr schwach anzusehen. Wir können also das Mesonfeld als durch die Nukleonen bestimmt ansehen:

$$m \sim \int n^*\,p\,\frac{e^{-\varkappa r}}{r}\,\mathrm{d}\tau,$$

so daß die Kopplung auch durch

$$\int [n^*(1)\,p(1)\,e^*(2)\,v(2) + v^*(2)\,e(2)\,p^*(1)\,n(1)]\,\frac{e^{-\varkappa\,r_{12}}}{r_{12}}\,d\tau_1\,d\tau_2$$

ausgedrückt werden kann. Da die in Betracht kommenden Wellenlängen der e- und v-Materien groß gegen $1/\varkappa$ sind, können wir die Integration mit $d\tau_2$ ausführen und erhalten so eine Kopplung der Form (14) des Abschnittes 112.

So kann man eine *Kopplung vierten Grades auf zwei Kopplungen dritten Grades zurückführen*, wenn man eine neue Materieart mit hinreichend großem $\varkappa$ (neues Teilchen hinreichender Masse) einführt (Abb 39).

Gemäß

$$K' = \sum_{\mathrm{Z}}{}' \frac{K_{\mathrm{EZ}}K_{\mathrm{ZA}}}{E_{\mathrm{Z}} - E_{\mathrm{A}}},$$

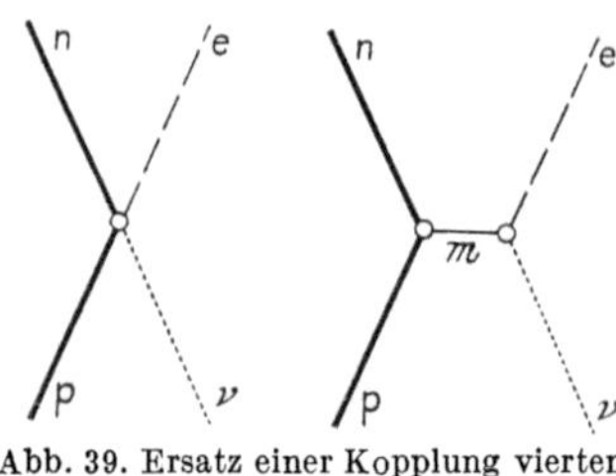

Abb. 39. Ersatz einer Kopplung vierten Grades durch zwei Kopplungen dritten Grades.

wo sich E, Z, A auf Endzustand, Zwischenzustand, Anfangszustand beziehen (Abschn. 109), kann man zwei Kopplungen mit den Kopplungskonstanten g_1 und g_2 zu einer zusammenfügen. Normiert man das Zwischenfeld wie ein Potential, die anderen wie üblich, so wird im wesentlichen

$$K' = \sum_{\mathrm{Z}} \frac{g_1\,g_2\,\hbar^2 c^2}{\varepsilon_0\,\Omega\,E_m\,(E_{\mathrm{Z}} - E_{\mathrm{A}})}$$

(E_m Energie des Zwischenteilchens). Dies kann nicht allgemein

$$K = \frac{g}{\Omega}$$

wie bei direkter Kopplung geschrieben werden, weil es von E_m abhängt. Häufig ist jedoch $E_m \approx E_m{}^0$, $E_{\mathrm{Z}} - E_{\mathrm{A}} \approx E_m{}^0$. Dann kann bei einem einzigen Zwischenzustand

$$g \approx \frac{g_1\,g_2\,\hbar^2 c^2}{\varepsilon_0\,(E_m{}^0)^2}$$

als „effektive Kopplungskonstante" der indirekten Kopplung gelten. Die dimensionslose effektive Kopplungskonstante ist das Produkt der dimensionslosen Kopplungskonstanten der einzelnen Kopplungen

$$\frac{g\,(E_m{}^0)^2}{\hbar^3 c^3} \approx \frac{g_1\,g_2}{\varepsilon_0\,\hbar\,c}.$$

114. Streuvorgänge.

Die einfachsten Vorgänge an Elementarteilchen entsprechen Schemata *mit einem Knoten* und drei (oder vier) Strichen. Den Zerfall eines Elementarteilchens in zwei (oder drei) andere haben wir eben behandelt.

Gefragt ist dabei nach einer *Zerfallswahrscheinlichkeit je Zeiteinheit* oder deren Reziproken, der Lebensdauer. Die Rechnung war eine Störungsrechnung *erster Ordnung* und die Zerfallswahrscheinlichkeit ist proportional dem Quadrat der Kopplungskonstante. Der umgekehrte Prozeß, Bildung eines Teilchens aus zwei (oder drei) Teilchen kann nur bei ganz speziellen Impulsen der anfänglichen Teilchen vorkommen.

Schemata *mit zwei Knoten* sind uns auch schon begegnet. Die Abb. 25 und 29 entsprechen einer Kraft zwischen Teilchen. Gefragt ist etwa nach der *potentiellen Energie* zwischen den Teilchen, und wir haben im Abschnitt 104 in erster Näherung solche potentiellen Energien berechnet. Im Abschnitt 113 haben wir eine indirekte Kopplung betrachtet, die einem Schema mit zwei Knoten entspricht. Die effektive Kopplungskonstante ergab sich mit einer Störungsrechnung *zweiter Ordnung.*

Beispiel einer anderen Gruppe von Schemata *mit zwei Knoten* ist Abb. 24, die dem Compton-Effekt entspricht. Den entsprechenden Vorgang gibt es auch als Folge anderer Kopplungen dritten Gra-

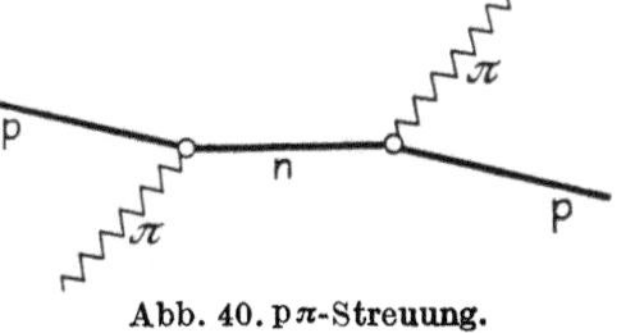

Abb. 40. $p\pi$-Streuung.

des, z. B. der (n, p, π)-Kopplung. Die Abb. 40 entspricht so der Streuung von π^--Mesonen an Protonen; ein entsprechender Vorgang ist $\pi^+ + n \to \pi^+ + n$. Gefragt ist hier nach einem *Wirkungsquerschnitt,* und er wird ebenfalls mit einer Störungsrechnung *zweiter Ordnung* errechnet.

Man betrachtet etwa ein Teilchen der einen Art (z. B. p) und denkt n Teilchen der anderen Art (π) je Flächen- und Zeiteinheit einfallen. Die Störungsrechnung gibt zunächst die Wahrscheinlichkeit w eines Prozesses je Zeiteinheit. Mit $w = n\,\sigma$ ist dadurch eine Fläche σ bestimmt, die man Wirkungsquerschnitt oder Streuquerschnitt nennt. Rechnet man mit einem π-Quant im Volumen Ω, so ist $n = v/\Omega$, wo v die Teilchengeschwindigkeit ist, und es ist

$$\sigma = \frac{w\,\Omega}{v}. \tag{1}$$

Wir wollen *das einfachste Beispiel eines solchen Streuvorganges* ausrechnen, indem wir als Kopplung $g\,u\psi^*\psi$ annehmen für ein nichtrelativistisches (komplexes) skalares Feld ψ und ein reelles skalares Feld u. Mit den Entwicklungen

$$\psi = \frac{1}{\sqrt{\Omega}} \sum_{\mathfrak{k}} a_{\mathfrak{k}}\, e^{i\mathfrak{k}r} \qquad u = \frac{\hbar c}{\sqrt{2\varepsilon_0\,\Omega}} \sum_{\mathfrak{j}} \frac{1}{\sqrt{E_{\mathfrak{j}}}} (\xi_{\mathfrak{j}} + \xi_{-\mathfrak{j}}{}^*)\, e^{i\mathfrak{j}r}$$

treten in der Hamilton-Funktion

$$g \int u\psi^*\,\psi\, \mathrm{d}\tau$$

folgende Glieder auf:

$$\frac{g\,\hbar\,c}{\sqrt{2\,\varepsilon_0\,\Omega^3\,E_{\mathfrak{j}}}}\,(\xi_{\mathfrak{j}} + \xi_{-\mathfrak{j}}{}^*)\,a_{\mathfrak{k}}{}^*\,a_{\mathfrak{l}}\!\int e^{i(\mathfrak{j}-\mathfrak{k}+\mathfrak{l})\mathfrak{r}}\,\mathrm{d}\,\tau,$$

also

$$\frac{g\,\hbar\,c}{\sqrt{2\,\varepsilon_0\,\Omega\,E_{\mathfrak{j}}}}\,(\xi_{\mathfrak{j}} + \xi_{-\mathfrak{j}}{}^*)\,a_{\mathfrak{k}}{}^*\,a_{\mathfrak{l}}, \tag{2}$$

wenn

$$\mathfrak{j}+\mathfrak{l}=\mathfrak{k} \tag{3}$$

ist. Sie entsprechen dem Übergang des ψ-Teilchens vom Zustand $\mathfrak{l}$ zum Zustand $\mathfrak{k}$ (Impulse $\hbar\mathfrak{l}$ und $\hbar\mathfrak{k}$) unter Vernichtung eines u-Teilchens im Zustand $\mathfrak{j}$ (Impuls $\hbar\,\mathfrak{j}$) oder unter Entstehung eines u-Teilchens im Zustand $-\mathfrak{j}$.

Die Reaktion $\psi + u \to \psi$ widerspricht dem Energiesatz; es ist aber ψ als virtueller Zwischenzustand möglich, und wir können für die Reaktion

$$\psi + u \to \psi \to \psi + u \tag{4}$$

die Umwandlungswahrscheinlichkeit w je Zeiteinheit ausrechnen. Wir brauchen dazu nach Abschnitt 109 die Größen

$$K' = \frac{K_{\mathrm{E\,Z}}K_{\mathrm{Z\,A}}}{E_{\mathrm{Z}} - E_{\mathrm{A}}},$$

wo sich A, Z, E auf Anfangszustand, Zwischenzustand, Endzustand beziehen. Es wird, wenn wir die Energie des anfänglichen u-Quants mit E, die des gestreuten u-Quants mit E' bezeichnen,

$$K' = \frac{g^2\,\hbar^2\,c^2}{2\,\varepsilon_0\,\Omega}\,\frac{1}{\sqrt{E\,E'}\,(E_{\mathrm{Z}} - E_{\mathrm{A}})}\,. \tag{5}$$

Wir brauchen weiter $1/\Delta E$, die Zustandsdichte im Kontinuum. Durch die anfänglichen Teilchen ist das Schwerpunktssystem festgelegt, und in ihm ist der Betrag p' des Impulses des gestreuten u-Teilchens durch die Anfangsenergie bestimmt, die Richtung aber frei. So folgt

$$\frac{1}{\Delta E} = \frac{\Omega \cdot 4\pi\,p'^2\,\mathrm{d}\,p'}{8\,\pi^3\,\hbar^3\,\mathrm{d}\,E'}$$

Die Umwandlungswahrscheinlichkeit wird somit:

$$w = \frac{2\,\pi}{\hbar\,\Delta E}\,|K'|^2 = \frac{g^4\,c^4}{4\,\pi\,\varepsilon_0{}^2\,\Omega}\,\frac{p'^2}{E\,E'\,(E_{\mathrm{Z}} - E_{\mathrm{A}})^2}\,\frac{\mathrm{d}\,p'}{\mathrm{d}\,E'}$$

und der Streuquerschnitt:

$$\sigma = \frac{g^4\,c^4}{4\,\pi\,\varepsilon_0{}^2}\,\frac{p'^2}{v\,E\,E'\,(E_{\mathrm{Z}} - E_{\mathrm{A}})^2}\,\frac{\mathrm{d}\,p'}{\mathrm{d}\,E'}\,.$$

Unter Beachtung von

$$E^2 = m^2\,c^4 + c^2\,p^2$$

$$\frac{\mathrm{d}\,E}{\mathrm{d}\,p} = c^2\,\frac{p}{E} = v$$

kann er

$$\sigma = \frac{g^4}{4\pi\,\varepsilon_0{}^2} \cdot \frac{v'\,E'}{v\,E}\,\frac{1}{(E_Z - E_A)^2} \tag{6}$$

geschrieben werden. Wenn die ψ-Teilchen schwer sind, ist $E \approx E' \approx E_A - E_Z$ und

$$\sigma = \frac{g^4}{4\pi\,\varepsilon_0{}^2\,E^2}\,.$$

Um die Größenordnung zu übersehen, spalten wir in dimensionslose Faktoren und in die Flächeneinheit $(\hbar/m\,c)^2$ auf:

$$\sigma = 4\pi \left(\frac{g^2}{4\pi\,\varepsilon_0\,\hbar\,c}\right)^2 \left(\frac{m\,c^2}{E}\right)^2 \left(\frac{\hbar}{m\,c}\right)^2, \tag{7}$$

wo m irgendeine Masse sein kann; $g^2/4\pi\,\varepsilon_0\,\hbar c$ ist das Quadrat der dimensionslosen Kopplungskonstante (bei der Kopplung von Licht und Materie 1/137).

Neben der Reaktion (4) gibt es noch die Möglichkeit, daß zuerst ein u-Quant erzeugt wird und dann das anfängliche u-Quant vernichtet. Das gibt in K' noch einen Beitrag gleicher Größenordnung, für den Streuquerschnitt also etwa das Vierfache.

Die Verhältnisse beim Compton-Effekt an Elektronen unterscheiden sich von dem eben betrachteten einfachen Modell in zweierlei Hinsicht: den γ-Quanten entspricht ein vektorielles Feld und den Elektronen ein spinorielles.

Darstellungen der Feldtheorie oder wichtiger Teile davon:

HEISENBERG, W.: Die physikalischen Prinzipien der Quantentheorie, Leipzig 1930 (Dualismus Teilchen–Welle).

DIRAC, P. A. M.: The principles of quantum dynamics, Oxford 1930, 3. Aufl. 1947.

PAULI, W.: Die allgemeinen Prinzipien der Wellenmechanik, Hdb. d. Phys. 24/1, Berlin 1933 (B. Relativistische Theorien).

JORDAN, P.: Anschauliche Quantentheorie, Berlin 1936 (4. Kap. Wellengleichungen und Wellenquantelung).

KRAMERS, H. A.: Quantentheorie des Elektrons und der Strahlung, Hd.- u. J.-B. d. chem. Phys. 1, II, Leipzig 1938.

PAULI, W.: Relativistic field theories of elementary particles, Rev. mod. phys. **13**, 203, 1941.

WENTZEL, G.: Einführung in die Quantentheorie der Wellenfelder, Wien 1943; Recent research in meson theory, Rev. mod. phys. **19**, 1, 1947.

SÜSSMANN, G. (Ausarbeitung eines Seminars von R. BECKER u. G. LUDWIG): Einführung in die Quantenelektrodynamik, Berlin 1950.

IWANENKO, D., u. A. SOKOLOW: Klassische Feldtheorie, Berlin 1953 (Kap. V: Mesondynamik).

Wichtige Abhandlungen und Bücher sind auch jeweils an den Anfängen der Kapitel angegeben.

Sachverzeichnis.

III-18-65-721-53-53